**Die Bonus-Seite**

Ihr Vorteil als Käufer dieses Buches

Auf der Bonus-Webseite zu diesem Buch finden Sie zusätzliche Informationen und Services. Dazu gehört auch ein kostenloser **Testzugang** zur Online-Fassung Ihres Buches. Und der besondere Vorteil: Wenn Sie Ihr **Online-Buch** auch weiterhin nutzen wollen, erhalten Sie den vollen Zugang zum **Vorzugspreis**.

So nutzen Sie Ihren Vorteil

Halten Sie den unten abgedruckten Zugangscode bereit und gehen Sie auf www.galileocomputing.de. Dort finden Sie den Kasten **Die Bonus-Seite für Buchkäufer**. Klicken Sie auf **Zur Bonus-Seite/Buch registrieren**, und geben Sie Ihren **Zugangs-code** ein. Schon stehen Ihnen die Bonus-Angebote zur Verfügung.

Ihr persönlicher **Zugangscode**: ekb8-rpnw-7cv2-xzt5

Miriam Löffler

Think Content!

Grundlagen und Strategien für erfolgreiches Content-Marketing

Liebe Leserin, lieber Leser,

die Botschaft klingt so einfach: »Mach guten Content und alles wird gut!«. Die Besucher kommen dann nicht nur auf die Website, sondern lesen auch meine Texte und interessieren sich am Ende für mein Produkt oder meine Dienstleistung. Auch Google liebt dann meinen Content und belohnt mich mit hervorragendem Ranking. Soweit die Theorie, die Content-Marketing zum aktuellen Buzzword der Online-Marketer gemacht hat. Die schlechte Nachricht vorweg – Sie werden es ahnen: Es gibt viel schlechten »Content«. Vielleicht liegt es an dem Begriff, der so gut versteckt, worum es eigentlich geht? Spannende Texte, bewegende Filme, packende Fotos, interessante Podcasts. Mit anderen Worten: Es geht um Geschichten und Inhalte.

Dafür benötigen Sie gute Ideen und Strategien, attraktive Texte sowie eine geschickte Planung und nicht zuletzt benötigen Sie Texter, die ihr Handwerk verstehen und wissen, wie Webtexte funktionieren. »Think Content!« von Miriam Löffler ist ein besonderes Buch, denn es vereint drei wichtige Teilbereiche, die erst im Zusammenspiel einen erfolgreichen Webauftritt ermöglichen: Content-Strategie, Content-Marketing, Webtexten. Unsere Autorin weiß aus langjähriger Erfahrung, worauf es ankommt, damit Sie Inhalte auch wirklich gewinnbringend im Online-Marketing einsetzen. Eine ganzheitliche Strategie von Anfang an, viele anschauliche Beispiele sowie handfeste Tipps zum Schreiben werden Ihnen helfen, überzeugenden Content zu erstellen. Damit guter Content (k)ein Glücksfall wird!

Um die Qualität unserer Bücher zu gewährleisten, stellen wir stets hohe Ansprüche an Autoren und Lektorat. Falls Sie dennoch Anmerkungen und Vorschläge zu diesem Buch formulieren möchten, so freue ich mich über Ihre Rückmeldung.

Ihr Stephan Mattescheck
Lektorat Galileo Computing

stephan.mattescheck@galileo-press.de
www.galileocomputing.de
Galileo Press · Rheinwerkallee 4 · 53227 Bonn

Auf einen Blick

1 Einführung in »Think Content!« 25

TEIL I Content-Strategie
2 Einführung in die Content-Strategie 45
3 Die größten Stolpersteine im Umgang mit Website-Content 69
4 Der Content-Audit 77
5 Die Content-Planung 93
6 Die Content-Produktion 103
7 Das Content-Management 123
8 Der Content-Workshop 139
9 Das Content-Konzept 151
10 Das Content-Controlling 163
11 Das Content-Team 189

TEIL II Content-Marketing
12 Einführung ins Content-Marketing 203
13 Der Content-Marketing-Star – Ihre Zielgruppe 229
14 Content-Formate und -Kategorien – eine Übersicht 241
15 Content verbreiten – relevante Kommunikationskanäle 287
16 Content-Ideen finden 299
17 Storytelling im Content-Marketing 313
18 Das Content-Marketing-Herzstück – der Themenplan 329
19 Content-Marketing und SEO – das Web-2.0-Dream-Team 337
20 Content fürs Mitmachweb – make your content social! 361
21 Quo vadis, Online-PR? 379
22 Content-Marketing-Beispiele und -Anregungen 393

TEIL III Webtexten
23 Einführung ins Webtexten 443
24 Die hohe Kunst des Webtextens 451
25 Am Anfang war ... das Text-Briefing 465
26 Webtext und Usability 469
27 Allgemeine Texter-Regeln und ihre Gültigkeit im Web 481
28 Erweitertes Texter-Wissen fürs Web-Marketing 491
29 SEO für Content-Manager und Webtexter 509
30 Schreiben für den E-Commerce – Produkttexte, die verkaufen ... 541
31 Texten für Social Media und Online-PR 559
32 Texter-Tools für die tägliche Arbeit 575
33 Demut vor dem Text – Anleitung zum effizienten Schreiben 591

Wir hoffen sehr, dass Ihnen dieses Buch gefallen hat. Bitte teilen Sie uns doch Ihre Meinung mit. Eine E-Mail mit Ihrem Lob oder Tadel senden Sie direkt an den Lektor des Buches: *stephan.mattescheck@galileo-press.de*. Im Falle einer Reklamation steht Ihnen gerne unser Leserservice zur Verfügung: *service@galileo-press.de*. Informationen über Rezensions- und Schulungsexemplare erhalten Sie von: *britta.behrens@galileo-press.de*.

Informationen zum Verlag und weitere Kontaktmöglichkeiten finden Sie auf unserer Verlagswebsite *www.galileo-press.de*. Dort können Sie sich auch umfassend und aus erster Hand über unser aktuelles Verlagsprogramm informieren und alle unsere Bücher versandkostenfrei bestellen.

An diesem Buch haben viele mitgewirkt, insbesondere:

Lektorat Stephan Mattescheck, Erik Lipperts
Korrektorat Annette Lennartz, Bonn
Redaktionelle Mitarbeit Marco Schmidt
Fachgutachten Rebecca Belvederesi-Kochs
Herstellung Norbert Englert
Einbandgestaltung Barbara Thoben, Köln
Titelbild Sabine Tress »Dress Code«, 2010, Acryl und Spray auf Leinwand, 60x60cm,
    Fotograf: Thorsten Mücke
Typografie und Layout Vera Brauner, Maxi Beithe
Satz SatzPro, Krefeld
Druck und Bindung C.H. Beck, Nördlingen

Dieses Buch wurde gesetzt aus der Linotype Syntax (9,25/13,25 pt) in FrameMaker. Gedruckt wurde es auf chlorfrei gebleichtem Offsetpapier (90 g/m^2).

Der Name Galileo Press geht auf den italienischen Mathematiker und Philosophen Galileo Galilei (1564–1642) zurück. Er gilt als Gründungsfigur der neuzeitlichen Wissenschaft und wurde berühmt als Verfechter des modernen, heliozentrischen Weltbilds. Legendär ist sein Ausspruch *Eppur si muove* (Und sie bewegt sich doch). Das Emblem von Galileo Press ist der Jupiter, umkreist von den vier Galileischen Monden. Galilei entdeckte die nach ihm benannten Monde 1610.

Bibliografische Information der Deutschen Nationalbibliothek
Die Deutsche Nationalbibliothek verzeichnet diese Publikation in der Deutschen Nationalbibliografie; detaillierte bibliografische Daten sind im Internet über *http://dnb.d-nb.de* abrufbar.

ISBN 978-3-8362-2006-4
© Galileo Press, Bonn 2014
1. Auflage 2014

Das vorliegende Werk ist in all seinen Teilen urheberrechtlich geschützt. Alle Rechte vorbehalten, insbesondere das Recht der Übersetzung, des Vortrags, der Reproduktion, der Vervielfältigung auf fotomechanischem oder anderen Wegen und der Speicherung in elektronischen Medien.

Ungeachtet der Sorgfalt, die auf die Erstellung von Text, Abbildungen und Programmen verwendet wurde, können weder Verlag noch Autor, Herausgeber oder Übersetzer für mögliche Fehler und deren Folgen eine juristische Verantwortung oder irgendeine Haftung übernehmen.

Die in diesem Werk wiedergegebenen Gebrauchsnamen, Handelsnamen, Warenbezeichnungen usw. können auch ohne besondere Kennzeichnung Marken sein und als solche den gesetzlichen Bestimmungen unterliegen.

Inhalt

Geleitwort von Joe Pulizzi, Gründer des Content Marketing Institute 21
Geleitwort von Petra Meyer, Geschäftsführerin Ippen Digital Media 23

1	Einführung in »Think Content!«	25
1.1	Content ist die Basis für Ihren Weberfolg	26
1.2	Drei Content-Disziplinen vereint zwischen zwei Buchdeckeln	29
1.3	Ihre Website steht im Content-Kosmos-Zentrum	30
1.4	Was erwartet Sie im ersten Buchteil (Content-Strategie)?	33
1.5	Was erwartet Sie im zweiten Buchteil (Content-Marketing)?	36
1.6	Was erwartet Sie im dritten Buchteil (Webtexten)?	38
1.7	An wen richtet sich »Think Content!«?	38
1.8	Was bietet das Buch nicht?	40
1.9	Content-Übung zur Einstimmung	41
1.10	Guter Content ist (k)ein Glücksfall!	42

TEIL I Content-Strategie

2	Einführung in die Content-Strategie	45
2.1	Lassen Sie Webinhalte erfolgreich für Ihr Business arbeiten!	46
2.2	Die Kernfragen einer Content-Strategie	47
2.3	Zehn Argumente pro Content-Strategie	49
2.4	Die vier Säulen einer erfolgreichen Content-Strategie	50
2.5	Was ist Content aus Strategie-Sicht?	51
2.6	Content-Strategie – neuer Trend oder alter Hut?	57
	2.6.1 Content damals und heute ...	57
	2.6.2 Warum hat der Umgang mit Content so gelitten?	58
2.7	Design vs. Content – außen hui, innen pfui?	61
2.8	Content-Strategie bedeutet Entschleunigung	62
2.9	Ein Content-Strategie-Geheimrezept für alle?	64

| 2.10 | »Think Content« – durch alle Unternehmensbereiche! | 65 |
| 2.11 | Fazit | 67 |

3 Die größten Stolpersteine im Umgang mit Website-Content ... 69

4 Der Content-Audit ... 77

4.1	Wozu brauchen Sie einen Audit?	78
4.2	Wann brauchen Sie einen Audit?	79
4.3	Audit-Vorbereitung	81
4.4	Ein Content-Audit ist Teamwork	83
4.5	Quantitative Content-Prüfung	84
	4.5.1 Dokumentation aller Seiten und Inhalte	84
	4.5.2 Dokumentation aller SEO-relevanten Inhalte	86
4.6	Qualitative Content-Prüfung	87
	4.6.1 Beurteilung der vorhandenen Seiten und Inhalte	87
	4.6.2 Beurteilung der vorhandenen SEO-Inhalte	88
	4.6.3 Anregungen für die Erstellung Ihrer Audit-Vorlage	88
4.7	Next Steps?	91
4.8	Hilfreiche Audit-Tools	91
	4.8.1 Für die quantitative Analyse	91
	4.8.2 Für die qualitative Analyse	92
4.9	Fazit	92

5 Die Content-Planung ... 93

5.1	Fehler in der Planung kosten Geld!	93
5.2	Keine Planung ohne Webanalyse-Informationen	94
5.3	Die drei Stufen der Content-Planung	95
	5.3.1 Stufe 1 – Content-Sammlung	96
	5.3.2 Stufe 2 – Content-Filterung	99
	5.3.3 Stufe 3 – Content-Konsolidierung	100
5.4	70/20/10 – das Planungsmodell von Coca-Cola	101
5.5	Fazit	102

6	**Die Content-Produktion**	103
6.1	**Webtext ist nicht gleich Webtext**	104
6.2	**Vier Textproduktionsmodelle**	105
	6.2.1 Das Inhouse-Content-Management	105
	6.2.2 Die Beauftragung einer Content-Agentur	106
	6.2.3 Die Textbeschaffung über eine Crowdsourcing-Plattform	107
	6.2.4 Die Zusammenarbeit mit freien Textern	108
	6.2.5 Vergleich der vier Modelle	109
6.3	**Anleitung zur Textkalkulation**	113
6.4	**Der Produktionskalender**	116
6.5	**Content-Guidelines**	117
6.6	**Fazit**	121

7	**Das Content-Management**	123
7.1	**Hochwertigen Content managen**	123
	7.1.1 Content-Anforderungsprozess	124
	7.1.2 Planungsprozesse	126
	7.1.3 Freigabeprozesse	126
	7.1.4 QA-Prozesse	127
	7.1.5 Analyseprozesse	127
	7.1.6 Testprozesse	128
	7.1.7 Archivierungsprozesse	128
7.2	**Tools für die tägliche Content-Arbeit**	129
7.3	**Das Content-Management-System (CMS)**	131
7.4	**Der Content-Life-Circle**	134
7.5	**Fazit**	138

8	**Der Content-Workshop**	139
8.1	**Der Zeitpunkt**	139
8.2	**Die Vorarbeit**	140
8.3	**Die Teilnehmer**	144
8.4	**Aufbau und Inhalt der Agenda**	145
8.5	**Das Ergebnis**	147

8.6	Die nächsten Schritte	148
8.7	Fazit	149

9 Das Content-Konzept ... 151

9.1	Content first! Design second!	152
9.2	Was gehört ins Konzept und was nicht?	153
9.3	Die Basis für Ihr Content-Konzept – die Sitemap	154
9.4	Die Umsetzung des Konzepts	155
	9.4.1 Variante 1 – das Excel-Konzept	156
	9.4.2 Variante 2 – das Word-Konzept	156
	9.4.3 Standard-Content-Module	158
9.5	Das Konzept ist erst die halbe Miete	159
9.6	Fazit	162

10 Das Content-Controlling ... 163

10.1	Warum ist Controlling so wichtig?	164
10.2	Warum wird Content so selten getrackt?	166
10.3	Was sind die größten Analyse-Herausforderungen?	167
10.4	Welche KPIs sollte man berücksichtigen?	170
	10.4.1 Website-Nutzungszahlen	171
	10.4.2 SEO-Zahlen	171
	10.4.3 Online-Marketing-Zahlen	172
	10.4.4 Social-Media-Zahlen	173
	10.4.5 Soft Figures	175
	10.4.6 Weitere Content-Marketing-Kennzahlen	176
10.5	Welche Tools eignen sich?	177
	10.5.1 Klassische Analyse-Tools	177
	10.5.2 Spezielle Analysehelfer	178
10.6	Fazit: Tauschen Sie die Glaskugel gegen echtes Zahlenwissen ein	186

11 Das Content-Team ... 189

11.1	Zwei typische Beispiele aus der Praxis	190
11.2	Warum Sie qualifizierte Content-Mitarbeiter brauchen	191

11.3	Die Schlüsselfigur für Ihre Webinhalte – der Content-Stratege	193
	11.3.1 Seine Qualifikationen	194
	11.3.2 Seine Aufgaben	195
	11.3.3 Seine Schnittstellen-Rolle	196
	11.3.4 Intern oder extern?	198
11.4	Hat das Tagesgeschäft im Griff – der Content-Manager	198
11.5	Essenziell – der gut ausgebildete Webtexter	199
11.6	Mit ihm halten Sie den Kurs – der Content-Controller	199
11.7	Fazit	200

TEIL II Content-Marketing

12 Einführung ins Content-Marketing ... 203

12.1	Content-Marketing bedeutet Relevanz	204
12.2	Marken-Inszenierung über Content	206
12.3	Die Geschichte des Content-Marketings	207
12.4	Content-Marketing ist kein »One-Hit-Wonder«	216
12.5	Wichtige Fragen, die Sie sich zu Beginn Ihrer Content-Marketing-Aktivitäten stellen sollten	218
12.6	Erfolgsfaktor Content	220
12.7	Investieren Sie mehr Sorgfalt und Budget!	221
	12.7.1 Webinhalte sind kein Content zweiter Klasse!	221
	12.7.2 Online-Inhalte dürfen etwas kosten!	221
12.8	Content-Marketing können nicht nur die »Großen«	222
12.9	Lernen Sie, Ihr Wissen mit anderen zu teilen	224
12.10	Vermeiden Sie typische Content-Marketing-Fehler!	225
12.11	Fazit	226

13 Der Content-Marketing-Star – Ihre Zielgruppe ... 229

13.1	Werden Sie zum Profiler!	231
	13.1.1 Kein Profil ohne Daten	232
	13.1.2 Wissen geht über Spekulation	233
	13.1.3 Auge in Auge mit Ihrer Zielgruppe	234
	13.1.4 Beispiel-Personas für B2B und B2C	236

13.2	Überprüfen Sie Ihre Inhalte!	239
13.3	Fazit	239

14 Content-Formate und -Kategorien – eine Übersicht 241

14.1	Textinhalte	242
	14.1.1 Artikel	243
	14.1.2 Whitepapers	244
	14.1.3 E-Books	245
	14.1.4 Mailings und Newsletter	247
	14.1.5 Listen und Megalisten	247
14.2	Audio-Content	249
	14.2.1 Podcasts	249
	14.2.2 Musik	251
14.3	Video-Content	251
14.4	Webinare	256
14.5	Grafiken, Fotos & Co.	257
	14.5.1 Allgemeines	258
	14.5.2 Infografiken	260
	14.5.3 Bilddatenbanken	262
	14.5.4 Urheberrechte	263
14.6	E-Paper und Online-Magazine	265
14.7	Engaging Content	266
	14.7.1 Spielerisch auf Kundenfang	267
	14.7.2 Gamification	268
	14.7.3 Game-based Marketing	271
	14.7.4 Weitere »aktivierende« Inhalte	272
14.8	E-Commerce-Content	272
14.9	Mobile Content	274
14.10	Landingpages	275
14.11	User-generated Content	275
14.12	Offline-Content	278
14.13	Exkurs 1: Content für SlideShare	278
14.14	Exkurs 2: Ihre Unternehmenswebseite	280
	14.14.1 Die Köpfe Ihrer Firma sind Ihr Imagekapital	280
	14.14.2 Nehmen Sie uns mit auf Ihre Firmenzeitreise	282

	14.14.3 Der Blick hinter die Kulissen	283
	14.14.4 Ihre Referenzen – klotzen, nicht kleckern!	284
14.15	Fazit	285

15 Content verbreiten – relevante Kommunikationskanäle … 287

15.1	Interne Kommunikationskanäle	288
15.2	Externe Kommunikationskanäle	290
15.3	Content-Seeding	294
15.4	Themenplanung verhindert Kontaktbrüche	295
15.5	Fazit	296

16 Content-Ideen finden … 299

16.1	Tipps und Anregungen für die Content-Recherche	299
16.2	Werden Sie zum Themen-Trendscout	302
16.3	Nutzen Sie die Power starker Content-Partnerschaften	303
16.4	Werden Sie zum Content-Kurator	305
16.5	Nutzen Sie die Themenpläne der Redaktionen	310
16.6	Fazit	311

17 Storytelling im Content-Marketing … 313

17.1	Mehr Inhalte – weniger Werbung	313
17.2	Ein Helden-Beispiel	315
17.3	Wer ist der Held in Ihrer Geschichte?	317
17.4	Präsentieren Sie den Mehrwert Ihres Angebots	318
17.5	Ihr Alltag ist voller Geschichten	319
17.6	Story-Typen	321
	17.6.1 Unternehmensgeschichten	321
	17.6.2 Produktgeschichten	322
	17.6.3 Storytelling im B2B	324
	17.6.4 Personality Storys	325
	17.6.5 Educational Storys	325

| 17.7 | Es war einmal … ein Erdmännchen | 326 |
| 17.8 | Fazit | 328 |

18 Das Content-Marketing-Herzstück – der Themenplan ... 329

18.1	Die Basis – das Themenplan-Meeting	330
18.2	Mustervorlage: Wie sollte ein Themenplan aussehen?	331
18.3	Themenplan vs. Agile Marketing	335

19 Content-Marketing und SEO – das Web-2.0-Dream-Team ... 337

19.1	Der Job der Suchmaschinen – crawlen, indexieren, ranken	338
19.2	Die SEO-Hauptziele	342
19.3	SEO-Ranking-Faktoren im Zusammenspiel mit Website-Content	343
19.4	SEO und Social	347
19.5	Was bedeuten die Google-Updates für die künftige Content-Entwicklung?	347
	19.5.1 Das Panda-Update	348
	19.5.2 Das Freshness-Update	349
	19.5.3 Das Penguin-Update	350
	19.5.4 Das Hummingbird-Update	350
19.6	SEO-Regeln – Erkenntnisse aus zehn Jahren mit Google	351
19.7	WDF * IDF = Wie bitte?	354
	19.7.1 WDF * IDF und Webtexten – drei Fragestellungen im direkten Vergleich	354
	19.7.2 Erst prüfen, dann handeln!	355
	19.7.3 Das Potenzial der Formel aus SEO-Sicht	356
	19.7.4 Das Think-Content-Resümee	358
19.8	Fazit: Springen Sie nicht auf den »Überoptimierungs-Zug« auf!	358

20 Content fürs Mitmachweb – make your content social! .. 361

| 20.1 | Zehn Nutzungsmöglichkeiten von Social Media | 362 |
| 20.2 | Zehn Fragen, die Sie sich im Rahmen Ihrer Social-Content-Strategie stellen sollten | 365 |

20.3	Welche Social-Media-Plattformen gibt es?	366
20.4	Corporate Blogs	372
20.5	Exkurs: Was Sie von Robbie Williams lernen können	375
20.6	Fazit	377

21 Quo vadis, Online-PR? ... 379

21.1	Eine neue PR-Zielgruppe – die Blogger	379
21.2	Content-Marketing und PR – die Grenzen verschwimmen zusehends	382
21.3	Die Pressemitteilung 2.0 – kürzer, öfter, variantenreicher	385
21.4	Presseportale für mehr Reichweite	387
21.5	Der Social Media Newsroom	388
21.6	Fazit	392

22 Content-Marketing-Beispiele und -Anregungen ... 393

22.1	Beispiele für größere Budgets		394
	22.1.1	Der Klassenprimus – Coca-Colas Mission »Content 2020«	394
	22.1.2	Der Content-Marketing-Tausendsassa – Red Bull	397
	22.1.3	Content und Social perfekt vereint – »The Best Job in the World«	399
22.2	Beispiele für mittlere Budgets		401
	22.2.1	Mit Babyharmonie auf Erfolgskurs – die Schwenninger Krankenkasse	401
	22.2.2	Marken halten sich dezent im Hintergrund – »for me«	403
	22.2.3	Gutes tun und darüber sprechen – Patagonia	404
	22.2.4	Ein Fashion-Magazin hübscht Gabor auf	406
	22.2.5	Pelikan macht Schule	407
22.3	Beispiele für kleine Budgets		408
	22.3.1	Knapp 10 Millionen YouTube-Aufrufe für einen originellen Clip – der »Dollar Shave Club«	408
	22.3.2	Spiel mit VIP-Faktor – Gala macht Mahjong-Steine zu Stars	410
	22.3.3	Ein knuspriges Sympathie-Blog – www.keksblog.de	411

Inhalt

- 22.4 Beispiele für »Einzelkämpfer« ... 412
  - 22.4.1 Julia Child ebnet den Weg für eine beispiellose Blogger-Karriere ... 412
  - 22.4.2 Kartons lösen eine fantastische Bewegung aus – »Caine's Arcade« ... 413
  - 22.4.3 Eine kaputte Gitarre bringt ihren Besitzer zum Singen ... 414
  - 22.4.4 Eine Bewerbung geht um die Welt ... 415
- 22.5 Beispiele für B2B ... 416
  - 22.5.1 Ein kleiner Geniestreich – das OPEN Forum von Amex ... 417
  - 22.5.2 Zwei Firmen im Content-Rausch – HubSpot und PR-Gateway ... 418
  - 22.5.3 Das »Making-of« einer Infografik – linkbird ... 420
  - 22.5.4 KellyOCG setzt zu 100 % auf Content-Marketing ... 420
  - 22.5.5 DATEV spielt das Content-Spiel auf allen Kanälen perfekt ... 421
  - 22.5.6 Indium beweist, dass es keine schwere B2B-Content-Kost gibt ... 422
- 22.6 E-Commerce-Content ... 423
  - 22.6.1 Mehr Whisky-Wissen geht kaum – whisky.de ... 423
  - 22.6.2 Style-Coaching für Herren – Mr Porter ... 424
  - 22.6.3 Bei MOO wird Papier lebendig ... 425
  - 22.6.4 Auf gelungener Strick-Mission – we are knitters ... 425
- 22.7 Engaging Content ... 427
  - 22.7.1 Nette Wurst-Spielerei – EDEKA ... 427
  - 22.7.2 Spielend spenden – Freerice ... 427
  - 22.7.3 BBC – der wievielte Mensch auf Erden sind Sie? ... 429
- 22.8 Virale Videohits – so muss Storytelling aussehen! ... 430
  - 22.8.1 Ein Reis-Hersteller fördert den Absatz von Taschentüchern: BERNAS ... 430
  - 22.8.2 Skype verbindet auf ganz besondere Weise ... 431
  - 22.8.3 64 Millionen Views – »Dumb Ways to Die « ... 431
  - 22.8.4 Obama goes to Hollywood ... 432
  - 22.8.5 Wunderschön – »Real Beauty Sketches« ... 432
- 22.9 Genutzte Chancen – Rügenwalder Mühle ... 433
- 22.10 Eine verpasste Chance – das Krümelmonster und der Keksklau-Krimi ... 437
- 22.11 Fazit ... 440

TEIL III Webtexten

23   Einführung ins Webtexten ... 443

23.1   Vom wirtschaftlichen Wert guter Texte ... 444
23.2   Wenn die richtigen Worte fehlen ... 446
23.3   Fazit ... 448

24   Die hohe Kunst des Webtextens ... 451

24.1   Was sollte ein guter Webtexter können? ... 453
    24.1.1   Sprachliche Fähigkeiten ... 453
    24.1.2   Freude am Texten und Verkaufen ... 454
    24.1.3   Technisches Verständnis – keine Angst vor Tools und Programmierern ... 454
    24.1.4   Gespür für Design und Usability ... 455
    24.1.5   Marketingkenntnisse ... 456
    24.1.6   Soft Skills: Empathie – wie tickt Ihre Zielgruppe? ... 456
    24.1.7   Interesse für die Content-Evaluierung ... 457
    24.1.8   SEO-Kompetenz ... 457
    24.1.9   Beherrschung verschiedenster Textformen ... 457
    24.1.10   Demut vor dem Text ... 458
24.2   Was unterscheidet einen Online-Text von einem Offline-Text? ... 458
    24.2.1   Im Web geht alles schneller ... 459
    24.2.2   Aktuelle Inhalte sind (SEO-)Gold wert ... 459
    24.2.3   Der User sieht alles und vergleicht ... 460
    24.2.4   Webnutzer lesen anders ... 460
    24.2.5   Webkommunikation ist keine Einbahnstraße ... 460
    24.2.6   User können auf zahlreiche Informationen zugreifen ... 460
    24.2.7   Auch Webnutzer erwarten fehlerfreie Texte ... 461
    24.2.8   Ihre Inhalte wollen von den Suchmaschinen gefunden werden ... 461
24.3   Kurz vs. lang – wie viel Text braucht eine Website wirklich? ... 461
24.4   Webtexten = Hypertexten – wie Sie Ihre Texte richtig verlinken ... 463
24.5   Fazit ... 464

25 Am Anfang war ... das Text-Briefing ... 465

- 25.1 Vorbereitung ... 465
- 25.2 Allgemeine Wording-Guideline ... 466
- 25.3 Wichtige Briefing-Inhalte ... 467
- 25.4 Fazit ... 468

26 Webtext und Usability ... 469

- 26.1 Vom Scannen und Lesen ... 470
- 26.2 Das Prinzip der umgekehrten Pyramide ... 473
- 26.3 Grafisches Schreiben ... 474
- 26.4 Fazit ... 480

27 Allgemeine Texter-Regeln und ihre Gültigkeit im Web ... 481

- 27.1 Satzbau ... 481
- 27.2 Satz- und Wortlänge ... 482
- 27.3 Wortwahl ... 483
- 27.4 Schreibstil ... 485
    - 27.4.1 Vermeiden Sie Nominalkonstruktionen ... 485
    - 27.4.2 Pflegen Sie einen aktiven Schreibstil ... 485
    - 27.4.3 Stellen Sie den Nutzen Ihres Angebots klar heraus ... 486
    - 27.4.4 Nutzen Sie die Macht der Adjektive ... 487
- 27.5 Checkliste für barrierefreie Webtexte ... 488
- 27.6 Fazit ... 488

28 Erweitertes Texter-Wissen fürs Web-Marketing ... 491

- 28.1 Marketingformeln für das Erstellen von konversionsstarken Inhalten ... 492
    - 28.1.1 Beim »Texter-Scrabble« bevorzugen wir den Buchstaben »W« ... 492
    - 28.1.2 Eine zeitlose Texter-Regel – K.I.S.S. ... 493
    - 28.1.3 Eine klassische Werbeformel – AIDA ... 493
    - 28.1.4 Mit kleinen »Jas« zum großen »JA« ... 493

28.2	**Eine starke Headline – der »Chef im Ring«**		494
	28.2.1	Was kann Ihre Headline?	495
	28.2.2	Wie packt man ein Keyword in die Überschrift?	496
	28.2.3	Nutzen Sie Ihre Headline fürs Storytelling!	497
28.3	**Teaser, denen man nicht widerstehen kann**		498
28.4	**Der Call-to-Action – Weglassen verboten!**		500
28.5	**Newsletter-Texte und Betreffzeilen**		502
28.6	**AdWords-Anzeigen – 95 Zeichen, die Ihr Werbebudget strapazieren können**		504
28.7	**Fazit**		506

29 SEO für Content-Manager und Webtexter … 509

29.1	**Essenzielles Keyword-Know-how**		512
	29.1.1	Was ist ein Keyword?	512
	29.1.2	Wie identifiziere ich relevante Keywords?	512
	29.1.3	Wie und wo setze ich Keywords richtig ein?	513
	29.1.4	Was bedeutet Keyword-Häufigkeit oder Keyword-Density?	514
29.2	**Müssen alle Texte SEO-optimiert sein?**		515
	29.2.1	Teaser	515
	29.2.2	Landingpages	516
	29.2.3	Produktdetailseiten	517
	29.2.4	»Über uns«-Seite	519
	29.2.5	Social-Media-Texte	520
	29.2.6	Pressemeldungen	520
29.3	**Google liebt Unique Content!**		520
29.4	**SEO-relevante Textelemente**		523
	29.4.1	Title und Description	524
	29.4.2	ALT-Tags, Bildunter- oder -überschriften, Bildbeschreibungen	529
	29.4.3	»Sprechende« (Anchor-)Links und Link-Title	531
	29.4.4	H-Tags	533
	29.4.5	Das News-Tag	534
	29.4.6	Das Author-Tag	535
	29.4.7	SEO-Textelemente für Videos	536
	29.4.8	Checkliste für SEO-relevante Textinhalte	538
29.5	**Fazit**		539

30 Schreiben für den E-Commerce – Produkttexte, die verkaufen ... 541

- 30.1 Was ist ein Produkt? ... 543
- 30.2 Tipps für Produkttexte ... 545
  - 30.2.1 Keine Angst vor negativen Produkteigenschaften ... 546
  - 30.2.2 Schaffen Sie Glaubwürdigkeit durch Aufklärung ... 547
  - 30.2.3 Bereiten Sie die Texte gut lesbar auf ... 549
  - 30.2.4 Erzählen Sie eine Produktstory ... 550
  - 30.2.5 Denken Sie stets an Ihre Zielgruppe ... 551
  - 30.2.6 Erwecken Sie Sehnsüchte, verführen Sie zum Kauf ... 552
  - 30.2.7 Vier gewinnt – Headline, Werbetext, Bullets, Call-to-Action ... 552
  - 30.2.8 Schuster, bleib bei deinen Leisten ... 553
  - 30.2.9 Machen Sie Ihr Produkt zu einer Persönlichkeit ... 553
  - 30.2.10 Vermeiden sie Fachchinesisch ... 554
  - 30.2.11 Testen, testen, testen! ... 554
- 30.3 Anregungen für Produkttext-Inhalte ... 555
  - 30.3.1 Welche Informationen sind für Käufer interessant? ... 555
  - 30.3.2 Wer sind Ihre besten Informanten und Coaches? ... 556
- 30.4 Fazit ... 557

31 Texten für Social Media und Online-PR ... 559

- 31.1 Leitsätze ... 559
- 31.2 Du oder Sie? ... 561
- 31.3 Twitter ... 562
- 31.4 Facebook ... 563
- 31.5 Blogs ... 565
- 31.6 Social-Media-Texte und SEO ... 568
- 31.7 Online-PR ... 571
- 31.8 Fazit ... 573

32 Texter-Tools für die tägliche Arbeit ... 575

- 32.1 Google-Tools ... 575
  - 32.1.1 Keyword-Planer – Schlüsselbegriffe finden ... 575

	32.1.2	Google Trends – Keyword-Entwicklung über einen definierten Zeitraum	578
32.2		**On-Page-Analyse-Tools für Webtext-Profis**	581
	32.2.1	Die MozBar – Blicken Sie der nackten Content-Wahrheit ins Auge	581
	32.2.2	Contentman und Letter-Factory-Wordcount – ermitteln Sie das Gewicht Ihrer Worte	583
	32.2.3	Der Screaming Frog SEO Spider – alle Metadaten auf einen Blick	584
	32.2.4	SEORCH – der SEO-On-Page-Analyse-Quickie	585
32.3		**Helfer fürs Schreiben und Redigieren**	586
	32.3.1	Woxikon – die richtige Adresse, wenn Ihnen einmal die Worte fehlen	586
	32.3.2	Duden – Rechtschreib- und Grammatikfehlern auf der Spur	587
	32.3.3	Stilversprechend, Schreiblabor, Wortliga – Ihre virtuellen Lektoren	587
	32.3.4	Lingulab – Online-Lektorat zum fairen Preis	589
32.4		**Fazit**	589

33 Demut vor dem Text – Anleitung zum effizienten Schreiben ... 591

33.1	Die Recherche – werden Sie ein Experte!	591
33.2	Erstellen Sie eine Wording-Liste	592
33.3	Der Schreibprozess	592
	33.3.1 Überschriften oder Text – was kommt zuerst?	592
	33.3.2 Die »Mosaiktext-Taktik«	593
33.4	Texte selbst redigieren	594
33.5	Fazit	595

Schlusswort und Danksagungen	597
Das Coverbild	603
Glossar	605

Index	613

Geleitwort von Joe Pulizzi, Gründer des Content Marketing Institute

Bei einer Präsentation vor US-Marketing-Verantwortlichen stellte ich kürzlich die Frage: »Wie viele von Ihnen erhöhen die Ausgaben für Werbung?« Nicht eine Hand ging hoch. Das ist durchaus sinnvoll. Heutzutage ist es schwieriger denn je, mit Werbung noch irgendwie zu den Kunden durchzudringen. Wofür setzen Marketer also ihre Budgets ein? Bevor ich antworte, denken Sie darüber nach, wie Sie Kaufentscheidungen treffen. Heutzutage haben Sie die vollständige Kontrolle über den Kaufprozess. Ihnen stehen alle Technologien zur Verfügung, um sich die nötigen Informationen zu beschaffen – über Google, Social Media, Freunde, Medienseiten, Blogger und andere Quellen.

Laut Googles »Zero Moment of Truth« greift der durchschnittliche Verbraucher auf mehr als zehn Online-Inhalte zu, bevor er eine Kaufentscheidung trifft. Obwohl Verbraucher mit Content geradezu überschwemmt werden, konsumieren sie dennoch mehr und mehr davon. Aber nicht etwa irgendeinen Content. Käufer suchen hochwertigen, ansprechenden und relevanten Content, um Entscheidungen zu treffen – und intelligente Unternehmen bieten ihnen diese Inhalte. Untersuchungen des Content Marketing Institute (CMI) und anderer Marketing-Experten zufolge geben nordamerikanische Marketer inzwischen über 25 % ihres Gesamtbudgets für Content-Marketing aus – also dafür, dass Nicht-Medienunternehmen informative Inhalte zur Kundengewinnung oder -bindung erstellen und veröffentlichen.

Unternehmen wie Coca-Cola, Red Bull, SAP und IBM haben ihre Vertriebsorganisationen geradezu in riesige Verlagshäuser und Veröffentlichungsfabriken umgewandelt. Sicher, diese Firmen stecken auch viel Geld in Werbung – doch Jahr für Jahr investieren sie nun zunehmend in die Kunst des Storytellings. Warum? Um eine wirkliche Verbindung zum Verbraucher herzustellen, ist Werbung heutzutage nicht einmal mehr annähernd genug. Firmen müssen sich selbst als erste Kompetenz-Anlaufstelle für die Bedürfnisse und Anforderungen der Konsumenten positionieren – über das reine Produkt, den Service und das Angebot hinaus.

Doch dabei stehen wir erst am Anfang. Nur weil Firmen Inhalte veröffentlichen, bedeutet das nicht, dass sie dabei einen guten Job machen … Zumindest sieht es nach den besagten Forschungen des CMI bzw. der Marketing-Profis tatsächlich so aus, dass weniger als die Hälfte der Marketer das Gefühl haben, effektives Content-Marketing zu betreiben. Wir haben einen langen Weg vor uns – was durchaus logisch ist. Jahrzehntelang haben wir uns der Massenmedien bedient, und obwohl es Content-Marketing im Prinzip schon seit Hunderten von Jahren gibt, erkennen die meisten Unternehmen gerade erst die Relevanz.

Firmen, die Produkte und Dienstleistungen anbieten, haben eine Verantwortung, mit ihren Kunden in der bestmöglichen Art und Weise zu kommunizieren. Und hierbei es gibt keinen besseren Weg, als ihnen nützliche Informationen zu verschaffen. Das ist eine Win-win-Situation: Der Käufer bekommt die Informationen, die er benötigt, um eine Kaufentscheidung zu treffen, und die Firma verkauft mehr Produkte oder Dienstleistungen.

Wer hätte gedacht, dass die Antwort auf die Marketing-Herausforderungen von morgen in der sehr alten Kunst der Veröffentlichung liegen könnte?

Geleitwort von Petra Meyer, Geschäftsführerin Ippen Digital Media

Zum Glück gibt es sie, die talentierten und gut ausgebildeten Webtexter und Online-Redakteure. Doch leider sind es noch viel zu wenige. Drei von vier Autoren, die sich bei uns bewerben, lehnen wir ab. Die Gründe sind im Prinzip immer die gleichen. Manche können schlichtweg nicht schreiben, andere haben noch nie etwas von Meta-Tags gehört, Suchmaschinenoptimierung ist ihnen lästig, und dass digitale Inhalte immer in einem vernetzten Raum stehen, verstehen sie nicht. Überhaupt, diese lästige Technik, so schwierig, so abstrakt ... Das hat, so beobachten wir in der Praxis, zwei Ursachen.

Die erste Ursache: Die meisten Schreiber träumen von einem Job bei einer Zeitung oder Zeitschrift – Hauptsache Print. Wer online arbeitet, ist in ihren Augen ein Redakteur zweiter Klasse und hat es nicht auf den Print-Olymp geschafft. Diese Haltung führt zu einer grundsätzlichen Ablehnung von allem, was mit Online zu tun hat. Unsere Online-Volontärin besuchte jüngst eine Akademie für Journalisten. Lehrinhalt der dritten Woche für 3 Stunden: Facebook. Die Hälfte des Kurses verweigerte die Teilnahme: »Dafür schreiben wir nicht, das ist unter unserem Niveau.« Ein junger Mann beendete sein Bewerbungsverfahren mit den Worten: »Ich habe festgestellt, dass Google-Optimierung nicht zu meinen Eigenmotivationen gehört. Wäre es wohl möglich, ein Volontariat zu absolvieren, das nicht an SEO gekoppelt ist?« Ich mache es kurz: nein! Wer online arbeitet, der muss es wollen. Inklusive der Technik, der Hypes und der Flüchtigkeit. Wer online schreibt, der braucht Langeweile nicht zu fürchten. Und auch nicht die Zukunft.

Die zweite Ursache: Es fehlt flächendeckend an einer soliden journalistischen Ausbildung. Denn Qualität setzt sich sogar in der digitalen Welt durch. Einen guten Text entdecken die User sofort und reagieren darauf: Sie kommen wieder, bestellen mehr Produkte, empfehlen ihn weiter oder lesen den nächsten Text. Das professionelle Handwerk Schreiben muss – wie jedes andere Handwerk auch – von der Pike auf gelernt werden. Gute Texter recherchieren sauber und erzählen ihre Geschichte in einem vernünftigen Spannungsbogen. Sie verwenden Verben, verzichten auf Fremdwörter, Füllwörter und überflüssige Fakten. Sie meiden Schachtelsätze, kennen Synonyme und sind fit in so banalen Dingen wie Kommasetzung. Das grundlegende Handwerkszeug alleine reicht für Webtexter jedoch nicht aus. Es muss ständig für das Medium Internet erweitert werden. Ohne grundsätzliche Kenntnisse über das Leseverhalten im Netz, ohne Suchmaschinenoptimierung, Technik und Online-Marketing kommt man nicht aus. Darum ist dieses Buch so wichtig.

Zugegeben, die Welt bewegt man als Webtexter nur selten. Aber wer Talent und eine große Portion Leidenschaft mitbringt, der kann das Internet mit tollen Texten jeden Tag ein Stück besser machen. Und kein bisschen weniger.

1 Einführung in »Think Content!«

»Content first!«, »Content rules!«, »Content is king!« – sieben Buchstaben beherrschen seit geraumer Zeit (wieder) den Branchentalk. Gut so! Denn mit Traffic-Einkauf allein lässt sich auf Dauer kein Online-Business aufbauen – Content ist der Schlüssel zu nachhaltigem Erfolg im Web. Doch was macht eigentlich »guten« Content aus? Welche Content-Maßnahmen bringen den meisten Gewinn? Und wie lässt sich Content im Tagesgeschäft effizient managen?

Wissen Sie, wie viele Websites es im Jahr 1993 weltweit gab? Gerade mal 130! Seitdem hat sich eine Menge getan, und das Angebot von aktiven Sites im World Wide Web ist bis 2012 auf rund 630 Millionen angewachsen.[1] In mehr als 3 Milliarden Suchanfragen pro Tag recherchieren die User alleine mit Hilfe des Suchmaschinen-Marktführers Google nach relevantem Content. Und dabei stoßen sie leider immer wieder auf einen Haufen Schrott: Die meisten Websites entpuppen sich schon beim ersten Kontakt als Enttäuschung und werfen ein denkbar schlechtes Licht auf das Renommee des Seitenbetreibers.

Mag sein, dass das Internet in seiner Anfangszeit noch für alle Beteiligten ein Abenteuerspielplatz war, dass die User die Entwicklung spannend fanden und sich gegenüber verschiedenen Experimenten aufgeschlossen zeigten. Heutzutage, wo das Web zu einem alltäglichen Nutzungsumfeld geworden ist, sind die User nicht mehr tolerant, wenn sie an minderwertige, schlecht zugängliche oder miserabel aufbereitete Webinhalte geraten. Sie lassen sich auch nicht mehr von blinkenden Werbebotschaften oder klassischen Online-Werbemitteln beeindrucken. Das zeigen sie uns unter anderem dadurch, dass sie Werbebanner konsequent ignorieren – auf 999 von 1.000 Bannern wird schlicht und ergreifend nicht geklickt.[2] Stattdessen suchen Website-Besucher nach Information und Unterhaltung, nach Lösungen und einem aktiven Austausch zu Problemen oder Produkten:

---

[1] Quelle: Sébastian Bonset in einem Artikel vom 04.09.2013: *http://t3n.de/news/web-wachstum-1984-heute-492172*

[2] Quelle: Eduard Klein, Content-Marketing (E-Book), Seite 14: *http://www.content-marketing.com/ebook* (Stand: 10.01.2014)

> »70 % der Konsumenten lernen ein Unternehmen lieber über Content-Marketing kennen als über klassische Anzeigen, aber (und das ist die eigentliche Überraschung) Firmen geben mehr Geld für Werbung aus als für Content.«[3]

Und wenn die User tatsächlich mal auf eine Online-Werbung klicken und auf das Webangebot der betreffenden Firma gelangen, werden sie meistens enttäuscht:

> »Fast drei Viertel der Befragten sind mit dem Ergebnis nach ihrem Klick unzufrieden.«[4]

Kein Wunder, denn oft ist das Bestreben der Betreiber, möglichst viele Webnutzer auf die Site zu bekommen, größer als die Leidenschaft dafür, sie dort auch vernünftig und kompetent zu »bedienen«. Das bloße Anlocken der User bringt jedoch im Endeffekt nichts: Wenn ihnen die angebotenen Inhalte auf der angeklickten Webseite nicht gefallen, dann sind sie ruck, zuck wieder weg. Aus diesem Grund wird es höchste Zeit, dass in der Online-Branche ein Umdenken stattfindet – weg vom reinen Traffic-Einkauf en masse hin zu einem professionellen, nutzerorientierten Umgang mit Content.

Mit kreativen, exklusiven, informativen und »ansteckenden« Webinhalten können Sie Ihre User zu begeisterten Fans, Käufern, Abonnenten oder Kooperationspartnern machen. Das nötige Wissen hierfür vermittelt Ihnen dieses Buch: Es zeigt Ihnen, wie Sie Ihre Position im Web durch hochwertigen Content nachhaltig stärken können. Lassen Sie also Ihre Wettbewerber nicht an Ihnen vorbeiziehen – und etablieren Sie in Ihrem Unternehmen ein fundiertes, wirtschaftlich effektives Content-Management. Sie selbst benötigen dazu vor allem eine ausgeprägte »Content-Denke«: Think Content – durch alle Unternehmensbereiche!

1.1 Content ist die Basis für Ihren Weberfolg

Gute Rankings bei Suchmaschinen, Aufbau und Stärkung der Kundenloyalität, hohe Konversionsraten, externe Verlinkungen auf Ihr Angebot, positive »Social Signals« ...: Mit exzellentem Content können Sie viele Hebel in Bewegung setzen, die Sie beim Erreichen Ihrer Business-Ziele unterstützen. Der amerikanische Online-Experte Jason Schubring verdeutlicht mit der in Abbildung 1.1 dargestellten Webstrategie-Pyramide, dass Content das Fundament für den Aufbau eines erfolgreichen Online-Business ist.

---

3 Ann Handley in einem Artikel vom 04.09.2013: *http://www.entrepreneur.com/article/227379*
4 Quelle: *http://www.tomorrow-focus.de/newsroom/dokumenten-datenbank/pressemitteilung/neue-studie-zum-thema-onlinewerbung-und-klickverhalten-aus-und-vorbei-der-klick-aus-usersicht_aid_691.html* (Stand: 25.11.2013)

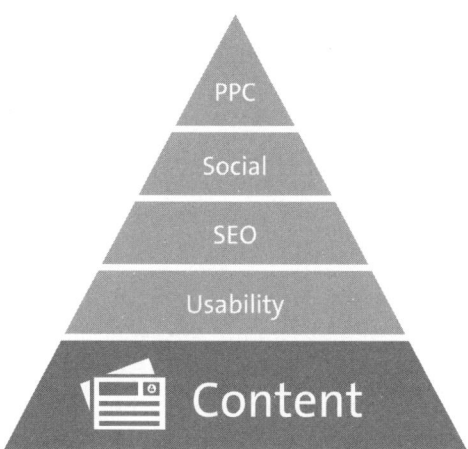

Abbildung 1.1 Nachbildung der Webstrategie-Pyramide nach Jason Schubring[5]

In den Erläuterungen seiner Skizze weist Schubring zu Recht darauf hin, dass das coolste Design und die tollsten Anzeigen völlig für die Katz sind, wenn Sie dem User nicht die Inhalte präsentieren, die er sucht – und dass kein Mensch etwas über Ihre Website twittern oder einen Facebook-Like-Button anklicken wird, wenn Sie ihm nichts Teilenswertes zu bieten haben. Nur mit kompetenten, glaubwürdigen, unterhaltsamen und informativen Inhalten überzeugen Sie den User davon, dass er bei Ihnen an der richtigen (Web-)Adresse ist.

Die Realität sieht allerdings leider nur allzu oft ganz anders aus: Da werden zunächst große Summen für die Generierung von Traffic über das Online-Marketing ausgegeben. Allmählich stellt man verwundert fest, dass die Konversionsrate nicht passt – und erst dann kommt das Thema Content-Optimierung zur Sprache. Im Laufe der Jahre habe ich bei meiner Arbeit mit Kunden immer wieder Sätze wie diese zu hören bekommen:

> »Wir sind auf Druck der Investoren vor einem Jahr mit unserem Webauftritt live gegangen und haben jetzt festgestellt, dass wir uns dringend um unseren Content kümmern müssen.«

> »Jahrelang haben wir uns nur auf den Aufbau und den Einkauf von Links konzentriert und wenig Wert auf die Content-Qualität gelegt. In den letzten Wochen haben wir massive Ranking-Verluste und einen starken Traffic-Einbruch auf der Seite verzeichnet. Jetzt ist unser Business massiv gefährdet. Was sollen wir tun? Wie können wir auf die Schnelle unsere Inhalte auf der Website verbessern?«

---

5 Nachbildung der Pyramide. Quelle: Jason Schubring in einem Artikel vom 27.06.2010: http://sixrevisions.com/content-strategy/the-web-strategy-pyramid-a-well-balanced-web-strategy

> »Wir haben jetzt auch eine Facebook-Seite, und ich dachte, ich könnte in einem Webtext-Seminar lernen, wie ich Facebook am besten nutze. Unsere Zielgruppe? Na ja, von der habe ich eine grobe Vorstellung. Ein Themenplan? Nein, mit so etwas arbeiten wir nicht. Ich bin nicht dafür zuständig, was auf der Website passiert. Ich soll bloß auf Facebook mit den Usern kommunizieren ...«

> »Beim Texten achten wir prinzipiell darauf, dass wir genügend Keywords einbauen. Das ist für uns die wichtigste Text-Prio.«

> »Ja, ich weiß, dass unsere Produkttexte und die Produktdetailseiten nicht gut sind. Aber wir können das nicht ändern, weil es von der Geschäftsleitung und den anderen Stakeholdern explizit gewünscht ist, dass diese Seiten in der Verantwortung der Einkäufer liegen. Hier geht es nicht um den Kunden oder darum, was das Beste für den Shop ist, sondern primär um Abteilungsbefindlichkeiten. Das Thema Content fällt nicht in den Zuständigkeitsbereich unserer Redaktion.«

Am besten antwortet man auf diese Aussagen mit einem Zitat von Pop-Queen Madonna:

> »Es ist reine Zeitverschwendung, etwas bloß mittelmäßig zu tun.«

Und nicht nur das: Der in vielen Firmen gängige Umgang mit Content ist auch reine Geldverschwendung! Denn Unternehmen, bei denen die Webinhalte nicht ganz oben auf der täglichen Agenda stehen, verfeuern früher oder später unnötigerweise eine Menge Kohle.

Dabei geht es keineswegs darum, massenhaft irgendwelche Inhalte billig zu produzieren und ins Netz zu stellen – stattdessen sind exquisite Inhalte gefordert. Nachdem der Suchmaschinen-Riese Google in den vergangenen Jahren kontinuierlich am Algorithmus für die Ranking-Vergabe gearbeitet hatte, ging ein »Content-Ruck« durch viele Online-Unternehmen: Googles erfolgreiche Content-Qualitätsoffensive zwingt die Website-Betreiber dazu, gute Inhalte zu erstellen – für die User, nicht für die Suchmaschinen. Ausschlaggebend ist dabei, die Inhalte stets souverän zu »führen«:

> »Content ist wichtig, Content ist kompliziert, und wir sollten ihm die Ressourcen und die Aufmerksamkeit geben, die er verdient.«[6]

Inhalte, die vernünftig geplant, kontinuierlich gepflegt, sukzessive aufgebaut und kritisch hinterfragt werden, können nicht nur entscheidend zum Erreichen Ihrer Geschäftsziele beitragen, sondern auch dafür sorgen, dass Ihr Stressfaktor beim Umgang mit Content dank eines straffen Planungsgerüsts und einer soliden Orga-

---

[6] Kristina Halvorson im Vorwort zu Margot Bloomstein, Content Strategy at Work. Waltham, MA: Morgan Kaufman Publ. Inc. 2012.

nisation spürbar gemindert wird. »Think Content!« zeigt Ihnen, was Sie mit Inhalten alles bewirken können – und wie Sie peu à peu (wieder) zum Meister Ihres Contents werden.

1.2 Drei Content-Disziplinen vereint zwischen zwei Buchdeckeln

Wer effizient mit Webinhalten arbeiten will, braucht im Wesentlichen drei Dinge: eine sinnvolle Strategie, ein kluges Marketing-Konzept und hochwertige Webtexte. Nachdem sich, wie bereits angedeutet, ein erfolgreiches Webbusiness heutzutage nicht mehr durch Traffic-Einkauf und traditionelle Werbung aufbauen lässt, wird Content-Marketing mehr und mehr zum unverzichtbaren Bestandteil im Marketingmix von (Online-)Unternehmen. Um den Umgang mit Inhalten auf eine professionelle Basis zu stellen, ist es jedoch nötig, zuallererst eine solide Content-Strategie zu entwickeln. Und textbasierter Content ist – nicht zuletzt wegen der Auffindbarkeit durch die Suchmaschinen – das wichtigste Element der meisten Content-Strategien. Sinn und Zweck von »Think Content!« ist es, diese drei maßgeblichen Themenbereiche in einem Buch zu vereinen. Der Strategie-Part steht dabei ganz bewusst am Anfang – aus folgendem Grund:

Ähnlich wie bei uns war auch in den USA das Content-Marketing noch vor der Content-Strategie ein Hype-Thema. Inzwischen haben die Erfahrungen der amerikanischen Kollegen jedoch gezeigt, dass Content-Marketing nur dann richtig funktioniert, wenn sämtliche Maßnahmen einer zuvor erarbeiteten, ganzheitlichen Content-Strategie untergeordnet werden. Wer planlos Webinhalte produziert, die nicht exakt auf die Bedürfnisse der Zielgruppe zugeschnitten sind, und wer seine Inhalte nicht konstant im Griff hat, der wird mit seinen Content-Marketing-Aktivitäten nie erfolgreich durchstarten können.

Auch Content-Marketing-Größen wie Joe Pulizzi, Gründer des weltweit führenden Content Marketing Institute (CMI), blasen immer stärker ins Content-Strategie-Horn. Denn diverse CMI-Studien haben eindeutig ergeben, dass Firmen ohne Strategie wesentlich ineffizienter wirtschaften als Unternehmen, deren Content-Marketing-Aktivitäten eng mit einer im Vorfeld konzipierten Strategie verknüpft wurden. Nach einer repräsentativen Umfrage des CMI arbeiteten 2013 in den USA bereits 39 % der B2C-Content-Marketer und 44 % der B2B-Content-Marketer erfolgreich mit einer dokumentierten Content-Strategie.[7] Pulizzi selbst weist mit

---

7 Quelle B2B-Report: *http://contentmarketinginstitute.com/2013/10/2014-b2b-content-marketing-research* (Stand: 01.10.2013); Quelle B2C-Report: *http://contentmarketinginstitute.com/2013/10/2014-b2c-consumer-content-marketing* (Stand: 15.10.2013)

Nachdruck darauf hin, wie essenziell eine Strategie für den späteren Content-Marketing-Erfolg ist:

> »Wir haben schon immer vermutet, dass eine Content-Strategie die Effektivität des Content-Marketings verbessert, doch nun wissen wir, wie groß der Unterschied tatsächlich ist. Marketer mit einer Strategie arbeiten effektiver und meistern **jede Art** von Content-Marketing-Herausforderung souveräner.«[8]

Viele amerikanische Marketer haben in den vergangenen Jahren erleben müssen, wie verkehrt es ist, das Pferd von hinten aufzuzäumen und ohne Strategie mit Content-Marketing-Aktionen loszupreschen. Wir in Europa können aus diesen Erkenntnissen lernen – wir haben die Chance, es besser zu machen. Stellen Sie also unbedingt sicher, dass Sie die richtigen Content-Schritte gleich von Beginn an nacheinander gehen: erst die Strategie, dann das Marketing!

Bevor ich Ihnen die drei Buchteile im Einzelnen vorstelle, möchte ich ein Schlaglicht auf das Asset werfen, dem Sie die höchste Priorität einräumen sollten, wenn Sie sich erfolgreich im Online-Business schlagen möchten: Ihre Website!

1.3 Ihre Website steht im Content-Kosmos-Zentrum

Zugemüllte Webseiten, unübersichtliche Strukturen, öde Textwüsten, unnützer Content, fehlende Informationen: Vielen Sites sieht man leider auf Anhieb an, dass die Betreiber komplett die Kontrolle über die Inhalte verloren haben oder dass die hierfür verantwortlichen Teams nicht richtig aufgestellt sind. Tatsächlich sieht es in der Praxis nicht selten so aus, dass

- ein B2B-Marketer die B2B-Seiten pflegt,
- ein B2C-Marketer die B2C-Seiten pflegt,
- die Personalabteilung sich um die Job- und Jobinfo-Seiten kümmert,
- die PR-Abteilung ihre offline versandten Pressemitteilungen unbearbeitet 1:1 online einpflegt,
- die IT automatisierte Title und Descriptions an den Start bringt,
- eine externe Agentur Landingpages für Marketingaktionen entwickelt und
- eine übergeordnete Abteilung für den Unternehmens-Content zuständig ist.

Wie, bitteschön, soll aus diesem Mischmasch ein einheitlicher, hochwertiger Firmenauftritt werden? Im schlimmsten Fall arbeiten die Stellen auch noch absolut

---

[8] http://contentmarketinginstitute.com/2013/10/2014-b2b-content-marketing-research (Stand: 01.10.2013)

autark und kommunizieren nicht miteinander. Dementsprechend sehen die Webseiten dann meistens auch aus.

Dabei sollte gerade der Webauftritt Ihres Unternehmens besonders gut gehegt und gepflegt werden – schließlich bekommt er in der Regel die größte Aufmerksamkeit Ihrer User. Vollkommen egal, welche Kampagne, welches Event oder welches Gewinnspiel Sie über Facebook streuen, welche YouTube-Videos Sie produzieren und welche Beiträge Sie auf Ihren Blogs veröffentlichen: Oberstes Ziel ist es doch in den meisten Fällen, dass die User am Ende auf Ihre Website kommen, um dort ein Angebot zu nutzen oder eine Handlung durchzuführen – sie sollen etwas kaufen, etwas downloaden, etwas weiterleiten, etwas verlinken, eine Empfehlung aussprechen oder Kontakt mit Ihrem Sales-Team aufnehmen. Und genau aus diesem Grund müssen Sie zunächst einmal sorgfältig die Basis beackern: Ihren Website-Content.

In der oben erwähnten Umfrage des Content Marketing Institute unterstrichen die befragten Marketer die Wichtigkeit der eigenen Website: Auf die Frage nach der relevantesten Kennzahl, die Aufschluss über den Erfolg ihrer Content-Marketing-Aktivitäten gibt, wurde der Web-Traffic mit großem Abstand an erster Stelle genannt.[9] Wenn Sie sich für das Thema Content-Marketing interessieren, kommen Sie also gar nicht umhin, sich intensiv mit den Inhalten auf Ihrer Website auseinanderzusetzen – denn hier müssen Sie Ihre User letztlich überzeugen.

Das Thema Content gibt es nicht als Einzeldisziplin. Beim Umgang mit Webinhalten haben Sie es vielmehr mit einem komplexen Content-Kosmos zu tun, in dessen Zentrum Ihre Website steht, wie Sie in Abbildung 1.2 sehen. Und wenn Sie wirtschaftlich mit Inhalten arbeiten wollen, ist es wichtig, dass Sie gemeinsam mit Ihren Kollegen über den gesamten Kosmos herrschen.

Im Wesentlichen zeigt die Abbildung in abstrahierter, gekürzter Form, was Sie in diesem Buch erwartet:

- sämtliche Content-Formate, die Sie zur optimalen Ansprache Ihrer Zielgruppe im Web nutzen können, wie zum Beispiel Ratgebertexte, Produktbeschreibungen, Whitepapers usw.
- die verschiedenen Kanäle, über die der Traffic in den meisten Fällen auf Ihre Seite geführt wird, wie etwa das eigene Blog, externe Blog-Verlinkungen, Social-Media-Verlinkungen, Newsletter-Links, Offline-Promotion, klassisches Online-Marketing …

---

[9] Quelle B2B-Report: *http://contentmarketinginstitute.com/wp-content/uploads/2013/10/B2B_Research_2014_CMI.pdf* (Stand: 01.10.2013); Quelle B2C-Report: *http://contentmarketinginstitute.com/wp-content/uploads/2013/10/B2C_Research_2014.pdf* (Stand: 15.10.2013)

- Content-Marketing-spezifisches Handwerk wie Content Curation
- sämtliche SEO-Themen, die in engem Bezug zu Ihrem Content stehen, wie zum Beispiel Content-relevante Ranking-Faktoren, Author-Tag, Backlinks etc.

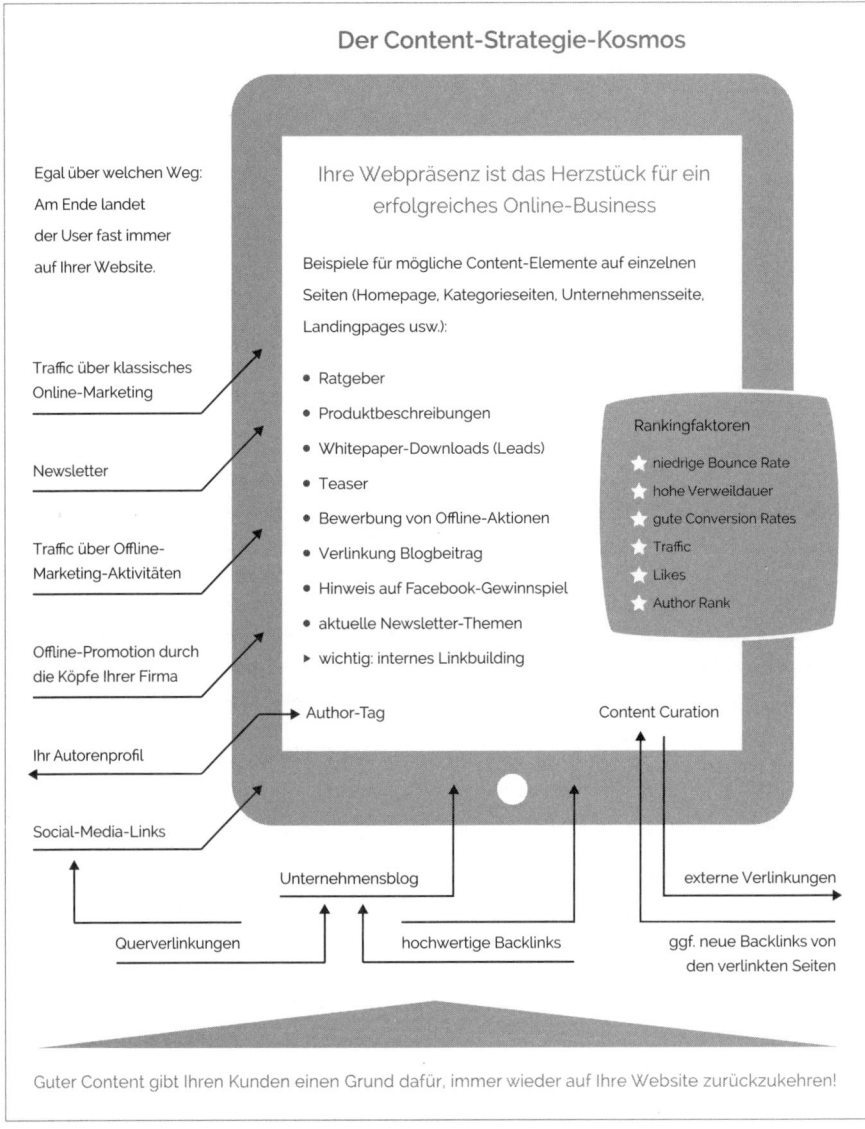

Abbildung 1.2 Darstellung des Content-Strategie-Kosmos

Wenn Sie bis dato einige Begriffe wie »Author-Tag« oder »Content Curation« noch nicht kennen oder mit einigen Elementen der Abbildung noch nichts anfangen können, ist das überhaupt nicht tragisch, denn ich werde im Verlauf des Buches immer wieder auf diese Skizze zurückkommen. An dieser Stelle ist es mir nur wichtig, Ihnen vor Augen zu führen, dass Ihre User auf unterschiedlichen Wegen und Umwegen am Ende meist wieder auf Ihrer Website landen – von einer Facebook-Seite aus, über einen Twitter-Link, durch eine externe Verlinkung (Backlink), über ein externes Blog oder Ihr eigenes Firmenblog, über eine offline gesehene, gelesene oder gehörte Information ...

Es genügt daher nicht, dass Sie im World Wide Web den Köder nach Ihrer Zielgruppe auswerfen und dass Ihre User tatsächlich anbeißen: Wenn Ihr Website-Content keine überzeugenden Argumente zum Verweilen oder Handeln bietet, dann tauchen die Nutzer ganz schnell unverrichteter Dinge wieder ins Online-Meer ab.

Behalten Sie auch stets im Hinterkopf, dass Ihre Website genau genommen der einzige Ort im Web ist, an dem Ihnen die Kundenkontakte wirklich gehören und wo Sie die Chance haben, wertvolle Daten zum Aufbau Ihrer Kundendatenbank zu generieren. Über die Inhalte und Daten, die auf Seiten wie Facebook liegen, haben Sie niemals dieselbe Kontrolle wie über den Content auf der eigenen Website. Seien Sie also gut zu ihr!

Insofern würde ich das berühmte Motto ergänzen: »Content is king – and the website is his kingdom!« Dieses Content-Reich gilt es zunächst aufzubauen, damit König Content darin leben kann. Dazu brauchen Sie einen klaren Plan, eine stabile Content-Infrastruktur und kompetente, engagierte »Macher«. Die hierfür nötige Aufbau-Anleitung liefert Ihnen eine fundierte Content-Strategie. Ihr ist dementsprechend der erste Teil des Buches gewidmet.

1.4 Was erwartet Sie im ersten Buchteil (Content-Strategie)?

Im Jahr 2009 rüttelte die amerikanische Internet-Expertin Kristina Halvorson mit ihrem Buch »Content Strategy for the Web« die amerikanische Online-Branche wach. Darin schildert sie lebhaft, direkt und ungeschönt, warum viele Unternehmen mit ihrem Webauftritt und ihren Content-(Marketing-)Aktivitäten scheitern: schlicht und ergreifend deshalb, weil sie keine Content-Strategie haben. Auf die Frage, was sie dazu angetrieben habe, das Buch zu schreiben, antwortete die Autorin: »My single biggest inspiration was probably frustration and rage.«[10]

Ganz so drastisch würde ich das in meinem Fall nicht ausdrücken. Aber bisweilen ist es tatsächlich zermürbend, immer wieder zu sehen, wie viele Fehler im Umgang

---

10 Kristina Halvorson in einem Interview von Nick Eubanks, veröffentlicht am 06.12.2012: http://www.seonick.net/kristina-halvorson-interview/#axzz2lZJ0j8mv

mit Website-Content gemacht werden – Fehler, die sich ganz einfach vermeiden ließen, wenn man das Thema einmal vernünftig anpacken würde. Viele Unternehmen haben beispielsweise schon wunderbare Inhalte, die sie auch fürs Content-Marketing nutzen könnten, sind sich dessen aber gar nicht bewusst. Darum muss die Strategie die notwendige Vorarbeit leisten und diese verborgenen Content-Schätze bergen – etwa mittels einer gründlichen Bestandsaufnahme aller Seiten und Inhalte, die sich bereits auf der Website tummeln.

Wie Sie an der Darstellung des Content-Strategie-Kosmos in Abbildung 1.2 gesehen haben, bewegen Sie sich mit Ihrem Angebot in einem immer komplexer werdenden Content-Kontext. Damit Sie den Überblick behalten und Ihre Webinhalte immer fest im Griff haben, ist es u. U. nötig, alte Organigramm-Raster aufzubrechen sowie interne Strukturen und Prozesse anzupassen. Content-Strategie ist daher auch eine Disziplin, die möglicherweise Veränderungen im Unternehmen herbeiführt – ein Content-Change-Management sozusagen. Denn das kompetente Arbeiten mit Webinhalten setzt voraus, dass ein Umdenken in Richtung Content stattfindet: Abläufe, Strukturen, Verantwortlichkeiten und die Content-Konzentration auf Ihr wertvollstes Firmengut – Ihre Kunden – müssen klar definiert bzw. im Unternehmen etabliert werden. Und genau das ist der Job einer Content-Strategie.

Auf internationalem Parkett ist der Begriff schon seit geraumer Zeit in aller Munde. In Deutschland hingegen findet die Content-Strategie erst seit Ende des Jahres 2012 stärkere Beachtung, wie Abbildung 1.3 zeigt.

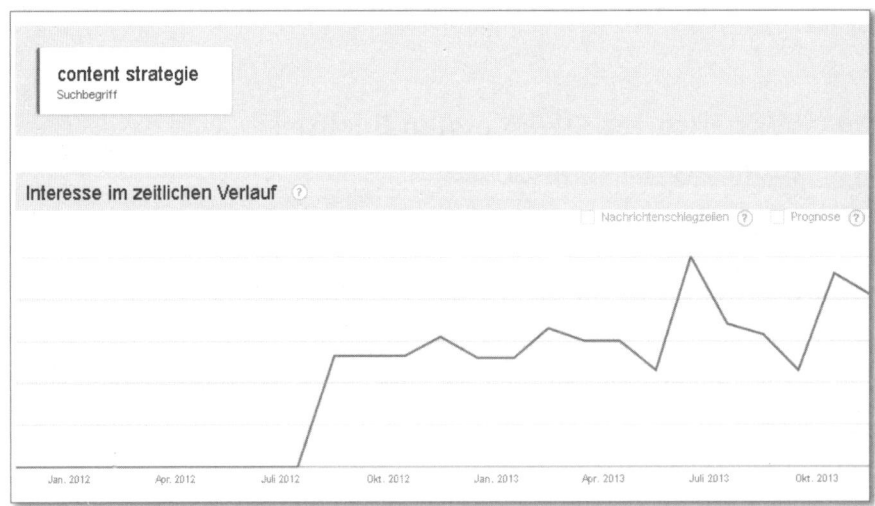

Abbildung 1.3 Google-Trends-Abfrage zur Entwicklung des Suchvolumens nach dem Begriff »content strategie« im Zeitraum Januar 2012 bis November 2013[11]

---

11 Link zu Google Trends: *http://www.google.de/trends*

1.4 Was erwartet Sie im ersten Buchteil (Content-Strategie)?

Aber auch im deutschen Sprachraum setzt sich die Content-Strategie-Bewegung langsam in Gang. Neben ersten Bootcamps befassen sich nun auch Universitäten und andere Ausbildungsstätten mit dem Thema – etwa die FH JOANNEUM in Graz, die ab Herbst 2014 einen berufsbegleitenden Master-Studiengang »Content Strategie« anbieten möchte[12]. Diese Entwicklungen sind wichtig, weil wir dringend mehr Fachkräfte für das professionelle Managen von Webinhalten benötigen.

Wie Sie in Abbildung 1.4 sehen können, gab es in Deutschland in der zweiten Hälfte des Jahres 2013 monatlich rund 2.900 Google-Suchanfragen nach dem Begriff »content marketing« – und lediglich maue 210 Anfragen nach »content strategie«.

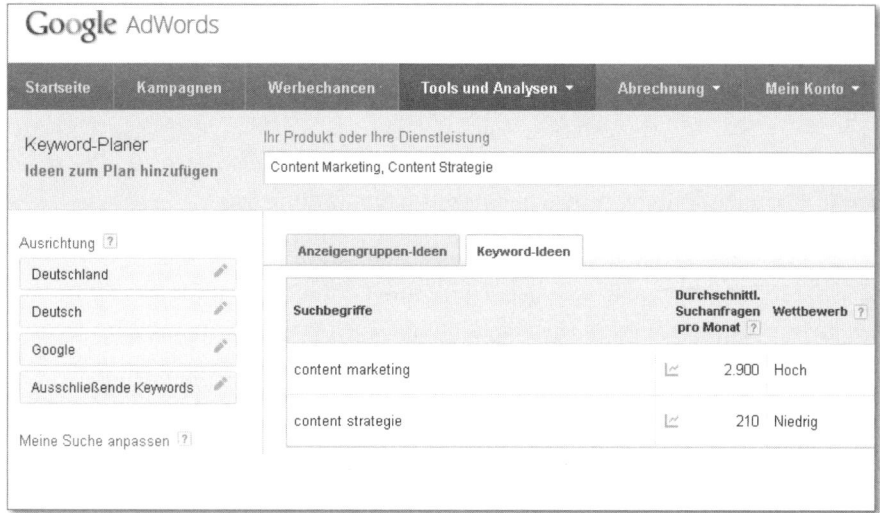

Abbildung 1.4 Monatliche Suchanfragen nach den Begriffen »content strategie« und »content marketing« (Tool: Google Keyword Planner)[13]

Dieses Ungleichgewicht dokumentiert die Gefahr, dass Unternehmen planlos ins Content-Marketing einsteigen und dabei riskieren, viel Geld buchstäblich zu verbrennen. »Think Content!« kann hoffentlich einen kleinen Beitrag dazu leisten, dass sich dieses Abfrageverhältnis künftig erkennbar zugunsten der Strategie ändert.

Darum zeigt Ihnen der erste Buchteil, wie Sie eine individuelle Content-Strategie in Ihrem Unternehmen aufbauen und langfristig produktiv mit Ihren Webinhalten arbeiten können. Hier erfahren Sie unter anderem,

---

12 Link zur Ankündigung des Studiengangs: *http://www.fh-joanneum.at/aw/home/Hidden/ STGtemp/~cqdz/cos* (Stand: 28.11.2013)

13 *https://adwords.google.com/ko/KeywordPlanner/Home*. Abfrage vom 25.11.2013

- warum ein Content-Konzept im Rahmen eines Webprojekts unbedingt an erster Stelle stehen sollte,
- wie Sie Ihre aktuellen Webinhalte auf den Prüfstand stellen können,
- warum Sie bei der Planung Ihrer Inhalte Schritt für Schritt vorgehen sollten,
- warum gute Inhalte nur das Ergebnis von gutem Teamwork sein können,
- warum ausschließlich die Content-Klasse zählt, nicht die Masse,
- warum es wichtig ist, dass Sie jederzeit den Überblick über die Performance Ihrer Inhalte behalten, und
- auf welchen vier Säulen eine erfolgreiche Content-Strategie aufgebaut ist.

Außerdem erhalten Sie zahlreiche Tool-Tipps und lernen anhand praktischer Beispiele, wie Sie die verschiedenen strategischen Aufgaben am besten meistern können.

Auf lange Sicht wird Ihnen Ihre Content-Strategie dabei helfen, sich auf die attraktiven Seiten der Content-Arbeit zu konzentrieren. Denn wenn

- Ihre Teams richtig aufgestellt und gut geschult sind,
- jeder Mitarbeiter weiß, welchen Wert seine Content-Arbeit für Ihre Firma hat,
- Sie die Bedürfnisse Ihrer Zielgruppe hundertprozentig verstanden haben,
- die notwendigen Tools für die Content-Pflege im Alltag am Start sind,
- ein detaillierter Themenplan Ihnen einen transparenten Überblick über sämtliche Content-Aktivitäten verschafft und
- ein solides Content-Controlling Aufschluss über den Erfolg Ihrer Content-Aktionen bietet,

dann fängt der Spaß im operativen Tagesgeschäft an – und jeder Content-Marketing-Verantwortliche kann sich auf die Kreation kluger Kampagnen oder den Aufbau von crossmedialen Content-Kooperationen konzentrieren. Diese Themen behandelt der zweite Buchteil.

1.5 Was erwartet Sie im zweiten Buchteil (Content-Marketing)?

Nachdem die Content-Strategie grundsätzlich das Warum (Ziele, Zielgruppen, Erkenntnisse aus dem Content-Controlling) und das Wie (Prozesse, Tools, Organigramme, Kompetenzen) im Umgang mit Webinhalten geklärt hat, beschäftigt sich das Content-Marketing mit dem Was (Content-Formate, Storytelling, Cross-

1.5 Was erwartet Sie im zweiten Buchteil (Content-Marketing)?

media, Content-Kooperationen, Content Curation), dem Wann (Themenplanung) und dem Wo (Nutzung von internen und externen Kommunikationskanälen). Man könnte auch sagen: Content-Strategie ist die Pflicht, Content-Marketing die Kür im Umgang mit Webinhalten.

Im Content-Marketing geht es darum, einen Paradigmenwechsel vom reinen Traffic-Einkauf hin zur erfolgreichen Kommunikation und Interaktion mit dem User über hochwertige Inhalte erfolgreich zu vollziehen. Ziel ist es, Kunden anzuziehen, zu begeistern und zum Handeln zu animieren – mit Hilfe von Content, der exakt auf die Bedürfnisse einer zuvor definierten Zielgruppe zugeschnitten ist. Der amerikanische Marketing-Experte Doug Kessler bringt es auf den Punkt:

> »Traditional marketing talks at people. Content marketing talks with them.«[14]

Ebenso wie die Unternehmen aus der Offline-Welt, die sich seit Jahrzehnten am Markt behaupten, brauchen Sie ein starkes Online-Branding. Dabei können Sie viel von den alten Marken-Hasen lernen, denn die haben schon immer erfolgreich über Inhalte (in Kundenmagazinen, Broschüren, Anzeigen, TV-Spots usw.) für ihr Unternehmen geworben, dabei schöne Geschichten inszeniert und ihren Produkten und Dienstleistungen eine ansprechende Bühne geboten. Wenn Sie über Ihre Inhalte Kompetenz demonstrieren, Vertrauen schaffen, Sympathien gewinnen, bei Problemen helfen, Fragen beantworten sowie den Mehrwert Ihres Angebots klar herausstellen, sind Sie auf dem besten Weg, einen loyalen Kundenstamm aufzubauen und neue Leads von Ihrem Angebot zu überzeugen.

So lernen Sie im zweiten Buchteil mithilfe vieler Beispiele aus der Praxis unter anderem,

- ▶ wie Sie Ihre Kunden noch besser mit relevantem Content erreichen können,
- ▶ wie Sie gute Inhalte für Ihr Content-Marketing finden,
- ▶ wie Sie mit Content Ihr Branding unterstützen können,
- ▶ wie Content-Marketing, SEO und Social bestmöglich miteinander harmonieren,
- ▶ wie Sie Inhalte über verschiedene Kommunikationskanäle streuen können und
- ▶ warum Content-Kooperationen mit anderen Firmen so attraktiv sind.

Zudem finden Sie im letzten Content-Marketing-Kapitel mehr als 30 Best Practices für große und kleine Budgets von B2B- und B2C-Unternehmen, die zeigen, wie vielseitig und erfolgreich man mit gutem Content arbeiten kann.

---

14 http://www.sproutcontent.com/blog/bid/141975/12-Inspiring-Content-Marketing-Quotes-From-the-Experts-and-a-Rockstar

1.6 Was erwartet Sie im dritten Buchteil (Webtexten)?

Der letzte Teil des Buches widmet sich dem Handwerk des Webtextens. Hier erfahren Sie, wie Sie die Macht der Worte effektiv und userfokussiert nutzen können. Sie werden überrascht sein, wie »wortgewaltig« Ihre Website ist – und wie viel man mit guten Webtexten erreichen kann: Ihr textbasierter Content trägt ganz entscheidend zum Erfolg Ihres Online-Business bei.

Dabei sind von einem Webtexter Fähigkeiten gefordert, die weit über das Talent zum Schreiben hinausgehen. Das hierfür benötigte Wissen vermittelt Ihnen »Think Content!« anhand zahlreicher anschaulicher Beispiele aus der Praxis. Sie werden sehen, dass Webtexte keine Texte zweiter Klasse sind, wie oft fälschlicherweise angenommen wird – ganz im Gegenteil! Sogar unter Webdesignern spricht sich langsam herum, wie wichtig die Auseinandersetzung mit Text-Content ist:

> *»Die Zeiten der exzessiven Effekthascherei, wie es damals unter Flash beliebt war, sind vorbei (oder fast). Mit Responsive Webdesign bezieht sich das Internet noch deutlicher auf seinen inhaltlichen Kern und das ist meistens Text. Natürlich können es auch Bilder, Videos, Audio, etc. sein, doch Text ist das dominante Medium im Web.«*[15]

Unter anderem erfahren Sie in diesem Buchteil,

- ▶ wie Sie Ihr Angebot mit den richtigen Worten im Web sichtbar machen,
- ▶ warum Bilder online nicht immer mehr sagen als 1.000 Worte,
- ▶ wie User Texte am Bildschirm wahrnehmen und wie Sie sie mit »grafischem Schreiben« geschickt führen können,
- ▶ was in ein Text-Briefing gehört,
- ▶ was Sie beim Schreiben für Social Media beachten sollten und
- ▶ wie Sie verkaufsfördernde Produkttexte verfassen können.

Und auch in diesem Teil des Buches stelle ich Ihnen zahlreiche Tools vor, die Ihnen den Alltag erleichtern.

1.7 An wen richtet sich »Think Content!«?

Grundsätzlich ist die umfassende Auseinandersetzung mit Content für alle Firmen wichtig, die im Web vertreten sind. Jeder, der möchte, dass sein Online-Business von Erfolg gekrönt wird, sollte sich damit befassen, wie man Webinhalte plant, er-

---

15 Oliver Schöndorfer in einem Blogbeitrag vom 11.11.2013: *http://www.zeichenschatz.net/blog/web/webdesigner-keine-angst-vor-content.html*

stellt, publiziert und evaluiert. Primär richtet sich »Think Content!« also an alle, die mit ihrer Website in irgendeiner Form Geld verdienen wollen.

Im Einzelnen spricht das Buch folgende Berufsgruppen an:

- Content-Verantwortliche (Redakteure, Webtexter, Content-Manager etc.)
- Marketing-Verantwortliche (aus allen Bereichen: CRM, Produktmanagement, Brand Marketing …)
- SEO-Manager
- Social-Media-Manager
- Mitarbeiter aus dem Bereich PR & Kommunikation
- Online-Business-Einsteiger oder Quereinsteiger
- Agenturberater

Eine Leserzielgruppe, die mir besonders am Herzen liegt, sind … die Entscheider! Liebe Chefs, Sie stellen die Weichen dafür, dass Ihr Team erfolgreich für Ihre Website arbeiten kann. Sie geben die Budgets frei und stellen die nötigen Ressourcen bereit. Sie statten Mitarbeiter mit Content-Kompetenzen aus und schaffen die Infrastruktur für ein starkes Content-Management. Sie sollten verstehen, dass ein Marketingfachmann kein Webtexter ist und die Unterstützung von kompetenten Content-Kollegen braucht. Sie sollten zu 100 % hinter dem Content-Thema stehen und in die Weiterbildung von Online-Mitarbeitern investieren, die Ihre Website auf Vordermann bringen. Dann werden Sie über kurz oder lang auch positive Antworten auf Ihre Fragen nach einem Content-ROI bekommen. Qualifizierte, ambitionierte Content-Mitarbeiter benötigen letztlich eines am allermeisten: Ihr Content-Verständnis und Ihre Unterstützung.

Gleich ein Tipp vorweg: Tragen Sie bitte während der Lektüre keine Scheuklappen! Auch wenn sich ein Beispiel auf den ersten Blick nicht unbedingt auf Ihr Unternehmen, Ihr Budget oder Ihr Thema übertragen lässt, kann es Ihnen gegebenenfalls trotzdem wertvolle Impulse für die Umsetzung eigener Content-Marketing-Aktionen geben. Die Erfahrung zeigt, dass sich fast alle Firmen in Bezug auf ihre Website kaum voneinander unterscheiden – alle haben mit ihrem Content zu kämpfen. Ob Großkonzern oder Kleinbetrieb: Die wenigsten Unternehmen arbeiten effizient mit ihren Inhalten, weil Content meist über viele Köpfe verteilt ist und kaum jemand den Überblick hat.

Dieses Buch wird nie die Bedürfnisse sämtlicher Leser hundertprozentig bedienen können. Es bietet aber in jedem Fall eine umfangreiche Informationssammlung für alle, die sich – sei es im operativen Geschäft oder auf Entscheider-Ebene – mit Webinhalten auseinandersetzen dürfen, müssen oder wollen. Es soll Neulingen einen schnellen Zugang zum Thema ermöglichen und erfahrenen Kollegen neue Anregungen liefern.

Selbstverständlich wendet sich »Think Content!« auch an jeden, der sich in diesem Bereich weiterbilden möchte, auch wenn er nicht unmittelbar für Webinhalte verantwortlich ist: Ein Durchblick beim Thema Content kann schließlich keinem Mitarbeiter im Online-Business schaden – im Gegenteil.

Vielleicht gibt es aber auch noch einen anderen Grund dafür, warum dieses Buch die Lektüre ist, nach der Sie gesucht haben:

> *»Sie haben das Wegsehen satt. Sie sind genervt von schlecht geschriebenem, veraltetem, selbstverliebtem Gefasel, das User verärgert und Business-Chancen ruiniert. Sie sind angewidert von blindem Aktionismus, endlosen Redesign-Prozessen und moralisch verkommenen Agenturen. Sie haben die Schnauze voll von Kennzahlen-Schönfärberei, designgetriebenen Website-Projekten und dem autistischen Herumwursteln diverser Abteilungen. Sie haben die Heuchelei satt und sind bereit für die Wahrheit.«*[16]

Dann sind Sie hier richtig. Willkommen bei »Think Content«!

1.8 Was bietet das Buch nicht?

Unter anderem stehen folgende Themen nicht bzw. nur teilweise im Fokus:

- Mobile Content – dazu liegen aktuell noch zu wenig auswertbare Informationen und Studien vor.
- Responsive Design und Flat Design – auch hier lässt sich zum Content-Bezug noch wenig sagen (Studien).
- Entwicklung von Social-Media-Strategien – Social Media wird in diesem Buch primär als Content-Kommunikationskanal behandelt. Zudem ist Social Media eine eigene Strategie-Disziplin, die bereits in einigen exzellenten Büchern behandelt wird.
- Content-Vermarktung, Content-Automatisierung und Native Advertising – das Buch konzentriert sich vorwiegend auf »eigenen« Content, der für User relevant ist.
- Content-Management-Systeme (aus technischer Sicht)
- Internationalisierung von Web-Content (Übersetzungen, Lokalisierungen)

---

16 Jonathan Kahn in einem Blogpost vom 18.10.2012: *http://lucidplot.com/2012/10/18/content-strategy-fear*

Zum einen gibt es zu einzelnen Fachbereichen bereits hervorragende Lektüre, zum anderen wollte ich die drei inhaltlich sehr mächtigen Buchteile, über die man jeweils ein eigenes Buch hätte schreiben können, möglichst kompakt und praxisnah darstellen.

Es liegt in der Natur der Sache, dass ein Buch wie »Think Content!«, das im Grunde genommen aus drei Büchern besteht, keinen Anspruch auf Vollständigkeit erheben kann. Es gibt Ihnen viele Checklisten, Vorlagen und Beispiele an die Hand, die Sie als Anregungen nutzen können. Aber es kann Ihnen keine Content-Strategie-Schablone liefern, die sich auf sämtliche Branchen und Business-Modelle und auf die Ansprache aller möglichen Zielgruppen anwenden ließe. Eine solche Schablone gibt es nicht und wird es nie geben: Jedes Unternehmen muss seine eigene, individuelle Content-Strategie entwickeln. Insoweit kann Ihnen »Think Content!« auch nicht die eigene Denkleistung abnehmen. Aber es bietet Ihnen zumindest das notwendige Rüstzeug, damit Sie erfolgreich mit Ihren Inhalten arbeiten können.

1.9 Content-Übung zur Einstimmung

Mit der Planung, Beschaffung und Pflege von hochwertigen Webinhalten haben sich Unternehmen jeder Couleur schon immer schwer getan – vom reinen Online-Betrieb bis hin zur klassischen Old-School-Firma, die erste Schritte in der Webwelt unternimmt. Und obwohl das Schreiben eines interessanten Artikels, die Realisierung eines unterhaltsamen Videos und das Texten von konversionsstarken Teasern im Prinzip schöne Aufgaben sind, geht das Thema Content oft mit einem hohen Maß an Frustration einher, weil den betreffenden Mitarbeitern bei der Erstellung von Inhalten immer wieder Steine in den Weg gelegt werden.

Drum möchte ich mit Ihnen zur Einstimmung eine kleine Anti-Frust-Übung machen: Nehmen Sie sich bitte einen Zettel zur Hand und schreiben Sie alles auf, was Sie im Rahmen Ihrer Content-Arbeit am meisten nervt. Die fehlende Zeit vielleicht? Das mangelnde Standing im Unternehmen? Die schwammigen Briefings? Die Tatsache, dass beim Thema Content immer alle eine Meinung haben, die sie meist auch noch dezidiert, aber sehr unpräzise kundtun (»Das gefällt mir nicht!«)?

Wenn Sie Ihre Liste fertiggestellt haben, streichen Sie sie bitte durch. Ja, die ganze Liste! Komplett! Am besten mit einem fetten roten Strich! Warum? Weil ich mir wünsche, dass Sie sich gegenüber »Think Content!« vollständig öffnen – und dass Sie die kleinen Frust-Teufelchen, die sich gerne bei dem einen oder anderen Content-Thema auf Ihre Schulter setzen wollen, sofort wieder verscheuchen. Möglicherweise schleichen sich bei der Lektüre ab und zu negative Gedanken ein, wie zum Beispiel »Das geht bei uns eh nicht«, »Dafür habe ich nicht die notwendigen

Tools«, »Das bekomme ich bei meinem Vorgesetzten nie durch«, »Dafür haben wir nicht das Budget« usw. Derartige Denkmuster sind im Content-Tagesgeschäft leider gang und gäbe. Lassen Sie sich aber davon nicht einschüchtern. Auf lange Sicht ist vieles möglich! Oder, wie es eine englische Redensart so wunderbar ausdrückt:

> »Those who say it cannot be done should get out of the way of those who are doing it.«

Guter Content ist keine hochtrabende Wissenschaft, keine Spekulation und kein Ding der Unmöglichkeit: Der Umgang mit Webinhalten ist ein erlernbares Handwerk. »Think Content!« vermittelt Ihnen dieses Handwerk. Sie werden sehen, welch wertvollen Beitrag Sie mit Ihrer Content-Arbeit leisten können – und dass man in jedem Bereich, in dem man erfolgreich sein möchte, am besten schrittweise vorgeht. Und? Haben Sie Ihren roten Frustbefreiungs-Strich schon gezogen? Na dann: Die Ärmel hochgekrempelt und in die Hände gespuckt! Nehmen Sie sich ein Beispiel an Bestsellerautor Stephen King:

> »Amateurs sit and wait for inspiration, the rest of us just get up and go to work.«

1.10 Guter Content ist (k)ein Glücksfall!

Haben Sie sich schon einmal überlegt, was das Wort »content« außer »Inhalt« noch bedeutet? Für mich ist das, was sich in anderen Sprachen hinter diesen sieben Buchstaben verbirgt, der entscheidende Grund dafür, warum sich jedes Online-Unternehmen das Wort »Content« unbedingt auf die Fahne schreiben sollte (siehe Tabelle 1.1).

Sprache	Wort	Übersetzung
Englisch	to content sb.	jdn. zufriedenstellen
Englisch	content	zufrieden
Französisch	content	erfreut, glücklich, zufrieden
Spanisch	contento	froh, glücklich, zufrieden
Italienisch	contento	froh, zufrieden, glücklich

Tabelle 1.1 Vieldeutiger Content

In diesem Sinne: Schaffen Sie Inhalte, die Sie und Ihre User glücklich machen!

TEIL I
Content-Strategie

2 Einführung in die Content-Strategie

»Eine strategische Vision ist ein klares Bild von dem, was man erreichen will.« (John Naisbitt, Futurologe)

Haben Sie eine klare Vorstellung davon, was Sie mit Ihrem Webangebot erreichen wollen? Wissen Sie, ob die Inhalte, die Sie auf Ihrer Website bieten, tatsächlich dazu beitragen, Ihre Ziele zu erreichen? Kennen Sie Ihren Website-Content bis ins kleinste Detail? Sind Sie sicher, dass Sie Ihre Zielgruppe korrekt ansprechen? Wenn Sie mindestens eine Frage mit nein beantwortet haben, dann ist es Zeit für Ihre persönliche Content-Strategie!

Hand aufs Herz: Kommt Ihnen der eine oder andere Satz im Zusammenhang mit Ihren Website-Inhalten irgendwie bekannt vor?

- »Lasst uns erst einmal die Website live bekommen – um den Content kümmern wir uns dann später!«
- »Wir haben doch eh schon die meisten Inhalte – oder etwa nicht?«
- »Webtexten ist ja nun wirklich kein Big Deal. Gibt es nicht einen Praktikanten, der uns schnell mal ein paar Texte liefern kann?«
- »Wir wissen doch eigentlich schon genau, was wir sagen wollen, oder?«
- »Website-Content? Um die Inhalte soll sich unser Marketingteam kümmern!«
- »Wir müssen uns auf die Conversion konzentrieren, nicht auf Content.«
- »Wir brauchen Texte sowieso nur für Google – gelesen werden sie letztendlich doch nicht!«
- »Wollen wir nicht mal aus SEO-Gründen ein Blog machen?«
- »Ach ja, wir sollten auch unbedingt auf den Social-Media-Zug aufspringen und dafür regelmäßige Posts erstellen.«
- »Muss das so viel kosten? Was bringen uns diese Inhalte eigentlich?«

Mit diesen oder ähnlichen Aussagen werden Content-Verantwortliche im Tagesgeschäft immer wieder konfrontiert. Es ist schon erstaunlich, dass man eine Webdisziplin, die von führenden Branchenexperten seit der ersten Online-Stunde als »King« bezeichnet wird, in der Realität nur äußerst selten mit Respekt, Sorgfalt und klaren Zielvorgaben behandelt. Höchste Zeit, dass Website-Betreiber ihre Inhalte genau kennenlernen und gewinnbringend nutzen – höchste Zeit für eine vernünftige Content-Strategie!

2.1 Lassen Sie Webinhalte erfolgreich für Ihr Business arbeiten!

Jede Information, die Sie auf Ihren Webseiten online stellen, und jeder Inhalt, den Sie im Rahmen Ihrer Marketingaktivitäten kreieren, ist Content – angefangen bei der Navigationsbenennung über ein Blog bis hin zu einer Gamification-Anwendung. All dieser Content muss komplett auf Ihre Business-Ziele und die Bedürfnisse Ihrer User ausgerichtet und professionell organisiert werden. Das ist die Aufgabe der Content-Strategie: Sie verfolgt das Ziel, den spekulativen Umgang mit Inhalten in ein faktenbasiertes, sorgfältig geplantes und ganzheitliches Content-Management umzuwandeln.

Im Rahmen Ihrer Content-Strategie gilt es nicht nur, präzise zu klären, welche Webinhalte Sie brauchen und wo diese eingebunden werden sollen. Zunächst einmal geht es um das grundsätzliche Verständnis dafür, WARUM welche Inhalte in welchem Umfang benötigt werden, und um die Erkenntnis, dass möglicherweise ein beachtlicher Anteil Ihrer Inhalte gar nicht dazu geeignet ist, Ihre Unternehmensziele zu unterstützen.

Anders gesagt: Content-Strategie ist der verantwortungsbewusste, durchdachte, ökonomische, datenbasierte, kundenorientierte, analytische und professionelle Umgang mit Webinhalten – von der Planung bis zum operativen Handling im Tagesgeschäft. Man könnte die Content-Strategie auch als erwachsen gewordenes Content-Management bezeichnen. Sie merken schon: Content-Strategie ist kein einmaliges »Projekt«, sondern vielmehr ein dauerhafter, elementarer Bestandteil eines hochwertigen und profitablen Webmanagements.

In der schnelllebigen Online-Welt besteht die Herausforderung vor allem darin, einerseits mit einer klaren Vision vor Augen ein langfristiges strategisches Vorgehen zu definieren und andererseits bei der Umsetzung flexibel, schnell und anpassungsfähig zu bleiben: Neue Technologien und Trends sowie eine immer größere Internetnutzung und die sich daraus ergebenden Kundenbedürfnisse müssen stets aktuell berücksichtigt werden. Dabei unterstützt Sie Ihre Content-Strategie: Sie schafft die organisatorischen Rahmenbedingungen dafür, dass Sie erfolgreich mit Ihren Webinhalten arbeiten können – und dass sich Ihre Inhalte wiederum langfristig wirtschaftlich für Ihr Business auszahlen. Machen Sie also die Content-Strategie zur Ihrer Königsdisziplin!

2.2 Die Kernfragen einer Content-Strategie

Schauen wir uns zur Einstimmung einmal an, wie führende Content-Strategen aus den USA die Komplexität des Themas auf den Punkt bringen:

»Content-Strategie umfasst die Planung, die Kreation, die Beschaffung und das operative Management von nützlichem und nutzbarem Content. Der Schlüssel für Ihren Content-Erfolg ist die Planung. Es geht darum, die richtigen Fragen zu Ihrer Strategie zu formulieren und zu bündeln sowie relevante Informationen und Daten zu sammeln und auszuwerten. Das Ziel Ihrer Vorarbeit ist es, eine präzise Content-Planung zu entwickeln, die alle notwendigen Schritte zur Erreichung Ihrer Website-Ziele abbildet.«[1]

»Da wir alle im Umgang mit Content mit unterschiedlichen Voraussetzungen konfrontiert werden (mit unterschiedlichen Business-Modellen, Website-Zielen, Denkweisen, Infrastrukturen, Ressourcen-Situationen, Firmenkulturen, Zielgruppen, Budgets etc.), ist es geradezu unmöglich, mit einer ›in Stein gemeißelten‹ Content-Strategie zu arbeiten, die sich auf alle Firmen abbilden lässt. Ich kann beispielsweise eine Strategie, die Sie für Ihr Unternehmen entworfen haben, nicht einfach so für meine Website übernehmen. Im Rahmen einer Content-Strategie müssen wir alle unsere eigenen Prozesse definieren und entwickeln.«[2]

»Content-Strategie ist für den Webtext das, was die Informationsarchitektur fürs Design ist. (...) Mag sein, dass die junge Disziplin Content-Strategie noch nicht komplett ausgereift ist, und dass deren Anforderungen noch nicht von allen Verantwortlichen verstanden worden sind. Das sollte Sie jedoch nicht daran hindern, gleich damit zu beginnen. Wenn Sie bei Ihren Projekten genügend Zeit dafür einplanen, gründlich über die Content-Anforderungen nachzudenken, dann werden die Content-Philosophen in Ihren Reihen über sich hinauswachsen.«[3]

»Content-Strategie ist die methodische Vorgehensweise, kontinuierlich alle Content-Anforderungen zu identifizieren und zu hinterfragen. Es geht um die Planung von durchdachten und strukturierten Inhalten. Es geht darum, diese Inhalte an einer zentralen Stelle zu managen und zu überwachen. Schließlich geht es darum, Inhalte zu kreieren und anzubieten, die exakt auf die Bedürfnisse der Kunden abgestimmt sind.«[4]

---

[1] Kristina Halvorson: http://www.uxmatters.com/mt/archives/2009/10/the-scoop-on-content-strategy-an-interview-with-kristina-halvorson.php
[2] Aus einem Interview mit Corey Vilhauer: http://www.cmsmyth.com/2012/05/the-myth-of-the-perfect-content-strategy-methodology
[3] Rachel Lovinger: http://boxesandarrows.com/content-strategy-the-philosophy-of-data
[4] Angelehnt an ein Zitat von Ann Rockley im Buch von Margot Bloomstein, Content Strategy at Work. Waltham, MA: Morgan Kaufman Publ. Inc. 2012, Seite 6.

Diese Aussagen verdeutlichen, dass hinter jedem gut performten Web-Content eine solide Infrastruktur steht. Bevor Sie allzu viele Gedanken an das populäre Thema Content-Marketing verschwenden, sollten Sie daher zunächst alle notwendigen Maßnahmen einleiten, die das professionelle Arbeiten mit Content in Ihrem Unternehmen überhaupt erst möglich machen. Das heißt, Sie sollten zuallererst im Rahmen Ihrer Content-Strategie die folgenden Kernfragen klären:

- Biete ich meiner Zielgruppe relevanten Content?
- Welche Inhalte brauche ich wirklich? Welche habe ich bereits? Sind sie relevant? Welche Inhalte fehlen? Auf welche kann ich künftig verzichten?
- Wie oft werden die Inhalte aktualisiert, erweitert, überprüft?
- Habe ich meine »SEO-Content-Hausaufgaben« erledigt?
- Wie manage ich Content im Tagesgeschäft (Redaktionsplan, Themenplan, Produktionsplan)?
- Wie spreche ich meine Kunden optimal an (Style-Guides, Wording-Listen …)?
- Mit welchen Inhalten erziele ich die meisten Erfolge? Wie lassen sich diese Erfolge messen? Gibt es so etwas wie einen Content-ROI?
- Erlaubt das Design meiner Website, die Inhalte optimal darzustellen? Sind die relevanten Textinformationen gut lesbar und leicht zu finden?
- Wer hat die Content-Verantwortung? Steht mir gut ausgebildetes Content-Personal zur Verfügung?
- Wer produziert die Inhalte (Inhouse-Erstellung vs. externe Zulieferung)?
- Welche Tools und Vorlagen benötige ich für die tägliche Content-Arbeit?
- Welche Kanäle (Newsletter, Homepage, Social Media) soll ich zur Verbreitung meiner Inhalte nutzen?

In den nachstehenden neun Kapiteln des ersten Buchteils erhalten Sie zahlreiche Anregungen, Anleitungen und Tipps für den Aufbau Ihrer persönlichen Content-Strategie. Das Herzstück jeder erfolgreichen Strategie bildet dabei ein kompetentes Team, das in der Lage ist, strukturiert und respektvoll mit Webinhalten umzugehen. Ob Content-Verantwortlicher, Manager oder Macher: Ein fundiertes Content-Know-how ist für jeden wichtig, der über Inhalte entscheidet, sie plant oder produziert. Darüber hinaus ist es nötig, das weit verbreitete Grundübel »Alle wollen mitreden, keiner will die Verantwortung« bei der Wurzel zu packen und Content-Experten mit der erforderlichen Entscheidungsbefugnis auszustatten. Vor allem benötigt ein Content-Team das uneingeschränkte Backup der wichtigen Content-Stakeholder, wie Kommunikationsprofi Klaus Eck unterstreicht:

»Erst wenn CEO, Bereichs- und Abteilungsleiter die Content-Strategie mitvertreten und vielleicht sogar positive Beispiele dafür liefern, erhält sie im eigenen Unternehmen Akzeptanz und gehört zur Unternehmenskultur.«[5]

Nur wenn die »Mission Content« von der Spitze Ihres Unternehmens unterstützt wird, die Budgets für eine solide Infrastruktur sowie qualifizierte Mitarbeiter zur Verfügung stehen und alle Verantwortlichen verstanden haben, welchen entscheidenden Beitrag sie mit guten Inhalten zum Unternehmenserfolg leisten können, dann wird Content zum Joker in Ihrem Online-Business.

2.3 Zehn Argumente pro Content-Strategie

Sie möchten Ihrem Kunden oder Ihrem Chef erklären, wieso es sinnvoll ist, im Unternehmen strukturierte Content-Management-Prozesse einzuführen? Sie sind Entscheider und möchten wissen, warum Sie das Thema »Content-Strategie« voll und ganz unterstützen sollten? Voilà:

Darum braucht Ihre Firma eine Content-Strategie:
1. Weil die Content-Welt täglich komplizierter wird. Damit Sie effizient mit Ihren Inhalten arbeiten und alle Kanäle klug bedienen können, benötigen Sie einen Plan, Know-how und definierte Workflows.
2. Weil Sie bislang keinen Überblick über Ihren Web-Content haben.
3. Weil Sie mit Ihren Inhalten Geld verdienen und Ihre Business-Ziele erreichen möchten.
4. Weil es auch im Internet Kundenbindung und Kundentreue gibt – und Content hierbei eine entscheidende Rolle spielt.
5. Weil Inhalte unverzichtbar sind, um Ihr Online-Branding aufzubauen.
6. Weil Content die Grundlage für eine erfolgreiche Suchmaschinenoptimierung ist.
7. Weil Online-Kunden nicht weniger anspruchsvoll sind als Offline-Kunden und auch im virtuellen Geschäftsleben der erste Eindruck zählt.
8. Weil Sie Ihre Inhalte bisher nicht evaluiert haben und ein Kosten-Nutzen-Verständnis für Website-Content entwickeln müssen.
9. Weil eine solide Content-Strategie das Fundament für Ihr erfolgreiches Content-Marketing bildet.
10. Weil Ihre Wettbewerber möglicherweise ebenfalls an einer Content-Strategie arbeiten und exklusiver, hochwertiger und treffsicherer Content Ihr größter Wettbewerbsvorteil ist.

---

[5] Klaus Eck in einem Interview mit Susanne Westphal vom 22.10.2013: *http://suewest.de/marken-inszenieren-ohne-content-strategie-geht-das-nicht*

2.4 Die vier Säulen einer erfolgreichen Content-Strategie

Eine ganzheitliche Content-Strategie ruht auf vier stabilen Säulen:

1. **Content-Audit**
   An erster Stelle steht der Audit – ein Arbeitsschritt, der notwendig ist, damit Sie Ihr Angebot bis ins kleinste Detail kennenlernen und beurteilen können. Im Rahmen dieses Prozesses finden Sie heraus, wie viele Inhalte Sie bereits online gestellt haben, wie brauchbar diese sind und welcher Content Ihnen noch fehlt.

2. **Content-Planung**
   In der Planungsphase geht es darum, festzulegen, welche Inhalte in welcher Form für Ihre Zielgruppe und zum Erreichen Ihrer Business-Ziele vorhanden sein müssen. Hierzu werden die Ergebnisse des Audits eingehend analysiert und priorisiert.

3. **Content-Produktion**
   Im nächsten Schritt werden sämtliche Fragen zur Content-Produktion geklärt: Wer erstellt die Inhalte? Wer kontrolliert die Qualität? Wie viel Zeit benötigt man für die Umsetzung? Was kostet das Ganze? Und welche Guidelines sind notwendig, um sicherzustellen, dass die kreierten Inhalte hochwertig sind?

4. **Content-Management**
   Nachdem Sie die ersten drei Strategiesäulen aufgebaut haben, ergänzt das Content-Management als vierte Säule Ihr stabiles Gerüst. An diesem Punkt sind Sie fit für das Handling hochwertiger Inhalte im Tagesgeschäft, bevor es irgendwann wieder an den nächsten Audit geht.

In Abbildung 2.1 sind diese Säulen zunächst einmal grafisch dargestellt. Wie Sie sie Schritt für Schritt in Ihrem Unternehmen errichten können, erfahren Sie im Einzelnen in den Kapiteln 4–7.

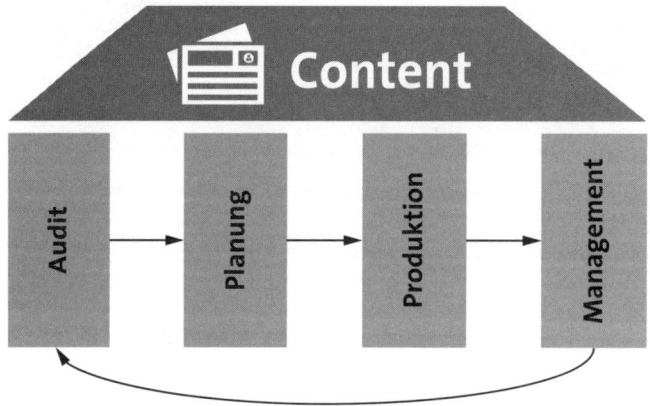

Abbildung 2.1   Die vier Content-Strategie-Säulen

2.5 Was ist Content aus Strategie-Sicht?

Unter Content versteht man im Prinzip alles, was Sie im Web zur Verfügung stellen. Dabei richtet sich der Fokus der Strategie vor allem auf die Inhalte der Website – aus Gründen, die ich schon in Abschnitt 1.3, »Ihre Website steht im Content-Kosmos-Zentrum«, ausgeführt habe. Die Standard-Content-Formate (wie Texte, Bilder, Videos usw.) werden im zweiten Buchteil (insbesondere in Kapitel 14, »Content-Formate und -Kategorien – eine Übersicht«) noch ausführlich behandelt. Hier hingegen, zu Beginn des Buches, gilt es zunächst einmal, die verschiedenen Content-Arten zusammenzustellen, die man in der Regel auf jeder Website findet und die im Rahmen Ihrer Strategie allesamt sorgfältig geplant und gemanagt werden müssen. Ich wiederhole: allesamt!

Ihr Website-Content ist wichtig, weil er die Basis für Ihre Marketing-Aktivitäten darstellt und das Image Ihrer Firma in der Webwelt bestimmt. Dabei geht es nicht bloß um das sogenannte Look-and-feel der Homepage, sondern um jeden einzelnen Content-Schnipsel, der sich bis in die kleinsten Ecken Ihres Webauftritts versteckt. Sie wissen schließlich nie, über welchen Weg der User auf welcher Seite landet. Daher sollte jede Seite mit derselben Aufmerksamkeit und Sorgfalt gepflegt werden wie die Homepage.

Neben Bildern und anderen digitalen Inhalten gibt es auf den meisten Websites primär eine große Fülle an Textinformationen. Viele davon werden häufig extrem stiefmütterlich behandelt – völlig zu Unrecht, denn mit ihrer Hilfe können Sie bereits entscheidende Weichen für den Erfolg Ihres Online-Business stellen! Wundern Sie sich daher bitte nicht darüber, dass ich auch im Strategie-Part den Schwerpunkt oft auf die Textarbeit lege.

Grundsätzlich ist es zunächst einmal wichtig, dass Sie sich bewusst machen, wie viel unterschiedlicher Content sich auf einer Site findet. Im Wesentlichen lassen sich die Inhalte in die folgenden zwölf Content-Gruppen aufteilen. Der Vollständigkeit halber finden Sie in dieser Liste (etwa in den Gruppen Nummer 5 und 7) auch Content, der vorwiegend auf externen Plattformen publiziert wird.

1. Navigations-Content
- Navigationsbenennung
- Buttons
- weiterführende Verlinkungen
- Breadcrumbs
- Sitemap
- Teaser

2. Service- und Hilfe-Content

- Erklärvideos
- FAQ: Antworten auf die am häufigsten gestellten Fragen
- Hilfe-Seiten
- Kontaktformulare
- vorgefertigte Kundenservice-Texte, etwa E-Mail-Vorlagen, die der Customer Service zur Beantwortung der häufigsten Anfragen nutzen kann (E-Mail-»Blurbs«)

3. Redaktioneller Content

- Ratgebertexte
- Interviews
- Themenartikel
- Berichte und Reportagen

4. Engaging Content

- Gamification
- Videos
- Rätsel
- Psycho-Tests
- Umfragen/Abstimmungen

5. Marketing- und Kommunikations-Content

- AdWords-Anzeigentexte
- allgemeine (Banner-)Anzeigentexte
- Gewinnspiele
- Online-PR-Meldungen
- werbliche Newsletter-Teaser und Newsletter-Betreffzeilen
- Aktions-Landingpages

6. Image-Content

- Unternehmensvideos
- Firmenprofile (Firmenkultur, Unternehmensgeschichte, Erfolgsmeldungen, Vorstellung der Ansprechpartner, Interviews mit Vorständen, Bildmaterial, Positionierung)
- Berichte über soziale Engagements

- Auszeichnungen, Prämierungen
- Inhalte, die einen bestimmten Expertenstatus unterstreichen (Case Studies, Referenzen, Markttrends)

7. Social-Media-Content

- Blogtexte
- Social-Media-Profil-Informationen (LinkedIn, XING)
- Facebook-Posts
- Tweets auf Twitter
- SlideShare-Präsentationen
- Bilder
- Videos

8. SEO-Content

- Metatexte (Title, Description, ALT-Tags usw.)
- Unique Content
- Keywords

9. Verkaufs-Content

- werbliche Produkttexte
- informative Produkt- und Materialhinweise
- Hersteller-Informationen
- Cross-Selling-Tipps

10. User-generated Content

- Kommentare
- Rezensionen
- Social-Media-Posts

11. Juristischer Content

- Impressum
- AGB
- Datenschutzerklärungen
- Quellenangaben

> **12. Systemischer und funktionaler Content**
> - Mouse-over-Informationen/Tooltips: Textinformationen, die sich in einem kleinen Feld über einem Webseitenelement öffnen, wenn man mit der Maus darüberfährt
> - Prozessbeschreibungen: Hinweise, die den User durch einen bestimmten Prozess (Anmeldeprozess, Download-Prozedere, Gewinnspielteilnahme, Bezahlvorgang etc.) begleiten
> - Fehlermeldungen: Mitteilungen über fehlerhafte oder fehlende Eingaben in Datenfelder oder inkorrekte Handlungsweisen
> - Fehlerseiten/404-Seiten
> - automatisierte E-Mails (Double-Opt-in, Passwort-Zusendungen, Download-Informationen, Bestellbestätigungen)

Geschätzte 90 % dieser Inhalte sind Textinformationen, die man im Unternehmen planen, koordinieren, verifizieren und umsetzen muss. Doch de facto wird die Content-Erstellung oft zerstückelt über den ganzen Betrieb verteilt. Da bittet etwa die IT-Abteilung den Projektmanager im Laufe eines Projekts, »mal eben einen Text für den Check-out-Prozess« zu liefern, und ein Junior Marketer muss kurzfristig den Text für eine Kampagnen-Landingpage erstellen. Am Ende hat niemand mehr den Überblick, welche Inhalte wo online stehen. Eine gründliche Qualitätssicherung kann auf diese Weise natürlich ebenso wenig sichergestellt werden wie eine einheitliche und professionelle Kundenansprache. Deshalb ist es wichtig, dass Sie ganz bewusst und gut organisiert mit allen zwölf Content-Arten auf Ihrer Website umgehen.

Ja, Sie haben richtig gelesen: mit allen zwölf! Es fällt vielleicht schwer, das zu glauben, doch auch auf den ersten Blick unscheinbare und unbedeutende Content-Elemente können für Ihre Strategie interessant sein – dahinter verbergen sich oft überraschende Stellschrauben, an denen Sie drehen können, wenn Sie Ihr Webbusiness nach vorne bringen wollen. Um Ihnen das zu beweisen, und um Sie für die vielfältigen Nutzungspotenziale der diversen Inhalte zu sensibilisieren, möchte ich die beiden Beispiele näher beleuchten, die rein zufällig an erster und an letzter Stelle der Liste stehen: die Navigationsbenennung und die automatisierte Bestellbestätigung.

Vielen Online-Unternehmen ist nicht bewusst, dass man die Namen seiner Website-Kategorien mit größter Sorgfalt wählen sollte. Bereits bei der Navigationsbenennung können Sie den Grundstein dafür legen, dass Ihr Angebot von Google und den Usern schnellstmöglich erfasst und verstanden werden kann. Wenn Sie eine Bank betreiben und Ihr Kerngeschäft die Baufinanzierung ist, dann sollten Sie die entsprechende Kategorie auch so nennen – und nicht etwa »Bauen und Wohnen«. Und wenn Sie ein Sortiment mit Kleidung für Neugeborene anbieten, dann fragen

Sie sich bitte bei der Benennung Ihrer entsprechenden Kategorieseiten: Sucht meine Zielgruppe nach diesem Kategorienamen, wenn es mein Sortiment finden möchte? Verstehen die User auf Anhieb, was sich hinter dem Kategorienamen verbirgt? Ein Begriff wie »just arrived Girls« wirkt auf die deutsche Kundschaft vielleicht etwas befremdlich. Insofern wäre die Firma in Abbildung 2.2 weitaus besser beraten gewesen, wenn sie die dargestellte Kategorie etwa »Babykleidung« genannt und darunter den Filter für Jungen und Mädchen angeboten hätte. Denn nach »Babykleidung« suchen auf Google im Schnitt mehr als 22.200 User im Monat, während nach »just arrived boys« oder »just arrived girls« monatlich genau 0 User suchen![6]

Abbildung 2.2 Ausschnitt aus der Kategorie-Navigation des Onlineshops von s.Oliver (http://www.soliver.de/junior/junior,default,sc.html; Stand: 30.11.2013)

Beginnen Sie also gleich beim Aufbau Ihrer Navigationsstruktur damit, jedes Wort zu hinterfragen und zu prüfen, ob Sie sich in der Sprachwelt Ihrer potenziellen Website-Besucher bewegen. Denn mit jedem falschen Begriff machen Sie es Ihren Usern schwer, sich schnell auf Ihrer Seite zu orientieren – und so lassen Sie im Zweifelsfall buchstäblich das Geld auf der Online-Straße liegen.

Das zweite Beispiel für nur scheinbar unwichtigen Web-Content bezieht sich, wie angekündigt, auf automatisierte Bestellbestätigungen. Dass auch eine konfektionierte E-Mail Charme versprühen, Persönlichkeit zeigen und einen wesentlichen Beitrag zur Kundenbindung leisten kann, führt uns der britische Visitenkartenhersteller MOO überzeugend vor: In einer standardisierten Bestätigungs-E-Mail meldet sich der »kleine MOO« zu Wort – sozusagen ein virtueller Software-Diener, der sich rührend um die soeben getätigte Kundenbestellung kümmert (siehe Abbildung 2.3).

---

6 Daten aus einer Abfrage im Google-Keyword-Planer vom 30.11.2013.

> Hello Anna
>
> I'm Little MOO – the bit of software that will be managing your order with moo.com. It will shortly be sent to Big MOO, our print machine who will print it for you in the next few days. I'll let you know when it's done and on its way to you.
>
> If you've imported your images to MOO from another site, please make sure you don't remove or change the photos you've chosen from that site until this order has been printed, or some pictures may come out blank. (If you've uploaded them directly to MOO, then there's no need to worry.)
>
> You can track and manage your order from the accounts section at: https://secure.moo.com/account. Just use the 'Login with Facebook' button to sign in.
>
> Estimated Arrival Date: Thu 16 Aug 2012
>
> Remember, I'm just a bit of software. So, if you have any questions regarding your order please first read our Frequently Asked Questions at: http://www.moo.com/help/faq/ and if you're still not sure, contact customer services (who are real people) at: http://www.moo.com/help/contact-us.html
>
> Thanks,
> Little MOO, Print Robot
>
> MOO
> "We love to print"

Abbildung 2.3 Screenshot einer Kunden-E-Mail an die Kommunikationsexpertin Anna Rydne[7]

Das Beispiel verdeutlicht, wie einfach es sein kann, sich ein wenig von der Masse abzuheben und sogar vorgefertigten Texten eine sympathische Note zu verleihen, die den Kunden in Erinnerung bleiben wird. Wenn auch die anderen Service-Leistungen stimmen, hat das Unternehmen schon einen wichtigen Schritt in Richtung Markenaufbau und Kundenbindung getan. Das unterstreicht auch die Aussage einer Kundin, die sich offensichtlich sehr über diese kleine, aber feine Aufmerksamkeit gefreut hat:

> »Neulich bekam ich eine E-Mail von MOO, die mein Herz wirklich zum Schmelzen brachte – ein Musterbeispiel für perfekte Kundenbetreuung. Ich sehne mich schon nach weiteren Nachrichten von moo.com: Ich werde jede einzelne lesen – egal, ob Sie vom kleinen MOO kommen oder von einem anderen Firmenmitarbeiter (sofern er genauso süß ist wie dieses Software-Teilchen).«[8]

---

7 Link zur Seite: *http://communicateskills.com/2012/10/01/i-believe-in-little-moo* (Screenshot vom 30.11.2013)
8 Anna Rydne in einem Artikel vom 01.10.2012: *http://communicateskills.com/2012/10/01/i-believe-in-little-moo*

Es ist davon auszugehen, dass die Kundin dank dieser E-Mail beim nächsten Mal, wenn Sie wieder Visitenkarten benötigt, an den »kleinen MOO« denkt und zu diesem Onlineshop zurückkehrt. Sie sehen an den beiden Beispielen, wie sehr es sich lohnen kann, über jedes Wort, das Sie in die weite Webwelt hinausschicken, intensiv nachzudenken, um Ihren Usern stets die optimale Ansprache zu bieten.

2.6 Content-Strategie – neuer Trend oder alter Hut?

Abbildung 2.4 zeigt die weltweite Entwicklung der Suchanfragen nach dem Begriff »content strategy« von 2004 bis Ende 2013.

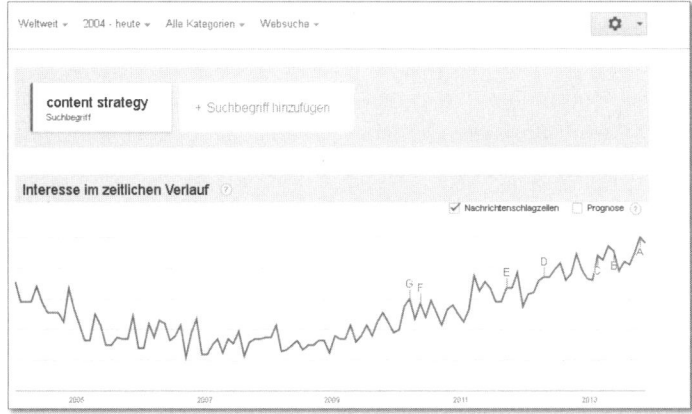

Abbildung 2.4 Google-Trends-Abfrage nach »content strategy« (Stand: 30.11.2013)

Wie Sie der Grafik entnehmen können, gab es in den frühen Jahren der Web-Ära schon einmal eine stärkere Nachfrage nach dem Begriff. Internetfirmen legten einen starken Fokus auf Website-Inhalte, und in nahezu jedem Betrieb gab es eine Content-Management-Abteilung oder eine Online-Redaktion. Wie ist es nun zu erklären, dass das Interesse an Content über ein paar Jahre zurückging und erst wieder seit 2010 international einen wahren Boom erlebt?

2.6.1 Content damals und heute ...

In den Anfängen des Internet-Business beherrschten hauptsächlich Start-ups die Online-Welt. Sie hatten sich organisatorisch und strategisch komplett auf das Webgeschäft eingestellt. Dementsprechend wurden die Seiteninhalte straff geplant und gemanagt.

Ein Musterbeispiel hierfür bot der E-Commerce-Gigant Amazon: Eine Redaktion aus rund 20 Mitarbeitern schrieb exklusive Rezensionen zu jedem einzelnen Produkt im Shop. In wöchentlichen Themenplan-Meetings wurden die On-Site-Themen der kommenden drei Monate besprochen und die aktuellen Ergebnisse evaluiert. Eine Schlussredaktion aus fünf Mitarbeitern sorgte für ein sorgfältiges Lektorat sämtlicher Texte. Und eine QA-Abteilung war dafür zuständig, dass keine Seite live gestellt wurde, die nicht hundertprozentig in Ordnung war: Jeder Link, jeder Inhalt, jede Funktion musste passen – erst dann wurde der »Live-Schalter« umgelegt.

2.6.2 Warum hat der Umgang mit Content so gelitten?

Drei Faktoren sind im Wesentlichen dafür verantwortlich, dass das Thema Website-Content nach dem ersten großen Internetboom in vielen Firmen etwas ins Abseits geraten ist.

Die »Offline-Welt« ging online

Viele klassische »Offline«-Unternehmen nahmen ihre Mitarbeiter, Strukturen und Arbeitsweisen mit in ihr Online-Business, wenn das Firmenangebot um einen Webauftritt erweitert wurde. Meist wurden Inhalte und Marketing-Denkweisen 1:1 vom alten Betrieb auf das neue Geschäft übertragen, Print-Artikel und -Anzeigen ohne Änderungen online gestellt. Den Verantwortlichen fehlte oft wichtiges Know-how für den korrekten Umgang mit Website-Content, und neuen Online-Kollegen stand man nicht selten skeptisch gegenüber. Viele alteingesessene Mitarbeiter hatten Angst, ihre Stellung oder ihr Mitspracherecht an die neue Online-Generation zu verlieren. Daher wurde häufig erst einmal pauschal »abgeblockt«, wenn Vorstöße in Richtung eines hochwertigen Content-Managements unternommen wurden oder Inhalte online-konform aufbereitet werden sollten. Die Durchsetzung eigener Interessen stand über der Frage, welche Inhalte auf welche Weise am besten für User umgesetzt werden sollten.

In »Old-School«-Unternehmen wurden die Inhalte üblicherweise von den jeweiligen Marketingabteilungen in Zusammenarbeit mit Agenturen geplant und gemanagt. Deshalb wanderten die Content-Verantwortung und die Entscheidungsbefugnis über die Webtexte nicht selten ins klassische Marketing; die Content-Abteilungen bzw. Redaktionen verloren immer mehr an Bedeutung und Mitspracherecht. Oft kam es sogar überhaupt nicht dazu, dass diese Bereiche für den neuen Online-Geschäftszweig aufgebaut wurden.

Zudem waren noch nicht jedes Business und jede Zielgruppe bereit für die digitale Welt. Für viele Firmen galt es Anfang der 1990er Jahre als selbstverständlich, auf den Internetboom-Zug aufzuspringen und ein Online-Angebot für den jeweiligen Geschäftsbereich live zu stellen. Doch für zahlreiche Geschäftsmodelle gab es noch keine Online-Zielgruppe bzw. noch keine Online-Akzeptanz bei den Kunden. Hinzu kam, dass nur wenige Haushalte über einen Internetzugang verfügten – geschweige denn über einen schnellen. Daher lag die digitale Firmenpräsenz oft über Jahre hinweg brach, so dass auch das Interesse am Content-Ausbau der Plattform bei vielen Unternehmen nach geraumer Zeit nachließ.

Eine amerikanische Kollegin, die seit über 20 Jahren für eine medizinische Organisation als Content-Expertin tätig ist, bestätigte in einem Gespräch diese Erfahrung. Sie arbeitet seit 2011 an der Einführung einer Content-Strategie in ihrer Firma – und das nicht zum ersten Mal: Die erste Strategie wurde bereits vor 15 Jahren entwickelt. Doch dann passierte erst einmal nichts mehr: Die Online-Welt war noch nicht so weit für die Webpräsenz dieses Unternehmens, und es gab noch keine signifikante Nutzung des digitalen Content-Angebots seitens der Zielgruppe.

Und dann kam SEO ...

Kaum eine andere Webdisziplin hat so schnell so viele Anhänger gefunden wie die SEO-Bewegung. Das ist auch leicht nachzuvollziehen, bot die Suchmaschinenoptimierung doch allen Website-Betreibern die Chance, über gut rankende Suchbegriffe gratis Traffic abzugreifen. Schade nur, dass ein paar schlaue SEO-Füchse die Schwächen des Google-Algorithmus viele Jahre lang auf Kosten guter Webinhalte ausnutzten und sogenannter SEO-Content den Eindruck erweckte, jeder könne fürs Web texten: Hauptsache, das wichtigste Keyword kam so oft wie nur irgend möglich auf der Seite vor. Grammatik? Egal. Stil? Egal. Der Kunde? Völlig egal. Die Qualität? Pfff ...

Texte mit einer Keyword-Dichte von 8–10 % waren keine Seltenheit und eine Beleidigung fürs Auge (und fürs Hirn). Automatisierte Texte boten ebenso keinen attraktiven Anblick für halbwegs anspruchsvolle Leser. Aber der Zweck heiligte die Mittel, und über viele Jahre wurden Content-Farmen und mit Schlüsselbegriffen vollgepackte Textseiten mit hohen Rankings belohnt. Wer brauchte da noch gut organisierte Content-Abteilungen oder eine durchdachte Strategie? Warum sollte man viel Geld in hochwertige Texte investieren? Kein Wunder, dass die Nachfrage nach dem Suchbegriff »content strategy« nach 2004 bis ca. 2009 deutlich zurückging.

Doch seit geraumer Zeit erlebt das Thema Content eine »Web-Renaissance«: Google selbst hat erkannt, dass der alte Algorithmus dazu führte, dass Webseiten mit einer mangelhaften Qualität aufgrund der manipulativen Textarbeit gut rankten. Da Google aber auch abhängig von guten Suchergebnissen ist, die dem Internetnutzer gefallen, gab es durch einige Algorithmus-Anpassungen eine klare Google-Ansage an alle Website-Betreiber: Bietet endlich wieder qualitativ hochwertige Inhalte für die User!

Diese Aufforderung, gepaart mit der rasanten Entwicklung von Social Media, einer weiteren Disziplin, deren Erfolg eng mit exklusivem Qualitäts-Content verbunden ist, sorgt dafür, dass Unternehmen wieder lernen müssen, vernünftig, gewissenhaft und clever mit Website-Inhalten umzugehen.

Dank Googles disziplinarischer Maßnahmen sollen auch Backlinks wieder »natürlich« angezogen werden: Links, die en masse eingekauft werden und keine Relevanz zum Seitenthema bieten, sind Google ein Dorn im Auge und erhöhen das Risiko, dass eine Webseite mit irrelevanten Massen-Links vom Suchriesen abgestraft wird und Ranking-Power verliert.

SEO ist und bleibt natürlich eine enorm wichtige Online-Marketing-Disziplin, aber exklusiver Web-Content bildet die Grundlage für die meisten Faktoren, die in ein gutes Ranking einfließen. Eine detaillierte Ausarbeitung zum innigen Verhältnis von Content und Google finden Sie in Kapitel 19, »Content-Marketing und SEO – das Web-2.0-Dream-Team«.

»Content darf nichts kosten!«

In vielen Unternehmen wurde Content zur »Praktikanten-Sache«, und bisweilen war man nicht bereit, mehr als 1 Cent pro geschriebenes Wort auszugeben. Ein Text mit 200 Wörtern sollte also für 2 € zu haben sein. Wissen Sie, wie lange man an einem gut recherchierten und sauber formulierten Text mit 200 Wörtern arbeitet – inklusive finaler Textkontrolle? Das kann gut und gerne 30, 40, 50 oder auch einmal 60 Minuten dauern. Wenn man hochrechnet, was ein Texter pro Stunde bei diesem Cent-Satz verdient, muss man sich fragen: Welche Qualität liefert ein Schreiber, der für 2 bis 4 € in der Stunde arbeitet?

Und glauben Sie wirklich, ein Praktikant könnte so texten, dass er Suchmaschinen und User gleichzeitig bedient, und dabei ein ausgeprägtes Gespür für die zielgruppengerechte Ansprache beweisen?

Den schlechten Ruf, den die Textarbeit im Laufe der Jahre bekommen hat, verdanken wir vor allem dem Trend zur Billigarbeit in den Redaktionen. Auch das ist ein Grund dafür, warum das Interesse am Content-Thema über viele Jahre geschrumpft ist. Ein Umdenken erscheint hier unerlässlich: Nicht zuletzt wegen der Google-Updates ist es heute wichtiger denn je, die Arbeit mit Website-Inhalten auf ein höheres Level zu bringen. Online-Unternehmen sollten aufhören, von »SEO-Texten« zu sprechen. Texte, die online gestellt werden, sind grundsätzlich Webtexte und sollten von erfahrenen, qualifizierten und online-affinen Mitarbeitern erstellt werden. Denn oftmals ist der vermeintlich »billige« Weg am Ende nicht der günstigere!

Content-Strategie ist letztendlich also beides – ein »alter Hut«, der einfach ein paar Jahre in Vergessenheit geraten ist, und jetzt ein Trend-Thema, das in gereifter Form wieder Einzug in die tägliche Online-Arbeit hält. Eines hat sich jedoch im Laufe der Jahre nicht geändert: Die Content-Strategie ist kein Sprint, sondern ein Marathon.

Dafür benötigen Sie erstens einen langen Atem und zweitens die entsprechenden Reserven in Form einer fundierten Website, die so gestaltet ist, dass Ihre Inhalte auch richtig zur Geltung kommen können. Und dabei wiederum spielt das Verhältnis zwischen Content und Design eine entscheidende Rolle ...

2.7 Design vs. Content – außen hui, innen pfui?

Die meisten Webprojekte starten mit ...? Richtig, mit einem Design-Briefing. Man betrachtet die Elemente, die sich aktuell auf der Website befinden, und versucht dann, die Vision von der künftigen Site zu beschreiben: Schick soll sie sein. Anders. Aufregend. Emotional. Die User sollen von tollen Bildern und großen, grafischen Bühnen empfangen werden, und ... ja, dann brauchen wir noch einen Footer. Und die Navigation ...? Hm, die packen wir entweder links vertikal oder oben horizontal rein. Da soll uns die Agentur mal einen Vorschlag machen ...

Von den Bedürfnissen der Kunden ist dabei kaum je die Rede. Und auch Hinweise zur benötigten Zeichenzahl für Headlines oder den Wortumfang von Teaser-Texten, zum gewünschten Platz für sprechende Links, dem notwendigen Raum für eine Bildunterschrift oder zur Darstellung von längeren Textpassagen finden sich in einem solchen Briefing eher selten – fatalerweise! Denn zu diesem Zeitpunkt ist Ihr Webprojekt im Hinblick auf Content schon beinahe in den Brunnen gefallen.

Zugegeben, Design ist wichtig, um einen professionellen Eindruck zu vermitteln und wertigen Inhalten eine passende Bühne zu bieten. Aber um einmal beim Theater-Vergleich zu bleiben: Bevor ein Bühnenbildner eine Kulisse entwirft, liest er zunächst einmal das betreffende Theaterstück und macht sich zusammen mit dem Regisseur Gedanken darüber, worum es in dem Stück und in den einzelnen Szenen geht. Das Regieteam überlegt sich gemeinsam: Was sind die Inhalte, die wir unserem Publikum möglichst auf leicht zugängliche und optisch ansprechende Weise darbieten wollen?

Ihr Auftrag lautet hier eindeutig: Stellen Sie Ihren Website-Content wieder ins Rampenlicht! Denn bevor Sie viel Geld in Design-Entwürfe investieren, sollten Sie – ähnlich wie ein Regisseur – Ihre Webseiten aus Content-Sicht schon komplett definiert und skizziert haben, damit diese in einer zu Ihrem Unternehmen passenden Optik präsentiert werden können. Sie brauchen also zuallererst ein detailliert ausgearbeitetes Konzept für Ihre Webinhalte (siehe Kapitel 9, »Das Content-Konzept«), das den Nährboden für das dafür adäquate Design bietet.

In Abschnitt 9.1, »Content first! Design second!«, werde ich noch einmal auf das Thema eingehen. Auch in Kapitel 26, »Webtext und Usability«, wird die Wechselbeziehung zwischen Inhalt und Präsentation eine Rolle spielen: Da werde ich anhand einiger Beispiele erläutern, warum ein Bild nicht zwangsläufig mehr sagt als 1.000 Worte – und warum großflächige Themenbühnen nicht immer den optimalen Einstieg in ein Webangebot bieten.

2.8 Content-Strategie bedeutet Entschleunigung

Im Laufe der Jahre sind mir immer wieder Unternehmer begegnet, die der Auffassung waren, ein Internet-Business und eine Website könnte man mal eben schnell in drei bis fünf Monaten auf die Beine stellen und dann sofort erfolgreich damit wirtschaften. Besonders auffällig war dabei, dass sich Projekte durch eine derart unrealistische Planung oft weitaus stärker verzögert haben, als das der Fall gewesen wäre, wenn man sich von vornherein kleinere, erreichbare Ziele gesteckt hätte. Außerdem standen viele Firmen nach einem Redesign schon wieder vor dem nächsten Redesign, weil man aufgrund zu enger Zeitfenster viele notwendige Inhalte und Features nicht berücksichtigt hatte, die man dann erneut (und meist sehr kostenintensiv) nachproduzieren musste.

Das Webbusiness verlangt Geduld (oder aber riesige Budgets, mit denen sich Schnellschüsse finanzieren lassen). Diese Geduld brauchen Sie auch, um Ihre Content-Strategie zu etablieren. Das Erfolgsprinzip beim Content-Aufbau Ihrer Internetpräsenz lautet eindeutig: häppchenweise vorgehen!

- Rom wurde nicht an einem Tag erbaut – ebenso wenig bringt man in kürzester Zeit die perfekte Website an den Start. Planen Sie langfristig, und setzen Sie klare Prioritäten, welche Inhalte zuerst live gehen oder angepasst werden sollen und welche Sie dann in definierten Zeitschritten nachziehen.
- Ein Start-up benötigt vielleicht nicht für alle 2.000 Produkte im Shop bereits zum Launch-Termin detaillierte Produkttexte. Wenn zunächst die margenattraktivsten oder die elementaren Key-Produkte mit sehr guten Inhalten präsentiert werden, ist das schon ein vernünftiger Beginn. Danach kann man peu à peu die anderen Produkte nachziehen.
- Ein Blog muss beim Launch einer Seite ebenfalls nicht unbedingt von Anfang an geboten werden. Konzentrieren Sie sich zunächst auf die Content-Basisausstattung, bevor Sie an Social Media oder Zusatzcontent denken.
- Auch für Google ist der kontinuierliche und konsequente Aus- und Aufbau von Webinhalten ein Qualitätskriterium zur Beurteilung Ihrer Website: Die Suchmaschine liebt aktuelle Inhalte und Content-Bewegung auf einer Seite. Es entspricht einem natürlichen Prozess, dass hochwertige Inhalte nicht von heute auf morgen online stehen, sondern sorgfältig nach und nach kreiert werden müssen.

> **SEO-Tipp: Geben Sie Ihrem Content Zeit zum Reifen**
>
> Wenn es nicht gerade um News geht, bewertet Google alte, bewährte Inhalte oft besser als komplett frische Inhalte. Man könnte sagen, dass Inhalt so reifen kann wie ein guter Wein. Das liegt unter anderem daran, dass sich Verlinkungen, die ein sehr starker Ranking-Faktor sind, erst mit der Zeit ausbilden, wenn Ihre Website mehr und mehr bekannt wird. Aber auch wenn Verlinkungen schnell aufgebaut werden, dauert es oft eine geraume Zeit, bis Google so eine neue Verlinkung findet und bewertet. Genau dieser Faktor ist auch der Grund, warum man nicht sofort mit einer Website mit mehreren tausend Seiten starten, sondern sie mit der Zeit ausbauen sollte.
>
> Ob eine einzelne Seite indexiert wird, hängt nämlich sehr von ihrem Page Rank ab, den sie durch die Verlinkungen erhält. Liegt dieser unter einem gewissen Schwellenwert, nimmt Google die Seite zwar zur Kenntnis, nimmt sie aber nicht in den Index auf. Besonders junge Websites mit noch niedrigem Page Rank stehen also vor der Herausforderung, dass sie ihre Unterseiten möglicherweise noch gar nicht mit genügend Page Rank versorgen können, so dass nur ein kleiner Teil davon überhaupt bei Google Beachtung findet. Wenn Sie schlagartig eine große Menge neuer Inhalte online stellen, passiert etwas Ähnliches: Bis Google neben dem regelmäßigen Besuch der bestehenden Seiten alle neuen Seiten zum ersten Mal besucht und die Verlinkungen untereinander vollständig berechnet hat, können durchaus auch mal mehrere Wochen oder sogar Monate vergehen. Das Ärgernis, eine Menge Zeit und Arbeit in Inhalt gesteckt zu haben, der erst mal noch gar nicht ranken kann, ist meist groß, oder es wird sogar der falsche Schluss gezogen, dass SEO nicht funktioniert.
>
> Planen Sie also den Content-Ausbau Ihrer Website in einem vernünftigen Maß: Jeden Monat 15 % mehr Inhalt sind für Suchmaschinen weit besser zu verarbeiten als eine schlagartige Verdopplung der Inhalte alle sechs Monate, obwohl beides in etwa zur gleichen Menge neuer Inhalte führt.

Bei der Fülle an Content-Möglichkeiten läuft man leicht Gefahr, sich zu verzetteln und dadurch die falschen Inhalte zu produzieren. Ein strukturierter Planungsprozess (siehe auch Kapitel 5, »Die Content-Planung«) für die Content-Erstellung – sei es für die Website, für Social Media oder im Rahmen von Content-Kooperationen – hilft Ihnen dabei, vernünftige Prioritäten zu setzen. So können Sie mit Ihrem Content-Budget smart agieren und einen optimalen ROI erzielen. Denken Sie immer daran: Ziel einer guten Content-Strategie ist es nicht, Inhalte en masse zu produzieren, sondern sich auf die richtigen zu fokussieren. Das bedeutet: lieber etwas weniger Content, der dafür höherwertig ist und bei der Zielgruppe umso eher ins Schwarze trifft.

Und: Beweisen Sie bei der Content-Planung und -Umsetzung vor allem Mut zum Trial-and-Error-Prinzip! Die besten Inhalte, die verkaufsstärksten Produkttexte und die erfolgreichsten Blogs erhält man dadurch, dass man verschiedene Content-Ansätze nach und nach testet und auswertet.

> **Rechtstipp: Alles im Fluss ...**
> Ihr Ziel ist es, im Netz aufzufallen! Guter Content führt zu höherer *Visibility*, macht Sie gleichzeitig jedoch auch angreifbar. Lassen Sie sich aber nur nicht durch die rechtlichen Anforderungen verunsichern. Schon eine erste eigene Internet-Recherche kann hier häufig weiterhelfen. Für die Gestaltung rechtssicheren Contents sind dabei im Wesentlichen das Urheber- und Markenrecht, das Wettbewerbsrecht, Vorschriften zum Schutz von Verbrauchern sowie das Datenschutzrecht zu beachten. Die nachfolgenden Rechtstipps können insofern nur versuchen, ein Bewusstsein für mögliche Problemlagen zu schaffen. Da es sich beim Internetrecht zudem um eine verhältnismäßig junge Rechtsmaterie handelt, ist hier im Übrigen vieles im Fluss. Die Kenntnis der neuesten Rechtsentwicklungen und der einschlägigen Rechtsprechung ist daher besonders wichtig, wollen Sie sich nicht einer kostenpflichtigen Abmahnung aussetzen.

2.9 Ein Content-Strategie-Geheimrezept für alle?

Schön wär's, wenn es das gäbe: eine Content-Strategie, die garantiert jedes beliebige Unternehmen zum Erfolg führt. Aber die gibt es leider nicht! Die Strategie für Ihre Website müssen Sie sich individuell erarbeiten. Auf standardisierte Vorlagen oder Vorgaben können Sie dabei nicht zurückgreifen. Primär geht es darum, dass Sie den Umgang mit Content auf eine professionelle, wirtschaftliche Ebene bringen. Fangen Sie an, wie ein »Herausgeber« von exklusiven, aktuellen, nützlichen und imagefördernden Inhalten zu denken und entsprechend zu handeln![9]

Größere Unternehmen oder Firmen mit internationaler Ausrichtung, verschiedenen Zielgruppen (B2B und B2C) oder mehreren Geschäftszweigen werden unter Umständen auch mehrere Teil-Strategien entwickeln müssen. Denn es existiert keine »Over-all«-Content-Strategie, die sämtliche Bereiche sinnvoll abdecken könnte, wie etwa Raphaela Fellin, Digital Leader bei IBM, bestätigt:

> *»Wir sind der Meinung, dass jeder Bereich, je nach Lösung oder Produkt, eine unterschiedliche, individuelle Content-Strategie haben muss, ganz speziell gemünzt auf das Produkt, das Thema, den lokalen Markt und die Zielgruppen. Das heißt: Wir nehmen keine weltweite Content-Strategie und setzen die um. Wir entwickeln unsere eigenen.«*[10]

Von der Planung der Inhalte über das Handling im Tagesgeschäft bis hin zur Analyse der Ergebnisse: Eine erfolgreiche Strategie kann erst erarbeitet werden, wenn Sie

---

9 Siehe auch: Kristina Halvorson/Melissa Rach, Content Strategy for the Web. 2. Aufl. Berkeley, Calif.: New Riders 2012.
10 Raphaela Fellin in einem Interview mit Doris Eichmeier, veröffentlicht am 01.11.2013: *http://pr-blogger.de/2013/11/01/ibm-ohne-content-strategie-funktionierts-nicht-mehr*

im Vorfeld viele Fragen geklärt, Probleme identifiziert und sich im Rahmen einer gründlichen Website-Evaluierung ein genaues Bild von der eigenen Situation gemacht haben. Als Content-Stratege müssen Sie zum schärfsten Kritiker Ihrer Inhalte werden und den Mut entwickeln, Inhalte zu streichen, die nicht zum Ziel führen. Nehmen Sie ab sofort den »Rotstift des Chefredakteurs« in die Hand, setzen Sie klare Prioritäten für die Planung und Erstellung von gewinnbringendem Content – und beweisen Sie dabei Mut, Ausdauer und Leidenschaft! Denn, wie es die amerikanische Content-Strategie-Ikone Kristina Halvorson schon im Dezember 2008 in ihrem bahnbrechenden Artikel »The Discipline of Content Strategy« ungeschminkt und treffsicher formulierte:

> »Dealing with content is messy. It's complicated, it's painful, and it's expensive.«[11]

Doch obwohl Content vertrackt, kostenintensiv und schmerzhaft sein kann, verdient er Ihre uneingeschränkte Aufmerksamkeit: Nur mit der richtigen Strategie und Pflege kann er erfolgreich für Ihre Business-Ziele arbeiten und beweisen, dass er zu Recht der »King« Ihres Website-Erfolgs ist.

Dementsprechend lautet die Aufforderung an alle Content-Verantwortlichen: Verabschieden Sie sich von blindem Aktionismus, und schaffen Sie die Basis für einen effizienten, methodischen und zielorientierten Umgang mit Website-Inhalten! Oder, um es noch einmal mit Worten von Kristina Halvorson zu sagen:

> »Stop pretending content is somebody else's problem. Take up the torch for content strategy. Learn it. Practice it. Promote it. It's time to make content matter.«[12]

Und machen Sie sich bitte von Anfang an bewusst: Für eine erfolgreiche Content-Strategie brauchen Sie definitiv Geduld und Spucke!

2.10 »Think Content« – durch alle Unternehmensbereiche!

Für Ihre Content-Mission im Unternehmen benötigen Sie vermutlich ebenfalls einen langen Atem. Zahlreiche Abteilungen haben es im Laufe der Jahre verlernt, miteinander zu kommunizieren. Auch der Umgang mit Webinhalten muss von vielen Mitarbeitern völlig neu gelernt werden.

Bündeln Sie für Ihre Content-Strategie sämtliches Wissen, das in Ihrer Firma vorhanden ist. In jeder Abteilung werden Sie möglicherweise etwas Brauchbares fin-

---

11 Link zum Artikel: *http://alistapart.com/article/thedisciplineofcontentstrategy* (veröffentlicht am 16.12.2008)
12 Ebd.

den: Inhalte, Impulsgeber, Interview-Partner, Informationen, Anregungen, Branchen-News, Case-Studies, Analysen, Produktdetails und Zielgruppenhinweise, die Sie für den Content-Aus- und -Aufbau nutzen können. Content findet tatsächlich, wie in Abbildung 2.5 dargestellt, in fast allen Unternehmensbereichen statt!

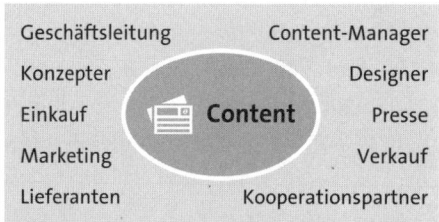

Abbildung 2.5   Content im Zentrum der Unternehmens-»Kommunikation«

Website-Inhalte sind kein kurzfristiges Projekt und sollten nicht nur in der Redaktion »gelebt« werden. Beim Beschaffen und Optimieren von Content können zahlreiche Abteilungen im Unternehmen mitwirken, wie die folgenden vier Beispiele zeigen:

1. Sensibilisieren Sie Ihren Einkauf!
   Beim Gespräch und im direkten Kontakt mit dem Händler kann gleich Informationsmaterial für die Content-Erstellung abgefragt werden: Hat das Unternehmen eine interessante Geschichte? Gibt es Firmen- oder Produktvideos? Wäre der Händler bereit, ein Interview für die Website zu geben? Kann er Bilder zur Verfügung stellen?

2. Motivieren Sie die Presseabteilung zur Zusammenarbeit!
   Fördern Sie den engen und regelmäßigen Austausch zwischen der Presseabteilung und dem Content-Management. Sicher entstehen dabei gute Ideen für Inhalte, die sowohl für Kunden als auch für die sozialen Medien interessant sind.

3. Binden Sie Ihren SEO-Manager stärker ein!
   Ihr SEO-Experte ist ein wichtiger Impulsgeber für die Redaktion: Er weiß, welche Keywords gute Chancen auf eine Top-Ranking-Position haben. Die Redaktion kann entsprechende Inhalte für ein Keyword aufbereiten, die auch dem Kunden einen Mehrwert bieten (Landingpages, Zusatz-Content).

4. Weitere Informationsquellen: das Marketing – und Ihr Chef!
   Ihre Kollegen aus dem Marketing oder Ihr Chef haben einen interessanten Kongress bzw. einen Workshop besucht? Auch hier können spannende Themen für die Redaktion dabei sein, also lautet die Aufforderung: Informationen weitergeben!

Sie werden sehen: Mit geschulten und für Content sensibilisierten Mitarbeitern können Sie einen Teil der benötigten Inhalte quasi en passant und ohne zusätzliche

Kosten beschaffen. Oft bedarf es dafür nur einer Frage an mögliche Content-Lieferanten, wie beispielsweise Kooperationspartner, Händler oder Hersteller. Ermutigen Sie sämtliche Abteilungen zum aktiven Informationsaustausch mit der Content-Management-Abteilung!

2.11 Fazit

Ja, die Arbeit mit Inhalten ist (zu Beginn) anstrengend, keine Frage. Doch wie Sie in Abbildung 2.6 sehen, hadern viele Content-Marketer laut einer Benchmark-Studie des Content Marketing Institute am meisten mit der Herausforderung, genug relevante Inhalte bereitstellen zu können: Sie beklagen den Mangel an Budget und Zeit sowie fehlendes Zahlenwissen und unzureichendes Know-how der Mitarbeiter. Die Praxis zeigt: Bevor sich das Content-Marketing mit der Frage »Welche Inhalte entwickeln wir wann?« beschäftigt, sollte die Strategie im Vorfeld einige entscheidende Punkte geklärt haben. Etwa: »Warum wird welcher Content benötigt?« Oder: »Wie planen und organisieren wir die Content-Produktion?« Wenn diese Fragen beantwortet sind, lassen sich auch die skizzierten Herausforderungen für B2B und B2C (siehe Abbildung 2.6) besser in den Griff bekommen.

Abbildung 2.6 Die größten Herausforderungen für Content-Marketer im B2B- und B2C-Bereich[13]

---

13 Quellen: *http://contentmarketinginstitute.com/2013/10/2014-b2b-content-marketing-research* (Oktober 2013); *http://contentmarketinginstitute.com/2013/10/2014-b2c-consumer-content-marketing* (Oktober 2013)

Content »passiert« leider nicht mal so nebenbei. Entwickeln Sie ein Verständnis für die Anforderungen und den ökonomischen Wert von Website-Inhalten: Content darf Geld kosten. Content muss von qualifizierten Mitarbeitern gestaltet und gemanagt werden. Content sollte zudem analysiert und bewertet werden. Content-Strategie ist kein Trend und kein einmaliges Projekt, sondern gehört zur Standarddisziplin eines jeden Unternehmens, das im Web reüssieren möchte.

Content ist, bildlich gesprochen, sowohl eine Schraube, die alles zusammenhält, als auch eine Schiffsschraube, die Ihre Website erfolgreich auf Kurs bringt und Ihnen dabei hilft, eine erfolgreiche Online-Marke aufzubauen. Angesichts der rasant wachsenden Anzahl von Seiten im World Wide Web ist es wichtig, eine starke Online-Persönlichkeit zu entwickeln, damit Sie sich mit Ihrem Angebot klar von der Masse abheben.

Allerdings: Jedes Budget, das sie planlos in Content investieren, können Sie im Prinzip auch gleich verschenken. So schön die produzierten Inhalte auch sein mögen – wenn Ihr Content nicht auf ein definiertes Ziel zugeschnitten ist und den Ton ihrer Zielgruppe nicht genau trifft, ist es eher unwahrscheinlich, dass sich Ihr Investment am Ende rechnet. Oder, wie es US-Autor Arjun Basu in lakonischer Kürze formuliert hat:

> *»Without strategy, content is just stuff. And the world has enough stuff.«*[14]

Räumen Sie also so bald wie möglich die im nächsten Kapitel aufgeführten Stolpersteine aus dem Weg – und fangen Sie dann mit Hilfe der darauffolgenden Kapitel an, die vier Säulen Ihrer persönlichen Content-Strategie aufzubauen.

---

14 Arjun Basu in einem Vortrag auf der Content Marketing World im September 2012:
  http://www.conferencebites.com/2012/09/content-marketing-world-favorite-quotes

3 Die größten Stolpersteine im Umgang mit Website-Content

Sie werden nie aussehen wie ein Arnold Schwarzenegger, wenn Sie eine Woche lang täglich Gewichte stemmen und dann damit aufhören. Erfolge brauchen einen langen Atem. Wenn Sie langfristig erfolgreich mit Ihren Website-Inhalten arbeiten wollen, atmen Sie jetzt noch einmal tief durch – und starten dann mit dem Abbau der Barrieren, die einer effektiven Content-Strategie im Weg stehen.

Sie haben beschlossen, Ihrem Website-Content mehr Aufmerksamkeit zu widmen? Sehr gut! Dann gilt es jetzt, die Ärmel hochzukrempeln und die wichtigsten Baustellen anzupacken, die den Umgang mit Content im Tagesgeschäft erschweren. Die nachfolgende Liste zeigt Ihnen die Fallen, in die Sie möglichst nicht tappen sollten, damit Sie effizient mit Webinhalten arbeiten können.

1. Keine klaren Zielvorgaben

Auf die Frage, welches primäre Ziel mit der Webpräsenz ihres Unternehmens erreicht werden solle, erhalte ich von Kunden und Seminarteilnehmern in 99 % aller Fälle die Antwort: »Umsatz!« Auf die anschließende Frage, was denn die Erfolgsfaktoren der Website seien, die wesentlich zur Umsatzerzeugung beitrügen, folgen die Antworten meist nur zögerlich. Der Traffic-Einkauf über Google AdWords scheint da oft der beliebteste Weg zu sein.

Es genügt jedoch nicht, dem Website-Team ein pauschal formuliertes Wischiwaschi-Ziel wie »Umsatz generieren« auf die Agenda zu schreiben. Vielmehr müssen Teilziele definiert und kommuniziert werden, die gemeinsam zu dem großen Gesamtziel »Mehrumsatz« beitragen. Formulieren Sie also im Zusammenhang mit der Content-Erstellung klare Zielvorgaben, aus denen sich konkrete Umsetzungsmaßnahmen ableiten lassen. Derartige Vorgaben könnten zum Beispiel folgendermaßen aussehen:

- Wir möchten über SlideShare[1] neue Leads im B2B-Bereich generieren.
- Wir möchten die Anzahl der Kommentare auf Facebook und im Blog erhöhen, um mehr Informationen über unsere Zielgruppen zu erhalten.

---

[1] SlideShare (*http://de.slideshare.net*) ist eine Social-Knowledge-Sharing-Plattform, auf die ich im Buch noch an verschiedenen Stellen eingehen werde.

- Wir möchten wissen, mit welchen Keywords unsere Konkurrenz rankt und mit welchen Inhalten/Themen wir von Wettbewerbern das eine oder andere Ranking abgreifen können.
- Wir möchten einmal im Monat ein Video auf YouTube online stellen und über weitere Kanäle streuen.
- Wir wollen unser Online-Branding und unsere Sichtbarkeit im Netz verbessern.
- Wir möchten eine bestimmte Kategorie oder ein bestimmtes Angebot optimieren, damit sich die Zahl der Whitepaper-Downloads oder die der Konferenzteilnehmer erhöht.
- Wir möchten zweimal im Monat interessante News auf den Online-Presseportalen einstellen und verbreiten.
- Wir möchten ein Content-Reporting erstellen und definierte Ziele monatlich prüfen.
- Wir möchten einen A/B-Test für unsere Produkttexte durchführen, um die Konversion mit Hilfe von gutem Content zu erhöhen.
- Wir möchten weiteres Landingpage-Potenzial prüfen.
- Wir wollen die Anzahl unserer Facebook-Fans in drei Monaten verdoppeln.
- Wir möchten die Callcenter-Kosten langfristig um 30 % reduzieren.
- Wir wollen die Retourenquote um 10 % senken.
- Wir möchten alle automatisierten Titles und Descriptions prüfen und für die Seiten, mit denen wir gut ranken wollen, auch auf die Klickattraktivität hin optimieren.
- Wir möchten die Benennungen unserer Kategorie- und Navigationselemente prüfen.

Sie sehen: Im Nu kommen Sie auf viele kleine Zwischenziele, die Sie über Ihre Content-Aktivitäten erreichen und unterstützen können. Im nächsten Schritt gilt es, die von ihnen erstellte Sammlung von Zielen zu priorisieren und daraus die entsprechenden Maßnahmen zur Umsetzung zu entwickeln.

2. Planlose Content-Produktion

Inhalte, die Sie erstellen, ohne vorab die Frage beantwortet zu haben, warum Sie das tun, sind unter Umständen nicht zielführend. Erst wenn Sie gründlich überprüft haben, welchen Inhalt Sie warum, wo und wann online anbieten wollen, ergibt die Produktion Sinn.

3. Mangelndes Verständnis für den wirtschaftlichen Wert von guten Inhalten

Das Thema Wirtschaftlichkeit liegt mir im Zusammenhang mit Content sehr am Herzen: Ich werde an den unterschiedlichsten Stellen im Buch immer wieder darauf hinweisen. Um ein besseres Verständnis dafür zu entwickeln, sollten Sie sich intensiv mit dem Thema Content-Controlling auseinandersetzen (siehe Kapitel 10, »Das Content-Controlling«). Schon nach wenigen Tracking-Monaten werden Sie viel darüber lernen, wie Ihre Inhalte Sie dabei unterstützen können, definierte Business-Ziele zu erreichen. Außerdem wird Ihnen das Controlling viele Argumente »pro Content« liefern – und zwar für die richtigen Inhalte!

4. Masse statt Klasse

Bei der Content-Planung und -Erstellung geht es nicht darum, möglichst viele Seiten mit Bild- und Textinformation zu füllen. Hinterfragen Sie alle Content-Ideen kritisch, und setzen Sie klare Prioritäten! So können Sie auch im Rahmen der Budgetsteuerung sicherstellen, dass Ihr Geld nicht unüberlegt in eine große Menge Content investiert wird, der an den Bedürfnissen Ihrer Zielgruppe völlig vorbeigeht, sondern in exklusive, hochwertige Inhalte, die einen Teil des eingesetzten Betrags wieder zurück in Ihre Kassen spülen.

5. Kein Budget für Content

Beim Traffic-Einkauf über Google AdWords, Affiliates oder andere Online-Kampagnen sitzt der Budgetgürtel in vielen Unternehmen seltsamerweise meist lockerer als beim Thema Content-Produktion. Behalten Sie für die nächste Budgetrunde im Hinterkopf, dass gute Website-Inhalte auf lange Sicht vergleichsweise kostengünstige Marketingmaßnahmen darstellen. Konzentrieren Sie sich im Rahmen Ihrer neuen Strategie darauf, Reichweite tatsächlich zu besitzen und diese nicht nur kurzfristig anzumieten. Haben Sie den Mut, ein größeres Stück vom Budgetkuchen in Content zu investieren. Sie werden sehen: Es zahlt sich aus!

6. Unrealistische Vorstellungen von Timing und Umfang textbasierter Content-Projekte

Bei vielen Webprojekten steht das Thema Content-Produktion ganz am Ende der Planung und Umsetzung. Kurz vor dem Launch-Termin wird dann hektisch nach dem benötigten Content gefragt – und in den meisten Fällen werden die Inhalte dann zu Nachzüglern, da eine rechtzeitige Fertigstellung im vorgesehenen Projektzeitraum nicht mehr sichergestellt werden kann. Bringen Sie daher die Content-Planung bereits zu Projektbeginn auf die Tagesordnung. Setzen Sie einen Zeitrahmen für alle benötigten Texte fest, und klären Sie dazu im Vorfeld folgende Fragen:

- Wie lange dauert es, die notwendigen Informationen zur Content-Erstellung zu beschaffen?
- Wie viel Zeit muss man für die Erstellung eines Textes veranschlagen?
- Wann stehen alle Tools zur Pflege der Inhalte zur Verfügung? Wie lange dauert die Content-Eingabe in das jeweilige Redaktionssystem?
- Gibt es ein Textlektorat? Falls ja: Wie groß ist der zeitliche Aufwand hierfür?
- Wie viele Texte müssen neu erstellt werden? Wie viele lassen sich übernehmen? Wie viele müssen angepasst und überarbeitet werden?
- Wie viele Titles und Descriptions werden benötigt?

Viele dieser Fragen lassen sich im Rahmen eines ausführlichen Content-Audits beantworten (siehe Kapitel 4, »Der Content-Audit«). Ziehen Sie in jedem Fall einen Content-Experten zu Rate, der aufgrund seiner Erfahrung einschätzen kann, wie lange man für die definierten Arbeitsschritte benötigt. Auf diese Weise gelangen Sie zu einer realistischen Zeitplanung für Ihre Content-Produktion.

7. Kein Platz für Text

Viele Webseiten-Designs und -strukturen erfüllen im Tagesgeschäft die Bedürfnisse der Content-Ersteller nicht einmal ansatzweise. Das Frustpotenzial ist mannigfaltig: Ein Texter hat etwa eine Idee für eine knackige H1-Headline mit einem starken Keyword und würde dafür 50–60 Zeichen benötigen – doch das Design der Seite bietet ihm nur Platz für eine Überschrift mit maximal 25 Zeichen. Oder er möchte eine Headline mit einer klugen Subheadline kombinieren – aber das Template, mit dem er arbeiten muss, stellt nicht genügend Spielraum und keine ausreichenden Editiermöglichkeiten zur Verfügung. Der Platz für einen optisch abgesetzten Call-to-Action oder einen schön formulierten sprechenden Link fehlt. Absätze lassen sich nicht formatieren, Zwischenüberschriften sind nicht vorgesehen ...

Die Liste ließe sich noch ewig fortsetzen. Ahnen Sie, wie ein Webtexter sich fühlt, der einen attraktiven Teaser liefern soll und feststellen muss, dass dieser Teaser primär aus einem Bild besteht, unter dem gerade mal 68 Zeichen (inklusive Leerzeichen) Platz finden? Wissen Sie, wie wenig das ist? Bitteschön:

»Hallo, das sind 68 Zeichen. Schön, dass Sie hier sind. Mehr Infos.«

8. Content-Erstellung ohne Themenplanung und Produktionskalender

Folgende Szenarien sind leider keine Seltenheit:

- Sie haben eine schöne neue Themen-Landingpage erstellt, doch der Kunde erfährt nichts davon, weil sie kaum verlinkt oder beworben wird.
- Ein wichtiges Newsletter-Thema wurde versehentlich nicht auf der Homepage promotet.
- Sie planen ein »versandkostenfreies Bestellwochenende« für Ihre Kunden. Die Aktion wird im Newsletter, auf der Homepage und auf Facebook beworben. Schön und gut, aber nun müsste man im betreffenden Zeitraum auch relevante Informationen auf der Versandkosten-Übersichtsseite sowie auf den Hilfe-Seiten ergänzen oder anpassen. Weil jedoch niemand die Kollegen informiert hat, die die Inhalte auf jenen Seiten umsetzen, kommt es während der Aktion zu einer Flut von Anfragen im Customer Service.
- Sie suchen händeringend am Montag nach einem Thema für den Blogbeitrag in der laufenden Woche.
- Der Klassiker: »Ja, ist denn schon wieder Weihnachten?«

Aus gutem Grund werde ich an mehreren Stellen im Buch auf die Themen- und Produktionsplanung eingehen: Ohne eine mit gutem Vorlauf aufgestellte Kommunikationsplanung verpuffen viele Content-Maßnahmen und bringen nicht den gewünschten Erfolg – oder die Inhalte werden nicht rechtzeitig fertig und verlieren ihren News-Charakter. Notabene: Für Firmen, die in der Adventszeit ihr größtes Geschäft erwarten, ist ein erstes Weihnachtsthemen-Planungs-Meeting im Juli Pflicht!

9. Kommunikationsschwächen im Team

Liebes Marketing, liebe Redaktion, liebe PR-Abteilung, lieber Einkauf, lieber Vertrieb, liebe Chefs, liebe Customer-Service-Mitarbeiter, liebe IT: Bitte sprecht miteinander – und zwar regelmäßig! Ein gründlicher Teamaustausch ist das A und O für den effizienten Umgang mit Inhalten in jeder Firma. Jeder, der an der Planung, Kreation, Implementierung und Bewerbung von Inhalten beteiligt ist, sollte die Aufgaben sämtlicher involvierter Kollegen verstehen. Alle, die direkt oder indirekt dafür verantwortlich sind, welche Inhalte wann auf der Seite live gestellt werden, sollten sich daher regelmäßig zu einem kurzen Update- und Austausch-Meeting zusammensetzen. Im direkten Gespräch klären sich offene Fragen schneller als via E-Mail, und eine aktive Kommunikation ist der beste Nährboden für spannende Content-Ideen.

Zu guter Letzt, liebe Chefs: Verlassen Sie sich nicht darauf, dass es mit dem alljährlichen Betriebsausflug getan ist! Das gemeinsame Herumklettern in einem Hochseilgarten wird die Kommunikationsfähigkeit Ihrer Mitarbeiter und die Zusammenarbeit zwischen einzelnen Abteilungen garantiert nicht automatisch verbessern. Motivieren Sie Ihre Teams stattdessen das ganze Jahr über zu einem aktiven und konstruktiven Content-Austausch im Tagesgeschäft. In Kapitel 11, »Das Content-Team«, sowie in Kapitel 18, »Das Content-Marketing-Herzstück – der Themenplan«, werde ich noch einmal ausführlicher auf die Notwendigkeit des Teamworks eingehen.

10. Marketing-Alleingänge

In vielen Firmen wird kaum eine andere Abteilung so hofiert und gleichzeitig so gefürchtet wie das Marketing. Allerdings ruht auf den Schultern des Marketingteams oft auch die Hauptverantwortung für den Unternehmenserfolg. Aus eigener Erfahrung weiß ich, mit welch enormem Druck im Marketing gearbeitet wird – und dass die Business-Unit, die das meiste Geld ausgibt, ständig auf der Suche nach produktiven Kampagnenideen ist. Genau darin liegt die Gefahr: in einem Anflug von blindem Aktionismus bei der Umsetzung von Marketingaktionen alleine loszupreschen. Die Regel, dass jeder Inhalt, der online gestellt wird, klug durchdacht, sorgfältig geplant und vernünftig budgetiert sein sollte, wird dabei im Handumdrehen gebrochen. Und wenn die Aktion nicht den gewünschten Erfolg erzielt hat, macht man mit Vorliebe »die schlechte Content-Umsetzung« dafür verantwortlich. Schluss damit! Die Business-Ziele des Marketings sollten dieselben sein wie die des Content-Managements – und daher sollten alle geplanten On-Site-Kampagnen im Vorfeld mit beiden Seiten diskutiert und gründlich abgewägt werden.

11. Fehlendes fachliches Know-how auf Seiten der Produzenten und der Entscheider

Content muss man können! Daher sollten Sie intern die Voraussetzungen dafür schaffen, dass alle involvierten Parteien mit fundierten Content-Kenntnissen ausgestattet sind. Sparen Sie nicht am Personalbudget, sondern investieren Sie in qualifizierte, erfahrene Mitarbeiter! Dann – und nur dann – bringen Sie die Arbeit mit Website-Inhalten auf das professionelle Niveau, das notwendig ist, damit Ihre Inhalte auch vernünftig für Sie arbeiten können. Entscheider und Vorgesetzte sollten zudem verstehen, dass Sätze wie »Das gefällt mir jetzt aber nicht« kein konstruktives Feedback zu einem Webtext darstellen. Auch hier ist ein solides Content-Wissen die Basis für einen effizienteren Austausch bei der Texterstellung.

Und, liebe Entscheider, um einen weit verbreiteten Irrtum ein für alle Mal zu beseitigen: Nein, Praktikanten sind keine Content-Experten und keine ausgebildeten Webtexter! Es wäre daher fatal, die komplette Content-Verantwortung und -Produktion auf ihren Schultern abzuladen.

12. Fehlende Ressourcen und unklare Teamstrukturen

Das wachsende Interesse an Content und der starke Anstieg von Social-Media-Themen hat in vielen Betrieben zu schwammigen Teamstrukturen geführt: Da wandert die Verantwortung für Social Media etwa von der PR ins Customer Relation Marketing, während die Online-PR mehr und mehr vom SEO-Experten mitgesteuert wird – und irgendwie landet alles, was mit Content und Kommunikation zu tun hat, letztendlich doch wieder im Marketing ... Vermeiden Sie solche unklaren Verantwortlichkeiten! Sorgen Sie für eine sinnvolle Zuteilung der Aufgaben, und überprüfen Sie, ob für alle Anforderungen im Umgang mit Content (für die Website, fürs Online-Marketing, für die PR, für SEO und für Social Media) ausreichend Mitarbeiter oder Agenturressourcen zur Verfügung stehen.

13. Keiner will die Verantwortung

Da Content ein undankbares und oft nicht angemessen gewürdigtes Thema ist und man als Verantwortlicher immer an mehreren Strippen gleichzeitig ziehen muss, setzt sich in der Regel niemand gerne den »Content-Hut« auf. Als Manager von hochwertigen Inhalten muss man strukturieren, argumentieren und missionieren; man muss kreativ sein, planen, Qualität sichern – und braucht bei alldem eine Engelsgeduld. Aufgrund fehlender Content-Controlling-Maßnahmen ist man in dieser Position leicht angreifbar und sieht sich ständig gezwungen, Budgetausgaben zu rechtfertigen.

Und dennoch: Es muss einen geben, der an der Content-Spitze steht und sich mit einem hohen Maß an Leidenschaft und Eigenverantwortung um sämtliche Webinhalte kümmert. Jede Online-Firma sollte daher eine feste Stelle für einen Content-Strategen oder einen erfahrenen Content-Manager auf Senior-Level vorsehen.

14. Falsche Zielgruppenansprache

Wenn eine junge Texterin einen Badeanzug mit den Worten beschreibt, er mache aus jeder Frau eine »sexy Hexy«, mag dabei vielleicht ein netter Text herauskommen. Wenn die Adressaten der Webseite allerdings über 55 Jahre alt sind und ganz andere Anforderungen an einen Badeanzug stellen, dann ist die Zielgruppenansprache gründlich danebengegangen. Jeder Mitarbeiter, der Content erstellt, braucht ein klares Bild von dem User, für den das Angebot gedacht ist (mehr dazu in Kapitel 13, »Der Content-Marketing-Star – Ihre Zielgruppe«)!

15. Mangelndes crossmediales Denken

Content »passiert« nicht nur online. Ein Content-Verantwortlicher sollte sich auch immer gut über alle Offline-Aktionen und Events informieren. Dabei sollte er sicherstellen, dass der User einen leichten Zugang zu einem Angebot hat, auf das er durch eine Anzeige, einen TV-Spot, eine Radiosendung, einen Kongress oder einen Artikel in einem Printmedium aufmerksam wurde. Bitte achten Sie auch darauf, dass die Aussagen in Ihrer Offline-Kommunikation mit den Aussagen auf Ihrer Website korrespondieren.

16. Die Annahme, dass das Thema Content nach dem Launch »gegessen« ist

Alleine die Tatsache, dass Google aktuelle, frische Inhalte liebt, zwingt Sie immer wieder dazu, Ihre bestehenden Webseiten auf eben diese Eigenschaften hin zu überprüfen. Aber nicht nur der Suchriese fordert stets neuen, einzigartigen Content – auch ein User geht davon aus, dass sich die Inhalte auf Ihrer Homepage von Zeit zu Zeit ändern, dass Ihr Blog kontinuierlich mit lesenswerten Beiträgen gefüllt wird, dass Sie ergänzende Produktinformationen bereitstellen und Ihr fachliches Know-how immer wieder durch interessante und unterhaltsame Texte unterstreichen. Denken Sie an Arnie: Trainieren Sie Ihre Content-Muskeln regelmäßig!

4 Der Content-Audit

Für die Durchführung eines Content-Audits stehen Ihnen viele praktische Online-Tools zur Verfügung. Sie selbst brauchen vor allem Geduld, Hartnäckigkeit, ein Auge fürs Detail, organisatorische Fähigkeiten, kommunikatives Geschick und ein Interesse daran, das Beste aus Ihrer Website herauszuholen. Betrachten Sie die Content-Bestandsaufnahme als festen Bestandteil eines hochwertigen Website-Managements: Audits sind wie der alljährliche Frühjahrsputz – sie stehen immer wieder auf der Agenda, wenn Sie sich langfristig einen klaren Durchblick sichern wollen.

In der noch jungen Disziplin der Content-Strategie hat sich der Begriff *Audit* für die gründliche Bestandsaufnahme von Website-Inhalten etabliert. Alten Internet-Business-Hasen ist diese Fleißaufgabe vielleicht noch unter dem Ausdruck *Content Inventory* bekannt. Während man sich früher jedoch im Wesentlichen damit begnügte, bestehende Inhalte quantitativ aufzulisten, geht der Audit heute noch einen entscheidenden Schritt weiter: hin zu einer qualitativen Beurteilung des vorhandenen Contents. Ein Audit kann sich beispielsweise unter anderem mit der bestehenden Navigation (und deren Benennung), mit einer bestimmten Kategorie oder auch nur mit einzelnen Content-Typen auseinandersetzen. Letzen Endes geht es immer darum, herauszufinden, welche Inhalte dazu beitragen, die definierten Business-Ziele zu erreichen, und auf welchen Content man künftig verzichten kann.

»Klingt nach ganz schön viel Arbeit«, das war die Reaktion einer Kundin, als ich mit ihr am Telefon mein zuvor gesandtes Audit-Briefing besprochen hatte. Dabei ging es im Rahmen des Projekts lediglich darum, einen Teilbereich der Website auf den Prüfstand zu stellen. Ja, ich gebe zu, die Durchführung eines Audits ist mühsam und nicht unbedingt der größte Spaß-Garant innerhalb einer Content-Strategie. Er lässt sich in etwa vergleichen mit einer Aufgabe, die man in der Offline-Welt häufig Praktikanten am Anfang ihrer Beschäftigung zuweist: die allseits beliebte Ablage. Ein Content-Audit ist – ähnlich wie die klassische Dokumentenablage – zwar lästig, aber auch höchst sinnvoll.

Beide Prozesse beruhen auf demselben Grundprinzip: Es gilt, die Inhalte, die sich im Laufe der Zeit angesammelt haben, zu sichten, zu sortieren, zu bewerten, auszumisten, zu strukturieren und anschließend an einem sinnvollen Ort abzulegen.

Dadurch wird der Zugriff auf Informationen künftig erleichtert, wir bekommen mehr Raum für Neues, und bisweilen finden wir sogar vergessene oder verloren geglaubte Dokumente. Kurz gesagt: Wir haben wieder den Durchblick und die Kontrolle über unseren Content.

Und ganz nebenbei lernen wir dabei eine Menge über unsere Website, weil wir uns intensiv mit den bisher produzierten Inhalten auseinandersetzen: Ist das wirklich der optimale Content für unser Business? Diese Lernkomponente macht den Audit letztlich doch noch einigermaßen spannend. Grundsätzlich kann ich Ihnen versichern: Die in einen Audit investierte Mühe zahlt sich in jedem Fall aus!

4.1 Wozu brauchen Sie einen Audit?

In erster Linie ist ein Audit notwendig, um herauszufinden, welche Inhalte es gibt, warum sie online stehen, was sie bringen und ob man sie weiterhin benötigt. Wie alle Aufgaben, die zunächst einmal Ressourcen, Zeit und Budget beanspruchen, braucht natürlich auch ein Audit stichhaltige Gründe, um sich durchsetzen zu lassen. Darum bekommen Sie nachfolgend 14 Pro-Argumente an die Hand, mit denen Sie sich in Ihrem Unternehmen für einen Audit stark machen können.

> **14 gute Gründe für die Bestandsaufnahme Ihres Contents**
> 1. Mit einem Content-Audit erkennen Sie, ob Ihr Webbusiness auf dem richtigen Weg ist und ob Ihre Site tatsächlich das abbildet, was das dahinterliegende Geschäftsmodell leisten soll.
> 2. Sie sehen, ob wichtige Inhalte zur Ansprache Ihrer Zielgruppe fehlen.
> 3. Sie registrieren, ob Ihre Zielgruppe in der richtigen Tonalität angesprochen wird.
> 4. Sie finden heraus, ob relevante Inhalte auch tatsächlich ausreichend verlinkt und gut lesbar präsentiert sind.
> 5. Sie entdecken Duplicate Content und andere Fallstricke, die die Qualität Ihrer Website aus SEO-Sicht mindern (fehlerhafte Verwendung von H-Tags, nicht optimierte Metatexte, hohe Bounce Rates usw.).
> 6. Sie verstehen, welche Inhalte wirklich dabei helfen, Ihre Business-Ziele zu erreichen, und auf welchen Content Sie sich künftig konzentrieren sollten.
> 7. Sie entwickeln selbst ein Gespür für die Content- und Textqualität auf Ihrer Site.
> 8. Sie finden Schwachstellen im Aufbau und in der Struktur Ihrer Website (Navigation).
> 9. Sie werden mit der Frage konfrontiert: Unterstützt mein Content den angestrebten Image-Aufbau meiner Marke und meines Unternehmens?

10. Sie erkennen durch die Analyse, wo die kleinen, aber effektiven Content-Stellschrauben sind, an denen Sie erfolgreich drehen können.
11. Sie wissen künftig, wie Sie Ihr Content-Budget sinnvoll anlegen können.
12. Sie werden auf den Boden der Tatsachen geholt: Wie weit sind Sie von Ihren Zielen entfernt? Wie groß ist die Lücke zwischen dem, was Sie erreichen wollen, und den momentanen Content-Voraussetzungen (Manpower, Technologie, Qualität)?
13. Die Ergebnisse eines Audits helfen Ihnen dabei, Teams im Umgang mit Content zu schulen und »Content-fremde« Abteilungen für den Wert guter Inhalte zu sensibilisieren.
14. Sie erhalten kreative Impulse und Ideen für neue Inhalte (Zusatz-Content, Landingpage-Themen, neue Features).

In der Summe benötigen Sie einen Audit, damit Sie künftig effektiv mit Content arbeiten können und ein schneller Zugriff auf die Webseiteninhalte für Ihre User sowie für alle Content-Verantwortlichen sichergestellt wird. Eine aufgeräumte Site wirkt sich zudem stets positiv auf die Ladezeit aus und entlastet übervolle Datenspeicher. Und nicht zuletzt: Sie erlangen am Ende eines Audits die Kontrolle über Ihre Webinhalte zurück.

4.2 Wann brauchen Sie einen Audit?

Je nach Umfang des Projekts unterscheidet man drei gängige Audit-Varianten:

- Ein kompletter Audit umfasst das Auflisten aller Seiten und Inhalte einer Website.
- Der partielle Audit beschäftigt sich mit vorab definierten Teilbereichen der Website (zum Beispiel einzelnen Kategorien bzw. Seitentypen, SEO-spezifischen Inhalten oder Inhalten, die in einem bestimmten Zeitraum erstellt wurden).
- Ein fokussierter Audit nimmt einzelne Inhalte (Artikel, Teaser, Systemtexte usw.) kritisch unter die Lupe.

Im Prinzip lässt sich stets ein Anlass dafür finden, seine Inhalte detailliert auf den Prüfstand zu stellen. Auch Ihr regelmäßiges Content-Controlling (siehe Kapitel 10, »Das Content-Controlling«) wird Ihnen immer wieder neue Aufschlüsse und Anreize für ein neues Audit-Projekt bieten.

Grundsätzlich gibt es vier Content-Projektsituationen, die mit einem Audit starten sollten:

1. **Kompletter Website-Relaunch**
   Die Basis für jeden Relaunch sollte ein ausgereiftes Content-Konzept bilden (siehe Kapitel 9, »Das Content-Konzept«), das alle Erkenntnisse aus dem vorangegangenen Audit aufbereitet. Die Content-Bestandsaufnahme, -Beurteilung und -Bereinigung zum Projekt-Kick-off ist daher Pflicht. Immer!

2. **Partielles Website-Redesign**
   Anstatt die komplette Website einem Relaunch zu unterziehen, kann es sinnvoll sein, sich schrittweise einzelnen Webseitenthemen und Seiten zu widmen und diese peu à peu zu aktualisieren bzw. zu optimieren. Der dafür notwendige Audit bezieht sich dann nur auf die Bereiche, die Sie im Laufe des Redesigns bearbeiten möchten.

3. **Einführung neuer Features, Module oder Content-Seiten**
   Sie planen neue Themenseiten, ein unterhaltsames Content-Feature oder eine Überarbeitung aller SEO-relevanten Textmodule auf Ihrer Website? Dann hilft Ihnen der Audit im Vorfeld, Schwachstellen aufzudecken, und gibt Hinweise auf die korrekte, strukturierte Einbindung neuer Inhalte auf Ihren Seiten.

4. **Content-Migrationsprojekte (neues Content-Management-System)**
   Für den einwandfreien Umzug von Inhalten von einem System in ein anderes müssen im Vorfeld alle Seiten, Dokumente und Content-Typen aufgelistet werden, um darauf basierend die passende Migrationsstrategie abzuleiten. Im Zuge dessen kann man »tote« Seiten, veralteten Content und doppelte Inhalte aus dem Weg räumen.

Think-Content-Tipp: Auch ein neues Website-Projekt ist für einen Audit geeignet
Die Durchführung eines Audits ergibt auch Sinn, wenn Sie noch gar kein Angebot online gestellt haben. Sammeln Sie im Unternehmen Offline-Informationen wie Pressemeldungen, Kataloge, Print-Veröffentlichungen, Broschüren, Studien, Kunden-Feedback, Anzeigen, Bilder oder Videomaterial, und prüfen Sie, welche Inhalte man für Ihr Online-Angebot übernehmen oder anpassen kann. Auf einer Unternehmensseite können Sie beispielsweise einen aktuellen TV-Spot oder eine gelungene Radiowerbung integrieren. Auch Mitschnitte aus Konferenzvorträgen oder Messe-Interviews können für Ihre User unter Umständen interessant sein.

4.3 Audit-Vorbereitung

Bevor Sie Ihren Audit starten, müssen Sie im Vorfeld einige Fragen klären, damit dieser aufwendige Prozess so effizient wie möglich vonstattengeht. Je gründlicher die Vorarbeit, desto geringer das Risiko, sich zu verzetteln und den Überblick zu verlieren. In Tabelle 4.1 finden Sie eine exemplarische Auflistung wichtiger Fragestellungen. Auch hier gilt: Das für speziell Ihr Projekt relevante Audit-Briefing müssen Sie letztlich Ihren eigenen Zielvorgaben und Wünschen entsprechend anpassen und ausformulieren.

Aufgabe	Checkliste
Beschreiben Sie so detailliert wie möglich, welche Website-Ziele im Projekt-Fokus stehen: Was wollen Sie mit Ihrem Web-Content erreichen?	▸ Branding, Verbesserung der Markenwahrnehmung, Image, PR, Vertrauensaufbau? ▸ Herausstellen der online angebotenen Serviceleistungen? ▸ Senkung der Callcenter-Kosten? ▸ Aktiverer Austausch mit der Zielgruppe? ▸ Verbesserte Darstellung einzelner USPs? ▸ SEO-spezifische Ziele? usw.
Warum soll ein Audit durchgeführt werden?	▸ Hohe Abbruchraten auf wichtigen Seiten? ▸ Negatives Kunden-Feedback zum Website-Content? ▸ Neue Erkenntnisse aus dem Content-Controlling, die Optimierungspotenzial aufzeigen? ▸ Allgemeines Website-Clean-up-Projekt (Verbesserung der Schnelligkeit, Entlastung des Servers, Eliminierung von Duplicate Content ...)? ▸ Website-Content muss mit neuen Business-Zielen abgeglichen werden? ▸ Sie haben den Überblick über Ihre Website-Inhalte verloren? ▸ Sie wollen wissen, wie gut Sie neben den Wettbewerbern mit Ihrem Angebot dastehen? usw.

Tabelle 4.1 Checkliste Content-Audit-Vorbereitung

Aufgabe	Checkliste
Definition des Audit-Umfangs (ganz, partiell, qualitativ, quantitativ ...)	▸ Was soll Bestandteil des Audits sein? ▸ Was nicht? ▸ Mit welcher Priorität sollen welche Audit-Aufgaben schrittweise durchgeführt werden?
Welche Informationen sollen konkret analysiert werden?	▸ Die Content-Menge (Anzahl der aktiven bzw. inaktiven Seiten)? ▸ Die Content-Tiefe (bis zu welchem Kategorie-Level)? ▸ Einzelne Seitentypen (Aufbau, Wertigkeit, Qualität, Vollständigkeit, Kategoriename)? ▸ Die Content-Qualität (Stil, Tonalität, Lesbarkeit, Umfang)? ▸ SEO-spezifischer Content (Title, Descriptions ...)? ▸ Welcher archivierte Content kann neu aufbereitet werden? ▸ Inwieweit sind offline vorliegende Inhalte auch für die Website nutzbar? usw.
Zuständigkeiten	▸ Soll ein externer Stratege/eine Agentur zu Rate gezogen werden? ▸ Welche Abteilungen können den Audit (mit welchen Tools, Reportings, Ressourcen) unterstützen? ▸ Welche Aufgaben können von Praktikanten übernommen werden? ▸ Wird Support zu Rechtsfragen benötigt? usw.
Tools und Content-Management-System	▸ Welche Tools stehen für den Audit zur Verfügung? ▸ Welche Informationen können über ein bestehendes CMS gezogen werden?
Anforderungen an die Ergebnis-Aufbereitung	▸ Excel-Übersicht? (Welche Datenfelder?) ▸ Präsentation für Stakeholder? ▸ Ausformulierte To-do-Listen? usw.

Tabelle 4.1 Checkliste Content-Audit-Vorbereitung (Forts.)

Aufgabe	Checkliste
Zeitbedarf	▸ Wann sollen welche Audit-Teilarbeitsschritte durchgeführt werden? ▸ Bis zu welchem Zeitpunkt soll der Audit fertiggestellt sein?

Tabelle 4.1 Checkliste Content-Audit-Vorbereitung (Forts.)

Bitte nehmen Sie sich genügend Zeit dafür, Ihr Audit-Projekt auf solide Beine zu stellen. Streichen Sie überflüssige Anforderungen, und konzentrieren Sie sich auf die Kernfragen, die Ihnen dabei helfen, die Website für Ihre Zielgruppe zu optimieren.

4.4 Ein Content-Audit ist Teamwork

Der wichtigste Audit-Mitarbeiter ist ... der Entscheider! Denn ein Audit kann nur dann erfolgreich umgesetzt werden, wenn ein Chef voll und ganz hinter dieser Aufgabe steht und seinen Mitarbeitern dafür die notwendige Zeit sowie einen angemessenen Handlungsspielraum zugesteht. Daher ist jeder Audit zunächst einmal Chefsache – egal, wer ihn letztlich durchführt.

Auch wenn verschiedene Abteilungen und Fachkollegen an der Content-Bestandsaufnahme beteiligt sind, benötigt man einen Mitarbeiter, der den Audit in Gang setzt und sich die Verantwortung auf die Fahne schreibt. Diese Funktion kann jeder übernehmen, der in seinem Job für die Organisation und das Management von Inhalten zuständig ist: ein Content-Stratege, Content-Marketer, Content-Manager, Content-Entwickler, Webmanager, Informationsarchitekt oder SEO-Manager. Für das Sammeln der im Audit-Briefing festgelegten Informationen braucht er zweifellos die Unterstützung seiner Kollegen, wobei manche Tasks durchaus von Praktikanten übernommen werden können.

Holen Sie sich in jedem Fall den Support eines Analysten, der Ihnen bereits beim Aufsetzen der Audit-Anforderungen wertvollen Input geben kann, welchen Content-Fragen man unbedingt aus Controller-Sicht auf den Grund gehen sollte.

Damit Sie den besten Support von Ihren Kollegen erhalten, ist es durchaus angebracht, zu Beginn ein großes Meeting einzuberufen, in dem Sie aufzeigen, wie wertvoll die Mitarbeit jedes Einzelnen ist und welchen Website-Benefit ein professionell durchgeführter Audit bringt. In diesem Meeting darf dann der oberste Unterstützer – der Boss – bekräftigen, dass die Zusammenarbeit ausdrücklich gewünscht und bestmöglich gefördert wird.

Sie haben Ihr Audit-Team erfolgreich zusammengestellt? Dann geht es jetzt an die konkrete Umsetzung: In den nächsten Abschnitten erfahren Sie, was einen quantitativen von einem qualitativen Audit unterscheidet und wie sich die beiden am sinnvollsten organisieren lassen.

4.5 Quantitative Content-Prüfung

Beim quantitativen Audit geht es primär darum, sich einen Gesamteindruck von der Menge aller Inhalte zu verschaffen, die zum Auswertungszeitpunkt unter Ihrer Domaine live gestellt sind. Mit Hilfe eines Seiten-Crawler-Tools wird das reine Extrahieren von Daten sowie die Auflistung aller Seiten zu einer relativ leichten und rasch umgesetzten Aufgabe. In Abschnitt 4.8, »Hilfreiche Audit-Tools«, finden Sie einige Tool-Beispiele, die Sie in der Regel gratis für Ihren Audit nutzen können. Ein Werkzeug kann ich Ihnen jedoch schon an dieser Stelle ans Herz legen: den *Screaming Frog SEO Spider*. Mit ihm werden die folgenden Dokumentationen zum Kinderspiel.

4.5.1 Dokumentation aller Seiten und Inhalte

Das eben genannte Tool der britischen Firma Screaming Frog (*http://www.screamingfrog.co.uk/seo-spider*) listet Ihnen in wenigen Sekunden sämtliche Seiten und Content-Formate auf, wie in Abbildung 4.1 gezeigt. Die Analyse von bis zu 500 Seiten ist gratis.

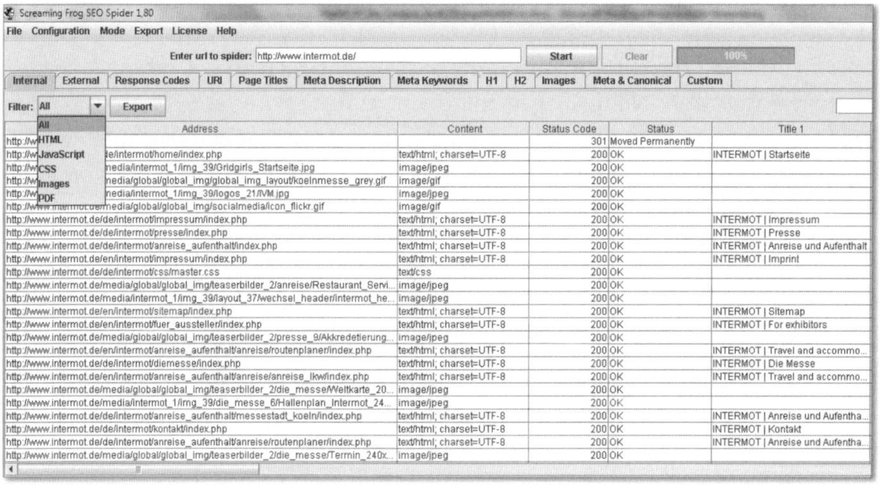

Abbildung 4.1 Auflistung aller gefundenen Seiten von www.intermot.de, Anzeige der Filterauswahl nach Content-Arten (Stand: 16.11.2013)

Außerdem bietet Ihnen das Werkzeug die Möglichkeit, nach nicht erreichbaren Seiten, umgeleiteten Seiten (sogenannten Redirects) oder Duplicate-Seiten (Seiten, die doppelt im System vorkommen) zu filtern. Alle Abfragen können Sie mit einem Klick zur weiteren Nutzung nach Excel exportieren. In Ihrer Excel-Tabelle legen Sie dann weitere Spalten an, in denen Sie etwa für jede einzelne Seite vermerken, ob sie bearbeitet oder gelöscht werden soll, wer die Änderungen durchführen soll, wie der Status der Bearbeitung ist usw.

Im ersten Schritt geht es also nur darum, Seite für Seite zu prüfen, ob man die im System verfügbaren Inhalte genauer unter die Lupe nehmen oder einfach offline nehmen sollte. Die Entscheidung ist abhängig von vorliegenden Performance-Zahlen, der Aktualität der betreffenden Seite und dem Abgleich mit den definierten Business-Zielen. Grundsätzlich gilt: Jede Seite, die dem User nichts bringt und nichts für Ihr Business leistet, ist überflüssig. Bitte ziehen Sie zur Beurteilung der Seiten auch einen technischen Kollegen zu Rate, der auf den ersten Blick erkennen kann, welche Inhalte aus technischer Sicht obsolet bzw. fehlerhaft sind.

In Abbildung 4.2 sehen Sie ein Beispiel für die einfache Excel-Gestaltung eines Basis-Audits.

Seitenname (Auflistung aller URLs, die im Rahmen des Audits berücksichtigt werden sollen - bitte auch aktuell inaktive Seiten prüfen und auflisten!)	Contentart	Behalten / überarbeiten / Löschen	Anmerkungen	Owner	Status	Offene Fragen
www.beispielseite1.de	html/pdf/jpg	in Prüfung		MLO	offen	
www.beispielseite1/kategoriseite2/landing3	html/pdf/jpg	überarbeiten	Seite muss übersichtlicher gestaltet werden	MLO	geprüft	
www.beispielseite1/uber-uns/detailpage		überarbeiten	Seite nicht mehr aktuell	MS	geprüft	
www.beispielseite1/think-content/demo		in Prüfung		MLO	offen	
www.beispielseite/detailpage/artikel		in Prüfung		IL	offen	
www.beispielseite1/audit-kapitel/anleitung		löschen	Veraltete Informationen	MLO	geprüft	

Abbildung 4.2 Excel-Vorlage für ein fiktives Website-Beispiel

Dank der vielen Vorab-Filtermöglichkeiten des SEO-Spiders ist es auch kein Problem, Webangebote mit mehr als 1.000 Seiten zu scannen. Haben Sie also bitte keine Angst vor der Evaluierung umfangreicher Websites! Arbeiten Sie sich Schritt für Schritt durch Ihre Excel-Vorlage, und setzen Sie im Vorfeld klare Prioritäten fürs Abarbeiten. Das gilt auch und ganz besonders für große E-Commerce-Anbieter, die Hunderte oder gar Tausende Produkte in ihrem Onlineshop haben: Kein Grund zur Panik! Konzentrieren Sie sich beim quantitativen Audit primär auf die Kategorie- und Themenseiten. Die Evaluierung der Produktdetailseiten ist eher ein Thema für den qualitativen Audit (siehe hierzu Abschnitt 4.6, »Qualitative Content-Prüfung«).

Ein weiteres Beispiel für eine Basis-Audit-Vorlage finden Sie in Abbildung 4.3.

Content audit

Information architecture		Page details					Content management	
Page ID	**Category/section**	**Link**	**Title**	**Topic**	**Type**	**Audience**	**Owner**	**Approver**
1	About us	www.xyz.gov.au/abou	About XYZ Department	About us	Landing page	PS, OG	Communications	JH
1,1	About us	www.xyz.gov.au/abou	Hon Joe Bloggs, Minister of XYZ	Hon Joe Bloggs	Content page	PS, OG, Media	Minister's advise	AB
1,2	About us	www.xyz.gov.au/abou	Mission of XYZ Department	Our mission	Content page	PS, OG	Communications	JH
1,3	About us	www.xyz.gov.au/abou	History of XYZ Department	Our history	Content page	PS, OG	Communications	JH
1,4	About us	www.xyz.gov.au/abou	Values of XYZ Department	Our values	Content page	PS, OG	Communications	JH
1,5	About us	www.xyz.gov.au/abou	Governance and administration of XYZ Department	Governance and adm	Content page	PS, OG, Media, ISPs	Director's office	DL
2	Consultations	www.xyz.gov.au/cons	Consultations, XYZ Department	Consultations	Landing page	ISPs, Media, GP	Tech programs	JC
2,1	Broadband technology	www.xyz.gov.au/cons	Broadband technology consultations, XYZ Departm	Broadband technolog	Landing page	ISPs, GP	Policy office	AdeV
2,2	Broadband policy	www.xyz.gov.au/cons	Broadband policy consultations, XYZ Department	Broadband policy	Landing page	ISPs, Media	Legal	PS
2,3	ISP licensing	www.xyz.gov.au/cons	ISP licensing consultations, XYZ Department	ISP licensing	Landing page	ISPs, Media	Tech programs	JC
3	Programs	www.xyz.gov.au/prog	Programs, XYZ Department	Programs	Landing page	ISPs, Technology org	Communications	JH/JC
4	Publications	www.xyz.gov.au/pubs	Publications of XYZ Department	Publications	Landing page	PS, OG, Media, Tech	Communications	JH/DL
4,1	Annual Reports	www.xyz.gov.au/pubs	Annual Reports of XYZ Department	Annual Reports	Landing page	PS, OG, Media, ISPs	Director's office	DL
4.1.1	Annual Reports	www.xyz.gov.au/pubs	2009 Annual Report, XYZ Department	2009 Annual Report	Table of contents page	PS, OG, Media, ISPs	Director's office	DL
4.1.1.1	Annual Reports	www.xyz.gov.au/pubs	Executive summary, 2009 Annual Report, XYZ Dep	Executive summary	Content page	PS, OG, Media, ISPs	Director's office	DL
4.1.1.2	Annual Reports	www.xyz.gov.au/pubs	Introduction to 2009 Annual Report, XYZ Departmer	Introduction	Content page	PS, OG, Media, ISPs	Director's office	DL
4.1.1.3	Annual Reports	www.xyz.gov.au/pubs	Financial statement 2009, XYZ Department	Financial statement	Content page	PS, OG, Media, ISPs	Director's office	DL
4.1.2	Annual Reports	www.xyz.gov.au/pubs	2008 Annual Report, XYZ Department	2008 Annual Report	Table of contents page	PS, OG, Media, ISPs	Director's office	DL
4.1.3	Annual Reports	www.xyz.gov.au/pubs	2007 Annual Report, XYZ Department	2007 Annual Report	Table of contents page	PS, OG, Media, ISPs	Director's office	DL
4,2	Research papers	www.xyz.gov.au/pubs	Research papers, XYZ Department	Our research	Landing page	Researches, Technol	Tech programs	JC
4,3	Brochures and fact sheet	www.xyz.gov.au/pubs	Brochures and fact sheets, XYZ Department	Brochures and fact sh	Landing page	GP, Media	Communications	JH

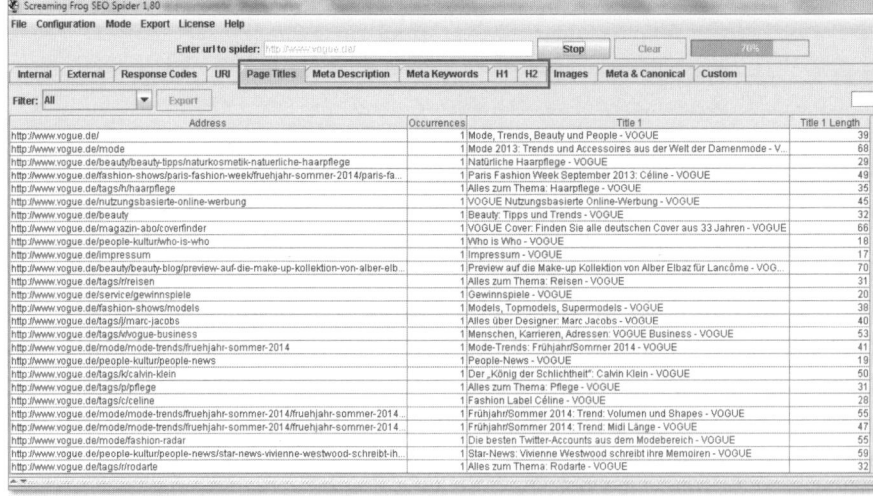

Abbildung 4.3 Audit-Template der Firma 4Syllables (Stand 16.11.2013)

Diese Vorlage der australischen Web-Content-Beratungsfirma 4Syllables können Sie sich auch unter der URL *http://www.4syllables.com.au/resources/templates-checklists/content-audits* downloaden.

4.5.2 Dokumentation aller SEO-relevanten Inhalte

Für Ihre Analyse der Basis-SEO-Metatexte, die Sie noch ausführlich in Kapitel 29, »SEO für Content-Manager und Webtexter«, kennenlernen werden, sind Sie ebenfalls mit dem Screaming Frog SEO Spider bestens bedient: Im Nu listet das Crawling-Tool alle Titles, Descriptions, H1- und H2-Tags auf, wie Sie in Abbildung 4.4 sehen. Das Ergebnis können Sie wiederum mühelos in eine Excel-Datei exportieren.

Address	Occurrences	Title 1	Title 1 Length
http://www.vogue.de/	1	Mode, Trends, Beauty und People - VOGUE	39
http://www.vogue.de/mode	1	Mode 2013: Trends und Accessoires aus der Welt der Damenmode - V...	68
http://www.vogue.de/beauty/beauty-tipps/naturkosmetik-natuerliche-haarpflege	1	Natürliche Haarpflege - VOGUE	29
http://www.vogue.de/fashion-shows/paris-fashion-week/fruehjahr-sommer-2014/paris-fa...	1	Paris Fashion Week September 2013: Céline - VOGUE	49
http://www.vogue.de/tags/h/haarpflege	1	Alles zum Thema: Haarpflege - VOGUE	35
http://www.vogue.de/nutzungsbasierte-online-werbung	1	VOGUE Nutzungsbasierte Online-Werbung - VOGUE	45
http://www.vogue.de/beauty	1	Beauty: Tipps und Trends - VOGUE	32
http://www.vogue.de/magazin-abo/coverfinder	1	VOGUE Cover: Finden Sie alle deutschen Cover aus 33 Jahren - VOGUE	66
http://www.vogue.de/people-kultur/who-is-who	1	Who is Who - VOGUE	18
http://www.vogue.de/impressum	1	Impressum - VOGUE	17
http://www.vogue.de/beauty/beauty-blog/preview-auf-die-make-up-kollektion-von-alber-elb...	1	Preview auf die Make-up Kollektion von Alber Elbaz für Lancôme - VOG...	70
http://www.vogue.de/tags/r/reisen	1	Alles zum Thema: Reisen - VOGUE	31
http://www.vogue.de/service/gewinnspiele	1	Gewinnspiele - VOGUE	20
http://www.vogue.de/fashion-shows/models	1	Models, Topmodels, Supermodels - VOGUE	38
http://www.vogue.de/tags/j/marc-jacobs	1	Alles über Designer: Marc Jacobs - VOGUE	40
http://www.vogue.de/tags/v/vogue-business	1	Menschen, Karrieren, Adressen: VOGUE Business - VOGUE	53
http://www.vogue.de/mode/mode-trends/fruehjahr-sommer-2014	1	Mode-Trends: Frühjahr/Sommer 2014 - VOGUE	41
http://www.vogue.de/people-kultur/people-news	1	People-News - VOGUE	19
http://www.vogue.de/tags/k/calvin-klein	1	Der „König der Schlichtheit": Calvin Klein - VOGUE	50
http://www.vogue.de/tags/p/pflege	1	Alles zum Thema: Pflege - VOGUE	31
http://www.vogue.de/tags/c/celine	1	Fashion Label Céline - VOGUE	28
http://www.vogue.de/mode/mode-trends/fruehjahr-sommer-2014/fruehjahr-sommer-2014...	1	Frühjahr/Sommer 2014: Trend: Volumen und Shapes - VOGUE	55
http://www.vogue.de/mode/mode-trends/fruehjahr-sommer-2014/fruehjahr-sommer-2014...	1	Frühjahr/Sommer 2014: Trend: Midi Länge - VOGUE	47
http://www.vogue.de/mode/fashion-radar	1	Die besten Twitter-Accounts aus dem Modebereich - VOGUE	55
http://www.vogue.de/people-kultur/people-news/star-news-vivienne-westwood-schreibt-ih...	1	Star-News: Vivienne Westwood schreibt ihre Memoiren - VOGUE	59
http://www.vogue.de/tags/r/rodarte	1	Alles zum Thema: Rodarte - VOGUE	32

Abbildung 4.4 Exemplarische Abfrage der Seitentitel von www.vogue.de (Stand: 16.11.2013)

Um Missverständnissen an dieser Stelle vorzubeugen: Die Aufgabe eines Content-Audits besteht lediglich darin, die Content-relevanten Themen zu durchleuchten. Die umfassende SEO-Analyse einer Website sollten Sie weiterhin spezialisierten SEO-Kollegen überlassen.

4.6 Qualitative Content-Prüfung

Bevor Sie in die qualitative Beurteilung Ihrer Inhalte einsteigen, legen Sie erneut en détail fest, welche Fragen im Audit beantwortet werden sollen, und präparieren eine entsprechende Excel-Vorlage.

Während der quantitative Audit bisweilen von einer Person alleine durchgeführt werden kann, ist es beim qualitativen Audit durchaus sinnvoll, dem Content-Strategen ein Team aus Marketingfachleuten, Text-Verantwortlichen und Usability-Experten an die Seite zu stellen. Das beschleunigt die späteren Entscheidungsprozesse und stellt sicher, dass die Ergebnisse des Audits eine gute Basis für klar definierte weitere Schritte und zügige Freigaben bilden. Die Führung des Audits sollte jedoch bei einer Person liegen, die die einzelnen Schritte straff durchmoderiert und die Resultate festhält. Für die Auswertung der Ergebnisse empfiehlt sich die Bildung von Arbeitsgruppen, die gezielt diejenigen Fragen klären, die sich im Audit herauskristallisiert haben.

4.6.1 Beurteilung der vorhandenen Seiten und Inhalte

Folgende Themen könnten etwa Bestandteil Ihres Audits sein:

- Welche Inhalte haben wir, und wie brauchbar sind sie?
- Sind die Inhalte noch aktuell?
- Entsprechen die Inhalte (noch) den rechtlichen Anforderungen (etwa neuesten Entwicklungen des Wettbewerbsrechts)?
- Können einzelne Seiten oder Content-Elemente gelöscht werden?
- Werden die Inhalte überhaupt von den Besuchern genutzt?
- Haben wir genug Inhalte für unsere Zielgruppe? Werden alle Fragen unserer User beantwortet und deren Bedürfnisse befriedigt?
- Haben wir doppelte oder redundante Inhalte, die den Usern keinen Mehrwert bieten? Können wir bestimmte Inhalte klug zusammenfassen?

- Sind die angebotenen Content-Formate passend, oder sollte man den einen oder anderen Inhalt anders darstellen (Bildergalerie, Video-Tutorial, PDF-Checkliste …)?
- Sollen vorhandene Inhalte auch auf anderen Seiten platziert werden?
- Ist die Kategoriestruktur tauglich? Fehlen gewisse Kategorien? Sind die bestehenden Kategorien intelligent benannt? Passen die dazugehörigen Unterkategorien?
- Sind die Inhalte gut auffindbar?
- Sind die Inhalte gut lesbar?
- Sind sie leicht verständlich?
- Erfüllen die Webtexte die Qualitätserwartungen von uns und unseren Usern?
- Passt die Aufbereitung der Inhalte (Stil, Tonalität, Look) zu unserem Marken-Image?
- Unterstützen die vorhandenen Inhalte unsere Business-Strategie?
- Können wir bei den vorhandenen Inhalten bereits Prioritäten für die weitere Bearbeitung setzen?

4.6.2 Beurteilung der vorhandenen SEO-Inhalte

Diesen SEO-Fragen sollten Sie auf den Grund gehen:

- Wie ist es um die SEO-Ausstattung unserer Seiten bestellt (Title, Description, H-Tags, Textumfang, Link-Title, ALT-Tags usw.)? Wird dabei mit relevanten Keywords gearbeitet?
- Haben wir Duplicate Content, den wir eliminieren müssen?
- Sind alle Seiten korrekt für Google indexiert?
- Wollen wir einzelne Seiten bewusst aus dem Index ausschließen?
- Wie gut ist die Qualität unserer Anchor-Texte?

4.6.3 Anregungen für die Erstellung Ihrer Audit-Vorlage

Die nachfolgende Checkliste (siehe Tabelle 4.2) bietet noch einmal einen Überblick über die Analysefragen, die man im Rahmen eines qualitativen Audits klären sollte. Manche Begriffe (wie H1-Tag oder Inverted Pyramid) mögen für einige Leser noch böhmische Dörfer sein, aber keine Angst: Sie werden im Laufe des Buches noch erläutert.

Sind die Inhalte ...	Bieten die Inhalte ...
... auffindbar? Kann der User die Inhalte leicht finden?	▶ ... einen H1-Tag? ▶ ... mindestens zwei H2-Tags? ▶ ... korrekte Metadaten (Title, Description, Keywords ...)? ▶ ... Links zu weiterführendem Content? ▶ ... ALT-Tags für Bilder?
... lesbar? Kann der User die Inhalte problemlos lesen?	▶ ... einen Textaufbau nach dem Prinzip der »Inverted Pyramid«? ▶ ... eine sinnvolle Gliederung in Absätze? ▶ ... übersichtliche Aufzählungen in Listenform? ▶ ... eine Wortwahl, die die sprachlichen Guidelines beachtet? ▶ ... »sprechende« Links?
... verständlich? Kann der User die Inhalte gut verstehen?	▶ ... ein passendes Content-Format (Text, Bild, Video, PDF ...)? ▶ ... eine angemessene Ansprache der Personas? ▶ ... eine adäquate Einbindung in den Kontext? ▶ ... einen Stil, der dem Sprachlevel der User entspricht? ▶ ... korrekte Rechtschreibung, Zeichensetzung, Grammatik?
... aktivierend? Bewegen die Inhalte den User zu einer Handlung?	▶ ... einen Call-to-Action? ▶ ... die Möglichkeit, einen Kommentar zu hinterlassen? ▶ ... eine Einladung, die Inhalte zu teilen? ▶ ... sinnvolle Verlinkungen zu thematisch verwandtem Content? ▶ ... eine klare Aufforderung, etwas Bestimmtes zu tun?
... teilenswert? Wird der User dazu angeregt, die Inhalte zu teilen?	▶ ... etwas, das eine emotionale Reaktion auslöst? ▶ ... einen Grund, den Content zu teilen? ▶ ... eine Aufforderung, den Content zu teilen? ▶ ... eine kinderleichte Möglichkeit, den Content zu teilen? ▶ ... eine Personalisierung (zu Tweets hinzugefügte Hashtags usw.)?

Tabelle 4.2 Checkliste Content-Audit[1]

---

[1] Übersetzung einer Checkliste von Ahava Leibtag. Mit freundlicher Genehmigung der Urheberin. Link zum Original: *http://contentmarketinginstitute.com/2011/04/valuable-content-checklist*

Grundsätzlich ist jedes Audit-Template das Ergebnis einer individuellen Zielvorgabe. Folgende Excel-Datenfelder können Sie als Pool für die Zusammenstellung Ihrer persönlichen Audit-Vorlage nutzen:

- Seitenname
- URL
- Seiten-ID
- kurze Beschreibung des Seitenthemas
- Content-Typ (Guideline, Artikel, Pressemeldung, Intro, Title, Description ...)
- Content-Format (PDF, Video, Bild, Text ...)
- Textelement (Headline, Text-Body, »sprechender« Link etc.)
- Wortanzahl
- Zeichenzahl
- Content-Qualität (Note von 1–6)
- Welche Priorität hat das Thema (1: hoch, 2: mittel, 3: niedrig)?
- Passt die Tonalität?
- Ist der Inhalt aktuell?
- Lesbarkeit (Note 1–6)
- SEO-Relevanz? (ja/nein)
- Hat der Inhalt das passende Format? (ja/nein)
- behalten/löschen/neu erstellen/bearbeiten
- Muss auf Keyword XY optimiert werden.
- Soll auch auf anderen Seiten eingebunden werden (Wo?).
- relevant für welche Zielgruppe?
- relevant für welche Business-Ziele?
- Soll verlinken auf ...
- zu erledigen bis ...
- Bearbeiter
- sonstige Anmerkungen

Je klarer Sie im Vorfeld Ihre Audit-Ziele herausarbeiten, desto leichter wird es Ihnen fallen, die notwendigen Parameter, die Sie im Zuge des Audits beleuchten möchten, in Ihrem eigenen Template festzuhalten.

4.7 Next Steps?

Je nachdem, zu welchem Zeitpunkt und zu welchem Anlass Sie einen Audit durchgeführt haben, können Sie die Ergebnisse

- in Arbeitsgruppen detaillierter ausarbeiten,
- im Rahmen der weiteren Content-Planung verarbeiten,
- gleich umsetzen oder
- in ein Content-Konzept übernehmen.

Legen Sie dafür am Ende jedes Audits die Verantwortlichkeiten und Timings genau fest. Schreiben Sie am besten eine Zusammenfassung des Audits, die noch einmal auf die Zielvorgaben eingeht und die Ergebnisse bündelt. Eine solche Übersicht bildet auch eine gute Grundlage für Brainstormings und Diskussionen im Zuge der weiterführenden Content-Planung.

Denken Sie im Übrigen daran, gegebenenfalls notwendige Anpassungen in Ihren Redaktions- oder Produktionskalender zu übernehmen.

4.8 Hilfreiche Audit-Tools

Online finden Sie viele praktische Helfer, die Sie häufig sogar kostenfrei für Ihren Audit nutzen können. Hier eine kleine Auswahl.

4.8.1 Für die quantitative Analyse

Neben dem bereits vorgestellten Screaming Frog SEO Spider eignen sich die nachstehenden Tools für eine rasche Auflistung Ihrer Webseiten.

Das Content Analysis Tool (CAT) der Firma Content Insight (*http://www.content-insight.com*) ist ein kostenpflichtiges Audit-Werkzeug, das speziell für Content-Strategen, Content-Manager, User Interface Designer und Web Developer entworfen wurde. Es bietet vor allem den Vorteil, dass sich einzelne Abfrage-Jobs und Screenshots abspeichern lassen. So kann man in regelmäßigen Abständen prüfen, was sich verändert hat. Das Werkzeug eignet sich daher sehr gut für ein kontinuierliches Content-Monitoring.

Als weitere Alternative für den quantitativen Audit steht *Xenu's Link Sleuth* zur Verfügung. Unter *http://home.snafu.de/tilman/xenulink.html* können Sie das Tool kostenlos herunterladen. Es bietet neben der Auflistung aller Seiten und Titles auch die Möglichkeit, nach *Broken Links*, das heißt nach nicht erreichbaren Seiten, zu filtern.

Mit einem kostenfreien, webbasierten Tool der Firma Internet Marketing Ninjas (*http://www.internetmarketingninjas.com/seo-tools/google-sitemap-generator*) können Sie Ihren Audit ebenfalls durchführen. Allerdings eignet sich das Werkzeug nur für Webangebote, die bis zu 1.000 Seiten umfassen.

4.8.2 Für die qualitative Analyse

Prinzipiell besteht die qualitative Analyse aus Handarbeit und eigener Denkleistung, die Ihnen kein Werkzeug abnehmen kann. Doch einige SEO-Tools liefern immerhin gute Hinweise zur Qualität Ihres Webseiten-Contents aus Suchmaschinensicht.

Mit dem *SEO Chat Spider Simulator* (*http://www.seochat.com/seo-tools/spider-simulator*) erhalten Sie in wenigen Sekunden eine Übersicht zum Textumfang, der auf der abgefragten Seite gefunden wurde, sowie die Information, wie Anchor-Texte, Titles und Descriptions aussehen.

Das SEO-Tool *Seitenreport* (*www.seitenreport.de*) bietet Ihnen eine schnelle Analyse Ihrer Website-Qualität.

Weitere nützliche Tools zur Beurteilung und Analyse Ihres Contents finden Sie in Kapitel 32, »Texter-Tools für die tägliche Arbeit«, darunter auch *SEORCH* (*http://www.seorch.de*) – ein Werkzeug, das eine zügige On-Page-Analyse Ihrer Seite ermöglicht.

4.9 Fazit

Ein gründlicher Content-Audit kostet Geld, Zeit und Ressourcen, zahlt sich aber letztlich vielfach aus. Dabei hängt der Zeitaufwand vom Website-Umfang und den Zielvorgaben ab – ein gründlicher Audit für ein großes Webprojekt kann gut und gerne auch mal ein paar Wochen beanspruchen. Wichtig: Regelmäßige Audits sind kein Nice-to-have, sondern ein Must-have, wenn Sie eine professionelle Website betreiben. Dabei ist es nicht immer notwendig, den kompletten Audit-Rundumschlag auf einmal zu vollziehen. Arbeiten Sie sich stückweise durch Ihre Inhalte, setzen Sie sinnvolle Prioritäten, und gehen Sie bei der Content-Optimierung schrittweise vor.

Also: Der nächste Audit kommt bestimmt! Wenn Sie erst einmal Ihren Content-Strategie-Kreislauf in Gang gebracht haben, werden Sie über kurz oder lang mit Ihrem Team eine souveräne Routine im Umgang mit Website-Inhalten erlangen und auch das Audit-Thema strukturiert und fokussiert voranbringen.

Im nächsten Schritt dürfen Sie Ihre Audit-Erkenntnisse in den Planungsprozess überführen. Was hierbei zu beachten ist, erfahren Sie im folgenden Kapitel.

5 Die Content-Planung

Gratuliere! Sie haben den ersten, arbeitsintensiven Schritt Ihrer Content-Strategie erfolgreich erledigt. Doch wie gehen Sie jetzt am besten mit den Audit-Resultaten um? Wie verhindern Sie, dass die gesammelten Erkenntnisse gleich wieder im Tagesgeschäft-Nirwana verschwinden oder dass in einem Anflug von blindem Aktionismus ein wilder, ineffizienter Produktionsprozess in Gang gesetzt wird? Bauen Sie auf die zweite stabile Säule Ihrer Content-Strategie: die Planung.

»Je größer die Projekte, desto größer die Katastrophen«, schrieb einst der Satiriker Wolfgang J. Reus. Er hatte erkannt, woran die meisten Projekte scheitern: an der fehlerhaften Planung. Deshalb ist es wichtig, dass Sie im Anschluss an Ihren Audit weiter gründlich und schrittweise vorgehen. Gleichen Sie erst einmal Ihren Audit-Befund en détail mit Ihren Business-Zielen ab: Welche Themen wurden bisher hinreichend abgedeckt? Welche fehlen? Damit Sie die bestehenden Content-Lücken möglichst effektiv schließen können, benötigen Sie zunächst eine genaue Vorstellung von Ihrem gesamten Content-Projekt – und dann einen ausgereiften Plan. Die folgenden Abschnitte zeigen Ihnen den Weg zu einer sinnvollen, effizienten Content-Planung.

5.1 Fehler in der Planung kosten Geld!

Der wichtigste Grund, warum Sie ein großes Augenmerk auf eine sorgfältige Planung legen sollten, ist ... das liebe Geld! Jens Jacobsen hat in seinem Buch »Website-Konzeption« den Wert der Planung folgendermaßen verdeutlicht:

> »Je genauer Sie planen, desto glatter wird Ihr Projekt laufen. Es gilt die Faustregel: Einen Fehler in der Planungsphase zu beheben, kostet einen Euro, ihn in der Konzeption zu beheben 10 Euro, bei der Umsetzung 100 Euro und nach dem Launch 1.000 Euro.«[1]

Jacobsen bezieht sich dabei grundsätzlich auf alle Anforderungen für die Erstellung eines Webkonzepts. Seine Rechnung lässt sich aber auch gut auf die strategische Planung von Webinhalten übertragen. Wenn man sich vor Augen führt, wie viele

---

1 Jens Jacobsen, Website-Konzeption. München: Addison-Wesley 2011, S. 1

kleine Fehler sich zu Beginn eines Content-Projekts einschleichen können, sofern man sich nicht genug Zeit für die Planung nimmt, kann man sich ein ungefähres Bild von den dadurch entstehenden saftigen Folgekosten machen.

Um Ihre Planungssäule auf ein stabiles Fundament zu stellen, sollten Sie im Vorfeld einen Content-Workshop (siehe Kapitel 8, »Der Content-Workshop«) in Erwägung ziehen, in dem die Anforderungen an Ihren künftigen Web-Content gründlich herausgearbeitet werden. Die gesammelten Inhalte werden dann in eine stufenweise aufgebaute Content-Planung überführt. Umfang und Intensität der Planung sind selbstverständlich abhängig von der Größe Ihres geplanten Projekts. Aber auch bei vermeintlich kleinen Webprojekten sollten Sie prüfen, ob nicht einige der folgenden Anregungen für Sie sehr nützlich sein könnten. Behalten Sie immer im Hinterkopf, dass eine solide Planung Ihnen dabei hilft, Ihre Budget-Euros gezielt und effektiv in die richtigen Inhalte zu investieren.

5.2 Keine Planung ohne Webanalyse-Informationen

Wissen Sie, auf welchen Seiten Ihre User am schnellsten wieder abspringen und wo sie gerne verweilen? Bedeutet eine lange Verweildauer in jedem Fall, dass Ihre Inhalte toll sind, oder könnte es eventuell auch sein, dass Content fehlt und die User mehr Zeit auf Ihrer Seite verbringen, um danach zu suchen? Ist Ihnen bewusst, warum manche Teaser häufiger angeklickt und bestimmte Inhalte aktiver in den sozialen Medien geteilt werden als andere? Kennen Sie die Öffnungsrate Ihrer Newsletter oder die Konversionsrate einer SEM-Landingpage? Haben Sie eine konkrete Vorstellung davon, nach welchen Begriffen Ihre Zielgruppe sucht, und verwenden Sie diese Suchbegriffe auch auf Ihren Seiten? Ahnen Sie, auf wie vielen Seiten Ihre Pressemeldung verlinkt wird und auf welchen Content die meisten Backlinks führen?

Wie Sie sich ein solides Content-Controlling erarbeiten können, erfahren Sie in Kapitel 10, »Das Content-Controlling«. Eines kann ich Ihnen jedoch an dieser Stelle schon verraten: Ohne profundes Wissen über die Nutzung der Webseiteninhalte und die Content-Performance lässt sich keine erfolgsbasierte Planung an den Start bringen. Sobald Sie anfangen, jeden Content-Winkel Ihrer Website zu durchleuchten, werden Sie garantiert auf nicht genutztes Seitenpotenzial stoßen. Durch eine tiefgreifende Analyse konfrontieren Sie sich mit der ebenso unbequemen wie unerlässlichen Frage: Inwieweit entspricht mein Content-Wunschdenken der nackten Realität?

Öffnen Sie sich im Zusammenhang mit Content grundsätzlich der Welt der Zahlen. Spätestens dann, wenn Sie entscheiden müssen, welche der gesammelten Inhalte wirklich in den Produktionsprozess überführt werden sollen, hilft Ihnen ein fundiertes Wissen über die bisherige Content-Performance weiter, sinnvolle Prioritäten zu setzen. Ansonsten riskieren Sie, in die falschen Inhalte zu investieren.

> **Rechtstipp: Binden Sie eine Datenschutzerklärung prominent auf Ihrer Website ein**
> Für die Webanalyse müssen Sie zuvor Daten Ihrer User erfasst haben, etwa durch den Einsatz von Cookies. Sind die gespeicherten Daten individualisierbar, können Sie also damit etwa das Profil eines einzelnen Users erstellen, so handelt es sich um sogenannte personenbezogene Daten. In einem solchen Fall müssen Sie aus Gründen des Datenschutzes auf Ihrer Website gut sichtbar eine Datenschutzerklärung aufnehmen. Sie informieren hier Ihren Nutzer über Art, Umfang und Zweck der Erhebung, Verarbeitung und Speicherung seiner Daten. Verstoßen Sie gegen dieses Gebot, droht ein Ordnungsgeld von bis zu 300.000,00 € sowie eine wettbewerbsrechtliche Abmahnung eines Konkurrenten. Fehlt hingegen der Bezug zu einer konkreten Person, etwa wenn Sie allein Daten zum Umsatz mit einem bestimmten Artikel in Ihrem Onlineshop generieren, so bedarf es keiner Datenschutzerklärung.

5.3 Die drei Stufen der Content-Planung

An Content-Ideen mangelt es in den meisten Firmen selten. Vor allem, wenn Sie erstmalig eine ganzheitliche Content-Strategie an den Start bringen, ist die Gefahr groß, sich angesichts vieler Ideen und Impulse zu verzetteln. Die Planungsphase sollte sich daher idealerweise in drei Stufen vollziehen: von der Sammlung über die Filterung bis hin zur Konsolidierung der Webinhalte. Abbildung 5.1 bietet Ihnen hierzu einen ersten Überblick. Im Anschluss werde ich auf die einzelnen Stufen etwas ausführlicher eingehen.

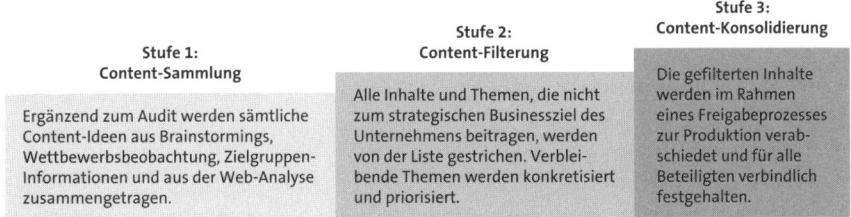

Abbildung 5.1 Die drei Stufen der Content-Planung

Bitte lassen Sie sich bei allen Content-strategischen Anleitungen nicht zu einer formalistischen Denkweise verleiten. Die einzelnen Stufen sind ausdrücklich als Empfehlungen gedacht: Sie beschreiben Best-case-Szenarien für den strategischen Umgang mit Content, anhand derer Sie sich Ihre eigene Strategie-Schablone ableiten können – je nach Firmen-, Website-, Ressourcen- und Projektumfang.

5.3.1 Stufe 1 – Content-Sammlung

Sie haben sicher schon gute Anregungen für Ihre Seiteninhalte aus dem Audit mitgenommen. Im nächsten Schritt geht es darum, weitere Content-Ideen zu sammeln, die Ihr Angebot für Ihre User noch attraktiver machen, bzw. die Inhalte zu ergänzen, die zur Befriedigung der Kundenbedürfnisse noch fehlen.

Bevor Sie damit anfangen, sollten alle Beteiligten verinnerlicht haben, dass ein User, der auf Ihrer Seite landet und Ihr Angebot noch nicht kennt, vor allem eines möchte: auf Anhieb verstehen, was Sie anbieten und warum er länger als 5 Sekunden auf Ihrer Seite verweilen soll – egal, auf welcher Seite er landet (Homepage, Kategorieseiten, Landingpages …). Er erwartet daher eine schnell erfassbare Aussage zu Ihrer Positionierung, eine eindeutige Nutzerführung dank klar benannter Navigationselemente und eine attraktive Darstellung Ihrer Themen durch passenden, leicht zugänglichen Content.

Die gesammelten Ideen können anschließend zum Beispiel in einem eintägigen Content-Workshop (siehe Kapitel 8, »Der Content-Workshop«) oder in einzelnen Arbeitsgruppen diskutiert und priorisiert werden. Zur Vorbereitung sollten die Workshop-Teilnehmer schon einmal ihre Ideen anhand folgender zwölf Fragestellungen erarbeiten:

1. Welches Alleinstellungsmerkmal (USP) meines Angebots möchte ich in den Mittelpunkt rücken?
    - Sie sind eine Bank, und das Thema »Baufinanzierung« ist Ihre größte Stärke? Dann geben Sie ihm die entsprechende Bühne!
    - Ihre Agentur bietet als Serviceleistung ein Gratiswerkzeug zur Content-Evaluierung an, und Sie möchten über das Tool Ihre Bekanntheit im Markt steigern? Dann überlegen Sie, ob es schon ansprechend und leicht verständlich auf Ihren Seiten präsentiert wird.
    - Ihr Unternehmen ist seit über 100 Jahren familiengeführt? Ein wunderbares Alleinstellungsmerkmal!
    - Sie sind B2B-Marktführer im Bereich Photovoltaik? Dann arbeiten Sie diesen Trust-Faktor mit entsprechenden Inhalten auf Ihrer Seite heraus!

> **Rechtstipp: Bescheidenheit ist auch aus rechtlicher Sicht eine Zier**
> Aufgepasst beim Werben mit Superlativen! Solche sogenannte Alleinstellungswerbung ist nur dann zulässig, wenn Sie wirklich nachweislich (!) die Nr. 1 in Ihrem Feld sind. Andernfalls droht die Abmahnung. Weichere Formulierungen wie »eines der größten …« sind daher vorzuziehen.

2. Welche Inhalte erwarten meine User?
   - Ausführliche Produktinformationen?
   - Whitepapers, die ein technologisches Angebot erklären?
   - Eine informative Unternehmensseite, um sich ein besseres Bild vom Anbieter zu machen (Image, Branding, Trust)?
   - FAQs zu einem erklärungsbedürftigen Thema?
   - Saisonal passende Themen?
   - Experten-Interviews/Testimonials?
3. B2B vs. B2C: Wie kann ich unterschiedliche Zielgruppen am besten auf meiner Seite »abholen«?
   - Wer bildet die stärkere Zielgruppe von beiden?
   - Welche Inhalte sind für welche Zielgruppe relevant?
   - Bekommt die wichtigste Zielgruppe auch die höchste Content-Aufmerksamkeit auf meiner Website?
   - Biete ich eine intuitiv verständliche Einteilung beider Zielgruppen-Angebote an, damit sich die User schnell orientieren können?
   - Benutze ich für beide Zielgruppen die richtige stilistische Ansprache (Tonalität)? Enthalten die B2B-Inhalte Headlines und Textinformationen mit den passenden Branchen- und Fachbegriffen?
4. Wettbewerbs-Check: Mit welchen Inhalten arbeiten meine Konkurrenten? Hier lautet das Motto: Klauen ist erlaubt! Natürlich dürfen Sie Inhalte keinesfalls 1:1 von anderen Seiten übernehmen, aber es ist durchaus ein probates Mittel für die Content-Ideenfindung, sich vom Angebot der Konkurrenz inspirieren zu lassen. Arbeiten Sie die »gefundenen« Inhalte auf smarte Weise weiter aus, und geben Sie ihnen ein eigenes Gesicht – passend zu Ihrer Website und Ihrem Branding.

Rechtstipp: Tappen Sie nicht in die Abmahnungsfalle Urheberrecht

Dies gilt auch aus Gründen des Urheberrechts. Der Content Ihres Mitbewerbers darf dabei nicht mal »durchscheinen«, wollen Sie sich nicht einer Abmahnung aussetzen. Und im Urheberrecht kann es da schnell teuer werden ...

Lassen Sie ebenfalls intern (rechtlich) prüfen, welche Ideen Sie von der Konkurrenz übernehmen dürfen.

5. Welche Inhalte liegen offline zur Nutzung vor?
Schauen Sie einmal, was bei Ihren Kollegen aus dem Ein- und Verkauf, Marketing, Kundencenter oder aus der PR auf den Schreibtischen liegt – oder interviewen Sie die Kollegen direkt zu relevanten Business-Fragen. Welche Offline-Marketing- und PR-Aktionen sind schon geplant oder umgesetzt?
6. Welche Content-Formate werden bereits genutzt? Welche sollen künftig genutzt werden und warum?
7. Was ist die passende Verpackung für meine Themen (Bildergalerie vs. Video-Tutorial, Webinar vs. SlideShare-Präsentation …)?
8. Welche Inhalte brauche ich aus SEO-Sicht?
9. Welche Keywords sind für mein Unternehmen wichtig? Werden sie im aktuellen Content tatsächlich widergespiegelt? Oder sind Title, Description und H-Tags etwa in einem erbärmlichen Zustand?
10. Welche Themen bewegt meine Zielgruppe auf den verschiedenen Social-Media-Kanälen?
11. Wie und worüber sprechen meine User? Was stört sie? Was begeistert sie? Was fehlt ihnen?
12. Weiß ich, woher mein Traffic kommt und mit welchen Erwartungen die User von den jeweiligen Kanälen auf meine Seite gelangen?
Es ist wichtig, dass Sie eine genaue Vorstellung davon haben, über welche Wege die User auf Ihren Seiten landen. Eine Übersicht über die verschiedenen Möglichkeiten finden Sie in Abbildung 5.2. Jeder Internetnutzer, der eine bestimmte Seite anklickt, hat ganz konkrete Erwartungen an deren Inhalt. Wenn ein Newsletter-Teaser nicht auf den beworbenen Beitrag linkt, sondern auf die Homepage, dann ist der User zu Recht verärgert. Dasselbe passiert, wenn es für eine AdWords-Anzeige keine Landingpage gibt und der Link stattdessen zur Homepage führt. Stellen Sie also sicher, dass Sie den Usern die Inhalte bieten, die sie beim Klick auf einen Link erwarten. Berücksichtigen Sie dabei, welche Inhalte auf bestimmten Seiten für regelmäßig genutzte Traffic-Quellen zur Verfügung stehen sollten – etwa ein Teaser auf der Homepage, der das Angebot aus einem aktuellen Newsletter bewirbt.

Diese zwölf Fragen werden Sie bzw. Ihre Kollegen sicher nicht alle im Vorfeld beantworten können. Picken Sie sich bitte diejenigen heraus, die für Ihr Unternehmen oder Ihr Projekt relevant sind.

Abbildung 5.2 Machen Sie sich ein Bild von den Traffic-Quellen, über die User auf Ihren Seiten landen.

5.3.2 Stufe 2 – Content-Filterung

Am liebsten würden Sie nun gerne all die wunderbaren Ideen umsetzen, die Sie gemeinsam gesammelt haben. Doch nicht jeder Inhalt auf Ihrer Liste wird von Ihrer Zielgruppe benötigt, und manches scheitert leider auch am Budget – die eine oder andere kluge Content-Idee kann man sich schlicht und ergreifend nicht leisten.

Jagen Sie im nächsten Schritt alles durch einen Filter, der bei der Entscheidung hilft, welche Inhalte Sie am Ende tatsächlich produzieren möchten. Tragen Sie in ein Excel-Sheet die in Frage kommenden Inhalte ein – etwa so, wie in Abbildung 5.3 gezeigt. Berücksichtigen Sie bei der Anlage der Datenfelder Informationen wie Kostenfaktor, Format, Zielgruppe oder Content-Ziel, und vergeben Sie am Ende eine Priorität für das ausgewählte Content-Thema.

Wie Sie in der Excel-Tabelle sehen können, ist es sinnvoll, auch bereits eine erste Schätzung der Kosten einzutragen. Wenn es in Diskussionen einmal darum geht, dass man sich zwischen zwei Inhalten mit derselben Priorität entscheiden muss, liefert ein kurzer Blick auf das veranschlagte Budget möglicherweise das entscheidende Argument.

Abbildung 5.3 Excel-Beispiel dafür, wie Sie Inhalte filtern und bewerten können

5.3.3 Stufe 3 – Content-Konsolidierung

Der Planungs-Part ist fast erledigt. Bevor es an die Umsetzung geht, müssen die Ergebnisse festgehalten und die nächsten Schritte definiert werden. Sie wissen jetzt (aus dem Audit, Ihren Sammlungen oder den Workshop-Ergebnissen),

- welcher Content wie überarbeitet werden muss,
- welcher Content neu erstellt werden muss,
- welcher Content gelöscht wird und
- vielleicht auch schon welche Kanäle Sie zur Verbreitung der Inhalte nutzen wollen.

An diesem Punkt sollte sich der Content-Stratege auch noch einmal mit einem Usability-Experten beraten, um festzuhalten, was bei der späteren Produktion im Hinblick auf die Nutzerführung zu beachten ist.

Die Ergebnisse werden nun zur Vorlage beim Entscheider-Team zusammengefasst, damit der Plan – nach einer gründlichen Kostenkalkulation (siehe Abschnitt 6.3, »Anleitung zur Textkalkulation«) – zur Produktion freigegeben werden kann. Doch damit sind Sie mit Ihrer Planung noch nicht ganz am Ende. Nachdem Sie nun im Rahmen Ihrer Content-Strategie einmalig einen umfassenden Content-Plan erarbeitet haben, hilft Ihnen in Zukunft ein regelmäßig gepflegter Themenplan (siehe Kapitel 18, »Das Content-Marketing-Herzstück – der Themenplan«) dabei, sich auf die Produktion der Inhalte zu konzentrieren, die für die Erreichung Ihrer Business-Ziele wichtig sind.

Im nächsten Abschnitt finden Sie eine weitere Planungsmethode, die jedes Unternehmen – unabhängig von der Größe, den verfügbaren Ressourcen oder dem vorhandenen Budget – für sein Webbusiness anwenden kann.

5.4 70/20/10 – das Planungsmodell von Coca-Cola

Eric Schmidt, Executive Chairman bei Google, adaptierte das seit den 1960er Jahren angewandte 70/20/10-Lernmodell[2] im Jahre 2005 für die Innovationsprozesse des Suchmaschinen-Leaders. Dabei bezog er sich auf die Ressourcen und die Zeit, die Mitarbeiter für businessnahe und businessferne Themen aufwenden sollten, damit im Tagesgeschäft ein Teil des Mitarbeiter-Einsatzes auch in die Entwicklung innovativer Produktideen fließen kann.

Der Coca-Cola-Konzern griff dieses Modell im Jahr 2001 in seiner »Content 2020«-Strategie auf (siehe hierzu auch Abschnitt 22.1.1, »Der Klassenprimus – Coca-Colas Mission ›Content 2020‹«). Er leitete daraus folgende Regeln für den strategisch geplanten Umgang mit Content ab:

- 70 % der Inhalte sollen sogenannter Bread-and-Butter-Content sein, das heißt, erprobter und etablierter Content, der weniger Zeit, Ressourcen und Budgets frisst: Inhalte, die sich bereits bezahlt gemacht haben und für die schon etablierte Produktionsprozesse bestehen, kurz gesagt Inhalte, die als risikoarm und effizient eingestuft werden.
- 20 % der Content-Aktivitäten fließen in die Weiterentwicklung von Ideen und Themen, die bereits gut funktionieren. Das bedeutet: Ein Teil der Content-Themen aus dem obigen 70 %-Block wird ausgebaut, saisonal weiterentwickelt, für bestimmte Zielgruppen konkret angepasst usw.
- 10 % der Inhalte sind die 20 %- bzw. 70 %-Inhalte von morgen: der experimentelle Content. Zwar besteht das Risiko, dass diese Inhalte nicht funktionieren, doch ebenso die Chance, dass sie langfristig zum Bread-and-Butter-Content werden. Der Auftrag lautet also, neue Ideen zu entwickeln und neue Content-Wege zu beschreiten – auch auf die Gefahr hin, dass manche Ideen bei den Usern nicht zünden.

Die Anwendung des Modells setzt voraus, dass Sie wissen, welche Inhalte zu Ihren 70 % gehören, dass Sie bereit dazu sind, in der Content-Planung auch auf experimentelle Themen einzugehen, und dass Sie dem Trial-and-Error-Prinzip bei der Priorisierung Ihrer Content-Themen eine Chance geben wollen.

Eine ausführliche Erläuterung des Modells bietet ein Video, in dem der Coca-Cola-Konzern seine Strategie »Content 2020« vorstellt (*http://bit.ly/n9oq2j*).

---

2 Siehe auch: *http://en.wikipedia.org/wiki/70/20/10_Model*

5.5 Fazit

Eine akribische Content-Planung bedeutet nicht, dass Sie in puncto Content-Produktion und Kreativität unflexibel oder gar ausgebremst werden – im Gegenteil: Wenn Sie Ihre Website erst einmal inhaltlich auf stabile Säulen gepackt haben, bleibt viel mehr Luft im Tagesgeschäft. Dann können Sie sich auf die Planung und Kreation neuer Inhalte konzentrieren, die für das Füttern Ihrer Social-Media-Kanäle wichtig sind, auf News und Trends reagieren oder auf aktuelle Fragen und Probleme Ihrer User eingehen. Denn wie heißt es so schön? Wir können nur den nächsten Schritt tun, um zum übernächsten zu gelangen!

Überspringen Sie also die notwendigen Planungsschritte nicht, die Ihnen das weitere Content-Vorgehen erleichtern. Im nachfolgenden Kapitel bekommen Sie Tipps und Anregungen dafür, wie Sie eine sinnvolle Content-Produktion als dritte Säule in Ihrem Unternehmen aufbauen können.

6 Die Content-Produktion

Beim Thema Produktion stellen Sie die Weichen für einen langfristig praktikablen Umgang mit Ihren Webinhalten. Insbesondere ist ein sorgfältig gepflegter, immer aktueller Produktionskalender oberste Pflicht, damit Sie unnötige Kosten vermeiden, die durch die Verschiebung von Deadlines entstehen können.

Die Planung steht. Doch wer soll jetzt all die Inhalte erstellen? Um zu klären, ob eine hausinterne Content-Produktion für Sie sinnvoller ist als die Beauftragung einer Agentur oder ob Sie für ein bestimmtes Thema eventuell auch einen Content-Kooperationspartner ins Boot holen können, sind einige Vorüberlegungen nötig: Haben Sie es mit einem einmaligen Mehraufwand zu tun, oder benötigen Sie im Zuge Ihrer Strategie künftig regelmäßig mehr Webinhalte? Gibt es in Ihrem Unternehmen qualifizierte Mitarbeiter, die den modernen Content-Anforderungen gewachsen sind und die Kunst des Webtextens perfekt beherrschen? Können Sie sich für die Produktion auch eine Agentur leisten? Und wenn Sie mit einer Agentur arbeiten: Haben Sie intern die Ressourcen und das Know-how für eine stringente und effektive Agentursteuerung?

Doch bevor es ans Produktionshandwerk geht, sollten Sie sich noch einmal gründlich mit folgenden Fragen auseinandersetzen:

▸ Brauchen wir ein Content-Konzept (abhängig von der Projektgröße) oder zumindest ein detailliert ausgearbeitetes Briefing?

▸ In welchem Zeitrahmen soll das Projekt fertiggestellt werden? Wie viel Zeit müssen wir für die Produktion der einzelnen Inhalte kalkulieren?

▸ Budget: Wie viel Geld steht für die Produktion zur Verfügung?

▸ Technologie: Können wir mit den vorhandenen Tools und Templates bereits alles umsetzen? Falls nicht: Welche Anpassungen sind notwendig?

▸ Juristische Anforderungen: Was müssen wir aus rechtlicher Sicht beachten?

▸ Barrierefreiheit: Sind wir bereits in der Lage, Inhalte gut lesbar und leicht zugänglich einzubinden?

▸ Schulungsbedarf: Verfügen unsere Mitarbeiter über die notwendigen (Text-)Kenntnisse zur Umsetzung der geplanten Inhalte?

- Tracking: Haben wir bereits die Möglichkeit, unsere Inhalte zu tracken? Falls nicht: Was müssen wir dafür tun?
- Stehen alle Guidelines (Marken-Guide, Text-Guide, Produktions-Guide, Anleitung zu den Freigabeprozessen)?
- Wer kümmert sich um den Produktionsplan und den Redaktionskalender fürs Tagesgeschäft und stellt sicher, dass diese Pläne immer aktuell gepflegt werden?
- Welche firmenpolitischen Aspekte müssen wir berücksichtigen?
- Wann starten wir mit Social Media?
- Wie binden wir die Online-PR in den Content-Planungsprozess ein?
- Können wir unseren Content crossmedial nutzen? Falls ja, welche zusätzlichen Formate wollen wir einsetzen?

Die Beantwortung dieser Fragen hilft Ihnen dabei, eine realistische Zeitplanung für die Produktion anzusetzen. Sind im Vorfeld größere Anpassungen notwendig (beispielsweise im Content-Management-System) oder dauert die rechtliche Prüfung offener Fragen länger, hat dies natürlich entsprechende zeitliche Auswirkungen, die Sie im Produktionsplan einrechnen müssen.

Die größte Schwierigkeit im Rahmen der Content-Produktion ist für die meisten Firmen bzw. Content-Verantwortlichen die Erstellung von Webtexten. Darum werden Sie im Laufe des Buches mit sämtlichen Textformen vertraut gemacht, die sich im Großen wie im Kleinen auf einer Website befinden – und darum beschäftigen sich auch die folgenden drei Abschnitte zunächst einmal mit dem Thema »Textproduktion«.

6.1 Webtext ist nicht gleich Webtext

Während aufwendige und eher selten produzierte Content-Formate wie Videos oder Gamification-Angebote in der Regel bei Agenturen in Auftrag gegeben werden, werden Texte meistens inhouse erstellt – was für viele Unternehmen eine enorme Herausforderung bedeutet.

Ein authentischer, persönlicher Blogtext erfordert in der Regel einen anderen Schreibstil als ein sachlicher Fachartikel über ein medizinisches Thema. Eine Pressemeldung muss SEO-optimiert sein, einen Anlese-Teaser anbieten und im Aufbau dem Prinzip der umgekehrten Pyramide[1] entsprechen. Ein verkaufsstarker Teaser braucht eine knackige Headline und einen animierenden Call-to-Action. Die Kun-

---

[1] Die sogenannte Inverted Pyramid wird ausführlich in Abschnitt 26.2, »Das Prinzip der umgekehrten Pyramide«, erläutert.

denansprache in den sozialen Medien unterscheidet sich oft vom allgemeinen Webseitentext: Während auf Facebook der »Du«-Kurs herrscht, bleibt die Ansprache auf den Seiten meist beim »Sie«. Auch das Schreiben von Produktinformationen will gelernt sein, denn hier übernimmt der Texter die Funktion eines Verkäufers – er muss auf die Kunden eingehen, sie ehrlich beraten und genau wissen, welche Fragen zum Produkt er im Text beantworten muss.

Wenn Sie hochwertige Webtexte für Ihre Seite produzieren möchten, sollten Sie sich also nicht nur die Frage stellen, ob Sie genügend Mitarbeiter für die benötigte Textmenge haben, sondern auch, ob die Autoren qualifiziert genug sind, die anspruchsvolle Content-Bandbreite korrekt zu bedienen.

6.2 Vier Textproduktionsmodelle

Für Ihre Webtextproduktion stehen Ihnen grundsätzlich vier Varianten zur Verfügung:

- das Inhouse-Content-Management
- die Beauftragung einer Content-Agentur
- die Textbeschaffung über eine Crowdsourcing-Plattform
- die Zusammenarbeit mit freien Textern

Schauen wir uns die Alternativen einmal der Reihe nach etwas genauer an.

6.2.1 Das Inhouse-Content-Management

Warum spreche ich an dieser Stelle, wo es doch »nur« um die Textproduktion geht, nicht einfach von »Online-Redaktion«? Aus folgendem Grund: Ein Redakteur, der in Vollzeit mit der Textarbeit ausgelastet ist, kann sich nicht immer zusätzlich um die Redaktionsplanung, die inhaltliche Weiterentwicklung von Blogthemen, die Erstellung und Überwachung von Guidelines, die Themenabstimmung mit anderen Abteilungen oder um Freigabeprozesse kümmern. Diese Aufgaben sollte ein Content-Manager übernehmen. Es gilt also (im Idealfall), in Ihrer Planung schon einmal mindestens zwei Stellen für die Textproduktion zu berücksichtigen, wenn Content ein essenzieller Teil Ihrer Business-Strategie werden soll. Kleinunternehmen und Start-ups bilden sicherlich eine Ausnahme: Bis zur soliden Finanzierung und einer positiven Geschäftsentwicklung sind dort meist in allen Positionen Allround-Talente gefragt.

Ein klarer Vorteil der hausinternen Produktion ist die Nähe zum Firmenthema und die Möglichkeit des direkten Austauschs mit anderen Kollegen. Das Corporate-

Identity-Denken ist stärker ausgeprägt, und die Wege zur Klärung offener Fragen sind kürzer. Ein Inhouse-Redakteur weiß genau, wen er im Unternehmen fragen muss, falls er zu einem Thema oder einem Produkt weitere Informationen benötigt oder wenn das Content-Management-System einen Aussetzer hat.

6.2.2 Die Beauftragung einer Content-Agentur

Sie stehen vor der Herausforderung, kurzfristig eine größere Content-Menge für ein Projekt beschaffen zu müssen? Sie denken, dass durch Ihre Texte mal ein frischer Wind wehen sollte? Sie vermissen die geforderte Textqualität bei den inhouse erstellten Inhalten? Sie brauchen im Monat regelmäßig ein bestimmtes, kalkulierbares Textvolumen – auch für Ihre internationalen Seiten? In all diesen Fällen erscheint es sinnvoll, die Content-Produktion auszulagern und eine Agentur zu beauftragen. Die erste große Hürde bildet dabei die Agenturauswahl. Es empfiehlt sich, mindestens vier bis fünf verschiedene Angebote einzuholen, bevor Sie eine Entscheidung treffen.

> **Think-Content-Tipp: Fühlen Sie den Agenturen auf den Zahn**
> Um die für Ihre Bedürfnisse passende Agentur zu finden, sollten Sie folgende Punkte sorgfältig prüfen:
> - Beherrscht die Agentur die Kunst, SEO-optimierte und zugleich ansprechende, hochwertige Texte zu verfassen?
> - Ist die Agentur groß genug, das geforderte Volumen im Monat pünktlich und mit gleichbleibender Qualität zu liefern?
> - Gibt es einen oder zwei Texter, die Ihren Texten zugeordnet sind und dadurch auf Dauer ein Gespür für Ihre Anforderungen und die Firmen-Guidelines entwickeln können? Oder wechseln die Texter ständig, so dass Sie hausinternen Mehraufwand für die Abstimmung und Qualitätssicherung einberechnen müssen?
> - Wie viele Korrekturschleifen sind pro Text inklusive?
> - Liefert die Agentur bei Bedarf auch Titles, Descriptions, Bildbeschreibungen und gute Link-Titles mit?
> - Wenn ein monatlicher Themen-Abstimmungsbedarf besteht: Kann die Agentur einmal im Monat bei Ihnen vor Ort sein? Fallen dafür womöglich höhere Kosten an?
> - Können die Texte in der gewünschten Form angeliefert werden?

Von jedem Bewerber sollten Sie mindestens zwei bis drei Textproben verschiedener Content-Arten anfordern (Teaser, Artikel, Blogtext ...). Planen Sie Ihre Agenturauswahl also mit einem guten Vorlauf, und nehmen Sie sich mindestens vier bis sechs Wochen Zeit für den Pitch[2]. Bedenken Sie, dass Sie auch eine gewisse Zeit benötigen, um hausintern über die Ergebnisse zu diskutieren und eine Entscheidung herbeizuführen. Vor dem Pitch muss zudem intern ein ausführliches Briefing für die teilnehmenden Agenturen erstellt und abgestimmt werden.

Des Weiteren sollten Sie im Vorfeld klären, ob Sie der Agentur auch einen Zugriff auf Ihr Redaktionssystem einräumen können, damit sie die Texte selbst einpflegen kann. Falls nicht, müssen Sie bei der Arbeits- und Kostenkalkulation zusätzlich den internen Aufwand für die Agentursteuerung sowie die Content-Pflege einrechnen. Diese Kostenposten werden leider im ersten Schritt oft übersehen.

6.2.3 Die Textbeschaffung über eine Crowdsourcing-Plattform

Unter Crowdsourcing versteht man den Prozess, Inhalte von vielen unabhängig agierenden Menschen produzieren zu lassen. Zahlreiche Einzelpersonen sind also sozusagen die Quelle für die Erstellung von Inhalten. Man könnte hier auch von einer professionellen Form von User-generated Content sprechen. Crowdsourcing-Plattformen haben sich darauf spezialisiert, die vielen Einzelanbieter in ein gut strukturiertes Geschäftsmodell einzugliedern, um die Leistung eines unabhängigen Textproduzenten für Firmen zugänglich zu machen.

Im Prinzip kann jeder, der gut schreiben kann und schreiben möchte, Autor bei einem Crowdsourcing-Unternehmen werden. Bei Anbietern wie content.de oder textbroker.de werden die Autoren entsprechend der gelieferten Textproben diversen Sternekategorien zugeordnet. Die Anzahl der Sterne bestimmt den Preis, den der Auftraggeber dafür bezahlen muss. Dabei reicht die Skala von zwei Sternen (einfachste Textqualität) bis zu fünf Sternen (höchste Textqualität). Bitte bedenken Sie, dass unter Umständen auch ein Fünf-Sterne-Text nicht immer mit dem Werk eines professionellen Webtexters mithalten kann. Wenn ein Text mit rund 200 Wörtern für den Auftraggeber gerade einmal um die 12 € kostet, wird auch der Verdienst auf Autorenseite weit unter dem eines gut ausgebildeten Texters liegen. Und wenn man weiß, wie lange man für einen exzellenten Text mit 200 Wörtern benötigen würde, kann man sich leicht ausrechnen, dass man in diesem Fall wohl ein paar Abstriche machen muss.

---

2 Ein Pitch beschreibt die Bewerbung verschiedener Agenturen um einen größeren Unternehmensetat. Im Rahmen des Pitches müssen die vorab ausgewählten Agenturen eine konkret gestellte Aufgabe meistern.

> **Think-Content-Tipp: Wer kann vom Angebot einer Crowdsourcing-Plattform profitieren?**
>
> Die Texterstellung über Crowdsourcing ist eine gute Lösung für Firmen mit kleinem Budget – oder für Unternehmen, die monatlich ein sehr großes Textvolumen benötigen (Produkttexte, Reiseinformationen, Hoteltexte usw.). Aufgrund der Fülle von Autoren kann ein Crowdsourcing-Anbieter ein breites Themenspektrum abdecken: Von leidenschaftlichen Auto-Freaks über Gartenbegeisterte bis hin zu Reisefans finden sich auf einer Plattform viele Schreiber, die ein Nischenthema inhaltlich gut bedienen können. Bei sehr anspruchsvollen Themen – etwa aus der Welt der Medizin, der Finanzen oder der Juristerei – ist es allerdings ratsam, sich die Kompetenzen einer Spezialagentur zu leisten, um für ein höheres Honorar auch qualitativ höherwertige Texte zu bekommen.

Ein sehr gutes, detailliertes Briefing bildet bei der Zusammenarbeit mit Crowdsourcing-Anbietern die Basis für ein zügiges »Einnorden« der freien Autoren auf Ihre Anforderungen. Investieren Sie daher genügend Zeit in das Briefing, damit Sie im späteren Verlauf möglichst wenige Text-Abstimmungsrunden drehen müssen. Denn sonst haben Sie letztlich nichts gespart und riskieren, dass das Ergebnis nicht Ihren (ungenau formulierten) Vorstellungen entspricht.

6.2.4 Die Zusammenarbeit mit freien Textern

Ein wesentlicher Vorteil der Zusammenarbeit mit freien Textern ist die flexible Zeit- und Arbeitseinteilung sowie der schnelle Zugriff auf Ressourcen, wenn man kurzfristig ein bestimmtes Textvolumen benötigt. Freie Texter, die länger für ein Unternehmen agieren, sind außerdem bestens geschult hinsichtlich der firmeninternen Anforderungen und Prozesse: In vielen Fällen arbeiten sie relativ autark mit einer gleichbleibenden Qualität für den betreffenden Auftraggeber. Oft ist es für freie Texter auch möglich, beim Kunden vor Ort zu sein, falls dieser das wünscht. So entsteht noch mehr Nähe in der Zusammenarbeit; der freie Texter kann wie ein Inhouse-Redakteur agieren und sich während seiner Textrecherche bei offenen Fragen direkt mit anderen Fachabteilungen austauschen.

Die größte Herausforderung stellt auch hier wieder die Suche nach den richtigen Textern dar. Die Praxis zeigt, dass wirklich gut ausgebildete Webtexter im stark wachsenden Online-Markt immer noch eine seltene Spezies sind. Welche Anforderungen ein Texter erfüllen sollte, damit er für Ihre Website guten Content erstellen kann, erfahren Sie Kapitel 24, »Die hohe Kunst des Webtextens«. Unter *www.dasauge.de* oder *www.texter.de* finden Sie zudem umfassende Datenbanken, die Sie bei der Suche nach einem passenden Texter unterstützen können.

6.2.5 Vergleich der vier Modelle

Tabelle 6.1 bietet Ihnen eine Zusammenstellung der wichtigsten Vor- und Nachteile aller vier Varianten der Webtextproduktion.

Inhouse		
Geeignet für	kleinere Unternehmen	
	Start-ups	
	Unternehmen, die klar auf Content-Strategie setzen und alles unter einem Dach produzieren möchten	
	national agierende Unternehmen	
	B2B-Unternehmen mit einer starken Spezialisierung auf ein Thema	
Aufgaben	Abstimmung mit dem Inhouse-Content-Management	
	Einhaltung der Guidelines	
	Schreiben aller benötigten Webtexte	
	Teilnahme an Themenplan-Meetings	
	Klärung offener Themenfragen mit den jeweiligen Fachabteilungen	
	Einpflegen der Inhalte ins Redaktionssystem	
Vorteile	kurze Kommunikationswege; Nähe zu anderen Abteilungen bei der Klärung offener Fragen zur Themenrecherche	
	Identifikation mit der Firmenphilosophie und fundierte Kenntnis der Corporate Identity	
	fixe Budgetplanung für die Content-Erstellung	
	Sehr gute Produkt-/Themenkenntnisse sind vor allem im B2B ein großer Trumpf (hoher Spezialisierungsgrad).	
	autarkes, eigenverantwortliches Arbeiten im Tagesgeschäft	
	kein Briefing-Aufwand	
Nachteile	Vertretung bei Krankheit und Urlaub notwendig	
	Gefahr der »Betriebsblindheit« und Textmonotonie	
	fehlende Flexibilität bei unterschiedlichem Content-Aufkommen	

Tabelle 6.1   Vor- und Nachteile der Webtextproduktionsmodelle

Agentur	
Geeignet für	international agierende Unternehmen (multilinguale Plattformen)
	Unternehmen, die regelmäßig exklusiven Content in großen Mengen benötigen
	Unternehmen, die sich auf die Strategie und die Planung, nicht aber auf die Produktion der Inhalte konzentrieren möchten
	Firmen, die inhouse nicht das Know-how zur Texterstellung haben
	Firmen ohne eigene Redaktion
	Unternehmen, die Teilbereiche (Blogs, Ratgebertexte o. Ä.) auslagern wollen
	Unternehmen, die frische, kreative Impulse von außen und weiterführende Beratungsleistungen für ihre Content-Erstellung wünschen
Aufgaben	pünktliche Lieferung der bestellten Texte
	detaillierte Briefing-Gespräche mit dem Kunden
	Beratungsleistung zu neuen Content-Themen
	auf Kundenwunsch: Erstellen einer Text-Guideline
	Einhaltung der Guidelines und Briefing-Vorgaben
	Sicherstellung eines gleichbleibenden Qualitätsstandards
Vorteile	frische Ideen von außen (Rezept gegen »Betriebsblindheit«)
	Flexibilität bei Auftragsschwankungen
	Konzentration auf das Kerngeschäft möglich
	Support bei vermehrtem Content-Bedarf im Rahmen eines größeren Projekts
	personelle Unabhängigkeit
	Einkauf von externem Know-how und hoher Content-Qualität
	Kostentransparenz und solide Budgetplanung bei langfristigem Agentur-Engagement
	sinkender Briefing- und Abstimmungsaufwand bei längerer Zusammenarbeit

Tabelle 6.1 Vor- und Nachteile der Webtextproduktionsmodelle (Forts.)

Nachteile	erhöhter Mitarbeiteraufwand intern im Zuge der Agentursteuerung
	Abstimmungsaufwand zu Beginn recht hoch, bis beide Seiten sich auf den passenden Stil geeinigt haben
	Agentur ist nicht so nah am Geschehen, am Firmenthema und am Produkt, daher dauert es unter Umständen, bis die Corporate Identity gleichbleibend gut umgesetzt wird
Crowdsourcing	
Geeignet für	Unternehmen, die mit kleineren Budgets arbeiten müssen und einen sehr hohen Content-Bedarf haben
	Firmen, die grundsätzlich sehr viele Texte im Monat benötigen, vor allem E-Commerce und Reiseanbieter
	Unternehmen, die auf das Nischenwissen von begeisterten Hobby-Autoren setzen
	Firmen, die keine zu komplexen Inhouse-Strukturen aufweisen (möglichst wenige Mitentscheider bei der Textabstimmung)
	Firmen ohne eigene Redaktion
Aufgaben	Lieferung der bestellten Texte in der gewählten Qualitätsstufe
	Koordination der Autoren und Auftraggeber
	Kommunikationsschnittstelle zwischen Auftraggeber und Texter
	Sicherung der Qualitätsstandards
	Auswahl und Bewertung der Autoren
Vorteile	schnelle Textabwicklung
	jederzeit Zugriff auf Autoren; flexible Texterstellung möglich
	Content-Produktion in sehr großen Mengen zu einem erschwinglichen Budget
	Abdeckung eines sehr breiten Themenspektrums durch den Autoren-Pool
	personelle Unabhängigkeit
Nachteile	Abstimmungsaufwand zu Beginn recht hoch, bis beide Seiten sich auf den passenden Stil geeinigt haben

Tabelle 6.1 Vor- und Nachteile der Webtextproduktionsmodelle (Forts.)

		Texte werden nicht immer von professionellen Webtextern erstellt, daher unter Umständen Einbußen bei der Qualität
		keine persönliche Kommunikation mit dem Autoren
Freie Texter		
	Geeignet für	Unternehmen mit einem mittleren Textaufkommen pro Monat
		Unternehmen, die während einer Projektphase kurzfristig mehr Texte benötigen
		Firmen, denen es wichtig ist, dass sie flexibel auf die Textleistung zugreifen können (ohne die Verpflichtung, eine bestimmte Textmenge im Monat abnehmen zu müssen)
		Firmen, die eine größere Nähe zum Textersteller möchten und bei der Zusammenarbeit mit Autoren auf Kontinuität setzen
		Firmen ohne eigene Redaktion
		Unternehmen, die Teilbereiche (Blogs, Ratgebertexte o.Ä.) auslagern wollen
	Aufgaben	Einhaltung der Guidelines und Briefing-Vorgaben
		Schreiben der bestellten Texte im vorgegebenen Zeitrahmen
		auf Kundenwunsch: Teilnahme an Themenplan-Meetings
	Vorteile	flexible Einsatzplanung möglich
		Kontinuität in der Zusammenarbeit
		keine fixe Kostenbindung; personelle Unabhängigkeit
		Bei langfristiger Zusammenarbeit kann sich ein Texter sehr gut auf die Corporate Identity des Unternehmens einstellen.
		auf Kundenwunsch: Arbeiten vor Ort möglich
		sinkender Briefing- und Abstimmungsaufwand bei längerer Zusammenarbeit
	Nachteile	hoher Zeitaufwand, bis man den passenden Texter findet
		bei unregelmäßigem Textaufkommen keine klare Kostentransparenz
		Abstimmungsaufwand zu Beginn recht hoch, bis beide Seiten sich auf den passenden Stil geeinigt haben

Tabelle 6.1 Vor- und Nachteile der Webtextproduktionsmodelle (Forts.)

Egal, welches Modell das passende für Ihr Unternehmen oder Ihr aktuelles Content-Projekt ist – für alle vier Optionen gilt gleichermaßen: Einer muss den Hut aufhaben! Sie benötigen einen Content-Verantwortlichen, der sämtliche Prozesse überwacht, die Qualität sicherstellt, konkrete Briefings verfasst und Timings sowie Budgets steuert. Ohne eine zentrale Verwaltung besteht in jedem Fall die Gefahr, dass ineffizient gearbeitet wird.

> **Think-Content-Tipp: Stellen Sie eine gründliche Zeit-Kosten-Kalkulation auf**
>
> Sie wissen, was eine Agentur für soundso viele Texte in einem Monat verlangt. Sie kennen die Kosten Ihrer festen oder freien Mitarbeiter pro Monat und sehen, wie viele Texte in dieser Zeit inhouse erstellt werden können. Um einen ersten Eindruck zu bekommen, welche Variante die günstigere ist, können Sie Zeit, Textergebnis und Kosten zunächst einmal rein quantitativ gegenüberstellen. Wenn Sie dann noch die Ergebnisse durch die qualitative Brille betrachten, kommen Sie schnell zu der Erkenntnis, welche Variante für Ihr Unternehmen die beste ist.

Im Prinzip hätte man hier noch einen fünften Weg zur Beschaffung von Website-Inhalten anführen können: die Content-Kooperationen oder Content-Partnerschaften mit anderen Firmen oder Einzelpersonen (Blogger, Experten, Testimonials usw.). Auf diese Form der Content-Organisation werde ich jedoch im zweiten Teil des Buches, »Content-Marketing«, noch weiter eingehen.

6.3 Anleitung zur Textkalkulation

Kaum ein Projektpunkt wird derart oft fehlkalkuliert wie der zeitliche und budgetäre Aufwand für die Erstellung von Texten. Der Fokus des Projektmanagements liegt meist auf den entwicklungsrelevanten Themen der IT-Seite. Für die Textproduktion gibt es hingegen nur in den seltensten Fällen eine realistische Einschätzung. In diesem Abschnitt erfahren Sie, wie Sie mit einfachen Berechnungen eine valide Planung für Ihre Textarbeit auf die Beine stellen können.

Sie benötigen monatlich 500 Produkttexte, möchten einmal pro Woche einen spannenden Blogbeitrag online stellen, müssen im Rahmen eines großen Relaunch-Projekts 40 neue Seiten produzieren und 70 bestehende Seiten überarbeiten? Sie wollen einmal wöchentlich die Teaser auf der Homepage sowie auf den 25 Kategorie-Unterseiten neu betexten? Sie müssen alle 600 Titles und Descriptions für Ihre Seiten manuell überarbeiten? In all diesen Fällen fragen Sie sich vermutlich: Was kostet mich der Spaß? Und soll ich einen freien Texter pro Stunde oder pro Text bezahlen?

Diese Fragen lassen sich wieder einmal nicht pauschal beantworten, da zu viele Faktoren eine Rolle spielen:

- die Qualifikation und Schnelligkeit Ihres Texters
- die Tagesform Ihres Texters
- Ihre Anforderungen an die Textqualität (Wie heißt es so schön: Gut Ding will Weile haben – und was nichts kostet, ist auch nichts wert!)
- die Texter-Rahmenbedingungen (Ablenkungen im Office, Teilnahme an Meetings, die Qualität des Briefings und der vorliegenden Informationen)
- die benötigte Zeit für die Recherche zu einzelnen Themen
- die internen Abstimmungsprozesse
- der Zeitaufwand für ein sauberes Textlektorat

Aus diesem Grund bevorzugen viele Texter eine Bezahlung auf Stundenbasis: Erst wenn man den Auftraggeber gut kennt und weiß, wie viel Aufwand pro Text in der Regel anfällt, kann man eine solide Preisplanung auf Textbasis anbieten. Sie können für einen Text mit 200 Wörtern 30, 60 oder sogar 90 Minuten benötigen – je nach dem geforderten Qualitätsanspruch und den vorhin erwähnten Rahmenbedingungen. Ein exzellenter Webtexter kann einen 200 Wörter umfassenden Text inklusive Basis-Recherche und Schlusskorrektur in rund 45 Minuten schaffen. Ein routinierter Produkttexter packt gut zwei bis drei solide Texte à 100 Wörter in der Stunde, je nachdem, wie viele Informationen zum Produkt vorliegen. Für einen fachlich fundierten Blogbeitrag, der User zu konstruktiven Kommentaren anregen soll, sollten Sie immer etwas mehr Zeit einplanen als für einen Produkttext: Ein solcher Fachbeitrag kann durchaus einmal zwei bis drei Stunden Arbeit beanspruchen – und je nach Komplexität und Recherche-Aufwand natürlich auch noch deutlich mehr.

Wie so oft helfen Ihnen Ihre eigenen Erfahrungen dabei, eine solide Zeit- und Kostenplanung aufzustellen. Nur Sie kennen die internen Abstimmungs-Stolpersteine, die Arbeitsweise Ihrer Mitarbeiter, die Komplexität Ihres Themas sowie die Schnelligkeit Ihrer Tools und Systeme, die zur Textbearbeitung genutzt werden. Nachfolgend finden Sie drei Annährungsbeispiele für Ihre Planung. Bitte beachten Sie, dass die Kalkulationen lediglich einen Netto-Zeitrahmen für die Texterstellung in einem Idealszenario aufzeigen.

Rechenbeispiel 1

Die Aufgabe: Für ein Relaunch-Projekt werden 40 neue Seiten benötigt, und 60 bestehende Seiten sollen überarbeitet werden. Wortumfang auf allen Seiten: ca. 350 Wörter. Die Bearbeitungszeit beinhaltet jeweils das Schreiben, Redigieren und Einpflegen der Texte.

Geschätzter Zeitbedarf für die Neuanlage einer Seite: 4 Stunden (40 Seiten * 4 Stunden = 160 Stunden)

Geschätzter Zeitbedarf für die Überarbeitung einer Seite: 2,5 Stunden (60 Seiten * 2,5 Stunden = 150 Stunden)

Gesamtaufwand für die Texterstellung: 310 Stunden

Das entspricht knapp 40 Projekttagen à 8 Stunden. Sie müssten also bei einer Arbeitswoche von fünf Tagen mit einer achtwöchigen Produktionszeit rechnen – bei einem Vollzeit-Einsatz Ihres Redakteurs. Bitte planen Sie immer einen zusätzlichen, gesunden Zeitpuffer ein, der unter anderem auch den notwendigen Abstimmungs- und Rechercheaufwand berücksichtigt.

Sie sehen schon: Fangen Sie unbedingt frühzeitig mit der Content-Planung an, damit Sie nicht erst kurz vor dem Launch feststellen, dass Sie eigentlich noch acht bis zehn Wochen Zeit für die benötigten Inhalte brauchen!

Rechenbeispiel 2

Die Aufgabe: Wöchentliche Überarbeitung aller Teaser auf der Homepage und auf allen 25 Kategorieseiten, wobei jede Seite mit vier aktuellen Teasern bestückt ist. Die Teaser brauchen eine klickstarke Headline, einen klar verständlichen Teaser-Text und einen unwiderstehlichen Call-to-Action, Umfang: ca. 20–25 Wörter.

Konkreter Umfang: 26 Seiten * 4 Teaser = 104 Teaser pro Woche

Zeitaufwand für einen gut durchdachten, werblich starken Teaser: mindestens 10 Minuten

Gesamtaufwand: 104 Teaser * 10 Minuten = rund 17 Stunden

Das entspricht etwas mehr als zwei Arbeitstagen für die Teaser-Produktion pro Woche. Auch hier sollten Sie wieder mit einem ordentlichen Zeitpuffer kalkulieren, da Ihr Redakteur beim Texten im Tagesgeschäft nicht immer in Fließbandmanier arbeiten kann – und weil sich kreative Headlines oder ansprechende Texte nicht immer auf Abruf in die Tastatur hacken lassen.

Rechenbeispiel 3

Die Aufgabe: manuelle Überarbeitung von 600 konversionsoptimierten Titles und Descriptions, Umfang: 69 Zeichen für den Title, 160 Zeichen für die Description

Geschätzter zeitlicher Aufwand je Title und Description: 7 Minuten

Zeitbedarf: 7 * 600 = 4.200 Minuten = 70 Stunden, also rund neun Projekttage à 8 Stunden

Mit den oben genannten Einschätzungen können Sie für Ihr Textprojekt eine solide Zeitplanung aufstellen. Wie schon erwähnt, sollten Sie dabei nicht zu knapp kalkulieren und lieber einen höheren Zeitaufwand ansetzen. Wenn Sie am Ende einen Puffer haben – umso besser. Für die interne Planung geben Ihnen die Beispiele eine ungefähre Vorstellung von der Auslastung Ihrer Textmitarbeiter. Außerdem dürfte es Ihnen damit leichter fallen, Agenturangebote und den darin beschriebenen Aufwand besser zu beurteilen.

Eine fundierte Kostenplanung ist jedoch erst möglich, wenn Sie verschiedene Angebote eingeholt und verglichen haben. Egal, ob Sie ein Pauschalangebot für den Auftrag bekommen oder eines auf Stundenbasis: Wenn Sie sich in der Vorarbeit selbst ein paar Gedanken zum möglichen Aufwand gemacht haben, lernen Sie schnell, die in einem Angebot skizzierten Preise realistisch einzuschätzen. Dadurch sind Sie in der Lage, Verhandlungen mit externen Produzenten besser zu steuern.

6.4 Der Produktionskalender

Neben einem Themenplankalender, der die Aufgabe hat, alle geplanten Inhalte und Aktionen der kommenden Wochen aufzulisten und anzuzeigen, auf welchen Kanälen und in welchen Formaten diese präsentiert werden sollen, ist ein detaillierter Produktionskalender fürs Tagesgeschäft unerlässlich. In ihm werden alle Deadlines für die Erstellung von Inhalten festgehalten – auch die Fristen für eventuell notwendige Freigaben.

Ein Produktionskalender kann beispielsweise aus folgenden Datenfeldern bestehen:

- Thema
- Content-Art
- Content-Format
- Content-Verantwortlicher
- Freigabe-Verantwortlicher
- Umsetzungs-Verantwortlicher
- Deadline Erstellung
- Deadline Korrekturen
- Deadline Freigabe
- Live-Termin
- Status

Sie sehen: Der Plan enthält keine Informationen dazu, in welchen Kanälen und auf welchen Seiten die Inhalte promotet werden. Er dient als reines Produktionsplanungs-Tool, damit alle Content-Themen im Tagesgeschäft und im Verlauf von Großprojekten termingerecht umgesetzt werden.

Eine Anregung für den Aufbau eines Produktionskalenders finden Sie in Abbildung 6.1.

	A	B	C	D	E	F	G	H	I	J	K
1	Thema	Content-Art	Content-Format	Content-Verantwortlicher	Umsetzungs-Verantwortlicher	Freigabe-Verantwortlicher	Deadline Erstellung	Deadline Korrekturen	Deadline Freigabe	Live Termin	Status
2	Weihnachten	Adventskalender	Flash	R. Rentier	Agentur	B. Chef	15.10.2013	25.10.2015	10.11.2013	15.11.2013	ongoing
3	Luxusuhren	Landingpage	Text, Bild	P. Landa	C. Doer	P. Landa	KW 15	KW 16	KW 17	KW 18	done
4	Photovoltaik: Einführungs-Guide	Whitepaper	pdf	P. Landa	M. Expert	B. Chef	KW 6	KW 8	KW 10	KW 11	ongoing
5	Überarbeitung "Über uns Seite-Beschreibungs-Text"	Redaktioneller Beitrag	Text, Bild	P. Landa	C. Doer	P. Landa	KW 2	KW 3	KW 4	Mitte Februar	ongoing
6	Kaviar und Champagner	Landingpage	Text, Bild	P. Landa	C. Doer	P. Landa	tbd	tbd	tbd	tbd	pending
7											
8											
9											

Abbildung 6.1 Produktionsplan für die Content-Erstellung

Die Themen sind rein fiktiv. Das Beispiel soll Ihnen lediglich zeigen, wie Sie die Felder im Produktionskalender bestücken können. Selbstverständlich gibt es auch verschiedene Tools, die sich zur Planung heranziehen lassen (siehe hierzu auch Abschnitt 7.2, »Tools für die tägliche Content-Arbeit«), allerdings bleibt die Arbeit – die sorgfältige Pflege der Themen und Daten – grundsätzlich immer dieselbe.

6.5 Content-Guidelines

Bevor Sie mit Content routiniert im Tagesgeschäft arbeiten können, steht eine weitere Fleißaufgabe auf der Agenda: das Erstellen von Content-Guidelines für Ihre Text-Mitarbeiter oder Agenturpartner. Diese Leitlinien enthalten eine verbindliche Zusammenfassung aller Qualitätsanforderungen, die bei der Texterstellung berücksichtigt werden müssen – von allgemeinen Texter-Regeln über firmenpolitische Richtlinien bis hin zur korrekten Nutzung des Content-Management-Systems. Wie umfangreich sie gestaltet werden, ist abhängig davon, wie relevant sie für Ihr Business, Ihre Produktionsabläufe und Ihre Teams sind.

Unter Content-Guidelines verstehen die meisten eine Anleitung für den Umgang mit Texten oder Bildern. Doch das sind nicht die einzigen Regelwerke, die man gegebenenfalls für das Management seiner Inhalte benötigt, wie Tabelle 6.2 zeigt.

Guideline-Art	Inhalt/Beispiele
CMS	Anleitung zur korrekten Nutzung des Content-Management-Systems
Corporate Identity	Hinweise zu Besonderheiten im Rahmen der Markenkommunikation (Slogans, Schreibweise des Firmennamens usw.)
Webtexten	gesammelte Texter-Regeln
SEO	Anleitung zum Umgang mit Keywords und den Standard-SEO-(Meta-)Texten
Website-Content	Hinweise zum Umgang mit bestimmten Website-Modulen, zum Beispiel Aufbau eines Standard-Teasers (Wortumfang, Abschluss mit einem Call-to-Action ...)
Sprachstil (Tonalität)	In welcher Sprachwelt bewegt sich die Zielgruppe? Wird eine direkte Ansprache gewünscht?
Rechtshinweise	Richtlinien zum Umgang mit Wirkversprechen etc.
Social Media	Ansprache der Kunden in den sozialen Netzwerken
Sprachregelung	Umgang mit Abkürzungen, Zahlen, zusammengesetzten Wörtern (Bindestrich) o. Ä.
Wording-Liste	B2B-relevante Fachbegriffe sowie bestimmte Wörter, mit denen die Zielgruppe primär angesprochen werden soll

Tabelle 6.2 Verschiedene Content-Guideline-Typen

Denken Sie bei der Erstellung der Leitfäden unbedingt an Ihre Business-Ziele – und vor allem an Ihre Zielgruppe. Stellen Sie alle Begriffe, die sich in Ihrem Firmensprachgebrauch im Lauf der Jahre eingeschlichen haben, auf den Prüfstand: Würde Ihre Zielgruppe ebenfalls so sprechen?

Nutzen Sie dabei die Gelegenheit, firmenspezifische Regeln zu hinterfragen. Ein Beispiel: Angenommen, Sie arbeiten für ein Sprachinstitut, das Deutschkurse anbietet, und nach den internen Richtlinien ist die Verwendung von Anglizismen auf der Firmen-Website absolut tabu. Wenn Sie nun jedoch im Rahmen Ihrer Planung feststellen, dass eine große Anzahl von Usern im Monat nach »deutsch online« auf Google sucht, und Sie sicher sind, dass sich darunter auch einige potenzielle Kursteilnehmer für Ihr Institut befinden, dann sollten Sie Ihre althergebrachten Regeln über Bord werfen und den Begriff »online« auf der Website zulassen.

> **SEO-Tipp: So wie Ihre Zielgruppe spricht, sucht sie auch**
> Bei allen Regeln der zu verwendenden Begriffe – vergessen Sie nicht die Sprache der Zielgruppe. Denken Sie dabei vor allem auch an Laiensprache. Im Fachjargon wird zum Beispiel ausschließlich über Moisturizer gesprochen, wohingegen das Gros der Menschen einfach nur nach Feuchtigkeitscremes sucht. Wenn Sie in solchen Fällen strikt festlegen, dass Sie aus diversen Gründen immer nur von Moisturizern sprechen werden, verlieren Sie die Chance auf den gesamten Traffic, der über Feuchtigkeitscremes entstehen könnte. Natürlich muss man hier genau abwägen, da gute und korrekte Begriffswahl auch Einfluss auf die Glaubwürdigkeit hat, aber in fast allen Fällen lassen sich gute Kompromisse finden. Bei den Moisturizern könnte eine solche Lösung zum Beispiel einfach die sein, diesen Begriff in erklärender Weise in einer Infobox oder ähnlichem Format im Text mit zu verwenden.

Versäumen Sie nicht, Ihre Leitfäden in regelmäßigen Abständen auf ihre Aktualität hin zu prüfen und gegebenenfalls auf den neuesten Stand zu bringen:

- Gibt es neue rechtliche Vorschriften?
- Haben sich Content-Module nach einem Redesign geändert?
- Gibt es neue CMS-Funktionen?
- Hat die Duden-Redaktion wieder an der deutschen Sprache herumgewerkelt?
- Müssen Änderungen in der Corporate Identity berücksichtigt werden?
- Führt ein Algorithmus-Update von Google dazu, dass weitere Content-Anpassungsmaßnahmen nötig sind?

> **Think-Content-Tipp: Guidelines sind zum Lesen da!**
> Was nützt ein schicker, hochwertiger Leitfaden, wenn er nicht regelmäßig zu Rate gezogen wird? Im Texter-Tagesgeschäft schleicht sich gern ein Schlendrian ein, der die aufgestellten Richtlinien komplett zu ignorieren scheint. Setzen Sie daher ab und an eine »Leitfaden-Session« auf die Agenda, in der Sie anhand praktischer Beispiele aufzeigen, welche Regeln häufig vernachlässigt werden, und ermutigen Sie Ihre Mitarbeiter zur wiederholten Lektüre der Content-Guidelines. Änderungen in den Leitfäden sollten Sie ebenfalls klar kommunizieren und im Idealfall allen Textproduzenten in einem Meeting persönlich präsentieren.

Ein besonders prominentes Beispiel für einen Leitfaden ist der »Style guide« der englischen Tageszeitung The Guardian. Bereits 1928 hatte der Herausgeber des Blattes, das damals noch The Manchester Guardian hieß, einen für alle Mitarbeiter verbindlichen Sprachführer verfasst: In ihm wurden auf rund 20 Seiten strittige Fragen wie der Gebrauch des Apostrophs oder die Schreibweise fremdsprachiger Namen beantwortet. Im Laufe der Jahrzehnte erfuhr dieser Leitfaden zahlreiche

Neuauflagen und Modifikationen, ehe der Verlag ihn im März 2000 unter *http://www.guardian.co.uk/styleguide* ins Netz stellte und damit für jedermann zugänglich machte, was zu regen linguistischen Diskussionen im gesamten Commonwealth führte. Die Regeln des aktuellen Sprachführers lassen sich online alphabetisch abrufen (siehe Abbildung 6.2).

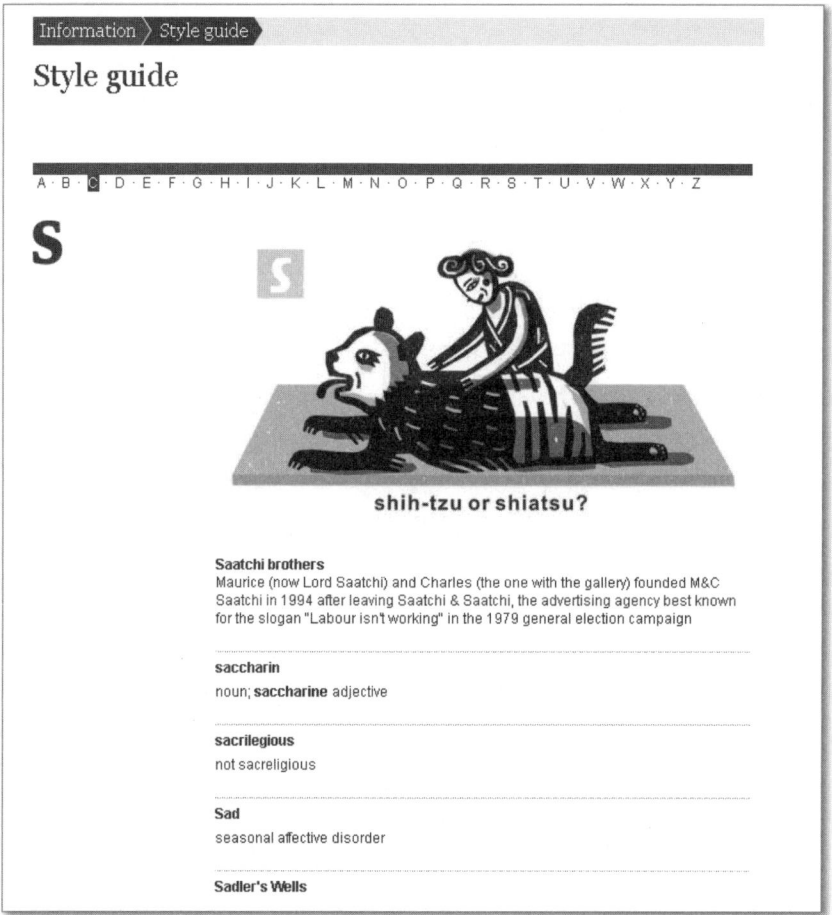

Abbildung 6.2   Online-Styleguide von »The Guardian« (http://www.guardian.co.uk/styleguide; Screenshot vom 22.11.2013)

Dieser Leitfaden konzentriert sich primär auf die Schreibweisen einzelner Worte, vermittelt zum Teil aber auch interessantes Hintergrundwissen zu den jeweiligen Begriffen.

> **Think-Content-Tipp: Guidelines brauchen das Engagement von allen Beteiligten**
> Lassen Sie einen erstellten Content-Leitfaden von sämtlichen Entscheidern und fachlichen Ansprechpartnern absegnen. Alle, die mit der Content-Produktion befasst sind und ein Mitspracherecht haben, müssen die Leitlinien verabschieden und sich zur Einhaltung der finalen Version verpflichten. So vermeiden Sie unnötige Diskussionen im Tagesgeschäft zu bereits definierten Vorgaben – und keiner kann mehr sagen: »Davon haben wir nichts gewusst!«

6.6 Fazit

Ihre erfolgreiche Content-Produktion ist abhängig von:

- Ihrer ausgewählten Produktionsvariante (inhouse oder extern)
- einem detailliert ausgearbeiteten Produktionskalender
- einer gründlichen Vorarbeit (Briefings, Konzepte, Guidelines)
- einer fundierten Zeit- und Kostenkalkulation
- einer exzellenten Kommunikation zwischen den Schnittstellen (intern wie extern)
- einem starken Content-Lead, der alle Produktionsfäden sicher in der Hand hält

Klar definierte Produktionsprozesse und Workflows sind nicht nur ein Thema für größere Webprojekte. Vor allem im Tagesgeschäft ist die reibungslose Organisation Ihrer Inhalte essenziell. Dafür benötigen Sie die noch fehlende vierte Content-Strategie-Säule: ein stets präsentes, professionelles Content-Management. Mehr dazu im nächsten Kapitel.

7 Das Content-Management

Sie sind jetzt langsam wieder Herrscher über Ihre Website-Inhalte, und das soll auch so bleiben. Daher muss das Content-Thema im operativen Tagesgeschäft weiterleben – und konsequent geführt bzw. verwaltet werden. Wie wichtig Ihnen Ihre Webinhalte und damit die Wünsche oder die Bedürfnisse Ihrer Kunden sind, erkennt man letztendlich daran, wie konsequent Sie auf lange Sicht an der Content-Optimierung arbeiten und wie viele Ressourcen Sie dafür zur Verfügung stellen.

Für den Erfolg Ihres Content-Managements sind vier Faktoren ausschlaggebend: die Inhalte, die Management-Prozesse, die Technologie sowie die »Menschen dahinter«, sprich die Content-Verantwortlichen. Über die Website-Inhalte (Content-Formate, Content-Qualität, Content-Anforderungen) gibt es an dieser Stelle nichts zu ergänzen – sie werden im zweiten Buchteil, wenn es ums Content-Marketing geht, genauer unter die Lupe genommen. Auch zu den Content-Verantwortlichen finden Sie im weiteren Buchverlauf ein eigenständiges Kapitel (nämlich Kapitel 11, »Das Content-Team«). Die folgenden Seiten widmen sich also den zwei verbleibenden Faktoren: den Management-Prozessen sowie den technischen Herausforderungen.

7.1 Hochwertigen Content managen

Warum brauchen wir (im Regelfall) strukturierte Prozesse und klare Verantwortlichkeiten? Weil wir Menschen sind. Menschen machen Fehler, und im stressigen Tagesgeschäft kann es durchaus einmal vorkommen, dass man ein wichtiges Produktionsdetail oder eine relevante Content-Information übersieht bzw. eine Deadline »verbummelt«. Außerdem bewahren uns sinnvolle Regeln davor, beim Umgang mit Webinhalten in blinden Aktionismus zu verfallen, der den Erfolg unserer mühsam erarbeiteten Strategie gefährdet. Festgelegte Prozesse und Abläufe helfen uns auch dabei, effizienter und disziplinierter mit unserem Content umzugehen. Schließlich sorgen sie dafür, dass Kollegen miteinander im Gespräch bleiben, sofern aktiver Austausch und enge Zusammenarbeit noch nicht ganz in der Unternehmenskultur verankert sind.

Noch einmal meine Bitte: Haben Sie keine Angst davor, dass Strukturen und festgelegte Workflows kreative Prozesse hemmen könnten oder keinen Raum mehr für die Umsetzung von spontanen, tagesaktuellen Themen lassen würden. Das Gegenteil ist der Fall: Wenn die Content-Basis stimmt, bleibt im Endeffekt mehr Luft für die professionelle Umsetzung von kurzfristig geplanten Content-(Marketing-)Ideen. Denn dann ist eines immer sichergestellt: Egal, über welche Wege Ihre Zielgruppe letztendlich auf Ihren Webseiten landet – dank Ihres stringenten Content-Managements wird sie jederzeit von attraktiven und nützlichen Inhalten empfangen.

In den folgenden Abschnitten lernen Sie sieben Prozesse kennen, die Sie beim Managen Ihres hochwertigen Contents unterstützen können.

7.1.1 Content-Anforderungsprozess

Nachdem Sie Ihre Content-Strategie mit viel Einsatz und Aufwand an den Start gebracht haben, müssen Sie jetzt unbedingt vermeiden, dass sich der Schlendrian beim Umgang mit Inhalten wieder in die tägliche Arbeit einschleicht. Vor allem, wenn Ihr Unternehmen im Bereich Content-Marketing aktiv werden möchte oder bereits aktiv ist, sind solide Prozessstrukturen und strikt geführte Planungsvorgänge unerlässlich, damit Ihnen die Content-Thematik nicht über kurz oder lang um die Ohren fliegt. Oberstes Ziel ist es, jederzeit Ihren Content und damit auch Ihr Budget und Ihre Ressourcen im Griff zu haben und nicht jeder noch so verführerischen Content-(Marketing-)Idee unüberlegt zu erliegen.

Selbstverständlich dürfen Sie bisweilen auch bewusst neue Inhalte auf den Trial-and-Error-Prüfstand stellen – schließlich lernen wir auch aus den Erfahrungen mit neuen Themen, und die müssen sich durchaus auch einmal »auf dem kurzen Dienstweg« realisieren lassen. Dennoch: Mit einem ausgefeilten Content-Anforderungsprozess stellen Sie grundsätzlich sicher, dass primär diejenigen Inhalte produziert werden, die zielführend für Ihr Business sind. Die nachstehenden Empfehlungen sollen Ihnen dabei helfen, einen eigenen Ablauf für Ihr Unternehmen zu erstellen.

Definieren Sie zunächst die Aufgabenverteilung im Anforderungsprozess:

- Wer darf neue Themen einreichen (Marketing, PR, Einkauf ... oder prinzipiell jeder)?
- Wer sammelt die Anträge?
- An wen werden sie zur Prüfung weitergeleitet?
- Durch wen und wie erfährt der Antragsteller, ob sein Content-Thema genehmigt wurde?

- Wer stellt die Vorschläge im regelmäßig stattfindenden Themenplan-Meeting vor?

Entwickeln Sie eine Formatvorlage für die Anträge – etwa mit folgenden Punkten:

- Thema?
- Neues Thema oder bereits vorhandener Content?
- Welches Content-Format wird gewünscht?
- Warum wird dieser neue Content benötigt?
- Warum muss dieser Content überarbeitet werden?
- Wie kann Ihnen diese Content-Maßnahme dabei helfen, die gesteckten Business-Ziele zu erreichen?
- Welche Priorität geben Sie diesem Thema (1–3)?
- Existiert schon Material (on- oder offline), das zur Content-Produktion genutzt werden kann?
- Gibt es Beispiele von bereits umgesetzten Content-Aktionen dieser Art?
- Wie hoch schätzen Sie den zeitlichen Produktionsaufwand ein?
- Wie hoch sind die voraussichtlichen Produktionskosten?
- Wann wird der Content benötigt?
- Wie lange soll er auf der Seite bleiben?
- Über welche Kanäle und auf welchen Seiten soll der Content verlinkt und beworben werden?
- Bis wann benötigen Sie ein Feedback, ob der Antrag genehmigt wurde?
- Was soll getrackt werden?
- Brauchen Sie für das Thema einen »legal check«?
- Ist der neue Content Bestandteil eines Kooperations- oder Marketing-Deals? Falls ja: Wie sieht dieser Deal aus (kurze Beschreibung/Eckdaten des Deals)?

In kleineren Unternehmen muss das Prozedere sicher nicht ganz so formell ablaufen. Die im Antragsbogen vorgestellten Punkte sollten dann im Rahmen der gemeinsamen Themenplan-Meetings durchgesprochen und geprüft werden.

Ihr Unternehmen ist eine One-Man- (bzw. One-Woman-)Show? Dann helfen Ihnen die oben formulierten Fragestellungen ebenso dabei, herauszufinden, ob die geplanten neuen Inhalte wirklich relevant, realisierbar und sinnvoll sind. Nutzen Sie diese Checkliste, um sich zu disziplinieren und nie den eigentlichen Strategie-Fokus aus den Augen zu verlieren.

7.1.2 Planungsprozesse

Wie Sie im vorangegangenen Kapitel bereits gelernt haben, ist die Content-Planung eine der vier elementaren Säulen für Ihre erfolgreiche Arbeit mit Webinhalten. Daher ist es wichtig, frühzeitig vernünftige Planungsprozesse an den Start zu bringen. Klären Sie so bald wie möglich die folgenden Fragen:

- Wie planen Sie Ihre Inhalte (Excel-Sheet, Planungs-Tools)?
- Welche Planungs-Meetings und Workshops sollen in welchen Abständen stattfinden?
- Wer sind die Ansprechpartner für die Content-Planung?
- Wer ist für die Zeit- und Kostenplanung zuständig?

Behalten Sie immer im Hinterkopf, dass Fehler in der Planung bereits eine Menge Geld kosten können, und stellen Sie sicher, dass Sie hier keinen Cent unnötig verplempern. Ihr Budget lässt sich definitiv besser anlegen – zum Beispiel in hochwertige Webinhalte!

7.1.3 Freigabeprozesse

Um den zeitlichen Aufwand für interne Diskussionen im Tagesgeschäft möglichst klein zu halten, brauchen Sie klare Regelungen, wer welche Inhalte freigeben darf. Definieren Sie also rechtzeitig, wie Sie in Ihrem Unternehmen mit folgenden Fragen umgehen:

- Müssen alle Inhalte denselben Freigabeprozess durchlaufen?
- Wer stößt den Freigabeprozess an?
- Wer kümmert sich um die Freigaben aus der Rechtsabteilung?
- Wie viele Freigaberunden gibt es?
- Wie geht man mit widersprüchlichen Änderungswünschen von freigabeberechtigten Mitarbeitern um?
- In welcher Form können Mitarbeiter ihre Anmerkungen zu den Dokumenten/Inhalten hinterlegen?
- Haben mehrere Freigabeberechtigte gleichzeitig einen Zugriff auf ein Dokument?
- Wie erfahren freigabeberechtigte Kollegen davon, dass ein Dokument zur Beurteilung fertig ist?
- Was passiert, wenn ein Reviewer sein Feedback nicht rechtzeitig abgibt?
- Wer vertritt einen zur Freigabe berechtigten Kollegen im Urlaubs- und Krankheitsfall?

Die Mühe, die Sie in die Freigabe-Vorarbeit investieren, zahlt sich in jedem Fall aus, weil Sie im Endeffekt die Hoheit über die finalen Inhalte haben und nicht Gefahr laufen, zum Spielball von internen Unstimmigkeiten zu werden. Wenn alle mitreden wollen, kommt selten etwas Gutes dabei heraus. Bestimmen Sie also frühzeitig, wer mitreden darf.

7.1.4 QA-Prozesse

Wenn Sie genügend Ressourcen haben, sparen Sie bitte nicht am falschen Ende: Gönnen Sie Ihrem Content einen gründlichen QA-(Quality-Assurance-)Prozess. Nur hochwertiger, fehlerfreier, funktionierender Content erfüllt seinen Zweck. Ein professioneller QA-Prozess beschäftigt sich unter anderem mit folgenden Fragen:

- Wer redigiert und überwacht die Inhalte? Gibt es eine Schlussredaktion?
- Wer testet Verlinkungen und neue Content-Features?
- Entsprechen die Grafiken den Größenvorgaben?
- Bei größeren Projekten: Gibt es einen Bug-Tracker? Wie wird mit Fehlern verfahren? Wo werden sie gesammelt?
- Wer stellt sicher, dass SEO-relevante Themen gut umgesetzt wurden?
- Wer sorgt dafür, dass die Auflagen der erstellten Guidelines eingehalten werden?

Diese Liste können Sie individuell fortsetzen und auf die jeweiligen zu testenden Inhalte abstimmen: Passt die Tonalität einer Aussage? Ist die Infografik fehlerfrei? Je nach Content-Format und Zielvorgaben ergeben sich neue Anforderungen, die man nach Fertigstellung kritisch auf den Prüfstand stellen sollte.

7.1.5 Analyseprozesse

Dank der aufschlussreichen Informationen aus Ihrer Webanalyse werden Sie und Ihre Mitarbeiter zu wahren Content-Meistern. Bauen Sie daher auch in Ihrer Firma auf einen soliden Analyseprozess. Folgende Fragestellungen stehen dabei im Mittelpunkt:

- Welche Reportings werden wann benötigt (Wochen-Reportings, Tages-Dashboards, Monatsanalysen, Controlling am Jahresende)?
- Was will ich tracken (welche Key Performance Indicators)?
- Wer ist in Ihrer Firma der Ansprechpartner fürs Content-Controlling?
- Welche SEO-Kennzahlen sind relevant?
- Wo und in welchem Rahmen werden die Webmetrics-Zahlen den Teams zur Verfügung gestellt?

Setzen Sie sich als Content-Verantwortlicher unbedingt dafür ein, dass Ihr Unternehmen das Thema Content-Controlling ganz oben auf die To-do-Liste setzt. Ohne valide Zahlen, aus denen Sie langfristig viel über Ihre Zielgruppe und Ihre Content-Performance lernen können, werden Sie nie die besten Ergebnisse erzielen. Das Tracken von Inhalten sollte eigentlich eine Selbstverständlichkeit sein – in der Realität ist es aber (noch!) eher eine Rarität.

7.1.6 Testprozesse

Sie sollten Ihre Inhalte regelmäßig auf den Prüfstand stellen, denn nur die Methode »testen, testen, testen« führt Sie erfolgreich auf den Content-Strategie-Olymp. Halten Sie in einem Dokument fest, wie welche Tests in Ihrem Unternehmen durchgeführt werden sollten (und in welcher Regelmäßigkeit). Hier einige Anregungen:

- quartalsweiser A/B-Test einer Landingpage über eine ausgesteuerte Marketingkampagne (Google AdWords, Facebook usw.)
- halbjährliche Kundenumfrage auf der Website oder auf Facebook zu Ihren Inhalten
- monatlicher Produkttext-Test (Konversionsoptimierung)
- jährlicher Usability-Test zur Content-Wahrnehmung und Nutzung (Eyetracking, Befragung, A/B-Tests)
- regelmäßiges Testing neuer Features nach deren Roll-out

Lassen Sie sich jedoch nicht ins Bockshorn jagen, wenn ein Thema zunächst schleppend anläuft. Bauen Sie das Thema auf, geben Sie ihm eine Chance, sich zu entwickeln, und entscheiden Sie erst nach zwei bis drei Testläufen, ob sich eine weitere Ausarbeitung lohnt. Sonst verabschieden Sie sich möglicherweise zu schnell von einer eigentlich guten Content-Idee, die nur zu einem falschen Zeitpunkt lanciert wurde oder bloß etwas Zeit zum Reifen benötigt hätte. Wie im »richtigen« Leben gibt es auch in der Webwelt Spätzünder. Geben Sie ihnen eine Chance!

7.1.7 Archivierungsprozesse

Was passiert mit Ihren alten oder aktuell nicht mehr benötigten Inhalten? Und wie gehen Sie bei der Ablage am besten vor, damit Sie zu einem späteren Zeitpunkt bei Bedarf einen schnellen Zugriff auf die Dokumente haben? Diese und die nachstehenden Fragen sollten zu Beginn eines soliden Archivierungsprozesses genau geklärt werden:

- Wo werden die alten Dokumente abgelegt?
- Wo waren diese Dokumente verlinkt? Wer stellt sicher, dass sämtliche Verlinkungen offline genommen werden?

- Benötigen wir für die gelöschte Seite einen Redirect?
- Gibt es ein konkretes Datum, an dem der Content ins Archiv wandern soll (zum Beispiel das Ende einer Weihnachtsaktion)?
- Was genau soll archiviert werden?
  - HTML
  - Textdokumente
  - Grafiken
  - Grafikversionen
  - Informationen zum Copyright
  - Info, von wann bis wann die Seite online war
  - Informationen zur Performance der Seite oder des Inhalts (dazugehörige Reportings)
- Gibt es Richtlinien zur Benennung von Ablageordnern und Dokumenten?

Erarbeiten Sie gemeinsam mit Ihrer IT einen einfachen und transparenten Archivierungsprozess, damit Sie auch eigene Inhalte dank eines schnellen Zugriffs bei Bedarf mehrfach nutzen können. Im Rahmen eines Audits fand einer meiner Kunden einmal ein Weihnachtsspecial zum Thema »internationale Weihnachtsbräuche«, das einige Jahre zuvor mit großem Aufwand zusammengestellt worden war. Da es in der Zwischenzeit nicht an Aktualität verloren hatte, konnte es auch in den Folgejahren wieder auf der großen Weihnachts-Website-Bühne stehen. Wenn die Firma über ein gut organisiertes Archiv verfügt hätte, dann hätte sie das Special schon viel eher erneut nutzen können. Wissen Sie, welche Content-Schätze bei Ihnen noch im Verborgenen liegen? Und wissen Sie, wie Sie darauf zugreifen können?

7.2 Tools für die tägliche Content-Arbeit

Vermutlich erwarten Sie hier in erster Linie einen Absatz zum Thema Content-Management-System (CMS). Dem CMS widme ich jedoch einen eigenen Unterpunkt (nämlich Abschnitt 7.3). Neben dem CMS bedienen Content-Verantwortliche allerdings oft noch viele andere Tools und Software-Anwendungen fürs Tracking, die Suchmaschinenoptimierung, den Audit, das redaktionelle Arbeiten ...

Beim Content-Management besteht die Herausforderung darin, alle notwendigen Aufgaben im Rahmen von großen Content-Projekten ebenso wie im Tagesgeschäft fehlerfrei zu stemmen. Viele Verantwortliche greifen dabei traditionell auf Excel zurück. Dagegen ist im Prinzip nichts einzuwenden – doch Sie sollten wissen, dass es weitere Tools gibt, die die Arbeit im Content-Management-Alltag erleichtern können: Im Web finden Sie zahlreiche frei verfügbare Open-Source-Lösungen sowie praktische kostenpflichtige Software-Angebote für die Erstellung von Projektplänen, die Nutzung von Freigabeprozessen und die Verwaltung von Deadlines.

Die folgende Zusammenstellung ausgewählter Beispiele gibt Ihnen einen kleinen Einblick in das umfangreiche Tool-Angebot fürs operative Content-Management. Für jedes Unternehmen und jeden Organisationsbedarf findet sich im Web bestimmt eine passende Lösung.

- *DivvyHQ* (http://www.divvyhq.com) bietet unter anderem einen einfach zu bedienenden Redaktionskalender, der auch für größere Redaktionen geeignet und für das Content-Management von mehreren Websites empfehlenswert ist. Der monatliche Paketpreis ist abhängig von der Anzahl der Software-Nutzer bzw. davon, welche individuellen Anforderungen der Kunde an das Tool hat.

- *GanttProject* (http://www.ganttproject.biz) ist eine kostenlose Software für die transparente Content-Projektplanung. Sie ermöglicht das Erstellen eines detaillierten Zeitplans zur Umsetzung von Projekten inklusive wichtiger Ecktermine. Die Exportfunktion der Pläne eignet sich ideal zum Versenden von Statusberichten. Für einzelne Tasks werden zudem Team-Assignment-Funktionen angeboten.

- Das Open-Source-Tool *Open Atrium* (http://openatrium.com) unterstützt den Workflow von Teams, die auf verschiedene Abteilungen verteilt sind. Es ermöglicht eine transparente Teamkommunikation, regelt den Zugriff auf Dokumente und bietet unter anderem eine Kalender-Planungsfunktion.

- *Wedoist* (https://wedoist.com) ist ein leicht zu bedienendes und für bis zu drei Nutzer frei zugängliches Aufgabenverwaltungs-Tool, das unter anderem den Bearbeitungsstatus einer zugewiesenen Aufgabe anzeigt. Die Assignment-Funktionen sind insbesondere für Freigabeprozesse hilfreich. Die Software eignet sich sehr gut zur Task-Verwaltung im Tagesgeschäft, vor allem im Rahmen von größeren Content-Projekten.

- *Flow* (http://www.getflow.com) bietet alle Funktionen, die man benötigt, um ein Content-Projekt zu managen: Dokumentenverwaltung, Aufgabenverteilung, Zeitplanung, Teamdiskussionen ... Ein Test-Account ist 14 Tage lang kostenfrei zugänglich. Danach können Sie verschiedene Preispakete buchen – je nach Unternehmensgröße und Nutzungsintensität.

- *5pm* (http://www.5pmweb.com) ist ein sehr umfangreiches Projektmanagement-Tool mit einem sympathischen, intuitiv verständlichen Interface. Auch hier wird ein kostenloser zweiwöchiger Test-Account angeboten.

▶ *Basecamp (http://basecamp.com)* ist ein ähnlich umfassendes Projektmanagement-Tool mit übersichtlichem und ansprechendem Interface. Seine vielseitigen Verwaltungsmöglichkeiten zum Managen Ihrer Inhalte in kleinen und großen Teams können Sie 60 Tage lang gratis testen.

Egal, ob Sie nun mit Excel oder einem Planungs-Tool arbeiten – eine Anforderung bleibt stets dieselbe: Die Daten und Einträge müssen sorgfältig gepflegt und immer aktuell gehalten werden. Mit anderen Worten: Beim Managen Ihrer Inhalte ist ein großer Anteil an »Handarbeit« und Disziplin notwendig, die sich durch kein Tool ersetzen lassen. Nach jedem Themenplan-Meeting müssen Timings geprüft und angepasst sowie Projektverzögerungen im Projektkalender notiert werden. Insofern unterscheidet sich das Content-Management nicht vom üblichen Projektmanagement, in dessen Rahmen es ebenso unverzichtbar ist, akribisch sämtliche Aufgaben und Timelines festzuhalten und aktiv an alle Projektbeteiligten zu kommunizieren.

7.3 Das Content-Management-System (CMS)

Viele von Ihnen haben sich vermutlich schon gefragt: »Lohnt sich die teure CMS-Anschaffung? Warum muss ich mich mit dem Thema überhaupt auseinandersetzen? Soll sich darum nicht lieber mal die Technik kümmern?«

Die Frage, ob Sie in Ihrem Unternehmen ein Content-Management-System einsetzen sollten oder nicht, lässt sich wieder einmal nicht pauschal beantworten. Wollen Sie künftig das Thema Content-Strategie in Ihrem Unternehmen als feste Größe etablieren? Planen Sie, in Zukunft stärker auf Content-Marketing zu setzen? Wird Content zu einem ständigen Thema auf Ihrer Business-Agenda? Dann benötigen Sie definitiv ein CMS. Lassen Sie sich nicht von den eventuell hohen Erstanschaffungskosten abschrecken. Schauen Sie über den Tellerrand, und überlegen Sie, wie viel ein effizientes, Ressourcen sparendes und flexibles Arbeiten mit Content wert sein kann.

Behalten Sie bei Ihren Überlegungen im Hinterkopf, dass ohne ein CMS jeder außerplanmäßige Content-Handgriff teuer werden kann. Denn ohne CMS machen Sie sich meist von externen Agenturen abhängig: Jede SEO-Anpassung, jedes neue Template, jede neue Content-Seite, die benötigt wird, verursacht in Folge hohe Agenturkosten – oder bindet interne Programmierer-Ressourcen, wenn die Anpassungen inhouse durchgeführt werden müssen. In beiden Fällen werden Ihre Content-Mitarbeiter in ihrer Arbeit oft bisweilen tagelang ausgebremst, weil sie nicht mit dem nötigen Rüstzeug ausgestattet sind, um den Webinhalt auf Vordermann zu bringen.

Nicht zuletzt verlieren Sie ohne CMS auch an Geschwindigkeit im Tagesgeschäft. Mal eben auf eine aktuelle Medienentwicklung mit einem exklusiven Themen-Special reagieren? Unmöglich! Oder, wie Kristina Halvorson es in ihrem Buch ausdrückt:

> »Ihr CMS hat nicht nur die simple Aufgabe, Informations-Pakete zusammenzupacken und irgendwo zu lagern. Seine primäre Aufgabe besteht darin, Sie dabei zu unterstützen, dass Ihre Content-Strategie von Erfolg gekrönt wird.«[1]

Think-Content-Tipp: Ihr CMS muss keinen Kaffee kochen können
Bei der Auswahl eines CMS geht es nicht darum, den Porsche unter den Marktlösungen zu wählen. An vorderster Stelle Ihrer Überlegungen sollten die benötigten Website-Inhalte stehen – und die Mitarbeiter, die mit dem CMS arbeiten werden. Der erfolgreiche Einsatz eines Content-Management-Systems ist davon abhängig, wie gut Ihre Content-Planung, Ihre Mitarbeiter, Ihre Prozesse und Ihre Content-Strategie sind. Darum sollten auch diejenigen, die tatsächlich einmal mit dem CMS arbeiten und für die Content-Planung verantwortlich sind, bei der Wahl des passenden Systems einen maßgeblichen Einfluss haben.

Nicht selten liegen die Auswahl und die Beurteilung eines Content-Management-Systems allein in der Hand der Technik-Kollegen und eines technikorientierten Projektmanagements. Sicher, einerseits sind gewisse Implementierungs-Vorgaben, vorhandene Systemvoraussetzungen und Schnittstellen-Anforderungen durchaus wichtig, andererseits ist jedoch ganz entscheidend: Was brauchen Mitarbeiter, die über viele Jahre hinweg täglich damit arbeiten sollen? Und was muss das Ding können, damit Sie in der Lage sind, Ihre Content-Strategie erfolgreich auf Kurs zu bringen?

Ich kann Ihnen in diesem Zusammenhang die Lektüre des »CMS Wisdom Report« empfehlen (*http://research.isitedesign.com/cms-wisdom-report*). Hier finden Sie viele Beispiele und Zitate von Firmenmitarbeitern, die deren Erfahrungen bei der Auswahl und im Umgang mit Content-Management-Systemen eindrücklich und zum Teil auch unterhaltsam wiedergeben.

Think-Content-Tipp: Was spricht für ein CMS?
Wenn Ihnen folgende Stichpunkte im Zusammenhang mit der Content-Erstellung wichtig sind, sollten Sie Ihre Bedenken über Bord werfen und sich mit der Anschaffung eines Content-Management-Systems anfreunden:

---

[1] Kristina Halvorson/Melissa Rach, Content Strategy for the Web. 2. Aufl. Berkeley, Calif.: New Riders 2012, Seite 139.

- Sicherheit beim Einpflegen von Inhalten
- weniger Content-Folgekosten
- Erweiterbarkeit (flexible Weiterentwicklung)
- Internationalität
- Effizienz
- transparentes und sinnvolles Rechte- und Rollensystem
- Versionierungsfunktionen
- Content-Workflows (QA-Prozesse)
- Preview-Funktion (Vorabansicht der eingepflegten Inhalte)
- einfaches Handling von SEO-Features
- Multi-Site-Handling
- userfreundliches Interface und intuitive Eingabeprozesse
- Schnelligkeit
- unabhängiges Content-Management im Tagesgeschäft
- rascher Zugriff auf archivierte CMS-Dateien

Es steht mir nicht an, Sie an dieser Stelle zu den unterschiedlichen CMS-Anbietern auf dem Markt zu beraten. Ich habe die Erfahrung gemacht, dass jede Firma individuelle Anforderungen an ein CMS hat, die man zunächst festhalten muss, um dann die entsprechenden Angebote sinnvoll vergleichen zu können. Am Ende entscheidet man sich vielleicht sogar für eine »selbst gestrickte« Lösung. Zu Ihrer Beruhigung: Das perfekte, immer reibungslos funktionierende, schmerzfrei zu implementierende CMS existiert ohnehin nicht. Aber es gibt viele Varianten, die Ihren Content-Arbeitstag effizient und angenehm gestalten können.

Am besten gelangen Sie zu Ihrer individuellen CMS-Lösung, wenn Sie die folgenden sechs Punkte Schritt für Schritt »abarbeiten«:

1. Fällen Sie eine Entscheidung: Braucht Ihr Unternehmen ein Content-Management-System? Oder können Sie alle benötigten Inhalte im Tagesgeschäft reibungslos ohne CMS kreieren?
2. Erstellen Sie einen detaillierten Anbietervergleich (Open Source vs. kommerzielles CMS).
3. Stellen Sie eine Ressourcenplanung auf: Welche Mitarbeiter benötigen Sie für das CMS-Handling in der Redaktion und auf der technischen Support-Seite?
4. Sie brauchen ein CMS-Pflichtenheft: Dokumentieren Sie en détail, welche Nutzungsanforderungen Sie an ein CMS haben (zum Beispiel, welche Funktionen und Textdatenfelder für Sie unerlässlich sind). Berücksichtigen Sie dabei nicht nur die redaktionellen Anforderungen, sondern auch Social Media, Marketing,

Community-Features etc. Denken Sie insbesondere mit Blick auf das Content-Marketing daran, dass das CMS sämtliche Content-Formate unterstützen sollte. Kann das CMS beispielsweise auch Ihr Blog managen?

5. Wählen Sie das passende CMS (oder entwickeln Sie Ihre eigene Lösung).
6. Erstellen Sie einen Migrationsplan für vorhandenen Content.

Und selbst wenn Sie das vielleicht schon bald nicht mehr hören möchten, aber auch bei einem umfangreichen CMS-Projekt ist vor allem eines gefragt: ein langer Atem! Je gründlicher Sie die Vorarbeit durchführen, desto reibungsloser werden die Implementierungsprozesse sowie die CMS-Nutzung vonstattengehen.

7.4 Der Content-Life-Circle

Damit Sie den Überblick über alle Content-Tasks nicht verlieren und eine regelmäßige Routine in Ihrem Content-Management-Alltag bekommen, sollten Sie mit zwei Plänen arbeiten: einem Produktionsplan (siehe Abschnitt 6.4, »Der Produktionskalender«) und einem Themenplan (dieser wird in Kapitel 18, »Das Content-Marketing-Herzstück – der Themenplan«, näher behandelt).

Um beide Pläne (in Excel oder mit Hilfe einer technischen Lösung) sinnvoll füllen zu können, müssen zunächst die Content-Aufgaben definiert werden, die im operativen Geschäft täglich, wöchentlich, monatlich oder im Quartal anfallen.

Tabelle 7.1 soll Ihnen einen exemplarischen Eindruck vermitteln, wie Content kontinuierlich in Ihrer Firma »gelebt« werden kann.

Tägliche Content-Tasks	
Content-Produktion	Posten von Twitter-, Facebook- oder LinkedIn-Firmen-Updates
	Check aller Tages-To-dos im Produktionskalender
	Erstellen der am jeweiligen Tag benötigten Inhalte
	Inhaltsrecherche für die Erstellung der nächsten Content-Tasks
	Überprüfung der Kommentare auf Facebook, Twitter und auf Blogs

Tabelle 7.1 Beispielhafte Content-Tasks: Welche Aufgaben sollte ich in welchem Rhythmus erledigen?

	Qualitäts-Check der neuen Live-Inhalte (SEO, Verlinkungen, Tonalität)
	»Abarbeiten« von Produkttexten
	Reminder an Kollegen zu anstehenden Deadlines schicken
	Agentursteuerung im operativen Content-Tagesgeschäft
Content-Strategie	kurzer Zahlen-Scan nach auffälligen »Ausreißern« (Social Media Monitoring, Rankings, Traffic-Einbrüche, hohe Absprungraten)
	Aktualisieren der Themen- und Produktionspläne (Verzögerungen im Projekt, vorzeitige Lieferung von Inhalten, vorgezogene Live-Termine)
	Medien-Check: Welche News gibt es in fachlich relevanten Blogs und Magazinen? Welche sind für ein nächstes Team-Meeting interessant und sollten zur weiteren Diskussion aufgegriffen werden?
	Notieren sämtlicher Ideen, Beobachtungen, »Webseiten-Fundstücke« oder Impulse zur Kreation relevanter Inhalte für die kommenden Themenplan-Meetings
Wöchentliche Content-Tasks	
Content-Produktion	Newsletter-Produktion
	wöchentlicher Blogbeitrag
	Aktualisierung der Teaser auf den wichtigsten Seiten (Homepage, Kategorieseiten)
Content-Strategie	gründliche Evaluierung der Business-Zahlen, Webseiten-Zahlen und Social-Media-Responses
	Überprüfen der Keyword-Entwicklung und gegebenenfalls Anpassung der aktuellen Keyword-Liste
	Zusammenfassung der Content-relevanten Themen aus den Analysen für das nächste Themenplan-Meeting
	Durchführung des Themenplan-Meetings mit allen an Content-Fragen beteiligten Kollegen

Tabelle 7.1 Beispielhafte Content-Tasks: Welche Aufgaben sollte ich in welchem Rhythmus erledigen? (Forts.)

Monatliche Content-Tasks	
Content-Produktion	Landingpages für die geplanten Marketingkampagnen im jeweiligen Monat erstellen
	möglichst eine Pressemeldung pro Monat veröffentlichen
Content-Strategie	Landingpage-Performance der vergangenen Marketingaktionen prüfen (SEM-Kampagnen, Gewinnspiele)
	Gründliches Medien-Monitoring: Was sind die aktuellen Trend-Themen? Wer könnte ein interessanter Partner für eine Content-Kooperation sein?
	Team-Meeting zur Besprechung und Evaluierung aller Content-Controlling-Ergebnisse: Das Treffen dient der Diskussion aktueller Probleme im operativen Umgang mit Content (fehlende Funktionen im CMS, Beschwerden im Zusammenhang mit externen Dienstleistern) und soll einen Überblick über alle geplanten Marketing- und Kommunikationsmaßnahmen bieten (on- wie offline)
	Stichwort »Eigenmarketing«: Jeden Monat einen internen Newsletter an alle Kollegen schicken, der über aktuelle Content-Themen informiert und erfolgreiche Cases präsentiert
Quartals-Content-Tasks	
Content-Produktion	Entwicklung und Umsetzung von umfangreicheren, fürs Content-Marketing relevanten Inhalten: Videos, SlideShare-Präsentationen, E-Books ...
Content-Strategie	Audit und Business-Review: Wie ist unsere Content-Situation nach dem ersten Quartal? Welche Inhalte können wir archivieren? Welche Erkenntnisse lassen sich für die weitere Jahres-Content-Planung ableiten? Welche Ziele haben wir erreicht? Welche Content-Projekte haben enttäuscht?
	Gründliche Social-Media-Analyse: Welche Kanäle sind für unser Business wirklich relevant? Welche Informationen haben wir über unsere Nutzer erhalten?
	Content-Themen-Planung für das darauffolgende Quartal erstellen

Tabelle 7.1 Beispielhafte Content-Tasks: Welche Aufgaben sollte ich in welchem Rhythmus erledigen? (Forts.)

	größere Content-Projekte für das kommende Quartal verabschieden
	Check: Sind die vorhandenen Guidelines noch aktuell?
	vierteljährlich mindestens einen Test-Case umsetzen (zum Beispiel Konversionstest für Produkttexte)
	Ausführlicher Wettbewerbs-Check: Was hat sich bei der Konkurrenz in den vergangenen Monaten getan? Welche Wettbewerber sind hinzugekommen? Welche Ideen können wir aufgreifen?
Jährliche Content-Tasks	
Content-Produktion	keine
Content-Strategie	erneuter (partieller) Audit (quantitativ und qualitativ)
	Content-Archivierung und »Aufräumen« der Website
	Content-Workshop für das kommende Jahr durchführen
	Content-Planung auf Basis der Workshop-Ergebnisse erstellen
	erneutes »Einnorden« aller Content produzierenden Kollegen auf die aktuellen Guidelines (Auffrischung)
	Festhalten der Erkenntnisse aus dem aktuellen Jahr
	Schulungsbedarf der Mitarbeiter dokumentieren und entsprechende Content-Weiterbildungsmaßnahmen anfordern
	Überprüfen der aktuellen Content-Strategie: Sind wir noch auf dem richtigen Weg? Passen unsere Personas noch? Welche Business-Ziele müssen neu definiert werden?

Tabelle 7.1 Beispielhafte Content-Tasks: Welche Aufgaben sollte ich in welchem Rhythmus erledigen? (Forts.)

Sie sehen: Anhand einer soliden Organisation werden Sie schon bald zum Content-Routinier. Dieses beispielhafte Workflow-Gerüst kann Sie dabei unterstützen, regelmäßige Aufgaben konsequent durchzuführen. Es erinnert Sie unter anderem daran, welche Evaluierungen wann anstehen, es ermutigt Sie, Ihre Inhalte immer wieder auf den Prüfstand zu stellen, und es verhindert, dass ein Firmenblog brach liegt, weil es nicht konsequent mit frischen Beiträgen gefüttert wird.

7.5 Fazit

Das tägliche Content-Management birgt einige Misserfolgs-Gefahren, bietet aber vor allem viele Chancen, Ihren Webauftritt erfolgreich voranzubringen. Stellen sie daher die Weichen für ein effizientes und gewinnbringendes Content-Management in Ihrer Firma, indem Sie

- ein gut aufgestelltes, abteilungsübergreifendes Content-Team an den Start bringen, das die gesamte Content-Produktion zentral steuert (PR, Marketing, Redaktion, Shop-Content, Social Media, HR-Themen, Agentursteuerung usw.),
- Ihre Mitarbeiter (etwa durch Schulungen) mit dem nötigen Know-how ausstatten,
- die notwendigen technologischen Hilfsmittel zur Verfügung stellen (CMS, Redaktions-Tools, Tracking-Möglichkeiten, Projektmanagement-Software ...),
- daran mitarbeiten, dass Content konsequent geplant, geprüft, analysiert und solide geführt wird (Content-Life-Circle),
- jemanden mit einer klaren Content-Verantwortung ausstatten (sowie mit einer Entscheidungsbefugnis darüber, wann welche Inhalte wie erstellt werden sollen),
- dafür sorgen, dass Ihr Content-Management auf einer soliden Planungssäule steht,
- ein Bewusstsein im Unternehmen dafür schaffen, dass die täglichen Content-Management-Aufgaben intensiv und anspruchsvoll sind und exzellentes Teamwork voraussetzen,
- die Einrichtung verschiedener Prozesse unterstützen, damit Content nicht blind auf einer »Ad-hoc-Basis« produziert wird,
- zur Einhaltung von Content-Guidelines ermutigen,
- interne Kommunikationsbarrieren abbauen sowie
- crossmedial denken und Ihre »Offline«-Kollegen im Rahmen eines ganzheitlichen Content-Managements ins Boot holen, damit alle Kommunikationsthemen bestmöglich auch auf der Website verknüpft und dargestellt werden.

Unterm Strich geht es beim Managen von Content nicht darum, bloß eine Menge Mühe zu investieren, sondern klug, strukturiert und fokussiert vorzugehen. Denn das erspart in jedem Fall einen unnötigen Mehraufwand. Ihre gut gemanagten Inhalte werden es Ihnen danken, indem sie erfolgreich für Ihr Unternehmen arbeiten.

Nachdem nun die vier zentralen Säulen Ihrer Content-Strategie stehen, bieten die folgenden Kapitel dazu ergänzendes Content-Handwerk-Wissen. Los geht's mit der Planung und Durchführung eines Content-Workshops.

8 Der Content-Workshop

Sie wollen Ihre Seite einem kompletten Relaunch oder einem partiellen Redesign unterziehen? Prima! Dann fangen Sie aber bitte nicht mit dem Design-Briefing an. Investieren Sie vorab ausreichend Zeit, um mit allen fachlichen Ansprechpartnern in einem Workshop ein detailliertes »Content-Gesicht« für Ihre künftige Website zu erarbeiten – von der Navigation bis hin zu einzelnen Content-Modulen. Jetzt haben Sie die Chance, Ihrer Zielgruppe die Inhalte anzubieten, die sie wirklich möchte und braucht. Nutzen Sie sie!

Für Projekte, in denen Website-Inhalte eine große Rolle spielen und bei denen viele Fachabteilungen ein Mitspracherecht haben, ist es sinnvoll, sich im Vorfeld die Zeit für einen intensiven Content-Workshop zu nehmen. Je nach Projektumfang sollten Sie mindestens einen Tag dafür ansetzen. Abhängig davon, wie stark der Diskussions- und Abstimmungsbedarf zu einzelnen Content-Themen ist, kann es auch sein, dass man einen zweiten Tag für einen Follow-up-Workshop einplanen muss oder dass weitere Teil-Workshops daraus entstehen.

Ablauf und Aufbau der Agenda sind dabei nicht in Stein gemeißelt. Die folgenden Abschnitte dienen lediglich als Anregung dafür, wie Sie in Ihrer Firma einen sinnvoll strukturierten und ergebnisorientierten Content-Workshop organisieren können.

8.1 Der Zeitpunkt

Vermutlich fragen Sie sich zunächst: Wann brauche ich überhaupt einen Content-Workshop? Die Antwort: Wann immer Sie einschneidende oder umfangreichere Änderungen auf Ihrer Website vornehmen möchten – und natürlich, bevor Sie ein komplett neues Angebot an den Start bringen. Also zum Beispiel dann, wenn Sie

▶ Ihre Business-Ziele neu definiert haben und die aktuellen Inhalte dementsprechend angleichen wollen,

▶ einzelne Kategorien inhaltlich überarbeiten wollen,

▶ neue Erkenntnisse über Ihre Zielgruppe erhalten haben und prüfen möchten, ob sich daraus ein neuer Content-Bedarf für die Website ergibt,

- neue Zielgruppen erschließen oder Ihr Angebot von B2C auf B2B ausweiten möchten,
- einen neuen Wettbewerber am Markt entdeckt haben und überprüfen möchten, ob Sie mit Ihren Website-Inhalten noch die Nase vorn haben,
- eine neue Rubrik oder ein neues Thema in Ihr Webangebot eingliedern möchten,
- festgestellt haben, dass die *Bounce Rate* (Absprungrate) auf wichtigen Seiten besonders hoch bzw. die Verweildauer extrem kurz ist,
- einen vollständigen Relaunch planen,
- Ihre aktuelle Site einem »Facelift« unterziehen möchten oder
- Ihre komplette Website für Suchmaschinen optimieren wollen.

An der Fülle der verschiedenen möglichen Aufgaben sehen Sie bereits, dass der Aufwand für einen derartigen Workshop stark vom Umfang Ihres Webprojekts abhängt. Es kann durchaus einmal vorkommen, dass man allein für die Untersuchung von drei Kategorieseiten zwei Workshop-Tage ansetzen muss ...

8.2 Die Vorarbeit

Unabhängig vom Workshop-Anlass ist es wichtig, dass vorab sämtliche Informationen zur Webperformance, der Zielgruppe und der aktuellen Content-Strategie zusammengetragen werden. Eine gute Vorlage zur Workshop-Vorbereitung hat die Internet-Agentur Exutec für dieses Buch zusammengestellt (siehe Abbildung 8.1). Der Screenshot zeigt nur einen Ausschnitt aus der Excel-Übersicht. Die komplette Liste steht für Sie unter dem Link *www.exutec.de/content-workshop* zum Download bereit. Sie finden dort auch zwei weitere Tabellenblätter: eines für die Auflistung von Content-Ideen und eines für das Festhalten von konkreten Tasks, die sich im Workshop bereits manifestieren lassen.

Lassen Sie den Kollegen, die beim Sammeln der Informationen helfen sollen, genügend Zeit, und versenden Sie die Anfrage zur Bereitstellung der Dokumente mindestens vier Wochen vor dem geplanten Workshop-Termin. Geben Sie eine konkrete Deadline an, bis wann Sie die Unterlagen benötigen, damit Ihnen noch genügend Zeit bleibt, alles für den Workshop verständlich und präsentabel vorzubereiten. Und erinnern Sie Ihre Mitarbeiter frühzeitig an den Ablieferungstermin: Aus der Praxis wissen wir ja, dass manches oft »auf den letzten Drücker« erledigt wird.

Zudem sollten alle Kollegen im Vorfeld Content-Ideen sammeln und auch auf Wettbewerberseiten nach Inhalten suchen, die sich eventuell übernehmen lassen.

	A		B
1	exutec		Content Workshop: Checkliste | Input-Prüfung
2	Requirement	Geprüft?	Ergebnis/Anmerkung/Kommentar
3	Grund für den Content-Workshop		Web-Relaunch
4			Reduzierung der Abbruchrate/Erhöhung der Verweildauer
5			Klares Verständnis über zukünftige Kategorien und Inhaltselemente auf der Website
6			Klares Verständnis über die einzelnen Prozesse/Verantwortlichkeiten
7			Klares Verständnis über die Planung der Content-Erstellung für den Go-live und auch für die Zeit danach
9	Erwartungen an den Content-Workshop		Zentraler Überblick: Allgmeine Infos bzgl. Content-Marketing & Content-Strategie inkl. Aufzeigen von Best Practice Beispielen
10			Klare, messbare (SMART)-Ziele zur Messung der erfolgreichen Umsetzung unserer Content-Strategie
11			Nach dem Workshop haben wir zu folgenden Bereichen ein klares Verständnis bzw. klare Definitionen/Entscheidungen:
12			o Welche Kategorien und Inhaltselemente wird es zukünftig auf der neuen Website geben (dabei sämtliche Ideen bzgl. relev
13			o Einteilung: Für welche Zielgruppen werden welche Kategorien und Inhaltselemente relevant sein?
14			o Welche Formate werden für die einzelnen Content-Module definiert?
15			o Wie werden die einzelnen Content-Elemente geclustert? (unter Berücksichtigung der jeweiligen Ziele)?
16			o Wie sieht der konkrete Plan für die Erstellung der Inhalte & Seiten für den Go-live und auch danach aus (Content-Planung
17			o Wie sieht der zukünftige Prozess der Keywordrecherche/-auswahl/-erstellung aus?
18			o Final abgenommener Content-Prozess inkl. Verantwortlichkeiten (Vorschlag dafür kommt bereits im Vorfeld von uns)
20	Wofür sind dann noch weitere Workshops (Content-rele		Guideline für zielgruppen-spezifische Contentaufbereitung (nach unsereren Werten)
21			Content-seitige SEO Strategie. Die Grundlagen für eine content-seitige SEO Strategie sollten allerdings im Content-Workshop

Input / Contents / Tasks

Abbildung 8.1 Auszug aus der Workshop-Vorbereitungs-Vorlage von Exutec[1]

Rechtstipp: Ungehemmtes Kopieren von Inhalten kann teuer werden

Lassen Sie sich von den Seiten Ihrer Mitbewerber allerdings lediglich inspirieren: Die (wörtliche) Übernahme von Inhalten durch Copy & Paste stellt ein absolutes No-Go dar, besteht doch die Gefahr der kostenpflichtigen Abmahnung, sofern die Inhalte Ihres Konkurrenten Urheberrechtsschutz genießen.

Darüber hinaus kann sich Ihr Konkurrent unter Umständen auch auf den Schutz des Wettbewerbsrechts berufen: Eigentlich gilt hier zwar das sogenannte Prinzip der Nachahmungsfreiheit. Ein Wettbewerbsverstoß ist jedoch dann zu bejahen, wenn Sie etwa durch das Abkupfern fremder Inhalte (und/oder die optische Aufmachung der Webseite) die Gefahr der Herkunftsverwechslung schaffen, Sie so den guten Ruf Ihres Mitbewerbers ausnutzen oder Sie diesen im Wettbewerb behindern würden. Im Einzelfall lässt sich hier zwar trefflich streiten, ob sich die Webseite und die von Ihnen übernommenen Inhalte und Leistungen Ihres Konkurrenten durch Aufbau, Logik der Darstellung, Inhalte und grafische Darstellung gegenüber dem, was üblicherweise im Internet bei Webseiten anzutreffen ist, abheben muss, um überhaupt in den Schutzbereich des Wettbewerbsrechts zu fallen (so das OLG Düsseldorf, MMR 1999, 729 ff.). Doch eigentlich wollen Sie ja selbst durch eigenen Unique Content auffallen und eben nicht nur als schlechte Kopie.

Holen Sie in jedem Fall auch die Social-Media-Verantwortlichen mit ins Boot, und bitten Sie sie, interessante User-Kommentare, die sich auf Ihre Website beziehen, auszuwerten und für den Termin beizusteuern. Und falls Sie eine eigene Kundenservice-Abteilung haben oder mit einem externen Callcenter arbeiten, das Kunden-

1 *http://www.exutec.de*

anfragen entgegennimmt, fragen Sie die Kollegen, welche Themen im Zusammenhang mit der Website am häufigsten auf der Tagesordnung stehen.

> **Think-Content-Tipp: Berücksichtigen Sie auch crossmediale (Partner-)Content-Ideen**
>
> Beauftragen Sie jemanden aus dem Team, den Markt nach potenziellen Content-Partnern abzusuchen – online wie offline: Wer operiert mit ähnlichen Zielgruppen? Mit welchen Website-Themen arbeiten diese Firmen? Welche Inhalte könnten wir über Partner beschaffen? Welche Benefits könnten Partner von unseren Inhalten haben? Welchen Content sollten wir dafür berücksichtigen?
>
> Wenn Sie beispielsweise eine Plattform mit kulinarischem Bezug betreiben und künftig mit Köchen, Kochbuchautoren oder Fachzeitschriften kooperieren möchten, könnten folgende Content-Angebote spannend sein:
> - Rezept-Ecke
> - Interviews mit Köpfen aus der Gourmet-Szene
> - kulinarische Monats-Kolumne
> - Restaurant-Porträts
> - ABC der professionellen Küchenausstattung
> - Videokochkurse
> - Reiseberichte mit kulinarischem Bezug (Wein, Trüffel, Olivenöl ...)
> - Food-Scout-Berichte

Ein Beispiel für den eben beschriebenen Partner-Content finden Sie in Abbildung 8.2: Der Sternekoch Patrick Coudert lieferte eine saisonal passende Kolumne für *lusini.de*, eine Plattform für den Gastronomie- und Hotellerie-Bedarf.

Sie sehen: Langsam verschmelzen die Grenzen von Content-Strategie und Content-Marketing. Wir sind jetzt an dem Punkt, an dem wir die strategische Basis für ein erfolgreiches Content-Marketing aufgebaut haben. Lassen Sie also Ihrer Fantasie freien Lauf, und bringen Sie bereits eine ausgeprägte Content-Marketing-Denkweise in den Content-Workshop mit, um spannende image- und verkaufsfördernde Inhalte von Beginn an miteinzubeziehen. Dadurch stellen Sie sicher, dass Ihre Website in der Lage ist, Ihren Content (und den Ihrer möglichen Kooperationspartner) so abzubilden, dass er in lukrativer Weise und nachhaltig für Sie arbeiten kann. Im zweiten Buchteil finden Sie eine Fülle von Anregungen für Inhalte, die Sie möglicherweise in Ihrem eigenen Unternehmen nutzen können.

Um möglichen Missverständnissen vorzubeugen: Hier geht es nicht um eine Content-Marketing-Themenplanung, sondern um die hierfür nötige Aufrüstung Ihrer Website im Vorfeld – um das Erarbeiten der Struktur sowie der benötigten Kategorien und Content-Module, damit Sie im Anschluss auf einem gut genährten Boden

Ihr Content-Marketing wachsen lassen können. Je solider Ihre Site aufgebaut ist, desto flexibler sind Sie später im operativen Marketinggeschäft: Sie finden die geeigneten Seiten, auf denen Sie Ihre Aktionen klug einbinden können; Sie arbeiten mit anpassungsfähigen Templates, mit denen sich die unterschiedlichen Content-Formate abbilden lassen; Sie sind in der Lage, spannende Inhalte für Social Media vernünftig zu verlinken; und Sie bieten nicht zuletzt auch eine attraktive Werbe- und Andockfläche für Content-Kooperationen.

Abbildung 8.2 Kolumne zum Thema »Bärlauch und Lamm« von Patrick Coudert im Online-Magazin von lusini.de (http://bit.ly/YkeDzM)

8.3 Die Teilnehmer

Nicht nur die unmittelbaren Content-Verantwortlichen (wie etwa der Content-Stratege, der Content-Manager oder der Webtexter) sind in einem Content-Workshop gefragt:

- Ihr Verkaufs-Team kann wichtige Impulse zu den Bedürfnissen der B2B-Klientel geben.
- Vertreter aus der PR-Abteilung benötigen eine Grundlage für den regelmäßigen Versand von kurzen Online-Pressemeldungen.
- Ihr Business-Development-Manager kennt die crossmedialen Anknüpfungspunkte und hat sicher gute Ideen, welche Inhalte im Markt funktionieren könnten.
- Ihr SEO-Experte liefert guten Input zu den relevantesten Suchbegriffen für Ihre Website.
- Die Marketingkollegen benötigen für ihre Online- und Offline-Kampagnen die passenden On-Site-Kategorien und -Inhalte.
- Ein Social-Media-Manager bringt die Erfahrung ein, welche Inhalte besonders gerne geteilt, »geliked« oder kommentiert werden und nach welchen Inhalten die Fans, Follower und Kommentatoren am meisten fragen.
- Einer Ihrer Manager oder Entscheider sollte zumindest zu Beginn des Workshops noch einmal klar den Kurs vorgeben, dem Ihre Firma folgt, und allen Teilnehmern die Business-Ziele präzise darstellen.
- Ihr Informationsarchitekt kann sich im Workshop schon ein gutes Bild von den Inhalten machen, die er später gemeinsam mit dem Designer in die richtige Struktur bringen muss. Wenn das in Ihrem Fall die Aufgabe einer externen Agentur ist, bitten Sie diese zum Termin hinzu.

Scheuen Sie sich nicht davor, zu einem ersten Workshop einen größeren Kollegenkreis einzuladen. In späteren Arbeitsgruppen oder Folgeworkshops können Sie mit einer reduzierten Content-Task-Force-Truppe weiterarbeiten. Aber zu Beginn ist es wichtig, allen das Gefühl zu geben, dass ihre Anliegen und ihre Anforderungen an die geplanten Inhalte gehört werden. Dadurch vermeiden Sie unter anderem auch, dass es im Nachhinein zu Projektverzögerungen kommt, weil ein wichtiger Input einer Abteilung nicht vom Start weg berücksichtigt wurde. Außerdem ist es nicht unbedingt stimmungsfördernd, wenn eine Abteilung oder ein Kollege sich in einem wichtigen Webprojekt übergangen fühlt. Gerade in der Projekt-Anfangsphase ist das kommunikative Geschick des Workshop-Organisators und -Moderators besonders gefragt.

8.4 Aufbau und Inhalt der Agenda

Die folgenden zehn Tagesordnungspunkte stellen eine Übersicht über die allgemeinen Themen dar, die man in der Regel in einem Content-Workshop abarbeitet. Die Erstellung von Wording-Guidelines zu Stil und Sprache habe ich bewusst ausgeklammert, da eine solche Aufgabe den Rahmen eines Workshops sprengen würde. Prinzipiell ist es sinnvoll, alle benötigten Leitlinien in einzelnen Arbeitsgruppen oder von designierten Guideline-Verantwortlichen in separaten Meetings erarbeiten zu lassen. Ich kann nur noch einmal betonen, dass es keine Content-Workshop-Schablone gibt, die sich universell anwenden ließe. In diesem Kapitel möchte ich Ihnen die Herangehensweise und Methodik näherbringen sowie ein Verständnis für den dafür notwendigen Zeitaufwand schaffen.

Mögliche Punkte auf Ihrer Workshop-Agenda:

1. Vorstellungsrunde: Stellen Sie sämtliche Meeting-Teilnehmer sowie deren Rollen im Projekt vor. Benennen Sie auch einen Verantwortlichen, der wichtige Zwischenergebnisse, To-dos und Entscheidungen protokolliert.
2. Präsentation der Business-Ziele und der wesentlichen USPs: Bringen Sie alle Teilnehmer auf denselben Wissenstand zur aktuellen Unternehmensstrategie und den zu erreichenden Zielen. Stellen Sie dabei nicht nur ein abstraktes Unternehmensziel heraus (wie etwa »Umsatzsteigerung um 20 %«), sondern vor allem die Ziele, die sich aus der zuvor erarbeiteten Content-Strategie und der Evaluierung Ihrer Website-Metriken ergeben haben.
3. Kurze Präsentation der Webmetrics-Ergebnisse: Bringen Sie die Fakten auf den Tisch! Wo drückt der Schuh aktuell am meisten? Was kann man aus den Zahlen lernen? Welche Inhalte haben in der Vergangenheit nicht das gewünschte Ergebnis gebracht?
4. Zielgruppen-Sensibilisierung (siehe hierzu Kapitel 13, »Der Content-Marketing-Star – Ihre Zielgruppe«): Bedienen Sie eine oder mehrere Zielgruppen? Wie sehen die Personas aus? Was sind deren Bedürfnisse?
5. Sammlung und Auflistung aller im Vorfeld gesammelten Content-Ideen:
    - relevante Inhalte für B2B (zum Beispiel Whitepapers)
    - relevante Inhalte für B2C (zum Beispiel Produktvideos)
    - sinnvoller Zusatz-Content (Lexika, Kolumnen, Rezepte ...)
    - benötigte Landingpages für bestimmte Keywords
    - spezielle Markenseiten (Uhrenmarken, Fashion-Designer, Gourmet-Anbieter ...)

- Expertenwissen (Whitepapers, E-Books, Webinare, Interviews)
- Produkte: Welche Key-Produkte sollten Sie mit besserem Content ausstatten? Was sind Ihre größten Umsatztreiber?
- Referenzen/Kundenstimmen: Binden Sie bereits Kommentare von Kunden ein? Falls nein: Warum nicht? Sollte dieser Content für die neue Website berücksichtigt werden?
- Blog/Magazin
- »Über uns«-Bereich: Wie können Sie Ihrer Seite mehr »Gesicht« geben?
- Presse-Bereich oder Social Media Newsroom einrichten?
- »Kooperations-Content« (über Partner, Dienstleister usw.): Welche Ideen wurden hier im Vorfeld gesammelt?
- Wettbewerber-Content
- Kategorieseiten: Gibt es Sortimente oder Themen, die Sie künftig fest in eine Navigationsstruktur einbinden sollten?
- Service- und Hilfe-Seiten: Status und künftige Anforderungen
- Prozess- und System-Content: Wie erleichtern Sie dem User die Nutzung? Welche Inhalte müssen optimiert werden? Welche Infos fehlen?

6. Gemeinsames Brainstorming: Fehlen Inhalte/Themen?
7. Betrachtung der definierten bestehenden Kategorien und Seiten: Welche Inhalte fehlen? Müssen Sie die Kategorien weiter »aufbohren«?
8. Content »clustern«: Für welche Ziele und Zielgruppen ist der jeweilige Content relevant?
9. Content »einteilen«: Neues Content-Modul, neue Kategorieseite, neue Landingpage? Wo und wie werden die benötigten Inhalte auf der Webpage am besten integriert und »in Form« gebracht?
10. Content »priorisieren«: Für welche Inhalte vergeben Sie – mit Blick auf die Business-Ziele und die Erkenntnisse aus dem Content-Controlling – in einer gemeinsamen Diskussion welche Priorität?

Picken Sie die für Ihr Projekt relevanten Punkte zur Erstellung Ihrer Tagesordnung heraus. Wichtig ist, dass Sie die Agenda mit großem Vorlauf an die teilnehmenden Kollegen schicken und deren Feedback einholen. Sollten relevante Themen noch nicht berücksichtigt worden sein, müssen diese nachträglich ergänzt und die Zeitplanung entsprechend angepasst werden. So laufen Sie nicht die Gefahr, dass im Workshop neue Inhalte aufpoppen, die den zeitlichen Ablauf komplett durcheinanderbringen.

8.5 Das Ergebnis

Ein vorläufiges Ergebnis am Ende eines Workshop-Tages für die Überarbeitung einer Gourmet-Website könnte etwa so aussehen wie die Excel-Tabelle, von der Sie in Abbildung 8.3 einen Ausschnitt sehen.

	A	B	C	D	E	F	G	H	I	J
1	Thema	Ziel	B2B / B2C?	Zielgruppe	Darstellung	Format	Website-Element	Neu	bereits vorhanden	Prio
2	Kochkolumne	Backlinks, Branding, Verweildauer, Kundenbindung, Social Media Response	B2C	Persona 1,3 und 5	Blogbeitrag, pdf zum Download	Text	Content Modul	x		2
3	Italienische Olivenöle	Conversion, Umsatz, Neukundengewinnung, SEO	B2B & B2C	Persona 1 und 4 und 7	gemäß Kategorie-Seitenstruktur	Text & Bild	Neue Kategorieseiten	x		1
4	Küchenlexikon	Backlinks, Kundenbindung, internes Linkbuilding, Image	B2B & B2C	alle	Eigene Seite	Text & Bild	Landingpage			3
5	Video-Kochkurse	Virales Marketing, Branding, Social Media Response	B2B	Persona 7	nicht relevant			x		2
6	Exklusive Rezepte von Sterne-Köchen	Image, Kundenbindung, Reichweite, Backlinks, Neukundengeschäft	B2B & B2C	alle	nicht relevant	ebook	Content Modul	X		1
7	Anmelde-Seite für neue Partner	Ausbau B2B-Geschäft, neue Registrierungen, Neukundenansprache	B2B	Persona 7	"How to" Tutorial grafisch abbilden. Grafikbox: Ihre Vorteile	Texte, Anmelde-Formulare, Grafiken	Bestehende Systemseite		X	1

Abbildung 8.3   Auszug aus einer beispielhaften Content-Matrix für ein kulinarisches Webangebot

Darüber hinaus sollten Sie sämtliche offenen Fragen und To-dos in einer schriftlichen Zusammenfassung festhalten. Ein Protokoll-Beispiel hierfür finden Sie in Abbildung 8.4.

Sie sehen: Ein Workshop ist – je nach Umfang des Projekts – oft nur der initiale Anstoß für weitere To-dos, die Sie im Rahmen Ihrer Content-Konzeption anpacken müssen. Daher kann ich Sie nur noch einmal sensibilisieren, die Timings vernünftig zu setzen bzw. dabei mitzuwirken, den Fuß Ihres Entscheiders vom Projekt-Gaspedal zu nehmen. Drei Monate für ein umfassendes Redesign wäre beispielsweise keine realistische Zielvorgabe, wenn man im Vorfeld gut vier bis sechs Wochen allein für die Dokumentation der erforderlichen Content-Anforderungen benötigt. Die Erfahrung zeigt jedoch, dass derartige Zeitvorstellungen seitens des Managements leider keine Seltenheit sind ...

> **Zusammenfassung Content-Strategie-Workshop**
>
> **Ziele:**
>
> Mehr Traffic, Verweildauer auf der Seite erhöhen, Partneranmeldungen erhöhen
>
> **Workshop-ToDos:**
>
> - Content-Optimierung für die Bereiche:
>   - Homepage
>   - Kategorieseite 1
>   - Kategorieseite 2
>   - Presse-Bereich
> - Komplette Neu-Strukturierung der Kategorie 4 Seite
> - Ableitung neuer Content-Ideen (Zusatzcontent)
>
> **Ergebnisse kurz zusammengefasst:**
>
> - Der Pressebereich konnte nach Rücksprache in der Runde noch nicht evaluiert werden, da hier die Zuständigkeiten und der Handlungsspielraum zur Änderung von Inhalten noch unklar ist.
> - Eine neue Navigation für den Bereich „Kategorie 4" wurde erarbeitet, um das Ziel „Erhöhung der Anmeldungen" zu unterstützen
> - Wir benötigen neue Funktionen im CMS um Links aus verschiedenen Teasern und Content-Modulen zu setzen
>
> **Offene Fragen:**
>
> - Sollen die Hilfeseiten im Rahmen der Themenplanung regelmäßig aktualisiert und angepasst werden?
> - Im Workshop ist aufgefallen, dass gleiche Themen unterschiedlich betextet wurden. Hat das SEO-Gründe oder soll hier ein einheitliches Wording erarbeitet werden?
> - Kleine Bildergalerie auf der Subkategorie Seite „Catering-Services" einbauen. Stichwort „kulinarische Verführung". Soll stärkeren Anreiz bieten, Catering-Leistungen zu buchen
> - Können wir eine eigene Seite für unsere Partner einrichten? Wie sieht es dann mit den ganzen ausgehenden Links aus? (Check mit SEO-Kollegen)
>
> **Vorschlag neue Landingpages:**
>
> - 10 gute Gründe, regionale Produkte zu kaufen
> - Schritt für Schritt zum erfolgreichen Saucen-Koch
> - Content-Partner-Vorteils-Seite: Werden Sie Content-Partner von XX. Ihre Vorteile.

Abbildung 8.4 Exemplarische One-Pager-Zusammenfassung eines Content-Workshops

8.6 Die nächsten Schritte

Nach dem Workshop (und dem gegebenenfalls daran anschließenden Zweit-Workshop) geht es in acht kleinen Schritten weiter:

1. Übertragung sämtlicher Ergebnisse aus dem Audit und dem Content-Workshop in eine strukturierte Sitemap, die zugleich als ideale Planungsübersicht für den benötigten Content dient (siehe Abschnitt 9.3, »Die Basis für Ihr Content-Konzept – die Sitemap«)
2. Erstellung eines Content-Konzepts (oder Teil-Konzepts), das auch die Ergebnisse aus dem Audit einschließt
3. Projektkostenkalkulation
4. Freigabeprozess

5. Überführung der Ergebnisse in den Content-Planungs- und Content-Produktionsprozess
6. Erstellung der Roadmap
7. Ergänzung der neuen Themen im Produktionskalender
8. Festlegen der Zuständigkeiten, Timings und To-dos

Sie sehen auch hier wieder, warum es sinnvoll ist, einen Mitarbeiter mit der vollen Content-Kompetenz auszustatten, der alle Fäden in der Hand hält und sicherstellt, dass sowohl die Timings als auch die strategischen Content-Anforderungen jederzeit berücksichtigt und eingehalten werden.

8.7 Fazit

Folgende Punkte sind ausschlaggebend für den Erfolg Ihres Content-Workshops:

- Eine gründliche Vorarbeit ist das A und O.
- Die Ergebnis-Anforderungen an den Workshop müssen klar definiert werden.
- Je nach Umfang können von der Planung bis zur Umsetzung vier bis sechs Wochen vergehen. Planen Sie diese Zeit also frühzeitig für Ihr Webprojekt ein.
- Holen Sie alle relevanten Kollegen/Abteilungen frühzeitig ins Boot.
- Stellen Sie sicher, dass alle Ergebnisse präzise dokumentiert werden.

Im anschließenden Kapitel erfahren Sie, wie Sie die Erkenntnisse aus dem Workshop konzeptionell aufbereiten können.

9   Das Content-Konzept

Eine erfolgreiche Website braucht eine durchdachte Site-Architektur, ein markenkonformes Design und exklusiven Content. Dabei wird das Augenmerk meist vorwiegend auf das Design und den Seitenaufbau gelegt. Es ist jedoch wesentlich sinnvoller, das Content-Thema an den Anfang eines Webprojekts zu stellen und die Inhalte in einem eigenen Konzept auszuarbeiten. Ich korrigiere mich: Es ist nicht bloß sinnvoller – es ist schlicht und ergreifend ein Muss!

Durch einen Audit und einen Content-Workshop haben Sie wichtige Erkenntnisse zu den inhaltlichen Anforderungen Ihrer Website gewonnen. Beispielsweise könnten Sie Folgendes herausgefunden haben:

- Sie möchten Ihre bisher statisch angelegten Job- und Hilfeseiten editierbar machen.
- Sie benötigen mindestens 60 Zeichen zum Betexten Ihrer Headlines.
- Sie wollen sicherstellen, dass Sie auf allen wichtigen Seiten das H1-Tag richtig pflegen können.
- Ihre Teaser sollen den angemessenen Textplatz für eine informative, werbliche und aktivierende Kundenansprache erhalten.
- Sie brauchen einen neuen Download-Bereich für Ihren B2B-Content (Whitepapers, Case Studies, E-Books usw.).
- Sie benötigen verbesserte Editierfunktionen, damit Sie Ihre Texte grafisch besser gestalten können (vgl. Kapitel 26, »Webtext und Usability«).
- Sie möchten einen abgesetzten, sprechenden Link unterhalb Ihrer Texte oder Teaser, um dort noch einen klaren Call-to-Action einbauen zu können.
- Sie benötigen eine Subheadline und Zwischenüberschriften zur verbesserten Lesbarkeit Ihrer Texte.
- Sie brauchen »above the fold« mehr Textfläche, um Ihre wichtigsten USPs prominenter platzieren zu können.
- Sie wollen künftig eine werbliche Headline über den (oft kryptischen) Produktnamen auf Produktdetailseiten texten können.

- Sie möchten, dass im Content-Management-System die Felder zur Pflege von Title und Description freigeschaltet werden, damit Sie diese künftig manuell pflegen können (vgl. Abschnitt 29.4.1, »Title und Description«).
- Sie brauchen Raum für ordentliche Bild- und Videounterschriften.

Gut zu wissen! Denn genau das sind die Textraffinessen, die ein hervorragendes Webangebot von einer durchschnittlichen Online-Präsenz unterscheidet. Nun heißt es, die Voraussetzungen dafür zu schaffen, dass Ihre Website diese Anforderungen auch tatsächlich erfüllen kann.

9.1 Content first! Design second!

Vor allem ist es wichtig und richtig, dass Sie die oben genannten Erkenntnisse gesammelt haben, *bevor* Sie sich ans Design-Briefing machen: Wenn Sie erst hinterher feststellen, dass für die oben genannten Bedingungen auf der neuen Website gar kein Platz vorgesehen ist, dann können Sie Ihr Webprojekt (ob Launch, Relaunch oder partielles Website-Make-over) im Prinzip vergessen. Denn diese entscheidenden Details haben die Designer und Informationsarchitekten verständlicherweise nicht auf dem Schirm, wenn sie ihre Konzepte erstellen müssen, ohne dass ihnen alle inhaltlichen Anforderungen klar vor Augen liegen.

Der Designer arbeitet meist mit dem Lorem-ipsum-Blindtext, der als Platzhalter ins Layout integriert wird. Ohne konkrete Vorgaben kann dieser aber nie und nimmer das abbilden, was Sie wirklich an Textfläche und »Textmodulen« benötigen. Kyle Fiedler, ein amerikanischer Webdesigner, bringt das Problem anschaulich auf den Punkt, wenn wir immer noch davon ausgehen, dass Content unser »King« ist:

> »By adding Lorem Ipsum to the design you are essentially dressing your king before you know his size.«[1]

Definieren Sie daher im Vorfeld unbedingt alle textlichen Anforderungen, bevor die Kollegen mit der Feinkonzeption der Website-Architektur und der Layout-Entwicklung starten.

> **Think-Content-Tipp: Die genaue Angabe von Zeichenzahl oder Wortanzahl ist essenziell**
> Wenn ich in Seminaren Headlines oder Teaser texten lasse, sind viele Teilnehmer leicht frustriert, weil ihnen in diesem Moment eine Tatsache schmerzlich bewusst wird: Die Website ihrer eigenen Firma bietet ihnen mangels Platz gar keine Möglichkeit, werb-

---

[1] http://www.smashingmagazine.com/2010/01/06/lorem-ipsum-killing-designs

> lich-knackige Headlines und verkaufsstarke, animierende Teaser-Texte unterzubringen. Machen Sie sich beim Erstellen Ihres Content-Konzepts deshalb gründliche Gedanken zum gewünschten und benötigten Textumfang!

Viele Webdesigner haben inzwischen selbst die Notwendigkeit zum Umdenken in der Branche erkannt. So findet sich beispielsweise im Blog des Wiener Designers Oliver Schöndorfer ein leidenschaftliches »Content first«-Plädoyer. Darin berichtet er von seinen Erfahrungen mit Kunden, die fälschlicherweise glaubten, mit gutem Design schlechten Inhalt retten zu können:

> *»Der User lässt sich nicht mehr so leicht blenden. Auf Smartphones mit wenig Platz am Bildschirm bleibt das Wesentliche. Und das muss gut sein, schickes Design kann hier (und auch sonst) nichts ›retten‹. Es gibt weniger Geduld und weniger Toleranz für unnütze Dekoration, Werbeblöcke und Ablenkungen, die nicht das unterstützen, wofür die Besucher da sind.«*[2]

Im selben Blogbeitrag warnt Schöndorfer vor den Gefahren der »Design first«-Herangehensweise: Sie fabriziere »leere Gefäße, die im schlimmsten Fall mit unpassenden Inhalten gefüllt« würden. Er gibt zu, es sei auf den ersten Blick mühsam, sich mit echten Inhalten beschäftigen zu müssen, anstatt »einfach Lorem ipsum und ein schönes Stockfoto ins Layout knallen« zu können. Aber, so fährt er fort:

> *»Es ist noch viel mühsamer, nachher die Fehler des Layouts ausbessern zu müssen, weil man merkt, dass Inhalt und Form nicht zusammenpassen. So gesehen ist Lorem ipsum nur eine Zeitbombe. Das Auseinandersetzen mit dem Content erleichtert vieles, spart Zeit und Geld.«*[3]

Es zeigt sich, dass wir auch hier wieder viel von den Kollegen aus dem klassischen Marketing lernen können. Bei Offline-Kampagnen wird der Kreativ-Prozess oft von den Werbetextern mitgesteuert. Ihr Geschick, mit Worten umzugehen und zu verkaufen, ist der Motor für die Entstehung von innovativen und produktiven Werbemaßnahmen. Übernehmen Sie diese Denkweise auch in Ihre Online-Gestaltung: Text first! Design second!

9.2 Was gehört ins Konzept und was nicht?

In einem Content-Konzept werden sämtliche Anforderungen an den Umfang und die Platzierung von Content-Elementen festgehalten. Außerdem gibt es Anregun-

---

2 Blogbeitrag vom 11.11.2013: *http://www.zeichenschatz.net/blog/web/webdesigner-keine-angst-vor-content.html*
3 Ebd.

gen zur korrekten Benennung von Kategorienamen, damit diese für User und SEO treffend formuliert werden können. Des Weiteren sollten Sie mit Blick auf ein erfolgreiches Content-Controlling angeben, welche Inhalte und welche Content-Elemente (Bilder, Links ...) getrackt werden müssen. Besprechen Sie sich dazu im Vorfeld am besten mit Ihrem Webanalyse-Verantwortlichen, und erkundigen Sie sich nach den grundsätzlichen Tracking-Möglichkeiten.

Folgende Punkte sind *nicht* Bestandteil des Konzepts:

- konkrete Design-Anregungen oder -Wünsche
- Angaben zum internen Linkbuilding
- Ausarbeitung einer logischen Seitenstruktur
- Hinweise zur technischen Umsetzung oder zur Programmierung von Content-Modulen
- Ausarbeitung von User-Storys und Usability-Anforderungen
- Spezifikation von systemseitigen Anforderungen (CMS)
- Definition von Footer-Links

Warum ich die Footer-Links an dieser Stelle ausklammere? Neben den Standardverlinkungen wie IMPRESSUM, JOBS, PRESSE, KONTAKT, SERVICE und HILFE haben die Links in der Fußzeile oft auch die Funktion einer weiteren Navigation – oder sie sind ein Hebel fürs interne Linkbuilding. Insofern ist es sinnvoll, das Thema Footer-Links erst am Ende eines Content-Projekts gemeinsam mit allen Beteiligten zu besprechen und zu prüfen: Welche Footer-Links müssen der Vollständigkeit halber integriert werden? Welche braucht man aus Content-Strategiegründen? Welche Partnerlinks werden benötigt? Zudem sind Footer-Links in der Regel auch problemlos erweiterbar.

> **SEO-Tipp: Auch Footer-Links sollten gründlich durchdacht sein**
> Übertreiben Sie es für SEO nicht mit den Footer-Links. Wenn diese nur aus einer Liste an auffällig guten Keywords bestehen, die zu ihren entsprechenden Landingpages verlinken, ist das unnatürlich, und Google könnte diese Links entwerten – oder die ganze Website sogar in eine »Over-Optimization-Penalty« schicken.

9.3 Die Basis für Ihr Content-Konzept – die Sitemap

Im Rahmen Ihrer Content-Strategie haben Sie bereits eine gut durchdachte Sitemap erarbeitet. Ihre Aufgabe ist es nun, die Inhalte für alle Seiten zu spezifizieren. Anhand der vorliegenden Sitemap können Sie sich schon einmal Gedanken machen, wo wie viel Text benötigt wird, und diese Informationen als Gedankenstütze fürs Content-Konzept in einer eigenen Spalte vermerken. Ein Musterbeispiel hierfür finden Sie in Abbildung 9.1. Sie zeigt einen Ausschnitt aus einer kommentierten Sitemap.

Sitemap & Content-Übersicht	1. Kategorie-Level	2. Kategorie-Level	3. Kategorie-Level	4. Kategorie-Level	Anzahl Seiten (bezogen auf alle Seiten, die unter dem 1. Kategorielevel aufgehängt sind)	Umfang Text / Wörter ca.	Wörter geschätzt gesamt	Title	Description	Prio	eigener Seitentyp	Kommentar
Homepage					1 Seite	HP-Text ca. 200 Wörter + 2-3 Teaser-Texte	200	ja	ja	1	ja	
	Über XXX				ca. 22-25 Seiten	zwischen 100-500 Wörtern / Seite	7.500	ja	ja	2	ja	
		Produkt-Informationen						ja	ja	3	ja	
			Preise					ja	ja	3	ja	
			Technische Lösungen					ja	ja	2	ja	
				Beispiel 1				ja	ja	2	ja	
				Beispiel 2				ja	ja		nein	
				Beispiel 3				ja	ja		nein	
			Branchen-Lösungen					ja	ja	3	nein	
				Branche 1				ja	ja	3	nein	
				Branche 2				ja	ja	3	nein	
				Branche 3				ja	ja	3	nein	
		Firmeninfos						ja	ja	3	nein	
		Jobs						ja	ja	4	nein	
	News				1 Kategorieseite, weitere Content-Unterseiten, wenn es News gibt. Crosslink zur Aktionen-Seite.	ca. 200 Wörter	200	ja	ja	2	ja	
		Fachartikel, Interviews etc.						ja	ja		nein	
						kurzes Intro, ca. 50						

Abbildung 9.1 Kommentierte Sitemap als Arbeitsgrundlage für die Konzepterstellung

Bitte prüfen Sie an dieser Stelle auch noch einmal Ihre Kategoriebenennungen (siehe hierzu auch Abschnitt 2.5, »Was ist Content aus Strategie-Sicht?«). Verwenden Sie klare, eindeutige Begriffe – und überlegen Sie, ob diese auch aus SEO-Sicht optimal sind.

Und nun gilt es, Seite für Seite Ihren Content-Bedarf auszuformulieren.

9.4 Die Umsetzung des Konzepts

Je nach Umfang können Sie Ihre konkreten Content-Anforderungen entweder in einer Excel-Tabelle festhalten oder in einem ausführlichen Word-Dokument darstellen.

9.4.1 Variante 1 – das Excel-Konzept

Wenn Sie keinen kompletten Relaunch planen und nur partielle Anpassungen machen müssen, genügt eine Auflistung der inhaltlichen Anforderungen in Excel – etwa so wie in dem in Abbildung 9.2 skizzierten Beispiel.

	Content-Art	Wortumfang	Zeichenumfang	Sonstige Hinweise
Homepage				
	H1 Überschrift		50-60	
	Kurzer Introtext	ca. 30		Bitte die H1 über den Introtext stellen
	Teaserheadline		40-60	
	Teasertext	40		Bitte insgesamt 4 Teaser für die HP verplanen
	Teaserlink		ca. 60	Bitte einen weiterführenden Link, den man frei betexten kann, einplanen
	Unternehmensvideo			Bitte die Integration unseres Unternehmensvideos berücksichtigen
	Headline Unternehmensvideo		ca. 60	
	Textblock: Unsere Services und Dienstleistungen	150		Abschließender Textblock mit weiterführenden Infos zum Angebot
	Headline Textblock		ca. 60	

Abbildung 9.2 Exemplarische Ausarbeitung der Content-Anforderungen für die Überarbeitung einer Homepage

Falls das Dokument zugleich für die Umsetzungsplanung verwendet werden soll, fügen Sie bitte noch die SEO-Anforderungen hinzu (Title, Description, H-Tags), sofern es auch in diesem Bereich einen Handlungsbedarf gibt.

Sie haben auf anderen Webseiten tolle Content-Einbindungen oder den perfekten Teaser-Aufbau entdeckt? Dann ergänzen Sie einfach eine Spalte, und packen Sie den Link zur jeweiligen Beispielseite in das Dokument, damit sich die Kollegen ein genaues Bild von Ihren Content-Wünschen machen können.

9.4.2 Variante 2 – das Word-Konzept

Wenn Sie komplett »auf der grünen Wiese« beginnen, müssen Ihre Angaben noch konkreter werden, damit Sie auch sichergehen können, dass Ihre Texte im Hinblick auf die Lesbarkeit tipptopp eingebunden werden.

Beginnen Sie Ihr Konzept mit einer kurzen Zusammenfassung der Ziele: Was wollen Sie mit dem neuen Auftritt erreichen? Wen wollen Sie ansprechen? Und wie? Welche USPs wollen Sie ins Zentrum des Interesses rücken? Diese Punkte kann man sich nicht oft genug vor Augen führen.

Im nächsten Schritt geht es an das reine Abarbeiten der Sitemap: Pro Seite müssen die Inhalte definiert und beschrieben werden. Ergänzen Sie das geschriebene Wort auch mit einfachen Seiten-Skizzen.Listen Sie zunächst alle Content-Elemente auf, die Sie auf der jeweiligen Seite integrieren wollen, und bieten Sie den Designern dann konkrete Hinweise für die Umsetzung.

Nehmen wir beispielsweise an, dass auf einer Kategorieseite die folgenden Content-Elemente unbedingt eingeplant werden sollen:

- ein Intro-Text
- zwei Teaser-Boxen
- ein Unternehmensvideo

In diesem Fall könnte die entsprechende Skizze in Ihrem Konzept etwa so aussehen wie in Abbildung 9.3.

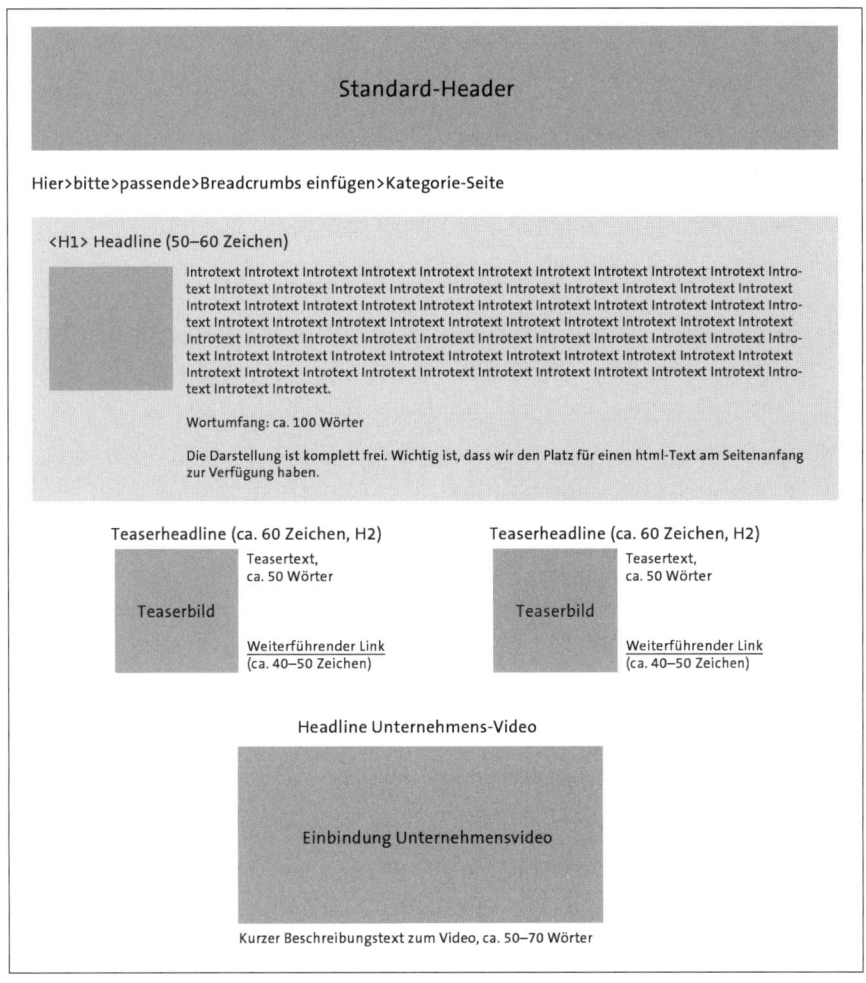

Abbildung 9.3 Beispiel für die Skizzierung der Vorgabe, welche Texte und Content-Module auf der Seite integriert werden müssen

Das mag auf den ersten Blick recht simpel erscheinen, aber genau so sollten Sie pro Seite und pro Content-Element verfahren, bis alle Seiten in puncto »Text- und Content-Verplanung« astrein durchdacht sind. Sie müssen dabei kein Design-Meisterwerk abliefern oder hochtrabende Wireframes erstellen – hier geht es nur um die nüchterne Bestandsaufnahme Ihrer inhaltlichen Anforderungen an die Seite.

Ergänzen Sie auch Informationen zur Darstellung einzelner Content-Formate, beispielsweise zur grafischen Aufbereitung von redaktionellen Artikeln. Wünschen Sie neben der H1-Überschrift für Ihren Artikel eine Subheadline sowie die Möglichkeit, Zwischenüberschriften einzubauen, Bullet-Lists zu verwenden und am Ende einen abgesetzten Call-to-Action unterzubringen, dann spezifizieren Sie das dementsprechend.

Angaben zur Usability oder zum Design sollten Sie sich verkneifen – hier dürfen dann Ihre Kollegen aus der Grafik und Ihr Informationsarchitekt übernehmen, um den Content für Ihre User perfekt »einzukleiden«. Eine Ausnahme bilden konkrete Angaben zur textlichen Platzierung aus SEO- oder Lesbarkeitsgründen, wie beispielsweise die Position einer H1-Headline am Seitenanfang oder einer optisch abgetrennten Handlungsaufforderung zum Abschluss eines Textes oder Teasers.

Ich habe von Kollegen schon oft gehört: »Diese Konzepte liest doch eh keiner richtig durch!« Nun, wir alle wissen, dass von allein so gut wie nichts geschieht. Drum ist es jetzt an Ihnen, sicherzustellen, dass sämtliche am Projekt beteiligten Mitarbeiter das Dokument in ihre Finger bekommen und Ihnen notfalls schriftlich versichern, dass das Konzept vollständig geprüft, verstanden und akzeptiert wurde.

9.4.3 Standard-Content-Module

Bauen Sie in jedem Fall in Ihr Konzept auch einen Abschnitt ein, der alle »Standardmodule« auflistet und beschreibt, die an verschiedenen Stellen auf Ihrer Website (Kategorieseiten, Produktdetailseiten, Landingpages usw.) vorkommen können, wie zum Beispiel:

- Newsletter-Anmeldeboxen
- »Ihre Vorteile«-Informationen
- Anfahrts- oder Kontakt-Teaser
- Bewerbungsaufruf-Teaser
- Marketingboxen zur Bewerbung von aktuellen Online- oder Offline-Kampagnen

Ihre Designer und Informationsarchitekten können diese Standardmodule dann beim Entwurf der passenden Website-Korsage entsprechend berücksichtigen und eine saubere, einheitliche Darstellung erarbeiten. Wenn man sich im Vorfeld keine

Gedanken zu diesen Modulen macht, wird eine Seite nach dem Launch bald zum Flickenteppich, weil man ständig wieder neue Komponenten »andocken« muss.

9.5 Das Konzept ist erst die halbe Miete

Bevor sich die Kollegen aus dem Design-Department an die Arbeit machen, setzen Sie sich bitte noch einmal zu einem ausführlichen Briefing-Gespräch zusammen. Erläutern Sie, welche Inhalte neu eingebunden werden sollen (Offline-Informationen), und gehen Sie mit den Kollegen alle Punkte im Konzept durch, um eventuell noch offene Fragen zu klären. Bieten Sie Ihre Hilfe und Ihren Text-Support an, falls ein Designer auch einmal einen »realen« Text in seinen Layout-Entwurf einbauen möchte.

Wenn es nicht um einen kompletten Relaunch, sondern nur um ein Redesign geht, stellen Sie Ihren Kollegen außerdem Ihre Audit-Ergebnisse zur Verfügung – mit den Informationen zu den Seiten, deren Texte für die neue Website direkt übernommen werden können: Dann muss das Design-Team nicht auf den leidigen Lorem-ipsum-Blindtext zurückgreifen. Falls es besondere Formatierungswünsche für die neue Seite gibt, fügen Sie den entsprechenden Kommentar einfach in die Link-Liste ein. Beispiel: »Wir benötigen mehr Platz für die Headline (60 Zeichen) und eine Subheadline sowie die Möglichkeit, Zwischenheadlines zu setzen.«

Idealerweise bilden Content-Verantwortliche, Designer und Informationsarchitekten während der gesamten Konzeptions- und Spezifikationsphase eine enge Arbeitsgemeinschaft. Die Texter und Content-Manager müssen letztlich mit dem Seitenergebnis im Tagesgeschäft klarkommen – daher sollten sie auch eine führende Rolle bei der Content-Definition übernehmen.

Ihre User werden es Ihnen danken, wenn sie Seiten wie etwa die Homepage des Filmfestivals von Locarno (siehe Abbildung 9.4), die völlig ohne Bildunterschriften und ohne erklärende, ansprechende Texte arbeitet, möglichst selten zu Gesicht bekommen.

Mag sein, dass diese Ansammlung bunter Bilder aus Sicht mancher Designer einen schicken Eindruck macht. Aber erstens wirkt die Festivalseite auf Internetnutzer unübersichtlich und verwirrend, und zweitens empfinden es die meisten User schlichtweg als ermüdend und nervtötend, wenn sie erst einmal ewig mit ihrer Maus über die Bilder fahren müssen, um überhaupt irgendwelche Informationen (als Mouse-over-Element) angezeigt zu bekommen – vor allem dann, wenn nicht alle Gesichter und Bilder auf Anhieb ohne Namensnennung oder zusätzliche Hinweise zugeordnet und verstanden werden können.

Abbildung 9.4 Website des Internationalen Filmfestivals von Locarno, www.pardo.ch

> **Think-Content-Tipp: Gehen Sie sparsam mit dem Mouse-over-Effekt um!**
> Bitte bedenken Sie, dass der Mouse-over-Effekt bei Tablets und Smartphones im klassischen Sinne nicht bzw. nur selten richtig funktioniert! Als Nutzer können Sie in der Regel bloß auf Verdacht immer wieder auf irgendwelche obskuren Bildchen tippen. Die Lust hierzu dürfte sich in überschaubaren Grenzen halten. Angesichts der rasanten Verbreitung mobiler Endgeräte ist es ratsam, Mouse-over-Effekte *niemals* als zentrales Design- oder gar wichtiges Navigationselement einzusetzen.

Es geht auch anders: Dass sich eine enge Zusammenarbeit zwischen einer Content-Strategie-Agentur und einer Multimedia-Agentur im Rahmen eines Relaunch-Projekts auszahlt, zeigt die in Abbildung 9.5 dargestellte Website der Zentralbank von Belize.[4]

---

[4] Arbeitsbeispiel von »The Nerdery«: *http://nerdery.com/projects/belize*

9.5 Das Konzept ist erst die halbe Miete

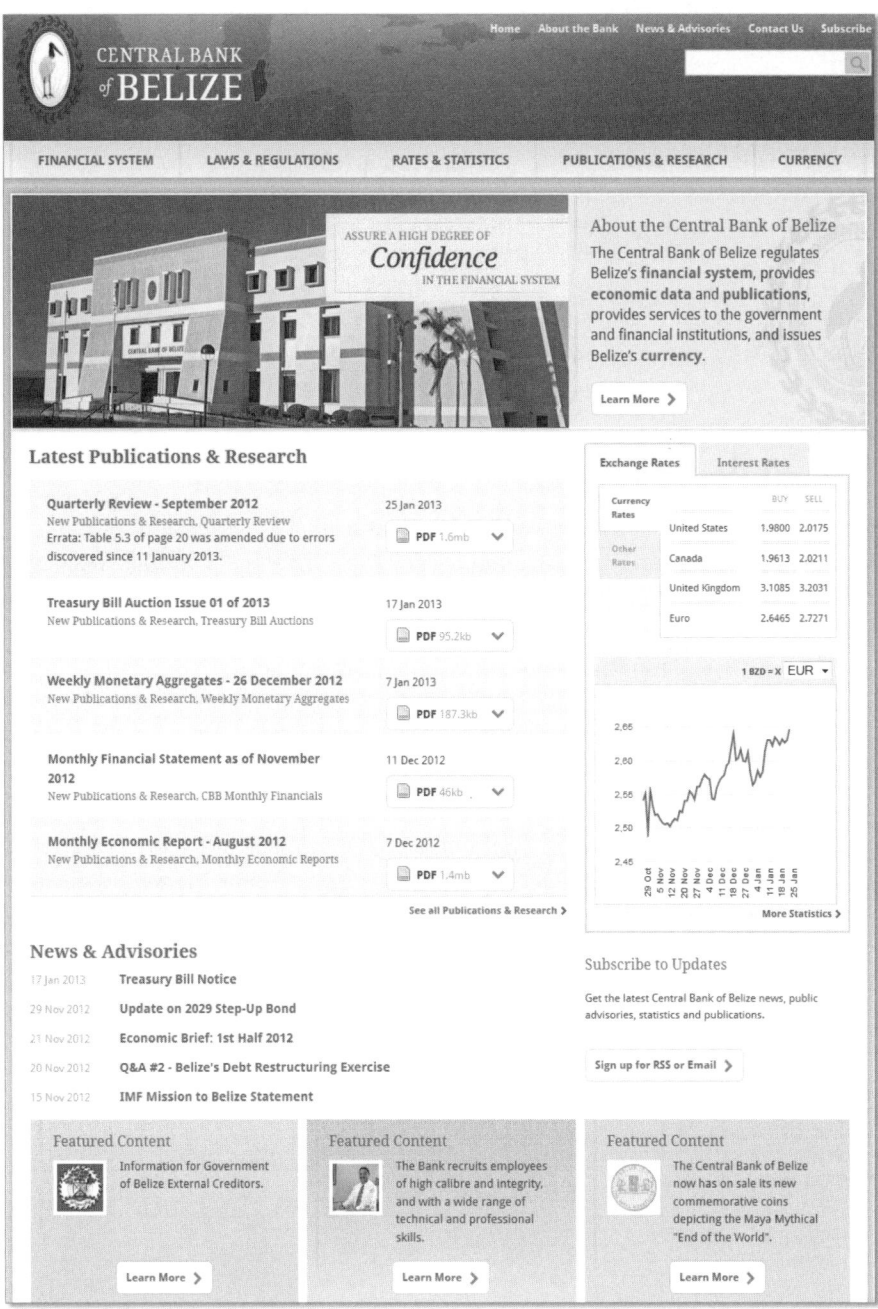

Abbildung 9.5 Homepage der Zentralbank von Belize, https://centralbank.org.bz

Die neue Bankseite überzeugt mit einem klaren, seriösen Design, einer einfachen Nutzerführung und hochwertigen Inhalten, die die Kompetenz der Bank herausstellen und die relevanten Informationen für die Website-Besucher optimal abbilden. SEO war augenscheinlich nicht das tonangebende Relaunch-Thema: Sowohl die Metadaten als auch die Nutzung der Headlines zeigen, dass der bewusste Einsatz von Keywords hier keine Rolle spielt. Das Thema Ranking ist für eine staatliche Bank auch nicht ausschlaggebend – hier geht es vielmehr um Image, Trust und Kundenservice.

Sie sehen an diesen Beispielen: Ein gutes Design spricht nicht immer für sich selbst. Es braucht ein passendes »Sprachrohr«: Content!

9.6 Fazit

Ihr Input als Content-Verantwortlicher für die inhaltliche Ausgestaltung jeder einzelnen Webseite Ihrer Firma ist unerlässlich. Die sorgfältige Vorarbeit mag zwar aufwendig und zeitintensiv sein, aber dafür werden Sie im weiteren Verlauf mit der Content-Pflege im Tagesgeschäft weitaus weniger Stress haben. Erkämpfen Sie sich also ab der ersten Stunde einen Platz in Projekt-Meetings, und machen Sie Ihren Kollegen klar, dass die Optik alleine nicht zum gewünschten Business-Ergebnis führen wird. Bewaffnen Sie sich im Idealfall auch mit knackigen, relevanten Website-Nutzungszahlen, die Ihre Argumente untermauern. Es wird nur zu Ihrem Vorteil sein, denn auf Basis von Fakten lässt es sich bekanntermaßen leichter diskutieren als auf einer rein spekulativen, emotionalen Ebene. Machen Sie sich daher auch immer für den Aufbau eines Content-Controllings stark, dem Thema des nachfolgenden Kapitels.

10 Das Content-Controlling

»*No time or budget for analysis? Find it!*«
(Kristina Halvorson)[1]

In Zeiten, in denen man jeden Budgetaufwand und jede Ressourcenplanung für Content haarklein rechtfertigen muss, ist es unumgänglich, sich mit dem Thema Content-Controlling näher zu befassen. Wie wollen Sie ohne solide Fakten Projekte priorisieren und sicherstellen, dass mit Ihren Website-Inhalten effizient gearbeitet wird? Wie wollen Sie ohne aussagekräftige Zahlen die wahren Content-Cash-Cows identifizieren? Die Kennzahl *Traffic* hat in einer usergesteuerten Webwelt nicht mehr das alleinige Gewicht wie in alten Online-Marketing-Tagen. Die modernen Controlling-Anforderungen gehen über das reine Auflisten von Zahlenwerten hinaus: Sie müssen lernen, welche Zahlen wirklich relevant sind – und wie Sie sie zu bewerten haben.

Ich werde an mehreren Stellen im Buch immer wieder auf dieses Kapitel verweisen. Nicht etwa deshalb, weil ich ein leidenschaftlicher Analyse-Mensch wäre – im Gegenteil: Worte waren mir schon immer lieber als Zahlen. Aber ich habe bereits in meinem ersten Online-Job festgestellt, dass man ohne Zahlen keine gute Arbeit abliefern kann und ohne Pro-Content-Argumente kaum wichtige Anträge oder Ideen bei den Entscheidern durchbekommt. Oder umgekehrt, dass man ohne Erkenntnisse aus Analysen nicht in der Lage ist, unnütze Content-Projekte abzuschmettern. Solide Analyse bildet die Basis für das nötige Wissen, um gute Inhalte für Ihre Seite sowie Ihr Content-Marketing zu erstellen, die Ihre Zielgruppe braucht und will.

In diesem Kapitel möchte ich Ihnen näherbringen, wie Sie den Erfolg Ihrer Content-Arbeit messen können – und wie Ihnen ein gutes Controlling dabei helfen kann, den Wert von Content zu benennen. Ja, liebe Online-Redakteure, Content-Marketing-Mitarbeiter und Entscheider: Ihr Content kann eine ganze Menge leisten! Ihr Content-Controlling wird Ihnen das belegen und Sie maßgeblich dabei unterstützen, effizient mit Inhalten zu arbeiten.

In den folgenden Abschnitten lernen Sie unter anderem,

---

1 Kristina Halvorson/Melissa Rach, Content Strategy for the Web. 2. Aufl. Berkeley, Calif.: New Riders 2012, S. 61.

- warum Sie die Ressourcen fürs Controlling bereitstellen sollten,
- welche Kennzahlen eine Rolle spielen (im B2B und im B2C),
- wie Ihr Content-Controlling aussehen kann und
- welche Tools Sie hierfür nutzen können.

Dabei richtet sich dieses Kapitel sowohl an Content-Entscheider wie auch an Content-Mitarbeiter. Erstere sollten sich noch einmal bewusst machen, wie wichtig es ist, ein solides Content-Controlling im Unternehmen einzuführen. Letztere sollten nie müde werden, genau das von ihren Vorgesetzten einzufordern, damit sie anhand der Analyse-Ergebnisse ein besseres Gespür für ihre Arbeit und »guten« Content bekommen.

Denken Sie daran: Fundiertes Online-Zahlenwissen ermöglicht es Ihnen, im Hinblick auf Ihre Webinhalte erfolgreiche Business-Entscheidungen zu treffen. Oder, um einen berühmten Ausspruch von Aristoteles Onassis zu zitieren:

»The secret of business is to know something that nobody else knows.«

10.1 Warum ist Controlling so wichtig?

Gibt es in Ihrer Firma eine Abteilung, die sich nur um die Zusammenstellung, das Monitoring und die korrekte Erfassung von Webmetriken kümmert? In meinen Seminaren oder im Austausch mit Kunden und Kollegen lautet die Antwort auf diese Frage meistens: Nein! Aber wieso wird in Unternehmen ein Aufgabenbereich vernachlässigt, der eigentlich für jedes Online-Business zum absoluten Pflichtprogramm gehören sollte? Wenn ein Kunde mich fragt, ob ich denn denken würde, dass eine Maßnahme X für ein bestimmtes Unternehmen sinnvoll sein könnte, antworte ich häufig: »Moment, ich muss mal schnell meine Glaskugel konsultieren!« Denn in den meisten Fällen liegen überhaupt keine Zahlen zur bisherigen Performance der Website vor, aus denen man Erkenntnisse, Annahmen oder Prognosen ableiten könnte. Das gilt gleichermaßen für kleine Firmen wie für Großkonzerne: Es ist erschreckend zu sehen, wie wenig Zahlenwissen bzw. Zahlenverständnis es in fast allen Online-Unternehmen gibt.

Viele Mitarbeiter, die mit externen Agenturen zusammenarbeiten, verlassen sich lediglich auf die wöchentlichen Agentur-Reportings. Diese behandeln jedoch meist nur ein Analyse-Thema (wie zum Beispiel SEO-Zahlen, Affiliate-Zahlen oder Social-Media-Zahlen). Wenn man diese Reportings nicht gründlich studiert und prüft, welche Auswirkungen einzelne Aktionen auf die Web-Performance und das User-Verhalten haben, bringen einen diese Zahlen – isoliert betrachtet – nicht wirklich weiter.

Es ist auch nicht damit getan, einmal im Jahr ein gründliches Reporting für die Geschäftsleitung aufzusetzen und in den restlichen Monaten Zahlen wie die Pest zu meiden oder nur einseitig zu beleuchten. Genauso sorgfältig, wie im Online-Marketing die Klickraten und die Konversion von bezahlten Werbeanzeigen geprüft werden, sollte man auch alle Bewegungen der User auf der Seite und in den Social-Media-Kanälen analysieren und bewerten. Gerade im schnelllebigen Online-Business kann es täglich passieren, dass man beim Controlling auf Ungereimtheiten stößt, ihnen nachgehen und im Ernstfall so rasch wie möglich darauf reagieren muss. Daher sollte jeder Content-Verantwortliche ein ausgeprägtes Interesse an der Website-Evaluierung mitbringen und gemeinsam mit einem Kollegen aus dem Controlling ein Content-Analysekonzept erstellen.

> **Rechtstipp: Denken Sie an die Datenschutzerklärung!**
>
> Hierbei werden Sie Daten von Ihren Usern benötigen. Aus Gründen des Datenschutzes ist daher eine Datenschutzerklärung auf Ihrer Webseite und/oder Ihren entsprechenden Nutzungsbedingungen ein absolutes Muss. Zwar hat sich die Rechtsprechung noch nicht abschließend festgelegt, ob die datenschutzrechtlichen Bestimmungen wettbewerbsrelevant sein können, hierfür sprechen aber durchaus triftige Gründe. Solange die Rechtsfrage also nicht vom Bundesgerichtshof verbindlich geklärt ist, setzen Sie sich nur unnötig einer kostenpflichtigen Abmahnung Ihres Wettbewerbers aus, wenn Sie auf die Datenschutzerklärung verzichten.
>
> Wenn Sie also Google Analytics (oder ähnliche Analyse-Tools) datenschutzkonform verwenden wollen, gilt es, die folgenden fünf Punkte zu beachten:
>
> - Abschluss eines Vertrags zur Auftragsdatenverarbeitung mit Google (http://www.google.com/analytics/terms/de.html)
> - Anonymisierung der IP-Adressen
> - Einräumung eines Widerspruchsrechts der betroffenen User
> - Datenschutzhinweis
> - Löschung von Altdaten in bestehenden Google-Analytics-Profilen
>
> Mehr zum Thema einschließlich einer Datenschutzerklärung auf der Grundlage des Google-Musters finden Sie unter http://www.datenschutzbeauftragter-info.de/fachbeitraege/google-analytics-datenschutzkonform-einsetzen.

Marion Otto arbeitet als freie Multimedia-Beraterin und war zuvor in leitenden Positionen bei der ProSiebenSat.1 Media AG, der United Internet AG sowie bei Burda (burdafood.net) für das Thema Content zuständig. Im Laufe Ihrer Karriere hat sie immer wieder festgestellt, dass Content ohne Controlling nicht zum gewünschten Erfolg führt. Sie fasst ihre Erfahrungen folgendermaßen zusammen:

»Wer immer Content im Web bereitstellt und damit erfolgreich sein möchte (im Sinne einer wachsenden Nutzerschaft und wachsender Nutzung), muss seine

Inhalte auch monitoren und auf Basis der gewonnenen Erkenntnisse weiterentwickeln. Das geht nur mit Hilfe von Webanalytics, und auch eine gelegentliche On-Site-Befragung der Nutzer ist keine Verschwendung.

Als Content-Verantwortlicher muss ich wissen, woher meine Nutzer kommen, wie sie sich auf meiner Site bewegen, was die für sie wichtigen Suchbegriffe sind, wie mein Content mit diesen Suchbegriffen in einer Suchmaschine rankt, welche Suchbegriffe ich noch (oder stärker) besetzen muss und welche Themen die User in den sozialen Netzwerken bewegen.

Wenn ich diese Daten nicht habe, gleicht meine Content-Produktion einer Stocherei im Nebel mit Zufallstreffern.

Habe ich diese Daten, kann ich auf die Bedürfnisse der Nutzer durch eine zielgruppengerechte Content-Produktion reagieren. Ebenso kann ich tageszeitabhängigen oder saisonalen Nutzungsschwankungen entgegensteuern, wenn ich weiß, welche Inhalte in welchem Zeitraum und zu welchen Zeiten am stärksten nachgefragt werden. Ergebnis wird sein, dass die Reichweite meiner Inhalte sich vergrößert, und das bedeutet in der Regel auch eine bessere Kapitalisierung meiner Inhalte.«[2]

Mit einer fundierten Webanalyse gewinnen Sie also wertvolle Erkenntnisse für die Optimierung Ihrer Marketing- und Social-Media-Aktivitäten; Sie entdecken Potenziale zur Verbesserung Ihrer Website, und Sie verstehen, was Ihre User wirklich wollen. Genau darum geht es: Lernen Sie mittels einer soliden Webanalyse Ihre User kennen, und setzen Sie die gewonnenen Erkenntnisse gewinnbringend ein.

10.2 Warum wird Content so selten getrackt?

»Fehlende Tools«, »mangelndes Know-how« – die meisten Mitarbeiter sind um Argumente nicht verlegen, wenn es darum geht, zu erklären, warum Content-Tracking in ihrer Firma noch kein Thema ist. Die häufigsten Begründungen für versäumte Analyse-Aktivitäten lauten nach meiner Erfahrung folgendermaßen:

- ▶ »Wir wissen gar nicht, was wir messen sollen.«
- ▶ »Wir haben keine Möglichkeit, die benötigten Zahlen zu tracken.«
- ▶ »Wir haben keinen Zugang zu den benötigten Tools.«
- ▶ »Wir wissen nicht, wie wir die Daten am besten aufbereiten sollen.«
- ▶ »Wie haben nicht die Zeit, die wir fürs Tracking bräuchten.«

---

2 Marion Otto, Multimedia-Beraterin (*www.make-more.de*)

- »Wir wissen nicht genau, wie wir die Daten interpretieren sollen und was sie bedeuten.«
- »Das gehört nicht zu meinem Aufgabenbereich.«

Ich kann Sie nur ermutigen, die Barrieren abzubauen, die Sie oder Ihre Mitarbeiter davon abhalten, sich eingehend mit Content-Controlling zu beschäftigen. Sensibilisieren Sie Entscheider für das Thema, und fordern Sie als Content-Verantwortlicher Unterstützung für die Evaluierung Ihrer Themen an. Und vor allem: Legen Sie Ihre Scheu vor Zahlen ab!

Sie werden sehen: Irgendwann kommt der Punkt, an dem die Arbeit mit Zahlen anfängt, Spaß zu machen – nämlich dann, wenn Sie dadurch die Erfolge Ihrer Content-Arbeit messen und belegen können.

10.3 Was sind die größten Analyse-Herausforderungen?

Für Marketer birgt die Webanalyse ein besonders hohes Frustpotenzial. Das geht auch aus einer Umfrage hervor, die das SEO-Unternehmen Webmarketing123 für den im Dezember 2012 veröffentlichten »State of Digital Marketing Report« durchgeführt hat (siehe hierzu Abbildung 10.1).

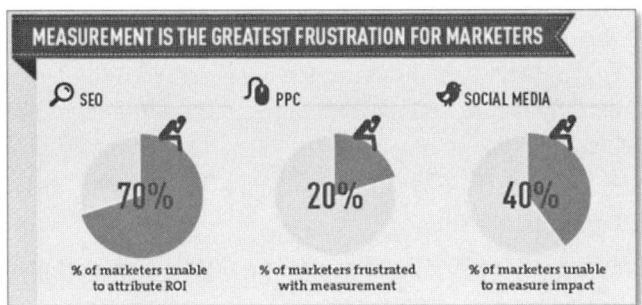

Abbildung 10.1 Ausschnitt aus einer Infografik zum »2012 State of Digital Marketing Report«[3]

Die Webwelt wird täglich komplexer. Während wir im klassischen Online-Marketing auf der sicheren Seite waren, wenn wir uns an den Zahlen für Traffic, Conversion und Unique Visitors orientierten, müssen wir heute einige zusätzliche Kennzahlen evaluieren und neben dem rein analytischen Prozess auch einen psychologischen Controlling-Ansatz einbeziehen: Der Mensch und seine Bedürf-

---

3 Quelle: *http://go.webmarketing123.com/2012-State-of-Digital-Marketing-Report.html* (Screenshot vom 27.09.2013)

nisse müssen noch genauer durchleuchtet werden. Das bedeutet, dass wir Daten nicht nur sammeln sollten, sondern auch lernen müssen, wie man sie korrekt interpretiert, damit wir daraus die erforderlichen Maßnahmen zur Optimierung unseres Content-Marketings ableiten können. Es ist daher notwendig, dass Sie neben den harten Fakten aus reinem Zahlenwerk auch sogenannte *Soft Figures* in Ihr Controlling einbeziehen.

Die nachstehende Auflistung zeigt die zwölf größten Analyse-Herausforderungen, denen sich Content-Marketer und Content-Strategen im heutigen Online-Zeitalter stellen müssen:

1. Die Datenmengen wachsen stetig an (Website, Social Media, Offline).
2. Es gibt immer mehr Benutzer-Endgeräte (iPad, Smartphones …).
3. Die Zahl der Vertriebskanäle nimmt zu (Social Media, TV, Print, Website …).
4. Das Webnutzungsverhalten der User verändert sich ständig.
5. Die kontinuierliche Anpassung des Google-Algorithmus sorgt immer wieder für Ranking-Sprünge.
6. Das Content-Controlling ist bisweilen noch ein stark manueller Prozess und bindet viel Zeit und Ressourcen.
7. Es gibt (noch) kein Tracking-System, das alles kann: Auflistung der Backlinks, Anzeige der Response auf Online-PR-Meldungen, neue Likes, Anzeige der umsatzstärksten Produktseiten, Traffic, Bounce Rate, Keyword-Rankings, Verweildauer auf der Seite, E-Mail-Opening-Rate, Streuung von YouTube-Links, Performance von Online-Marketing-Kampagnen, Affiliate-Zahlen, Google-Advertising-Ergebnisse usw.
8. Wie misst man Soft Figures wie Image, Trust, Online-Markenwert, User-Bedürfnisse, Stimmungen (Sentiments)?
9. Woher weiß man, wie die Offline-Aktivitäten performen? Wie konzipiert man ein crossmediales Tracking für ein Unternehmen?
10. Ist es sinnvoll, ein Wettbewerbs-Controlling anzulegen? Falls ja: Wie kann das aussehen?
11. Wie findet man heraus, wie User die Seite nutzen (Stichwort: Heatmaps)?
12. Wie lässt sich ein Content-Return-on-Investment (ROI) berechnen?

Sie sehen: Das Erfassen und Bewerten Ihrer kompletten Online-Marketing-Performance ist ein Fulltime-Job, den es unbedingt in jeder Firma zu besetzen gilt. Doch neben der Manpower benötigen Sie auch die entsprechenden Tracking-Möglichkeiten und Webmetrik-Systeme. Scheuen Sie die Kosten dafür nicht, denn ein »Vermutungs-Management« Ihrer Web-Content-Aktivitäten kostet Sie im Endeffekt mehr.

10.3 Was sind die größten Analyse-Herausforderungen?

Think-Content-Tipp: Smart Data statt Big Data

Seit Anfang 2012 spukt das Schlagwort *Big Data* verstärkt in der digitalen Branche herum (siehe Abbildung 10.2). Der Begriff steht für die schnelle und automatische Aufbereitung äußerst großer Datenmengen aus verschiedenen Quellen. Die daraus abgeleiteten Erkenntnisse sollen Unternehmen unter anderem dabei helfen, neue Geschäftsfelder zu entdecken, sich Vorteile im Wettbewerb zu sichern, rasche Anpassungen für Online-Maßnahmen durchzuführen und Einsparungspotenziale aufzudecken. Allerdings sollte sich jede Firma überlegen: Brauchen wir wirklich alle diese Daten? Neigen wir nicht zu einer Form von »Dataismus«? So nannte ein Redakteur der Wochenzeitung »Die Zeit« die blinde Datensammelwut in einem Artikel zum Thema »Big Data«.[4]

Für den Aufbau Ihres Content-Controllings mag die Aufbereitung von großen Datenmengen wichtig sein – aber verzetteln Sie sich nicht mit der Beschaffung und Evaluierung von Kennzahlen, die Sie gar nicht benötigen. In den folgenden Abschnitten finden Sie eine Zusammenfassung der relevanten Leistungskennzahlen. Welche davon für Ihr Business wichtig und ausschlaggebend sind, beantwortet Ihnen Ihre Content-Strategie. Vergessen Sie Big Data – setzen Sie stattdessen auf *Smart Data*: Es zählt die Klasse, nicht die Masse!

Abbildung 10.2 Google Trends: Entwicklung der Suchanfrage-Häufigkeit für den Begriff »big data«

Auch wenn es irgendwann bei Ihnen automatisierte Prozesse zur Beschaffung und Aufbereitung großer Datenmengen geben wird, muss ich Ihnen die Hoffnung nehmen, dass ein Content-Controlling jemals komplett ohne menschlichen Einsatz funktionieren könnte. Avinash Kaushik, ein anerkannter Webanalyse-Spezialist, hat

---

[4] Link zum Artikel vom 27.09.2013: *http://www.zeit.de/digital/internet/2013-09/big-data-handataismus*

mit »The 10/90 Rule for Magnificent Web Analytics Success«[5] die Theorie aufgestellt, dass der Faktor Mensch zu 90 % ausschlaggebend für einen nachhaltigen Tracking-Erfolg sei. Lediglich 10 % der Analyseleistung werde von der betreffenden Software erbracht. Die Denkleistung, die ein Controller einbringen muss, kann also laut Kaushik von keinem technischen Helfer übernommen werden.

Dieses Kapitel ist nicht als Crashkurs in Sachen Webanalyse gedacht. Erstens bin ich kein ausgebildeter Business-Analyst, zweitens ist das Thema ohnehin viel zu komplex, und drittens ist es auch nicht Ihr Job als Content-Verantwortlicher, knifflige Controlling-Templates und Reportings an den Start zu bringen. Sie sollten sich allerdings anhand der folgenden Abschnitte ein Grundwissen dafür aneignen, welche Analysehelfer Sie benötigen, damit Ihr Content noch erfolgreicher für Ihr Unternehmen arbeiten kann. Und Sie sollten gemeinsam mit einem Webanalysten überlegen, wie Sie die anfallenden Datenmengen für Ihr Unternehmen vernünftig managen und auswerten können.

10.4 Welche KPIs sollte man berücksichtigen?

Als KPIs (Key Performance Indicators) bezeichnet man die Leistungskennzahlen, die einem Analysten dabei helfen, den Erfolg eines Business oder einer Marketingaktion zu messen und zu bewerten. Die Ermittlung dieser Schlüsselzahlen gehört zu den Hauptaufgaben eines Content-Controllers. Dennoch hat er keinen reinen Buchhalterjob: Im Rahmen eines ganzheitlichen Reportings muss er sich auch um sogenannte »Psychodaten« kümmern. Der passende Kandidat für diesen Posten ist also nicht nur ein Könner im Umgang mit Zahlen, Pivot-Tabellen und Tracking-Tools – er überzeugt auch mit seinem Geschick, sich in die Bedürfnisse Ihrer User einzufühlen und sogenannte *Soft Figures* zu ermitteln und zu interpretieren. Wenn man dieses Anforderungsprofil auf eine Formel bringen wollte, könnte man sagen:

Web-Content-Controlling 2.0 = Analysis meets Psychology!

Im Folgenden gehen wir der Frage nach, welche Leistungskennzahlen (KPIs) und Analyseparameter man stets im Auge behalten sollte, um ein erfolgreiches Webbusiness auf den Weg zu bringen.

Natürlich kann niemand von Ihnen erwarten, dass Sie in kürzester Zeit fit im Jonglieren mit diversen Kennzahlen sind. Verstehen Sie die nachstehenden Übersichten auch als Checklisten, die Sie gemeinsam mit einem Analyse-Experten diskutieren können.

---

5 Quelle: *http://www.kaushik.net/avinash/the-10-90-rule-for-magnificient-web-analytics-success*

10.4.1 Website-Nutzungszahlen

Auch in Zeiten von Social Media müssen wir selbstverständlich im Rahmen eines effektiven Content-Marketings die »klassischen« Webzahlen kennen und auswerten:

- Seitenaufrufe (Pageviews): Wie oft wurde eine Seite vollständig geladen?
- Traffic: Wie viele Besucher verzeichnet die Seite?
- Traffic-Kanäle: Woher kommen die User?
- Conversion Rate: Wie viele Besucher einer Seite lassen sich zum Klicken, Anmelden oder Kaufen animieren?
- Click-Through-Rate: Wie ist das Klickverhalten der User auf der Seite?
- Bounce Rate: Wie hoch ist die Absprungrate?
- Verweildauer: Wie lange bleibt ein User durchschnittlich auf der Seite?
- Unique Visitors: Wie hoch ist die Zahl der individuellen, einzelnen Besucher auf einer Seite?
- Returning Visitors: Wie viele wiederkehrende Besucher verzeichnet die Seite?
- Page View per Visitor: Wie viele Seiten hat ein User während seines Website-Aufenthalts besucht?
- Nutzung der internen Suchfunktion: Wonach suchen die User auf der Seite?

10.4.2 SEO-Zahlen

Content-Marketing ist kein Ersatz für die Suchmaschinenoptimierung, sondern bietet vielmehr zahlreiche Impulse für ein verbessertes Ranking und die natürliche Generierung von Backlinks. Für ein gutes SEO-Ranking sollten Sie – neben einem gründlichen Keyword-Monitoring – auch folgende Kennzahlen evaluieren (wobei der Vollständigkeit halber hier auch einige Parameter zur Website-Nutzung noch einmal aufgelistet werden):

- Verweildauer auf der Seite
- Wettbewerber-Rankings
- Bounce Rate
- Backlinks
- Conversion Rate (Click Conversion und Sales Conversion)
- Duplicate Content: doppelte Textinhalte auf einer Seite
- Sichtbarkeitsindex
- Traffic über Google

- Direkter Traffic: direkte Eingabe der URL im Browser
- Hinweise auf doppelte Titel/Meta-Description in Google Webmaster-Tools
- Server-Erreichbarkeit
- Ladezeit (sollte unter 2 Sekunden liegen)
- Crawling-Fehler
- Crawling-Statistiken
- Parameter-URLs/Near Duplicate Content: Parameter (wie zum Beispiel eine Session-ID), die bei einem erneuten Seitenaufruf in die URL geschrieben werden, wodurch die Seite aus Google-Sicht quasi gedoppelt und als Duplicate Content angesehen wird
- Autoren-Statistiken

10.4.3 Online-Marketing-Zahlen

Die Anzeigen, die wir online platzieren, haben das Ziel, Kunden auf unsere Seiten zu bringen. Wenn Sie ein Gespür dafür bekommen möchten, ob Ihre Anzeigen perfekt auf Ihre Website zugeschnitten und Ihre Inhalte attraktiv genug für die angesprochenen Neukunden sind, sollten Sie als Content-Verantwortlicher auch die Performance Ihres Online-Marketings kennen. Schauen Sie sich also regelmäßig folgende KPIs an:

- AdClicks
- Click Rate
- KUV (Kosten-Umsatz-Verhältnis eines bestimmten Werbekanals)
- Anzahl der Neukunden
- Neukundenquote
- Cost per Lead: Was kostet mich ein Neukundenkontakt?
- Cost per Sale: Was kostet mich ein erfolgreicher Kaufabschluss?
- Cost per Click: Was muss ich für den Klick auf ein Werbemittel bezahlen?
- Newsletter-Opening-Rate
- Absprungrate der Werbe-Landingpages
- Konversionsrate der Werbe-Landingpages
- Heatmap-Aufzeichnungen der Zielseiten

Bitte behalten Sie beim Evaluieren Ihrer Online-Advertising-Zahlen vor allem die Absprungrate im Auge. Wenn sie im Zusammenhang mit einer bestimmten Anzeige sehr hoch ist, sollten Sie die Landingpage, mit der die Werbemittel verknüpft sind, genauer unter die Lupe nehmen und sich die Frage stellen: Hält die Landingpage, was meine Werbe-Message verspricht?

Interessant ist auch die Frage, woher die »wertvollsten« Kunden und Leads kommen: Über welchen Kanal und über welche Inhalte haben Sie diejenigen Neukunden gewonnen, die Ihrem Business den meisten Umsatz bringen? In Kapitel 15, »Content verbreiten – relevante Kommunikationskanäle«, werden Ihnen die zur Verfügung stehenden Vertriebswege im Einzelnen vorgestellt.

10.4.4 Social-Media-Zahlen

Likes, Likes, Likes! Ähnlich wie bei der »Backlink-Mania«, die jahrelang die SEO-Szene beherrschte, gehen Firmen bei Facebook primär auf »Likes-Jagd«, denn die Anzahl der Likes und die Erwähnung einer Firma im Social Web kann auch das Google-Ranking positiv beeinflussen. Dabei beweisen manche Unternehmer einen verblüffenden Erfindungsreichtum. Der holländische Herrenausstatter »The Art of Camouflage« montierte seinen originellen Likes-Aufruf auf Facebook (siehe Abbildung 10.3) in ein Foto des Kronprinzen Willem-Alexander – kurz bevor die niederländische Königin Beatrix tatsächlich ankündigte, zugunsten ihres ältesten Sohnes abzudanken.

Abbildung 10.3 Originelle Jagd nach Likes, http://www.facebook.com/theartofcamouflage (28. Januar 2013)

Im Januar 2013 gelang es dem Online-Fotoservice-Anbieter Pixum, mit dem in Abbildung 10.4 wiedergegebenen Facebook-Aufruf innerhalb von vier Stunden mehr als 100.000 Likes zu generieren – eine Kampagne, die von Fachmedien und

Bloggern als Marketingbeispiel für die erfolgreiche Nutzung von sozialen Schneeball-Effekten aufgegriffen wurde.

Abbildung 10.4 Likes-Aufruf von Pixum, http://www.facebook.com/pixum (23. Januar 2013)

Dennoch sollten wir uns fragen: Sagt die Anzahl der Likes wirklich etwas über die Fanqualität aus? Bringen die Massen-Likes tatsächlich auf Dauer das gewünschte Ergebnis? Oder setzt sich irgendwann – wie einst bei den Backlinks – die Erkenntnis durch, dass Klasse statt Masse zählt? Werden gekaufte Likes vielleicht eines Tages sogar ein Abstrafungsthema für Google?

Im Prinzip steckt das Social-Media-Marketing im Vergleich zu anderen Online-Disziplinen noch in den Kinderschuhen. Eines lässt sich allerdings jetzt schon sagen: Unabhängig davon, ob hinter den Likes tatsächlich die Zielgruppe steckt, die ein Unternehmen ansprechen möchte, bewirken solche Aktionen zumindest, dass ein viraler Effekt einsetzt und die Online-Sichtbarkeit und -Bekanntheit steigt.

Bauen Sie also in jedem Fall Social-Media-Widgets auf Ihren Content-Seiten ein (siehe Abbildung 10.5). Zum einen erleichtern Sie Ihren Usern das Teilen von Inhalten, zum anderen erhalten Sie beim Checken Ihrer Website auf die Schnelle Informationen darüber, wie Ihr Angebot akzeptiert wird.

Abbildung 10.5 Social-Media-Widgets. Quelle: http://contentmarketinginstitute.com/2013/02/kpis-for-content-marketing-measurement

> **Rechtstipp: Like it or not ...**
> Über den rechtssicheren Einsatz des Like-it-Buttons wird viel spekuliert! Es geht auch hier wieder um den Datenschutz. Zwar gibt es zwischenzeitlich eine Entscheidung des LG Berlin (91 O 25/11), die einen abmahnfähigen Wettbewerbsverstoß insofern verneint hat. Ob damit das letzte Wort gesprochen ist, bleibt jedoch vor dem Hintergrund der uneinheitlichen Rechtsprechung zur Relevanz von Datenschutzverstößen für das Wettbewerbsrecht offen. Wollen Sie also den Like-it-Button einsetzen, so sollten Sie insofern Ihre Datenschutzerklärung entsprechend anpassen. Likes gegen Cash dürften im Übrigen jedenfalls wettbewerbsrechtlich unzulässig sein, für entsprechende Gewinnspielaktionen hat das LG Hamburg (327 O 438/11) hingegen einen Verstoß verneint.

Prinzipiell geht es bei allen Social-Media-Angeboten primär ums Teilen, Kommentieren und Mögen – und bei YouTube natürlich zudem um die Videoabrufe. Egal, ob Fans, Follower oder Abonnenten: Selbstverständlich zählen auch hier die nackten User-Zahlen.

> **SEO-Tipp: Geben Sie Google+ eine Chance**
> Denken Sie bei Social Media nicht mehr ausschließlich an Facebook und Twitter. Auch wenn die Menge der Aktivitäten zurzeit noch bei Weitem nicht vergleichbar ist, hat Google+ immens bei den Benutzerzahlen und auch an Inhalten aufgeholt. Zudem sind spezielle Einblendungsformen in den Google-Suchergebnissen nur über ein Profil in Google+ möglich, nicht über Facebook. Und sollte Google jemals tatsächlich Social Data in die Suchergebnisse einfließen lassen, so wird das garantiert nicht über die Daten von Facebook geschehen, auf die Google eigentlich gar keinen Zugriff hat, sondern über die eigenen Daten aus Google+. Wer dann schon eine aktive Fangemeinde auf Google+ sein Eigen nennt, kann einen deutlichen Vorsprung genießen.

10.4.5 Soft Figures

Wenn wir erfolgreich mit unseren Inhalten arbeiten wollen, müssen wir neben den Business-Kennzahlen auch weitere »Werte« und Informationen beobachten, die uns dabei helfen, unser Angebot stetig zu optimieren:

- Nutzerbewegung auf der Seite (Heatmaps)
- Wettbewerbs-Monitoring (Keywords, Themen, Rankings, Aktionen)
- User-Kennzahlen (Alter, Geschlecht, Bildung, Verdienst, Wohnort, Einkaufsvorlieben, Affinitäten, »Konsumenten-Typ«, »Kunden-Wert«)
- Sentiments: Wie stehen die User unserem Angebot gegenüber (positive, neutrale oder negative Äußerungen auf den sozialen Kanälen)?

- Themen-Monitoring: Welche inhaltlichen Beiträge kommen bei unseren Usern am besten an?
- Trendscouting: Welche Themen eignen sich für unser Content-Marketing (nationale und internationale Content-Recherche)?
- Medien-Monitoring: Was passiert im TV, im Kino, in Printmedien? Was sind die aktuellen News, die unsere Zielgruppe bewegen? Wie können wir den »Themenball« aufnehmen und das durch die Medien generierte Interesse für unser Content-Marketing nutzen?

10.4.6 Weitere Content-Marketing-Kennzahlen

Zusätzliche Content-relevante Zahlen, die Sie – sofern Sie die entsprechenden Content-Formate nutzen – evaluieren sollten:

- Anzahl der Downloads (SlideShare-Präsentationen, Whitepapers, Fallstudien)
- Videoaufrufe
- Podcast-Aufrufe
- RSS-Feed-Abos
- Gamification-Engagement
- Anzahl der Webinar-Teilnehmer
- Newsletter-Anmeldungen/-Abmeldungen
- am meisten besuchte Seiten/Inhalte
- am häufigsten angeklickte Headlines, Bilder, Links
- User-Aktivitäten zu Ihrem Unternehmen in Chats, Foren und Social-Media-Kanälen
- Erwähnung und Verlinkung Ihrer Online-Pressemeldungen
- Aufrufe von Dokumenten
- Seiten (bzw. konkrete Stellen), auf denen Webnutzer Ihre Online-Präsenz verlassen
- Seiten, die User besuchen, nachdem sie Ihr Webangebot verlassen haben
- Nutzung Ihrer internen Suche durch die User (Wonach wird am meisten gesucht?)
- Analyse der »Content-Partnerschafts-Qualität« (Über welche Kooperationspartner bekommen Sie wie viel Traffic, Leads, Sales? Und wie sieht es mit dem qualitativen Aspekt aus?)

Der Fachblogger Andreas Köster hat auf seiner Seite *www.monitoring-blog.de* im Dezember 2012 eine schematische KPI-Pyramide vorgestellt, in der er Social-

Media-Kennzahlen sowie andere relevante KPIs und Analyse-Parameter klug in Relation zueinander setzt (siehe Abbildung 10.6).

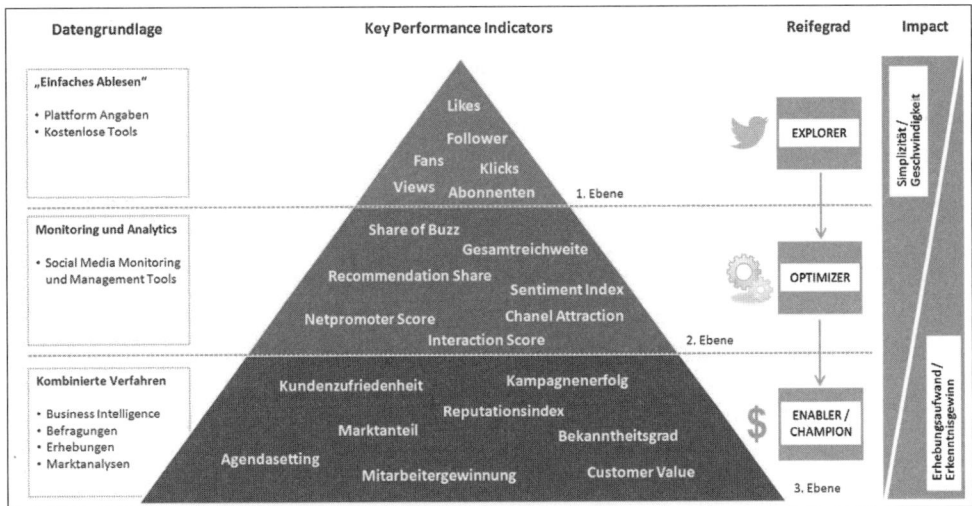

Abbildung 10.6   Schematische KPI-Pyramide nach Andreas Köster[6]

Die grafische Darstellung macht deutlich, dass KPIs mit höherem Erkenntniswert auch schwerer zu ermitteln sind: Der Analyse-Aufwand ist umso größer, je anspruchsvoller ein Business-Modell ist und je ehrgeiziger die Content-Strategie-Ziele definiert sind. In jedem Fall lohnt es sich, den Blogbeitrag (*http://bit.ly/VeMnYa*) einmal in Ruhe durchzulesen.

10.5   Welche Tools eignen sich?

Die folgenden Abschnitte geben einen Überblick über die Analysemöglichkeiten, die Sie für Ihre Reportings nutzen können. Im Prinzip könnte man alleine den Anbietern, die fürs Tracking zur Verfügung stehen, ein ganzes Buch widmen. Um den Rahmen nicht zu sprengen, finden Sie hier nur eine kleine Auswahl.

10.5.1   Klassische Analyse-Tools

Im Markt der Analyse-Software-Anbieter ist für jeden Unternehmenstyp und jede Unternehmensgröße die passende Lösung dabei. Neben den »klassischen« Web-

---

[6] Quelle: *http://www.monitoring-blog.de/2012/12/social-media-erfolgsmessung-schematische-kpi-pyramide* (Screenshot vom 27.09.2013)

metriken bieten die Analysewerkzeuge vermehrt auch Features zum Social-Media-Monitoring an. Eine Selektion:

- Google Analytics (kostenfrei unter *www.google.com/analytics*)
- Piwik (kostenfrei unter *de.piwik.org*)
- Etracker (*www.etracker.de*)
- Econda (*www.econda.de*)
- Webtrekk (*www.webtrekk.de*)
- comScore (*http://www.comscore.com*)
- Chartbeat (*www.chartbeat.com*)
- Mindlab (*www.mindlab.de*)
- Webtrends (*www.webtrends.de*)
- eAnalytics (*http://eanalytics.de*)

10.5.2 Spezielle Analysehelfer

Für Ihre Controlling-Aufgaben stehen Ihnen viele Spezial-Tools und Software-Angebote zur Verfügung. Nicht nur die Durchführung von Analysen ist sehr zeitaufwendig – bereits die Vorab-Prüfung, welche Tracking-Instrumente überhaupt für Ihr Unternehmen geeignet sind, bindet einige Ressourcen. Die hier vorgestellte Anbieterauswahl gibt Ihnen einen Einblick in die unterschiedlichen Möglichkeiten, Ihre Inhalte sowie Ihre Website- und Social-Media-Performance zu beobachten.

All-in-one-Lösungen

Auf dem amerikanischen Markt beschäftigen sich die Unternehmen bereits seit 2009 wieder intensiver mit dem Content-Thema. Zwei Anbieter sind in Content-Marketing-Kreisen sehr beliebt, weil sie sämtliche Analysemöglichkeiten, die man als Content-Marketer benötigt, unter einem »Tool-Dach« vereinen: zum einen Raven Tools (*http://raventools.com*, siehe Abbildung 10.7), zum anderen HubSpot (*http://www.hubspot.com*, siehe Abbildung 10.8).

Die rund 30 Online-Marketing-Werkzeuge von Raven Tools sind auch in Deutschland verfügbar. Indes stehen die meisten Inhalte bis dato lediglich auf Englisch zur Verfügung. Als Nutzer haben Sie jedoch die Möglichkeit, in Ihren Account-Settings für einige Funktionen die Sprache, das Land, die Währung und die Zeitzone auszuwählen. Für die Erstellung Ihres Reports können Sie ebenfalls manuelle Anpassungen vornehmen und einzelne Textblöcke mit deutschen Inhalten füllen.

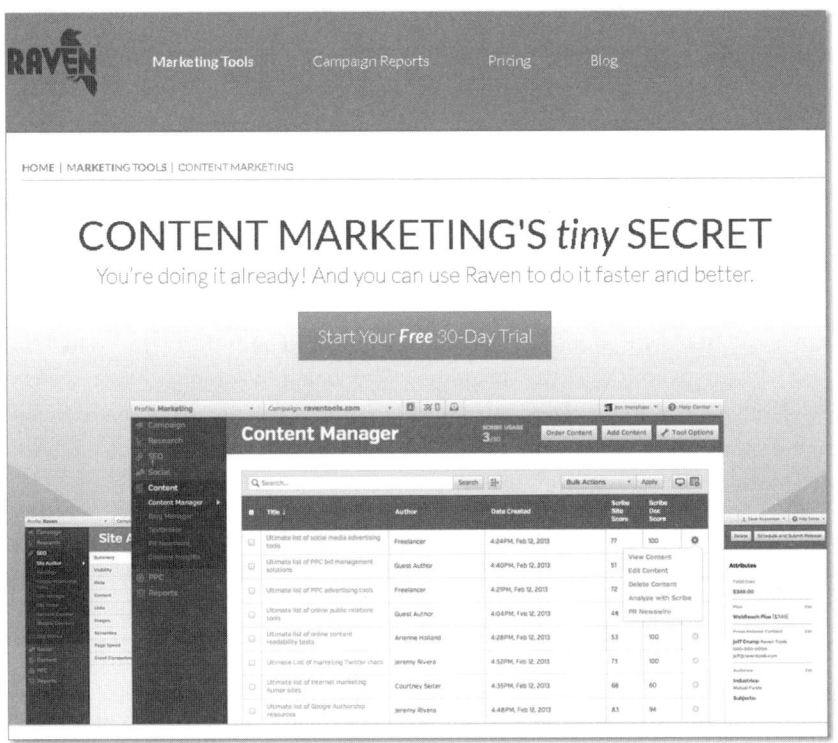

Abbildung 10.7 Raven-Tools-Unterseite, http://raventools.com/marketing-tools/content-marketing (Screenshot vom 27.09.2013)

Abbildung 10.8 Homepage des Marketing-Software-Anbieters HubSpot, http://www.hubspot.com (Screenshot vom 27.09.2013)

HubSpot wirbt damit, weltweit die Nummer-1-Plattform im Bereich Inbound-Marketing-Software zu sein – sie wird nach firmeneigenen Angaben bereits von über 8.000 Unternehmen in 56 verschiedenen Ländern genutzt. Allerdings ist HubSpot deutlich teurer als die Raven-Tools-Lösung: Während ein »Pro«-Account bei Raven Tools mit ca. 100 US$ monatlich zu Buche schlägt, kommt man bei HubSpot für die professionelle Lösung bereits auf etwa 600 US$ im Monat.

Analysen zur Webnutzung

Die folgenden Tools unterstützen Sie dabei, die Performance Ihrer Website sowie das Surfverhalten Ihrer Kunden auf der Seite schnell und einfach zu ermitteln.[7] Mit Hilfe von Heatmaps und Clickstreams lernen Sie, welche Webinhalte und welche Content-Module von Ihren Usern am meisten genutzt werden: Heatmaps zeigen Ihnen, welche Seitenbereiche wie stark frequentiert werden; Clickstreams erläutern das Klickverhalten Ihrer User auf der Seite.

- ClickTale (*http://www.clicktale.com*) bietet ein vielseitiges Tool zur Webnutzungsanalyse inklusive einer »Echtzeitanalyse«, die Auskunft darüber gibt, woher Ihre User kommen und was sie gerade auf Ihrer Seite machen. Bereits 70.000 Kunden weltweit, darunter viele renommierte Markenunternehmen, nutzen ClickTale für die Optimierung ihrer Website.

- Crazy Egg (*http://www.crazyegg.com*) bietet Scrollmaps, Heatmaps und Informationen zum Klickverhalten Ihrer User. Im Rahmen einer »Confetti-Analyse« können Sie außerdem weitere Segmentierungen vornehmen: Sie sehen zum Beispiel auf einen Blick, woher und über welchen Suchbegriff die User auf Ihre Seite kommen und wie sie die Seite im Anschluss nutzen.

- Das Werkzeug des deutschen User-Experience-Dienstleisters m-pathy (*www.m-pathy.com*) gewährt Ihnen Einblicke in das reale Surfverhalten Ihrer Nutzer via Mouse-Tracking, On-Site-Befragungen und Mustererkennungen, die Auskunft über die Customer-Journey auf Ihrer Website geben.

- Unter *http://www.labsmedia.com/clickheat/index.html* finden Sie eine Open-Source-Software zur Anzeige von Heatmaps.

- Mit odoscope (*http://www.odoscope.de*) können Sie dem »Trampelpfad« folgen, den Ihre User auf der Website hinterlassen. Das Tool punktet mit angenehmem Interface und leichter Nutzerführung.

Neben den vorgestellten Analysewerkzeugen offeriert Google Analytics ebenfalls In-Page-Analysen, mit denen Sie Klickmuster verfolgen können.

---

7 Quelle: Webselling Magazin Heft 5/12.

Social Media

Der Tool-Vergleich der Firma SOMEMO (*www.somemo.at*) gibt Ihnen die Möglichkeit, bis zu fünf Social-Media-Monitoring-Werkzeuge einander gegenüberzustellen und zu bewerten. Nachdem Sie die Tools ausgewählt haben, die Sie miteinander vergleichen möchten, erhalten Sie eine Tabelle, die etwa so aussehen könnte wie in Abbildung 10.9. So verschaffen Sie sich rasch eine gute Übersicht über die Vor- und Nachteile der einzelnen Angebote.

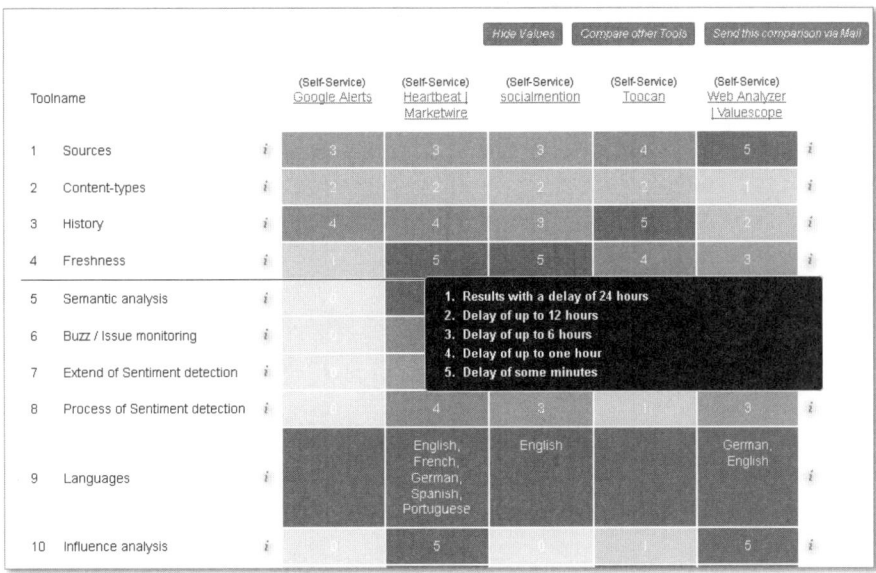

Abbildung 10.9 Ausschnitt aus einem exemplarischen Tool-Vergleich der Firma SOMEMO vom 27.09.2013, http://www.somemo.at/compareTools.php

Vier Social-Media-Evaluierungswerkzeuge möchte ich Ihnen im Folgenden noch kurz vorstellen:

▸ Die *Social Search* von Topsy (*www.topsy.com*, siehe Abbildung 10.10) bietet Ihnen einen schnellen Überblick darüber, wo und wie ein gesuchtes Thema aktuell in den sozialen Medien gespiegelt wird.

▸ Die Social-Monitoring-Lösung von TwentyFeet (*https://www.twentyfeet.com*) hilft Ihnen dabei, alle Ihre Social-Media-Aktivitäten zu beobachten.

▸ HootSuite (*http://hootsuite.com*, siehe Abbildung 10.11), nach eigenen Angaben das branchenführende Social-Media-Dashboard zum Verwalten und Auswerten sozialer Netzwerke, bietet ein umfassendes Management-Werkzeug, das bereits von vielen großen Marken genutzt wird.

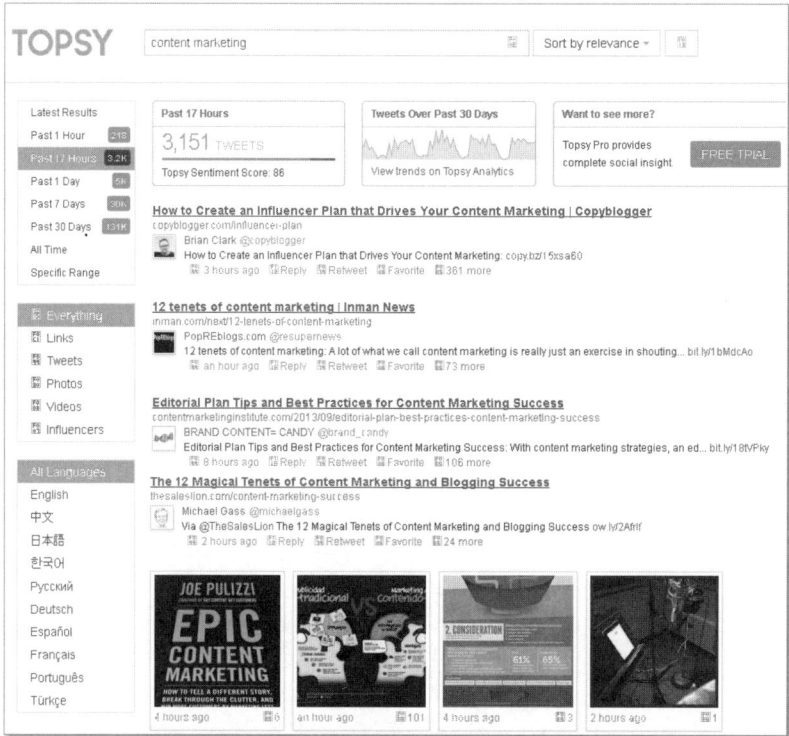

Abbildung 10.10 Beispielabfrage nach dem Begriff »content marketing« auf www.topsy.com

Abbildung 10.11 Homepage der Firma HootSuite, https://hootsuite.com (Screenshot vom 27.09.2013)

▶ Mit dem kostenlosen Tool von SOCIALyser (*www.socialyser.de*) können Sie eine URL daraufhin untersuchen, wie oft sie bei Google+, Facebook oder Twitter »empfohlen« wurde. So bekommen Sie im Nu einen Überblick über sämtliche Social-Media-Signale. Wie Sie der Abbildung 10.12 entnehmen können, bietet Ihnen das Werkzeug auch die Möglichkeit, mehrere URLs miteinander zu vergleichen.

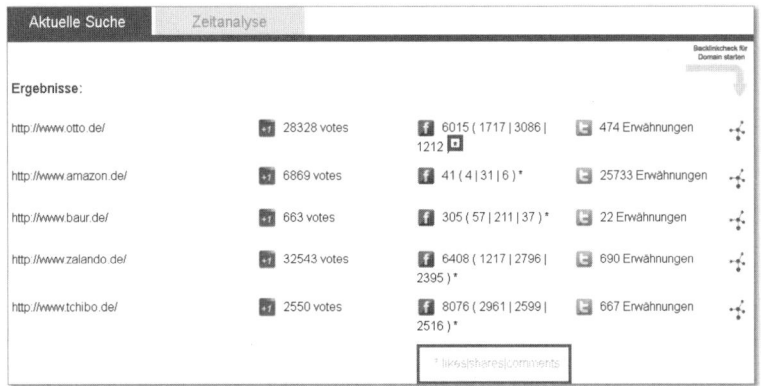

Abbildung 10.12 Beispiel-Abfrage auf www.socialyser.de (Screenshot vom 27.09.2013)

Wettbewerbs- und Themen-Monitoring

Sie möchten keine News zum Thema Content-Marketing verpassen? Sie wollen über jede Online-Publikation Ihrer Wettbewerber informiert werden und ein Auge darauf haben, welche Meldungen im Web im Zusammenhang mit Ihrer Firma kursieren? Mit Google Alerts entwischen Ihnen keine News oder Firmen-Updates. Geben Sie den gewünschten Firmennamen oder das Thema, über das Sie auf dem Laufenden gehalten werden wollen, einfach auf *www.google.de/alerts* in das entsprechende Feld ein, wie in Abbildung 10.13 zu sehen. Die gesammelten Meldungen werden dann an Ihren E-Mail-Account geschickt.

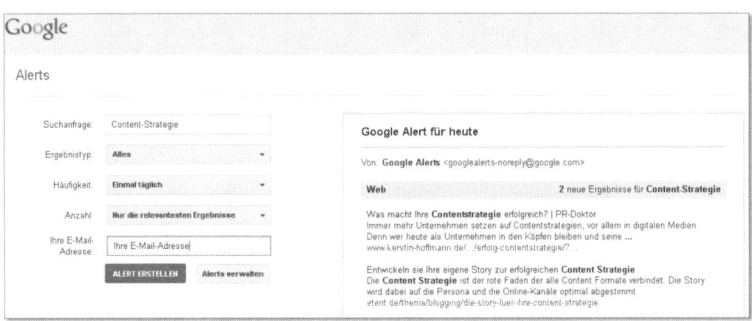

Abbildung 10.13 Google-Alerts-Einrichtung für den Begriff »Content-Strategie« (Screenshot vom 27.09.2013)

Die bunte Welt der SEO-Tools

SEO-united, ein Anbieter für Suchmaschinenoptimierung, hat auf seiner Webseite (*www.seo-united.de/links-tools*) eine umfangreiche Link-Sammlung von SEO-Tools zusammengestellt (siehe Abbildung 10.14). Dieser Liste ist im Prinzip nichts hinzuzufügen. Sie enthält Links zu kostenfreien wie kostenpflichtigen Tracking-Tool- und Software-Lösungen.

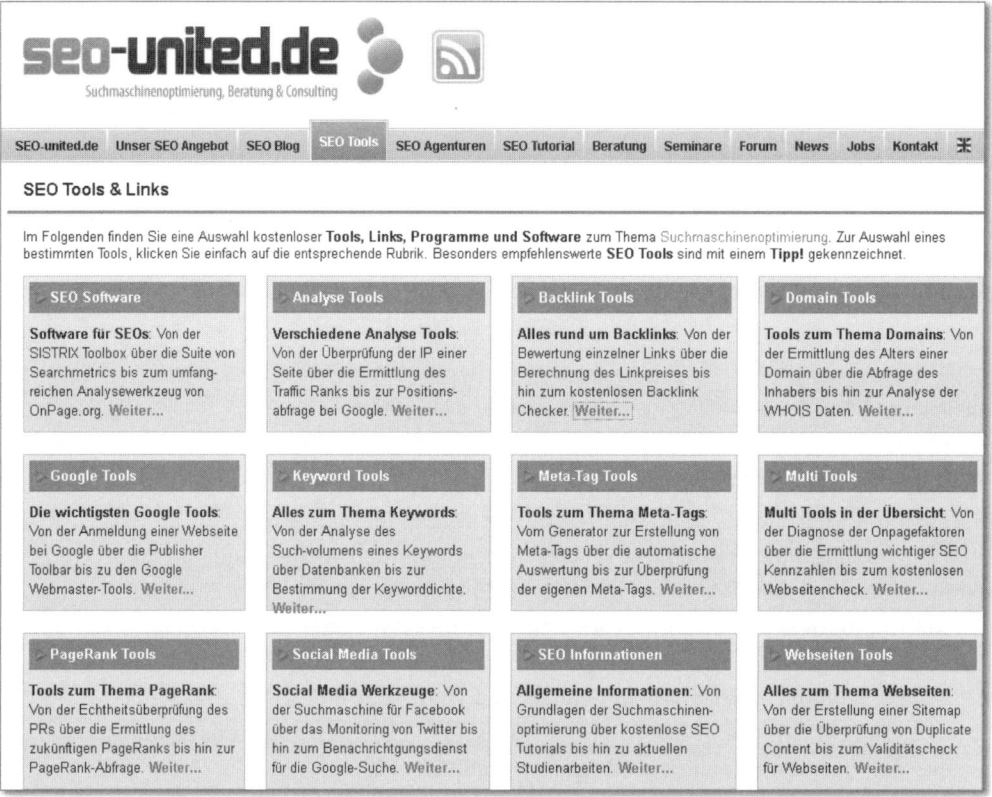

Abbildung 10.14 Umfassende Tool-Sammlung auf www.seo-united.de/links-tools (Screenshot vom 27.09.2013)

Monats-Dashboard

Die Firma luna-park GmbH (*www.luna-park.de*) hat ein Dashboard entwickelt, das einen allgemeinen Überblick über ausgewählte KPIs bietet. Dieser ganzheitliche Blick auf die Web- und Content-Performance liefert auf die Schnelle Informationen zu Zahlenausreißern – nach oben wie nach unten – und hilft Ihnen dabei, größere Schwankungen in Nu zu identifizieren. Im nächsten Schritt können Sie dann tiefer in die Analyse einsteigen, um nach den Ursachen für die Ausbrüche zu forschen. Wenn die Software oder das Tool, das Sie nutzen, keine solche Überblicksmöglichkeit über alle benötigten Webanalysedaten vorsieht, gibt Ihnen das in Abbildung 10.15 dargestellte Beispiel einige Anregungen für die manuelle Dashboard-Erstellung in Excel. Das vollständige Excel-Template können Sie herunterladen auf der Website zum Buch unter: *http://www.galileocomputing.de/3251*

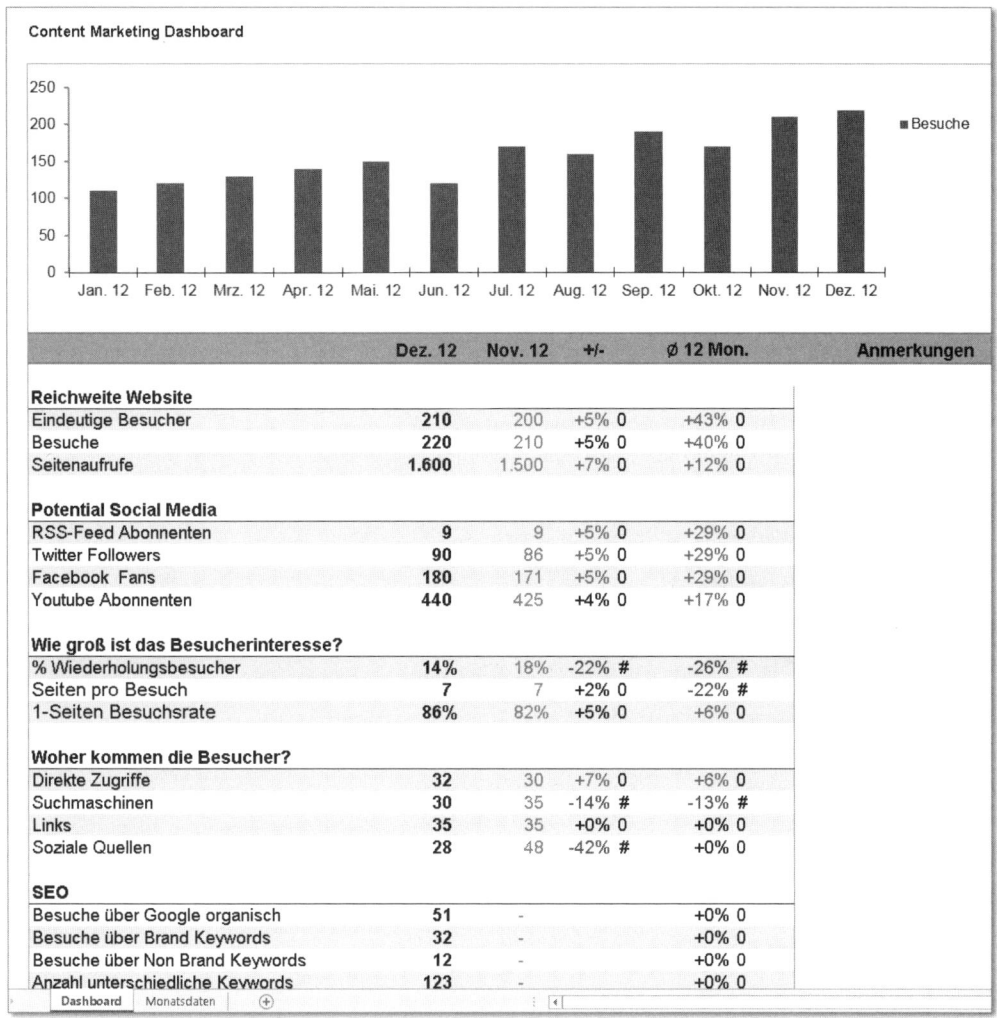

Abbildung 10.15 Exemplarisches Content-Marketing-Dashboard, entwickelt von der Firma luna-park (Markus Vollmert).

10.6 Fazit: Tauschen Sie die Glaskugel gegen echtes Zahlenwissen ein

»There are no secrets to success. It is the result of preparation, hard work, and learning from failure.« (Colin Powell)

Bevor Sie vor der Datenmenge, die man rein theoretisch über zig Kanäle tracken kann, gleich wieder kapitulieren, finden Sie zum strategischen Denken zurück: Sie haben für Ihr Unternehmen eine Content-Strategie entwickelt und konkrete Ziele definiert. Der Auftrag, ein sauberes Controlling aufzusetzen, bedeutet nicht, sich in einem Wald von unzähligen KPIs zu verlieren. Konzentrieren Sie sich auf die KPIs, Soft Figures und Content-Informationen, die zur Erreichung Ihrer definierten Ziele am wichtigsten sind, und richten Sie Ihr Controlling auf diese drei, vier oder fünf Kennzahlen aus.

Für den jährlich erscheinenden Benchmark-Report des Content Marketing Institute (CMI) wurden amerikanische Marketer aus dem B2B- und B2C-Bereich gefragt, welche Kennzahlen aus ihrer Sicht wesentlich sind, um den Erfolg von Content-Marketing zu messen. Die Ergebnisse sehen Sie in Abbildung 10.16.

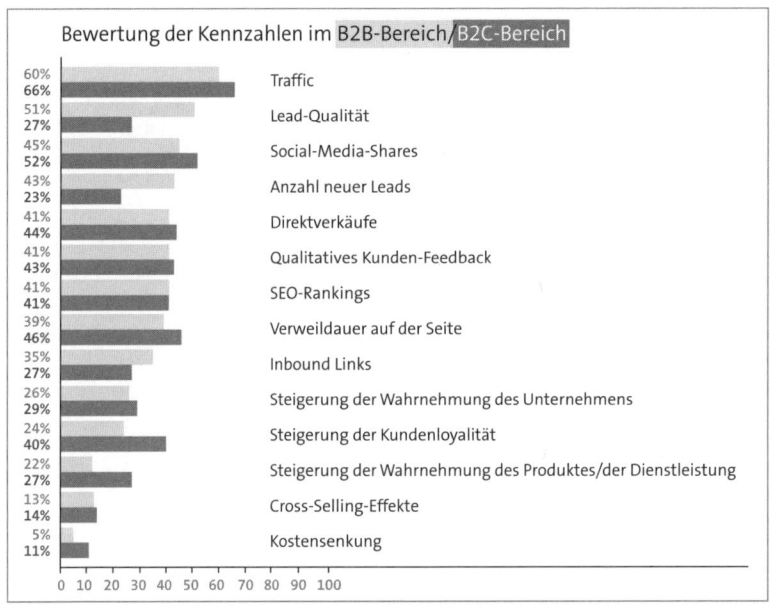

Abbildung 10.16 Bewertung der wichtigsten Kennzahlen fürs B2B- und B2C-Business[8]

---

8 Quellen: *http://contentmarketinginstitute.com/2013/10/2014-b2b-content-marketing-research*; Quelle: *http://contentmarketinginstitute.com/2013/10/2014-b2c-consumer-content-marketing*

10.6 Fazit: Tauschen Sie die Glaskugel gegen echtes Zahlenwissen ein

Das Entscheidende, was ich Ihnen mit diesem Kapitel vermitteln möchte, ist das Wissen und das Verständnis dafür, dass der Erfolg Ihrer Content-Arbeit messbar ist. Anfangs brauchen Sie sicher viel Geduld und Spucke, bis Sie eine Analyse-Routine in Ihrem Unternehmen entwickelt haben. Nehmen Sie sich vor allem genügend Zeit für die Definition der KPIs, die für Ihr Business relevant sind!

Um Ihnen im Zusammenhang mit dem sperrigen Thema Controlling auch ein wenig unterhaltsamen Content zu bieten, möchte ich Sie noch auf ein kurzes Video aufmerksam machen (siehe Abbildung 10.17): Dieser rund 60 Sekunden lange Spot der Firma Adobe wirft einen augenzwinkernden Blick auf die Analysefähigkeiten und die Zahlenhörigkeit gewisser Marketingmitarbeiter. Was lernen wir daraus? Ein leichtfertiger Umgang mit Zahlen kann zu fatalen Fehleinschätzungen führen ...

Abbildung 10.17 »Do you know what your Marketing is doing?«[9]

Abschließend noch drei wichtige Erkenntnisse, die Sie aus diesem Kapitel mitnehmen sollten:

1. Sie brauchen ein solides Content-Controlling.
2. Sie brauchen ein solides Content-Controlling.
3. Sie brauchen ein solides Content-Controlling.

---

9 Link zum Adobe-Spot: *http://www.youtube.com/watch?v=TZXUq7Pln3g* (Screenshot vom 27.09.2013)

Wie beim Controlling ist auch bei vielen anderen Content-Aufgaben Teamwork gefragt. Daher beschäftigt sich das nachfolgende Kapitel mit der Frage, wie ein ideales Content-Team aussehen könnte.

11 Das Content-Team

»As the content leader it is my job to say ›no‹. Just because a topic is interesting or might be easy to produce doesn't mean it will add value to prospects.«

(Todd Wheatland, VP Head of Thought Leadership & Marketing, Kelly OCG)

Gibt es in Ihrem Unternehmen eine Content-Abteilung oder eine Online-Redaktion? Die meisten Leser werden diese Frage sicherlich mit Nein beantworten. Ob Website-Content, Social-Media-Content oder Content-Marketing: Die Produktion von Inhalten ist in den meisten Firmen auf verschiedene Abteilungen verteilt, die sich sehr oft leider nicht wirklich gut austauschen. Daher wissen Marketingmitarbeiter und -Entscheider häufig nicht einmal, wie viele Inhalte auf ihrem Server liegen oder wie viele Seiten unter ihrer Hauptdomain aktuell live sind. Gäbe es einen Content-Verantwortlichen, würde er möglicherweise schnell herausfinden, dass viele der erstellten Inhalte an den Bedürfnissen der Kunden vorbeigehen und dass generell zu viel redundanter Content produziert wird. In den meisten Fällen hat das Marketing die Hoheit über sämtliche Online-Inhalte. Doch wenn sich die verantwortlichen Mitarbeiter das Thema Content nicht zu 100 % auf die Fahne schreiben, ist der Content-Lead in dieser Abteilung definitiv falsch platziert.

> **Think-Content-Tipp: Halsen Sie dem Marketing nicht die Content-Verantwortung auf!**
> Begehen Sie nicht den weit verbreiteten Fehler, das Content-Thema einfach auf dem Schreibtisch Ihres Marketingmanagers abzuladen. Er braucht einen freien Kopf, um etwa zielgruppengerechte und erfolgreiche Marketingkampagnen für Ihr Unternehmen zu entwickeln, externe Online-Marketing-Agenturen effizient zu steuern, PowerPoint-Präsentationen für Management-Meetings zu erstellen, Reportings zu verschiedenen Kennzahlen zu erarbeiten und lukrative Partnerschaften für Ihr Business aufzubauen. Er kann ein wichtiger Treiber für ein erfolgreiches (Content-)Marketing sein, benötigt dazu aber einen Partner, der den Boden für den Marketingerfolg auf der Website ebnet und ihm im Tagesgeschäft den Rücken freihält – einen Content-Strategen beispielsweise.

Dieses Kapitel soll Ihnen zeigen, welche Aufgaben und Rollen es im Rahmen eines hochwertigen Content-Managements gibt, und Ihnen dabei helfen, herauszufinden, ob Sie in Ihrer Firma mehr Ressourcen für die tägliche Content-Arbeit einplanen sollten.

11.1 Zwei typische Beispiele aus der Praxis

Zunächst einmal möchte ich Ihnen anhand zweier Kundenprojekte skizzieren, warum jede Firma (zumindest ab einer mittleren Größe) eine Art Service-Center braucht, das sich um alle Content-Planungs- und Produktionsprozesse kümmern sollte. Die Namen der Unternehmen spielen hierbei keine Rolle, weil beide Szenarien keine Ausnahmeerscheinungen sind: Die Art, wie Content in diesen Fällen gemanagt wird, ist leider in vielen Firmen gang und gäbe.

Im ersten Fall geht es um eine Plattform im B2B-Bereich. Im Zuge der Vorbereitung einer Inhouse-Schulung stellte ich fest, dass kaum jemand, der zum ersten Mal auf der betreffenden Website landete, verstehen konnte, für wen die dort beworbenen Inhalte relevant waren. Um die entsprechenden Informationen zu finden, musste sich der User derart mühsam durch die einzelnen Webseiten kämpfen, als müsste er sich mit einer Machete eine Schneise durch den Urwald schlagen. Ob und wie zügig er am Ziel ankam, hing weitgehend vom Zufall ab. Als ich diesen Befund im Rahmen der Schulung darlegte, stimmten die Seminarteilnehmer meinen Ausführungen uneingeschränkt zu, gaben aber gleichzeitig an, dass sie auf die Inhalte keinerlei Einfluss hätten: Sie seien lediglich für die Texte zuständig. Was auf die Seiten komme, würden Marketing und Vertrieb entscheiden. Je nachdem, welche Kooperationen gerade am Start seien, müsse man diese eben auf der Homepage oder auf anderen Unterseiten abbilden – egal, ob diese Kooperationen für den User sinnvoll und verständlich seien oder nicht. Der Vertrieb habe letztlich also die Hoheit über die Inhalte.

Es ist durchaus normal, dass man im Rahmen von Kooperationsgesprächen auch um möglichst prominente Platzierungen auf der Partnerseite buhlt. Eines wird dabei jedoch oft übersehen: Wer ein für den User irrelevantes Thema an herausragender Stelle platziert, tut weder der eigenen Firma noch dem Kooperationspartner einen Gefallen. Denn die Inhalte sind in allererster Linie für die Besucher der Website gedacht – und wenn die sich dort nicht zurechtfinden und ihnen die Inhalte nicht zusagen, fällt das auf beide Seiten negativ zurück. Die Erfahrung zeigt, dass es in aller Regel nicht sinnvoll ist, wenn die Hoheit über den Website-Content beim Vertrieb liegt.

Im zweiten Beispiel geht es um ein E-Commerce-Unternehmen mit dem Schwerpunkt auf Unterhaltungsmedien. Ich wurde dazu eingeladen, ein Inhouse-Seminar abzuhalten, und das Feedback auf die von mir vorgeschlagene Agenda lautete wie folgt:

- »SEO brauchen wir nicht. Das macht eine Agentur für uns. Die schickt uns immer mal wieder Keyword-Listen. Damit haben unsere Texter nichts zu tun.«

- »Um die Produkttexte müssen sich die Redakteure nicht kümmern. Die werden vom Produktmanagement eingestellt.«
- »Auf die Darstellung der Teaser, Headlines und Inhalte haben wir keinen Einfluss. Das macht das Marketing.«

Es war offensichtlich, dass in dieser Firma an allen möglichen Stellen etwas schieflief. Meine Content-Evaluierung hatte im Vorfeld ergeben, dass die Produkttexte völlig lieblos und wenig informativ formuliert waren, dass es kaum ansprechende Teaser zur Bewerbung der Produkte gab und dass fast in jedem Banner auf der Seite dieselbe Information stand. Dabei waren die Banner neben den Newsletter-Inhalten das Einzige, was die Texter überhaupt frei betexten konnten. Auch die Qualität der Headlines ließ zu wünschen übrig – nicht zuletzt deshalb, weil es schlicht und ergreifend nicht genügend Platz für aussagekräftige Überschriften gab. Wie, bitteschön, soll ein User die Vorteile eines Angebots auf die Schnelle erfassen, wenn nahezu jedes Angebot lediglich mit »Neuheit« oder »Highlight« überschrieben ist? Er muss eine Menge Zeit investieren, um die Feinheiten selbst herauszuarbeiten. Und im Ernstfall entscheidet er sich dann für ein Angebot der Konkurrenz, wenn die sich mehr Mühe mit der Bewerbung ihrer Produkte gibt.

Beispiele wie die zwei eben genannten finden sich leider häufig: Firmen verbrennen irrsinnig viel Budget für die Produktion von falschen und unzureichenden Inhalten, weil Content nicht von den Leuten erstellt und verwaltet wird, die es können – von Redaktionen, Content-Managern, Content-Strategen, Textern ...

Und eines kann man nicht oft genug betonen: Jemand muss den Hut aufhaben – ein Content-Verantwortlicher, der mit Kompetenzen und Entscheidungsgewalt ausgestattet ist. Und für diesen Posten kommt in der Regel ein Marketing- oder Sales-Manager nicht in Frage.

11.2 Warum Sie qualifizierte Content-Mitarbeiter brauchen

Sicher fragen Sie sich beim Umgang mit dem Thema Content: Welche Ressourcen benötige ich? Wo finde ich kompetente Mitarbeiter? Was müssen die zuständigen Content-Verantwortlichen können und leisten? Welchen Part kann ich gegebenenfalls auslagern und einer externen Agentur überlassen?

Die nachfolgenden Abschnitte beschreiben verschiedene Positionen, deren Aufgabe es ist, Ihre Website-Inhalte auf Vordermann zu bringen – und zwar täglich! Jedes Unternehmen, das verstanden hat, dass Content kein kurzfristiges, einmaliges Projekt ist, sondern ein fester Bestandteil des Webbusiness, sollte zumindest die

Stelle eines Webtexters und die eines Content-Managers fest einplanen, damit das operative Tagesgeschäft rund läuft. Je nach Unternehmensgröße und Komplexität der Website kann es auch sinnvoll sein, die Stelle des Content-Strategen als dauerhafte Autorität intern zu besetzen. In jedem Fall benötigen Sie einen Mitarbeiter, der mit einer umfassenden Content-Entscheidungsbefugnis ausgestattet ist und als zentraler Ansprechpartner über alle Webseiteninhalte wacht.

Ohne einen Content-Executive, der ganzheitlich ein Auge auf alle Website-Inhalte und Prozesse wirft, werden die folgenden Fragen[1] in Teams immer wieder für Verwirrung sorgen, weil das Content-Thema nicht aktiv »gelebt« und korrekt umgesetzt wird:

- Welche Business-Ziele sind mit der Website verknüpft? Was muss die Site dafür leisten?
- Für wen ist die Website gedacht? Und wie priorisieren wir Themen, wenn wir es mit unterschiedlichen Zielgruppen zu tun haben?
- Welche Inhalte benötigen wir, um unsere Ziele zu erreichen und unsere User zufriedenzustellen?
- Welchen Guidelines sollen wir folgen? Wer stellt sicher, dass sie immer aktuell sind?
- Wie oft brauchen wir neue Inhalte? Wie häufig müssen wir bestehende Inhalte aktualisieren?
- Wer im Team ist für welche Content-Themen verantwortlich? Wie können wir die Seiten gemeinsam effektiv managen?
- Wie gehen wir mit Budgetfragen um?
- Woher wissen wir, ob wir erfolgreich mit unseren Inhalten arbeiten?

Wenn die genannten Fragen ungeklärt im Raum stehen, sind die absehbaren Folgen in der Regel höchst unerfreulich:

- Die Homepage wirkt unstrukturiert und wird unkoordiniert mit Inhalten vollgepackt.
- Es wird viel unnützer Content produziert, der vielleicht einzelnen Mitarbeitern gefällt, aber nichts mit den Wünschen der Zielgruppe zu tun hat.
- Ressourcen werden für die Erstellung von Content-Features vergeudet, die weder einen wirtschaftlichen Wert haben noch von den Usern beachtet, kommentiert, geteilt oder geliked werden.

---

1 Übersetzt aus einem Artikel von Meghan Casey für das »UX Magazine« vom 11.01.2013. Quelle: *http://uxmag.com/articles/get-your-content-strategy-out-of-the-drawer-with-governance*

- Das Firmenblog und weitere Social-Media-Aktivitäten liegen brach und werden nur sporadisch mit neuen Beiträgen/Inhalten bestückt.
- Es gibt unzählige Landingpages, die von unterschiedlichen Leuten betextet wurden, sich inhaltlich jedoch kaum unterscheiden und daher nutzlos sind.
- Worst Case: Der User versteht Ihre Inhalte nicht.

Diese Liste ließe sich noch beliebig fortsetzen ...

> **Think-Content-Tipp für kleine Firmen und Einzelunternehmen**
> Mir ist natürlich bewusst, dass beispielsweise Familienbetriebe oder kleine Agenturen, die ihre Webpräsenz lediglich als Visitenkarte bzw. »Angebots-Schaufenster« nutzen, keinen Bedarf an einer festen Content-Mitarbeiter-Stelle haben. Allerdings sollten Sie als Firmeninhaber dennoch im Hinterkopf behalten, dass Ihre Website – auch wenn sie nur als Basis-Online-Repräsentanz genutzt wird – einen ersten Eindruck von Ihrem Unternehmen und Ihrer Leistung vermittelt. Achten Sie als Anbieter in einer bestimmten Gegend oder Stadt darauf, Ihre Texte dahingehend zu optimieren, dass Ihre Site in der regionalen Suche bei Google leicht gefunden wird. Da wir in den meisten Fällen davon ausgehen können, dass die Inhalte solcher Firmen-Websites nicht ständig aktualisiert werden müssen, sollten Sie sich zumindest bei der Grundausstattung Ihres Contents von Fachleuten helfen lassen. Es gibt unzählige Firmenseiten im World Wide Web, die extrem lieblos, fehlerhaft und ohne sinnvolle Inhalte live gestellt wurden – nur um sagen zu können, man habe auch eine Website. Wenn Texte von ungeschulten Mitarbeitern verfasst wurden, ist das nicht zu übersehen. Lassen Sie sich daher beim Erstellen der Inhalte unter die Arme greifen, und geben Sie dafür zum Start ein kleines Budget frei. Langfristig zahlt sich das aus!

11.3 Die Schlüsselfigur für Ihre Webinhalte – der Content-Stratege

Ich erinnere mich noch gut daran, wie vor vielen Jahren bei Amazon diskutiert wurde, welche Berufsbezeichnung die Online-Redakteure erhalten sollten, nachdem deren Aufgabengebiet erweitert worden war: Content-Manager? Oder vielleicht Editor Cross-Site? Mit den Titeln in den digitalen Medien ist es ja so eine Sache – irgendwie weiß man nie so genau, welches Jobprofil sich dahinter verbirgt. Daher verwundert es kaum, dass in vielen Stellenausschreibungen eine Art eierlegende Wollmilchsau gesucht wird: Man erstellt einen riesigen Katalog von Jobanforderungen, in der Hoffnung, Kandidaten zu finden, die einen Großteil davon tatsächlich abdecken können. Nachwuchs-Onliner sollten sich daher von den oft absurden Profilbeschreibungen nicht abschrecken lassen. Nur Mut beim Bewerben!

Nun haben wir es mit einem neuen Jobprofil zu tun, das wir erst einmal richtig einsortieren und verstehen müssen: mit dem des Content-Strategen. Manch einer wird anfangs etwas skeptisch sein und denken: »Na ja, das ist halt so etwas wie ein Senior Content Manager – wozu braucht man dafür einen eigenen Titel?« Doch je mehr man sich mit der neuen Disziplin der strategischen Organisation von Inhalten auseinandersetzt, desto mehr versteht man, warum es sinnvoll ist, einem Content-Manager einen Content-Strategen ergänzend an die Seite zu stellen: Der Stratege blickt eher aus einer Vogelperspektive auf alle Fragen zum Thema Website-Content. Er ist dafür verantwortlich, dass die Rahmenbedingungen für das operative Managen von Inhalten im Tagesgeschäft passen und das Erreichen einer zuvor definierten, strategischen Content-Vision sichergestellt wird. Budgetfragen, Ressourcen, Coaching, Guidelines, Pläne, Analysen: Das sind die »Hauptdarsteller« in der Welt des Content-Strategen.

11.3.1 Seine Qualifikationen

Die Position des Content-Strategen ist keine »Junior-Stelle«. Hier ist definitiv Erfahrung gefragt – und ein profundes Webwissen, das sich der Kandidat über viele Jahre hinweg in verschiedenen Positionen erarbeitet hat. Über den Tellerrand blicken kann man nur, wenn man neben der Lektüre von Fachbüchern selbst bei unterschiedlichen operativen Webaufgaben mitagiert hat und versiert im Umgang mit Marketingthemen ist. Ein Content-Stratege steht täglich vor neuen Herausforderungen: Er ist Ausbilder, Mentor, Stratege, Visionär, Führungspersönlichkeit, Kontrolleur, Manager und Arbeiter in einem.

Tatsächlich handelt es sich bei ihm um eine »seltene Rasse«, wie es Kristina Halvorson ausdrückt:

> »In my experience, the content strategist is a rare breed who's often willing and able to embrace whatever role is necessary to deliver on the promise of useful, useable content.«[2]

Die Liste der fachlichen Qualifikationen, die er mitbringen sollte, ist lang:

- ▶ Projektmanagement-Know-how
- ▶ SEO-Kenntnisse
- ▶ Content-Wissen
- ▶ Online-Marketing-Erfahrung
- ▶ Webtechnik-Grundverständnis

---

2 Kristina Halvorson: *http://www.goodreads.com/quotes/538013-in-my-experience-the-content-strategist-is-a-rare-breed*

- Erfahrung im Umgang mit Webtext
- Webmetrics-Affinität
- Gespür für Design und Usability
- Fähigkeit zur Konzepterstellung
- Erfahrung im Website-Management

Doch damit nicht genug: Von einem Content-Strategen wird zudem eine Reihe von Soft Skills erwartet. Idealerweise beweist er ein ausgeprägtes Kommunikationstalent, Coaching-Kompetenz, Verhandlungsgeschick, Organisationsfähigkeit, User-Empathie, Geduld, Ausdauer, hohe Eigenmotivation und »Hands-on-Mentalität«. Gefragt ist ein diplomatischer, überzeugender, proaktiver, durchsetzungsstarker Teambuilder und Motivator. Er sollte gründlich und zuverlässig, mit- und vorausdenkend, vielseitig und flexibel, strukturiert und kreativ zugleich sein. Er muss gut zuhören und genau hinhören können. Nicht zuletzt braucht er starke Nerven – und eine ordentliche Portion Humor ...

11.3.2 Seine Aufgaben

Der Allrounder unter den Webmitarbeitern kann seine Erfahrung bei folgenden Aufgaben einbringen:

- Planung, Durchführung und Zusammenfassung von quantitativen und qualitativen Audits
- Zusammenstellung der Content-Projektteams und Einbindung der relevanten Stakeholder in Entscheidungsprozesse
- Festlegung der Content-Anforderungen und Erstellung der benötigten Style-Guides
- Content-Qualitätssicherung und Schulung der Textmitarbeiter
- Umsetzung der Content-relevanten SEO-Anforderungen
- Erstellung von Themen- und Produktionsplänen
- Organisation, Moderation und Zusammenfassung von Content-Workshops
- Erstellung von Content-Konzepten
- Abstimmung mit der Technik und den Designern
- Aufsetzen eines Content-Reportings in Zusammenarbeit mit Webanalysten
- proaktive Ansprache aller Projektbeteiligten und Business-Stakeholder (intern wie extern)
- Hilfe bei der Auswahl von Content-Dienstleistern
- Budget-, Ressourcen- und Zeitplanung für die Content-Erstellung

- Prüfung aller Content-Ideen und Vorschläge auf ihre »Strategie-Konformität«
- Festlegen und Einfordern von Deadlines

11.3.3 Seine Schnittstellen-Rolle

Ein guter Content-Stratege ist immer unterwegs – in Gesprächen mit Stakeholdern, in Workshops, im Austausch mit anderen Fachabteilungen oder externen Dienstleistern.

Die Technik

Redaktions-Tools, CMS-Anpassungen, SEO-relevante Website-Änderungen: Im Webbusiness kommt man nicht an der IT vorbei. Das gilt auch für einen Content-Strategen. Für seine Konzeptarbeit sollte er vorab den Austausch mit den Kollegen aus der Produktion suchen und eventuelle Projekt-Stolpersteine beseitigen. Während der Programmierungsphase und nach dem Launch muss er sicherstellen, dass alle Anpassungen und Änderungen, die für die neuen Content-Anforderungen notwendig waren, auch wirklich umgesetzt wurden. Außerdem braucht er die Technik-Kollegen, um Content-Testszenarien zu planen und durchzuführen.

Der Projektleiter

Die meisten Projekte sind stark »technikgetrieben«. Der Content-Stratege muss ab Start eine starke Rolle im Projektteam einnehmen, den Projektleiter auf die Wichtigkeit der Content-Anforderungen hinweisen und ihn für das Content-Strategie-Thema sensibilisieren. Die Planung der Website-Inhalte darf nicht erst am Ende eines Projekts in Angriff genommen werden, sondern muss am Anfang stehen. Das gilt es beim Projektleiter einzufordern und durchzusetzen.

Der Webdesigner und UI-Experte

Der Content-Stratege hat die Aufgabe, dem Designer sowie den UI-Experten die Relevanz von Textinhalten und Content-Elementen für die Seiten zu erläutern und die jeweiligen Anforderungen klar und transparent darzustellen. In der Entwicklungsphase sollte er eng mit diesen Kollegen zusammenarbeiten, um zu verhindern, dass das Design am Ende die alleinige Oberhand behält und essenzielle Content-Anweisungen unter den Tisch fallen.

Das Marketing

Die Kollegen aus dem Marketing sollten sich im Idealfall nicht um die Content-Themen im Tagesgeschäft kümmern. Dafür liegen bei ihnen schon genügend andere Aufgaben auf dem Schreibtisch. Der Content-Stratege ist Sprachrohr und Mittler zwischen Redaktion und Marketing; er darf sein Veto einlegen, wenn geplante

Content-Marketing-Maßnahmen nicht mit der erarbeiteten Strategie konform gehen. Zudem bezieht er das Marketing in alle Abstimmungsprozesse mit ein und stellt sicher, dass auch Offline-Marketing-Maßnahmen sinnvoll auf der Website eingebunden werden.

Der Social-Media-Manager

Der Social-Media-Manager ist ein wichtiger Impulsgeber und Zielgruppen-Informant. Er steht den Kunden und Usern näher als jeder andere Kollege. Daher sollte sich der Content-Stratege regelmäßig mit ihm austauschen und ihn bei Content-Workshops in jedem Fall als Teilnehmer einplanen.

B2B-/B2C-Produktmanager

Von den Kollegen aus dem Produktmanagement bekommt der Content-Stratege das nötige Produkt- und Themen-Know-how für die Entwicklung einer wirtschaftlich orientierten Content-Strategie. Sie sind die Wissensquelle, mit der er sich intensiv austauschen sollte, um die betreffenden Inhalte kompetent und zielführend konzipieren zu können. Die Produktmanager sollten in jedem Fall auch an einem Content-Workshop teilnehmen.

Externe Dienstleister

Der Content-Stratege spielt eine maßgebliche Rolle bei der Agenturauswahl. Er ist außerdem für das Erstellen von Briefings und die Einführung in vorhandene Guidelines verantwortlich.

Die SEO-Ansprechpartner

Mit dem Kollegen aus der SEO-Abteilung stimmt der Content-Stratege die Keyword-Listen ab und bespricht die aktuellen SEO-Analyse-Ergebnisse. Ebenso diskutiert er mit ihm, welche Content-Maßnahmen notwendig sind, um die Sichtbarkeit im Web weiter zu erhöhen und einzelne Rankings besser zu pushen. Anhand der Backlink-Analyse, die der SEO-Experte zur Verfügung stellt, wird auch deutlich, welche »Link-Partner« durch den aktuellen Content angezogen werden.

Das Top-Management

Alle behaupten: »Content is king!« Aber kaum einer will konsequent danach handeln, und im Management herrscht oft noch ein mangelndes Verständnis dafür, dass man Ressourcen und Budgets für Content freischaufeln muss, wenn man ein effizientes Webbusiness aufbauen möchte. Diese Überzeugungsarbeit darf der Content-Stratege leisten: Er muss die entsprechenden Fakten und Argumente auf den Tisch legen, die das Content-Herz der Geschäftsleitung öffnen. Daher darf er auch keine Scheu davor haben, der Geschäftsleitung – falls nötig – in Content-Fragen auch ab und an zu widersprechen.

11.3.4 Intern oder extern?

In den meisten Fällen ist es sinnvoll, einen externen Content-Strategen für ein Projekt zu beauftragen, der die Weichen für einen soliden Umgang mit Webinhalten stellt. Da die Strategen oft unbequeme Entscheidungen durchsetzen und im ersten Schritt auch die Kompetenzen von einzelnen Mitarbeitern beschneiden müssen, haben Externe den Vorteil, dass sie neutral, mit etwas mehr Abstand und ohne interne politische Verstrickungen agieren können. Das gibt ihnen die Möglichkeit, auflodernde Konflikte schneller zu entschärfen.

Im Tagesgeschäft können dann die Kollegen aus der Redaktion und dem Content-Management übernehmen. Für größere Unternehmen, die mit Inhalten im großen Stil arbeiten und deren Fokus auch auf Content-basiertem Marketing liegt, kann es sich hingegen durchaus anbieten, intern eine feste Stelle für einen Strategen einzuplanen.

Wenn Sie Ihre Content-Strategie mit Hilfe einer externen Agentur oder eines externen Beraters an den Start bringen, bedeutet das übrigens nicht, dass Sie auf eine interne Content-Abteilung verzichten können. Die Arbeit der Agentur bzw. des Beraters muss auf Unternehmensseite kompetent mitgesteuert werden. Außerdem brauchen die externen Strategen firmeninterne Unterstützung bei der Sammlung von Informationen und der Organisation von Workshops; sie benötigen eine Inhouse-Schnittstelle zur Technik, zum Marketing, zum Controlling, zum Verkauf – zu allen Abteilungen, die beim Aufbau einer Content-Strategie mitwirken. Sie sehen: Einer muss intern die Fäden in der Hand halten und jederzeit die Content-Verantwortung innerhalb der Firma übernehmen. Die Entwicklung einer Content-Strategie ist eine herausfordernde Management-Aufgabe, die man entweder ganz oder gar nicht anpacken sollte.

11.4 Hat das Tagesgeschäft im Griff – der Content-Manager

Der Content-Manager arbeitet eng mit dem Strategen zusammen. Während Letzterer eher planerische und organisatorische Aufgaben hat, übernimmt der Content-Manager den Job, die Inhalte operativ zu steuern und eine zeitgerechte Produktion der Inhalte sicherzustellen. Er ist dafür verantwortlich, dass der jeweilige Content den Guideline-Anforderungen entspricht, steuert die externen Dienstleister und weist die Webtexter ein und an. Zudem ist er für die regelmäßige Erstellung und Verteilung eines Content-Reportings zuständig.

Des Weiteren unterstützt er den Strategen bei der Umsetzung von Aufgaben, die im Rahmen des Projektmanagements auf Content-Seite aufschlagen, wie zum Beispiel der Bereitstellung von Test-Content, dem Testing von Tools und CMS-Anwendungen oder dem pünktlichen Einpflegen der Inhalte in die Systeme. Auch der Support beim Ausarbeiten des Content-Konzepts steht auf der To-do-Liste des Content-Managers. Wenn der Stratege mit seinem Job fertig ist, übernimmt der Content-Manager die Führung für die regelmäßigen Team-Meetings sowie die tägliche Content-Planung und -Produktion.

11.5 Essenziell – der gut ausgebildete Webtexter

Bereits zu Beginn dieses Buches habe ich auf den Mangel an qualifizierten Webtextern aufmerksam gemacht. Aus gutem Grund widme ich dem Webtexten einen ganzen Buchteil. Sie werden zu diesem Thema also noch eine Menge lesen. An dieser Stelle nur so viel: Gute Webtexter sind rar. Gute Webtexter dürfen etwas kosten. Gute Webtexter machen Ihren Content erst zum King für Ihr Business!

11.6 Mit ihm halten Sie den Kurs – der Content-Controller

Fakten, Fakten, Fakten: Wie Sie in Kapitel 10, »Das Content-Controlling«, gelernt haben, wird der Umgang mit Content ohne ein fundiertes Wissen über die Performance der Inhalte zum reinen Spekulationsgeschäft. Mit anderen Worten: Sie brauchen definitiv jemanden, der sich darum kümmert. In den wenigsten Unternehmen wird Content vernünftig getrackt und bewertet. Ein guter Controller spielt sein Gehalt mit den Früchten seiner Analysen locker wieder ein, also sparen Sie nicht an dieser Investition, und bauen Sie grundsätzlich eine solide Webanalyse in Ihrem Unternehmen auf.

Im Internet kann man an vielen Erfolgsstrippen ziehen – man muss sie nur kennen. Ihr Content-Controller sagt Ihnen, wo Kunden abspringen, wo sie verweilen, was geklickt, kommentiert oder geliked wird. Er identifiziert Inhalte, die starke Umsatztreiber sind, und stellt im Rahmen von Testings fest, mit welchen Maßnahmen Ihr Webbusiness noch erfolgreicher werden kann. Gönnen Sie sich daher einen solchen »Zahlenmenschen«, und bringen Sie Ihr Geschäft dank seiner Unterstützung auf einen besseren Weg.

11.7 Fazit

Eine solide Content-Abteilung erleichtert Ihnen viele Arbeitsprozesse im Tagesgeschäft. Sie unterstützt Sie dabei, kostengünstige, relevante Webinhalte zu produzieren und Ihr positives Firmenimage dank der hohen Content-Qualität nachhaltig auf- und auszubauen.

Rüsten Sie Ihre Firma also mit qualifizierten Mitarbeitern aus, damit Ihre Content-Strategie von Erfolg gekrönt wird und Sie alle anstehenden Content-Marketing-Maßnahmen erfolgreich stemmen können – und um zu verhindern, dass die Konkurrenz in Sachen Content an Ihnen vorbeizieht! Werden Sie selbst zum Content-Missionar, und hauchen Sie der Königsdisziplin in Ihrem Unternehmen neues Leben ein:

> *»Stand up for your strategy, and, over time, your colleagues will too.«*[3]

Mit der Zusammenstellung Ihres Content-Teams und dem Abschluss dieses Kapitels haben wir uns erfolgreich durch das »Arbeitsthema« Content-Strategie gekämpft – und somit die Basis für den anschließenden Buchteil zum Content-Marketing geschaffen. Das nachstehende Zitat bringt die Quintessenz jeder Content-Strategie noch einmal auf den Punkt:

> *»Für einen, der nicht weiß, welchen Hafen er ansteuern will, gibt es keinen günstigen Wind.« (Lucius Annaeus Seneca)*

Stellen Sie also sicher, dass Sie jederzeit auf dem richtigen Kurs bleiben, und lassen Sie sich nicht von den vielen bunten Möglichkeiten des Content-Marketings dazu verleiten, Inhalte zu produzieren, die nicht mit Ihrer hart erarbeiteten Strategie einhergehen!

---

3 Meghan Casey, Content-Strategin, in einem Artikel für das »UX Magazine« vom 11.01.2013: *http://uxmag.com/articles/get-your-content-strategy-out-of-the-drawer-with-governance*

TEIL II
Content-Marketing

12 Einführung ins Content-Marketing

»Content marketing is all the marketing that's left!« So unmissverständlich formuliert es Marketing-Guru Seth Godin.[1] Anders gesagt: Content-Marketing ist die ultimative Antwort auf die Marketing-Herausforderungen unserer Zeit – einer Zeit, in der die Grenzen von PR, Marketing, Journalismus, klassischer Werbung und Social Media immer stärker verschmelzen. Und auch wenn das Wörtchen »Marketing« ein Bestandteil dieser Disziplin ist: Dabei geht es um die Kreation von Inhalten, die möglichst überhaupt nicht nach Werbung riechen!

Im Content-Marketing steht eine Anforderung an die geplanten oder produzierten Inhalte absolut im Mittelpunkt: der Mehrwert. Platte Werbeversprechen haben in der modernen Kundenkommunikation keinen Platz mehr. Der User ignoriert immer öfter klassische Marketingaktivitäten. Stattdessen sucht er online nach Informationen, Unterhaltung und kompetenter Beratung – nach Inhalten, die ihm einen konkreten Nutzen bringen bzw. dabei helfen, eine (Kauf-)Entscheidung zu fällen oder ein Problem zu lösen. Ziel des Content-Marketings ist es also, Inhalte zu schaffen, die den User von einer Marke, einem Angebot oder einer Dienstleistung überzeugen. Diese Inhalte (etwa Blogartikel, Whitepapers, Ratgeber, E-Books, Webinare oder Videos) werden im Regelfall auf der Website des Unternehmens zur Verfügung gestellt und über verschiedene Kommunikationskanäle (Social-Media-Plattformen, Blogs, Newsletter usw.) in die weite Online-Welt gestreut. Besser als das Content Marketing Institute kann man es nicht auf den Punkt bringen:

»Content-Marketing ist die Kreation und Verbreitung von relevantem, nützlichem Content mit der Absicht, eine klar definierte Zielgruppe anzuziehen, zu begeistern und zum Handeln zu animieren – und so profitable Kundenbeziehungen aufzubauen.«[2]

Um die beiden Disziplinen Content-Strategie und Content-Marketing voneinander abzugrenzen, könnte man sagen: Ersteres ist die Pflicht, Letzteres die Kür im Umgang mit Inhalten. Endlich kommen wir zu dem Part, der richtig Spaß macht! Sie dürfen spannende Geschichten erzählen, mit verschiedenen Content-Formaten arbeiten und Ihre Storys über diverse Kanäle unter Ihren Usern streuen. Sie dürfen

---

1 Zitiert nach *http://contentmarketinginstitute.com/2008/01/seth-godin-cont*.
2 Quelle: *http://contentmarketinginstitute.com/what-is-content-marketing* (Stand: 01.12.2013)

kreative Inhalte entwickeln, die Ihrem Business ein Gesicht verleihen, Ihr Image stärken und Ihre Zielgruppe von Ihrem Know-how, Ihren Angeboten und Ihrer Leidenschaft überzeugen. Sie können Ihr Unternehmen als sympathische Marke präsentieren, Ihre Reichweite verbessern und Kunden binden, ohne sie immer wieder aufs Neue künstlich »einkaufen« zu müssen. Ob B2B oder B2C – im Content-Marketing haben Sie die Möglichkeit, User mit Hilfe von hochwertigen, authentischen Inhalten in engagierte Leser, Käufer, Abonnenten, Fans, Leads und Kooperationspartner zu verwandeln.

12.1 Content-Marketing bedeutet Relevanz

Content-Marketing versammelt alle kommunikativen und werblichen Inhalte unter einem Dach. Das wichtigste Stichwort für Ihren Erfolg ist dabei die thematische Relevanz. Die angebotenen Inhalte müssen in allererster Linie die User im Blick haben: Sie müssen von ihnen geschätzt und für interessant oder nützlich befunden werden sowie einen eindeutigen Mehrwert bieten.

In einem Essay aus dem Jahr 1996 hat Microsoft-Gründer Bill Gates bereits eindringlich darauf hingewiesen, dass Inhalte, die man den Usern online anbietet, von exzellenter Qualität sein müssen: Nur dann seien die Website-Besucher auch bereit dazu, Texte am Bildschirm zu lesen. In der Überschrift dieses Artikels rief Bill Gates auch den berühmt-berüchtigten Slogan »Content is king« ins Leben. Obwohl der Text bereits vor rund zwei Jahrzehnten veröffentlicht wurde, ist er gespickt mit Weisheiten, die heutzutage nicht aktueller und treffender sein könnten. Ein Beispiel:

> »Wer von Leuten erwartet, dass sie etwas auf einem Computerbildschirm lesen, der muss sie mit brandaktuellen, detaillierten Informationen belohnen, die man gern durchstöbert. (...) Er muss ihnen die Möglichkeit geben, sich persönlich zu engagieren – und zwar weit über das hinaus, was die klassische Leserbriefseite einer Zeitschrift bietet.«[3]

Ein gelungenes Beispiel dafür, wie man sich userrelevanten Themen widmen kann, liefert uns die Haarkosmetik-Firma Schwarzkopf. Auf deren Website (www.schwarzkopf.de, siehe Abbildung 12.1) stehen nicht die Produkte im Vordergrund, sondern die Bedürfnisse und Fragen der Kunden im Zusammenhang mit den jeweiligen Produkten: Da geht es um Haarpflege, Frisuren, Styling-Tipps und unterhaltsame Lifestyle-Themen rund ums Haupthaar – mit der Absicht, dass sich der

---

[3] Bill Gates in seinem Essay »Content Is King«, zur Verfügung gestellt in einem Blog von Craig Bailey: *http://www.craigbailey.net/content-is-king-by-bill-gates* (Stand: 12.01.2014)

User bei diesem Anbieter in kompetenten Händen fühlt und ein Interesse für seine Produkte entwickelt.

Abbildung 12.1 Homepage der Firma Schwarzkopf vom 01.12.2013, www.schwarzkopf.de

Bei dem enormen inhaltlichen Aufwand, den Schwarzkopf für die Nutzer betreibt, wirkt der Claim »Professional HairCare for you« tatsächlich glaubwürdig. Das Ziel, der Seite einen Magazincharakter zu geben und sie so zu einem regelrechten »Home of Hair« zu machen, dürfte damit erreicht worden sein. Natürlich ist dieser Ansatz zugleich ein geschickter Schachzug im Rahmen der Suchmaschinenoptimierung: User suchen weniger nach konkreten Produktnamen, sondern eher nach Begriffen wie »Haare färben«, »Was kann ich gegen Schuppen machen?«, »Haarpflege«

oder »Haartrends 2013«. Dank seines Contents sichert sich Schwarzkopf gute Chancen, über diese oder andere haarspezifische Suchanfragen im Web tatsächlich gefunden zu werden. Machen Sie sich also Gedanken darüber, mit welchem Knowhow Sie Ihr Unternehmen oder Ihr Produkt bewerben können. Stellen Sie Ihre Zielgruppe in den Mittelpunkt Ihrer Überlegungen und überzeugen Sie Ihre potenziellen Kunden davon, dass Sie sich hundertprozentig ihren Bedürfnissen verschrieben haben.

12.2 Marken-Inszenierung über Content

Content-Marketer haben die Aufgabe, Geschichten zu entwickeln, mit denen sich die User identifizieren können. Um eine langfristige Bindung zwischen Unternehmen und Kunden aufzubauen, müssen diese Geschichten authentisch, spannend und relevant sein. Die Website-Inhalte sollen dem User dabei helfen, Probleme zu lösen: Sie sollen Wissen vermitteln und im Zusammenhang mit dem jeweiligen Angebot wertvolle, ergänzende Informationen bieten. Auf diese Weise erhält der Kunde die Bestätigung, dass das Unternehmen seine Bedürfnisse erkannt und verstanden hat. Er merkt, dass man ihn ernst nimmt, und entwickelt Sympathien für das Firmenangebot.

Überspitzt könnte man Content-Marketing auch als »werbefreies Marketing« bezeichnen, auch wenn das auf den ersten Blick wie ein Widerspruch klingt. Der User wird nicht über eine rein werbliche Aussage zum Angebot geführt, sondern über die Geschichten, die rund um das Produkt gestrickt werden. Dabei ist es wichtig, dass Sie den Menschen, der auf Ihre Webpage klickt, ganz genau kennen und ihm das Gefühl geben, dass seine Meinung, seine Ideen, seine Interessen und Bedürfnisse für Sie an erster Stelle stehen. Sie müssen ihm signalisieren, dass Sie ein tolles Produkt im Angebot haben, das sein Leben verschönert, mit dem er sich noch besser fühlen und vielleicht sogar vor anderen ein wenig angeben kann. Im Content-Marketing zählt einzig und allein der Mensch. Denn noch nie war die Auswahl an Anbietern, auf die eine Zielgruppe online zugreifen kann, größer als heute. Um die richtigen Menschen hinter dem Ofen hervorzulocken und sie zu überzeugten Kunden zu machen, brauchen Sie den passenden Trigger: guten, informativen und unterhaltenden Content!

Das gilt insbesondere auch für Ihre B2B-Zielgruppe. Die Geschichten, die Sie für Ihre Geschäftspartner entwickeln sollten, stellen das Know-how rund um Ihr Produkt oder Ihre Dienstleistung in den Mittelpunkt und vermitteln Ihrem potenziellen Geschäftskunden, dass er bei Ihnen an der richtigen Adresse ist, wenn er sein eigenes Business erfolgreich auf- oder ausbauen möchte. Über hochwertige Inhalte wie Whitepapers, Webinare, Case Studies, E-Books oder informative SlideShare-Präsentationen geben Sie Ihrem B2B-Kunden das nötige Vertrauen in Ihre Kompetenz, damit er sich für Ihr Unternehmen und nicht für einen Konkurrenten entscheidet.

> **Rechtstipp: Verschleiern Sie werbliche Aussagen nicht!**
> Aber aufgepasst, Ihre Story darf nicht zur Schleichwerbung werden. Immer dann, wenn Waren oder Dienstleistungen redaktionell so eingebunden werden, dass dadurch eine Werbewirkung entsteht, und wenn die Erwähnung oder Darstellung gegen Entgelt oder eine ähnliche Gegenleistung erfolgt, greift die – widerlegliche – gesetzliche Vermutung der Werbeabsicht: Dann liegt eine unzulässige Schleichwerbung vor! Insofern gilt auch im Internet das sogenannte Trennungsprinzip: Ihr User muss also jederzeit erkennen können, ob es sich konkret um werbliche Aussagen handelt oder um einen redaktionellen Text. Verlinkungen zwischen den beiden Bereichen sind dabei unproblematisch, solange diese klar voneinander getrennt sind. Bei einer Firmen-Homepage wird ebenfalls nicht von einer unzulässigen Schleichwerbung auszugehen sein, sofern diese dem User ohne Weiteres erkennbar ist.

12.3 Die Geschichte des Content-Marketings

Auch wenn das Content-Marketing als neue Werbedisziplin gehypt wird, ist das, was dahinter steckt, nicht neu: Viele Firmen haben in ihrem klassischen Marketingmix schon immer die Möglichkeit genutzt, ihre eigene Marke aufzubauen und über gute Inhalte Kunden zu gewinnen. Allmählich wird dieser Ansatz auch von jenen Online-Unternehmen entdeckt, die sich bisher primär oder ausschließlich auf SEO und Traffic-Einkauf (etwa über Google AdWords, Affiliates und Online-Werbung) konzentriert haben. Das stark wachsende Interesse an dieser Disziplin können Sie auch am Anstieg der Google-Suchanfragen für den Begriff »Content-Marketing« in Deutschland ablesen (siehe Abbildung 12.2).

Sukzessive setzt sich offenbar im Webbusiness die Erkenntnis durch, dass es nicht nur sinnvoll, sondern geradezu zwingend geboten ist, sich mit Content-Marketing zu befassen – eine Notwendigkeit, die Autor Andrew Davis in seinem Buch »Brandscaping« folgendermaßen begründet:

> »Wenn Sie Ihre Markenbekanntheit erhöhen wollen, können Sie gern Reichweite en masse einkaufen. Buchen Sie Bannerwerbung, Facebook-Anzeigen, Google AdWords, Print-Inserate, TV- und Radiospots ... Aber bedenken Sie: Die Reichweite, die Sie einkaufen, ist nicht von Dauer, und die Werbezeit, die sie einkaufen, ist ruck, zuck vorbei.«[4]

---

4 Andrew M. Davis, Brandscaping: Unleashing the Power of Partnerships. Cleveland, Ohio: Content Marketing Institute 2012, S. 9.

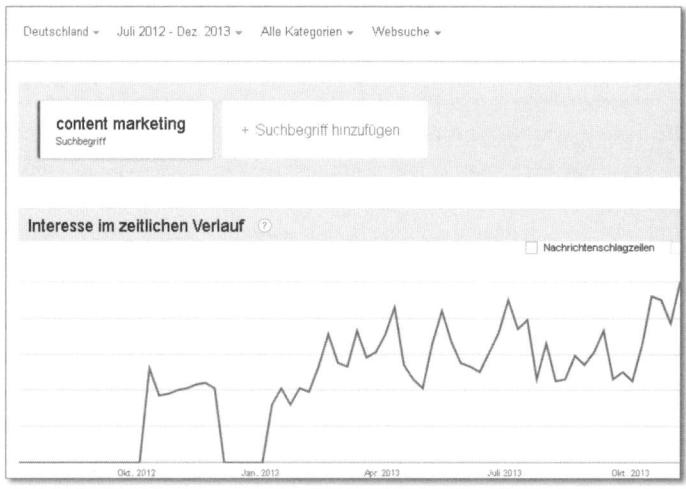

Abbildung 12.2 Entwicklung der Suchanfragen für den Begriff »content marketing« in Deutschland vom Juli 2012 bis Dezember 2013 (Abfrage vom 01.12.2013)[5]

Der Trend geht also dahin, sich permanente, gute Kundenkontakte sowie »eigenen Traffic« aufzubauen, damit man nicht für jeden Kontakt aufs Neue Geld in die Hand nehmen muss. Nach Jahren, in denen viele Firmen im Webbusiness vorwiegend am Traffic-Einkauf interessiert waren und jedes SEO-Hintertürchen für ein gutes Ranking nutzen wollten, führten vor allem fünf Umstände dazu, dass man jetzt auch im Online-Marketing mit Inhalten arbeiten soll, darf oder sogar muss:

- Die sozialen Medien haben im Online-Business Einzug gehalten.
- Das User-Verhalten hat sich verändert – von der Push- hin zur Pull-Kommunikation.
- Google hat seit Ende 2010 durch diverse Algorithmus-Updates (Panda, Penguin & Co., siehe Kapitel 19, »Content-Marketing und SEO – das Web-2.0-Dream-Team«) erfolgreiche Content-Qualitätsoffensiven durchgeführt.
- Die Kosten für die Content-Produktion und -Distribution sind dank neuer Tools, Technologien und Programme (zum Beispiel WordPress) im Laufe der letzten Jahre zurückgegangen.
- Die Grenzen zwischen Marketing, PR, Social Media und klassischem Journalismus verschmelzen immer stärker.

Dabei haben Offline-Werber, wie bereits angedeutet, die Macht des Storytellings oder der sogenannten *Branded Storys* schon immer genutzt, um neue Kunden anzusprechen und bestehende Kunden langfristig an die Marke zu binden. Im Online-

---

5 Abfrage über Google Trends: *http://www.google.de/trends*

Business war man hingegen viele Jahre lang fälschlicherweise der Meinung, dass Webkunden nicht markentreu seien. Deshalb wurde eher in den »schnellen« Traffic-Zuwachs investiert und weniger in den Aufbau eines starken Online-Brandings. Dabei hätten Internetfirmen durchaus auch von klassischen Werbekampagnen eine Menge lernen können.

Werfen wir daher zunächst einmal einen Blick zurück: Mit welchen Geschichten und über welche Medien haben uns Marken in den vergangenen Jahrzenten begeistert? Welche Content-Marketing-»Meilensteine« haben interessante Neuerungen hervorgebracht? Lassen Sie sich von den folgenden Werbebeispielen[6] dazu inspirieren, eigene Ideen zu entwickeln. Vielleicht sind ja Kundenmagazine, Mini-Comics für Facebook oder die Einführung eines Testimonials auch eine Option für die Präsentation Ihres Unternehmens? Geschichten erzählen, Kompetenz zeigen, Kundenbedürfnisse in den Mittelpunkt stellen, beraten, unterhalten, »Engaging Content« produzieren: Die »alten Werbe-Hasen« zeigen, wie es funktioniert!

1895: John Deere, Hersteller landwirtschaftlicher Geräte, wird zum Content-Marketing-Pionier – er gründet die Zeitschrift »The Furrow«, die Farmer über neueste Technologien und Trends für eine erfolgreiche Landwirtschaft aufklären soll. Deeres Magazin hat sich bis heute gehalten; mittlerweile gibt es auch längst einen Webauftritt (siehe Abbildung 12.3).

Abbildung 12.3 Screenshot-Auszug der »Über John Deere«-Seite vom 01.12.2013[7]

---

6 Einige Beispiele sind dem Eröffnungsvideo der »Content Marketing World 2011« entnommen: *http://www.youtube.com/watch?v=Q5Tt5JSRsOc*

7 Link zur Seite: *http://www.deere.de/wps/dcom/de_DE/our_company/about_us/about_us.page?*

Damals wie heute: »The Furrow« bildet weiter, bietet Hilfestellung und berät seine Leser ehrlich und authentisch. Und genau das sollte ein kundenorientiertes Content-Marketing leisten. Glaubwürdig transportieren die Webseiten das Motto »Wir engagieren uns für Menschen, die mit dem Land verbunden sind«: Hier wird in jeder Zeile und in jedem Bild Landwirtschaft lebendig. Chapeau!

1930: Maggi bringt unter dem Titel »Erprobte Rezepte« ein Kochbuch heraus (siehe Abbildung 12.4), eröffnet sich damit einen Zugang zu neuen Kundengruppen und sichert sich einen festen Markenplatz in den Küchen deutscher Hausfrauen. Auch hier hat ein Unternehmen früh erkannt, dass es seine Produkte durch attraktive, relevante Inhalte – wie beispielsweise Rezepte – erfolgreich an den Mann (respektive an die Frau) bringen kann.

Abbildung 12.4   Cover des Maggi-Kochbuches »Erprobte Rezepte«[8]

1953: »Bazooka Joe und seine Gang« werden ins Leben gerufen. Comicstrips mit den Abenteuern dieser Bande liegen ab diesem Zeitpunkt jeder Kaugummi-Packung von Bazooka Bubble Gum bei. Ein Beispiel hierfür finden Sie in Abbildung 12.5. Bis zum Ende der 1980er Jahre war dieser Kaugummi auch in Deutschland erhältlich. Seit ihrer Einführung wurden bereits über 700 Comics als Kaugummi-Beilage produziert.

---

8   *http://www.amazon.de/Erprobte-Rezepte-Maggi-Kochbuch-über-Gerichte/dp/B002BLE2D2* (Screenshot vom 01.12.2013)

Abbildung 12.5   Beispiel für einen Bazooka-Joe-Comic[9]

1956: Am 3. November wird zum ersten Mal ein TV-Spot der Firma Henkel für das Waschmittel Persil ausgestrahlt. Schon dieser erste deutsche Werbespot der Fernsehgeschichte arbeitet geschickt mit einem wichtigen Content-Marketing-Element: dem Storytelling, dem in diesem Buch aus gutem Grund ein ganzes Kapitel gewidmet ist (nämlich Kapitel 17, »Storytelling im Content-Marketing«). Im Mittelpunkt des Spots stehen die Restauranterlebnisse eines Ehepaares, das von zwei beliebten bayerischen Komödianten verkörpert wird – von Liesl Karlstadt und Beppo Brehm (siehe Abbildung 12.6). Dabei spielt das eigentlich beworbene Produkt nur eine dezente Nebenrolle und wird erst ganz am Ende der Geschichte eingeführt.

Abbildung 12.6   Beppo Brehm im ersten TV-Spot für Persil[10] (Screenshot vom 01.12.2013)

---

9   Link zur Quelle: *http://www.businessinsider.com/bazooka-joe-is-killing-its-comics-2012-11* (Screenshot vom 01.12.2013)
10 Link zum Spot auf YouTube: *https://www.youtube.com/watch?v=9bXOM0oSxAg*

1957: Ein Zigaretten-Maskottchen schreibt Content-Marketing-Geschichte – das HB-Männchen! Die jähzornige kleine Zeichentrick-Werbespot-Figur erreicht bei den deutschen TV-Zuschauern in den 1960er Jahren einen sagenhaften Bekanntheitsgrad von 96 %.[11] Der Zigarettenhersteller platziert sein Produkt dabei geschickt im Hintergrund und bietet dem Comic-Helden nahezu die komplette Bühne für eine unterhaltsame One-Man-Show (siehe Abbildung 12.7). Erst am Schluss, wenn der Protagonist wieder einmal aufgrund einer ärgerlichen Alltagssituation wortwörtlich »in die Luft geht«, kommt die Zigarettenmarke ins Spiel. Das HB-Männchen wird mit seinen Kurzfilm-Abenteuern zur Kult-Werbefigur und schreibt Geschichte mit seinen Geschichten ...

Abbildung 12.7   Szene aus einem Werbespot mit dem HB-Männchen[12]

1966 bzw. **1968**: Bühne frei für Klementine und Tilly! Die eine berät uns in Ariel-Werbefilmen kompetent zu allen Waschfragen, die andere sorgt in Palmolive-Spots für streichelzarte Hände bei der Kundschaft. Auch hier werden die Figuren, zu denen der Zuschauer eine Verbindung aufbauen kann, in den Mittelpunkt der Geschichten gestellt. Die Beispiele machen Schule: Viele Firmen führen in ihren Werbespots Persönlichkeiten ein, die ihren Produkten Gesichter verleihen und bei den Zuschauern eine hohe Glaubwürdigkeit genießen. Wer erinnert sich etwa nicht an Herrn Kaiser, den fiktiven Versicherungsvertreter der Hamburg-Mannheimer?

1973: »Ich trinke Jägermeister, weil ...« Rund 3.000 verschiedene Begründungen für den Genuss des Kräuterlikörs werden ab 1973 von Testimonials auf Plakaten und in Anzeigen verkündet. Auch hier erzählt jeder Satz wieder eine Minigeschichte (siehe Abbildung 12.8).

---

11   Quelle: Wikipedia, *http://bit.ly/GYFgvk*
12   *https://www.youtube.com/watch?v=qxTRosZggPQ* (Screenshot vom 01.12.2013)

12.3 Die Geschichte des Content-Marketings

Abbildung 12.8 Ergebnis der Google-Bildersuche nach »Ich trinke Jägermeister, weil«[13]

1982: Der US-Spielwarenhersteller Hasbro kooperiert mit dem Comic-Verlag Marvel und veröffentlicht die ersten Comics über seine Spielfigur G.I. Joe. Aus einem Spielzeug wird eine Geschichte, die die jungen Comic-Leser wiederum dazu bewegen soll, diese Spielfigur zu kaufen – ein cleverer Content-Marketing-Schachzug!

1992: Der Beck's-Song »Sail Away« wird erstmals in einem Werbespot vorgestellt. Das Lied verkauft sich weltweit rund 1,6 Millionen Mal und garantiert der Biermarke Beck's bis heute einen hohen Wiedererkennungswert. Auch Songs sind Content! Öffnen Sie sich bei der Content-Planung also auch musikalischen Inhalten – sofern diese Content-Form zu Ihrem Unternehmen und Ihrer Zielgruppe passt. Haben Sie schon einmal darüber nachgedacht, im Namen Ihrer Firma einen eigenen Song à la »Gangnam Style« hinaus in die Welt zu schicken? Beim Content-Marketing sind der Fantasie keine Grenzen gesetzt, solange das Thema und der Stil Ihrer Aktion den Geschmack Ihrer Zielgruppe treffen.

2005: Die Zeitschrift »The Red Bulletin« der Firma Red Bull erscheint zum ersten Mal anlässlich des Formel-1-Grand-Prix in Monaco. Seit 2007 wird das Magazin monatlich herausgegeben; mittlerweile ist es in elf Ländern und vier Sprachen erhältlich.

2006: Die virale Kampagne »Will It Blend?« geht an den Start. Vor den Hochleistungsmixern der Firma Blendtec ist kein Gegenstand sicher (siehe Abbildung 12.9). Die YouTube-Videos, in deren Verlauf so gut wie alles – vom Golfball bis zum iPad

---

13 Suche auf *https://www.google.de/imghp* (Screenshot vom 01.12.2013)

– durch den Mixer gejagt wird, erreichen bis zum 21 März 2013 die imponierende Zahl von 294.098.738 Seitenaufrufen.¹⁴

Abbildung 12.9 In dieser »Will It Blend?«-Ausgabe muss ein iPad dran glauben.¹⁵

2008: Ein Teenager erobert die Podcast-Szene. 1 Million Zuschauer auf iTunes, gefragter Redner auf internationalen Online-Kongressen, Buchautor: Mit seinem Video-Podcast »Mein iPhone und ich ...« (siehe Abbildung 12.10) erarbeitet sich Philipp Riederle im Alter von gerade einmal 15 Jahren den Respekt der Online-Branche. Der beeindruckende Content-Marketing-Coup des Schülers aus Günzburg beweist, dass sich auch Einzelpersonen, Experten, Unternehmer, Berater oder Anwälte im Web über ausgezeichnete Inhalte einen Namen machen können. Sein Buch »Wer wir sind, und was wir wollen« über die Generation der sogenannten Digital Natives schaffte nach seinem Erscheinen im Jahr 2013 sogar den Sprung auf die Spiegel-Bestsellerliste. Vom Content-Produzenten zur Eigenmarke: Riederle macht vor, wie es geht!

2012: Coca-Cola goes Cinema. Ein von Ridley Scott inszenierter Kurzfilm über die Winter-Maskottchen des Softdrink-Giganten, eine Polarbärenfamilie, gibt einen Vorgeschmack auf einen geplanten Langfilm (siehe Abbildung 12.11). Das Projekt ist Bestandteil der »Coca-Cola Content Strategy 2020«, die 2011 an den Start gebracht wurde und zum Ziel hat, Inhalte und spannende Geschichten in den Marketing-Mittelpunkt zu stellen.

---

14 Quelle: *http://en.wikipedia.org/wiki/Will_It_Blend* (Stand: 01.12.2013)
15 Quelle: *https://www.youtube.com/watch?v=lAl28d6tbko* (Screenshot vom 01.12.2013)

12.3 Die Geschichte des Content-Marketings

Abbildung 12.10 Screenshot von http://www.meiniphoneundich.de, Folge 186[16]

Abbildung 12.11 Szenenfoto aus dem Coca-Cola-Eisbären-Kurzfilm auf YouTube [17]

---

16 Screenshot vom 01.12.2013.
17 Link zur YouTube-Seite: *http://www.youtube.com/watch?v=WtxJft7B2ts* (Screenshot vom 01.12.2013)

2012: Projekt Stratos – Red Bull lässt Felix Baumgartner aus fast 40 Kilometern Höhe auf die Erde springen und inszeniert diese selbst entwickelte Geschichte medienwirksam mit reichlich gutem Content.

Wie Sie sehen, wurde auch in der Vergangenheit schon kräftig mit Inhalten um die Gunst der Kunden geworben. Im Verlauf des Buches, insbesondere in Kapitel 22, »Content-Marketing-Beispiele und -Anregungen«, werde ich Ihnen weitere gelungene Content-Cases vorstellen. Zudem erhalten Sie zahlreiche Tipps, wie Sie inhaltliche Ideen für Ihr B2B- oder B2C-Business entwickeln können. Willkommen zurück, King Content!

12.4 Content-Marketing ist kein »One-Hit-Wonder«

Die Online-Kommunikationsbranche befindet sich aktuell noch im Wandel. Drum ist eine scharfe Abgrenzung des Content-Marketings gegenüber anderen Disziplinen bis dato kaum möglich. Im Prinzip verschmelzen hier Elemente der klassischen Werbung, des Journalismus, der Pressearbeit sowie verschiedener Marketing-Unterabteilungen (wie etwa Customer Relation Marketing oder Brand Marketing) miteinander.

Primäre Herausforderung eines erfolgreichen Content-Marketings ist es, die richtige »Verpackung« und den passenden Vertriebskanal zu bestimmen, damit Ihre Zielgruppe im Web auf Ihre Angebote aufmerksam wird. Das erfordert bisweilen Mut zu »Trial and Error«:

> »Be prepared to experiment. Be prepared to fail – but make sure you learn from those failings.«[18]

Wie schon beim Thema Content-Strategie gilt auch hier: Es gibt keine festgelegten Spielregeln! Sie werden in den nachfolgenden Kapiteln einiges über Content-Formate, instruktive Content-Marketing-Beispiele anderer Firmen, Zielgruppenbedürfnisse und die Trias Content-Marketing – SEO – Social Media erfahren. Grundsätzlich müssen Sie jedoch selbst herausarbeiten, welche Content-Hebel für Ihr Business funktionieren.

Um Inhalte kreieren zu können, die Ihre User fesseln, sollten Sie vor allem eines: zuhören! Lernen Sie die Schmerzpunkte Ihrer Kunden kennen: Mit welchen Inhalten können Sie die drängendsten Fragen Ihrer Webpage-Nutzer beantworten? Wie können Sie den Usern dabei helfen, Probleme zu lösen und Herausforderungen im Alltag oder im Job besser zu meistern? Ihr Content wird somit zum Brückenschlag zwischen Ihnen und Ihren Kunden: Er lässt beide Seiten langfristig näher zusam-

---

18 Rebecca Lieb, Content-Marketing. Indianapolis, Ind.: Pearson Education 2011, S. 4.

menrücken. Behalten Sie auch immer im Hinterkopf, dass es wichtiger ist, was die User über Sie sagen und wie sie über Ihr Unternehmen sprechen, als das, was Sie selbst über Ihr Angebot sagen.

> »Content marketing must work to enhance or change a behavior. If it doesn't, it's just content.«[19]

Machen Sie sich zudem von Anfang an bewusst, dass Content-Marketing kein »One-Hit-Wonder« ist. Wenn Sie sich dafür entscheiden, Ihr Business mit den passenden Content-Marketing-Maßnahmen auf den Weg zu bringen, sollten Sie verstanden haben, dass es nicht damit getan ist, eine einmalige Story zu lancieren oder mal eben ein bis zwei neue Inhalte auf Ihrer Seite zu veröffentlichen. Konsistenz und Kontinuität sind zwei der wichtigsten Anforderungen an ein erfolgreiches Content-Marketing. Oder, wie es die Content-Marketing-Expertin Anne Handley in ihrer Einleitung zu dem E-Book »How to feed the content beast« ausdrückt:

> »The beast is always hungry! It's the stuff of every content marketer's nightmares – this never-ending demand for more content!«[20]

Sie brauchen also definitiv eine langfristige Strategie und eine solide Themenplanung, damit Sie sich mit Ihren Inhalten auf lange Sicht in den Köpfen (und Herzen) Ihrer Kunden einnisten können. Außerdem lieben Ihre User frische Inhalte. Wenn Ihr neuester Blogbeitrag bereits drei Monate alt ist und schon zuvor Ihre Blog-Post-Frequenz nicht wesentlich höher war, werden Sie niemanden bei der Stange halten. Im Gegenteil: Unternehmen, die sich keine Mühe geben, aktuell zu sein und regelmäßig neuen Content zu präsentieren, riskieren einen massiven Imageschaden und verpassen die Chance, ihre Reichweite auf den viralen Marketingkanälen zu erhöhen.

Von den Usern liebgewonnene Content-Aktionen sollten Sie auch nicht von jetzt auf gleich beenden. Ich nenne das die »Gisbert-Falle«. Gisbert Engelhardt war eine Fernsehfilmfigur, die in der »Tatort«-Folge »Der tiefe Schlaf« als neuer Kollege der Münchner Kommissare Batic und Leitmayr eingeführt wurde: ein junger Profiler mit liebenswerten Macken, der sich in nur einer Stunde in die Herzen der Zuschauer spielte. Eine sorgfältig gezeichnete Figur mit großem Kult-Potenzial – doch leider wurde sie gegen Ende der Folge ermordet. Die TV-Gemeinde zeigte sich in zahlreichen Online- und Leserbrief-Foren enttäuscht und schockiert. Eine Facebook-Initiative, die Gisberts »Auferstehung« forderte (siehe Abbildung 12.12), fand innerhalb kürzester Zeit über 5.000 Fans.

---

19 Joe Pulizzi: *http://contentmarketinginstitute.com/2013/02/top-content-marketing-questions-quick-answers* (Stand: 12.01.2014)

20 Link zum E-Book-Download: *http://www.curata.com/resources/ebooks/how-to-feed-the-content-beast*

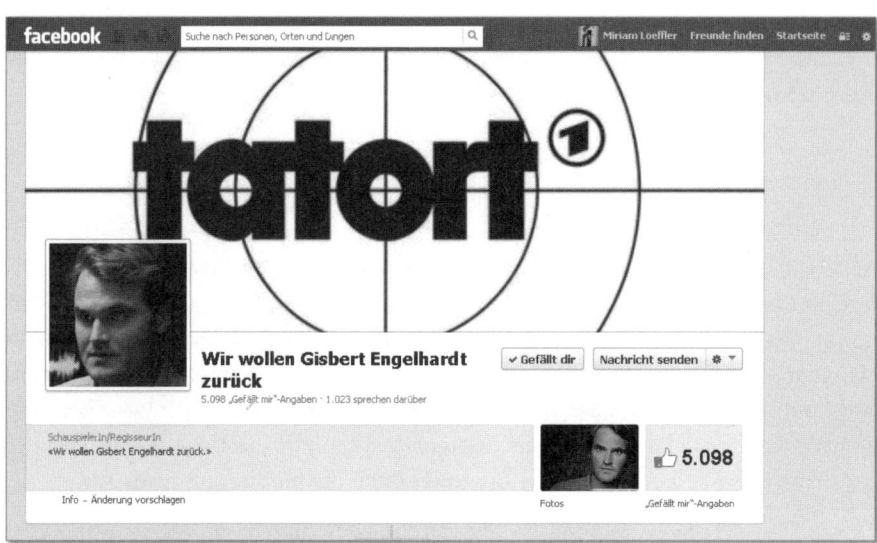

Abbildung 12.12 Screenshot der Facebook-Fanpage »Wir wollen Gisbert Engelhardt zurück«[21]

Aber tot ist tot – und die Chance, Gisbert zu einer Kultfigur aufzubauen, haben die Tatort-Macher vertan. Was Gisbert mit Content-Marketing zu tun hat? Ganz einfach: Wenn Sie eine Idee haben, eine Story entwickeln, ein innovatives Video online stellen oder eine Figur als Testimonial für eine Content-Marketing-Aktion entwickeln – geben Sie Ihrer Aktion eine Chance! Hören Sie auf die Reaktionen der User. Achten Sie darauf, wie sich Ihre KPIs entwickeln. Finden Sie heraus, was Ihre Zielgruppe am meisten bewegt, emotionalisiert, stört oder zum Teilen anregt. Und wenn Sie mit Ihrem Content und Ihrer Story ins Schwarze getroffen haben: Lassen Sie Ihren Gisbert bitte noch eine Weile weiterleben!

12.5 Wichtige Fragen, die Sie sich zu Beginn Ihrer Content-Marketing-Aktivitäten stellen sollten

Im Rahmen Ihrer Content-Strategie haben Sie bereits Ihre übergeordneten Business-Ziele sowie die relevanten Zielgruppen identifiziert und festgelegt. Bevor Sie sich ernsthaft ins »Abenteuer Content« stürzen, sollten Sie noch einmal folgende Fragen gut überdenken und Ihr Content-Vorhaben aus verschiedenen Blickwinkeln durchleuchten. Sicher werden sich hier ein paar Fragestellungen wiederholen, die

---

21 Link zur Facebook-Seite: *https://www.facebook.com/WirWollenGisbertEngelhardtZuruck* (Screenshot vom 01.12.2013)

12.5 Wichtige Fragen, die Sie sich zu Beginn Ihrer Content-Marketing-Aktivitäten stellen sollten

schon für die Erstellung Ihrer Strategie entscheidend waren. Dennoch ist es wichtig, auch an dieser Stelle noch einmal auf wesentliche Überlegungen hinzuweisen, die Sie immer wieder anstellen sollten, wenn Sie auf lange Sicht erfolgreich mit Ihren Webinhalten arbeiten möchten.

1. Zielgruppenrelevante Fragen:
   - Welche Kundenreaktion wollen wir mit den geplanten Inhalten bewirken?
   - Sind die vorgesehenen Themen relevant? Bringen sie dem Nutzer einen eindeutigen Mehrwert? Sind die beabsichtigten Inhalte authentisch? Hat unser geplanter Content den Appeal, User zu begeistern und bei der Stange zu halten?
   - Liegen bereits ausgearbeitete Zielgruppen-Profile vor?

2. Organisatorische Fragen:
   - Wer ist der zentrale Ansprechpartner für alle Content-Aktivitäten?
   - Sind wir intern bereit fürs Content-Marketing (Ressourcen, Know-how, Budget, Guidelines)?
   - Steht unser Content-Controlling?
   - Haben alle Mitarbeiter verstanden, dass Content-Marketing kein einmaliges Projekt ist und dass man vermeiden sollte, in die »Gisbert-Falle« zu tappen (siehe letzter Abschnitt)?
   - Sind die Rahmenbedingungen für ein wöchentliches Themenplan-Meeting geklärt (Teilnehmer, Dauer, Ablauf)?

3. Planungsfragen:
   - Welche Content-Formate möchten wir einsetzen?
   - Welche Content-Kanäle möchten wir nutzen?
   - Wurden realistische Timings zur Umsetzung und Erfolgskontrolle festgelegt?

4. Umsetzungsfragen:
   - Gibt es passende Partner, mit denen wir unsere Content-Pläne gemeinschaftlich umsetzen können? Falls ja, welche?
   - Stehen alle technischen Voraussetzungen (CMS, Tools, Server-Kapazitäten ...)?
   - Ist unser Webauftritt bereit für die geplanten Content-Marketing-Aktionen?
   - Haben wir sichergestellt, dass unsere Inhalte von den Usern mühelos geteilt werden können?

Und nicht zuletzt: Haben wir den Mumm, uns auf ein neues Spielfeld zu wagen, eventuelle erste Rückschläge einzustecken und die verfolgte Strategie intern auch zu verteidigen? Diese Fragen sollten Sie sich immer wieder stellen, wenn Sie neue

Inhalte planen und Ihre Content-Marketing-Aktivitäten weiter ausbauen. Dann wird Ihr Content langfristig zum Erfolgsfaktor Ihres Business.

12.6 Erfolgsfaktor Content

Beim Aufteilen des Budgetkuchens sind Argumente gefragt, um mehr Geld fürs Content-Marketing lockerzumachen. Denn Entscheider tun sich oft schwer, in Content zu investieren statt in altbekannte Online-Marketing-Maßnahmen wie SEM, E-Mail-Marketing, Bannerschaltung oder Affiliates. Die zu bewertenden Kenngrößen der klassischen Varianten sind bekannt, und man ist mit deren ROI vertraut. Das Gefühl, zu wissen, wie man sein Geld angelegt hat, ist seitens der Budget-Verantwortlichen stark ausgeprägt. Das Thema Content-Marketing stellt hingegen für viele Unternehmen bislang noch relativ unbekanntes Terrain dar. Doch Content kann tatsächlich eine Menge leisten, wie Sie der folgenden Liste entnehmen können. Mit den richtigen Content-Maßnahmen können Sie vielerlei verbessern:

- das Firmenimage
- die Markenwahrnehmung/das Branding
- den Trust-Faktor in Ihr Angebot oder in Ihre Firma
- die Konversion
- die Reichweite (virale Effekte)
- die Neukundenansprache
- Ihre Stellung gegenüber den Wettbewerbern
- die Auffindbarkeit und die Sichtbarkeit im Web
- Ihre SEO-Rankings
- die Retourenquote
- die Kundenbindung
- die Verweildauer auf Ihren Seiten
- die Chance auf relevante und hochwertige Backlinks
- die Wahrscheinlichkeit für positive Social-Media-Reaktionen (Likes, Shares, Comments)
- die Absprungrate
- die Chance auf direkten, kostenfreien Traffic

Zudem senkt hochwertiger Content die Kosten, die Sie für Callcenter und Administrationsfragen aufwenden müssen. Abgesehen von diesen Business-Faktoren unterstützt Sie das Content-Marketing dabei,

- in den Dialog mit Ihrer Zielgruppe zu treten,
- User zum Mitmachen zu bewegen (User-generated Content) und
- Informationen über Ihre Zielgruppe zu erhalten (Marktforschung).

Nicht zuletzt gewinnt Ihr Unternehmen an Attraktivität für potenzielle Kooperationen: Sie werden als interessanter, professioneller Partner für gemeinsame Content-Projekte erkannt.

12.7 Investieren Sie mehr Sorgfalt und Budget!

Da ich in vielen Berufsjahren »crossmedial« unterwegs war, ist mir schon oft der ungleiche Umgang mit Online- und Offline-Inhalten aufgefallen – sowohl mit Blick auf die Ausgabenbereitwilligkeit als auch hinsichtlich der Qualitätskontrolle.

12.7.1 Webinhalte sind kein Content zweiter Klasse!

Im Offline-Bereich durchlaufen die Flyer, Pressemeldungen, Kataloge, Anzeigen, TV- und Radio-Spots, Firmenbroschüren und Kundenmagazine zig Abteilungen bis hin zur Chefetage, ehe jede noch so kleine Anmerkung nach der dritten, vierten oder fünften Korrekturrunde eingearbeitet worden ist und es endlich zur finalen Freigabe kommt. Im Web kann man die Inhalte ja billiger und schneller online stellen – und was weniger kostet, ist bekanntlich auch nicht so viel wert. Drum muss man es mit der qualitativen Content-Produktion online wohl auch nicht ganz so ernst nehmen, oder?

Diese Haltung habe ich nie verstanden. Denn ein User erkennt schlechten Content – egal, wo und wie er veröffentlicht wurde. Er merkt, ob der Inhalt einen Mehrwert bietet, durchdacht ist und in ansprechender Form und angemessenem Ton präsentiert wird. Kann hochwertiger, exklusiver Content, der nachhaltig im Web verfügbar ist und bei Gefallen breit gestreut wird, Ihrem Unternehmen nicht einen weitaus größeren wirtschaftlichen Nutzen bieten als ein Flyer, der doch oft recht zügig von der Hand in die Papiertonne wandert? Warum also gibt es beim Thema Content ein solches Zweiklassendenken? Weil viele Firmen in der Vergangenheit einfach zu achtlos mit ihren Website-Inhalten verfahren sind. Doch dieses Denken ist längst nicht mehr zeitgemäß, und es hat keinen Platz im Content-Marketing. Hier geht es jederzeit und an jeder Stelle nur um eines: um Qualität.

12.7.2 Online-Inhalte dürfen etwas kosten!

Ein weiteres Ungleichgewicht herrscht bei der landläufigen Meinung darüber, was Produktion und Distribution von Inhalten denn eigentlich kosten dürfen. Online soll das Ganze nämlich bitteschön möglichst umsonst zu haben sein. 1.500 € für eine Landingpage? 2.000, 3.000 oder 5.000 € (je nach Umfang, Aufwand und Länge) für ein Unternehmensvideo? 6.000 bis 7.000 € für die Entwicklung eines Online-Magazins? Seriöse Angebote für die Kreation von Webpage-Inhalten werden von vielen Kunden immer noch skeptisch beäugt und kritisch hinterfragt.

Auf der anderen Seite gibt man jedoch locker für die Produktion und den Druck eines Offline-Kundenmagazins, das zudem über teure Kanäle vertrieben wird, je nach Auflage 20.000 oder 30.000 € aus. Die einmalige Ausstrahlung eines 30-sekündigen TV-Spots kann, abhängig vom Werbeumfeld, mit 5.000, 50.000 oder sogar – etwa im Rahmen einer Champions-League-Übertragung – mit mehr als 100.000 € zu Buche schlagen. Eine Anzeige in einem hochwertigen und auflagenstarken Print-Titel ist meist auch nicht unter einem vierstelligen Betrag zu bekommen. Hinzu kommt noch das Honorar für die Design-Agentur.

Website-Inhalte bieten Ihnen hingegen gerade in Zeiten von Social Media, SEO & Co. viele äußerst günstige Kontaktmöglichkeiten, mit deren Hilfe sich Ihre eingesetzten Marketingkosten im Nu amortisieren: durch virale Effekte, interessierte Multiplikatoren und Kooperationspartner. Denken Sie deshalb bei der Planung Ihres Budgets daran, dass ein beträchtlicher Teil davon in das Content-Marketing fließen sollte. Bringen Sie Online-Inhalte an den Start, die Ihnen langfristige Erfolge sowie eine große Reichweite garantieren – und sich letztlich in einem positiven ROI bemerkbar machen.

12.8 Content-Marketing können nicht nur die »Großen«

Wenn von erfolgreichen Content-Marketing-Cases die Rede ist, geistern meist Marken wie Red Bull, Coca-Cola oder McDonald's durch den Raum. Das macht es kleinen oder mittelständischen Betrieben nicht gerade leicht, sich dem Content-Thema zu öffnen. Selbstverständlich hat nicht jedes Unternehmen einen Redaktionsstab mit 44 Mitarbeitern oder eine Tochterfirma, die sich ausschließlich um die Produktion von multimedialen Inhalten kümmert. Aber hier zeichnen die Fachmedien teilweise ein falsches Bild dessen, was Content-Marketing leisten und wer es effektiv nutzen kann. Denn gerade für Firmen mit kleinen Budgets, Agenturen oder Einzelpersonen, die eine Dienstleistung anbieten, eröffnet das Content-Marketing ein breites Handlungsspektrum.

Zugegeben, kaum jemand verfügt über ein Millionenbudget, um den Sprung eines Menschen aus 40 Kilometern Höhe zu inszenieren. Aber schauen wir uns einmal eine Branche exemplarisch an: die Gastronomie. Denn in puncto Content-Marketing können sich manche Restaurants von Firmen wie McDonald's tatsächlich noch etwas abgucken. In der Aktion »Mein Burger« animierte die Fast-Food-Kette auf ihrer Website *www.mcdonalds.de* im Jahr 2012 ihre Kunden dazu, eigene Burger-Rezepte zu entwickeln (siehe Abbildung 12.13). Aus rund 330.000 eingereichten Vorschlägen wurden durch eine Online-Abstimmung die beliebtesten 20 Burger ermittelt, die dann von einer Jury in einer Testküche nachgekocht, verkostet und bewertet wurden. Die fünf besten darunter bot McDonald's dann eine Woche lang zum Verkauf an. Der Burger, der bei einem erneuten User-Voting die meisten Stimmen einheimste, gewann das Finale – in diesem Fall der sogenannte »McPanther«.

Abbildung 12.13 Aufruf an die User, bei der McDonald's-Aktion »Mein Burger« mitzumachen[22]

Was können Restaurantbetriebe von dieser Aktion lernen? Binden Sie User aktiv in die Gestaltung Ihres Angebots ein! Hobbyköche lieben es, ihre eigenen Kreationen vorzustellen und zu teilen. Warum rufen Sie Ihre Gäste nicht auf Ihrer Website und über Flyer dazu auf, originelle Rezepte einzuschicken? Jede Woche steht dann ein nachgekochtes Kundengericht auf der Karte – inklusive Vorstellung des Hobbykochs. Online geben Sie die eingereichten Vorschläge zum Voting frei. So können

---

22 Quelle: *http://media.mcdonalds.de/MDNPROG9/mcd/files/pressecenter/downloads/jpg/Mein%20Burger_1400.jpg*

Ihre Gäste selbst entscheiden, welches Gericht sie gerne einmal bei Ihnen im Restaurant essen möchten. Die eingesandten Rezepte können Sie gleichermaßen online zur Verfügung stellen – und wer weiß: Vielleicht entsteht aus dieser Sammlung irgendwann ein E-Book, das Sie zum Zwecke der Kundenbindung gratis an Ihre Gäste ausgeben und mit dem Sie auch neue Gäste für ihr Lokal gewinnen können?

Um den Aufruf noch konkreter zu gestalten, können Sie beispielsweise jeden Monat ein Rezept-Motto ausrufen, wie zum Beispiel »Fischgerichte«, »Marokkanische Küche«, »Leichte Frühjahrsrezepte«, »Kochen mit dem Römertopf« usw. In einem Blogbeitrag kann Ihr Küchenchef über seine Erfahrungen beim Nachkochen berichten und eventuelle Anregungen zu Rezept-Variationen oder praktische Küchentipps einfließen lassen. Und: Lassen Sie Ihren Küchenchef das Ganze in einem Video nachkochen, machen sie Fotos von dem Gericht, und stellen Sie all das online. Auf Facebook werden Sie damit sicher ebenfalls viele Fans gewinnen. Voilà: Schon haben Sie spannende Inhalte für Ihre Website, die sowohl von Ihnen als auch von Ihren Usern erstellt wurden und mit denen Sie sicher bei Stammgästen wie bei Neukunden gleichermaßen punkten können. Wenn Sie den jeweiligen Siegern beispielsweise noch ein Essen als Preis stiften, lässt sich die gesamte Aktion mit einem überschaubaren Budget umsetzen. Apropos: Wie viel Geld haben Sie im vergangenen Jahr noch einmal für Print-Anzeigen oder andere Werbemittel ausgegeben?

Kapitel 22, »Content-Marketing-Beispiele und -Anregungen«, bietet Ihnen zahlreiche weitere Fälle aus der Praxis. Dort finden Sie mit Sicherheit Ideen für Aktionen, die sich vielleicht auch in Ihrem Unternehmen umsetzen lassen.

12.9 Lernen Sie, Ihr Wissen mit anderen zu teilen

Eine weitere Content-Marketing-Anforderung, der gegenüber Sie sich öffnen sollten, lautet: Stellen Sie Ihr Wissen der Öffentlichkeit zur Verfügung! Damit tun sich viele Firmen noch sehr schwer. Sie fragen sich etwa: »Wenn ich als Content-Agentur zig Regeln zum Webtexten online stelle und Tipps gebe, wie man eine erfolgreiche Content-Strategie erarbeitet, oder in einer Kunden-Fallstudie verrate, welche Resonanz eine bestimmte Aktion gebracht hat – muss ich dann nicht fürchten, dass die Konkurrenz mit meinen Informationen besser arbeitet oder dass Kunden meine Kompetenz gar nicht mehr nötig haben?«

Die Antwort lautet: Nein! Überlegen Sie einmal: Angenommen, Sie interessieren sich dafür, wie Sie Ihre PR-Aktivitäten besser steuern bzw. mehr Reichweite für Ihre Pressemeldungen erzielen können. Bei Ihren Recherchen nach einem geeigneten Partner entdecken Sie unter anderem ein Unternehmen, das sich durch zahlreiche aktuelle und wissenswerte Inhalte als kompetenter PR-Profi präsentiert. Würden Sie dann nicht auch eher zu einem solchen Anbieter tendieren und ihm die Verbreitung Ihrer Meldungen anvertrauen? In Abschnitt 22.5.2, »Zwei Firmen im Content-Rausch – HubSpot und PR-Gateway«, finden Sie hierfür ein gelungenes B2B-Beispiel: Dem Presse-Dienstleister PR-Gateway nimmt man die PR-Expertise auf Anhieb ab.

In puncto Knowledge-Sharing müssen manche Unternehmen sicher noch etwas lockerer werden, denn letztendlich haben alle Wettbewerber im Markt dieselben Chancen, mit guten Inhalten um Kunden zu buhlen:

> »Communication is the only true competitive advantage. If you don't help your customers reach greater heights, who will? Your competitors?«[23]

Und seien wir doch einmal ehrlich. Wenn sich ein User für ein Fachthema interessiert, wird er irgendwo im Web ein Angebot dazu finden. Bieten Sie ihm dieses Informationsangebot, und sorgen Sie auf diese Weise dafür, dass er bei Ihnen landet – und nicht etwa bei Ihrer Konkurrenz.

12.10 Vermeiden Sie typische Content-Marketing-Fehler!

Damit Sie beim »Trial and Error« im Rahmen Ihrer ersten Content-Marketing-Projekte nicht verstärkt mit der »Error«-Erfahrung konfrontiert werden, liefert Ihnen die nachstehende Liste ein paar Hinweise dazu, wie Sie die häufigsten Fehler im Umgang mit Inhalten vermeiden können:

- Verletzung von Nutzungs- und Urheberrechten (Text, Bild …)
- zu »verkäuferisch« oder werblich formulierte Inhalte
- nicht auf die Zielgruppen-Bedürfnisse abgestimmte Inhalte
- übertriebene Angst vor negativen Kundenstimmen (Shitstorm)
- Kosteneinsparungen bei der Texterstellung zulasten der Qualität
- Verzettelung und mangelnde Fokussierung im Umgang mit Content im Tagesgeschäft
- falsches Content-Format
- einseitiges Content-Format
- falscher Content-Kanal für die Verbreitung (wenn sich Ihre Zielgruppe nicht auf Twitter bewegt, bringt die Distribution darüber auch nichts)

---

23 Joe Pulizzi in einem Blogbeitrag vom 2.2.2013: http://contentmarketinginstitute.com/2013/02/top-content-marketing-questions-quick-answers

- fehlende Ausschöpfung aller crossmedialen Chancen (Online-Einbahnstraßendenken)
- schlechte Teamkommunikation und unsolider Content-Team-Aufbau
- keine frühzeitige Themenplanung (Vorlauf sollte mindestens drei bis sechs Monate betragen)
- keine langfristige Themenstrategie (»Gisbert-Falle«)
- versäumte Chancen, User zum Mitmachen zu animieren und so Content über engagierte Nutzer zu generieren
- Alleinkämpfermentalität bei der Content-Erstellung und falsche Scheu davor, sich starke Content-Partner ins Boot zu holen
- unethische Content Curation (kopierte Inhalte ohne Quellenangaben o. Ä., siehe hierzu Abschnitt 16.4, »Werden Sie zum Content-Kurator«)
- mangelnde Bereitschaft, in Inhalte und Mitarbeiter zu investieren
- Einsatz von falschen oder unglaubwürdigen Testimonials
- Content-Masse statt Klasse
- Angst vor dem Teilen exklusiver und hochwertiger Informationen
- fehlende Content-Strategie

Insbesondere den letztgenannten Punkt kann man gar nicht oft genug betonen. Denn Ihre Strategie ist und bleibt die Basis für ein erfolgreiches Content-Marketing!

12.11 Fazit

Content-Marketing wird künftig aus keinem Marketingmix mehr wegzudenken sein. Im Unterschied zu den klassischen Marketingdisziplinen sollte man jedoch beim Content-Marketing grundsätzlich nicht in »Flights« oder »Kampagnen« denken, sondern an einer langfristigen Content-Kommunikationsstrategie arbeiten, um sich nachhaltig eine gute (Online-)Reputation aufzubauen.

Die wichtigste Regel dabei lautet: Gestalten Sie die (crossmedial) aufbereiteten Themen, Nachrichten, Botschaften oder Informationen immer aus der Sicht der User, nie aus der Unternehmensperspektive! Dann können Ihre publizierten Inhalte nicht nur dazu beitragen, dass Sie besser und direkter online gefunden werden, sondern auch eine wichtige Business-Kennzahl positiv beeinflussen – die Konversion.

Per se schert sich der User keinen Deut um Sie und Ihr Angebot. Er interessiert sich primär für sich selbst, für seine eigenen Wünsche und Bedürfnisse. Wenn Sie ihn hier abholen und ihm interessante Inhalte bieten, können Sie seine Aufmerksamkeit und seine Sympathie gewinnen. Zeigen Sie ihm mit Ihrem Content, wie gut Sie sind:

> »Traditional marketing and advertising is telling the world you're a rock star. Content marketing is showing the world that you are one.«[24]

Im nächsten Kapitel lernen Sie den wertvollsten Erfolgsfaktor Ihres Unternehmens näher kennen: Ihre Zielgruppe!

---

24 Robert Rose, zitiert nach Joe Pulizzi, Six Useful Content Marketing Definitions, Artikel vom 06.06.2012: *http://contentmarketinginstitute.com/2012/06/content-marketing-definition*

13 Der Content-Marketing-Star – Ihre Zielgruppe

»Just because somebody hears something you say, or reads something that you write, doesn't mean you've reached them.« (Frank Zappa)[1]

Eine der spannendsten Aufgaben im Zuge der Content-Arbeit ist das Eintauchen in die Gehirne Ihrer Zielgruppen. Ein Kollege erzählte mir einmal, die Redakteure in seinem Team würden mit den Augen rollen, wenn die Begriffe »Zielgruppe« und »Persona« fielen – sie hätten schlicht und ergreifend »keinen Bock« (O-Ton), sich damit auseinanderzusetzen. Diese Einstellung verblüffte mich ein wenig: Für wen erstellen Redakteure denn all ihre Inhalte? Doch auch in meinen Content-Seminaren gibt in der Regel höchstens ein Drittel der Teilnehmer an, ihre Zielgruppe zu kennen, geschweige denn ein Gespür für ihre Zielgruppe zu haben ...

Machen Sie sich unbedingt vertraut mit den Bedürfnissen und Eigenarten Ihrer Kunden – und bieten Sie ihnen Inhalte an, denen sie nicht widerstehen können. Ihre schönsten Inhalte bringen nämlich nichts, wenn sie an Ihren Usern vorbei konzipiert werden oder nicht den richtigen Ton treffen. Um den verbalen Ball, den Frank Zappa uns im obenstehenden Zitat zugespielt hat, noch einmal aufzugreifen: Jeder Content, der keine Reaktion bei Ihrer Zielgruppe auslöst, wurde umsonst produziert!

Dieses Kapitel soll Sie dazu ermutigen, sich im B2B- wie auch im B2C-Umfeld immer wieder mit Ihrer Zielgruppe zu beschäftigen. Denn im hektischen Tagesgeschäft kann es leicht passieren, dass sich ein Tunnelblick einstellt und die User-Bedürfnisse bei Ihren Aktivitäten und Content-Planungen nicht immer im Vordergrund stehen.

Üblicherweise werden die Zielgruppen im Rahmen Ihrer Content-Strategie erarbeitet, so dass Sie im Content-Marketing auf den dabei ermittelten Ergebnissen aufbauen können. Ich habe dieses Kapitel jedoch bewusst in den zweiten Buchteil gepackt, weil die Auseinandersetzung mit der Zielgruppe essenziell für den Erfolg jeder Content-Marketing-Maßnahme ist – und weil die große Gefahr besteht, dass man bei einem Hype-Thema wie Content-Marketing diese wichtige Aufgabe aus

---

[1] Aus »A Conversation With Frank Zappa« von Dave Rothman, erschienen in der Zeitschrift »Oui« (Ausgabe vom April 1979).

den Augen verliert. Nutzen Sie also die Erkenntnisse aus Ihrer Content-Strategie, und lassen Sie sich bei allen geplanten Content-Marketing-Aktionen bitte immer von Ihrer Zielgruppe leiten.

Als Content-(Marketing-)Verantwortlicher oder Webtexter ist es prinzipiell nicht Ihre Aufgabe, die Zielgruppen-Profile für Ihr Unternehmen selbst zu erarbeiten. Zum einen haben Sie dafür keine Zeit, zum anderen verfügen Sie wahrscheinlich gar nicht über alle hierzu erforderlichen Auswertungsmöglichkeiten. Allerdings sollten Sie sämtliche Informationen von Ihren Stakeholdern einfordern, die Sie benötigen, um Ihre B2B- oder B2C-Zielgruppe richtig anzusprechen. Wenn Sie diese Profile inhouse nicht erarbeiten können, sollten Sie die Hilfe von externen Agenturen in Betracht ziehen, die auf Markt- und Zielgruppenanalysen spezialisiert sind. Aber auch eine Agentur benötigt die Mithilfe Ihrer Firma, da die aufschlussreichsten Kundeninformationen meist in den Datenbanken des betreffenden Unternehmens schlummern. Das bedeutet, dass das Sammeln der Daten letztlich doch zumindest teilweise Aufgabe Ihres Betriebs ist.

Setzen Sie sich also mit Ihren Marketing- und Content-Kollegen an einen Tisch, und überlegen Sie, wer Sie intern dabei unterstützen kann, alle relevanten Zielgruppeninformationen zusammenzutragen. Wenn auf Seiten Ihrer Stakeholder vorgebracht wird, eine umfassende Zielgruppenanalyse würde zu viel Zeit und Budget fressen, sollten Sie dennoch hartnäckig bleiben. Denn ein Unternehmen, das auf eine solche Analyse verzichtet, riskiert auf lange Sicht weitaus höhere finanzielle Einbußen – erstens, weil es dann die potenziellen Kunden gar nicht erreicht, und zweitens, weil stattdessen die falschen Personen sinnlos mit aufwendigen und kostenintensiven Content-Marketing-Aktionen »bespaßt« werden.

Für jeden, der mit Inhalten zu tun hat (ob in der Planung oder in der Produktion), lautet der wichtigste Auftrag: Verabschiede dich von dir selbst, wenn du Inhalte konzipierst oder erstellst. Du zählst nicht. Deine Meinung interessiert niemanden. Es geht einzig und allein um die Leser, die Kunden, die B2B-Partner – um die Personen, auf denen ein erfolgreiches Business aufbaut. Diesen Personen musst du beim Erstellen deiner Inhalte buchstäblich ins Auge schauen; ihre Denkmuster und Bedürfnisse musst du aus dem Effeff kennen und verstehen. Das folgende Zitat macht einmal mehr deutlich, wem jegliche Content-Marketing-Strategie stets gewidmet sein sollte:

> »Wer ist Ihr Chef? Es gibt nur einen, und jeder, vom Schuhputzer bis zum Vorstandsvorsitzenden eines Konzerns, hat denselben Chef. Es ist DER KUNDE! Es gab nie einen anderen Chef, es gibt keinen anderen Chef, und es wird auch nie einen anderen Chef geben als ihn. Denn ihn müssen Sie zufriedenstellen. Alles, was Ihnen gehört, hat er bezahlt: Ihr Haus, Ihr Auto, Ihre Kleidung. Er finanziert Ihren Urlaub und die Ausbildung Ihrer Kinder. Er stellt jeden Gehaltsscheck aus,

den Sie jemals bekommen werden. Er entscheidet über Ihre Beförderung – und er wird Sie entlassen, wenn Sie ihn nicht zufriedenstellen.« (Earl Nightingale)[2]

13.1 Werden Sie zum Profiler!

In der digitalen Welt nennt man die Profile, die stellvertretend für Ihre Zielgruppe erstellt werden, Personas. Die Entwicklung dieser Nutzerprofile dient dazu, eine direkte Verbindung zu Ihren realen Nutzern herzustellen. Personas haben Namen, Gesichter, Persönlichkeit. Je präziser die Charaktere ausgearbeitet werden, desto besser werden Ihr Gefühl und Ihr Verständnis für die Ansprüche und Anforderungen, die Ihre Kunden an Ihr Unternehmen stellen.

Doch wie entwickeln Sie eine solche fiktive User-Sedcard? Welche Fragen müssen Sie dafür im Vorfeld klären? Woher wissen Sie, was Ihre Zielgruppe interessiert und mit welchen Inhalten Sie Ihren Kunden einen eindeutigen Nutzen bieten können? Ganz einfach: Sie brauchen Fakten! Tauchen Sie in die Lebenswelten Ihrer User ein, werden Sie zum Spion ihrer Kundenwünsche, und geben Sie ihnen ein Gesicht (siehe Abbildung 13.1).

Abbildung 13.1 Collage »Meine Zielgruppe«

---

2 Zitiert nach dem Artikel »The Boss« auf der Firmenwebsite von Nightingale-Conant: *http://bit.ly/VGkxoR*

Auge in Auge mit Ihrer Zielgruppe fällt es Ihnen leichter, sich in die Lebens- und Gefühlswelten dieser Personen hineinzudenken.

13.1.1 Kein Profil ohne Daten

Zur Erstellung eines Täterprofils sammelt ein Profiler bei der Kripo Beweismaterial und Informationen rund um das jeweilige Verbrechen. Die Art, wie etwa ein Tötungsdelikt vollzogen wurde, der Ablageort der Leiche, Fundstücke am Tatort, Larven, die den Pathologen Aufschluss über den Todeszeitpunkt geben, der Opfer-Typ, Zeugenberichte und viele weitere Details helfen ihm dabei, dem potenziellen Täter ein Gesicht zu geben, nach dem das Ermittlerteam fahnden kann.

Im Prinzip haben Sie dieselbe Aufgabe: Sie müssen Ihren Usern ein Gesicht geben, um zu wissen, mit welchen Content-Marketing-Aktionen Sie sie erfolgreich ködern und begeistern können. Starten Sie Ihre Persona-Ermittlungen, und sammeln Sie alle erforderlichen Kundeninformationen, damit Sie Inhalte erstellen können, die nicht nur gelesen, gehört oder gesehen werden – sie sollen sich unmittelbar ins Unterbewusstsein Ihrer User einnisten und eine positive Handlungsentscheidung auslösen. Zur Ermittlung der notwendigen Informationen können Sie diverse Quellen anzapfen. Die folgende Liste bietet Ihnen dafür ein paar Anregungen:

- Recherchieren Sie nach aktuellen Marktstudien über Ihr Thema bzw. Ihr Angebot.
- Finden Sie heraus, über welche Kanäle Ihre User auf die Seite kommen.
- Scannen Sie Ihre Webmetriken nach userspezifischen Daten (Alter, Wohnort, durchschnittlicher Warenkorb-Wert, Produktvorlieben ...).
- Nutzen Sie die Keyword-Analysen, um herauszufinden, über welche Begriffe Ihre Zielgruppe nach Ihren Angeboten sucht.
- Prüfen Sie Seiten, Blogs, Foren, die Sie nach Eingabe der für Ihr Business relevanten Keywords bei der Google-Suche finden: Welche Fragen werden dort diskutiert? Was sind die häufigsten Themen? Mit welchen Inhalten werden die User, die nach diesen Keywords suchen, konfrontiert?
- Interviewen Sie Ihre Zielgruppe direkt auf Messen oder Kongressen.
- Suchen Sie auf Community-Portalen, wie beispielsweise *www.gutefrage.net*, nach Beiträgen, die sich mit dem Thema oder den Produkten Ihrer Firma auseinandersetzen: Welche Fragen hat Ihre Zielgruppe dazu? Mit welchen Problemen aus Ihrem Themenbereich sieht sich der Nutzer konfrontiert? Worüber wird gemotzt?
- Ermitteln Sie im Kundenservice.

- Analysieren Sie das Webnutzungs-Verhalten Ihrer User.
- Nehmen Sie an Diskussionen in Foren teil, um dort (ohne werbliche Nennung der Firma) gezielt Fragen zu platzieren, die im Zusammenhang mit Ihrem Angebot stehen.
- Stellen Sie Umfragen auf Ihrer Website sowie auf Social-Media-Seiten zur Verfügung, um interessantes Kunden-Feedback einzuholen.
- Treten Sie LinkedIn-Gruppen bei, die sich mit Ihren Branchenthemen beschäftigen, damit Sie Ihre B2B-Zielgruppe besser kennenlernen.
- Haben Sie ein Auge darauf, wie sich Kunden über Ihr Unternehmen im Web äußern (Beispiel: Monitoring mit Google Alerts).

Sie sehen: Sowohl im B2B- als auch im B2C-Bereich haben Sie viele Möglichkeiten, die Profile Ihrer Nutzer aus verschiedenen Datenquellen herauszuarbeiten.

13.1.2 Wissen geht über Spekulation

Im Rahmen eines Benchmark-Reports der Firma MarketingSherpa wurden B2B-Marketing-Entscheider gefragt, wie sie bei der Ermittlung der Zielgruppenbedürfnisse vorgegangen seien. Sie gaben mehrheitlich an, das direkte Befragen der Zielgruppe gehöre zu ihren wichtigsten Maßnahmen. Die nachstehende Grafik (siehe Abbildung 13.2) dokumentiert die weiteren Antworten.

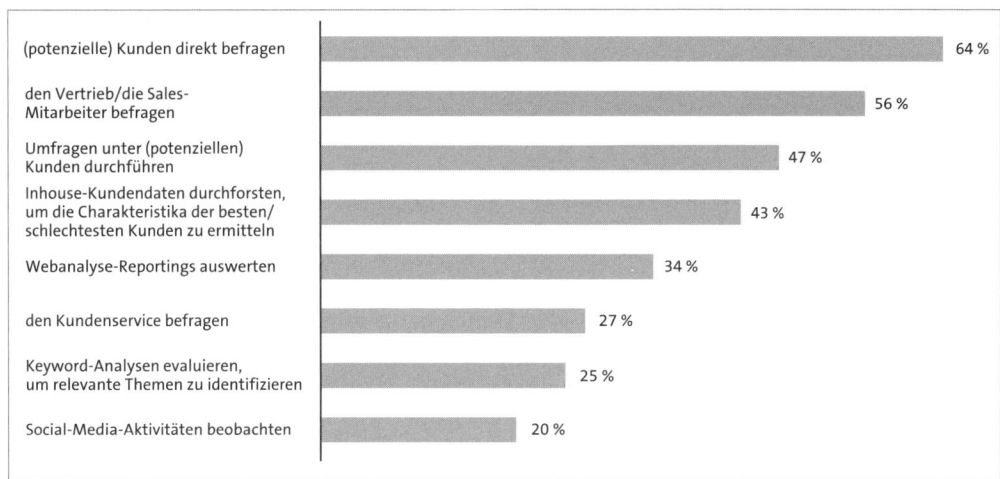

Abbildung 13.2 Ergebnisse aus dem Benchmark-Report von MarketingSherpa[3]

---

3 http://www.marketingsherpa.com/article/chart/top-buyer-persona-development-tactics (Artikel vom 06.03.2012)

In der soeben erwähnten B2B-Studie wurde jedoch auch ermittelt, dass lediglich 41 % der befragten Marketer bereits Personas für ihr Unternehmen entwickelt hatten. Das würde bedeuten: Die Mehrheit der für den Produktabsatz zuständigen Mitarbeiter tappte bis dato komplett im Dunkeln, was die Anforderungen und Bedürfnisse ihrer Zielgruppen anbelangte.

Fürs B2C-Geschäft lag mir keine vergleichbare Studie vor. Allerdings gab es auf der Pivot Conference in New York 2012 eine Umfrage[4] unter Social-Media-Marketern zum Thema Zielgruppen, die zwei interessante Fakten zutage förderte: 76 % der Befragten glaubten zu wissen, was ihre Kunden wollten – doch nur 34 % der Marketing-Verantwortlichen hatten ihre Zielgruppe auch tatsächlich nach deren Bedürfnissen gefragt. Es scheint, als würde in vielen Marketingbüros der spekulative Umgang mit Kundenwünschen überwiegen, während offenbar nur ein kleiner Teil der Unternehmen eine klare Vorstellung davon hat, was ihre Zielgruppe wirklich braucht.

> **Think-Content-Tipp: Fragen Sie Ihre Zielgruppe!**
> Scheuen Sie sich nicht, Ihre Zielgruppe direkt anzusprechen – und fangen Sie möglichst frühzeitig damit an: Starten Sie Umfragen auf Facebook. Platzieren Sie einen Aufruf auf Ihrer Website, in dem Sie die User bitten, an einem Interview zur Verbesserung der Service- und Produktleistungen teilzunehmen. Besuchen Sie Messen und Kongresse, und fragen Sie dort potenzielle Kunden, welche Themen ihnen auf der Seele brennen. Investieren Sie in eine größer angelegte Umfrage-Aktion in Zusammenarbeit mit einem etablierten Marktforschungsinstitut. Befragen Sie auch Kollegen und Branchenexperten zu deren Kundenerfahrungen. Interviewen Sie die Mitarbeiter aus dem Customer-Service, und evaluieren Sie die dort eingegangenen Kunden-Feedbacks.

13.1.3 Auge in Auge mit Ihrer Zielgruppe

Nachdem Sie alle Daten gesammelt haben, geht es an die Erstellung des User-Profils bzw. der User-Profile, die Sie für Ihr Unternehmen benötigen. Sie bestehen jeweils aus einem Foto, einer Auflistung der wesentlichen Persönlichkeitsfakten sowie einer ausformulierten Geschichte zur Lebens- und Berufswelt der betreffenden Persona.

Bei der direkten Kommunikation neigen wir dazu, uns im Laufe eines Gesprächs unserem Gegenüber in Wortwahl und Gestik anzunähern: Das schafft Sympathie und fördert einen positiven Gesprächsverlauf. Personas können Ihnen im Joballtag helfen, eine ebenso erfolgreiche Online-Kommunikation aufzubauen – auch wenn Ihnen Ihre Zielgruppe nicht unmittelbar gegenübersitzt: Drucken Sie die Sedcards

---

4 http://2012.pivotcon.com/the-great-divide-between-marketers-and-consumers-infographic

Ihrer Zielgruppen einfach aus, und hängen Sie sie in Sichtweite Ihres Rechners auf (siehe Abbildung 13.3). Wenn Sie die Gesichter und die wichtigsten Zielgruppenfakten Ihrer User stets direkt vor Augen haben, wird es Ihnen leichter fallen, den richtigen Ton für Ihre Kundenansprache zu finden und passende Geschichten fürs Storytelling zu entwickeln.

Abbildung 13.3 Pinnen Sie sich Ihre Zielgruppen in Rechner-Sichtweite an die Wand.[5]

Ausgearbeitete Personas können folgende Informationen enthalten:

- ein aussagekräftiges Foto
- Name
- Alter
- Geschlecht
- Beruf
- Charakterisierung/Typisierung: aufgeschlossen, kosmopolitisch, kritisch, unkompliziert, anspruchsvoll, lebenslustig usw.
- eine kurze Beschreibung der Persona-Lebenswelt (Arbeit, Privatleben)

---

5 Quelle: SlideShare-Präsentation von Todd Zaki Warfel vom 13.06.2007, Chart Nr. 19: *http://de.slideshare.net/toddwarfel/data-driven-personas*

- Informationen zu Art und Intensität der Internetnutzung
- Marken, mit denen sich der User identifiziert
- Content-Arten, die für den User interessant sein könnten
- Keywords, Produkte und Serviceleistungen, nach denen diese Kundengruppen voraussichtlich suchen
- Antworten auf die Fragen:
  - Wie nutzt dieser Kunde meine Website?
  - Wie und woher kommt der User auf meine Seite?
  - Mit welchem Informations- oder Handlungsbedürfnis besucht er meine Seite?
  - Welche Inhalte, Services oder funktionellen Anwendungen sind für diese Zielgruppe spannend und relevant?

Für die Evaluierung einer B2B-Persona sollten unter anderem auch folgende Punkte berücksichtigt werden:

- Welche Verantwortung hat der Mitarbeiter?
- Welche Entscheidungen darf er treffen?
- Kann er mit seinen Entscheidungen ein finanzielles Risiko für seine Firma eingehen?
- Wovor hat er Angst?
- Welchen fachlichen Background hat er?
- Für wie viele Mitarbeiter ist er verantwortlich?
- Was möchte er (für seine Firma) erreichen?
- Welche Fragen hat er im Zusammenhang mit Ihrem Produkt oder Angebot?
- Welche Argumente benötigt er, um seine Kollegen von Ihrem Angebot zu überzeugen?
- Was fordert diese Persona von Ihnen als B2B-Partner?

Diese Auflistungen erheben weder für den B2B- noch für den B2C-Bereich einen Anspruch auf Vollständigkeit. Sie beinhalten lediglich Vorschläge für die Themen, die Sie bei der Erarbeitung Ihrer Personas in Betracht ziehen können.

13.1.4 Beispiel-Personas für B2B und B2C

Im Folgenden stelle ich Ihnen zwei verschiedene Persona-Varianten vor, um Ihnen Anregungen für das Erstellen eigener User-Sedcards zu geben.

B2B: Der Entscheidungsträger

Ein Vertreter der in Abbildung 13.4 charakterisierten Zielgruppe braucht Fakten: Als Führungskraft trägt er Verantwortung für Teams und Entscheidungen – und lässt sich nicht von oberflächlichen Produktinformationen beeindrucken. Dagegen schätzt er in jedem Fall hochkarätige Whitepapers, Webinare oder Podcasts.

	Technical Decision Maker: The Transformational Leader
	• CIO • Technical decision maker • Develops IT strategy and roadmap • Leads technology team that evaluates technology options
Key Attributes	40-55 years old; Masters in Science, Executive MBA; at least 15 years experience in enterprise leadership roles
Attitude	Leader, business savvy, frugal, skeptical of vendor claims
Reputation	Visionary, decisive, well regarded within industry, egotistical
Job Focus	Creating enterprise-wide change, shifting perception of technology from utilitarian to strategic
Pain Points	• Identifying most promising technology • Getting company-wide buy-in for new software initiatives • Finding ways to make measurable impact
Keywords Used to Search for Information	enterprise software ROI, strategic software investments, breaking down departmental silos, increasing enterprise-wide productivity
Values	• Leadership: Ability to see and convey the "big picture" • Knowledge and expertise: Broad IT knowledge but not interested in technical details • Innovation: Follows latest trends; seeks proof of how others have applied new technologies • Expectations: High expectations of IT team and vendors/solutions to make strategic roadmap a reality
Fears	Making bad purchase decision, tarnishing reputation
Pet Peeves	Self-serving vendors who don't do their homework to understand his focus; vendors who disappear after implementation
Internal influences	Board of directors, CEO, CFO
Motivators	Bonus structure, ego, industry recognition
Information Sources	Peers; online search; Gartner, Forrester; Gartner CIO Leadership Forum; CIO Magazine; Fast Company magazine
Content Preferences	In-depth white papers, podcasts

Abbildung 13.4 Beispiel für eine B2B-Persona[6]

B2C: Arianna

Entwickeln Sie differenzierte Kundenprofile, die zu Ihrer Käuferschicht passen. Erzählen Sie deren Lebensgeschichte; dokumentieren Sie ihre Bedürfnisse; stellen Sie sich vor, welche Inhalte diese Menschen benötigen, um von Ihrem Angebot begeistert zu sein – und wie Sie ihnen bei eventuellen Fragestellungen und Problemen oder im Rahmen ihres Kaufprozesses am besten helfen können. Dabei dürfen Sie ruhig auch konkrete Charaktereigenschaften und Persönlichkeitsmerkmale ausformulieren, die Ihre fiktive Persona stellvertretend für die reale Zielgruppe vereinigt. Je klarer und realer die Person vor Ihrem geistigen Auge steht, desto leichter fällt es Ihnen, den richtigen Ton in der Zielgruppenansprache zu treffen und den Content zu entwickeln, der diesen User-Typ zum Fan Ihres Webangebots macht.

---

6 Bildquelle: Webseite »Customer Think«, *http://www.customerthink.com/blog/buyer_personas_are_critical_mr_ms_ceo_0* (Artikel vom 18. Januar 2011, Autor: Jeff Ogden).

In Abbildung 13.5 finden Sie ein sehr genau ausgearbeitetes Kundenprofil für einen Anbieter exklusiver Lifestyle-Produkte (Mode-Accessoires, Geschenke, Reisen o. Ä.). Angenommen, Sie stellen hochwertige Lederwaren her – dann könnte Ihre Zielgruppe etwa so aussehen wie die hier präsentierte Persona Arianna. Diese Arianna möchte vielleicht von Ihnen hören, dass sie sich für ihre harte Arbeit und ihren Einsatz in der Firma mit einer exklusiven Tasche belohnen darf. Weil sie selbst ein gebender Mensch ist, darf das Geschenk, dass sie sich gönnt, auch gerne einmal etwas mehr kosten – sie hat es sich verdient. Im Übrigen kann es nicht schaden, wenn Sie Arianna sagen, welche Celebritys bereits im Besitz der Tasche sind. Styling-Tipps und News zu Mode-Trends könnten dieser Persona eventuell auch den nötigen »Schubs« in Richtung Kaufentscheidung geben.

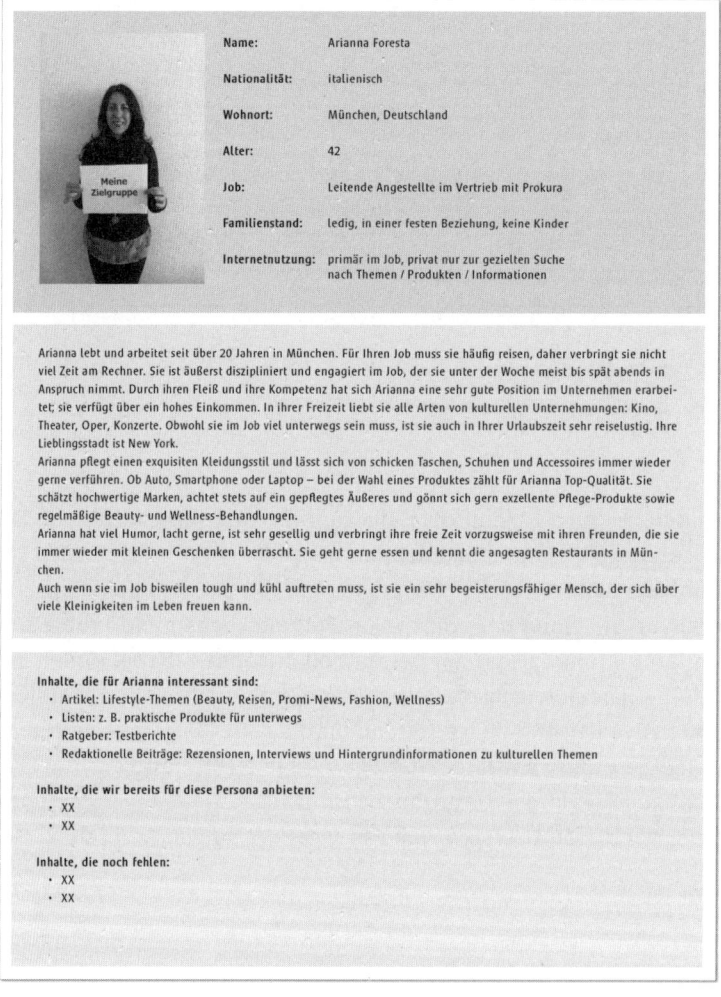

Abbildung 13.5 User-Sedcard »Arianna«

13.2 Überprüfen Sie Ihre Inhalte!

Nachdem Sie Ihre Zielgruppen detailliert herausgearbeitet haben, sollten Sie in einem Audit prüfen, welche der Inhalte, die Ihre User benötigen, bereits auf Ihrer Website vorhanden sind und welche noch fehlen. Das Ergebnis könnte zum Beispiel folgendermaßen aussehen:

- Inhalte, die für eine lifestyle-orientierte Persona bereits vorhanden sind:
    - Frisurentipps
    - Schminkanleitungen
    - Fashion-News
    - Bildergalerien von Szene-Events
    - Wellness-Guides
- Inhalte, die für diese Persona noch fehlen:
    - Markenstorys
    - Celebrity News
    - Reise-Hot-Spots für jede Saison
    - Gourmet-Blog

13.3 Fazit

Das Erarbeiten und die Visualisierung von Personas bietet Ihnen im Wesentlichen fünf Vorteile:

1. Nüchterne Zielgruppendaten werden lebendig und erhalten ein konkretes Gesicht.
2. Personas vereinfachen komplexe und umfangreiche Zielgruppen-Datenberge.
3. An eine real wirkende Persona nähert man sich bei der Content-Entwicklung auf natürlichere Weise an, weil man sich dem Gegenüber gleich stärker verbunden fühlt.
4. Personas helfen dabei, im Rahmen eines Audits (siehe Kapitel 4, »Der Content-Audit«) schnell zu entscheiden, welche Inhalte noch fehlen, um die Zielgruppe erfolgreicher anzusprechen, und welche unter Umständen künftig verzichtbar sind.
5. Die User-Sedcards sind ein entscheidender Bestandteil von effektiven Briefing-Unterlagen: Sie ermöglichen externen Agenturen, Ihre Zielgruppen besser zu verstehen.

Vor allem hilft Ihnen die genaue Zielgruppen-Betrachtung dabei, den breiten »Verständnis-Graben« zwischen Ihnen und Ihren Usern zu schließen. Vermeiden Sie also stets einen spekulativen Umgang mit Ihrer Zielgruppe. Schaffen Sie Fakten – oder lassen Sie sie von den zuständigen Kollegen schaffen.

Ihre Personas sollten auch jederzeit einen virtuellen Platz in Ihrem Themenplan-Meeting (siehe Kapitel 18, »Das Content-Marketing-Herzstück – der Themenplan«) einnehmen. Bei jeder Content-Idee sollte immer sofort die Frage aufpoppen: »Ist das Thema wirklich relevant für unsere Zielgruppe?« Falls nicht, dann riskieren Sie, unnötige Ressourcen für das »Bemuttern« von Webnutzern zu verplempern, die niemals Ihre Kunden werden.

Die wichtigste Frage, die erfolgreiche Dienstleister ihren Kunden stellen, lautet seit jeher: »Wie kann ich Ihnen helfen?« Und zumindest die Antwort Ihrer User auf diese Frage sollten Sie kennen, damit Sie Inhalte anbieten können, die Ihren Kunden das Leben leichter machen.

Die verschiedenen Content-Formate, die Sie im Rahmen Ihres Content-Marketings zum Einsatz bringen können, stelle ich Ihnen im folgenden Kapitel vor.

14 Content-Formate und -Kategorien – eine Übersicht

Lässt sich Ihr Thema in einer Infografik besser vermitteln als in Textform? Können Sie im Rahmen Ihres Content-Marketings heutzutage noch auf den Einsatz von Videos verzichten? Haben Sie schon einmal darüber nachgedacht, PowerPoint-Präsentationen für die Kundenansprache zu nutzen? Mit welchen Content-Elementen stellen Sie gegenüber Ihren Business-Partnern Ihre Kompetenz am besten heraus? Dieses Kapitel bietet Ihnen eine Zusammenstellung sämtlicher Content-Arten, die Sie auf Ihrer Unternehmenswebsite sowie auf Ihren Social-Media-Kanälen im Rahmen Ihrer Content-Marketing-Aktivitäten einsetzen können.

Die größte Gefahr im Content-Marketing ist die, sich angesichts der Fülle an Möglichkeiten, die man zur inhaltlichen Gestaltung seiner Botschaft hat, zu verzetteln. Jedes der in den folgenden Abschnitten vorgestellten Content-Formate hat Vor- und Nachteile, und nicht jeder Inhalt passt zu der von Ihnen im Vorfeld erarbeiteten Content-Strategie. In jüngster Zeit war beispielsweise oft zu hören und zu lesen, Videos seien die einzig wahre Währung im Content-Marketing, und ein Unternehmen, das im Web erfolgreich sein wolle, müsse das meiste Budget und die meiste Zeit in die Produktion von Videos investieren.[1] Derartige Empfehlungen finde ich immer etwas befremdlich. Sollte eine Anwaltskanzlei, die sich auf ein bestimmtes Rechtsgebiet spezialisiert hat, nicht lieber mit Whitepapers, Cases oder Informationen zu Rechtsprechung und Gesetzesänderungen punkten? Kann ein gut gemachtes Online-Magazin im Tourismus-Bereich nicht weitaus mehr Themen abdecken als ein Videoclip?

Pauschal beantworten lassen sich diese Fragen natürlich nicht. Es geht mir hierbei vor allem darum, Ihnen zu zeigen, dass es – wie so oft – auch beim Content-Marketing nicht nur Schwarz oder Weiß gibt. Zugegeben, viele Erfolgsgeschichten vergangener viraler Content-Marketing-Kampagnen basieren auf sorgfältig konzipierten und schön erzählten Videos. Sie werden auch zahlreiche Video-Beispiele in diesem Buch finden. Doch wenn Sie sich etwa die B2B-Inhalte auf der Website des

---

1 Laut einer im Oktober 2013 veröffentlichten Umfrage unter Content-Marketern stehen Videos bereits auf Platz 2 der am häufigsten produzierten Content-Arten. Link zur Studie: *http://www.marketingprofs.com/charts/2013/11732/content-marketing-trends.*

Content Marketing Institute[2] anschauen, einer der weltweit führenden Adressen fürs Content-Marketing, werden Sie feststellen, dass hier auch sehr stark mit Texten gearbeitet wird: Zahlreiche sauber recherchierte Artikel, Analysen, SlideShare-Präsentationen, Whitepapers und E-Books stehen interessierten Content-Marketern kostenfrei zur Verfügung. Ja, es gibt auch einen YouTube-Kanal mit Videos von Konferenzen und Interviews, aber ein beträchtlicher Teil der Informationen wird über Textinhalte vermittelt.

Andererseits könnte ein Mode- oder Lifestyle-Unternehmen sicher gut bei seiner Zielgruppe punkten, wenn es regelmäßige Hochglanzvideos im Angebot hätte. Ein Fashion-Kanal für die Website einer Frauenzeitschrift böte sich ebenso an wie ein Angebot an Sport- und Outdoor-Clips für die Online-Kunden eines Sportartikelhändlers ...

Um Ihnen einen Überblick über Ihre Möglichkeiten zu geben, gehe ich zunächst auf die klassischen Content-Formen ein: Text, Bild, Video, Audio. In den darauffolgenden Abschnitten stelle ich Ihnen weitere Content-Kategorien vor, die Sie sowohl auf Ihrer Website als auch auf externen Kommunikationskanälen zur Promotion Ihrer Marke bzw. Ihres Angebots einsetzen können. So finden Sie etwa am Ende dieses Kapitels einen Exkurs zur Unternehmenswebsite – die ist zwar kein Content-Format im engeren Sinn, doch wegen ihrer überragenden Relevanz für den Markenaufbau möchte ich diese Thematik hier keinesfalls ausklammern. Aus ähnlichen Gründen widme ich auch dem User-generated Content einen Abschnitt: Ich möchte Ihnen in diesem Kapitel die komplette Content-Bandbreite anbieten, die Sie zur User-Ansprache nutzen können – und dazu gehört eben auch der Content, der von Ihren Nutzern selbst erstellt wird. Denn im Idealfall informiert ein User seine Facebook-Freunde über eine von ihm verfasste Rezension, oder ein externes Blog verlinkt auf einen guten Kundenbeitrag. Dann trägt dieser ebenso dazu bei, dass Sie online besser über die Inhalte auf Ihrer Seite gefunden werden.

Neben den in diesem Kapitel eingestreuten Beispielen finden Sie übrigens in Kapitel 22, »Content-Marketing-Beispiele und -Anregungen«, noch zahlreiche gelungene Umsetzungen und Anwendungen verschiedener Content-Marketing-Inhalte. Doch starten wir nun, wie angekündigt, mit dem klassischsten aller Content-Formate: dem Text.

14.1 Textinhalte

Internetnutzer schätzen es nach wie vor sehr, wenn man ihnen Informationen in Form von Texten zur Verfügung stellt – nicht zuletzt deshalb, weil sie sich dann je-

---

2 Link zur Website: *http://contentmarketinginstitute.com*

derzeit ausdrucken lassen. Da das Lesen am Bildschirm die Augen wesentlich mehr anstrengt, sind viele User froh, wenn sie Fakten ganz klassisch auf Papier vor sich sehen – vor allem nach einem langen Arbeitstag am Computer. Sie kennen das sicher selbst: Man findet online eine interessante Checkliste oder Stichpunkte fürs Business, die man sich gerne ausgedruckt auf den Schreibtisch legt, um während der Arbeit immer mal wieder einen kurzen Blick darauf werfen zu können. Oder man entdeckt einen spannenden Artikel, eine Anleitung oder ein Whitepaper, hat aber erst später in der S-Bahn bzw. auf dem heimischen Sofa die nötige Zeit zum Lesen. Texte sind und bleiben unverzichtbar für jedes gute Webangebot, weil sie – gerade im Vergleich zu kurzlebigen Content-Trends – nicht aus der Mode kommen werden. Sie sollten daher stets ein wesentlicher Bestandteil Ihrer Content-Marketing-Strategie sein. In den folgenden Abschnitt präsentiere ich Ihnen die wichtigsten Textformate, die Sie fürs Content-Marketing nutzen können.

14.1.1 Artikel

Redaktionelle Artikel lassen sich im Vergleich zu anderen Content-Formaten kostengünstiger erstellen und sind auch aus SEO-Sicht attraktiv, da sie die Möglichkeit bieten, wichtige Keywords auf kluge Weise in den Text einzuarbeiten. Da Google zudem einen Aktualitätsanspruch an Website-Content stellt, senden Sie mit regelmäßig verfassten Artikeln die entsprechenden »Freshness«-Signale an die Suchmaschine (siehe auch Abschnitt 19.5.2, »Das Freshness-Update«) und erhöhen so die Chance, dass Google Ihre Website öfter frequentiert und Ihren Content zu würdigen weiß.

In aller Regel werden Artikel nicht so oft in den sozialen Medien geteilt wie Videos oder Bilder, sie können sich jedoch durchaus positiv auf weitere Ranking-Kriterien (wie etwa die Verweildauer) auswirken. Auf fachlich fundierte Beiträge wird auch gerne von externen Weblogs oder von Online-Fachmagazinen verlinkt. So können Ihre Artikel auch einen Beitrag zum Aufbau von relevanten und qualitativ hochwertigen Backlinks leisten. Außerdem animieren gute Artikel die Leser dazu, Kommentare zu hinterlassen, aus denen Sie wiederum wertvolle Informationen zu den Bedürfnissen Ihrer User erhalten.

In einer Umfrage des Content Marketing Institute aus dem Jahr 2011[3] gaben 79 % der B2B-Marketer an, regelmäßig Artikel zu produzieren und zu veröffentlichen. Redaktionelle Beiträge gehören somit zu den beliebtesten Content-Marketing-Formaten. In einer Studie der Agentur Copypress zu den Content-Trends 2013, an der rund 330 Marketing-Verantwortliche teilnahmen, gibt es einen klaren Sieger:

---

3 Link zur Webseite mit den Umfrageergebnissen: *http://contentmarketinginstitute.com/2011/12/2012-b2b-content-marketing-research*

Hochwertige Artikel werden demnach als ertragreichster Content bewertet (siehe Abbildung 14.1).

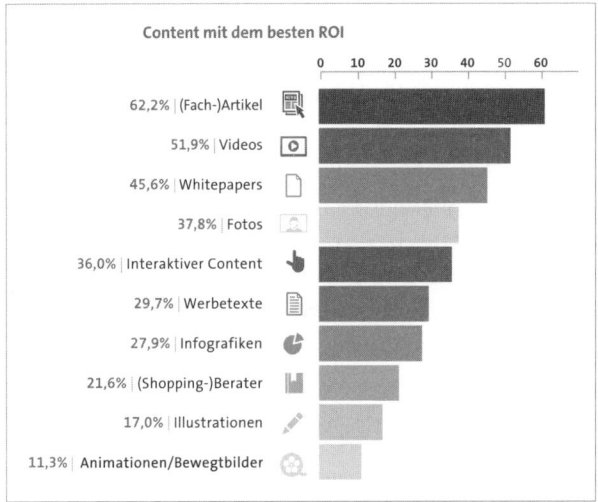

Abbildung 14.1   Content-Studie 2013 der Firma Copypress[4]

Zum Verfassen redaktioneller Artikel sollten Online-Redakteure das Webtext-Handwerk beherrschen und über eine ausgeprägte journalistische Kompetenz verfügen. Während in einem fundiert aufbereiteten Blog-Posting auch gerne einmal die persönliche Meinung des Autors einfließen darf, sollte ein redaktioneller Beitrag möglichst neutral gehalten sein (vgl. Abschnitt 31.5, »Blogs«).

14.1.2   Whitepapers

Ein Whitepaper ist ein Dokument, das eine fachliche Abhandlung zu einem bestimmten Thema bietet und üblicherweise als PDF-Datei zum Download angeboten wird. Whitepapers zählen vorwiegend zu den Instrumenten der Öffentlichkeitsarbeit, die vor allem im B2B-Bereich stark zum Einsatz kommen – hier gehören sie in jedes Standard-Content-Marketing-Kit. Meist leisten sie Hilfestellung zu Fachfragen oder technisch komplexen Anwendungen; sie können aber auch einen Überblick über die Leistungen eines bestimmten Produkts liefern und so möglichen Kunden Argumente an die Hand geben, warum sie sich für dieses Produkt entscheiden sollen. Des Weiteren bieten sich Trendanalysen, Marktstudien, Best-Practice-Lösungen sowie Tipps und Tricks zu einem bestimmten Komplex als mögliche Whitepaper-Themen an. Dabei sollte die Lösung eines Problems oder einer Frage stets im Mittelpunkt stehen: Werbliche Floskeln sollten Sie unbedingt vermeiden.

---

4   Link zur Studie: *http://www.copypress.com/blog/2013-state-of-content-marketing-white-paper*

Die Erstellung exklusiver Whitepapers ist eine sehr gute Content-Marketing-Maßnahme, um Ihre Kompetenz und das Vertrauen in Ihr Unternehmen aufzubauen und zu stärken. Ganz nebenbei unterstützen Whitepapers Ihre SEO-Aktivitäten, wenn sie attraktive Backlinks anziehen oder über eine virale Streuung mehr Traffic auf die Seite bringen. Whitepapers lassen sich auch erfolgreich als Lead-Generatoren einsetzen. Verschicken Sie den Link zum Download erst, wenn ein interessierter User seine Kontaktdaten eingegeben hat – und schon haben Sie Ihre Datenbank um einen neuen qualifizierten Business-Kontakt ergänzt.

> **Rechtstipp: Nehmen Sie den Usern die Angst, Ihre Infos zu teilen**
>
> Haben Sie Ihre User von Ihrer Kompetenz überzeugt, möchten sie Ihr Whitepaper unter Umständen weiter verbreiten. Nehmen Sie ihnen die Angst vor einer Urheberrechtsverletzung, indem Sie darauf hinweisen, dass eine solche Verbreitung ausdrücklich gewünscht ist, sofern Sie als Autor genannt werden. Geben Sie Ihren Kunden dabei einen Zitiervorschlag an die Hand (etwa einen Link auf Ihre Homepage).

Bitte berücksichtigen Sie, dass ein Whitepaper einen schnellen Einblick in eine Materie bieten bzw. einen leichten Zugang zu einem u. U. komplexen Thema legen soll. Eine leicht verständliche Gliederung des Papers sowie die inhaltliche Konzentration auf die wichtigsten Informationen sind für den Erfolg eines Whitepapers essenziell. Der Umfang sollte daher im Idealfall 15 Seiten nicht überschreiten. Längere Abhandlungen zu einem Thema fallen dann schon eher in die als Nächstes folgende Textrubrik: E-Books.

14.1.3 E-Books

Kostenfreie Bücher, die zu Content-Marketing-Zwecken erstellt und in digitaler Form angeboten werden, sind exzellente Lead-Generatoren. Die wochen- oder monatelange Arbeit, die ein Unternehmen darin investiert, zahlt sich in der Regel aus: Es ist damit zu rechnen, dass sich qualifizierte Leads zum Download des E-Books anmelden, die eine starke Affinität zu dem jeweiligen Angebot haben. Außerdem bieten hochwertige E-Books einen langfristigen Nutzwert und können über einen großen Zeitraum hinweg der Interessentengewinnung dienen. Berücksichtigen Sie die Streuung eines E-Books also immer wieder in regelmäßigen Abständen bei der Erstellung Ihres Themenplans.

Das Prinzip ist dabei immer dasselbe: Ein kostenloses E-Book zu einem fach- oder branchenrelevanten Thema wird den Website-Besuchern als Download zur Verfügung gestellt. Die User müssen lediglich ihre Kontaktdaten hinterlegen und erhalten im Anschluss daran sofort Zugriff auf das Buch. Als Anbieter können Sie das Anmeldeformular auch dazu nutzen, weitere Informationen zu den Interessenten abzufragen, wie beispielsweise die berufliche Position oder die Firmengröße.

> **Rechtstipp: Seien Sie sorgsam bei der Auswahl der Datenfelder**
> Doch aufgepasst! Im Datenschutz gilt der Grundsatz der sogenannten Datensparsamkeit: Sie dürfen also nur solche Daten in Pflichtfeldern zwingend abfragen, die für die Übersendung des E-Books erforderlich sind, also den Namen des Empfängers sowie dessen E-Mail-Adresse. Alles andere wären hingegen freiwillige Angaben, die auch als solche gekennzeichnet werden müssen.

Die nachstehende Download-Seite der Firma HubSpot (siehe Abbildung 14.2) zeigt, wie man das E-Book-Anmeldeformular zur Lead-Generierung einsetzen kann.

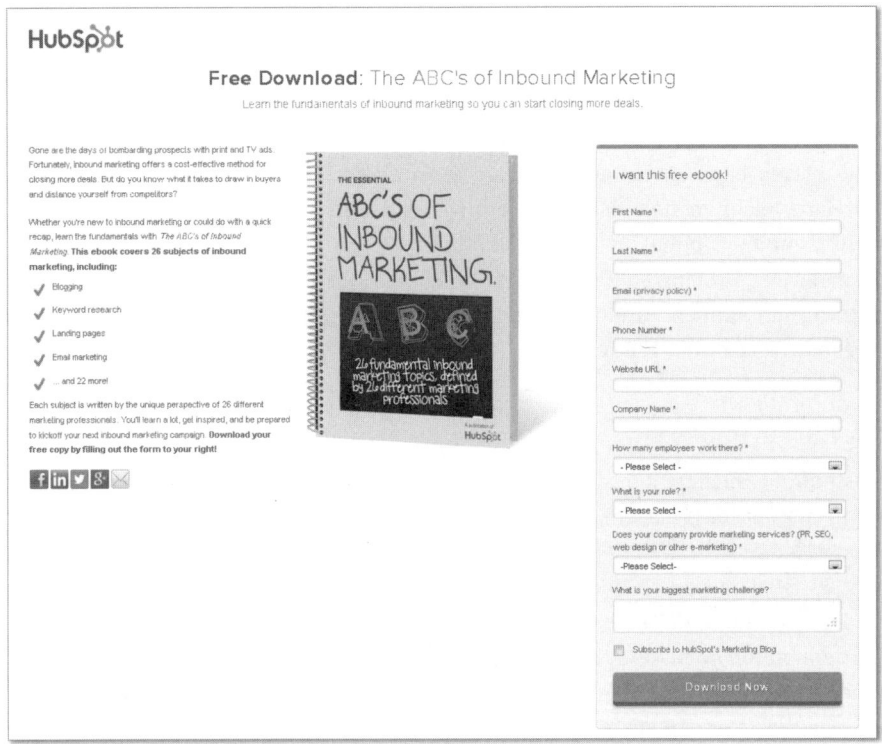

Abbildung 14.2 E-Book-Angebot der Firma HubSpot[5]

Primär werden E-Books im B2B-Bereich genutzt, um die fachliche Kompetenz der Firma herauszustellen. Aber warum sollte nicht auch einmal ein Online-Zoohändler

---

5 Link zur Download-Seite: *http://bit.ly/1aHuI3f* (Stand: 24.10.2013)

bei seinen B2C-Kunden mit einem E-Book zum Thema »Alles, was Sie über Ihr Zwergkaninchen wissen müssen« punkten?

14.1.4 Mailings und Newsletter

Auch wenn Social Media als Kanal für die Verbreitung Ihrer Firmen- oder Produktnews stetig an Zulauf gewinnt, gehört das E-Mail-Marketing immer noch zu den wichtigsten Hebeln zur Aktivierung Ihres Kundenstamms. Dabei unterscheidet man zwischen regelmäßig versandten Newslettern einerseits und anlass- oder produktbezogenen Werbemails andererseits. Wichtigster Inhalt ist in beiden Fällen die Betreffzeile (vgl. Abschnitt 28.5, »Newsletter-Texte und Betreffzeilen«). Denn sie gibt den Ausschlag dafür, ob Ihre E-Mail im (in der Regel überfüllten) Kundenpostfach untergeht, oder ob der Adressat daraufklickt und Ihre virtuelle Post öffnet. Behalten Sie diese klassischen Content-Angebote unbedingt in Ihrem Marketingmix! Es wäre ein Fehler, zu glauben, die Kommunikation würde in Zukunft ausschließlich über die sozialen Kanäle laufen. Je nach Zielgruppentyp sind Newsletter und Mailings oft noch immer die einzigen Anknüpfungspunkte, über die Sie Ihre User erreichen.

Rechtstipp: Betreffzeilen dürfen nicht irreführend sein

Bei aller Freude am Formulieren schmissiger Betreffzeilen dürfen Sie jedoch nicht vergessen, dass Ihrem Kunden bewusst sein muss, dass es sich letztlich um eine werbliche E-Mail handelt. § 6 des Telemediengesetzes untersagt nämlich ausdrücklich, Kopf- und Betreffzeilen absichtlich so zu gestalten, dass der Empfänger vor Öffnen der E-Mail keine oder irreführende Informationen über die tatsächliche Identität des Absenders oder den kommerziellen Charakter der Nachricht erhält. Eine insoweit unzulässige Verschleierung liegt etwa dann vor, wenn die Nachricht den Eindruck macht, sie stamme von einer offiziellen Stelle oder aus dem Freundeskreis des Empfängers. Allerdings geht der Bundesverband Informationswirtschaft, Telekommunikation und neue Medien, BITKOM, davon aus, dass die Zusammenschau von Absenderkennung und Betreffzeile ausreichen soll, damit der Empfänger den kommerziellen Charakter erkennen kann. IKEA als Absender kann also im Betreff persönlicher werden, als ein x-beliebiger Max Mustermann, bei dem man eben nicht dessen werbliche Absichten vermuten kann. Im Übrigen sollen nach dem gesetzgeberischen Willen Bagatellfälle nicht geahndet werden, keinesfalls wird damit allerdings kreativen Betreffzeilen von Kleinunternehmern Tür und Tor geöffnet. Letztlich entscheidend sind also wieder die Umstände des Einzelfalls.

14.1.5 Listen und Megalisten

Eine beliebte Darstellungsform für die kompakte Vermittlung von Informationen sind Listen. Konkrete Handlungsanweisungen, Erläuterungen, Fakten und Anregungen lassen sich so in übersichtlicher und schnell konsumierbarer Form aufbereiten. Vor allem Checklisten bieten dem Leser einen klaren Mehrwert, da er sich mit deren Hilfe rasch Wissen aneignen kann und sich nicht erst durch Prosatextwüsten kämpfen muss, um die gesuchten Informationen herauszufiltern. Außerdem können Ihre User Listen, die für die tägliche Arbeit hilfreich sind, jederzeit ausdrucken, neben den Rechner legen und bei Bedarf einen Blick darauf werfen. Wenn Ihre stichpunktartig aufgesetzten Informationen 20 Punkte überschreiten, spricht man von sogenannten Megalisten, die gut und gerne auch einmal bis zu 100 Fakten, Tipps oder Anregungen beinhalten können.

Nutzen Sie also die Möglichkeit der Listendarstellung, wenn Sie Inhalte leichter zugänglich machen wollen. Hier einige Beispiele:

- 10 Tipps für das Schreiben von Webtexten
- In 6 Schritten zum Content-Marketing-Erfolg
- 100 Erkenntnisse aus 10 Jahren SEO
- 20 Wege zum Nichtraucher
- 5 Tipps für den Erwerb eines Eigenheims
- 10 Vorteile für Messe-Aussteller
- 15 Gründe dafür, warum Ihre Kunden Ihre Dienstleistung brauchen

Diese Listen können entweder einen reinen Aufzählungscharakter haben oder, wie das Beispiel in Beispiel für eine kommentierte Tipp-Liste zeigt, auch mit ergänzenden Erläuterungen ausgeschmückt werden.

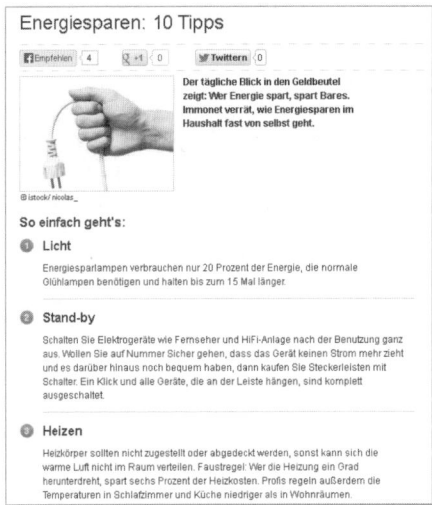

Abbildung 14.3 Beispiel für eine kommentierte Tipp-Liste[6]

---

6 Auszug eines Screenshots vom 24.10.2013 mit Energiespartipps des Immobilienportals Immonet: http://www.immonet.de/service/energiespartipps.html

14.2 Audio-Content

Inhalte müssen nicht immer über Bilder transportiert werden: Gesprochene Texte oder Melodien können sich ebenso gut in den Gehirnen Ihrer Zielgruppe einnisten.

14.2.1 Podcasts

Podcasts sind Audiobeiträge (wie zum Beispiel Radioreportagen), die den interessierten Usern als Dateien (meist im MP3-Format) zum Download angeboten werden. Man könnte sie auch als »gesprochene Blogs« bezeichnen – oder, wie es Buchautorin Rebecca Lieb (»Content Marketing«) formuliert, als »Radio Shows to go«. Denn ein Podcast lässt sich vergleichen mit einer Radiosendung, die man jederzeit, unabhängig von einem bestimmten Sendetermin, anhören kann. Wer als »Podcaster« Erfolg haben möchte, muss dabei dieselbe Grundregel berücksichtigen wie ein Blogger: Er muss regelmäßige Inhalte erstellen. Welchen Anreiz hätten die potenziellen Zuhörer sonst, sich die Podcasts zu abonnieren?

Ein gutes Beispiel für eine erfolgreich agierende Podcast-Seite ist Radio4SEO (siehe Abbildung 14.4). Hier berichten SEO- und Online-Marketing-Experten regelmäßig über aktuelle Markttrends und interessante Entwicklungen im Online-Business. Seit dem Launch des Angebots im Jahr 2007 verzeichnet die Plattform über 2 Millionen Downloads – ein eindrucksvolles Ergebnis.

Abbildung 14.4 Screenshot der Homepage von Radio4 SEO[7]

---

7 Link zur Seite: *http://www.radio4seo.de* (Screenshot vom 23.01.2014)

Eine Top-100-Liste der deutschen Podcasts finden Sie auf *http://www.podcharts.de*. Dort werden auch Video-Podcasts aufgeführt. In ihrer ursprünglichen Form stellten Podcasts allerdings reine Audioangebote dar. Noch dominieren in der Liste die Angebote von Medien-Unternehmen. Aber vielleicht haben Sie ja demnächst eine zündende Podcast-Idee für Ihre Firma, die deutschlandweit Anerkennung finden wird? Die Seite *http://www.podcast.de* bietet rund 10 Millionen kostenfreie Podcasts aus allen Themenbereichen. Lassen Sie sich von dem einen oder anderen Beispiel zu eigenen Content-Marketing-Maßnahmen inspirieren! In Abbildung 14.5 sehen Sie das Ergebnis der Suchbegriff-Abfrage »content marketing«.

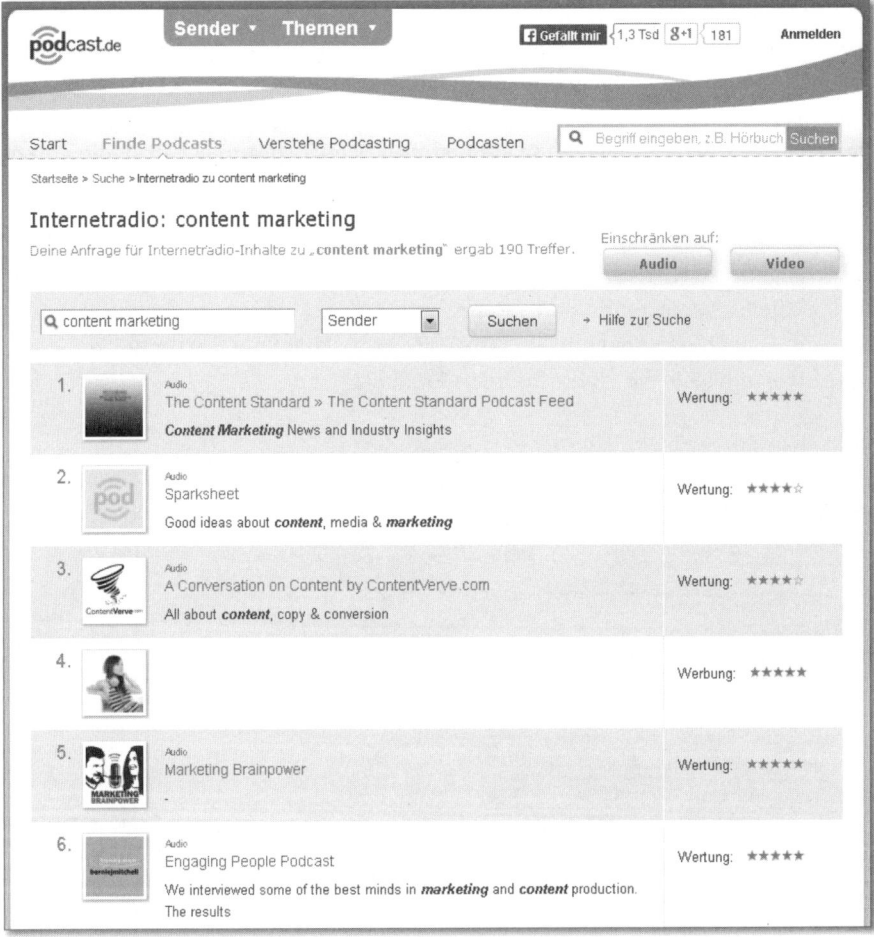

Abbildung 14.5 Podcast-Suche zum Thema Content-Marketing auf podcast.de[8]

---

8 Link zur Suchergebnis-Seite: *http://www.podcast.de/suche/?q=content+marketing* (Screenshot vom 24.10.2013)

14.2.2 Musik

»*Du bist die Wasserflut für meinen Wüstensand.*
Du bist der Fels, der in meiner Brandung steht.
Du bist in meinem Lieblingslied die Melodie.
Merci, dass es dich gibt!«[9]

Na? Haben Sie beim Lesen dieser Textzeilen bereits die dazugehörige Melodie im Kopf? Von Bacardi-Rum (»Summer Dreaming«) über Beck's-Bier (»Sail Away«) bis hin zu Langnese-Eis (»Like Ice in the Sunshine«): Viele Marken und Produkte verbinden wir mit Jingles oder Liedern, die über Jahre hinweg in TV- und Radiospots zu hören waren.

Warum sollten Sie dieses Content-Element nicht auch für den Aufbau Ihres Online-Brandings nutzen? Heutzutage bietet es sich ja sogar an, das Lied und den Sänger kostengünstig über einen Online-Wettbewerb zu finden – unter dem Motto: »Schreib den Song für unsere Marke!« Das Ganze könnten Sie als virtuelles Casting inklusive User-Voting aufziehen. Und wer weiß, vielleicht steht Ihr Unternehmen hinter dem nächsten großen YouTube-Erfolgssong?

14.3 Video-Content

Videos gelten in Marketingkreisen als hochwertigstes und spannendstes Content-Format. Das dynamische Verbreitungspotenzial von gut gemachten Videos ist wahres Content-Marketing-Gold. Aber um derart erfolgreiche Videos auf den viralen Weg zu bringen, muss man etwas mehr Zeit und Geld investieren als in andere Content-Module – es sei denn, Sie wollen Ihren YouTube-Kanal primär mit User-generated Content füllen und arbeiten an einer Strategie, wie Sie Ihre Zielgruppe zur Videoproduktion animieren können.

Doch schauen wir uns zur Einstimmung zunächst ein paar YouTube-Fakten[10] an:

- Jeden Monat besuchen über 1 Milliarde Unique Visitors YouTube.
- Über 6 Milliarden Stunden Videomaterial werden monatlich auf YouTube angesehen.
- Pro Minute werden 100 Stunden Videomaterial auf YouTube hochgeladen.
- Nur 20 % des YouTube-Traffics kommt aus Amerika.

---

9 Auszug aus einem Songtext von Stefan Oberhoff, verwendet in der »Merci«-Werbung.
10 Quelle: *http://www.youtube.com/yt/press/statistics.html* (Stand: 12.01.2014)

- Täglich abonnieren Millionen von Menschen die YouTube-News von Menschen oder Firmen, mit denen sie sich verbunden fühlen oder für die sie sich interessieren.

In Zeiten, in denen jeder nahezu kostenlos Videos produzieren und online stellen kann, sollten Content-Marketer dennoch im Hinterkopf behalten, dass auch auf YouTube der professionelle Auftritt nicht vernachlässigt werden darf. Der Aufbau eines Markenkanals (für den allerdings Nutzungsgebühren anfallen) ist ratsam – und wenn Sie sich schon dafür entscheiden, Ihr Unternehmen mit Hilfe von Videos zu bewerben, dann sollten diese auch unbedingt hochwertig erstellt werden. Schlecht gemachte Videos bleiben länger im Gedächtnis haften als ein misslungener Text. Zahlreiche Firmen nutzen YouTube bereits als festen Bestandteil im Rahmen ihres Marketingmixes. So auch der Versandhändler OTTO: Auf dessen Markenkanal findet der interessierte Kunde unter anderem aktuelle Werbespots, Fashion-Videos oder Behind-the-Scenes-Aufnahmen (siehe Abbildung 14.6).

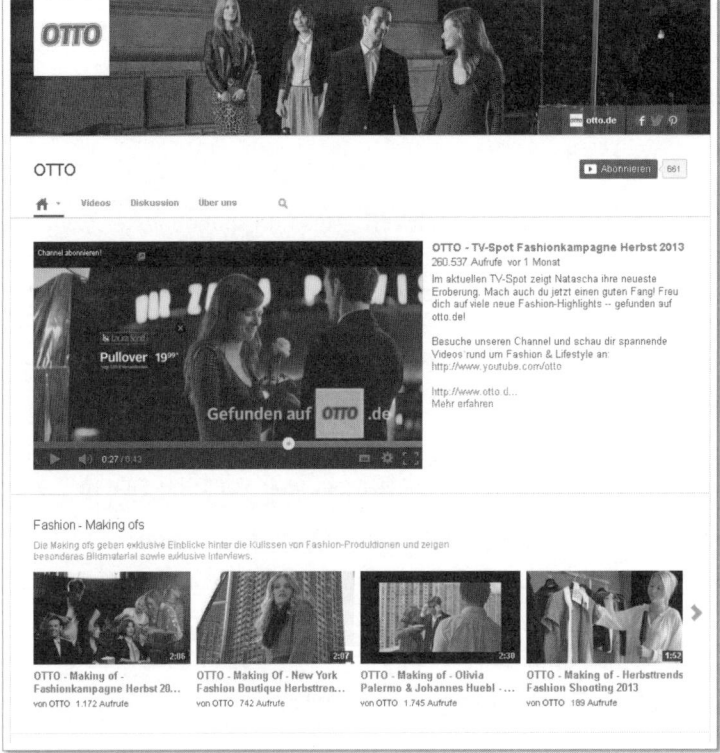

Abbildung 14.6 Markenkanal von OTTO auf YouTube[11]

---

11 Link zum OTTO-Markenkanal: *https://www.youtube.com/user/otto* (Screenshot vom 24.10.2013)

Auch im B2B-Bereich bietet sich die Einrichtung einer Markenkanalseite auf YouTube an, um eine dauerhafte Beziehung zur jeweiligen Zielgruppe aufzubauen. Ein gutes Beispiel hierfür ist das Videoangebot des IT-Dienstleisters DATEV (siehe Abbildung 14.7). Das Unternehmen unterstreicht auf YouTube seine Kompetenz unter anderem mit seinem »Magazin.tv«, das die Klientel regelmäßig mit aktuellen News aus der Branche versorgt. Die zahlreichen Interviews vermitteln zudem ein sehr persönliches Gesicht der Firma und schaffen mehr Kundennähe.

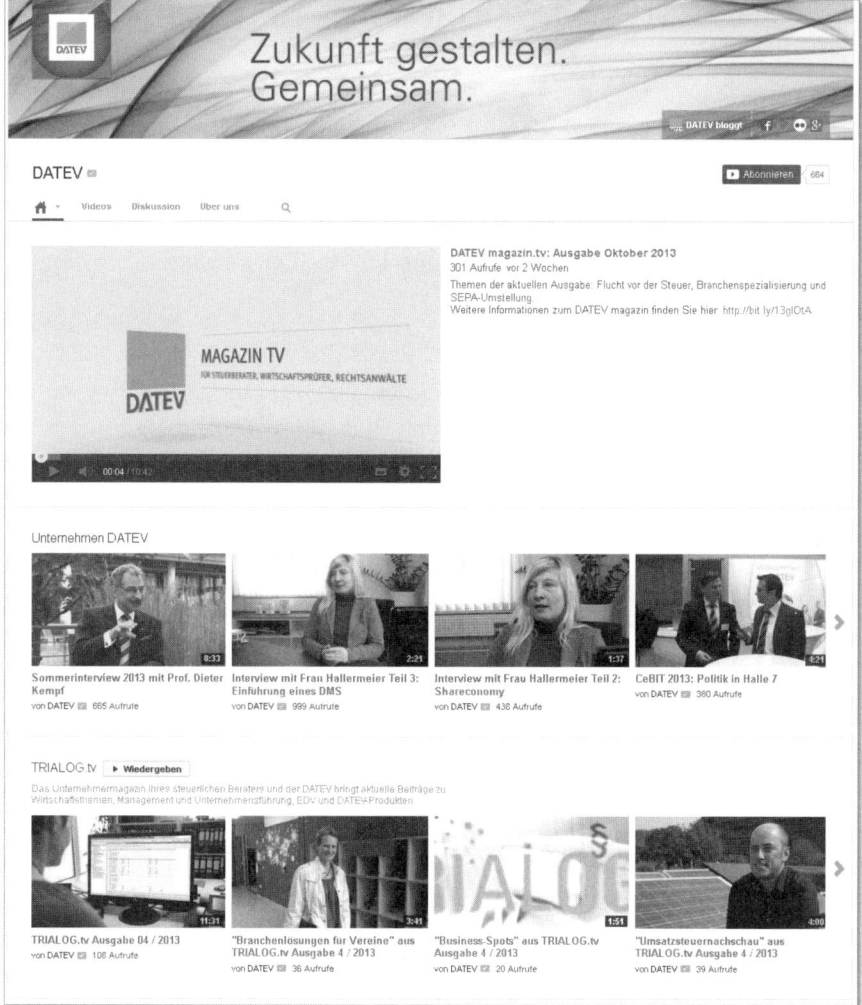

Abbildung 14.7 Unternehmenskanal von DATEV auf YouTube[12]

---

12 Link zur DATEV-Markenseite auf YouTube: *https://www.youtube.com/user/datev* (Screenshot vom 24.10.2013)

Video-Content-Angebote lassen sich grob in folgende Gruppen einteilen:

- Image- und Unternehmensvideos
- Produktvideos
- klassische Werbespots
- Business-Videos (Kongress- oder Messeberichte)
- Behind-the-Scenes-Videos
- Personal Videos (Interviews, Präsentationen)
- Fun-Videos
- animierte Videos
- Lehrvideos/Tutorials
- Musikvideos
- Internet-only-Videos (wie zum Beispiel ein von der Telekom produzierter Film, der ursprünglich nur für die Verbreitung im Internet gedreht wurde: http://move-on-film.de)
- Webcasts

Bevor Sie sich nun aber an die teure Produktion exklusiver Videos machen, führen Sie sich erneut die Ergebnisse Ihrer Content-Strategie vor Augen, und fragen Sie sich, zur Erreichung welcher Ziele ein Video oder eine Reihe von Videos beitragen kann. Im nächsten Schritt sollten Sie noch genauer überlegen, welcher Videotyp am ehesten den Geschmack und das Interesse Ihrer Zielgruppe trifft.

> **Think-Content-Tipp: Nutzen Sie auch »alten« Video-Content**
>
> Bei meinen Recherchen stieß ich auf einen sehr charmanten Werbespot aus den 1950er Jahren: In einem Zeichentrickfilm wurde die neue Isetta von BMW beworben. Mein Interesse war geweckt; ich wollte wissen, ob es bei BMW eine Seite gibt, die alle Werbespots aus den vergangenen Jahrzehnten aufführt. Nachdem ich mich durch zig Seiten und Unterseiten geklickt hatte, landete ich im BMW-Archiv – doch dort ließ sich der erwähnte Spot nicht finden.
>
> Nach dieser Erfahrung stellte sich mir grundsätzlich die Frage: Warum wird »alter« Content, der für User heute noch interessant und attraktiv sein könnte, nicht vollständig auf einer Website genutzt und leicht zugänglich gemacht? Content muss ja nicht immer neu produziert werden. Sie können bereits bestehende Inhalte – wie etwa TV- und Radiospots – wunderbar nutzen, um sich als Unternehmen positiv zu präsentieren. Schauen Sie doch einmal in Ihren Archiven nach, ob Sie nicht noch den einen oder anderen (Offline-)Content-Schatz finden, der Ihren Kunden auch heute noch Freude bereiten kann.
>
> Den netten Isetta-Spot (siehe Abbildung 14.8) möchte ich Ihnen natürlich nicht vorenthalten: Sie finden ihn unter https://www.youtube.com/watch?v=oZa75TcgpEk. Viel Spaß beim Anschauen!

Abbildung 14.8 Isetta-Werbespot auf YouTube[13]

Für den Erfolg eines Videos sind vor allem sechs Faktoren ausschlaggebend:

1. eine gute Story
2. die richtige Zielgruppenansprache
3. ein attraktives Startbild sowie ein griffiger Titel
4. die Verwendung von Keywords im Title und in begleitenden Beschreibungstexten
5. eine breite Verlinkung (Einbettung) des Videos (von der Homepage, aus dem Blog, aus Pressemeldungen, auf Twitter, auf Facebook ...)
6. die Verbreitung des Videos auf YouTube oder anderen Videokanälen

Bitte bedenken Sie, dass ein einmalig produziertes Video allein noch kein Content-Marketing ist. Es sollte ein Teil Ihrer gesamten Content-Marketing-Strategie sein, die sich auf verschiedenen Content-Ebenen widerspiegelt.

---

13 Link zur YouTube-Seite: *https://www.youtube.com/watch?v=oZa75TcgpEk* (Screenshot vom 24.10.2013)

14.4 Webinare

Webinare sind Seminare, die online abgehalten werden. Die Vermittlung von Wissen und Lösungen steht dabei stets im Mittelpunkt. Eine reine Produkt-Präsentation hat in einem Webinar nichts verloren – es sei denn, der betreffende Kurs bietet eine Schulung zu einer Software oder einem Programm, das die Teilnehmer bereits nutzen oder nutzen wollen: Dann wird die ergänzende Produktinformation als Serviceleistung honoriert.

Webinare lassen sich mittels Videokonferenz-Systemen oder Screen-Sharing-Technologien umsetzen, die auch Unternehmen mit kleinen Budgets nutzen können. Auf der Seite *http://www.webconferencing-test.com/de/webkonferenz-home* finden Sie eine umfassende Auflistung von Webinar-Software-Anbietern.

In den vergangenen Jahren ist das Angebot an kostenfreien Webinaren rasant angestiegen. Solche Online-Seminare werden im Content-Marketing primär zur Lead-Generierung und Kundenbindung eingesetzt. Dabei ist es wichtig, dass das Konzept und die Inhalte Ihres Webinars möglichst gut auf die Bedürfnisse der Teilnehmer zugeschnitten sind und dass das Seminar letztlich auch hält, was die Ankündigung verspricht. Sonst riskieren Sie enttäuschte Teilnehmer, die das Webinar frühzeitig verlassen und einen eher schlechten Eindruck von Ihrem Angebot und Ihrer Kompetenz bekommen.

Fragen Sie sich bei der Webinar-Entwicklung des Weiteren, ob die geplante Länge für die Teilnehmer zumutbar ist. Nicht jeder kann oder mag sich 1 Stunde Zeit für einen Online-Kurs nehmen. Vielleicht können Sie die geplanten Themen bündeln und aus einem ursprünglich auf 60 Minuten angesetzten Seminar zwei bis drei kürzere Webinare machen.

> **Think-Content-Tipp: Ein Webinar ist keine Einbahnstraße!**
> Nutzen Sie die Chance zum interaktiven Austausch mit den Seminarteilnehmern: Stellen Sie ihnen Fragen, entlocken Sie den potenziellen Leads Reaktionen, hören Sie gut zu, und gehen Sie unbedingt auf die Fragen der Webinar-Besucher ein.

Ein weiterer Vorteil von Webinaren ist es, dass sie sich jederzeit ortsunabhängig organisieren und durchführen lassen. Während Ihre Sales-Mitarbeiter früher noch zu Produktschulungen bei den betreffenden Kunden vor Ort antreten mussten, können Sie das heute über ein Webinar erledigen – und ersparen so Ihrer Firma eine Menge Reisekosten. Zudem ist der Kreis der potenziellen Teilnehmer um ein Vielfaches größer als bei klassischen »Offline«-Veranstaltungen, da auch die Webinar-Interessenten unabhängig von ihrem jeweiligen Standort dabei sein können.

Abbildung 14.9 zeigt exemplarisch eine Einladung zu einem Webinar der Firma PR-Gateway[14].

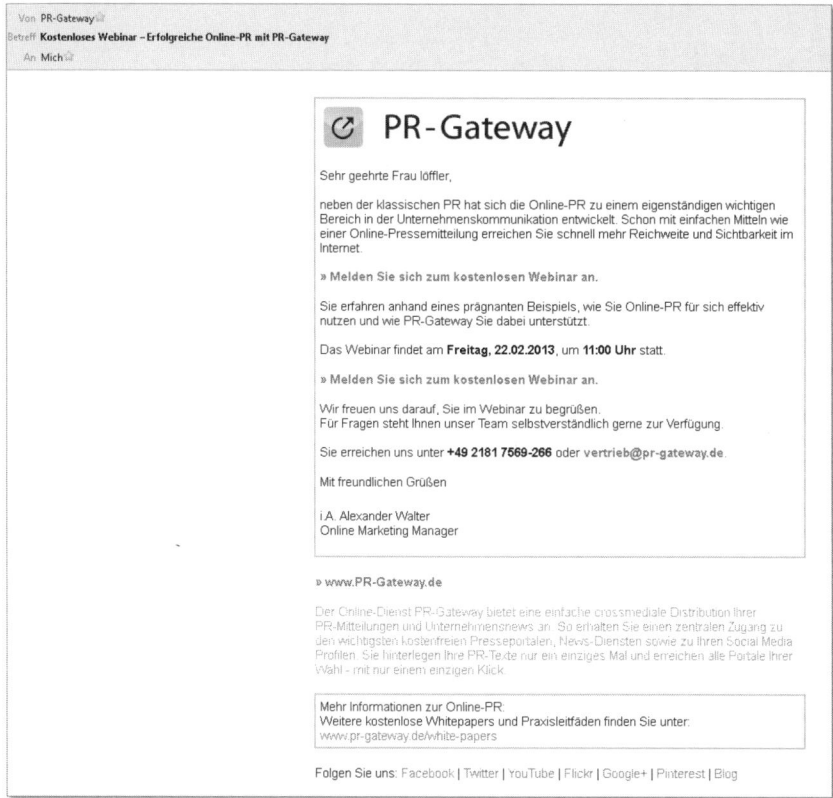

Abbildung 14.9 Einladung zu einem kostenlosen Seminar von PR-Gateway vom 14.02.2013

Abschließender Tipp: Eine gute Einführung in das Thema Webinare bietet ein 36-seitiges E-Book, das die Software-Firma Citrix Online unter *http://www.citrix-online.de/pdf_col/ebooks/133DE_EB_ebook_Webinar-RatgeberDINA5.pdf* kostenlos zum Herunterladen anbietet.

14.5   Grafiken, Fotos & Co.

Der Content-Erfolgsdauerbrenner auf den sozialen Netzwerken sind Bilder. Wenn Sie ein süßes Katzenbaby-Foto posten, sind Ihnen die Likes und Shares fast schon sicher, denn die Beliebtheit von Tierbaby-Fotos ist im Web kaum zu übertreffen.

---

14 Link zur Firmenseite: *http://www.pr-gateway.de*

Zugegeben, Tierbabys passen nicht zu allen Geschäftsmodellen und zu jedem Firmenimage. Aber wenn Sie mal die Möglichkeit haben, eines einzubauen ... ;-)

14.5.1 Allgemeines

Grafische Darstellungen und Fotos erwecken das Interesse der User und werden vom menschlichen Auge beim Scannen einer Website in der Regel nicht übersehen. Den Einsatz von Bildelementen sollten Sie also fest in Ihrem Content-Marketing-Mix einplanen. Vor allem auf Facebook sagen Bilder den Usern offenbar eine Menge: Auf der Like- und Share-Rangliste stehen sie unangefochten auf Platz 1, wie Sie der nachstehenden Abbildung 14.10 entnehmen können. Sie stammt aus einer Infografik, die der Social-Media-Experte Dan Zarrella erstellt hat. Der renommierte Wissenschaftler und Buchautor (»The Social Media Marketing Book«) hat hierfür die Daten aus 1,3 Millionen Posts der 10.000 beliebtesten Fan-Sites gesammelt und ausgewertet.[15]

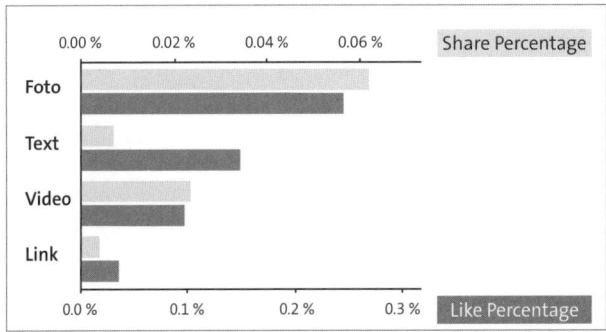

Abbildung 14.10   Nach einer Infografik von Dan Zarrella

Doch neben dem Ziel, die Aufmerksamkeit der User auf sich zu ziehen, dienen die visuellen Elemente auch dazu, Informationen und wissenswerte Inhalte leichter verdaulich aufzubereiten. Bilder können komplexe Sachverhalte vereinfachen – und darüber hinaus unterhaltsame kleine Geschichten erzählen. Für die bildhafte Darstellung von Inhalten steht Ihnen eine Vielzahl von grafischen Varianten zur Verfügung. Unter anderem:

- Produktbilder
- animierte Grafiken
- Infografiken
- Fotos zur Darstellung in Bildergalerien und Slideshows

---

15 Link zur Infografik: *http://danzarrella.com/infographic-how-to-get-more-likes-comments-and-shares-on-facebook.html* (24.10.2013)

- Comics und Karikaturen
- Illustrationen
- Icons
- Collagen
- Porträts (Mitarbeiterfotos, Kundenfotos)
- Diagramme
- Charts
- Karten
- Skizzen
- Screenshots

Bilder sind auch ein beliebtes Gewinnspiel-Element und bieten viele kreative Möglichkeiten, Ihre User spielerisch zu involvieren. Ein schönes Beispiel für den interaktiven, produktbezogenen Umgang mit Bildmaterial ist eine Instagram-Fotoaktion des Herstellers der Oreo-Kekse: User wurden aufgefordert, ein beliebiges Foto einzuschicken und anzugeben, welcher der beiden Oreo-Bestandteile (entweder der dunkelbraune Schokoladenkeks oder die weiße Creme-Füllung) ihnen besser schmeckt. Die auf den eingesandten Bildern dargestellten Motive wurden unter der Verwendung des bevorzugten Keksbestandteils nachmodelliert. In Abbildung 14.11 sehen Sie ein Creme-Modell, das nach dem danebenstehenden Foto geschaffen wurde.

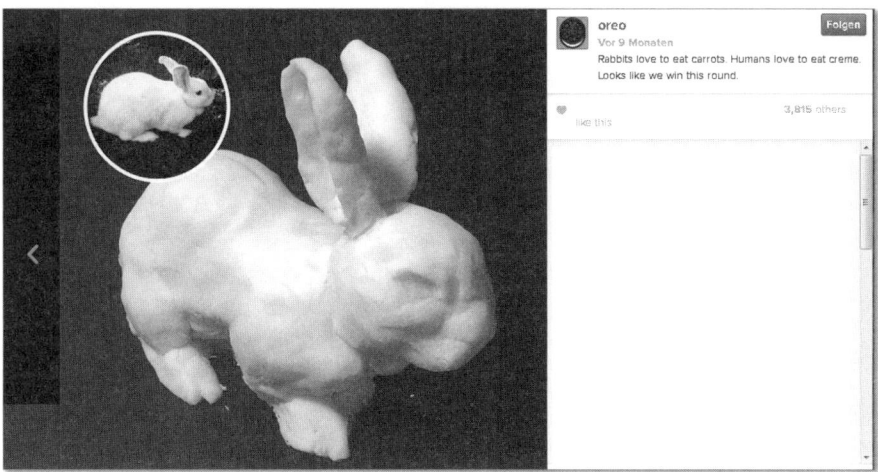

Abbildung 14.11 Ein Kaninchen, geformt aus Oreo-Creme[16]

---

16 Link zur Instagram-Oreo-Seite: *http://instagram.com/p/VUTYZ0xtIg* (Screenshot vom 24.10.2013)

Auch der Trinkjoghurt-Hersteller Actimel Deutschland setzt in seiner Facebook-Kommunikation vorwiegend auf Content in Bilderform. Dabei werden die Actimel-Flaschen des Öfteren immer wieder neu und bisweilen sehr charmant in Szene gesetzt, wie das Beispiel in Abbildung 14.12 zeigt: Wer hätte gedacht, dass Brat Pitt und Angelina Jolie auch in Flaschenform einen coolen Auftritt hinlegen können?

Abbildung 14.12 Actimel-Post auf Facebook vom 21.Oktober 2012[17]

Beim Einsatz von Bildern sind Ihrer Content-Fantasie keine Grenzen gesetzt. Erinnern Sie sich an das Bazooka-Joe-Kaugummi-Beispiel aus Abschnitt 12.3, »Die Geschichte des Content-Marketings«? Vielleicht finden Sie für Ihr Angebot ja auch eine sympathische Comic-Figur, mit der Sie die Webnutzer begeistern und längerfristig binden können!

14.5.2 Infografiken

Infografiken, die mit Ihrer Marke verbunden werden, können Ihren Usern auf einprägsame Art zeigen, was Ihr Business leistet und über welche Kompetenz Sie verfügen. Dabei unterscheidet man zwischen statischen und dynamischen Infografiken – letztere enthalten beispielsweise zusätzlich Verlinkungen, Animationen oder Videostreams, die sich beim Darüberfahren mit der Maus abrufen lassen. Im We-

---

17 Link zur Facebook-Seite von Actimel: *http://www.facebook.com/actimel.de*

sentlichen sollte eine Infografik vier Anforderungen erfüllen: Sie sollte Sinn ergeben, Spaß bereiten, auf anschauliche Weise Wissen vermitteln und den User möglichst zum Weiterleiten und Teilen animieren.

Ähnlich wie bei Videos ist die Konzeption und Umsetzung einer Infografik relativ zeit- und kostenintensiv. Dafür bietet sie jedoch im Idealfall einen anschaulichen Mehrwert für Ihre User – und einen nicht zu unterschätzenden »Fun-Faktor«. Die Chancen, dass eine unterhaltsame Infografik im sozialen Netz viral gestreut wird und sogar Backlinks anzieht, sind grundsätzlich nicht schlecht. Ein Beispiel für die grafische Aufbereitung von statistischen Daten sehen Sie in Abbildung 14.13.

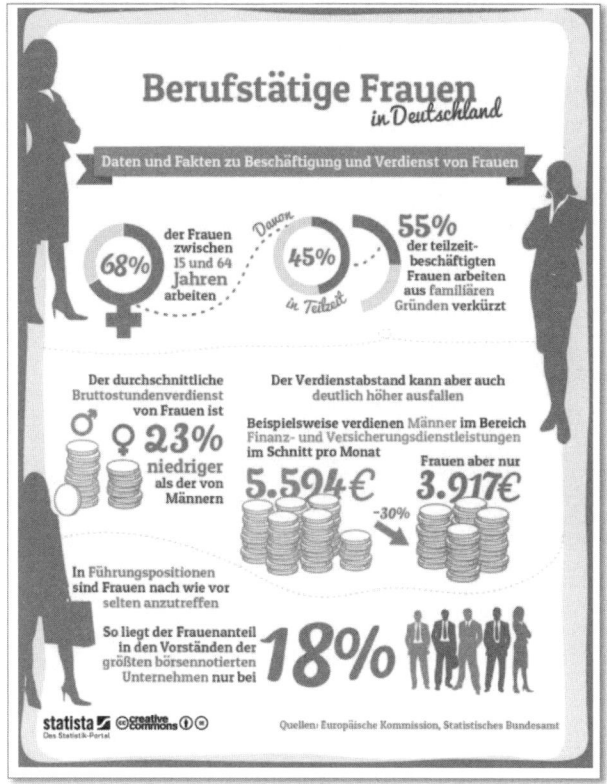

Abbildung 14.13 Infografik »Berufstätige Frauen in Deutschland«[18]

Mittlerweile gibt es einige Programme, mit denen Sie Infografiken selbst produzieren können. Die folgende Liste bietet eine kleine Auswahl von Werkzeugen zur Erstellung von Infografiken bzw. zur Visualisierung Ihrer Daten:

---

18 Quelle: *http://de.statista.com/themen/83/einkommen/infografik/969/berufstaetige-frauen-in-deutschland* (Screenshot vom 24.10.2013)

- http://www.easel.ly
- http://infogr.am
- http://piktochart.com
- http://visual.ly
- http://www.dipity.com
- http://timeline.knightlab.com
- http://geocommons.com

In Abbildung 14.14 sehen Sie meine ersten Gehversuche mit *easel.ly*. Die Nutzung der Infografik-Tools ist recht intuitiv. Trauen Sie sich einfach, das eine oder andere Programm auszuprobieren!

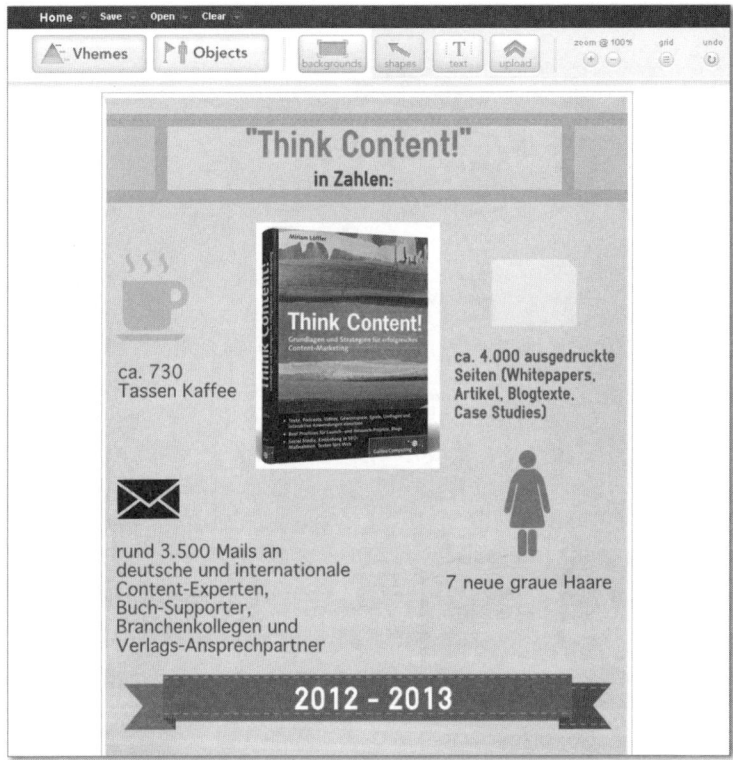

Abbildung 14.14 Beispiel für die Nutzung von www.easel.ly

14.5.3 Bilddatenbanken

Die Produktion hochwertiger Grafiken wird von Firmen meist an Agenturen ausgelagert. Wenn Sie sich als Content-Verantwortlicher einmal eigenhändig um Bildmaterial kümmern müssen, bieten Bilddatenbanken – meist gegen eine Lizenz- oder

Nutzungsgebühr – eine umfangreiche Auswahl. In der nachstehenden Liste finden Sie eine Selektion verschiedener Anbieter:

- *http://www.jupiterimages.de*
- *http://www.punchstock.de*
- *http://www.vivozoom.com*
- *http://www.fotosearch.de*
- *http://de.dreamstime.com*
- *https://www.photospin.com*
- *http://www.shutterstock.com*
- *http://de.fotolia.com*
- *http://deutsch.istockphoto.com*
- *http://de.123rf.com*
- *http://www.canstockphoto.de*
- *http://crestock.de*
- *http://www.veer.com*
- *http://yaymicro.com*
- *http://www.mostphotos.com*
- *http://stockfresh.de*
- *http://de.depositphotos.com*
- *http://photodune.net*
- *http://www.stockvault.net*
- *http://www.corbisimages.com*
- *http://de.photos.com*
- *http://www.gettyimages.de*
- *http://www.vectorious.net*
- *http://www.bigstockphoto.de*

Bitte achten Sie genau auf die für die jeweiligen Bilder ausgewiesenen Lizenz- und Nutzungsrechte, damit Sie sich keinem Abmahnrisiko aussetzen.

14.5.4 Urheberrechte

Nachdem die urheberrechtlichen Fragen rund um Bildinhalte auf Webseiten ziemlich verzwickt sind, übergebe ich das Wort an dieser Stelle am besten an unseren Rechtsexperten ...

Rechtstipp Informationen zum Copyright

Vorweg sei schon gesagt: Es bedarf keines eigenen Copyright-Vermerks, um Ihre Grafiken und Fotos vor dem unbefugten Zugriff Dritter zu schützen. Urheberrechtsschutz erlangen Sie vielmehr kraft Gesetzes, einer besonderen Kennzeichnung bedarf es also nicht. Im Einzelfall kann es gleichwohl sinnvoll sein, einen Copyright-Vermerk anzubringen, denn auf diese Weise dokumentieren Sie nach außen, dass Sie Ihre Rechte im Fall des Falles verteidigen werden. Dem Einwand, man habe nichts vom Urheberrecht und der Möglichkeit einer Verletzung gewusst, wird damit von Anfang an die Grundlage entzogen.

Nicht jeder Gestaltungsakt fällt allerdings unter den Urheberrechtsschutz, vielmehr muss es sich um ein »Werk« handeln. Dies setzt voraus, dass eine gewisse Schöpfungshöhe erreicht ist. Im Werk muss also eine kreative Leistung erkennbar werden, die sich aufgrund ihrer Originalität von sonstigen Werken unterscheidet. Goethe und Schiller müssen Sie allerdings nicht sein, um in den Genuss des Urheberrechts zu gelangen. Bei einigen Werkarten sind die Anforderungen an die geistige Leistung dagegen eher gering.

Bei Ihrer Grafik muss es sich also um eine geistige Schöpfung handeln, in der persönliche Züge zum Ausdruck kommen. Arbeitsergebnisse, die auf rein handwerklichen Fähigkeiten basieren, fallen hingegen nicht in den Schutzbereich. Zudem ist zu beachten, dass das Urheberrecht dem Schutz der Gestaltung dient und nicht dem Schutz der dahinterliegenden Ideen. Letztlich kommt es also auf die Umstände des Einzelfalles an, aufgrund derer ein Richter entscheiden wird. Im Fall von Grafiken ist etwa davon auszugehen, dass eine grafische Umsetzung und Darstellung technischer Abläufe vom Urheberrechtsschutz erfasst sein wird, so etwa bei grafisch ausgearbeiteten Bedienungsanleitungen, die besonders übersichtlich oder anschaulich dargestellt sind. Ein einfaches Kuchendiagramm wird hingegen nicht als schöpferisches Werk zu qualifizieren sein.

Fotos und Lichtbilder sind hingegen in jedem Fall, unabhängig von ihrer Schöpfungshöhe, als Werk zu qualifizieren und damit unabhängig von ihrem künstlerischen Anspruch ohne Weiteres durch das Urheberrecht geschützt. Der auf Facebook gepostete verwackelte Schnappschuss ist also genauso geschützt wie eine Porträtaufnahme von Newman.

Verwendet ein Dritter Ihre Lichtbilder, Fotos oder individualisierten Grafiken ohne Ihre Zustimmung, so verletzt er damit also regelmäßig Ihre Urheberrechte, und Sie können ihn dafür kostenpflichtig abmahnen oder eine Lizenzgebühr verlangen. Das gilt aber auch in die andere Richtung: Also Finger weg von fremden Inhalten!

Einen kurzen Überblick über das Urheberrecht und seine Tücken finden Sie auf der Homepage des Bundeswirtschaftsministeriums unter *http://www.bmwi.de/DE/Service/ Impressum/urheberrecht,did=228470.html*.

14.6 E-Paper und Online-Magazine

Bei einem E-Paper handelt es sich um die Online-Abbildung eines Printmagazins. Es enthält in der Regel keine interaktiven Funktionen. Die einzelnen Seiten der Zeitschrift werden eingescannt, grafisch optimiert und über eine Blätterfunktion online zum Lesen zur Verfügung gestellt.

Online-Magazine werden hingegen als eigenes Internet-Content-Format entwickelt und haben – anders als E-Paper – einen interaktiven Charakter: Sie können daraus auf verschiedene Seiten verlinken, Videos einbinden und spielerische Content-Elemente einbauen. Die Produktion eines exklusiven, regelmäßig erscheinenden Online-Magazins ist vergleichsweise kostenintensiv. Insofern sollten Sie im Vorfeld genau überlegen, ob Ihr Thema genug »Futter« für ein solches Magazin bietet und ob Sie über diese Inhalte Ihre Zielgruppe überhaupt erreichen können.

Das »iFly Magazine« von KLM (siehe Abbildung 14.15) ist ein inspirierendes Beispiel für ein Lifestyle-orientiertes Online-Magazin: Reiseberichte, schöne Fotos, Informationen rund ums Reisen sowie interessante Kultur-Tipps verführen zum Klicken und machen Lust auf den nächsten Urlaub.

Abbildung 14.15 Screenshot des Online-Magazins »iFly« von KLM[19]

Sehr gelungen ist auch das »Mit-Mach-Magazin« von LEGO (siehe Abbildung 14.16): Den Kindern bietet es jede Menge Spaß und interaktive Unterhaltung. Games, Comics und Tipps regen die Fantasie an und fördern die Spielfreude.

---

[19] Link zum Magazin: http://www.iflymagazine.com (Screenshot vom 24.10.2013)

14 Content-Formate und -Kategorien – eine Übersicht

Abbildung 14.16 Screenshot eines interaktiven Games aus dem »Mit-Mach-Magazin« von LEGO[20]

Wie Sie sehen, lässt sich das Format für viele Themen und Branchen einsetzen. Allerdings ist die Entwicklung eines interaktiven Hochglanzmagazins mit einem höheren Marketingbudget-Einsatz verknüpft und daher eher für größere Unternehmen relevant, die über das nötige Kleingeld verfügen. Es wäre auch nicht sinnvoll, nur eine einzige Magazin-Ausgabe zu lancieren – insofern müsste ein solches Format langfristig im Budget einkalkuliert werden.

14.7 Engaging Content

Unter Engaging Content versteht man Website-Inhalte, die den User – oft durch spielerische Anreize – zum Mitmachen, Teilen oder Kommentieren animieren. Der Nutzer setzt sich aktiv mit dem angebotenen Inhalt auseinander, indem er beispielsweise

- an einer Umfrage teilnimmt,
- ein Online-Tool nutzt,

---

20 Link zum »Mit-Mach-Magazin«: *http://club.lego.com/de-de/interactive-magazine*; Link zur abgebildeten Seite: *http://imc.ceros.com/legoclubgerman/issue022013/page/1* (Screenshot vom 24.10.2013)

- ein Online-Game spielt,
- sich in einem direkten Wettbewerb mit anderen misst oder
- den Content (beispielsweise eine Infografik) einer anderen Website in sein eigenes Blog aufnimmt und kommentiert.

Mit Inhalten, die die Aufmerksamkeit der User länger binden, schaffen Sie mehr Nähe zu einem Angebot, Ihrem Unternehmen oder einem Thema. Clevere Servicetools, kurzweilige Spiele-Anwendungen oder aktuelle Experten-Infos tragen außerdem dazu bei, dass ein Internetnutzer öfter Ihre Seite besucht und sich die Kundenbindungsrate erhöht. Wenn Sie es also geschafft haben, einen User mit Ihrem Angebot länger bei der Stange zu halten, ist die Wahrscheinlichkeit größer, dass er auch wieder auf Ihr Angebot bzw. auf Ihre Seite zurückkommt.

Grundsätzlich haben diese Inhalte auch einen starken viralen Charakter und werden oft rasch im Netz gestreut, wenn der Funke bei der Zielgruppe erst einmal übergesprungen ist. Die folgenden Abschnitte stellen interaktive Content-Elemente in den Fokus, mit denen Sie Ihre User intensiv in Ihren »Marken-Bann« ziehen können.

14.7.1 Spielerisch auf Kundenfang

Bei der »Gamifizierung« kommen spieltypische Elemente zum Einsatz, deren Ziel es ist, User anzuziehen und mehr Nähe zum Anbieter aufzubauen: Durch die spielerische Auseinandersetzung mit dem Produkt soll der Webnutzer die Marke mit einem positiven Erlebnis verbinden. Dabei unterscheiden wir zwischen dem *Game-based Marketing* (siehe Abschnitt 14.7.3), bei dem bekannte Spiele wie etwa »Vier gewinnt« lediglich für ein Produkt oder eine Marke angepasst werden, und der *Gamification* (siehe Abschnitt 14.7.2), bei der rund um das Produkt bzw. die Marke ein neues Spiel entwickelt wird. Beide Module haben ein gemeinsames Ziel: Der User soll länger auf einer Seite verweilen und sich freiwillig intensiver mit dem Anbieter oder einer Marke auseinandersetzen.

Die meisten Menschen lieben es zu spielen – dazu bedarf es noch nicht einmal einer materiellen Motivation. Allerdings sollten Sie bei der Entwicklung einer gamifizierten Anwendung das Thema Relevanz nicht aus den Augen verlieren und mit Hilfe Ihrer Zielgruppenanalysen herausarbeiten, welche Bedürfnisse Sie mit welchen Spielimpulsen am besten ansprechen können bzw. welche Fragen Ihrer User sich über eine Game-Lösung auf spielerische Art beantworten lassen.

Unterhaltsame Online-Spiele sind eine willkommene Abwechslung vom Alltag und bieten dem User einen hohen Anreiz, auf der betreffenden Seite zu bleiben – und vielleicht nebenbei sogar noch etwas Gutes zu tun. Crowdsourcing-Plattformen wie die von Hollywoodstar Edward Norton ins Leben gerufene, rasant wachsende Spendenseite CrowdRise (siehe Abbildung 14.17) beweisen, dass die Kombination aus Information und spielerischem Ansporn durchaus auch guten Zwecken dienen kann. Spenderlisten, die Anzeige der Spendenfortschritte für die einzelnen Projekte, die Möglichkeit, sich Spendenteams anzuschließen oder sein favorisiertes Projekt im Wettbewerb gegen andere Projekte zu unterstützen – all das sorgt bei diesem im Grunde genommen recht einfach gestrickten Spiel für die nötige Motivation, von der sich bereits über 33 Millionen Spieler anstecken ließen.

Abbildung 14.17   Auszug einer Projektübersicht auf http://www.crowdrise.com/give/causes

14.7.2   Gamification

Gamification bedeutet die Anwendung spielerischer Elemente in spielfremdem Zusammenhang – rund um ein Produkt oder eine Marke wird eine Spielsituation geschaffen. Dabei dient die Spielhandlung als Werkzeug, um User zu involvieren:

Wenn der Konsument ein Gamification-Angebot nutzt, dann setzt er sich intensiv mit einem Thema auseinander, das primär zur Lebens- und Produktwelt des Anbieters gehört. Davon verspricht sich der Anbieter vor allem eine Steigerung der Nutzeraktivität, eine Erhöhung der Markenbekanntheit und eine Verbesserung der Markenloyalität.

Ein Beispiel dafür, wie eine Firma ihr Angebot geschickt mit den Bedürfnissen ihrer Zielgruppe verbindet, ist die Motivationsplattform Nike+. Hier wird der auf der Startseite präsentierte Einstiegssatz »Der smarte, einfache und spielerische Weg, noch aktiver zu werden«[21] von A bis Z durchdekliniert. Unter anderem bietet die dort angebotene Anwendung »Nike Fuel« (siehe Abbildung 14.18) die Möglichkeit, seine Fitness-Aktivitäten aufzuzeichnen und sich mit anderen Community-Mitgliedern virtuell im Kampf um die beste Form zu messen. Ganz nebenbei kann man sich dort selbstverständlich auch mit allen möglichen Nike-Produkten ausstatten, die man für eine erfolgreiche Fitness-Schlacht braucht ...

Abbildung 14.18 Screenshot der NikeFuel-Seite: http://nikeplus.nike.com/plus/what_is_fuel

---

21 Link zur Seite: *http://nikeplus.nike.com/plus* (Stand: 02.11.2013)

Gamification lässt sich vielseitig einsetzen – etwa zur Marktforschung, als Weiterbildungsmechanismus, im Support-Bereich oder zur Vermittlung von Informationen. Zudem sind die spielerischen Angebote ein ideales Content-Modul zur Kundenbindung. Vom Bewerber-Manager über Börsenspiele bis hin zu Wissensanwendungen gibt es viele spielebasierte Angebote, die über den reinen Spaßfaktor hinaus einen Lerneffekt oder eine konkrete Hilfestellung zu einem Problem bieten. So auch das Game-Projekt von Foldit (siehe Abbildung 14.19), das Wissenschaftlern bei der Optimierung von Proteinen helfen soll: Weltweit werden Spieler dazu aufgefordert, im Rahmen einer Puzzle-Anwendung Protein-Stränge zusammenzubasteln, die bestimmten Kriterien für die Heilung von Krankheiten wie Krebs oder AIDS entsprechen. Mit Hilfe des spielerischen Einsatzes sollen noch nicht entzifferte Proteinstrukturen ermittelt werden. Das bedeutet, dass jeder Spieler tatsächlich einen Beitrag dazu leisten kann, Leben zu retten.

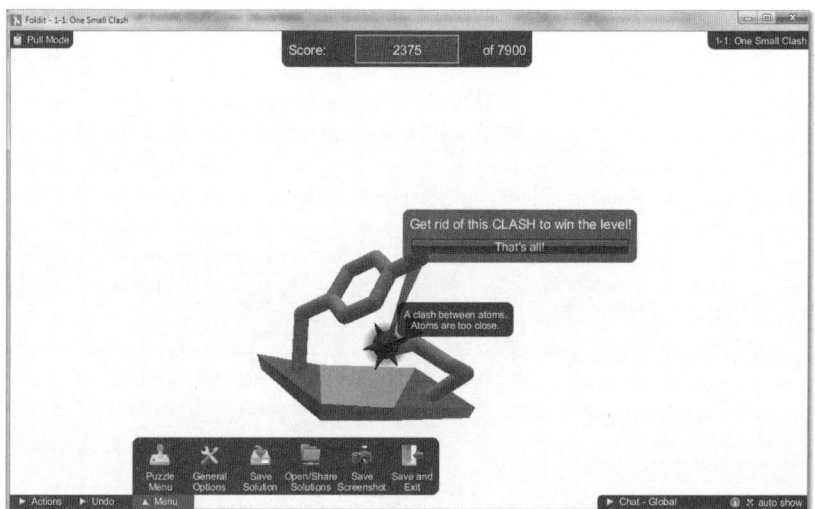

Abbildung 14.19 Screenshot der Spielmaske des Foldit-Puzzles[22]

Gamification-Experte Arne Gels verweist darauf, dass jeder dritte Deutsche – quer durch alle Bildungsschichten – Computer- und Videospiele spielt. Er rät, dieses Potenzial im Rahmen einer individuellen Marketingstrategie zu nutzen:

> »Gamification ist nicht nur ein Hype, sondern eine reelle Chance für Unternehmen und Agenturen – wenn man die zentralen Prinzipien der Thematik berücksichtigt. Sie wird allerdings immer nur ein Teil einer ganzheitlichen Kommunikationsstrategie sein und kann kein klassisches Content-Element vollständig ersetzen.«[23]

---

22 Link zum FoldIt-Portal: *http://fold.it/portal* (Screenshot vom 04. 01.2014)
23 Arne Gels, Geschäftsführender Gesellschafter der Zone 2 Connect GmbH (*www.zone2.de*).

14.7.3 Game-based Marketing

Bei dieser Form der Spielerei steht ein einfacher, gelernter Game-Mechanismus im Vordergrund: Ein bewährtes Spiel wird für ein bestimmtes Produkt bzw. eine Marke modifiziert. Dabei hat das eigentliche Konzept des Spiels in der Regel gar nichts mit dem Produkt oder der Marke zu tun. Es wird lediglich zu Werbezwecken genutzt und soll den Usern ein schnelles, unmittelbares Spielvergnügen bereiten. Das Streben nach kleinen Erfolgserlebnissen ist eine der zentralen Triebfedern jedes Internetnutzers – und Game-based Marketing bedient diese Bedürfnisse auf perfekte Weise.

Ein Paradebeispiel für eine solche Spieleanwendung ist das legendäre Moorhuhn, das 1999 von einem schottischen Whisky-Hersteller lanciert wurde. Das höchst erfolgreiche Online-Game, das unter dem Begriff »Moorhuhnjagd« sogar Eingang in den Duden fand, funktionierte nach dem Prinzip eines klassischen »Shoot 'em Up«-Computerspiels: Es galt, so viele Hühner wie möglich mit Bleikugeln zu durchlöchern. Der Name des Whiskys erschien an verschiedenen Stellen im Game (auf einem Wegweiser, auf einem Heißluftballon, eingeritzt in einen Baum usw., siehe Abbildung 14.20). Die Erfolgsbilanz des Spiels wird allerdings durch einen kleinen Wermutstropfen getrübt: Erinnern Sie sich noch an den Hersteller, der dem Moorhuhn Leben einhauchte? Verknüpfen Sie das Online-Game tatsächlich mit der Marke Johnnie Walker? Der Firma ist mit dem Moorhuhn zwar ein viraler Coup gelungen, aber das Federvieh hat sich schnell unter seinem eigenen Namen in den Köpfen der Spieler eingebrannt – ganz ohne Johnnie!

Abbildung 14.20 Screenshot des Johnnie-Walker-Moorhuhn-Spiels auf YouTube[24]

---

24 Quelle: *http://www.youtube.com/watch?v=O1cgGPw8CEM* (Screenshot vom 02.11.2013)

Weitere klassische Vertreter des Game-based Marketings sind Spiele wie »Vier gewinnt« oder »Mahjong«, die optisch einem Produkt oder einer Marke angepasst werden, wobei der altbekannte Spielmechanismus bestehen bleibt. Ein gelungenes Beispiel hierfür finden Sie in Abschnitt 22.3.2, »Spiel mit VIP-Faktor – Gala macht Mahjong-Steine zu Stars«.

Aber auch einfache Bonus-Programme, Coupon-Aktionen oder die Jagd nach bunten Ostereiern in einem Onlineshop zählen zum Game-based Marketing: Wenn der Nutzer sich intensiv mit der angebotenen Spielerei der Firma auseinandersetzt, winkt ihm am Ende eine Belohnung – Bonuspunkte, Prämien, Highscore-Plätze, Rabatte, ein Gewinn usw.

14.7.4 Weitere »aktivierende« Inhalte

Außer mit Quiz-Anwendungen, Geduldsspielen oder Online-Rätseln können Sie Ihre User auch mit interaktiven Service-Angeboten (Kalorienrechner, Brutto-Netto-Rechner ...), Tests (Persönlichkeitstests, Wissenstests ...), Umfragen oder aktivierenden Gewinnspielen auf Ihre Website oder die Facebook-Fanseite führen.

Bitte beachten Sie jedoch, dass sämtliche Inhalte der Kategorie Engaging Content losgelöst von anderen Komponenten noch kein Content-Marketing ausmachen: Sie sind lediglich Puzzlestücke im Rahmen Ihrer crossmedialen Content-Strategie.

14.8 E-Commerce-Content

Für Ihren Onlineshop übernimmt E-Commerce-Content die Aufgaben eines Verkäufers in einem klassischen Laden. Verkaufsstarke Inhalte bieten eine Kombination aus

- umfassenden Beratungsinformationen,
- ehrlichen Kaufargumenten und
- emotionalen Anreizen, die Kaufimpulse auslösen sollen.

Die Inhalte dienen vor allem dazu, die Konversion auf Ihrer Produktseite zu erhöhen. Je besser sich Ihr Kunde im Vorfeld informieren kann, desto größer ist auch die Wahrscheinlichkeit, dass ihm die bestellte Ware gefällt, seinen Vorstellungen entspricht und nicht zulasten Ihrer Bilanz retourniert wird. Für User, die eine Kaufentscheidung treffen wollen, sind die folgenden Inhaltstypen bzw. Content-Angebote relevant:

- Produktbeschreibungen
- Beratung, Ratgeber

- Themenwelten
- Style-Guides
- Anwendungs- und Pflegetipps
- Herstellerinformationen
- Markenstorys
- Testberichte
- Videos
- Produktbilder, die sich im Idealfall heranzoomen lassen
- (Fach-)Rezensionen
- User-Reviews
- Cross-Selling-Beratung

Außer auf Ihrer Website können Sie Ihre Angebote auch in einem Produkt- und Themenblog verlinken und promoten.

Schon die Integration von vermeintlich kleinen Content-Schnipseln kann dazu beitragen, dass sich die Konversion einer Seite erhöht. Gerade auf Kategorieseiten bieten etwa gut ausformulierte Content-Banner einen leichteren Einstieg und können sich positiv auf wichtige KPIs auswirken. Ein Beispiel: Im Onlineshop der Fressnapf Tiernahrungs GmbH wurden informative Content-Banner auf den Kategorieseiten für getreidefreies Hundefutter eingebunden, nachdem die verantwortlichen Marketingmitarbeiter festgestellt hatten, dass die Suchanfragen für dieses Sortiment angestiegen waren und sich ein Trend für dieses Futtermittel entwickelt hatte. In Abbildung 14.21 sehen Sie ein Beispiel für diese Banner-Integration.

Diese kleine, aber feine inhaltliche Ergänzung hatte zur Folge, dass sich die Konversionsrate um 42 % erhöhte, während sich gleichzeitig die Absprungrate um 22 % verringerte.

Prüfen Sie im Rahmen Ihrer Content-strategischen Maßnahmen das Potenzial jeder Seite und bieten Sie Ihren Kunden auch einmal einen knackigen Einstieg in eine Sortiment-Kategorie, indem Sie die wesentlichen USPs und Verkaufsargumente kurz zusammenfassen.

Bei der Erstellung von E-Commerce-Content ist grundsätzlich ein strategisches Vorgehen wichtig. Gerade Shop-Betreibern, die es mit einer großen Anzahl verschiedener Kategorien und Produkte zu tun haben, fällt es oft schwer, die Unmengen an benötigten Informationen zusammenzutragen. In solchen Fällen empfiehlt es sich, die einzelnen Produkte und Themen zu priorisieren – und die jeweiligen Seiten entsprechend des festgelegten Stellenwertes mit Content auszustatten.

Abbildung 14.21 Beispiel für ein Content-Banner auf http://www.fressnapf.de/shop/produkte/hund-snacks-getreidefrei

Umfassende Tipps für das Verfassen verkaufsstarker Produkttexte finden Sie in Kapitel 30, »Schreiben für den E-Commerce – Produkttexte, die verkaufen«.

14.9 Mobile Content

Die mobile Content-Währung sind die sogenannten Applikationen, kurz Apps genannt. Viele dieser Anwenderprogramme für Mobilgeräte – wie etwa Stadtpläne, Routenplaner oder Restaurantführer – werden als Content-Lizenzierungen angeboten. Besonders beliebt sind auch Games-Anwendungen, mit denen sich die Nutzer die Zeit spielerisch mit ihrem Smartphone oder Tablet vertreiben können.

Die Entwicklung eigener Apps (zum Beispiel einer Shopping-App) ist aufwendig. Doch der Boom der Branche lässt sich nicht aufhalten, und die Nutzung Ihrer Angebote über mobile Endgeräte wird mit Sicherheit weiter zunehmen. Insofern kann es durchaus sinnvoll sein, eine Eigenkreation in Erwägung zu ziehen, wenn es noch kein passendes App-Angebot für Ihr Unternehmen gibt.

Abgesehen von der Ausbreitung der Applikationen steckt das Thema Mobile Content noch in den Kinderschuhen. Die größte Herausforderung besteht aktuell nicht darin, Inhalte zu erstellen, sondern darin, sie so zu gestalten, dass sie auf einem Smartphone-Display auch gut lesbar sind. Die Skalierbarkeit und die dynamische Anzeige von Website-Content auf verschiedenen Endgeräten muss daher weiter verbessert werden.

14.10 Landingpages

Natürlich könnte man im Prinzip jede Seite, auf der ein User buchstäblich »landet«, als Landingpage bezeichnen – von der Homepage über die Kategorieseiten bis hin zu den Produktdetailseiten. Unter einer Langingpage im engeren Sinne versteht man jedoch eine Webseite, die nach einem Mausklick auf eine Werbeanzeige, einen per E-Mail versendeten Link oder einen Suchmaschineneintrag erscheint. Landingpages werden also eigens für Online-Marketing-Kampagnen oder im Rahmen bestimmter SEO-Maßnahmen erstellt.

Bei der Anlage einer Landingpage sollten Sie im Vorfeld genau wissen, über welche werbliche Message und über welchen Kanal der potenzielle Besucher auf die Seite kommt. Es ist äußerst wichtig, dass die Landingpage auf die Erwartungen eingeht, die ein Besucher beim Klicken auf ein Banner, einen Newsletter-Teaser oder einen Affiliate-Link hat: Die präsentierten Inhalte sollten exakt seinem Gesuch entsprechen. Das oberste Ziel einer Landingpage ist eine möglichst hohe Konversion – und die erhält man nur, indem man die betreffenden Seiten immer wieder testet und kontinuierlich optimiert.

14.11 User-generated Content

Ihre User können Ihnen dabei helfen, in kurzer Zeit relevanten Content aufzubauen und Ihr Business dadurch kräftig nach vorne zu bringen. Allerdings müssen Sie bereits eine gute Diskussions- und Content-Angebotsbasis schaffen, damit Sie Ihre Nutzer dazu motivieren können, an der Ausgestaltung Ihrer Website-Inhalte mitzuwirken. Je besser das Content-Fundament ist, mit dem Sie an den Start gehen, desto wahrscheinlicher ist es, dass Ihr Angebot positiv bewertet wird und die User sich wirklich Mühe mit der Beantwortung von Fragen oder beim Verfassen von Beiträgen geben.

Ein geradezu mustergültiges Vorgehen beim Aufbau nutzergenerierter Inhalte bewies der E-Commerce-Marktführer Amazon, der mittlerweile über eine beeindruckende Menge an von Kunden erstellten Besprechungen und Bewertungen verfügt. In den bescheidenen Anfangsjahren des Online-Händlers gab es in Deutschland eine rund 20-köpfige Redaktion, die exklusive, hochwertige Rezensionen zu den angebotenen Produkten verfasste. Nach und nach übernahmen die User den Job der Redakteure: Bereits seit Jahren liefern sie kontinuierlich produktrelevante Inhalte, vertaggen Produkte mit Schlagworten, erstellen Empfehlungslisten und diskutieren in Foren über aktuelle Themen oder Produkte.

Ein weiteres gelungenes Beispiel für eine Content-geführte Community ist das Abnehmprogramm *Beyond Diet* (*www.beyonddiet.de*). Die Content-Basis bilden Tools und Werkzeuge, die den Usern beim Abnehmen helfen sollen. Rezepte, Motivations- und Erklärvideos ergänzen das Angebot. Bei der Beantwortung von Fragen werden die Nutzer nicht nur dem Halbwissen einer Community überlassen: Sie erhalten zusätzlich von den Beyond-Diet-Mitarbeitern wertvolle Tipps und rasche Antworten auf die geposteten Themen. Die von Usern eingestellten Kochrezepte werden zum Teil auch von der Website-Betreiberin und Ernährungsberaterin Isabel De Los Rios getestet und in den Rezeptlisten entsprechend mit dem Gütesiegel »IA« (»Isabel Approved«) gekennzeichnet (siehe Abbildung 14.22).

Abbildung 14.22   Rezepte auf beyonddiet.de mit dem »IA«-Gütesiegel: http://www.beyonddiet.de/Members/Recipes/Tag/IsabelApproved?page=2

> **Think-Content-Tipp: Steuern Sie die Inhalte Ihrer Nutzer**
>
> User-generated Content, der nicht geführt oder moderiert wird, birgt die Gefahr, dass zahlreiche Nutzer einfach – mit Verlaub – ihren Senf zu irgendwelchen Themen geben. Das ist natürlich kontraproduktiv: Unqualifizierte Inhalte, die den Website-Benutzern keinerlei Mehrwert bieten, werfen ein negatives Licht auf Ihre Plattform. Schaffen Sie daher Anreize für User, die Sie tatsächlich dabei unterstützen, vernünftigen Content aufzubauen. Mit folgenden Hebeln können Sie die nutzergenerierten Inhalte ein wenig steuern:
>
> - Sorgen Sie dafür, dass Ihre vorgegebene Content-Basis exklusiv, hochwertig und relevant ist.
> - Lassen Sie Kommentare anfangs nicht unmoderiert.
> - Lassen Sie Experten die Fragen der User beantworten.
> - Bieten Sie ein attraktives Prämiensystem (Gutscheine o. Ä.).
> - Lassen Sie die User-Beiträge von anderen Nutzern bewerten und kommentieren.
> - Geben Sie guten Rezensenten eine Bühne (»Rezensent der Woche«).
> - Geben Sie Experten ein exklusives Fachforum, und fordern Sie diese auf, Ihr Wissen mit anderen zu teilen.

Prüfen Sie also zunächst im Rahmen Ihrer Content-Marketing-Strategie, ob und inwieweit sich das Thema User-generated Content für Ihr Unternehmen eignet. Aufbauend auf diesen Überlegungen, entwickeln Sie anschließend ein durchdachtes Konzept, bevor Sie das Content-Zepter einfach so an die User weitergeben.

> **SEO-Tipp: Nur exzellenter User-generated Content macht Google glücklich**
>
> Lange Zeit wurde User-generated Content als DER Tipp schlechthin gehandelt, um schnell viele Inhalte für Google zu schaffen, Traffic auf die eigene Website zu bekommen und damit die eigenen Rankings zu steigern. Seit Einführung des Panda-Algorithmus, bei dem es um die Qualität der Inhalte geht, kann solcher Content aber auch nach hinten losgehen. Das zeigen die enormen Ranking-Verluste von Plattformen wie gutefrage.net oder wer-weiss-was.de, bei denen ein erheblicher Teil des Inhalts leider aus wenig qualifizierten Beiträgen besteht. Überlegen Sie also genau, welche Art von User-generated Content Sie auf Ihrer Website einführen möchten und wie Sie diesen qualitativ hochwertig halten.
>
> Ein gelungenes Beispiel für eine solche Strategie ist zum Beispiel YouMoz (*www.seomoz.org/ugc*). Dort darf jeder seinen Blogbeitrag einreichen, der nach kurzer Spam-Prüfung freigeschaltet wird und von den Lesern bewertet werden kann. Allein die Tatsache, dass dieses Blog von allen führenden SEO-Experten weltweit gelesen wird, sorgt dabei schon automatisch für eine hohe Qualität der Beiträge – schließlich möchte sich niemand vor diesen Experten blamieren. Als zusätzlicher Anreiz winkt die Möglichkeit, dass die am meisten positiv bewerteten Beiträge sogar in das offizielle Blog von SEOmoz übernommen werden, was einer gewissen Adelung des Autors entspricht. Natür-

lich kann ein solcher Kultstatus eines Unternehmensblogs nicht sofort erreicht werden, aber mit ein wenig Kreativität lassen sich garantiert auch in Ihrer Branche entsprechende Anreize finden, um User-generated Content mit hoher Qualität zu bekommen.

> **Rechtstipp: Achten Sie bei der Netiquette auf jedes Detail**
> Stellen Sie den Content Ihrer User auf Ihrer Website ein, wollen Sie hierfür jedoch nicht gleich haften. Dies gilt gerade für Urheberrechts- und Persönlichkeitsverletzungen durch unangemessene Beiträge. Eine eigene Haftung des Website-Betreibers entsteht dabei schon dann, wenn Sie sich die fremden Inhalte zu eigen machen, etwa indem Sie damit werben, dass Sie fremde Beiträge erst nach Prüfung veröffentlichen. Entsprechende Formulierungen in Ihrer Netiquette können so zu einem ganz erheblichen Haftungsrisiko führen, setzen Sie sich so doch der Gefahr einer Abmahnung aus.

14.12   Offline-Content

Nicht jedes Unternehmen verfügt über das nötige Budget, um ein eigenes Magazin herauszubringen. Dennoch sollten Sie prüfen, in welchem Rahmen und mit welchen Mitteln Sie auch die Offline-Kanäle nutzen können, die von Ihrer Zielgruppe frequentiert werden. Vielleicht haben Sie ja die Möglichkeit, als Gastautor Artikel für ein Fachmagazin beizusteuern – oder Sie finden geeignete Kooperationspartner, mit denen sich Offline-Aktionen planen und umsetzen lassen.

14.13   Exkurs 1: Content für SlideShare

Einen Absatzkanal, auf dem User ausschließlich Präsentationen finden und der dennoch monatlich 60 Millionen Visits anzieht, sollte man sich als Content-Marketer einmal genauer anschauen. Eine gelungene SlideShare-Präsentation bringt Fakten anschaulich, knapp und unterhaltsam auf den Punkt – meist im PowerPoint-Format. Über den einfachen Upload von Präsentationen hinaus können Sie auf SlideShare außerdem[25]

- Audio-Content einbinden,
- HD-Videos hochladen,
- Live-Streaming-Videopräsentationen abspielen und
- Blog-Feeds aus Ihrem Corporate Blog einbinden.

---

25 Quelle: Todd Wheatland, The Marketers Guide to Slideshare. Cleveland, Ohio: CMI Books 2012.

SlideShare-Präsentationen sind ein empfehlenswertes Content-Marketing-Element für Ihr B2B-Business. Teilen Sie Informationen zu Markttrends oder Konferenzen, Studien, Blicke hinter die Kulissen, Lernbeispiele, Statistiken und aktuelle Fachthemen aus Ihrer Branche – oder nutzen Sie SlideShare-Inhalte, um Ihre Firma vorzustellen.

An der Zahl von rund 460.000 hochgeladenen Präsentationen allein zum Thema Content-Marketing (siehe Abbildung 14.23) sieht man bereits, dass die Content-Branche selbst erkannt hat, wie wichtig die Präsenz auf SlideShare ist – und wie wertvoll der Verteilereffekt sein kann.

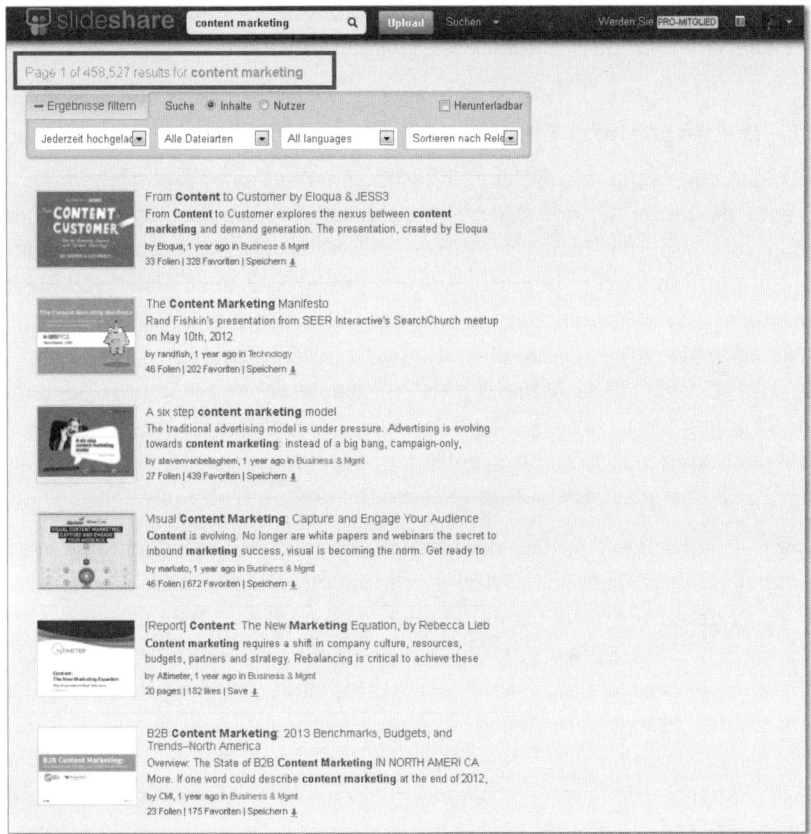

Abbildung 14.23   Abfrage nach Präsentationen zum Thema Content-Marketing auf SlideShare (http://www.SlideShare.net)

Die Tomorrow Focus AG geht mit gutem Beispiel voran: Auf dem SlideShare-Channel der Firma (*http://de.slideshare.net/tomorrowfocus/presentations*) findet der geneigte User etwa eine übersichtliche Sammlung von interessanten Marktstudien, die die Kompetenz des Unternehmens unterstreichen sollen.

14.14 Exkurs 2: Ihre Unternehmenswebseite

Sie finden es vielleicht ungewöhnlich, dass ich im Rahmen der Content-Formate auch Seitentypen behandle. In Abschnitt 2.5, »Was ist Content aus Strategie-Sicht?«, habe ich einzelne Elemente einer Unternehmensseite bereits unter dem Punkt Image-Content aufgelistet. Doch gerade die Unternehmenswebseite (die klassische »Über uns«-Seite) kann auch ein besonders wirksamer Hebel für erfolgreiches Content-Marketing sein. User interessieren sich in zunehmendem Maße für die Gesichter und die Geschichten hinter einem Produkt bzw. einer Dienstleistung: Es »menschelt« mehr und mehr im virtuellen Raum. Daher sollten Sie die Unternehmenswebseite auch unbedingt als Content-Marketing-Form nutzen, damit Sie via Bild, Text und Video für Ihre Kunden noch greifbarer werden.

14.14.1 Die Köpfe Ihrer Firma sind Ihr Imagekapital

Ich weiß nicht, wie es Ihnen geht, aber ich schaue mir auf einer Website sehr gern die Köpfe an, die hinter der jeweiligen Firma stecken. Warum auch sollte man online weniger das Bedürfnis haben, zu wissen, mit wem man es zu tun hat, als offline? Ein Blick in freundliche, interessante Gesichter schafft doch gleich viel mehr Nähe zwischen User und Anbieter. Ein schönes Beispiel bietet die amerikanische E-Mail-Marketing-Agentur Emma, die auf ihrer Website alle ihre Angestellten mit einem Porträt vorstellt (siehe Abbildung 14.24). Als Besucher der Seite »Über uns« von Emma können Sie entweder auf die Fotos der Mitarbeiter klicken, um direkt zum Profil der betreffenden Person zu gelangen, oder Sie wählen zunächst eine Abteilung, um sich dort nach den passenden Ansprechpartnern »umzusehen«.

Wir können davon ausgehen, dass das von SEO und Social Media geprägte Web künftig immer »menschlicher« wird. Aber noch sind nicht alle Mitarbeiter offen dafür, sich als Werbeträger für ein Unternehmen einspannen zu lassen. Neben persönlichen Vorbehalten (»Ich will grundsätzlich nicht mit Fotos oder sonstigen Informationen im Web erscheinen.«) kann auch mangelnde Identifikation mit dem Unternehmen die Ursache sein. Stellen Sie sich und Ihren Kollegen einmal die schonungslose Frage: Schämen sich Ihre Mitarbeiter, für Ihre Firma zu arbeiten, oder sind sie stolz darauf? Und falls Ihre Kollegen gerne mit Ihrer Marke als Referenz im Lebenslauf oder in sozialen Business-Netzwerken wie XING oder LinkedIn werben, fragen Sie sie doch einfach einmal, ob sie umgekehrt nicht auch mit ihrem Kopf oder ihrer Stimme für Ihr Unternehmen präsent sein wollen, um das Firmenimage und den Markenaufbau voranzutreiben.

Und wenn wir die aktuellen Google-Zeichen richtig deuten, können Sie mit Hilfe Ihrer Mitarbeiter künftig auch beim Ranking punkten, wie Markus Uhl im folgenden SEO-Tipp erläutert.

14.14 Exkurs 2: Ihre Unternehmenswebseite

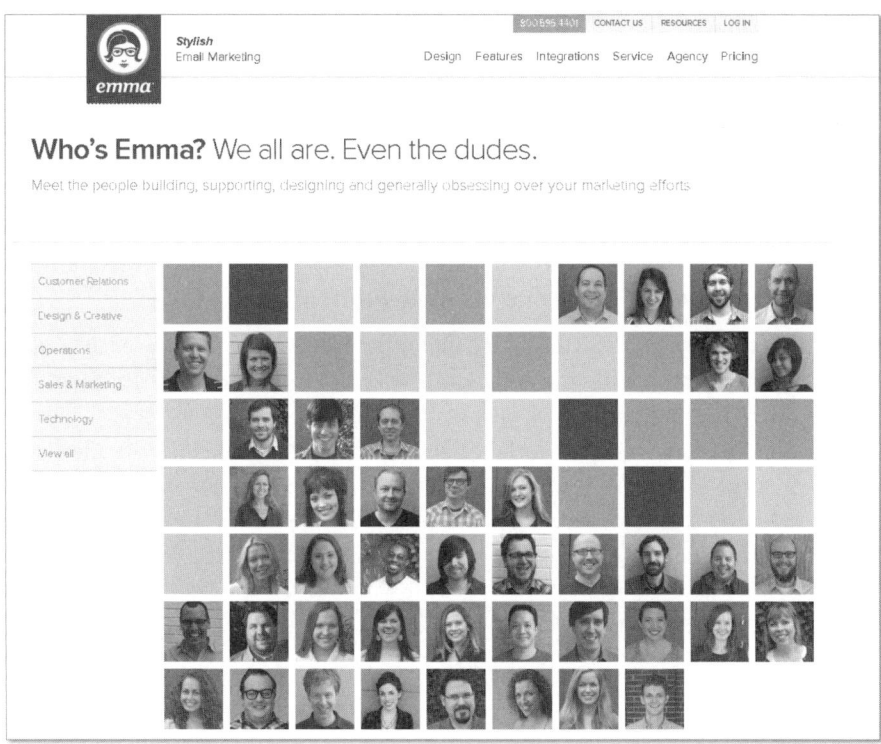

Abbildung 14.24 Die »Über uns«-Seite der US-Agentur Emma (http://myemma.com/meet-us)

SEO-Tipp: Mit dem Author Rank wird das Web noch »persönlicher«

Nicht nur Menschen interessieren sich für die Köpfe einer Firma, sondern in verstärktem Maße auch Google. Da Websites schon lange nicht mehr nur von einer einzelnen Person betreut werden und Autoren vor allem immer häufiger für mehrere Websites schreiben, ist die nächste Entwicklungsstufe für Google nämlich, nicht nur die Autorität einer Website für das Ranking in Betracht zu ziehen, sondern die Autorität der jeweiligen Autoren mit beim Ranking zu berücksichtigen. Diese definiert sich maßgeblich darüber, wer und wie viele Menschen diesen Autor in ihren Kreisen bei Google+ haben – ein wenig vergleichbar mit einem »Page Rank für Menschen«, weshalb er in den entsprechenden Patenten von Google auch konsequent *Author Rank* genannt wird.

Es schadet daher nichts, sich mit den technischen Voraussetzungen einer für Google verständlichen Autorenkennung auseinanderzusetzen (*https://plus.google.com/authorship*) und eine Strategie aufzubauen. Denn bereits jetzt bekommen Inhalte, die mit solchen Autorenkennungen versehen sind, eine erweiterte Vorschau in den Suchergebnissen, bei denen das Profilbild des Autors auf Google+ links neben den Suchergebnissen erscheint. Dieses führt wegen der höheren Aufmerksamkeit in der Regel zu einer spürbar höheren Klickrate, so dass im Extremfall ein Platz 2 oder 3 mit ansprechendem Autorenbild dadurch sogar mehr Klicks bekommen kann als die höher platzierten Suchergebnisse ohne Autorenbild. Für einen der ersten Verlage Deutschlands haben wir deswegen bereits im Frühjahr 2012 für die Zeitschrift Glamour Autorenbilder eingeführt und können diesen Effekt bestätigen, selbst bei stabilen Platzierungen mehr Traffic aus einem Suchbegriff herauszuholen. Die Vorstellung Ihrer Mitarbeiter und eine diesbezügliche Öffnung Ihres Unternehmens kann also auch positive Auswirkungen auf Ihre SEO-Performance haben.

14.14.2 Nehmen Sie uns mit auf Ihre Firmenzeitreise

Hinter vielen Unternehmen stecken spannende Gründergeschichten. Nicht selten mussten große Firmen auf dem Weg zum Erfolg zunächst herbe Niederlagen einstecken oder gar mehrmals von vorne anfangen. Oft geben Markenstorys so viel interessanten Stoff her, dass man sich gar keine zusätzlichen Geschichten oder fiktiven Charaktere ausdenken muss: Die Menschen hinter der Firma sind die glaubwürdigsten Testimonials. Wie sich etwa der Lederwarenhersteller Aigner diese Tatsache zunutze gemacht hat, sehen Sie in Abbildung 14.25.

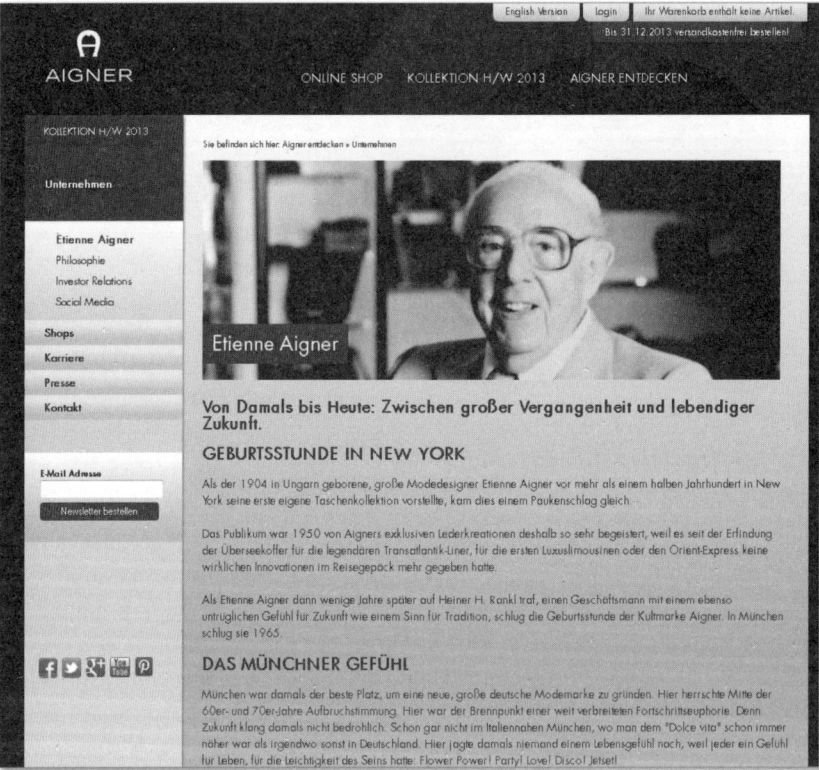

Abbildung 14.25 Unternehmenswebseite der Etienne Aigner AG (http://www.aignermunich.com/world-of-aigner/unternehmen/geschichte)

Gelegentlich kann es sich sogar anbieten, die Unternehmensgeschichte nicht in einem Artikel redaktionell aufzubereiten, sondern sie in Form eines Videos auf die große Website-Bühne zu holen. Ein besonders geglücktes Beispiel präsentierte der dänische Spielwarenhersteller LEGO anlässlich des 80. Jahrestages seiner Firmengründung (siehe Abbildung 14.26).

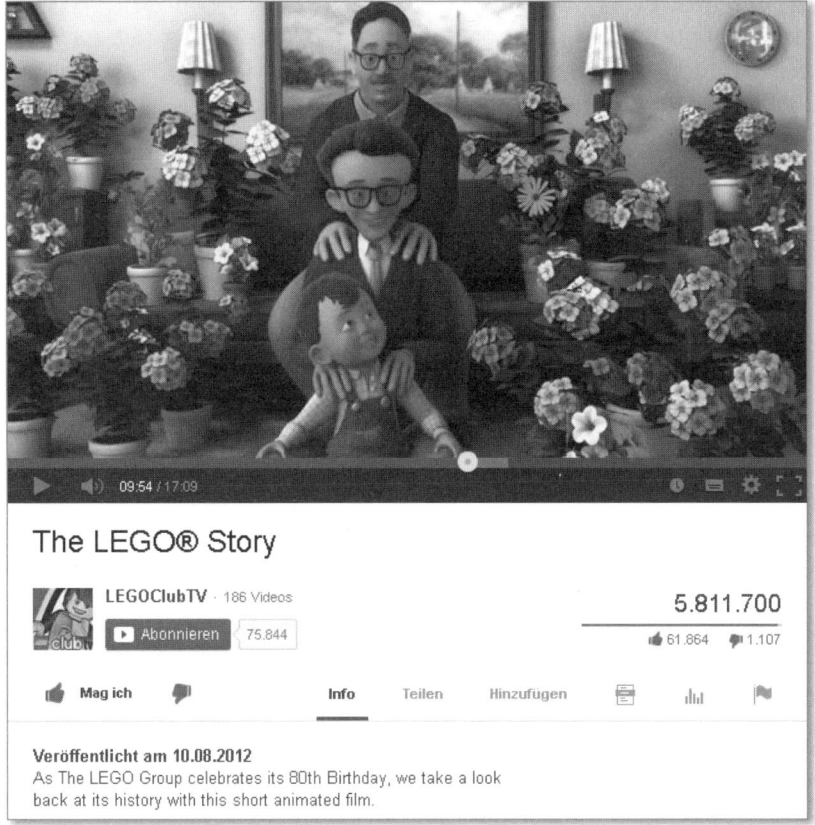

Abbildung 14.26 »Die LEGO-Geschichte« auf YouTube (http://www.youtube.com/watch?v=NdDU_BBJW9Y)

14.14.3 Der Blick hinter die Kulissen

Zeigen Sie Ihren Usern ruhig auch einmal, wie es in Ihren Produktionsstätten aussieht oder woher Ihre Waren kommen. Lassen Sie Ihre Kunden einen Blick in Ihre Büros werfen. Binden Sie Interviews mit Mitarbeitern ein, zeigen Sie Ausschnitte aus Meeting-Situationen, gehen Sie mit der Kamera auf Werksbesichtigung. Bilder, Texte und Videos, die Ihre Firma aus allen Blickwinkeln präsentieren, unterstützen den Imageaufbau und bilden eine solide Vertrauensbasis für Ihr Unternehmen. Denn sie signalisieren: Wir haben nichts zu verbergen!

14.14.4 Ihre Referenzen – klotzen, nicht kleckern!

Haben Sie bereits viele Kundenprojekte erfolgreich umgesetzt? Finden sich in Ihrem Kundenstamm spannende Marken? Gibt es interessante Fallstudien, die Sie potenziellen Neukunden auf der Seite zur Verfügung stellen können, um Ihre Kompetenz zu demonstrieren? Haben Sie mit Ihrer Arbeit schon einmal eine Auszeichnung oder einen Wettbewerb gewonnen? Wurde Ihr Unternehmen oder eines Ihrer Angebote im Rahmen eines Tests zum Sieger gekürt? Dann geben Sie ruhig ein wenig damit an! Belegbare Erfolge und der Prestige-Transfer starker Markenkunden auf Ihre Firma sind die besten Akquise-Helfer, die Sie auf Ihrer Seite einsetzen können. Nutzen Sie Referenzen und Cases, um Ihr Image aufzubauen, Neukunden überzeugend anzusprechen und Ihr Unternehmen ins rechte Licht zu rücken.

> **Rechtstipp: Holen Sie sich vorab eine Freigabe**
> Wenn Sie mit Referenzen Ihrer namentlich genannten Kunden werben wollen, versichern Sie sich vorher, dass Sie dies auch tatsächlich dürfen. Insbesondere, wenn Sie das Logo Ihres Kunden verwenden wollen, muss dies abgesprochen bzw. vertraglich in den von Ihnen verwandten Bedingungen mit dem Kunden vereinbart sein. Ansonsten sind Sie schnell in der Markenschutzverletzung – und das kann teuer werden!

In Abbildung 14.27 sehen Sie die Referenzen-Seite der Kommunikationsagentur »we are social«. Ich musste die Liste der Auszeichnungen radikal kappen, da der Screenshot sonst noch weitaus mehr Platz in Anspruch genommen hätte. Doch Sie werden mir sicher zustimmen, dass dieser Unternehmens-Content selbst in gekürzter Form eine Menge hermacht.

> **SEO-Tipp: So punkten Sie mit Referenzen auch bei Google**
> Fallstudien und Referenzen sind auch ein wunderbares Mittel, um für Google relevante Backlinks aufzubauen. Fragen Sie Ihre zufriedenen Kunden und Partner ruhig nach einer Verlinkung. Im Gegenzug dürfen Sie diese Kunden und Partner auch gerne selbst verlinken. Fertigen Sie Fallstudien an, die Sie nicht nur auf Ihrer eigenen Website publizieren und über Pressemeldungen bekannt machen, sondern zum Beispiel auch als PDF. Reden Sie in Fachkreisen (Foren, Blogs, Kongresse) über die Fallstudie, und bieten Sie sie aktiv der Fachpresse an. In vielen Fällen entstehen dadurch neben dem höheren Bekanntheitsgrad auch einige sehr gute Backlinks, weil das Thema eigenständig von anderen aufgegriffen und referenziert wird.

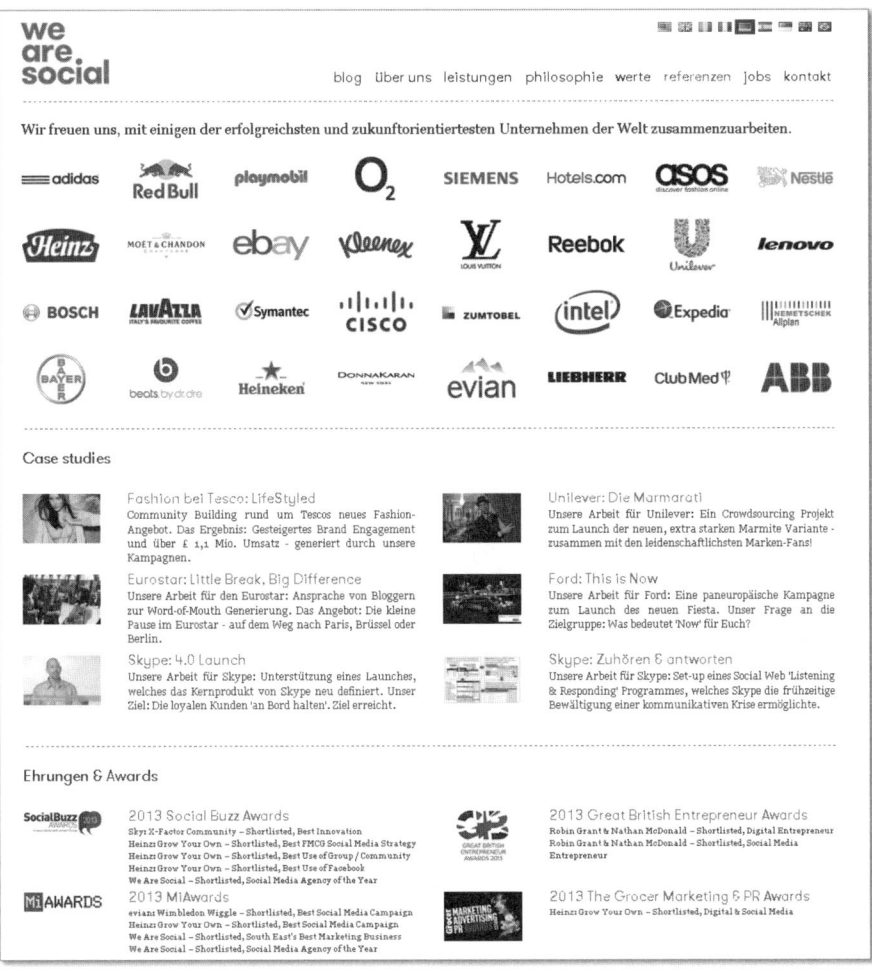

Abbildung 14.27 Referenzen, Fallstudien und Auszeichnungen der Agentur »we are social« (http://wearesocial.de/referenzen)

14.15 Fazit

Eine erfolgreiche Content-Marketing-Strategie ist vor allem von einem abhängig: dem richtigen Content-Mix. Ziehen Sie daher alle Möglichkeiten in Betracht, die Ihnen dabei helfen können, das Interesse und das Wohlwollen Ihrer User zu wecken. Überlegen Sie im Rahmen Ihrer Strategie, welche Seiten, Content-Formate und Content-Typen am besten geeignet sind, um Ihre Zielgruppe zu erreichen. Haben Sie den Mut, auch einmal neue, unkonventionelle Content-Wege zu betreten. Und vor allem: Schauen Sie genau hin – denn auf Ihrer Website schlummert möglicherweise noch viel ungenutztes Content-Potenzial.

Wie Sie Ihre Inhalte nun auf die richtige Startrampe bekommen, so dass möglichst viele Kunden auf Ihr Angebot aufmerksam werden, erfahren Sie im nächsten Kapitel.

15 Content verbreiten – relevante Kommunikationskanäle

Was nützt der beste Content, wenn er von Ihren Usern nicht gefunden oder geteilt wird? Zu den spannendsten Herausforderungen im Content-Marketing gehört das Aufspüren der Orte, an denen sich Ihre Zielgruppe tummelt, sowie das Wissen, über welchen Kommunikationsweg Sie Ihre Inhalte dort am effizientesten platzieren können. Des Weiteren sollten Sie jede Gelegenheit nutzen, den User zum Teilen des Contents zu animieren, denn ein überzeugter Kunde ist die wertvollste Brücke zu potenziellen neuen Kundenkontakten.

Im vorherigen Kapitel haben Sie einiges über die verschiedenen Formate erfahren, die im Rahmen Ihrer Content-Marketing-Aktivitäten zum Einsatz kommen können. Genauso sorgfältig, wie Sie als Content-Marketing-Verantwortlicher das passende Format für ein Thema festlegen, sollten Sie auch den Zustellungs- und Kontaktweg zum Kunden bestimmen. Denn sonst nützen Ihnen die schönsten Inhalte nichts:

»*Im Kern des Content-Marketings lauert ein ernstes, weithin verdrängtes Problem: Man investiert große Summen in die Produktion von hochwertigen Inhalten – doch die werden von den Usern oft gar nicht gefunden, geschweige denn geteilt oder gestreut. (...) Marketer fragen mich ständig, wie sie mehr oder besseren Content erstellen können. Das ist jedoch fast immer die falsche Frage. Die richtige lautet: Wie erreiche ich meine Zielgruppe mit meinen Inhalten?*«[1]

Schauen Sie sich vor der Erstellung Ihrer Content-Channel-Strategie ruhig auch noch einmal die Skizze zum Content-Strategie-Kosmos an (siehe Abschnitt 1.3, »Ihre Website steht im Content-Kosmos-Zentrum«). Sie bietet einen guten Überblick über die wichtigsten Distributionsmöglichkeiten für Ihre Inhalte.

Ziel ist es, eine möglichst große, qualitativ hochwertige Reichweite (sprich viele Kundenkontakte) zu generieren und damit einen effizienten, direkten Annäherungsweg zu Ihrer Zielgruppe zu finden – ohne große Streuverluste. Einige bereits erprobte Kanäle (wie etwa ein Newsletter) stehen möglicherweise bereits von Anfang an als Streumedium fest, andere gilt es, zunächst zu testen, um herauszufinden, wo sich Ihre wertvollsten User häufig aufhalten und auf welchem Kontaktweg

---

[1] Quelle: *http://blogs.forrester.com/ryan_skinner* (Blogbeitrag vom 03.10.2013)

sie am ehesten auf Ihr Angebot reagieren. Eine sorgfältig geplante Kommunikationsstrategie stellt sicher, dass Sie keinen günstigen und passenden Streuungskanal vergessen bzw. Ihre Energie nicht mit der Pflege eines Kanals verschwenden, der Ihnen keine brauchbaren Geschäftskontakte liefert.

Setzen Sie sich daher im Vorfeld ausgiebig mit dem anvisierten Streumedium auseinander: Befindet sich Ihre Zielgruppe überhaupt auf Facebook? Wollen Sie Blogger und Journalisten über PR-Portale erreichen? Haben Sie einen treuen E-Mail-Marketing-Kundenstamm, der Ihre Neuigkeiten vorzugsweise über einen Newsletter erhält? Möchten Sie als Gastautor über einen Artikel in einem externen Blog oder Fachmagazin auf Ihr Angebot respektive Ihr Thema aufmerksam machen? Oder ist es vielleicht ratsam, Ihre Inhalte auch auf einem Offline-Kanal zu promoten, den Ihre Zielgruppe garantiert nutzt?

Im B2B-Geschäft ist es jedenfalls auch interessant, sich mit Business-Netzwerken wie LinkedIn oder XING als Veröffentlichungskanal vertraut zu machen. Und wenn Sie ein größeres Content-Marketing-Projekt erfolgreich umgesetzt haben, dürfen Sie damit gerne als Speaker auf Konferenzen und Kongressen an den Start gehen. Nutzen Sie diese Präsentationsform, um Branchenkollegen von Ihrer Expertise zu überzeugen, das Interesse von möglichen Neukunden zu schüren oder potenzielle Kooperationspartner auf Ihr Unternehmen aufmerksam zu machen.

15.1 Interne Kommunikationskanäle

Nutzen Sie auf alle Fälle sämtliche (Website-)eigenen Möglichkeiten, um Ihre Content-Marketing-Inhalte zu bewerben. Die Website wird in Studien unter Content-Marketern immer wieder als wichtigster Kommunikationskanal fürs Content-Marketing genannt, unter anderem auch in einer Umfrage[2] von Unisphere Research und Skyword aus dem Jahr 2013 (siehe Abbildung 15.1).

Anders als bei den meisten externen Distributionsvarianten fallen hierbei (in der Regel) lediglich Ausgaben für das Projektmanagement sowie die Web-Content-Produktion an, aber keine teuren »Traffic-Mietkosten«, wie beispielsweise beim klassischen Online-Advertising (Google AdWords, Bannerschaltung usw.). In der nachstehenden Liste habe ich Ihnen einige Möglichkeiten für die interne Promotion Ihrer Inhalte zusammengefasst:

▸ Eigenes Blog: Bewerben Sie Ihr neues Content-Angebot, einen neuen Service, Ihre Expertise oder Ihre Webseite auf Ihrem Firmenblog mittels gut geschriebener, nützlicher, authentischer Artikel.

---

2 Link zum Download der Studie: *http://www.skyword.com/study-content-marketing-gets-social*

15.1 Interne Kommunikationskanäle

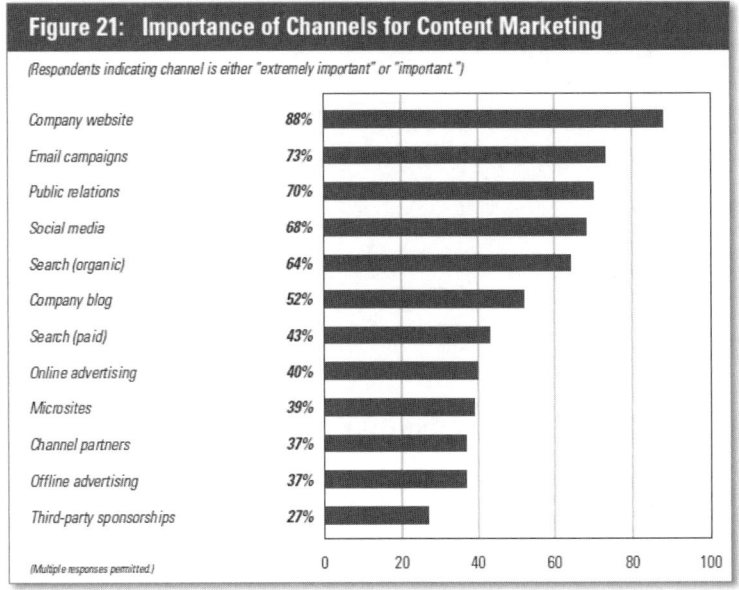

Abbildung 15.1 Wichtigste Kommunikationskanäle laut einer Umfrage unter amerikanischen Marketern im September 2013

- Homepage: Platzieren Sie einen Teaser auf der Homepage, der auf Ihre neuen Inhalte bzw. auf Newsletter-Themen verlinkt und diese ansprechend promotet.
- Kategorieseiten: Platzieren Sie den Teaser ebenfalls auf thematisch passenden Unterseiten und Landingpages.
- RSS-Feeds: Bieten Sie Webnutzern die Möglichkeit, Ihre Inhalte als RSS-Feed zu abonnieren.
- Newsletter und Mailings: Pushen Sie neue Content-Themen über Ihr E-Mail-Marketing.
- Empfehlungs- und Weiterleitungs-Buttons: Geben Sie den Usern die Gelegenheit, Ihre Inhalte mit wenigen Klicks weiterzuempfehlen, und platzieren Sie entsprechende Verlinkungen prominent auf allen (teilenswerten) Seiten und neben allen (ebenso teilenswerten) Inhalten.
- Social-Media-Buttons: Integrieren Sie die gängigen Social-Media-Buttons direkt bei Ihrem Angebot sowie auf allen wichtigen Web-Content-Seiten, so dass User die Inhalte mit nur einem Klick »liken« oder teilen können.
- Social Media Newsroom: Richten Sie einen Social Media Newsroom ein (vgl. Abschnitt 21.5, »Der Social Media Newsroom«), in dem alle aktuellen Content-Themen einfach zugänglich gemacht werden (für Kunden, Blogger, Journalisten).

▶ Landingpages: Erstellen Sie für größere Content-Marketing-Aktionen eine eigene Landingpage, und sorgen Sie dafür, dass diese intern gut verlinkt und angebunden wird.

> **Rechtstipp: Behalten Sie rechtliche Neuerungen im Auge**
> Die von Ihnen gewählten Marketingmaßnahmen sollten Sie regelmäßig auf ihre Zulässigkeit hin prüfen, sind doch Gesetzgeber, Rechtsprechung und Datenschützer recht aktiv bei der Schaffung neuer Anforderungen, die Ihre Website erfüllen muss. Und der Abmahnanwalt schläft nicht ...

15.2 Externe Kommunikationskanäle

Neben der Bewerbung Ihrer Inhalte mittels klassischer On- und Offline-Kampagnen bieten sich im Web zahlreiche – teils sogar kostenlose – Streuungsmöglichkeiten für Ihre Content-Marketing-Aktionen.

Eine spannende B2B-Kommunikations-Plattform möchte ich Ihnen vorab etwas ausführlicher vorstellen: *LinkedIn.com*. Im B2B Content Marketing Benchmark Report 2013 gaben 83 % der amerikanischen Content-Marketer an, dass sie zur Distribution ihrer Inhalte LinkedIn nutzen.[3] Damit steht die Plattform als wichtigster Kommunikationskanal im Ranking noch vor Twitter (80 %) und Facebook (ebenfalls 80 %) an erster Stelle unter den Social-Media-Seiten. In Deutschland ist XING zwar (noch) die bevorzugte Business-Plattform, allerdings hat die Nutzungsintensität von LinkedIn auch hierzulande in den vergangenen Jahren zugenommen: Sie lag nach einer repräsentativen User-Umfrage von *www.socialmediastatistik.de* im März 2013 immerhin bei 41 %, wie Sie Abbildung 15.2 entnehmen können.[4]

Unter anderem haben Sie bei LinkedIn die Möglichkeit,

▶ Ihre Firma professionell zu präsentieren,

▶ Ihre Inhalte mit anderen zu teilen,

▶ Artikel direkt auf der Plattform einzustellen,

▶ sich als Experte zu positionieren, indem Sie LinkedIn-Kollegen auf spannende Artikel bzw. Inhalte auf anderen Seiten hinweisen,

---

3 Quelle: SlideShare-Präsentation, hochgeladen durch das Content Marketing Institute am 23.10.2012, Chart auf Seite 9: *http://de.slideshare.net/CMI/b2b-content-marketing-2013-benchmarks-budgets-and-trendsnorth-america-14855770*

4 Quelle: *http://www.socialmediastatistik.de/auswertung-der-jahresumfrage-social-media-statistik* (Screenshot vom 27.09.2013)

- qualifizierte Mitarbeiter zu rekrutieren,
- sich mit internationalen Kollegen zu fachlichen Themen auszutauschen und
- Expertenwissen in Gruppendiskussionen zu teilen und wertvollen Input aus Gruppendiskussionen für Ihre Firma herauszufiltern.

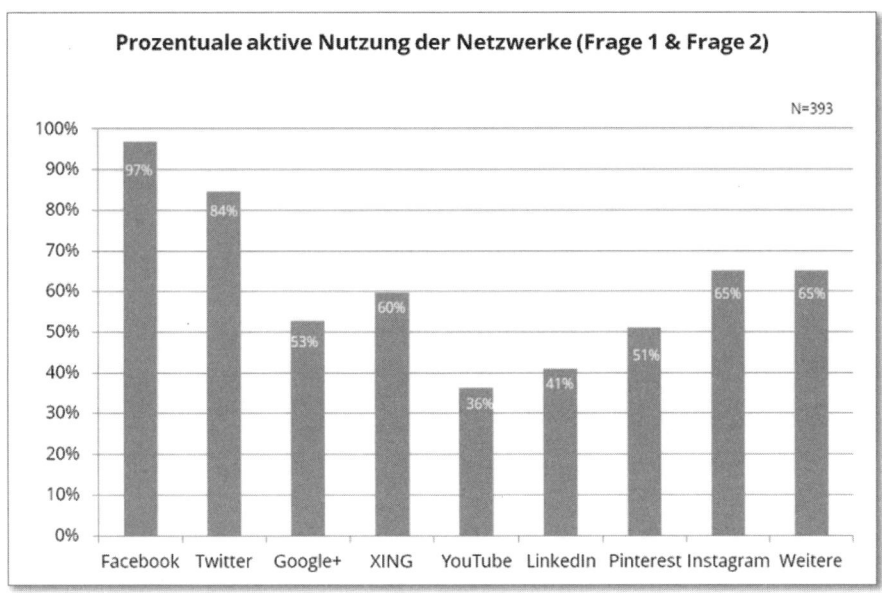

Abbildung 15.2   Aktive Nutzung der sozialen Netzwerke in Deutschland

Ihre LinkedIn-Posts findet der interessierte User auch auf Ihrer Firmenprofilseite, wie etwa die Seite des Content Marketing Institute zeigt (siehe Abbildung 15.3).

Auch für Bewerber ist das eine gute Möglichkeit, sich auf die Schnelle umfassend über Ihr Unternehmen zu informieren. Verpassen Sie daher nicht die Chance, neben XING auch auf einer zweiten Business-Plattform wertvolle Geschäftskontakte zu erreichen und neue Leads für Ihr Unternehmen zu interessieren.

Die weiteren Ansatzpunkte zur Streuung Ihrer Inhalte auf zielgruppenaffinen Seiten in Foren, Blogs oder anderen Medien sind vielfältig. Nachstehend finden Sie einige Anregungen:

- **Externe Blogs:** Informieren Sie Blogger über Ihre neuen Content-Angebote, oder bieten Sie sich als Gastautor mit einem Beitrag über Ihre neuen Inhalte an.
- **Online-Magazine:** Promoten Sie Ihre Content-Features in einem Gastautorenbeitrag.

Abbildung 15.3 Firmenprofilseite des Content Marketing Institute auf LinkedIn

- **Communitys und Foren:** Geben Sie (dezente) Hinweise auf neue Inhalte, die für die jeweilige Zielgruppe relevant sein können. Allerdings sollten Sie darauf achten, dass rein werbliche Aussagen und Angebote in Foren und Communitys nicht gerne gesehen werden. Unterstützen Sie die Fragen der Community mit

Ihrer Expertise, und geben Sie aktive Hilfestellung zur Lösung von Problemen im Zusammenhang mit Ihrem Angebot bzw. Ihrer Dienstleistung. Wie bei allen Content-Marketing-Aktionen sollten auch hier relevante Inhalte und Aussagen an erster Stelle stehen – und nicht etwa platte Werbebotschaften.

- **Crossmedia-Kooperationen/Brandscaping:** Überlegen Sie zusammen mit externen Kooperationspartnern aus TV, Print und Radio, ob ein Thema für eine Partnerschaft interessant ist und wie Sie es gemeinsam ausbauen und promoten können.
- **SEM:** Erstellen Sie themenbezogene AdWords-Kampagnen, über die Sie Ihre Inhalte bewerben.
- **Online-PR:** Profitieren Sie vom großen Reichweitenpotenzial, das Ihnen die Online-PR bietet.
- **SlideShare:** Teilen Sie spannende Präsentationen auf SlideShare.
- **Social Media:** Nutzen Sie alle relevanten Social-Media-Kanäle (Facebook, Twitter, Bild- und Videoplattformen).
- **Referententätigkeit:** Gehen Sie als Speaker für Ihre Firma an die Front, und berichten Sie auf Kongressen oder Messen von Ihren gelungenen Content-Marketing-Aktionen und Ihren Branchen-Erfolgen.
- **Online-Advertising:** Wenn Sie sicherstellen wollen, dass Sie sehr viel Traffic auf Ihre Seite bekommen und Ihr Content von möglichst vielen Usern gesehen wird, ist der klassische Reichweiteneinkauf über Bannerschaltung, Retargeting-Kampagnen (siehe Glossar) oder Intext-Werbung (siehe Glossar) unerlässlich.
- **Native Advertising** (siehe Glossar): Platzieren Sie Ihre Anzeigen in den thematisch relevanten, passenden redaktionellen Umfeldern.
- **Offline-Advertising:** Wenn Sie wissen, dass Ihre Zielgruppe ein bestimmtes Fachmagazin häufig liest oder dass sich potenzielle User in einem konkreten TV-Umfeld ködern lassen, dann kann es sinnvoll sein, das Online-Marketing-Budget auch für eine derartige Content-Promotion zu öffnen.
- Distribuieren Sie Ihre Inhalte über Content-Discovery-Plattformen wie *www.outbrain.de*, oder nutzen Sie sie, um das Content-Angebot auf Ihrer Website für Ihre Zielgruppe anzureichern.
- **Mobile Marketing:** Nachdem Smartphones und Tablets mehr und mehr an Bedeutung gewinnen, ist es unbedingt erforderlich, sich Gedanken über den Vertriebskanal »Mobile« in Ihrem Mediamix zu machen. Informieren Sie Ihre User auf mobilem Weg über ein aktuelles Gewinnspiel, attraktive Inhalte oder neue Whitepapers, optimieren Sie Ihre Gamification-Angebote für die mobile Nutzung, und lancieren Sie den Termin für Ihr nächstes Webinar über mobile Ads.

15.3 Content-Seeding

In Zeiten von Social Media tragen die User aktiv als Multiplikatoren zur Traffic-Maximierung bei, indem sie Inhalte an Dritte weiterleiten und damit eine Streuung auslösen. Mittlerweile hat sich der Begriff Content-Seeding als Reichweiten-Strategie-Element eines erfolgreichen Content-Marketings etabliert. Content-Seeding (wörtlich übersetzt »das Säen von Inhalten«) geht dabei noch über die oftmals synonym verwendeten Begriffe der reinen »Streuung« oder »Verteilung« von Inhalten hinaus: Beim Seeding geht es nicht bloß darum, Content unters Volk zu bringen – das Ziel ist es vielmehr, einen viralen Verbreitungseffekt in Gang zu setzen.

Bildlich gesprochen: Die gesäten Inhalte sollen Ihnen ein automatisiertes Reichweiten-Wachstum bescheren, so dass aus der Content-Saat weitere Kontakte für Ihr Unternehmen sprießen. Erreichen Sie die User mit Ihren Inhalten über klassische, bezahlte Werbemittel (aktives Seeding) oder werden Sie von ihnen (beispielsweise über einen Blogbeitrag) gefunden (passives Seeding), dann sollten die Nutzer im Idealfall den Content auch weiterempfehlen und somit das Aussäen erfolgreich fortführen. Dies gelingt wiederum nur, wenn Sie mit Ihrer Botschaft bei Ihrer Zielgruppe treffsicher punkten und dadurch deren Weitergabe-Impuls auslösen.

Denken Sie daher immer daran, Ihre Inhalte mit einer klaren Handlungsaufforderung auszustatten oder Content-nahe Weiterleitungs-Links und Social-Media-Buttons zu platzieren, damit Sie die Kunden auf komfortable Art zum Säen animieren. Wenn Ihre Inhalte dann noch genau den Nerv Ihrer Zielgruppe treffen, mit hohem Unterhaltungswert begeistern oder sonst einen eindeutigen Nutzen bieten, können Sie auf einen Seeding-Effekt hoffen (siehe Abbildung 15.4).

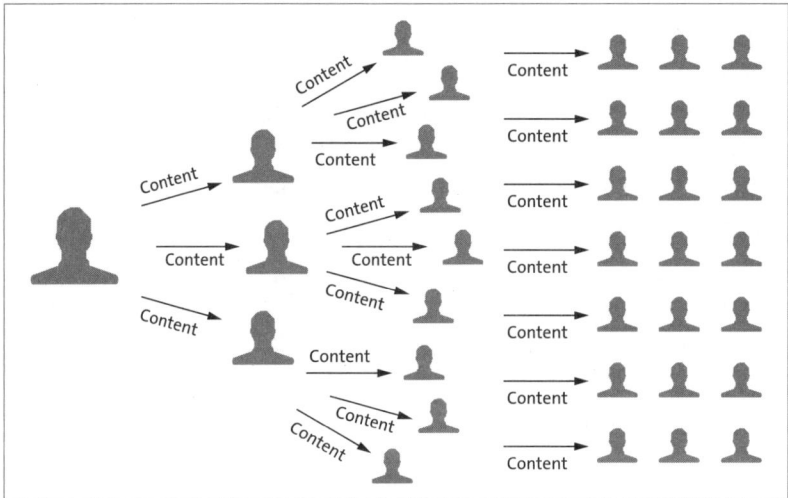

Abbildung 15.4 Seeding-Effekt – Ihre User werden zu Multiplikatoren Ihrer Inhalte.

Zusammengefasst sollten Sie die folgenden drei Ratschläge beherzigen:

- Entwickeln Sie authentische und attraktive Content-Ideen mit großem Nutzwert, die bei Ihrer Zielgruppe zünden.
- Platzieren Sie Ihre Inhalte in zielgruppenaffinen Umfeldern.
- Animieren Sie Ihre User zum Weiterleiten des Contents, und achten Sie darauf, dass die Inhalte technisch und inhaltlich problemlos teilbar und mitteilbar sind.

> **Rechtstipp: So wird Content-Seeding nicht zur Abmahnfalle**
> Stellen Sie klar, dass Sie für Ihren Content keinen Urheberrechtsschutz in Anspruch nehmen, und bitten Sie im Gegenzug um einen entsprechenden Hinweis auf Ihrer Website. Dass sollte Ihre User durchaus animieren, Ihre Inhalte im Netz zu verbreiten. Gleichzeitig dürfen Sie selbst den Schutz von Urheberrechten Ihrer User nicht außer Acht lassen: Wenn Sie fremde Inhalte ohne Einwilligung des Rechteinhabers auf Ihrer Website einbinden, kann es hier leicht kritisch – und teuer – werden.

15.4 Themenplanung verhindert Kontaktbrüche

Wenn sie den richtigen Kanal gewählt und Ihre Zielgruppe erreicht haben, gibt es viele todsichere Methoden, wie Sie User, die sich für Ihre Inhalte interessieren, sehr schnell verärgern und vertreiben können. Drei Beispiele:

- Der Teaser in einem Newsletter bewirbt ein für den User relevantes Thema und verlinkt auf die Homepage oder eine Kategorieseite – doch dort ist das beworbene Thema nicht platziert.
- In einem Offline-Flyer bewerben Sie Inhalte, die der User beim anschließenden Website-Besuch nicht auf Anhieb finden kann.
- Der Link in einem Blogbeitrag oder in einem Advertorial (ein als Werbung gekennzeichneter Beitrag in einem redaktionellen Umfeld) ist veraltet oder nicht erreichbar.

Diese Liste könnte man ewig fortsetzen!

Kaum ein User wird sich freiwillig auf eine Content-Schnitzeljagd begeben, um Ihre beworbenen Inhalte zu finden. Sorgen Sie unbedingt dafür, dass veraltete Themen und Inhalte rechtzeitig wieder offline genommen werden. »Abgelaufene« Gewinnspielseiten oder »Broken Links« (inaktive, fehlerhafte Links) zu einem Content-Angebot werden Ihre Zielgruppe garantiert nicht begeistern.

Daher ist es wichtig, dass Sie neben allen On- und Offline-Terminen ebenso die ausgewählten Streuungskanäle und Platzierungen gewissenhaft in Ihrem Themenplan (siehe Kapitel 18, »Das Content-Marketing-Herzstück – der Themenplan«) notieren und darauf achten, dass die Einträge immer aktuell sind. Ansonsten riskieren Sie, den Überblick zu verlieren – und das merken Ihre User im Ernstfall sofort, wenn sie den gewünschten Content nicht finden.

> **Think-Content-Tipp: Holen sie alle Beteiligten an einen Tisch!**
>
> An dieser Stelle möchte ich Ihnen schon einmal die Wichtigkeit des Themenplan-Meetings vor Augen führen, das in Abschnitt 18.1, »Die Basis – das Themenplan-Meeting«, näher vorgestellt wird. In den meisten Unternehmen sind die oben genannten Content-Marketing-Themen auf mehrere Kollegen-Schultern (oder Agentur-Ansprechpartner) verteilt: Social-Media-Manager, Editor, Online-Marketing-Manager, PR-Mitarbeiter, Internet-Agentur, Brand-Manager, Offline-Marketing-Manager usw. Um das komplette Reichweiten-Potenzial Ihrer Inhalte und Marketingaktionen bestmöglich auszuschöpfen, sollten Sie als Team gemeinsam an einem Strang ziehen und alle Content-Kosmos-Fäden jederzeit fest zusammenhalten. Jede nicht genutzte Platzierungs-Chance, jeder nicht gesetzte Link kann bedeuten, dass Ihnen ein lukrativer Kontakt entgeht. Ein reger Austausch, eine gemeinsame, intensiv abgestimmte und detaillierte Themenplanung sowie das kontinuierliche Kollegen-Feedback zu den bisher erreichten Ergebnissen und Learnings sind das A und O für Ihre effiziente Content-Kommunikationsstrategie. Stellen Sie im Kollektiv sicher, dass Sie sich keine nutzbringende Verlinkungs- oder Promotionsmöglichkeit – intern wie extern – entgehen lassen.

Auch auf die Gefahr hin, mich zu wiederholen – man kann es nicht oft genug sagen: Behalten Sie schließlich auch bei der Content-Verbreitung unbedingt das Thema Analyse im Blick! Lernen Sie anhand der Webmetrik-Ergebnisse, woher (und über welche Inhalte) die stärkste Kunden-Response kam, und finden Sie eine verlässliche Antwort auf die Frage: Welcher Kanal hat die »wertvollsten« User zu Ihren Inhalten geführt?

15.5 Fazit

Grundsätzlich gilt: Bevor Sie sich Gedanken machen, mit welchen Kommunikations- oder Seeding-Maßnahmen Sie Ihre Inhalte verbreiten wollen, müssen Sie sich über Ihre Content-Strategie im Klaren sein – sonst riskieren Sie größere Streuverluste. An erster Stelle steht immer die Zielgruppendefinition, dann folgt die Content-Planung, und erst danach sollten Sie sich um die Frage kümmern, über welche

Kommunikationskanäle Sie Ihre Zielgruppe am besten erreichen können. Oder, wie es Joe Pulizzi in dem nachstehenden Zitat noch einmal schön auf den Punkt bringt:

»*The content strategy defines the channel strategy – not the other way around.*«[5]

Nehmen Sie abschließend die folgenden sechs Tipps aus diesem Kapitel mit:

1. Halten Sie die ausgewählten Kommunikationskanäle im Themenplan fest.
2. Nutzen Sie alle Kommunikationskanäle, offline wie online, die auch von Ihrer Zielgruppe genutzt werden.
3. Verlinken Sie auf den ausgewählten Platzierungen unbedingt auf das dazu passende Thema/Angebot. Fehlerhafte, veraltete oder inaktive Links sind ein absolutes »No-Go«.
4. Achten Sie beim Content-Seeding darauf, dass Sie den User mit einem Call-to-Action zu einer Handlung auffordern und die Inhalte für ihn leicht teilbar bzw. weiterleitbar sind.
5. Tracken Sie die Ergebnisse, und lernen Sie mit der Zeit Ihre wertvollsten Kommunikationskanäle kennen.
6. Last, but not least: Haben Sie Mut zum »Trial and Error«!

Im folgenden Kapitel finden Sie zahlreiche Anregungen, wie Sie relevante Ideen für Ihre Content-Marketing-Aktivitäten ableiten können.

---

[5] Zitat aus einem Blogpost von Joe Pulizzi vom 28.07.2012: *http://contentmarketinginstitute.com/2012/07/creating-a-content-marketing-channel-plan*

16 Content-Ideen finden

Auf der Suche nach relevanten Themen werden Sie sowohl im Web als auch in der Offline-Welt auf eine Fülle von Informationen und Content-Anregungen stoßen. Sollte sich trotzdem einmal eine Ideenblockade einstellen, liefert Ihnen dieses Kapitel einige Denkanstöße sowie eine Liste, mit deren Hilfe Sie passende Content-Themen für Ihr Business herleiten können. Zudem erfahren Sie, wie Sie die Inhalte von Dritten auch für Ihre Website nutzen können – und was an Content-Kooperationen so sexy ist.

Ob B2B oder B2C – für jedes Unternehmen, jedes Thema und jedes Produkt lassen sich zahlreiche Content-Ideen finden, die Sie dabei unterstützen, Ihre Business-Ziele erfolgreich umzusetzen. Wenn Sie Ihre Recherche-Maschinerie erst einmal in Gang gesetzt und verstanden haben, woher Sie überall Informationen beziehen können, werden Sie bald schon in der Lage sein, sich aus einer Fülle von gesammeltem Material die Themen-Rosinen herauszupicken, die zu Ihrer Content-Marketing-Strategie passen.

Dabei müssen Sie auf Ihrer Themensuche durchaus nicht nur in die Content-Ferne schweifen: Manchmal kann man wahre Ideen-Juwelen entdecken, wenn man einmal eigene Erfahrungen, Gesehenes, Gelesenes oder Gehörtes Revue passieren lässt. Auch der legendäre Werbetexter David Ogilvy hat sich bei der Entwicklung seiner Kampagnenideen oft aus dem eigenen Erfahrungsschatz bedient:

> »Ich glaube, die besten Werbe-Ideen basieren auf persönlichen Erfahrungen. Einige meiner guten Kampagnen waren tatsächlich von eigenen Erlebnissen inspiriert – darum wirkten sie wohl auch echt, ehrlich und überzeugend.«[1]

In den nachfolgenden Abschnitten lernen Sie, Inhalte zu entwickeln, mit denen Sie Ihren Themenplan ganzjährig gut füttern können.

16.1 Tipps und Anregungen für die Content-Recherche

Wenn man einen Shop für Tierbedarf betreibt, wird man weniger mit Ideenarmut zu kämpfen haben als mit der Priorisierung von Themen: Vom Tierbaby-Tagebuch

---

[1] Quelle: *http://www.brainyquote.com/quotes/quotes/d/davidogilv161497.html* (Stand: 09.11.2013)

über Hundefell-Pflegetipps, einem Kaninchenrassen-Guide oder einer Video-Bauanleitung für das eigene Kleintiergehege bis hin zum Tierarzt-Blog – hier gibt es viele dankbare Themen, mit denen man sich als Content-Verantwortlicher auseinandersetzen darf. Doch wie sieht es beispielsweise mit komplexeren B2B-Sujets aus dem Gesundheits-, Technik- oder Finanzbereich aus? Kann auch ein vermeintlich trockenes B2B-Thema unterhaltsam aufbereitet werden? Welche Möglichkeiten bieten sich an, sich mit guten Inhalten als Experte am Markt zu positionieren?

Die folgende Liste skizziert einige Stichpunkte, über die Sie Ideen und Nischenthemen für Ihre B2B- oder B2C-Content-Planung entwickeln können:

- Produktstorys: Gibt es eine besondere Geschichte zur Entstehung des Produkts oder eine interessante Hersteller-Anekdote?
- Marken- und Unternehmens-Geschichten: Lassen Sie die Kunden an Ihrer Firmenhistorie teilhaben.
- Warenkunde: Vermitteln Sie wertvolles Warenwissen. Nicht jeder Kunde kennt zum Beispiel den Unterschied zwischen einem Roséwein und einem Weißherbst. Und nicht jeder weiß, was der Scoville-Wert über die Schärfe einer Chilisorte aussagt.
- Interviews: Führen Sie Gespräche mit Herstellern, Testimonials, Experten, Kunden, Mitarbeitern ...
- Branchen-News: Schreiben Sie Fachartikel oder Blogbeiträge zu aktuellen Entwicklungen in der Branche.
- Studien, Markttrends: Zeigen Sie Kompetenz, indem Sie wissenswerte Fakten für Ihre Zielgruppe recherchieren und anschaulich aufbereiten (Infografiken, Whitepapers).
- Geben Sie Hilfestellung: Welche Anleitungen und Anwendungstipps benötigen die User für Ihr Produkt?
- Nutzen Sie SlideShare: Holen Sie sich Anregungen, indem Sie durch die vielen Präsentationen stöbern.
- Befragen Sie Kollegen, die nicht im Marketing arbeiten, welche Inhalte sie im Zusammenhang mit Ihrer Firma interessant fänden.
- Scannen Sie Kunden-Feedback (Callcenter-Fragen, Kunden-E-Mails, Rezensionen, Social-Media-Feedback usw.).
- Berichten Sie von Messen, Kongressen und sonstigen Fachveranstaltungen.
- Bieten Sie Ihren Kunden einen Blick hinter die Firmenkulissen.

16.1 Tipps und Anregungen für die Content-Recherche

- Gibt es neue gesetzliche Bestimmungen, die für Ihre User interessant sind (zum Beispiel neue Glühbirnen-Regelungen)? Welche Tipps können Sie Ihren Kunden dazu mit auf den Weg geben?
- Informieren Sie sich über Neuigkeiten in der Branche. Abonnieren Sie die wichtigsten Feeds, Facebook-News und Newsletter.
- Mit welche Prominenten oder Persönlichkeiten des öffentlichen Lebens identifiziert sich Ihre Zielgruppe am ehesten? Was können Sie aus der Berichterstattung über diese Persönlichkeiten übernehmen, und welche Inhalte könnten Ihre Zielgruppe interessieren? Denken Sie etwa an Styling-Tipps, Informationen zu Hobbys, Reise-Specials, VIP-Porträts, Biografien, »How to ...«-Listen, Success-Storys usw.
- Was bewegt die Welt auf YouTube? Scannen Sie die beliebtesten Videos.
- Lesen Sie die Blogs und Social-Media-Meldungen Ihrer Wettbewerber.
- Informieren Sie sich über die heißen TV- und Kinothemen der kommenden vier Wochen. Behandeln die betreffenden Filme, Dokumentationen und Diskussionsrunden ein Thema, das mit Ihrem Business im Zusammenhang steht?
- Job- und Ausbildungs-Storys: Lassen Sie Mitarbeiter etwas über ihre jeweiligen Aufgaben erzählen, und begleiten Sie Auszubildende vom Start bis zum Abschluss. Bieten Sie diese Informationen auf Ihrer Jobs-Seite an, damit sich künftige Bewerber ein Bild von den tatsächlichen Abläufen und Herausforderungen machen können.
- Überlegen Sie, welche komplexen Themen Sie gegebenenfalls in grafischer Form (Infografik, Bildergalerie, Tabellen) so aufbereiten können, dass sie leichter verständlich sind.
- Erstellen Sie kommentierte Monats-Charts (die meistverkauften Produkte, die häufigsten Kundenfragen, das skurrilste Neuprodukt, das Produkt mit den meisten neuen Rezensionen, der Ladenhüter des Monats usw.), und stellen Sie sie Ihren Usern zur Verfügung.
- Durchforsten Sie LinkedIn nach interessanten Branchen-News und Themen, die in Fachgruppen diskutiert werden. Nutzen Sie die Gelegenheit zum aktiven Gedankenaustausch mit Kollegen und Insidern.
- Googlen Sie! Zu jedem Thema finden Sie in kürzester Zeit unzählige Seiten und Artikel, die neue Content-Inspirationen liefern.

Und damit Sie die Ideen, die buchstäblich auf der Straße liegen, nicht übersehen, möchte ich Ihnen noch das folgende Zitat des Werbetexters und Buchautors Eugene Schwartz ans Herz legen. Er hält einen klugen Ratschlag für alle bereit, die mit Content arbeiten:

»*Lesen Sie eine Stunde pro Tag. Alles Mögliche – bloß nichts, was mit Ihrem Job zu tun hat. (...) Lesen Sie einfach drauflos – vor allem auch Revolverblätter, Klatschkolumnen und ähnlichen Schrott. Denken Sie daran: Einfach konsumierbare Inhalte bringen attraktive Umsätze. Hier finden Sie die Inhalte, die Ihre Zielgruppe liest. Hier finden Sie die Sprache, die Ihre Zielgruppe spricht.*«[2]

Versuchen Sie also immer, in das Medienumfeld Ihrer Zielgruppe einzutauchen. Je besser Sie sich in den Themen auskennen, die Ihre Kunden bewegen, desto leichter wird es Ihnen fallen, Fragen zu formulieren, die Ihren Usern auf der Seele brennen – und dafür die richtigen Content-Antworten zu finden.

16.2 Werden Sie zum Themen-Trendscout

Viele Anregungen erhalten Sie, wenn Sie aktuelle Trends, Themen und Personen, über die man spricht, stets im Auge behalten. Sportliche Großereignisse (von internationalen Fußballturnieren bis hin zum amerikanischen Super Bowl), Wahlen (zum Beispiel Social-Media-Strategien im US-Wahlkampf), Informationen zu Filmprojekten oder kulturellen Veranstaltungen sowie Neuigkeiten aus aller Welt bieten unerschöpfliche Ideenquellen für Ihren Website-Content. Wenn Ihnen ein Thema begegnet, das für Ihr Unternehmen interessant sein könnte, dann beobachten Sie, wie es in den sozialen Medien behandelt und kommentiert wird, welche Namen im Zusammenhang damit besonders oft genannt werden und welche Informationen Sie hierzu aus Artikeln und Blogbeiträgen ziehen können. Ebenso interessant ist es, zu prüfen, wie sich andere Firmen im Werbeumfeld zu den jeweiligen Ereignissen und Themen präsentieren und mit welchen Ideen sie an den Start gehen.

Nutzen Sie zur Medien- und Themenbeobachtung auch Google Alerts (*http://www.google.de/alerts*). Füttern Sie den Service mit Keywords, Branchenbegriffen und Namen, über deren News Sie automatisch informiert werden möchten.

Im Tagesgeschäft werden Sie aller Voraussicht nach nicht die Möglichkeit haben, viel Zeit in eine regelmäßige Recherche oder konsistente Medienbeobachtung zu investieren. Das kontinuierliche Themen-Trendscouting ist jedoch eine Aufgabe, die durchaus auch von gut gebrieften Praktikanten oder Werkstudenten übernommen werden kann. Die gefilterten und aufbereiteten Recherche-Ergebnisse können Sie dann im Themenplan-Meeting oder in einem umfangreicheren Content-Workshop zur weiteren Ausarbeitung und Planung besprechen.

---

2 Quelle: *http://www.excessvoice.com/web-copywriting-tip34.htm* (Stand 09.11.2013)

16.3 Nutzen Sie die Power starker Content-Partnerschaften

Wenn zwei oder drei Firmen ihre Kompetenzen und Ideen in einen Partnerschaftstopf werfen, ergibt sich daraus oft eine kostengünstige Alternative zur Generierung von exklusivem und hochwertigem Content.

Ein weit verbreiteter Fehler in vielen Online-Marketing-Abteilungen ist es, die Chance nicht zu nutzen, auch mit Partnern aus den klassischen Medien zusammenzuarbeiten und gemeinsam kluge Content-Konzepte zu entwickeln. Der amerikanische Autor Andrew M. Davis hat für diese fruchtbare Form der crossmedialen Zusammenarbeit den Begriff *Brandscaping* geprägt. In seinem für alle (Content-)Marketer sehr erhellenden und empfehlenswerten Buch »Brandscaping – Unleashing the Power of Partnerships« definiert Davis den Begriff wie folgt:

> »*A process that brings like-minded brands and their respective audiences together to create content that increases demand and drives revenue.*«[3]

Anhand vieler instruktiver Beispiele beschreibt Davis, wie sich Firmen gegenseitig beim Aufbau ihrer Geschäfte und ihrer Marke unterstützen können: Im Kollektiv entstehen oft die cleversten Marketingideen. Außerdem verteilt sich die Content-Produktion auf mehrere Schultern – so werden ganz nebenbei auch die Budgets beider Parteien geschont. Der Auftrag eines erfolgreichen Brandscapers lautet, im Online- und Offline-Bereich die richtigen Partner zu finden, die dieselbe Zielgruppe ansprechen wie das eigene Unternehmen, und gemeinsam gewinnbringende Content-Marketing-Ideen zu entwickeln.

So könnte beispielsweise ein Versender für Gourmet-Food mit Autoren, Sterneköchen, Sommeliers, Luxushotels oder anderen Unternehmen zusammenarbeiten, die einen ähnlichen Markt bedienen. Gemeinsam könnten die Partner etwa folgende Inhalte entwickeln und an den Start bringen:

- wöchentliche Rezept-Tipps
- Video-Wein-Degustationen
- eine Interview-Reihe mit Köpfen aus der Gourmet-Szene
- eine Food-Trend-Kolumne
- einen Knigge fürs Business-Dinner
- eine monatliche Web-Gourmet-TV-Show

---

[3] Andrew M. Davis, Brandscaping – Unleashing the Power of Partnerships. Cleveland, Ohio: Content Marketing Institute 2012, S. 9

Nutzen Sie das Synergie-Potenzial, das in crossmedialen Kooperationen steckt. Oder, um es mit den Worten von Andrew Davis zu sagen (angelehnt an den Titel seines Buches): Entfesseln Sie die Kraft von gewinnbringenden Partnerschaften! Lassen wir den Meister des Brandscaping an dieser Stelle doch einmal selbst zu Wort kommen: Im folgenden Gastbeitrag beschreibt Andrew Davis das Thema anhand eines instruktiven Fallbeispiels.

Fallbeispiel von Andrew Davis

Hochwertiger Content – das heißt regelmäßig zur Verfügung gestellter, für Ihre Zielgruppe relevanter Content von hervorragender Qualität – ist unglaublich effektiv. Erstklassiger Content kann Konsumenten dazu animieren, Dinge zu kaufen, die sie niemals zuvor in Betracht gezogen haben. Und zufriedene Bestandskunden ermuntern auch gerne ihre Freunde und Verwandten dazu, hochwertigen Content zu abonnieren. Hochwertiger Content ist also ausgesprochen mächtig.

In meinem Buch »*Brandscaping: Unleashing the Power of Partnerships*« stelle ich Hunderte von Unternehmen (und Einzelpersonen) vor, die hochwertigen Content wirksam eingesetzt haben, um ihr Business auszubauen. Brandscaping ist die Kunst und die Wissenschaft, sich die Zielgruppe anderer zunutze zu machen, um das eigene Geschäft voranzutreiben. Ein guter Brandscaper schafft Content, den andere Brands verbreiten und mit ihren eigenen treuen Kunden teilen wollen. Warum? Jeder in der heutigen Online-Welt braucht Content. Jeder braucht wertvolle Inhalte. Ein guter Brandscaper fragt sich: »Wer hat meinen NÄCHSTEN Kunden unter seinen AKTUELLEN Kunden?«

Eine der Geschichten in meinem Buch dreht sich um den Möbelriesen IKEA und einen Comedian und Filmemacher namens Mark Malkoff. IKEA inszenierte mit Malkoff einen einwöchigen PR-Gag in einer Filiale in Paramus, New Jersey.

Das Set-up

Mark hatte den Kammerjäger im Haus und brauchte eine Unterkunft für eine Woche. Gibt es eine bessere Unterkunft als eine IKEA-Filiale?

Die Komödie

Während Mark in der IKEA-Filiale lebte (rund um die Uhr), filmte er seine Abenteuer, schnitt aus dem Material kurze Videoclips und lud sie auf YouTube hoch.

Die Ergebnisse

Marks YouTube-Videos wurden in jener Woche mehr als 1,5 Millionen Mal abgerufen; die eigens eingerichtete Website *MarkLivesAtIkea.com* zog sogar 15 Millionen Besucher an. *Mark Lives At Ikea* erzeugte eine enorme Medien-Aufmerksamkeit, und Mark war plötzlich überall präsent – von der *Today Show* bis hin zu lokalen Radiosendern im ganzen Land. Laut Ketchum (der PR-Firma, die bei der Verwirklichung dieser Idee half) konnten am Ende der Woche 382 Millionen positive Brand-Impressions verzeichnet werden – und das bei einem Budget von 13.500 Dollar. Der Umsatz der IKEA-Filiale stieg um 5,5 Prozent, und ihr Website-Traffic erhöhte sich um 6,8 Prozent. Laut IKEA war dies die erfolgreichste Kampagne in der US-Geschichte des Unternehmens.

Die Nachwirkungen

Am Ende der Woche packte Mark seine Siebensachen und ging nach Hause. Eine Woche, nachdem alles begonnen hatte, war es schon wieder vorbei.

Die Content-Marketing-Chance

Content-Marketing ist keine Kampagne. Es geht dabei nicht um ein One-Hit-Wonder. Die besten Content-Marketer nutzen PR (wie Mark), um Interesse an einer fortlaufenden Content-Strategie aufzubauen. Hier kommt ein Konzept wie Brandscaping ins Spiel. Brandscaping ist die Kunst, eine Kooperation mit anderen Marken einzugehen, die bereits Zugang zu Ihren potenziellen Kunden haben. Es geht darum, Content zu kreieren, der die Nachfrage für beide Brands erhöht.

Brandscapers fragen sich: »Welche Unternehmen haben meine NÄCHSTEN Kunden unter ihren AKTUELLEN Kunden?« Marks Zusammenarbeit mit IKEA ist bereits ein Brandscape. Mark brachte sein YouTube-Publikum (und die Presse) zu den IKEA-Kunden. Es war eine Win-win-Situation für beide Seiten. Aber was wäre, wenn man die Idee weiterführen würde?

Was wäre, wenn Mark eine wöchentliche (oder sogar tägliche) Live-Show aus der IKEA-Filiale senden würde? Was wäre, wenn Mark jede Woche einen musikalischen Gast (wie Lisa Loeb) dazu einladen würde? Das wäre ein weiterer Brandscape – Lisa würde ihre Fangemeinde mit IKEA und Mark teilen.

Was wäre, wenn IKEA zusammen mit dem Bürobedarf-Anbieter Staples ein Home-Office-Segment in der Show etablieren würde, in dem Mark den neuen CEO eines Tech-Start-ups zu seinen Ambitionen interviewte? Das wäre ein Brandscape. Staples würde so sein Publikum mit IKEA teilen – im Bewusstsein, dass eine steigende Flut alle Schiffe hebt.

Gute Content-Marketer suchen immer nach Wegen und Möglichkeiten, ihre Reichweite durch authentische Partnerschaften zu vergrößern, die ihren Content an eine wertvolle Zielgruppe weitergeben. Gute Content-Marketer nutzen die Synergien von starken Content-Kooperationen.

16.4 Werden Sie zum Content-Kurator

Warum sollten Sie sich die Mühe machen und alle Inhalte selbst bzw. auf eigene Kosten erstellen, wenn es auch die Möglichkeit gibt, Fremd-Content für die eigene Seite zu nutzen? Nichts anderes macht ein Content-Kurator: Er findet (online wie offline) zielgruppenkonforme Inhalte und publiziert sie in einem passenden Kontext auf der Website oder über Social Media. Dabei kann es sich etwa um die Zusammenfassung von einem oder mehreren Artikeln handeln, um das Zitieren von Expertenaussagen, die Kommentierung eines Cases, die Abschrift eines Podcasts oder das Einbinden von User-generated Videos.

Content Curation bedeutet auch, dass man eigene Inhalte immer wieder nutzt, aktualisiert und auf verschiedenen Medien streut. Stöbern Sie also ab und an in Ihren Archiven nach alten Content-Perlen – vielleicht können Sie sie für Ihre Zielgruppe noch einmal aufpolieren und neu einsetzen.

Beachten Sie bitte die nachstehenden Regeln für die Content Curation:

- Kuratieren hat nichts mit Klauen zu tun! Vielmehr ziehen Sie Inhalte Dritter als Referenz für Ihr Know-how heran und bauen daraus eigenen Content. Sie schreiben beispielsweise eine Zusammenfassung von mehreren Artikeln oder verlinken in ansprechend formulierten und informativen Teasern auf die ursprüngliche Informationsquelle.
- Bleiben Sie den Drittanbietern gegenüber fair, und seien Sie äußerst sorgfältig bei der Angabe Ihrer Quellen. Achten Sie darauf, dass Sie eigene Abhandlungen, Abstrahierungen und Zusammenfassungen des originären Contents anbieten und keine kopierten Inhalte.
- Übersetzen Sie die gefundenen Inhalte in die Sprache Ihrer Zielgruppe, und denken Sie auch beim Kuratieren an eine gut lesbare Aufbereitung Ihrer Texte (siehe Abschnitt 26.3, »Grafisches Schreiben«).
- Priorisieren Sie Ihre Content-Funde, und erliegen Sie nicht der Versuchung, wahllos alles zu veröffentlichen, was annähernd zu Ihrem Angebot passen könnte. Auch beim Kuratieren gilt: Qualität und Relevanz für Ihre Zielgruppe stehen an erster Stelle.
- Behalten Sie im Hinterkopf: Content, der 1:1 übernommen wird, ist Google ein Dorn im Auge. Verfassen Sie also eigene Intros, Headlines und Einführungstexte.
- Erklären Sie Ihrer Zielgruppe den Benefit des angebotenen Contents. Welche Vorteile bieten die Inhalte, wie helfen sie der Zielgruppe weiter, wie unterstreichen sie Ihre Kompetenz?
- Sie möchten kuratierten Content anbieten? Dann bitte auf regelmäßiger Basis! Ihre User werden mit der Zeit davon ausgehen, dass sie dieses Angebot auf Ihrer Seite finden, und dementsprechend enttäuscht sein, wenn sich nach einer Weile nichts Neues mehr tut.
- Regen Sie durch klug kommentierten Dritt-Content die Diskussion mit Ihrer Zielgruppe an.
- Nutzen Sie kuratierten Content, um zu testen, wie bestimmte Themen oder inhaltliche Angebote bei Ihrer Zielgruppe ankommen, bevor Sie selbst viel Geld in die Produktion dieser Inhalte investieren.
- Aggregieren Sie Ihren Social-Media-Content (User-Kommentare, Umfragen, veröffentlichte Bilder usw.) auf einer Seite (z. B. im Social Media Newsroom).

- Räumen Sie Ihren kuratierten Content regelmäßig auf. Veraltete News, inaktive Verlinkungen oder Empfehlungen zu Event-Terminen, die in der Vergangenheit liegen, braucht kein Mensch.

Tabelle 16.1 bietet Ihnen einige Curation-Anregungen zu verschiedenen Content-Kategorien bzw. -Formaten.

Content-Angebot	Curation-Möglichkeit
E-Book	- Variante 1: Sammeln Sie Informationen aus verschiedenen Quellen, und kuratieren Sie sie in einem E-Book, etwa: »100 SEO-Learnings aus dem Jahr 2013«, »Die 50 besten Zitate erfolgreicher Firmengründer«, »70 Content-Marketing-Beispiele aus aller Welt«. Dabei geht es nicht darum, die Inhalte selbst zu entwickeln, sondern sie aus anderen Quellen in einem E-Book zusammenzuführen. - Variante 2: Fassen Sie die wesentlichen Aussagen eines E-Books zusammen, und veröffentlichen Sie sie als kommentierte Review auf Ihrer Website.
News-Kategorie	Sammeln Sie die Neuigkeiten aus Ihrer Branche, Ihrer Produktwelt oder Ihrem B2B-Sektor, und bieten Sie Ihren Kunden auf einer News-Seite eine regelmäßige Zusammenfassung der gefundenen Veröffentlichungen (täglich bzw. wöchentlich).
Infografiken	Teilen Sie relevante und gut aufbereitete Infografiken auf Ihrer Website.
SlideShare	- Stellen Sie auf Ihrer Seite Präsentationen von Kongressen vor. - Suchen Sie auf SlideShare nach zielgruppenrelevanten Publikationen, und beweisen Sie Expertise, indem Sie sie für Ihre Zielgruppe filtern, kommentieren und zur Verfügung stellen.
Umfragen	Füttern Sie Ihren Social-Media-Kanal mit den Antworten aus Umfragen, oder stellen Sie die Ergebnisse in einer Präsentation zusammen. Ein Beispiel dafür, wie man Umfragen mehrfach nutzen kann, liefert das Content Marketing Institute: Ende 2012 wurden Content-Marketer nach ihren Prognosen für 2013 befragt. Die Ergebnisse wurden in einer Präsentation zur Verfügung gestellt, in Artikeln kommentiert und als Trigger für den Start der Umfrage für 2014 erneut herangezogen (*http://contentmarketinginstitute.com/2013/11/2013-content-marketing-prediction-hits-misses*).

Tabelle 16.1 Wie Sie als Kurator bereits veröffentlichte Inhalte anderer Anbieter nutzen können

Content-Angebot	Curation-Möglichkeit
Videos	▸ Gibt es ein gutes Konzept, mit dem Sie User-generated Videos auf Ihrer Seite aufbauen können (Gewinnspiele, Produktrezensionen, Video-Kummerkasten usw.)? ▸ Können Sie Videos Dritter für Ihre Seite nutzen? ▸ Nutzen Sie Plattformen bzw. Video-Dienstleister wie Brightcove (*http://www.brightcove.com/de*) für die Kuratierung von Videos.
Web-Fundstücke	▸ Präsentieren Sie Ihrer Zielgruppe auf einer Seite themenrelevante, hilfreiche, informative oder unterhaltsame Inhalte, die Sie im Web recherchiert haben: Webinar-Angebote, lustige Bilder, interessante Storys, gut gemachte Videos, spannende Interviews oder eine Übersicht wichtiger Branchentermine. ▸ Schauen Sie für Ihre Zielgruppe über den Tellerrand bzw. über den Großen Teich: Was entdecken Sie auf internationalen Seiten? Übersetzen/adaptieren Sie diese Inhalte für Ihre deutschen User.

Tabelle 16.1 Wie Sie als Kurator bereits veröffentlichte Inhalte anderer Anbieter nutzen können (Forts.)

Nachfolgend finden Sie drei Beispiele für Firmen, die Content Curation quasi zum Herzstück Ihres Business gemacht haben:

1. »**Huffington Post**«: Die Online-Zeitung kuratiert primär die Inhalte von externen Autoren und News-Plattformen, das Material von Nachrichtenagenturen sowie ausgewählte Community-Kommentare zu einem Thema. Damit ist die Huffington Post *das* Beispiel für News Curation schlechthin. Meist finden die Leser unter einem Artikel noch eine lange Link-Liste zu Artikeln, die in anderen Medien zu dem präsentierten Thema veröffentlicht wurden (siehe Abbildung 16.1).

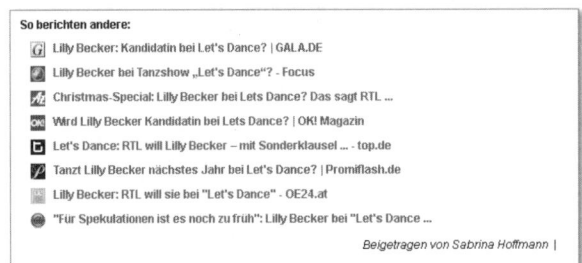

Abbildung 16.1 Ausschnitt aus einer Artikelseite der »Huffington Post« (Screenshot vom 09.11.2013)[4]

---

4 *http://www.huffingtonpost.de/2013/11/08/lets-dance-lilly-becker_n_4240459.html*

2. **Retelly**: Die Plattform kuratiert Videos und präsentiert sie übersichtlich auf ihrer Website (siehe Abbildung 16.2). Der User kann dabei auch in verschiedenen Videokanälen wie DOCUMENTARY, EDUCATION oder MUSIC stöbern. Wer die Rechte an den Inhalten hat, macht Retelly mit folgendem Statement auf der Seite deutlich:

    »*Retelly does not own any copyrights on any video seen on this site.*«[5]

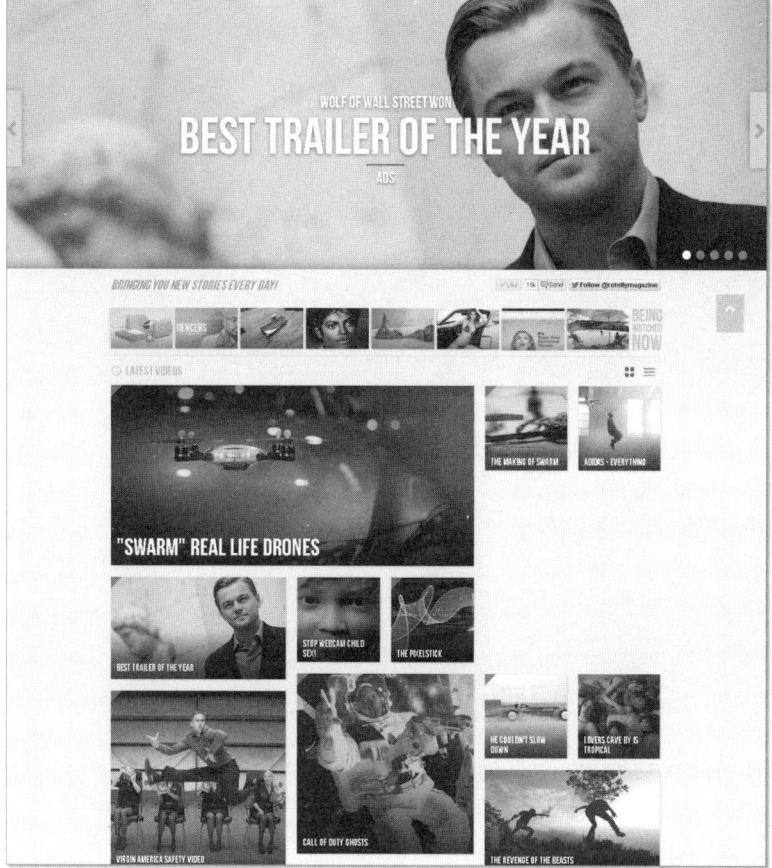

Abbildung 16.2 Ausschnitt aus der Retelly-Homepage (Screenshot vom 09.11.2013)

3. **HubSpot**: Im E-Book »101 Awesome Marketing Quotes from Industry Thought Leaders« (*http://offers.hubspot.com/101-marketing-quotes*) hat die Marketing-Software-Plattform HubSpot griffige Zitate von Marketingexperten zusammengestellt und mit netten Illustrationen ausgeschmückt (siehe Abbildung 16.3). Et voilà: Schon verfügt der amerikanische Software-Anbieter wieder über ein neues Content-Angebot, das sich interessierte User herunterladen können.

---

5 Retelly-Homepage: *www.retelly.com* (Stand: 09.11.2013)

Abbildung 16.3 Seite 77 aus einem E-Book der Firma HubSpot (Screenshot vom 09.11.2013)[6]

Wenn Sie inhouse nicht die Möglichkeit haben, sich auf die Suche nach guten Drittinhalten zu machen, können Sie auch den Service von Curation-Dienstleistern nutzen. Plattformen wie Outbrain (*www.outbrain.com*) haben sich darauf spezialisiert, den passenden Content für Websites zusammenzustellen, und bieten zudem Lösungen für die schnelle und unkomplizierte Integration der Inhalte an.

16.5 Nutzen Sie die Themenpläne der Redaktionen

Wenn Sie wissen möchten, welche Themenspecials auf der Agenda von Fach- und Publikumszeitschriften, Tageszeitungen oder großen Online-Portalen stehen, sollten Sie regelmäßig einen Blick auf die Mediadaten der jeweiligen Anbieter werfen: Dort werden die geplanten Themen meist frühzeitig für potenzielle Anzeigenkunden veröffentlicht – und Sie können daraus wiederum Ideen für Ihr eigenes Content-Marketing ableiten.

Abbildung 16.4 zeigt einen Ausschnitt aus der Themenplan-Übersicht der Axel Springer AG für 2014, die Sie sich als Excel-Datei kostenfrei herunterladen können.[7]

---

6 Quelle: *http://offers.hubspot.com/101-marketing-quotes*
7 Link zur Seite: *http://www.axelspringer-mediapilot.de/artikel/Themenplaene-ASMI-Axel-Springer-Media-Impact-Themenplanuebersicht-2014_1192751.html* (Screenshot vom 09.11.2013)

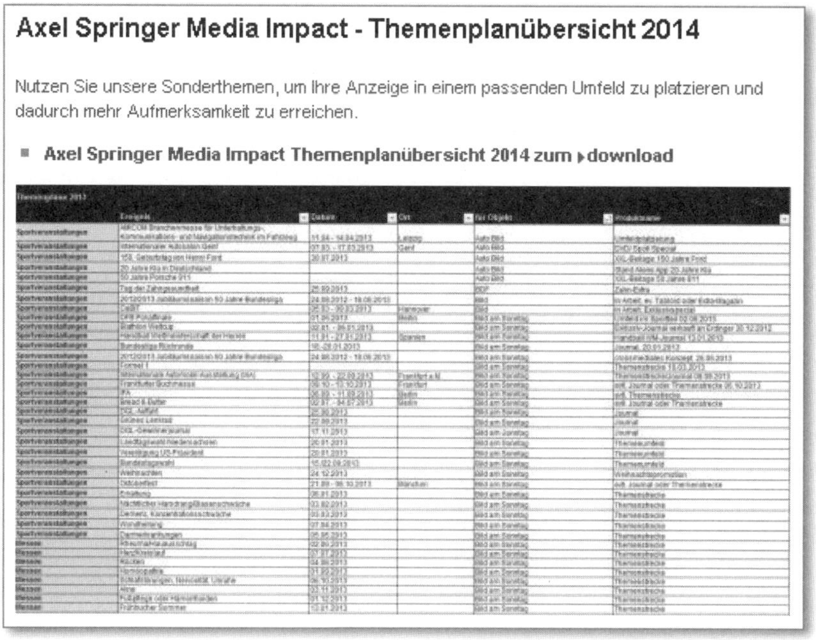

Abbildung 16.4   Themenplanung der Axel Springer AG für 2014

Vielleicht stellen Sie beim Durchforsten der Pläne auch fest, dass sich eine Thematik ganz wunderbar mit der Kompetenz Ihres Unternehmens deckt, und finden einen gelungenen Content-Kooperationsansatz, den Sie dem entsprechenden Medium vorstellen können.

Die Seite *http://www.media-tor.info* gibt Ihnen ebenfalls die Möglichkeit, nach Themen und Anbietern für Ihre Content-Planung zu stöbern. Nicht alle Medien stellen ihre Themenpläne vollständig auf ihrer Website zur Verfügung. Einen umfassenden Überblick zu geplanten Specials und den zuständigen Ansprechpartnern liefert Ihnen jedoch beispielsweise die kostenpflichtige Datenbank von Zimpel Online (*http://zimpel.de*).

16.6   Fazit

Sie sehen: Das Ideenfüllhorn für ein Thema ist in der Regel schnell bestückt. Bitte verlieren Sie beim Betrachten der gesammelten Content-Pracht jedoch nicht Ihren Blick fürs Wesentliche, sprich Ihre Strategie-Ziele. Nicht jedes Thema, das Ihnen gefällt, gefällt auch Ihrer Zielgruppe. Content-Marketing bedeutet keineswegs, dass jeder Website-Betreiber nonstop irgendwelche Inhalte an den Start bringen müsste! Selektieren Sie Ihre Ideen sorgfältig, und prüfen Sie, welche tatsächlich dazu geeignet sind, Ihr Business zu unterstützen. Und fragen Sie sich immer wieder aufs Neue:

- Mit welchen Inhalten kann ich mehr Aufmerksamkeit für meine Marke schüren?
- Welcher Content hilft, fesselt, bewegt und rückt mein Angebot bzw. meinen Service ins rechte Licht?
- Was bewegt meine Zielgruppe dazu, die Inhalte zu teilen?
- Welche möglichen Kooperationspartner kann ich zur Content-Kreation und -Produktion mit ins Boot holen?

Gerne übergebe ich am Ende dieses Kapitels noch einmal das Wort an David Ogilvy:

> »The best ideas come as jokes. Make your thinking as funny as possible.«[8]

Werfen Sie also Ideen, die im ersten Moment absurd wirken, nicht gleich über Bord. Kreativität entsteht weniger aus Ernsthaftigkeit, sondern eher aus Leichtigkeit. Im nächsten Kapitel erfahren Sie, wie Sie die recherchierten, gefundenen oder gemeinsam mit Partnern erarbeiteten Content-Ideen in eine interessante Story verpacken können.

---

8 Quelle: *http://www.goodreads.com/quotes/233814-the-best-ideas-come-as-jokes-make-your-thinking-as* (Stand: 09.11.2013)

17 Storytelling im Content-Marketing

Gute Geschichten und eingängige Songs haben eines gemeinsam: Sie bleiben uns nachhaltig in Erinnerung. Ihre Bilder, Emotionen und Melodien nisten sich in unserem Gehirn ein und können jederzeit wieder abgerufen werden. Die klassische Werbung weiß dieses Phänomen zu nutzen: Hier ist das Storytelling schon seit Langem fest verankert. Es wird höchste Zeit, dass auch die Online-Branche diese interessante Disziplin endlich für sich entdeckt – und sich mehr Mühe gibt, ihre Kunden mit originellen Produkt- oder Markenstorys in den Bann zu ziehen.

Wir leben in einer Zeit, die uns mit weitaus mehr Informationen versorgt, als wir verarbeiten können. Damit uns diese Reizüberflutung in Form von Geräuschen, Farben, Worten oder Düften nicht in einen Stressmodus versetzt, gehen wir bei der Informationsaufnahme meist selektiv vor und speichern nur einen Bruchteil der vermittelten Themenangebote in unserem Gedächtnis ab. Wie schafft man es nun als Marketer, sich mit seiner Botschaft gegenüber all den anderen kommunizierten Inhalten durchzusetzen und sich beim Kunden Gehör zu verschaffen?

Das Storytelling ist eine spannende Disziplin, die Ihnen die Macht verleiht, direkt in die Herzen und Hirne der User einzudringen. Mit einer gut erzählten Produkt- oder Markengeschichte können Sie ein lebendiges, menschliches Bild von Ihrer Firma bzw. Ihrem Angebot vermitteln und im Gedächtnis Ihrer Kunden haften bleiben. Die folgenden Abschnitte bieten Ihnen eine Einführung in die bunte, herausfordernde Welt des Storytellings – aus B2C- wie auch aus B2B-Sicht.

17.1 Mehr Inhalte – weniger Werbung

Wenn wir vom Geschichtenerzählen im Content-Marketing sprechen, darf das Wörtchen »Mehrwert« nicht fehlen. Ihre User werden tagtäglich mit unzähligen Werbebotschaften bombardiert. Dabei fragen sie sich immer: »Was habe ich jetzt davon? Welchen Mehrwert bietet mir das Angebot oder das Unternehmen? Warum soll ich ausgerechnet dieser Werbebotschaft mehr Aufmerksamkeit schenken?«

Eine Kundenansprache, bei der die Werbeaussage dezent im Hintergrund steht und die mit fesselnden Inhalten und sympathisch aufbereiteten Informationen arbeitet, bietet den Usern nicht nur einen Mehr-, sondern auch einen Unterhaltungswert. Und genau das wollen Ihre Kunden: Gemäß einer im Juni 2013 veröffentlichten Adobe-Studie zum Online-Marketing wird für rund 73 % der deutschen Verbraucher Werbung erst dann interessant, wenn sie nicht bloß ein Produkt verkaufen will, sondern eine originelle Story erzählt.[1]

> **Rechtstipp: Schleichwerbung vermeiden**
>
> So gut Ihre Geschichte auch ist, dem User muss klar sein, dass es sich letztlich um Werbung handelt, denn Schleichwerbung bleibt wettbewerbsrechtlich unzulässig. Allgemein gilt hier das sogenannte Trennungsgebot: Redaktionelle Inhalte und Werbung sind voneinander zu unterscheiden. Beispiele für die Presse finden Sie etwa im Pressekodex unter *http://www.presserat.info/uploads/media/Praxis-Leitfaden_Ziffer_7.pdf*. Das Trennungsgebot gilt aber auch für neue und soziale Medien.
>
> Solange Ihre Geschichte nicht Ihre Homepage verlässt, sollte es insofern allerdings keine Probleme geben, denn Ihre Homepage ist ja (erkennbar) Werbung. Schwieriger wird es allerdings, wenn Sie Ihre Geschichte viral im Netz verbreiten wollen oder werbliche Inhalte auf redaktionellen Seiten integriert werden: Hier heißt es, aufzupassen und einen deutlichen Hinweis auf den werbenden Charakter Ihrer Geschichte aufzunehmen.

Jede kreative, sympathische Kundenkommunikation, die sich von den rein werblich formulierten Verkaufskampagnen abhebt, wird von den Empfängern dankbar angenommen, honoriert und idealerweise gleich mit anderen Kontakten auf Social-Media-Kanälen geteilt. Eine gute Marketing-Geschichte zeichnet sich dadurch aus, dass sie unmittelbar verständlich, leicht zu merken und ebenso leicht wiederzugeben ist. So wird sie zur Trumpfkarte im Kampf um die User-Gunst:

> »*The audience accepts the story because, for a human, a good story always seems like a gift.*«[2]

Doch bevor Sie sich an die Entwicklung Ihrer Story machen, müssen Sie ein klares Bild von den Empfängern Ihrer Botschaft haben. Auch beim Storytelling lauert wieder die Gefahr, dass Sie an Ihrer Zielgruppe vorbeikommunizieren. Also überlegen Sie bitte: An wen richtet sich die Botschaft? Welche Content-Formate werden von Ihren Usern bevorzugt? Wo befindet sich der Kunde, wenn er auf die Geschichte

---

[1] Quelle: *http://www.adobe-newsroom.de/2013/06/12/adobe-studie-online-werbung-hinkt-hinterher*

[2] Jonathan Gottschall in einem Blogbeitrag vom 02.05.2012: *http://www.fastcocreate.com/1680581/why-storytelling-is-the-ultimate-weapon*

aufmerksam wird? Wovor hat der Empfänger Angst? Was sind seine Schmerzpunkte? Mit welchen Problemen hat er zu kämpfen? Und nicht zuletzt: In welcher Sprachwelt bzw. Tonalität soll die Geschichte erzählt werden? Aber die Antworten auf diese Fragen liegen hoffentlich alle schon vor Ihnen – vorausgesetzt, Sie haben Ihre Content-Strategie-Hausaufgaben erledigt.

Bevor wir uns im nächsten Abschnitt ein Storytelling-Beispiel genauer anschauen, ist es wichtig, dass Sie den strategischen Anspruch an diese Marketingdisziplin verstehen – denn Storytelling bedeutet keineswegs, dass man einfach bloß einmal eine gute Geschichte in die weite Welt streut. Ein schönes Video, eine packend formulierte Unternehmensgeschichte oder eine anschaulich präsentierte Produktstory sollten nicht mehr als ein Teil einer übergeordneten, großen Story sein, die sich über Jahre hinweg entwickelt: Alle sogenannten Mikrogeschichten spinnen diesen einen langen roten Faden weiter. Das Geheimnis von klassischen Unternehmen, die über Jahre hinweg eine stabile Marke aufgebaut haben, liegt in der kontinuierlichen Entwicklung einer Story und im sukzessiven Ausbau des Plots. Im Laufe der Zeit machten uns diese Marken unter anderem mit Klementine, dem HB-Männchen oder den fliegenden Red-Bull-Comic-Figuren vertraut. Und wie Sie an den genannten Beispielen sehen, steht und fällt eine gute Geschichte meist mit der Glaubwürdigkeit und dem Sympathiefaktor eines einprägsamen Testimonials: Wir brauchen ein Gesicht, eine Figur, die uns die Geschichte nahebringt. Im B2B-Storytelling können das beispielsweise auch die Mitarbeiter hinter den Kulissen sein, die von der Entwicklung des Produkts, der Besonderheit des Unternehmens oder dem sozialen Engagement der Firma berichten. Sie übernehmen dann den »Helden-Part« in einer Story. Im folgenden Beispiel ist der Held zwar noch klein, die Resonanz auf seine Geschichte war jedoch riesengroß.

17.2 Ein Helden-Beispiel

Im Jahr 2011 begeisterte ein kleiner Junge im Darth-Vader-Kostüm die Zuschauer in einem Werbespot der Volkswagen AG: Mittels vermeintlicher Zauberkraft versuchte er, Gegenstände zu bewegen. Schließlich stellte er sich vor Papas VW Passat, und sein Vater bescherte ihm dank seines Funk-Autoschlüssels einen wahrhaft magischen Moment (siehe Abbildung 17.1). Mag sein, dass Sie sich als Zuschauer des Spots das konkrete Automodell oder die Farbe des Wagens nicht gemerkt haben. Doch die Wahrscheinlichkeit ist groß, dass die Marke VW stärker in Ihr Bewusstsein gelangt ist – über eine schön erzählte, unterhaltsame und sympathische Geschichte.

Abbildung 17.1 Szenenfoto aus dem VW-Spot »The Force«[3]

Unser Gehirn wird täglich mit Informationen überschwemmt. Sätze wie »Der neue Passat in Silbergrau mit 17-Zoll-Leichtmetallrädern, Sechs-Gang-Getriebe und einem Heckspoiler in Wagenfarbe ab 20.000 € ...« sind im Rahmen der Erstbewerbung zu viel des Guten für unser Erinnerungsvermögen. Solche Fakten interessieren den Kunden dann, wenn er auf die Marke und das Modell aufmerksam geworden ist und mehr Details zum Fahrzeug erfahren möchte. Im ersten Schritt geht es darum, sich als Marke mit einer ansprechenden Story rund um das Produkt in sein Unterbewusstsein einzuschleichen. Gut gemachte Produkt- oder Markenstorys erhöhen die Glaubwürdigkeit Ihrer Firma, verknüpfen Ihr Angebot mit Werten und Emotionen und hinterlassen einen bleibenden Eindruck beim Kunden. Ihre Geschichten sind der Nährboden für ein erfolgreiches Content-Marketing.

Das Storytelling im Content-Marketing folgt im Prinzip den gleichen Mustern und Vorgaben, die auch Buch- oder Drehbuchautoren beachten, wenn sie ihre Leser und Zuschauer mit einer Geschichte auf Anhieb fesseln wollen. Aber keine Angst: Sie müssen jetzt nicht umschulen und zahllose Creative-Writing-Kurse besuchen. Als Content-Marketer brauchen Sie nur ein generelles Verständnis dafür, wie Geschichten aufgebaut sind – und was Sie daraus für Ihre Online-Kommunikation lernen und übernehmen können.

---

3 Link zum YouTube-Video: *http://www.youtube.com/watch?v=R55e-uHQna0*

17.3 Wer ist der Held in Ihrer Geschichte?

In jeder klassischen Geschichte – von archaischen Mythen bis hin zu Hollywood-Filmen – gibt es einen Helden. Zu Beginn wird er mit einem Problem bzw. einer schwierigen Aufgabe konfrontiert. Daraufhin begibt er sich auf eine »Heldenreise«, um die Lösung für sein Problem zu finden. Unterwegs muss er diverse Herausforderungen meistern, und in der Regel benötigt er Mitstreiter, die ihm dabei helfen, bis es schließlich zu einem Happy End kommen kann.

In dem vorangegangenen VW-Beispiel ist der kleine Junge unser Held: Er sucht nach einem Weg, durch sein Spiel eine imaginäre Macht zu entfesseln. Seine Fantasie kennt keine Grenzen. Als Zuschauer wissen wir freilich, dass seine Bemühungen im wirklichen Leben zum Scheitern verurteilt sind. Sein Vater ermöglicht ihm und uns dennoch ein glückliches Ende: Er übernimmt im wahrsten Sinne des Wortes die Schlüsselrolle und verschafft seinem Sohn das gesuchte Erfolgserlebnis. Mission erfüllt! Und ganz nebenbei hat sich noch ein weiterer, gewichtiger Nebendarsteller ins Bild geschmuggelt: der VW Passat. Ohne ihn und seine technischen Raffinessen wäre der Junge am Ende des Tages möglicherweise sehr frustriert gewesen. Der heimliche Star, das Produkt, kommt also relativ unauffällig ins Spiel, bestimmt aber maßgeblich den Ausgang der Geschichte.

Beim Storytelling fürs Content-Marketing stellt sich zunächst einmal die Frage, mit welchen Konflikten sich Ihre Kunden im Laufe ihres Kaufentscheidungsprozesses auseinandersetzen müssen. Brauchen sie Aufklärung über den Produktnutzen, Informationen über den Mehrwert Ihrer Marke gegenüber der Konkurrenz, eine Erklärung zur Preisbildung oder den Hinweis, dass das Angebot genau zum Lifestyle-Denken der Kunden passt?

Danach gilt es, zu klären, in welcher Form (Video, Artikel, Bildergeschichte, Comic usw.) Sie Ihren Kunden die gesuchten Erläuterungen zur Verfügung stellen wollen. Im Anschluss daran müssen Sie sich fragen: Wer ist der Held in Ihrer Geschichte? Der Warenproduzent, ein Testimonial, der Firmeninhaber, eine fiktive Person, eine Cartoon-Figur, ein sprechendes Katzenbaby, ein treuer Bestandskunde, ein Kooperationspartner, ein Mitarbeiter, ein Alien ...?

Sobald Sie den Konflikt, die Präsentationsform und den Helden ihrer Geschichte definiert haben, steht das Storytelling-Grundgerüst. Nun brauchen Sie nur noch festzulegen, auf welchen inhaltlichen Komponenten Sie die Geschichte aufbauen wollen:

- Möchten Sie Kunden Ihre Firmengeschichte näherbringen?
- Vermittelt Ihre Story einen konkreten Produktnutzen (Tipps, Hinweise, Anwendungsbeispiele)?

- Soll Ihre Geschichte in einem bestimmten Milieu spielen?
- Basiert sie auf den Erfahrungswerten eines Testimonials, der seine Erlebnisse wiedergibt?
- Wo findet Ihre Geschichte statt (im Haushalt, in einem Restaurant, auf einer Weltreise, im Sportstudio, unter Wasser, im Supermarkt ...)?
- Bietet sich Ihr Angebot dazu an, die Geschichte in Form einer Parodie zu präsentieren?
- Welche Bilder stehen für die Werte, die Sie vermitteln möchten?
- Mit welchen Beispielen können Sie Ihre Glaubwürdigkeit untermauern?
- Wie können Sie einen realen Bezug zu Ihrer Firma/Ihrem Produkt herstellen?
- In welche Alltagssituationen können Sie Ihre Geschichte einbinden?

Diese und ähnliche Fragen lassen sich mühelos klären, wenn Sie Ihren Website-Content einmal sorgfältig prüfen. Finden Sie, dass die dortigen Informationen so aufbereitet sind, dass man sie gerne liest und schnell behalten kann? Spielen Sie dasselbe Spiel auch mit anderen Webseiten: Welche Seiten gefallen Ihnen auf Anhieb? An welche Inhalte erinnern Sie sich? Welche Ansprache ist Ihnen sofort sympathisch? Von guten Geschichtenerzählern der Konkurrenz können Sie viel darüber lernen, wie sich Ihre eigenen Marken- und Produktstorys inszenieren lassen.

> **Rechtstipp: Achten Sie auf die urheberrechtlichen Spielregeln**
> Immer, wenn Sie die Ideen anderer nutzen, müssen Sie tunlichst darauf achten, dass Sie dies urheberrechtlich auch dürfen. Eine Urheberrechtsverletzung liegt dabei etwa bereits dann vor, wenn die ursprüngliche Idee nur »durchscheint«.

Natürlich benötigt man zur Entwicklung guter Inhalte auch eine gehörige Portion Kreativität – und die ist nicht selten durch eine schleichende Betriebsblindheit etwas gedämpft. Daher kann es sich durchaus lohnen, den ersten Ideenanschub für eine gute Story extern (etwa über Freelancer oder eine Agentur) einzukaufen.

17.4 Präsentieren Sie den Mehrwert Ihres Angebots

Jeder Kunde, der auf Ihr Angebot stößt, sucht nach der Lösung für ein Problem. Er ist mit einer bestimmten Lebenssituation konfrontiert, benötigt ein Produkt, das ihm sein Leben erleichtert oder ein gutes Gefühl verschafft, oder er möchte sich einfach nur belohnen für etwas, das er geleistet hat. Bauen Sie Ihre Geschichte daher um das hauptsächliche Bedürfnis Ihres Kunden herum, und beziehen Sie ihn damit unmittelbar in Ihre Story ein. Durch den Fokus auf die Kundenwünsche binden Sie den User emotional an Ihre Marke und schaffen innerhalb kürzester Zeit mehr Nähe zum Produkt. Wenn Sie Ihrem Kunden dabei helfen, ein Problem zu lösen, stärken Sie damit zugleich Ihre Kompetenz und Ihre Glaubwürdigkeit.

> **Think-Content-Tipp: Denken Sie an die »Gisbert-Falle«**
> Lesen Sie hierzu Abschnitt 12.4, »Content-Marketing ist kein ›One-Hit-Wonder‹«. Wenn Sie einen funktionierenden Weg gefunden haben, Ihre Angebote über eine bestimmte Geschichte zu transportieren, dann bleiben Sie dabei. Bauen Sie die Geschichte weiter aus, und erhöhen Sie auf diese Weise auch nachhaltig den Wiedererkennungswert Ihrer Marke. Ein beeindruckendes Beispiel dafür finden Sie übrigens in Abschnitt 17.7, »Es war einmal ... ein Erdmännchen«. Und vor allem: Lassen Sie sich von einer anfangs schleppenden Akzeptanz nicht gleich ins Bockshorn jagen. Prüfen Sie vielmehr, ob Sie bereits alle Promotionswege ausgeschöpft haben und ob die bisherige »Verpackung« Ihrer Botschaft den Ansprüchen Ihrer Zielgruppe gerecht wird.

Gute Storys verbessern aber nicht nur den Bekanntheitsgrad Ihres Unternehmens, sie werden vor allem auch gerne weitererzählt. Im Social-Media-Zeitalter sollten Sie schon allein deshalb einen stärkeren Fokus auf das Storytelling legen, damit Sie die viralen Effekte der sozialen Kanäle optimal für Ihr Business nutzen können. Geben Sie Ihren Kunden die Möglichkeit, Ihre Geschichte anderen Menschen mitzuteilen.

Binden Sie in einem nächsten Schritt Ihre User auch aktiv in Ihre Geschichte ein. Fragen Sie sie beispielsweise, ob sie bereits etwas Ähnliches erlebt haben oder ihre Erfahrungen und Abenteuer rund um Ihr Produkt mit anderen Nutzern teilen möchten.

Beweisen Sie bei der Entwicklung Ihrer Ideen ruhig auch ein bisschen Mut. Wussten Sie etwa, dass eine der erfolgreichsten Storys der Filmgeschichte ursprünglich von allen großen Hollywood-Studios abgelehnt wurde? Die Rede ist von »Star Wars«, dem Film, der auch Darth Vader hervorbrachte – und damit jene Figur, die sich noch Jahrzehnte später in Werbespots wie dem zu Beginn dieses Kapitels erwähnten VW-Clip wiederfindet. Als Content-Marketer müssen Sie beileibe kein ebenso brillanter Geschichtenerzähler wie George Lucas werden. Es genügt vollkommen, wenn Sie sich von Filmen, Medien, Alltagserlebnissen, Büchern, Social-Success-Storys und Wettbewerbspräsentationen zur Ausarbeitung Ihrer eigenen Geschichten inspirieren lassen.

17.5 Ihr Alltag ist voller Geschichten

Viele gute Story-Ideen liegen wortwörtlich auf der Straße, wie das folgende Beispiel zeigt. Eine Freundin erzählte mir, dass sie während einer Taxifahrt in Hannover immer wieder heimlich von der Rückbank aus einen Blick auf das Gesicht des Fahrers im Rückspiegel werfen musste. Denn dieser Fahrer hatte eine frappierende Ähnlichkeit mit einem indischen Schauspieler, den sie schon in vielen Bollywood-Filmen gesehen hatte, dessen Name ihr aber in diesem Moment einfach nicht einfallen wollte. Also sprach sie den Fahrer an und meinte, er würde sie an einen berühmten Darsteller erinnern – und wurde mitten im Satz von dem Taxifahrer mit dem Ausruf »Shah Rukh Khan!« unterbrochen. Für den Fall, dass Sie den indischen Megastar nicht kennen: In Abbildung 17.2 sehen Sie ihn in Aktion.

Abbildung 17.2 Shah Rukh Khan bei einem Auftritt im Dezember 2012 in Marrakesch

Von nun an strahlte der Fahrer übers ganze Gesicht, und eine wahre Hymne auf das indische Kino sprudelte aus ihm heraus. Er freute sich sichtlich darüber, dass er einen Fahrgast hatte, mit dem er sich ein wenig über die knallbunte Bollywood-Welt austauschen konnte – und ganz nebenbei fühlte er sich natürlich auch geschmeichelt, weil wieder einmal jemand bemerkt hatte, wie sehr er dem kultisch verehrten »King Khan« ähnelte.

Ist diese Geschichte es nun wert, weitererzählt zu werden? Jedenfalls war meine Freundin offenbar dieser Meinung – ich erinnere mich noch gut an ihre lebhafte, leidenschaftliche Schilderung. Ihre Geschichte blieb also bei mir buchstäblich hängen. Und genau darum geht es beim Storytelling-Auftrag: einen emotionalen Aufhänger zu finden, der Ihre Zielgruppe für Ihr Angebot öffnet. Begegnungen wie diese finden täglich statt – und jeder, der sich das Thema »Storytelling« für seine Firma auf die Fahne schreiben möchte, sollte stets mit offenen Augen durch die Welt gehen.

Rollen wir dieses Beispiel doch einmal von der anderen Seite auf: Überlegen wir uns, wie eine Firma – etwa ein indisches Restaurant oder ein Taxiunternehmen – diese Geschichte nutzen und ausbauen könnte. Wie am Ende von Abschnitt 17.1, »Mehr Inhalte – weniger Werbung«, bereits angedeutet, gilt es im Content-Marketing, langfristige Kommunikationsstrategien und keine Eintagsfliegen zu entwickeln. Wie könnte man also die Story weiterspinnen? Nachfolgend zwei Varianten, die sich sowohl in Video- und Audio- als auch in Textformaten umsetzen ließen:

1. Ein indisches Restaurant in Hannover übernimmt die Taxi-Geschichte als Basis für seine Marketingaktionen. Am Ende der ersten Episode fährt der Taxifahrer seinen Gast zu dem Restaurant mit den Worten: »Indischer geht's nicht!« Das Motto »Indischer geht's nicht« lässt sich in vielen weiteren kleinen Geschichten und an verschiedenen Orten in der niedersächsischen Landeshauptstadt fortführen. Warum nicht auch mal mit einem Bollywood-Flashmob vor dem Restaurant, vielleicht in Kooperation mit einer Tanzschule?

2. Ein Hannoveraner Taxiunternehmen möchte zum einen für mehr Toleranz werben und zum anderen vermitteln, dass man nur mit den Taxis dieser Firma innerhalb der kürzesten Fahrzeit in andere Welten eintauchen kann. Nach der Episode mit dem indischen Testimonial könnten weitere Geschichten entwickelt werden, die kleine Länderbesonderheiten auf charmante Weise präsentieren, verknüpft mit Persönlichkeiten aus dem jeweiligen Land: ein Barack-Obama-Lookalike, ein singender Adriano-Celentano-Doppelgänger usw.

Ein erstes Kurzfazit: Seien Sie in jedem Fall mutig beim Entwickeln Ihrer Geschichten und kramen Sie dabei ruhig öfter in Ihren Alltagserinnerungen. Scheuen Sie sich nicht, Ihre Ideen bei Ihren Vorgesetzten mit Nachdruck vorzubringen, und lassen Sie sich nicht entmutigen, wenn Sie anfangs abgewimmelt werden. Auch ein Drehbuchautor darf sich nicht ins Bockshorn jagen lassen, wenn er nicht auf Anhieb mit seinen Vorschlägen durchkommt. Feilen Sie weiter an Ihrer Geschichte, sezieren Sie Ihre Zielgruppe, und bringen Sie das unverwechselbare Alleinstellungsmerkmal Ihrer Firma, Ihrer Dienstleistung, Ihres Produkts oder Ihrer Marke anschaulich auf die Marketingbühne. Mit Ihren Storytelling-Ideen können Sie beweisen, dass Sie ein Vordenker sind und nicht immer nur ollen Kamellen hinterherlaufen.

17.6 Story-Typen

Gemäß dem Storytelling-Motto »Show, don't tell« finden Sie in den nachstehenden Abschnitten diverse Beispiele fürs Geschichtenerzählen. Die Gliederung in verschiedene Story-Typen soll Ihnen zeigen, welche Ansätze Sie bei der Entwicklung verfolgen und welche Schwerpunkte Sie bei der Ausarbeitung setzen können.

17.6.1 Unternehmensgeschichten

Die oberste Regel für eine Firma lautet: Zeigen Sie Gesicht! Seien Sie menschlich, offen, greifbar und persönlich. Haben Sie keine Angst davor, Schwächen einzugestehen – das macht Sie sympathisch. Ihr Unternehmen war bereits einmal in einer Krise? Sie sind mit einer ersten Geschäftsidee in jungen Jahren gescheitert? Nicht jedes Ihrer Produkte war ein Erfolg? Aha, das klingt interessant! Warum sollten Sie diese Informationen beim Erzählen Ihrer Firmengeschichte verschweigen? Bleiben Sie vor allem immer ehrlich und authentisch! Hören Sie auf den Rat des Starbucks-Geschäftsführers Howard Schultz:

> »Eine starke Marke, die sich in unserer sich ständig wandelnden Gesellschaft behaupten kann, muss mit Herzblut und Leidenschaft aufgebaut werden, nicht etwa mit platten Werbeversprechen. (...) Die Unternehmen, die sich nachhaltig am Markt etablieren, sind vor allem eines: authentisch!«[4]

Arbeiten Sie in Ihrer Unternehmensgeschichte klar heraus, wofür Ihre Firma und Ihre Mitarbeiter stehen. Der amerikanische Callcenter-Anbieter Ruby liefert ein schönes Beispiel dafür, wie charmant man das wichtigste Kapital eines Betriebs – nämlich seine Mitarbeiter – beschreiben kann:

> »Ruby is the smart and cheerful team of virtual receptionists trained to make a difference in your day. From our offices in Portland, Oregon, we handle your calls with care. We deliver the perfect mix of friendliness, charm, can-do attitude, and professionalism. Best of all, your callers will think we work in your office.«[5]

Die Erfolgsgeschichte dieses Unternehmens fußt auf der positiven Lebens- und Arbeitseinstellung der Mitarbeiter, die sich wie ein roter Faden durch alle Informationsbereiche der Website zieht – vom Blog über die »Über uns«-Seite bis hin zur Seite, auf der die Callcenter-Damen persönlich vorgestellt werden.

Was können Sie über Ihre Mitarbeiter, Ihr Unternehmen oder Ihre Firmenphilosophie erzählen? Teilen Sie Ihre Geschichte und Ihre Mission mit Ihren Kunden!

17.6.2 Produktgeschichten

Der Baumarkt-Riese Hornbach hat sich in den vergangenen Jahren als guter Geschichtenerzähler profiliert. So gelang dem Unternehmen etwa im Juli 2013 mit der Inszenierung des »Hornbach-Hammers« ein perfekter Content-Marketing-Coup.

»Geboren aus Panzerstahl – gemacht für die Ewigkeit«: Mit diesen pathetischen Worten präsentierte die Firma den Hammer, für dessen Produktion eigens ein Panzer gekauft und in seine Einzelteile zerlegt wurde. Aus dem geschmolzenen Panzerstahl schufen die Hornbach-Macher ein Produkt, das genau den Geschmack ihrer Kunden traf. Das auf 7.000 Stück limitierte Kultobjekt war binnen kürzester Zeit in sämtlichen Filialen ausverkauft. Auf der Hornbach-Website wurde die Entstehungs-

---

4 Quelle: *http://www.moneybagsfull.com/2013/06/5-career-advice-tips-from-worlds-most.html*
5 Link zur Ruby-Website: *http://www.callruby.com*

geschichte dieses Stahlwerkzeugs stimmungsvoll dokumentiert – durch eine dynamische Infografik im Stil einer Graphic Novel mit diversen Animationen, Audio- und Videostreams (siehe Abbildung 17.3).

Abbildung 17.3 Pathos pur – Ausschnitt aus der Hornbach-Hammer-Story[6]

Die Produktgeschichte wurde letztendlich über nahezu alle Content-Formate und Kommunikationskanäle an den Mann gebracht. Zielgruppenansprache: perfekt. Mediale Aufmerksamkeit: perfekt. Image-Wirkung: perfekt. Was will man mehr?

---

6 Link zur Webseite: *http://www.hornbach.de/cms/de/de/aktuelles/hornbach_hammer/hornbach_hammer.html*

17.6.3 Storytelling im B2B

Sind Spritzgussanlagen oder Photovoltaik-Installationen Themen fürs emotionale Storytelling? Wohl eher nicht. Einer Content-Agentur bieten sich da hingegen weitaus mehr Möglichkeiten. B2B ist also nicht gleich B2B – und das Thema Storytelling lässt nicht einfach über einen Kamm scheren. Es gibt jedoch keine Branche, über die sich gar nichts erzählen ließe oder die partout keinerlei Inhalte mit ihren Geschäftskunden teilen könnte.

Schreiben Sie doch ein Tagebuch über den Bau einer großen Fabrikanlage, oder lassen Sie Ihre Mitarbeiter, die daran beteiligt sind, darüber bloggen. Stellen Sie Testszenarien sowie deren Vorbereitung, den Ablauf und die Ergebnisse vor. Berichten Sie auf augenzwinkernde Art von kleineren und größeren Produktionspannen, und erzählen Sie von ihrem umweltpolitischen Engagement oder Ihren sozialen Aktivitäten. Sie werden feststellen: Wenn Sie in allen Themenecken Ihres Unternehmens kramen, finden Sie genügend Futter für viele kleine Geschichten, mit denen Sie Ihr Unternehmen, Ihre Produkte oder Ihre Dienstleistung charmant in Szene setzen können. Vielleicht wollen Sie Ihre Story oder Ihre Mission ja auch in einem überzeugenden Imagefilm präsentieren, wie das beispielsweise der Firma SAP in ihrem fast vierminütigen Spot »Improving Lives« (siehe Abbildung 17.4) geglückt ist?

Abbildung 17.4 Screenshot des SAP-Imagevideos »Improving Lives« auf YouTube[7]

---

7 Link zum Video: *http://www.youtube.com/watch?v=H2EPyH9EZBg*

17.6.4 Personality Storys

»Dafür stehe ich mit meinem Namen« – mit diesem Satz verbindet man sofort den Namen Claus Hipp. Jahrzehntelang präsentierte sich der Firmeninhaber als vertrauenerweckender Kopf und Vertreter des Babykost-Herstellers Hipp. Helmut Markwort prägte sich während seiner 16-jährigen Tätigkeit als Focus-Chefredakteur mit dem Slogan »Fakten, Fakten, Fakten« in unseren Köpfen ein, und der Zahnmediziner Dr. Earl James Best verhalf der Zahnpflegemarke »Dr. Best« zu einer großen Bekanntheit: Seine Auftritte waren glaubwürdig – und das kam bei der Kundschaft gut an.

Gibt es in Ihrer Firma eine starke Persönlichkeit, die Sie als Botschafter für Ihr Unternehmen an die Kommunikationsfront stellen könnten? Oder würde es sich vielleicht anbieten, einen Vertreter für Ihr Angebot zu finden, der fachlich, kompetent und authentisch die Geschichten rund um Ihr Unternehmen oder Ihre Produkte präsentiert? Dann bauen Sie diese Köpfe gleich in ein starkes Storytelling-Konzept ein!

17.6.5 Educational Storys

Im Rahmen einer Geschichte lassen sich komplexe Sachverhalte vereinfacht darstellen. Vertreiben Sie ein erklärungsbedürftiges Produkt? Wollen Sie zum Aufbau Ihres Markenimages ein soziales oder ökologisches Thema besetzen, das die Kunden zum Umdenken bringen soll? Dann schicken Sie den Helden Ihrer Geschichte auf eine Reise, in deren Verlauf er einen Lernprozess durchläuft und an deren Ende er um eine Erkenntnis reicher ist.

Ein Meister guter Aufklärungsgeschichten ist Chipotle Mexican Grill. Mit dem Slogan »Food with integrity« wirbt diese amerikanische Restaurantkette für ihr Essen: Chipotle verwendet vornehmlich regionale Produkte und fördert das Bewusstsein für eine ökologische Landwirtschaft. Auch auf der Website wird das Firmenmotto stringent umgesetzt – hier findet der User viele Geschichten rund um die Herkunft und den Anbau der verwendeten Produkte (*http://www.chipotle.com/en-us/fwi/fwi.aspx*). In diversen Videos demonstriert das Unternehmen seinen Anspruch an eine nachhaltige Nahrungsmittelproduktion. So erzählt beispielsweise der wunderbare Trickfilm »The Scarecrow« (siehe Abbildung 17.5) die Geschichte einer Vogelscheuche, die für eine miese Lebensmittelfabrik arbeitet. Gut zwei Monate nach seiner Veröffentlichung im September 2013 verzeichnete das Video schon knapp 8 Millionen Viewer auf YouTube.

Abbildung 17.5   Chipotle-Animationsfilm »The Scarecrow« auf YouTube[8]

17.7   Es war einmal ... ein Erdmännchen

Was verbindet ein Vergleichsportal für Autoversicherungen mit der Internetseite eines russischstämmigen Erdmännchens namens Aleksandr Orlov? Schlicht und ergreifend: eine verdammt gute Geschichte – oder, anders gesagt, ein kleiner Storytelling-Geniestreich!

Zugegeben, der Verkauf von Autoversicherungen ist per se nicht sonderlich sexy. Im Januar 2009 erreichte die britische Werbeagentur VCCP (*http://www.vccp.com*) jedoch mit Hilfe eines Trickfilm-Spots[9], dass die Versicherungsvergleichs-Plattform *comparethemarket.com* in England in aller Munde war. VCCP machte sich die Aussprache-Ähnlichkeit der Begriffe »market« und »meerkat« (das englische Wort für »Erdmännchen«) zunutze, um daraus eine originelle Geschichte zu stricken: Ein aristokratisch anmutendes Erdmännchen mit osteuropäischem Akzent stellte sich als Betreiber eines Vergleichsportals für Erdmännchen vor und echauffierte sich darüber, dass immer mehr User auf seiner Plattform vergeblich nach preiswerten Autoversicherungen suchen würden, weil sie zu dämlich seien, die Internetadressen *comparethemarket.com* und *comparethemeerkat.com* auseinanderzuhalten.

---

8   Link zum Video: *http://www.youtube.com/watch?v=lUtnas5ScSE* (Screenshot vom 23.11.2013)
9   Link zum ersten TV-Werbespot von comparethemeerkat.com: *http://bit.ly/14FWXMR*

Aleksandr Orlov, das Erdmännchen, kam beim Publikum so gut an, dass die Macher diverse Nachfolge-Spots produzierten: Sie erkannten das Potenzial dieses sympathischen Protagonisten und ersparten ihm das »Gisbert-Schicksal«; sie entwickelten die Figur in ihren Werbespots konsequent weiter, enthüllten seine bewegte Familiengeschichte und führten andere skurrile Erdmännchen als Sidekicks ein. So entstand in wenigen Monaten ein regelrechter Kult um die possierlichen Tierchen; Merchandising-Artikel – wie etwa Plüschfiguren – entpuppten sich als Verkaufsschlager. Vorläufiger Höhepunkt der Meerkat-Mania in England war das Erscheinen der fiktiven Autobiografie »A Simples Life: The Life and Times of Aleksandr Orlov«, die im Dezember 2010 die britischen Bestseller-Listen stürmte.

Zwei Jahre später hatte die fiktive Figur Aleksandr Orlov sage und schreibe 800.000 Fans auf Facebook sowie knapp 60.000 Follower auf Twitter. Der erste Orlov-Werbespot wurde auf YouTube mehr als 500.000-mal abgerufen. Das Geschichtenerzählen rund um die Abenteuer des schrägen Erdmännchen-Clans geht indessen munter weiter – auf der eigens eingerichteten Website *comparethemeerkat.com* (siehe Abbildung 17.6) können sich die User über die neuesten Entwicklungen auf dem Laufenden halten.

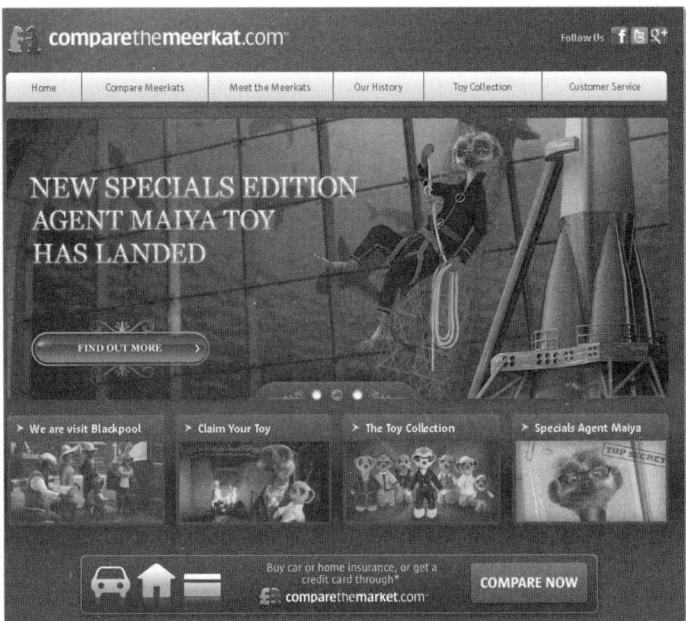

Abbildung 17.6 Screenshot der Homepage www.comparethemeerkat.com (Stand: 21.10.2013)

Ich kann Ihnen an dieser Stelle nur noch einmal ans Herz legen, von den Meistern der klassischen Werbung zu lernen und sich auch als Online-Marketer mit der

Kunst des Geschichtenerzählens vertraut zu machen. Denn natürlich hat das adelige Erdmännchen ganz nebenbei auch seinen ursprünglichen Zweck, für ordentlichen Traffic auf dem beworbenen Preisvergleichsportal zu sorgen, locker erreicht: comparethemarket.com entwickelte sich in kürzester Zeit zur vierterfolgreichsten Versicherungs-Website in Großbritannien.[10]

17.8 Fazit

Eine gute (Marketing-)Geschichte muss sich – im B2B wie im B2C – vor allem in den Gehirnen Ihrer User festsetzen. Sie sollte daher leicht verständlich sein, mit einprägsamen Bildern, Aussagen und Charakteren arbeiten und das Alleinstellungsmerkmal Ihrer Firma perfekt unterstreichen.

Nehmen Sie bitte folgende Regeln fürs Storytelling aus diesem Kapitel mit:

- Halten Sie Ihre Augen offen! Gute Geschichten entstehen manchmal direkt vor Ihrer Nase.
- Erzählen Sie Geschichten, die zu den Lebenswelten Ihrer Zielgruppe passen.
- Präsentieren Sie Ihr Unternehmen menschlich, nahbar und persönlich.
- Show, don't tell!
- Finden Sie eine starke Headline bzw. einen einprägsamen Slogan, der mit Ihrer Geschichte verknüpft ist und sich in den Kundenköpfen einnisten kann.
- Eine Geschichte sollte serientauglich und ausbaufähig sein.
- Ihre Geschichte muss einen eindeutigen Mehrwert bieten.
- Nutzen Sie verschiedene Content-Formate bei der Umsetzung Ihrer Geschichte (multimedial).
- Zeigen Sie gleichermaßen Stärken und Schwächen – beides kann sympathisch wirken.
- Finden Sie starke Köpfe, die Ihre Marke als Helden in der Geschichte perfekt repräsentieren.
- Und haben Sie vor allem den Mut, Ihre Ideen im Unternehmen vorzubringen.

Der letztgenannte Punkt führt uns unmittelbar zum nächsten Kapitel: Wie ein gut durchdachter Themenplan aussehen kann und wie Sie dank eines regelmäßigen Themenplan-Meetings jederzeit die Kontrolle über Ihre Content-Marketing-Aktivitäten behalten, erfahren Sie auf den folgenden Seiten.

---

10 Quelle: *http://en.wikipedia.org/wiki/Compare_the_Meerkat#Commercial_success*

18 Das Content-Marketing-Herzstück – der Themenplan

Think like a publisher: In Blogs und Büchern sowie auf internationalen Kongressen werden Content-Marketer immer wieder mit dieser Aufforderung konfrontiert. Tatsächlich können wir von großen Medienhäusern und Verlagen im Hinblick auf strategische Content-Planung viel lernen: Innerhalb der Redaktionen werden Themen oft mit einem großen Vorlauf geplant, damit genügend Zeit für die Stoffrecherche, die Themenvermarktung, wichtige Kooperationsgespräche, die Ausarbeitung von begleitenden Marketingmaßnahmen sowie die fristgerechte Content-Erstellung bleibt. Diese strukturierte Vorgehensweise bei der Themenplanung sollten Sie als Online-Unternehmen ebenfalls übernehmen.

Zu Beginn meiner beruflichen Laufbahn gab es in der Regel nur eine große Bühne, die man jede Woche mit neuen Inhalten bespielen wollte: die Homepage. Wie im Schaufenster eines Ladengeschäfts sollten dort neue Produkte, aktuelle Themen und werbliche Kundenaktionen ansprechend präsentiert werden. Allein zur Planung der Inhalte für diese eine Seite wurde damals ein wöchentliches Themenplan-Meeting abgehalten, in dem jeder Ressort-Verantwortliche um die vermeintlich besten Homepage-Plätze kämpfte. Nach der Sitzung wurde in einem einfachen Excel-Plan vermerkt, wer welches Thema, welchen Teaser und welche Marketingbox in der besprochenen Woche belegen durfte.

Wenn Sie sich heute dafür entscheiden, mehr Zeit ins Content-Marketing zu investieren, kommen Sie gar nicht mehr um eine solide Themenplanung herum, da sich die Entwicklung, Erstellung und Anbindung von Website-Inhalten aufgrund der zahlreichen zur Auswahl stehenden Content-Formate, Kommunikationskanäle und Platzierungsmöglichkeiten mittlerweile um einiges komplexer gestaltet. Neben der Themenvergabe für die Homepage müssen Sie Ideen für Social Media entwickeln und entscheiden, welchen Content Sie in welcher Form abbilden wollen. Ihr Themenplan muss also auch vermerken, wie und wo Ihre Inhalte dargestellt werden sollen. Außerdem ist er eine Art Disziplinarmaßnahme: Im Rahmen eines Themenplan-Meetings geht es nicht nur um die Content-Verplanung, sondern auch darum, noch einmal zu prüfen, ob die Inhalte strategiekonform sind und tatsächlich dazu dienen, die definierten Business-Ziele zu erreichen.

Bitte verwechseln Sie an dieser Stelle den Themenplan nicht mit dem Produktionsplan (siehe Abschnitt 6.4, »Der Produktionskalender«). Nach Festlegung der geplanten Inhalte müssen die betreffenden Themen in den Produktionsplaner eingetragen werden, damit eine fristgerechte Fertigstellung garantiert werden kann. Es ist also wichtig, dass Sie Themen so früh wie möglich definieren: Nur so sind die nötigen Umsetzungsschritte (eine eventuell erforderliche Konzepterstellung, die Produktionsplanung und -Umsetzung) im festgelegten zeitlichen Rahmen realisierbar. Empfehlenswert ist ein Vorlauf von mindestens drei Monaten.

18.1 Die Basis – das Themenplan-Meeting

Vertreter von Marketing und Redaktion, die mit der entsprechenden Content-Entscheidungskompetenz ausgestattet sind, sollten sich idealerweise jede Woche einmal zu einem Themenplan-Meeting zusammensetzen. Nach und nach setzt sich in vielen Firmen die Erkenntnis durch, wie essenziell solche Treffen sind, wenn man sinnlos fabrizierte Webinhalte vermeiden möchte:

> *»In den meisten Firmen findet Content-Marketing in voneinander isolierten Abteilungs-Silos statt – im E-Mail-Marketing, im Social-Media-Bereich, in der PR- und in der Personalabteilung, im Corporate Marketing usw.: Alle wursteln in einer Art Vakuum vor sich hin. Das bedeutet, dass Unmengen an doppelten Inhalten produziert werden, die oft sogar völlig an den Unternehmenszielen vorbeigehen.*
>
> *SAS, die größte Software-Firma in Privatbesitz, löste dieses Problem durch ein wöchentliches Themenplan-Meeting mit den Content-Verantwortlichen aus allen Abteilungen. Diese Content-Botschafter ziehen nun an einem Strang, teilen Ressourcen und räumen gemeinsam Content-Barrieren aus dem Weg. Ja, Sie haben richtig gelesen: Sie treffen sich jede Woche. Es funktioniert. Probieren Sie's aus!«*[1]

Insbesondere die letzten Sätze kann ich aus Erfahrung eindeutig bestätigen: Ja, es funktioniert!

Damit diese Meetings tatsächlich Früchte tragen können, ist es wichtig, dass es einen Mitarbeiter gibt, der »den Hut aufhat«, jemanden, der für die Vorbereitung, den Ablauf und das Festhalten des Ergebnisses verantwortlich ist.

Bei diesem regelmäßigen Content-Planungs-Termin sollten die folgenden sieben elementaren Punkte auf der Agenda stehen:

---

1 Quelle: *http://contentmarketinginstitute.com/2013/06/remarkable-stolen-content-marketing-ideas* (Blogbeitrag vom 29.06.2013)

1. Rückblick auf die vorherigen Content-Maßnahmen und Besprechung der Analyse-Ergebnisse
2. Überprüfung der bestehenden Themenplanung: Hat sich etwas geändert? Verschieben sich Timings? Passt der Status? Fallen Themen weg?
3. Vorstellung neuer Themen
4. Brainstorming und Ideenentwicklung: Sammlung neuer Themen für die kommenden Quartale mit Blick auf aktuelle Medienentwicklungen, saisonale Besonderheiten und Erkenntnisse aus der Content-Analyse
5. Prüfung, ob die diskutierten Themen zur festgelegten Content-Strategie passen
6. Diskussion darüber, wie die geplanten Themen abgebildet und über welche Kanäle sie gestreut werden sollen
7. Festlegung von Themen, Verantwortlichkeiten, Live-Terminen

Zur Vorbereitung ist jeder Teilnehmer dazu aufgefordert, alle relevanten Informationen zu geplanten Themen zusammenzutragen. Der Organisator des Themenplan-Meetings stellt sicher, dass zum Zeitpunkt des Treffens die aktuellen Reporting-Zahlen aus dem Content-Controlling vorliegen. Er ist ebenso verantwortlich dafür, dass am Ende sämtliche Ergebnisse sauber und vollständig im Themenplan aktualisiert werden.

Im Laufe des Meetings werden sich möglicherweise Fragen und Probleme herauskristallisieren, die auf die Schnelle nicht geklärt werden können. Daher ist es wichtig, dass zu Beginn des Termins ein Kollege benannt wird, der alle Resultate, To-dos und offenen Fragen in einem Protokoll festhält.

18.2 Mustervorlage: Wie sollte ein Themenplan aussehen?

In puncto Themen-Handling war ich schon immer ein großer Excel-Fan. Es gibt zwar eine Vielzahl von Tools und Programmen, die gute Dienste beim Managen von Themen und Timings leisten. Doch eine Sache bleibt Ihnen auch dann nicht erspart, wenn Sie mit diesen Programmwerkzeugen arbeiten: die manuelle Eintragung sämtlicher Themen und der dazugehörigen Informationen in die vorgesehenen Eingabefelder. Die Themenplanung gehört nun einmal zu den Aufgaben, die sich nicht komplett automatisieren lassen. Eine Excel-Tabelle hat den Vorteil, dass Sie die benötigten Datenfelder individuell festlegen und meist alle wichtigen Informationen auf einen Blick einsehen können. Über Filterfunktionen verschaffen Sie sich rasch eine Übersicht über Ihre Deadlines sowie den Status einzelner Content-Themen.

Eine exemplarische Vorlage finden Sie in Abbildung 18.1. Weil der Text aufgrund der Tabellenbreite in diesem Screenshot nicht mehr lesbar ist, habe ich den Themenplan noch einmal in drei Spaltenblöcke aufgeteilt (siehe hierzu Abbildung 18.2 bis Abbildung 18.4). Abbildung 18.1 soll Ihnen lediglich einen Eindruck vom vollständigen Umfang eines Themenplans bieten.

Der erste Spaltenblock enthält die Themenübersicht sowie allgemeine Informationen zu den geplanten Inhalten, der zweite Block beschreibt die konkrete Content-Nutzung und -Anbindung, und der dritte Block ergänzt den Kalender mit relevanten Produktionsinformationen sowie den Zielen, die mit dem jeweiligen Thema erreicht werden sollen.

Abbildung 18.1 Themenplan-Template – Überblick

Der erste Spaltenblock (Themenübersicht und allgemeine Informationen) besteht aus folgenden Feldern:

▶ Tag (Datum des Live-Termins)

▶ Monat (des Live-Termins)

▶ Kalenderwoche

▶ Thema

▶ Aufschlüsselung (Beschreibung des geplanten Inhalts)

▶ Formate

▶ Keywords (sofern der Inhalt auf bestimmte Schlüsselbegriffe hin optimiert werden soll)

▶ verantwortlicher Ansprechpartner

In der zweituntersten Zeile in Abbildung 18.2 finden Sie nähere Erläuterungen zu den einzelnen Feldern. Die unterste Zeile zeigt Ihnen anhand eines Beispiels (Garten-Special), wie die ausgefüllten Felder etwa aussehen könnten.

Ich empfehle Ihnen, für das Datum des jeweiligen Live-Termins getrennte Spalten (Tag/Monat/KW) anzulegen. Dann können Sie sich beispielsweise die wöchentlichen oder monatlichen Tasks schnell über die Filterfunktion in Excel anzeigen lassen.

18.2 Mustervorlage: Wie sollte ein Themenplan aussehen?

Themen-Übersicht und allgemeine Informationen							
Tag	Monat	KW	Thema	Beschreibung / Aufgabe / Beitrag	Formate	Keywords	verantwortlicher Ansprechpartner
15	Januar	3	Hier steht das Themen-Motto: Weihnachten / Bärlauch und Lamm / Berlinale-Starwochen usw.	Hier spezifizieren Sie das Thema, um das es geht: ein saisonaler Anlass, ein produktbezogenes Thema, ein Beitrag über eine Person, eine Firmen-Info usw.	In welchen Formaten soll das Thema gespiegelt werden? Als Blogtext, Artikel, Video, SlideShare-Präsentation, eigene Landingpage ...?	Falls das Thema SEO-relevant ist oder im Zusammenhang mit wichtigen Keywords steht, tragen Sie diese hier ein.	Tragen Sie den Namen des Umsetzungs-Verantwortlichen ein.
22	Februar	6	Garten-Special	Informationen zu aktuellen Gartenthemen. Pflanztipps, Schädlingsbekämpfung, Gartendeko	Landingpage mit verschiedenen Artikeln, Interviews	nicht relevant	Monika Musterblum

Abbildung 18.2 Themenplan-Template – erster Spaltenblock

Im zweiten Spaltenblock (Content-Nutzung und -Anbindung, siehe Abbildung 18.3) gilt es, folgende Datenfelder sorgfältig zu befüllen:

- Homepage
- Verlinkung auf welchen Unterseiten oder Landingpages?
- Newsletter
- Facebook
- XING- oder LinkedIn-Update?
- Blog
- Twitter
- Google+
- YouTube
- SlideShare-Thema
- PR-Meldung
- Bilder-Netzwerke (Instagram, Flickr, Picasa ...)
- sonstige Platzierungen

Die akribische Planung Ihrer Kommunikationskanäle stellt sicher, dass Sie sich keine Chance entgehen lassen, die maximale Reichweite für Ihren Inhalt zu erzielen. Natürlich können Sie die hier aufgelisteten Spalten individuell an Ihre Kommunikationsstrategie anpassen und die Kanäle eintragen, die für Ihr Business am relevantesten sind. Werfen Sie bei der Entwicklung des Themenplans daher gerne noch einmal einen Blick auf das Kapitel 15, »Content verbreiten – relevante Kommunikationskanäle«.

Content-Nutzung und -Anbindung											
Homepage	Auf welchen Unterseiten oder Landingpages?	Newsletter	Facebook	XING oder LinkedIn-Update?	Blog	Twitter	Google+	YouTube	SlideShare-Thema	PR-Meldung	Bilder-Netzwerke (Instagram, Flickr, Picasa...)	Sonstige Platzierungen
ja	x	ja	ja	nein	ja	ja	nein	nein	nein	ja	nein	k. A.

Abbildung 18.3   Themenplan-Template – zweiter Spaltenblock

Die Spalten des dritten Blocks (Produktionsinformationen, Erwartungen/Ziele, siehe Abbildung 18.4) geben schließlich Auskunft über:

▶ die Deadline für den Text
▶ den aktuellen Status (offen/in Bearbeitung/erledigt/gecancelt)
▶ die Ziele, die erreicht werden sollen

Produktions-Informationen		Erwartungen / Ziele
Deadline Text	Status	Welche Ziele sollen erreicht werden?
Datum	offen / in Bearbeitung / erledigt / gecancelt	Follower, Umsatzerwartung, Leads ...
15.02.2013	in Bearbeitung	neue, relevante Backlinks / Feedback von Kunden über Blog-Kommentare / Traffic über Online-PR und Social Media

Abbildung 18.4   Themenplan-Template – dritter Spaltenblock

Das Festhalten der Intentionen ist ein wichtiger Bestandteil Ihrer Themenplanung. So können Sie im Laufe der Monate anhand der gesammelten Erfahrungen und Ergebnisse prüfen, ob die ursprünglich definierten Vorhaben bzw. Ziele auch erreicht wurden.

Eine weitere Vorlage für die Themenplan-Erstellung können Sie sich übrigens unter *http://www.verticalmeasures.com/content-editorial-calendar-template* kostenlos herunterladen (beachten Sie bitte insbesondere das Tabellenblatt »Month«).

Oberstes Ziel eines sorgfältig geführten Themenplans ist, dass Sie jederzeit den Überblick über Ihre diversen Inhalte behalten. Bringen Sie also Ihren Plan so bald wie möglich an den Start! Sie werden merken: Das Befüllen des Plans wird Ihnen nach und nach sehr flott von der Hand gehen. Die meiste Zeit fließt in die Themenfindung bzw. das Themenplan-Meeting ein.

18.3 Themenplan vs. Agile Marketing

Mit Blick auf den oben genannten Themenplan-Vorschlag könnte man meinen, eine derartige Planung würde in Zeiten von Social Media jegliche Agilität zunichtemachen. Willkommen beim Content-Beamtentum? Nein, das wäre eine völlig falsche Denkweise! Natürlich müssen Sie weiterhin kurzfristig auf veränderte Situationen, News und gute Ideen reagieren können. Und selbstverständlich dürfen günstige Kooperationsmöglichkeiten keinem rigiden Planungsdiktat zum Opfer fallen. Die Sorge, ein transparenter Themenplan würde möglicherweise keine Flexibilität oder Spontaneität mehr zulassen, ist aber gänzlich unbegründet. Sie werden im Gegenteil feststellen, dass Ihnen eine strategisch angelegte, langfristige Themenplanung mehr Ruhe und Stabilität im Tagesgeschäft bringt und dass Sie im Rahmen Ihres soliden Arbeitsgerüsts viel eher auf neue Anforderungen reagieren können.

Ohne eine strukturierte Content-Planung werden Sie indessen häufig in die Situation einer unkontrollierten Inhaltsproduktion geraten. Eine »Planung«, die auf spontanen Zurufen und nicht geregelten Abläufen im Rahmen des Content-Managements basiert, endet meist im Chaos. Für die Umsetzung, das Troubleshooting und eventuelle Korrekturschleifen verbrennen Sie dann meist mehr Zeit als nötig. Mit Hilfe sorgfältiger Themenplanung schaffen Sie sich hingegen die Freiräume, die es Ihnen ermöglichen, agil auf neue Themen und Anforderungen reagieren zu können.

Zusammengefasst bietet Ihnen eine fundierte Themenplanung folgende Vorteile:

- ▶ Sie stellt sicher, dass Sie konsequent und kontinuierlich hochwertige Inhalte produzieren. In regelmäßigen Themenplan-Meetings werden alle verantwortlichen Kollegen verpflichtet, an der stetigen Ausarbeitung von relevanten Inhalten mitzuarbeiten. Gut so, denn Content-Marketing ist kein »Ein-Kampagnen-Thema«!
- ▶ Sie sorgt dafür, dass die geplanten Inhalte konsistent aufeinander abgestimmt sind und immer wieder hinterfragt werden – und dass Sie jederzeit die Kontrolle über den immer komplexer werdenden Content-Kosmos behalten.

- Sie gewährleistet, dass Sie genügend Zeit für die Content-Produktion haben und sämtliche Deadlines zuverlässig einhalten können.
- Ihnen werden keine wichtigen Themen, kein Produkt-Release, kein jahreszeitabhängiges Thema und keine unternehmensrelevanten News mehr entgehen.
- Ihr Themenplan ist die Basis für einen gut funktionierenden Produktionsplan.
- Er garantiert, dass Sie auf dem Weg Ihrer vorab definierten Content-Strategie bleiben.
- Sie lernen im Laufe der Zeit, welche Inhalte gut funktionieren und auf welchen Content sie künftig verzichten können, weil er Sie nicht dabei unterstützt, Ihre definierten Ziele zu erreichen.
- Dank dieser Learnings werden Sie weniger irrelevanten Content produzieren und Ihre Budgets nicht unnötig verplempern.

Nachdem der Schwerpunkt in den vorangegangenen drei Kapiteln auf der Themenfindung und -planung lag, erfahren Sie auf den folgenden Seiten, warum Content-Marketing und SEO ein unschlagbares Team bilden.

19 Content-Marketing und SEO – das Web-2.0-Dream-Team

In Fachartikeln und Blogbeiträgen wird oft die Frage gestellt: Ist SEO tot? Übernehmen Content-Marketing und Social Media in Zukunft die Führung? Doch wie so oft gilt auch hier: Totgesagte leben länger – und da SEO nicht nur inhaltliche Aspekte bedient, sondern zudem im Backend aus technischer Sicht wertvolle Dienste für den Aufbau einer erfolgreichen Website leistet, sehen die Überlebens-Chancen mehr als gut aus.

Ein lesenswertes E-Book der Firma Curata trägt den charmanten Titel »How to Feed the Content Beast«.[1] Für dieses Kapitel könnte man den Titel auch abwandeln: »How to Feed the Google Beast?« Denn wenn es um das Thema Content geht (und im Zusammenhang mit Suchmaschinen reden wir primär von textbasierten Inhalten), scheint der Suchriese schier unersättlich zu sein. Dieser Content-Hunger stellt Website-Betreiber und Content-Marketer immer wieder vor die Herausforderung, stets frische Inhalte für ihre User an den Start zu bringen. Daher geht es im Zusammenspiel zwischeNIn Content-Marketing und SEO darum, einen Spagat zu meistern: Einerseits müssen genügend neue Webinhalte produziert werden, andererseits soll das möglichst nur relevanter, nützlicher Content mit eindeutigem Mehrwert für die User sein.

In einer Umfrage der Firma linkbird GmbH vom August 2013 gaben 38 % der befragten Fachleute an, die Recherche und Erstellung von Webinhalten sei für sie die größte Schwierigkeit im Content-Marketing. In Abbildung 19.1 sehen Sie eine grafische Zusammenstellung einiger Ergebnisse dieser Umfrage.[2]

Wie Sie vielleicht schon bemerkt haben, widmet sich dieses Buch auch noch an anderer Stelle dem Thema SEO (siehe Kapitel 29, »SEO für Content-Manager und Webtexter«). Aus gutem Grund: weil die Suchmaschinenoptimierung seit Jahren eine feste Größe im Online-Marketing einnimmt – und weil Ihr Website-Content im Zusammenspiel mit Ihren Content-Marketing-Aktivitäten der Nährboden für ein gutes Ranking bei Google sind. Man könnte auch sagen: SEO und Content-Marketing bilden die perfekte Symbiose für ein erfolgreiches Online-Business. Denn viele

---

1 Link zum E-Book: *http://www.curata.com/resources/ebooks/how-to-feed-the-content-beast*
2 Link zum Download der Studie und zur Infografik: *https://www.linkbird.com/de/functions/infographics/content-marketing-im-seo* (Stand 12.10.2013)

Ranking-Faktoren stehen im Zusammenhang mit exklusivem Content. Deshalb erreichen Sie das optimale Ergebnis für Ihre Website, wenn die SEO-Experten Hand in Hand mit dem Content-Marketing agieren. Sofern jedes der beiden Teams sich auf seine Kernkompetenzen konzentrieren kann und keine Angst haben muss, dass das jeweils andere Team seinen Wirkungskreis beschneidet, entsteht eine Website-Task-Force mit glänzenden Erfolgsaussichten.

Abbildung 19.1 Ausschnitt aus einer Infografik mit den Ergebnissen der linkbird-Umfrage

19.1 Der Job der Suchmaschinen – crawlen, indexieren, ranken

Die Nutzung von Suchmaschinendiensten ist aus unserem Alltag nicht mehr wegzudenken. Falls Sie sich darüber wundern sollten, dass ich in diesem Buch beim Thema SEO ausschließlich von Google und nicht etwa von Bing oder Yahoo spreche: Erstens ist Google mit einem Marktanteil von rund 96 %[3] in Deutschland der

---

[3] Quelle: Studie des Marktforschungs-Unternehmens comScore, Stand Dezember 2012: http://www.comscore.com/ger

unangefochtene Platzhirsch unter den Search-Engine-Anbietern (siehe Abbildung 19.2), und zweitens haben auch die anderen Suchmaschinen ähnliche Content-Algorithmen entwickelt. Insofern kann man ruhigen Gewissens sagen: Wer seine Texte für Google optimiert hat, der hat sie für alle Suchmaschinen optimiert.

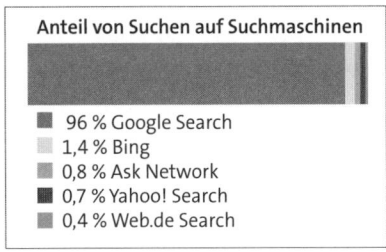

Abbildung 19.2 Anteil der Anbieter im Suchmaschinen-Markt[4]

Doch wer Google & Co. für den Erfolg der eigenen Website nutzen will, muss wissen, wie eine Suchmaschine wirklich »tickt«. Wenn man die Funktion von Google möglichst einfach darstellen möchte, könnte man sagen: Die Suchmaschine ist nichts anderes als eine Brücke, die Ihre Website mit Ihren Usern verbindet. Damit Google sich als erfolgreicher Brückenbauer erweisen kann, muss die Suchmaschine zunächst verstehen, was Sie anbieten – und dafür benötigt Google in erster Linie Content in Textform.

Ihre online gestellten Inhalte werden von den sogenannten Google-Crawlern, -Bots oder -Spidern besucht. Diese sammeln sämtliche Textinformationen, die sie auf der Seite finden können, und laden alle gefundenen Worte in einer großen Datenbank ab, dem Google-Index (siehe Abbildung 19.3).

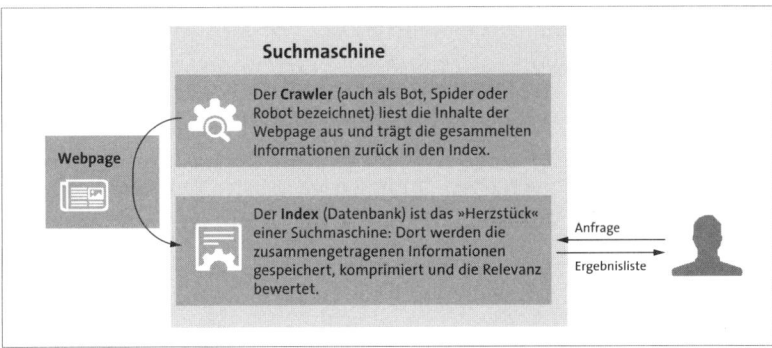

Abbildung 19.3 Der Weg vom Wort zur Anzeige im Suchergebnis

---

4 Quelle: comScore-Report »Future in Focus – digitales Deutschland 2013«:
http://www.comscore.com/Insights/Presentations_and_Whitepapers/2013/2013_Future_in_Focus_Digitales_Deutschland

Insgesamt sind über 200 Parameter[5] ausschlaggebend dafür, ob Ihre Seite Chancen auf ein gutes Ranking hat. Einige davon sind bekannt und werden in SEO-Anleitungen von Google selbst erklärt, andere kennen nur die Programmierer, die tatsächlich an dem Algorithmus arbeiten – und die haben knallharte Verschwiegenheitsklauseln unterschrieben, die sie garantiert davon abhalten werden, aus dem Nähkästchen zu plaudern. Zudem dauert das »Abarbeiten« der gut 200 Ranking-Faktoren[6] eine ganze Weile – insofern ist auch bei der Suchmaschinenoptimierung Geduld gefordert.

> **SEO-Tipp: Eine gute Verlinkung verbessert Ihre Ranking-Aussichten**
> Auch wenn die 200 Ranking-Faktoren für jede Suchabfrage in Echtzeit bewertet werden, muss vor allem die (interne und externe) Verlinkung einer Seite »reifen«. Je mehr Links auf eine Seite zeigen, desto höher sind ihre Ranking-Chancen. Gerade bei neuen Seiten findet Google aber zuerst nur einen einzigen Link, und die Seite hat nur schwache Ranking-Chancen. Erst wenn Google weitere Wege zu dieser Seite findet und die Zahl der Verlinkungen steigt, wächst auch dieser Ranking-Faktor. Sorgen Sie daher bei Seiten, die Sie neu anlegen, immer für ausreichend gute Verlinkung, indem Sie sie auf mehreren anderen, thematisch passenden Seiten verlinken.

Wichtig ist vor allem, dass Sie sich vergegenwärtigen, wie der Datensammlungsprozess von Google prinzipiell funktioniert: Behalten Sie stets im Hinterkopf, dass der Google-Crawler ausreichend Textmaterial benötigt, damit er Ihre Website interpretieren und Ihr Thema dadurch für Internetnutzer auffindbar machen kann. Achten Sie deshalb bitte auch auf eine sorgfältige Pflege der notwendigen Metatexte (siehe Abschnitt 29.4, »SEO-relevante Textelemente«).

Auf der offiziellen Website von Google Deutschland finden Sie eine empfehlenswerte Seite, die auf leicht verständliche Weise erklärt, wie die Suchmaschine arbeitet (*http://www.google.de/intl/de/insidesearch/howsearchworks/thestory*).

Googles Ziel ist es, seine Suche stets zu verbessern und den Menschen die bestmöglichen Antworten auf ihre Anfragen zu liefern. Dafür rackert sich der Suchgigant ordentlich mit der kontinuierlichen Optimierung seines Algorithmus ab, wie Sie dem folgenden Auszug aus einem Artikel der Zeitschrift »Website Boosting« entnehmen können:

> »2012 hat Google exakt 73.086 Experimente bei Suchergebnissen gemacht, im Mittel sind ständig mehr als 300 Experimente live. Es gab 665 Algorithmus-

---

5 Die 200 Parameter der Suchmaschinenoptimierung: *http://www.techdivision.com/blog/die-200-parameter-des-google-algorithmus* (Blog vom 05.01.2010)

6 Eine sehr gute Aufbereitung der Faktoren finden Sie auch unter *http://www.hewo-internetmarketing.de/google-ranking-faktoren-2013* (Erscheinungsdatum: 20.09.2013)

Anpassungen für Search Quality. In den Algorithmen stecken mehr als 1.000 Personenjahre an Entwicklung und Weiterentwicklung.«[7]

Abschnitt 19.5, »Was bedeuten die Google-Updates für die künftige Content-Entwicklung?«, bietet Ihnen eine Übersicht über die wichtigsten Anpassungen, die Google in den vergangenen Jahren vorgenommen hat. Sie dienten nahezu alle ein und demselben Auftrag: Website-Betreiber müssen wieder lernen, qualitativ hochwertigen Content für User zu erstellen – dann werden sie auch mit guten Rankings belohnt.

Was bringt Ihnen diese Information im Hinblick auf Ihre Content-Marketing-Pläne? Nun, in erster Linie die Bestätigung, dass Sie sich zu Recht mit Webinhalten auseinandersetzen und dass Content-Marketing einen verdienten Platz in Ihrer Firma einnimmt. Des Weiteren soll diese Information Sie dafür sensibilisieren, die Entwicklungen bei Google stets im Auge zu behalten. Dabei spielt es keine Rolle, ob Sie als Einzelunternehmen im Web präsent sind oder als Großkonzern um die besten Plätze bei Google buhlen: Wenn Sie die aktuellen Algorithmus-Anpassungen verfolgen, nutzen Sie Ihre Chance, ein Stück vom kostenfreien Traffic-Kuchen abzugreifen, den Ihnen Google anbietet.

Jeder Content-Verantwortliche sollte daher ein ausgeprägtes Verständnis für SEO mitbringen: Er sollte wissen, wie man sich als Unternehmen mit seinen Inhalten im Web »sichtbar« macht und warum Content-Marketing unter anderem auch dabei hilft, erfolgreiches Linkbuilding zu betreiben. Wenn Sie verinnerlicht haben, welche Informationen Google benötigt, um Ihre Seite im Index richtig einzuordnen, wird das Thema Content automatisch an die Spitze Ihrer Prioritätenliste rücken:

»Nothing matters more in search engine optimization than content. Nothing.«[8]

Grundsätzlich sollten Sie zuallererst akzeptieren, dass der SEO-Algorithmus, der für das Ranking Ihrer Inhalte verantwortlich ist, nicht hundertprozentig beherrscht werden kann. Google versucht, mit seinem Algorithmus das Nutzerverhalten und die User-Akzeptanz von Inhalten möglichst genau zu durchleuchten. Da wir es hier mit einem mechanischen und nicht mit einem menschlichen Denkprozess zu tun haben, sollte klar sein, dass der Algorithmus letztlich nie perfekt sein wird – ebenso wenig, wie es Ihre SEO-Bemühungen je sein werden (egal, was der eine oder andere SEO-Experte versprechen mag).

Verlieren Sie sich daher nicht in dem krampfhaften Versuch, bestimmte Ranglisten-Plätze zu erobern, sondern fokussieren Sie sich vor allem auf Ihre User. Da auch Faktoren wie beispielsweise Ihr Online-Brand-Value, ein Autor-Rang oder die Ak-

---

[7] Mario Fischer und Urs Merkel in »Website Boosting«, Ausgabe 19 (05/06 2013), Seite 40.
[8] Rebecca Lieb, Content Marketing. Indianapolis, Ind.: Que 2012, S. 97.

tualität der Inhalte einen Einfluss auf Ihr Ranking haben, ist es wichtig, dass Sie sich ganzheitlich professionell, informativ und sympathisch im Web präsentieren. Auf allen Kanälen. Und mit exzellentem Content.

19.2 Die SEO-Hauptziele

Das primäre Ziel der Suchmaschinenoptimierung ist unstrittig: kostenloser Traffic. Das mag eine Erklärung dafür sein, dass einige Firmen bisweilen geradezu SEO-hörig sind. Doch SEO wird auch noch aus anderen Gründen neben dem Content-Marketing weiterleben. Denn mit der Suchmaschinenoptimierung erreichen Sie Folgendes:

- eine Erhöhung der Sichtbarkeit und der Auffindbarkeit in den Suchmaschinen (Google, Yahoo, Bing ...)
- (im Idealfall) einen Anstieg des generischen und damit kostenfreien Traffics
- eine Steigerung der Online-Markenbekanntheit
- eine Erhöhung der Neukundenkontakte
- die Erhaltung Ihrer Online-Wettbewerbsfähigkeit
- optimalerweise auch eine Senkung der Kosten für teure und umsatzstarke Keywords bei Google AdWords durch deren gezielte Optimierung

> **SEO-Tipp: Auch »kostenlosen« Traffic gibt es nicht »für umme«**
> Streng genommen kann SEO-Traffic natürlich nicht als kostenlos angesehen werden. Schließlich müssen Sie einen SEO-Experten bezahlen, der noch dazu mit kostenpflichtigen Werkzeugen ausgestattet werden will. Die Technik hat mitunter sehr viel umzusetzen, um die Kriterien zu erfüllen und Möglichkeiten für die Redaktion zu schaffen. Die Redakteure wiederum müssen gegebenenfalls eine extra Menge Text, Seitentitel und Meta-Descriptions erstellen oder überarbeiten. Und wenn es um Link-Aufbau geht, steckt auch dort mühsame und zeitaufwendige Handarbeit dahinter. Sie haben also auf jeden Fall entsprechende Personalkosten, sobald Sie sich auf SEO einlassen. Aber im Gegensatz zu zum Beispiel AdWords ist für SEO in der Regel nur der initiale Aufwand wirklich hoch, und im laufenden Betrieb sinken die Kosten schnell auf ein vernünftiges Maß. In nahezu allen Projekten, in denen ich in elf Jahren beteiligt war, reifte SEO innerhalb von 12–24 Monaten zur günstigsten Traffic-Quelle heran. Wenn man für SEO einen CPC (Cost per Click) errechnet, so liegt der in der Tat oft sogar weit unter 1 Cent, so dass man schon fast von kostenlosem Traffic sprechen kann – aber wirklich komplett gratis ist er dann eben doch nicht.

Die Herausforderung besteht also darin, Ihre Content-Marketing-Aktivitäten und Ihre SEO-Anstrengungen zu bündeln, um sich nachhaltig den nahezu kostenfreien Traffic über Google zu sichern.

19.3 SEO-Ranking-Faktoren im Zusammenspiel mit Website-Content

Bevor Sie frustriert die Ranking-Sprünge einzelner Keywords auf Wochenbasis studieren und dies zu Ihrer wesentlichen Online-Marketing-Leidenschaft machen, schauen Sie doch einmal auf die Konversionsrate Ihrer Produktseiten, die Likes und Shares auf Facebook, die externen Verlinkungen von themenverwandten Blogs sowie die Online-Verbreitung Ihrer Pressemeldungen. Finden Sie heraus, wie viele qualifizierte Leads Sie über das letzte Whitepaper gewonnen haben. Prüfen Sie die Performance Ihrer Inhalte und die unmittelbare Reaktion Ihrer User auf den angebotenen Content. Warum Sie das tun sollten? Weil Sie damit schon die wichtigsten SEO-Hausaufgaben erledigt haben, ohne sich dabei ständig im Keyword-Ranking-Kreis zu drehen.

Welche Formeln sind ausschlaggebend dafür, dass SEO und Content-Marketing tatsächlich zu einem unschlagbaren Web-Duo werden? Welche Ranking-Faktoren stehen in unmittelbarem Content-Bezug und haben so einen positiven Einfluss auf Ihre SEO-Erfolge? Hier eine Übersicht:

- **Traffic**: Eine stark frequentierte Seite spricht für sich, und über gute Inhalte, Online-PR und Social-Media-Content können Sie User auf Ihre Seite ziehen.
- **Anzahl der Seitenaufrufe (Page Impressions) pro Besuch (Visit)**: Wenn ein User während seines Besuchs mehrere Seiten Ihres Webangebots aufruft, kann man davon ausgehen, dass er den präsentierten Content attraktiv findet.
- **Themenrelevante, natürlich generierte Backlinks**: Gute Inhalte wecken die Aufmerksamkeit von Bloggern, Online-Magazinen, Journalisten, Foren, Portalen oder Social-Media-Seiten und werden von dort aus gerne verlinkt. Gut gestreute Online-PR-Meldungen unterstützen den natürlichen Link-Aufbau ebenfalls:

    »If your content isn't good enough to attract good, natural links, it doesn't matter how ›optimized‹ that content is.«[9]

- **Thematische Relevanz**: Sind Ihre Inhalte stimmig? Passen die internen Verlinkungen, Wordings, Metadaten usw.? Verwenden Sie aussagekräftige Schlüssel-

---

[9] Brian Clark, Gründer von Copyblogger Media LLC: *http://scribecontent.com/downloads/How-to-Create-Compelling-Content.pdf*. (Stand: 12.01.2014)

begriffe, die Ihr Thema konkret auf den Punkt bringen? Bieten Sie abwechslungsreiche, in einem natürlichen Sprachstil verfasste Texte mit thematisch passenden Begriffen und Synonymen?

- **Verweildauer auf der Seite**: Gefällt Ihren Usern, was sie sehen, bleiben sie zum Lesen Ihrer Artikel sicher gern länger auf Ihrer Seite. Zugegeben, es lässt sich nicht ganz ausschließen, dass eine lange Verweildauer in Einzelfällen auch ein Indiz für eine schlechte Usability ist. Aber in der Regel sind die Nutzer nach wenigen Sekunden wieder weg, wenn ihnen der Inhalt nicht leicht zugänglich gemacht wird. Insofern kann man ruhigen Gewissens sagen: Eine längere Verweildauer ist ein Signal dafür, dass Ihre Inhalte bei den Usern ankommen.
- **Aktualität**: Google liebt bekanntermaßen frische und aktuelle Inhalte. Halten Sie die Produktion von qualifizierten Artikeln, Blogbeiträgen, Zusatzcontent und Online-Pressemeldungen also immer gut am Laufen.
- **Conversion Rate**: Die Klick-Konversion impliziert, dass der Seiteninhalt (der Teaser, die Headline, der Artikel usw.), den der User vor seinem Klick gelesen hat, offensichtlich so gut war, dass er ihn zu einer Aktion bewegt hat. Im Umkehrschluss bedeutet das auch: Ihr oberstes Ziel, Traffic über ein Keyword zu generieren, ist nicht zu Ende gedacht, wenn die Seite, auf der die User landen, minderwertige Inhalte bietet und Sie dadurch mit niedrigen Konversionswerten bestraft werden.
- **Bounce Rate (Absprungrate)**: Wenn ein User auf Ihrer Seite landet und ohne einen weiteren Klick in kürzester Zeit wieder abspringt, können Sie davon ausgehen, dass ihm das, was er sah, nicht gefallen hat. So wird das auch Google interpretieren – und ein paar Ranking-Punkte für diese Seite abziehen.

> **Think-Content-Tipp: Google findet keinen Gefallen am »Pogo-Sticking«**
> Wenn Sie es geschafft haben, Ihre Seite auf eine gute Position im Suchergebnis zu bringen, bedeutet das nicht, dass Sie diesen Rang auf längere Zeit sicher in der Tasche haben. Okay, Sie haben Google im ersten Schritt zufriedengestellt und wurden von der Suchmaschine mit einem guten Ranking belohnt. Doch jetzt übernehmen die User das Ruder: Wenn ein Webnutzer auf Ihr Angebot in den SERPs[10] aufmerksam wird und auf Ihre Seite klickt, sollte ihm im Idealfall gefallen, was er dort findet. Falls nicht, kann es sein, dass er über den Back-Button zum Google-Suchergebnis zurückkehrt – und für Google ist das ein eindeutiges Signal dafür, dass Ihre Seite beim User durchgefallen ist. Dieses »Zurückklicken« nennt man *Pogo-Sticking*, und dieser Effekt kann dafür verantwortlich sein, dass Sie das hart erarbeitete Ranking wieder verlieren oder dass ein User sich für das Angebot eines im Suchergebnis gelisteten Wettbewerbers entscheidet. Daher ist es wichtig, dass Sie im Rahmen Ihrer Content-Strategie Seiten identifizieren,

---

10 SERP: Search Enginge Result Page = Suchmaschinen-Ergebnis-Seite

> die Webnutzer zum Abspringen bringen, und dass Sie den angebotenen Content auf den Prüfstand stellen: Werden die Fragen des Users beantwortet? Findet er Hilfe für sein Problem? Gibt es eine starke Headline, die seine Aufmerksamkeit sichert und ihn zum Weiterlesen animiert? Werden die Versprechen, die im Title und in der Description gemacht wurden, auf der Seite auch gehalten? Nein? Dann gilt es, diese Content-Baustelle schnellstmöglich zu beackern.

- **Social Media Signals**: Ihre geteilten und »gelikten« Inhalte verbessern eindeutig Ihre Online-Reputation und Markenbekanntheit. Auch das wird von Google positiv bewertet – ebenso wie jede Textinformation, die über Social Media in Zusammenhang mit Ihrer Marke gestreut wird.
- **Hochwertiger Content**: Grammatikalisch einwandfreie, erkennbar für den User verfasste Texte mit korrekter Rechtschreibung und ohne unnatürliche Anhäufung von Keywords senden ein weiteres Qualitätssignal in Richtung Google.
- **Trust und Authority**: Gute Link-Nachbarschaften, ein positives User-Verhalten, ein natürlicher, sukzessiver Auf- und Ausbau von Content und Verlinkungen, die Erwähnung Ihrer Marke in anderen Online-Medien, Gespräche der User über Ihr Unternehmen in Foren und in Communitys, das monatliche Suchvolumen für Ihr Webangebot – diese und ähnliche Informationen sammelt Google, um herauszufinden, wie es um Ihre Autorität zu einem Thema und die Vertrauenswürdigkeit Ihres Unternehmens bestellt ist:

»What people says about you is more important than what you say about yourself.«[11]

> **Think-Content-Tipp: Geben Sie Ihren Autoren ein Gesicht**
> Google räumt neuerdings die Möglichkeit ein, Autoren-Informationen auf einer Seite zu hinterlegen: Mit dem sogenannten *Author-Tag* können die Urheber eines Artikels gekennzeichnet werden. Zudem lässt sich ein Foto des jeweiligen Autors in den Snippets anzeigen, also in den verlinkten Text-Teasern, die auf der Suchergebnis-Seite bei Google erscheinen. Voraussetzung dafür ist die Verknüpfung mit einem existierenden Autoren-Profil auf Google+. Falls Sie im Rahmen Ihrer Content-Marketing-Aktivitäten verstärkt auf Content-Formate wie Artikel oder Blogs bauen wollen, ist es sinnvoll, die Mitarbeiter, die Ihre Inhalte erstellen, als Autoren auszuweisen. Die Anzeige eines Bildes in den Suchergebnissen kann sich durchaus positiv auf die Klickraten auswirken (siehe hierzu auch Abschnitt 29.4.6, »Das Author-Tag«).

Der Berliner SEO-Experte Martin Missfeldt hat die bekannten Ranking-Faktoren in einer anschaulichen Infografik skizziert (siehe Abbildung 19.4) und dabei herausge-

---

[11] Brian Clark, Gründer von Copyblogger Media LLC: *http://scribecontent.com/downloads/How-to-Create-Compelling-Content.pdf* (Stand: 12.01.2014)

stellt, wie komplex das Google-Ranking-Universum konstruiert ist.[12] Wenn Sie sich diese Faktoren einmal in Ruhe anschauen, werden Sie feststellen, dass Sie viele davon mit Hilfe Ihres Content-Marketings bedienen und ankurbeln können.

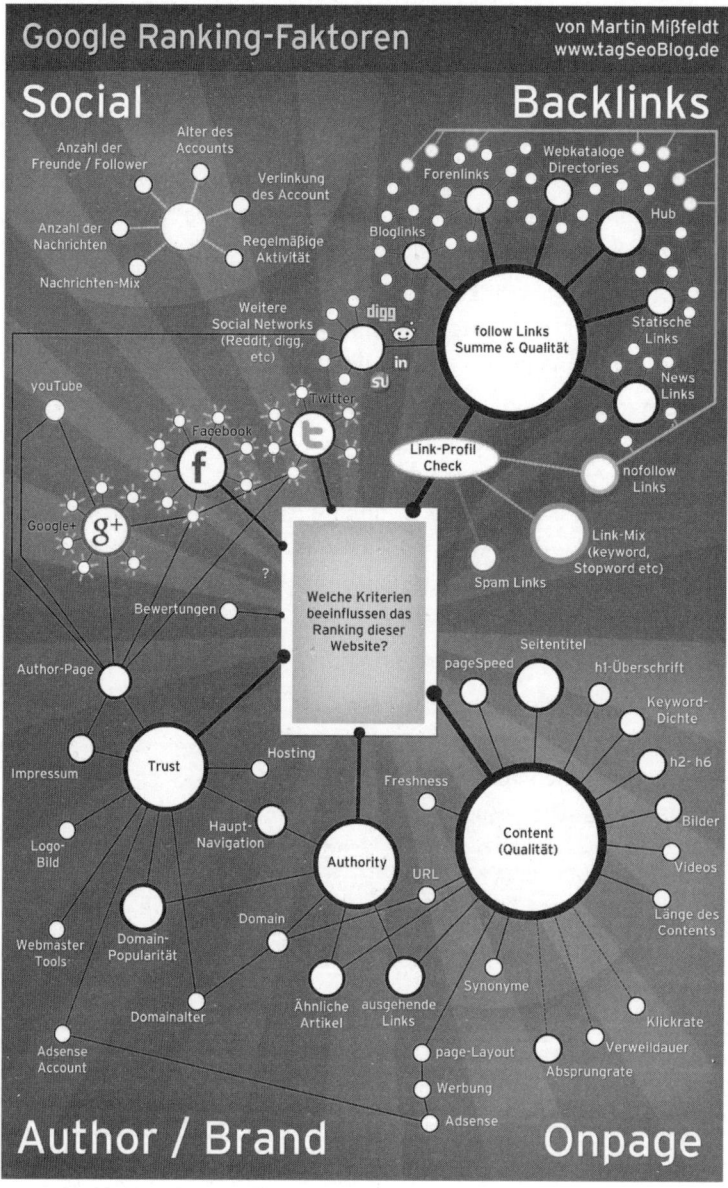

Abbildung 19.4 Infografik von Martin Missfeldt zu den Google-Ranking-Faktoren

---

12 Quelle: Infografik von Martin Missfeldt, veröffentlicht am 13.02.2012:
http://www.tagseoblog.de/google-ranking-faktoren-2012-infografik

19.4 SEO und Social

Das Zusammenspiel von Social Media und SEO befindet sich momentan noch in der Findungsphase. Unstrittig ist, dass eine gute Social-Media-Präsenz die Online-Reputation sowie die Sichtbarkeit einer Website verbessern kann und auch einen positiven Einfluss auf den Aufbau von qualitativ hochwertigen Backlinks hat. In Diskussionsbeiträgen zu diesem Thema fällt häufig das Schlagwort *Social SEO*. In einem Artikel auf der Website der Online-Marketing-Agentur traffic3 wird der Begriff folgendermaßen definiert:

> »*Social SEO umfasst alle Tätigkeiten, die den Aufbau von suchmaschinenwirksamen Empfehlungen (Links, Likes, Shares) über Social-Media-Plattformen zum Ziel haben – in der Regel durch soziale Interaktion oder die Bereitstellung teilenswerter Inhalte.*«[13]

Hierfür ist es zunächst einmal wichtig, zu verstehen, welche der im vorangegangenen Abschnitt vorgestellten Ranking-Faktoren auch im Zuge von Social-Media-Aktivitäten gepusht werden können. Und dazu gehört ganz eindeutig der Traffic: Zweifelsohne können Sie die Reichweite Ihrer Website mit Hilfe einer ausgefeilten Social-Media-Strategie stärker ausbauen. Qualitativ hochwertige, nützliche und originäre Inhalte sind der Treibstoff für Ihre erfolgreichen Social-Media-Aktivitäten – und die Resonanz auf Ihre Inhalte (wie etwa Likes, Shares oder Bewertungen) schicken klare Ranking-Signale an Google.

Unklar ist zum jetzigen Zeitpunkt, wie stark der Einfluss dieser Signale in Zukunft einmal werden kann. Im Vergleich zu anderen Online-Disziplinen steckt Social Media noch immer in den Kinderschuhen – auch wenn sich der Bereich rasend schnell weiterentwickelt. Eines kann man an dieser Stelle aber schon festhalten: dass sich die Themen SEO, (Website-)Content und Social Media in Unternehmen nicht strikt voneinander trennen lassen. Sie greifen ineinander, brauchen einander und funktionieren am besten im Zusammenspiel.

19.5 Was bedeuten die Google-Updates für die künftige Content-Entwicklung?

Stellen Sie sich einmal vor, Sie googeln einen Begriff, und die Webseiten, die Ihnen die erste Suchergebnis-Seite liefert, entsprechen nicht Ihren Vorstellungen: Die Inhalte sind nicht stimmig oder unattraktiv; Sie finden auf den jeweiligen Seiten nicht die Informationen, die Sie eigentlich gesucht haben, und die Content-Darstellung

---

13 Quelle: *http://traffic3.net/wissen/seo/social-seo* (Stand: 12.10.2013)

sowie die Nutzerführung überzeugen Sie genauso wenig. Es dürfte nicht schwerfallen, sich dieses Szenario vorzustellen – denn leider entspricht es allzu oft der Realität: Firmen optimieren ihr Webangebot an allen Ecken und Enden für Google, und die Bedürfnisse der Nutzer werden dabei häufig übergangen.

Das war auch dem Suchmaschinen-Giganten lange Zeit ein Dorn im Auge: Google erkannte, dass man den Faktor »Mensch« stärker in den Mittelpunkt rücken muss, damit die Suchergebnisse wieder für die User interessant werden. Da sich ein Umdenken der Website-Betreiber jedoch kaum durch eine bloße Aufforderung erwirken ließ, war es an der Zeit, die geforderte Qualität mittels diverser disziplinarischer SEO-Maßnahmen zu erzwingen. Google startete seine Content-Qualitätsoffensive – durch verschiedene Anpassungen des Ranking-Algorithmus, darunter insbesondere die folgenden Updates.

19.5.1 Das Panda-Update

Am 24. Februar 2011 präsentierte Google in einem offiziellen Blogbeitrag ein Statement zum vieldiskutierten und vielgefürchteten Panda-Update. Darin finden sich die folgenden Sätze:

> »Die Performance von Google ist abhängig von hochwertigen Inhalten. Daher ist es wichtig, dass Seiten, die eine exzellente Content-Qualität bieten, belohnt werden – und genau das leistet diese Algorithmus-Änderung. Das Ranking von Seiten, die keinen Mehrwert für User bieten oder nur Inhalte von anderen Webseiten kopieren, wird sich verschlechtern. Gleichzeitig wird sich das Ranking von qualitativ hochstehenden Seiten mit originären Inhalten verbessern.« [14]

Ein heiß ersehntes Google-Zeichen in Richtung Content-Qualität: Nach frustrierenden Jahren, die von Webseiten mit haarsträubend hoher Keyword-Dichte bestimmt wurden, löste das Panda-Update großes Aufatmen unter den Content-Verantwortlichen aus. Die Ansage an alle Webpage-Betreiber ist seither eindeutig: Konzentrieren Sie sich mehr auf Ihre User, auf gute Inhalte und eine hervorragende Nutzerführung – und verschwenden Sie Ihre Energie nicht länger auf die Frage, wie man den Google-Algorithmus mit Tricksereien aushebeln könnte! Aus dem Panda-Update lassen sich im Wesentlichen folgende Regeln ableiten:

- Eine hochwertige Website bietet leserfreundliche Texte sowie multimedialen Content wie Videos oder Bilder.
- Das Kopieren von Inhalten ist strikt untersagt. Jede Seite braucht Unique Content.

---

14 Quelle: *http://googleblog.blogspot.de/2011/02/finding-more-high-quality-sites-in.html*

- Werbung und Content sollen auf einer Seite klar voneinander getrennt dargestellt werden.
- Content, der für User gemacht wird, sollte auch »above the fold« sichtbar sein.
- Vermeiden Sie automatisch aggregierten Content auf Ihrer Seite, der nicht redaktionell aufbereitet wird.

19.5.2 Das Freshness-Update

Im November 2011 führte Google das Freshness-Update ein, das den Ranking-Faktor Aktualität stärkte. Es gilt als klare Aufforderung an die Webpage-Betreiber, auf ihren Seiten regelmäßig frischen Content zur Verfügung zu stellen. Dem Update vorausgegangen war eine Anpassung der Crawl- und Indexier-Geschwindigkeit der Google-Bots, was eine schnellere Durchforstung des Webs nach aktuellen Texten möglich machte. Mit der regelmäßigen Erstellung von neuen Inhalten laden Sie den Bot demnach ein, Ihre Website häufiger zu besuchen, damit er die hinzugekommenen Inhalte schneller indexieren kann. Die Aktualität von Inhalten teilt Google in drei Kategorien ein:[15]

- aktuelle Ereignisse und brandheiße Themen (Nachrichten, Medien-News, Gesellschaftsthemen, Veranstaltungen ...)
- Ereignisse, die sich in bestimmten Abständen wiederholen (Weltmeisterschaften, Olympische Spiele, saisonale Themen, Wahlen etc.)
- Updates von Dauerbrenner-Themen (zum Beispiel die Anpassung von Tarifen, Preisen, Datumsangaben und Produktdetails oder die Ergänzung von Informationen auf Seiten, die schon längere Zeit online sind)

> **Think-Content-Tipp: Ihr Themenplan ist die perfekte »Freshness-Basis«**
> Die Erstellung und sorgfältige Pflege eines Themenplans (siehe Kapitel 18, »Das Content-Marketing-Herzstück – der Themenplan«) hilft Ihnen dabei, aktuelle und zielgruppenrelevante Inhalte auf regelmäßiger Basis für Ihre Site zu produzieren. Dabei ist keineswegs nur das Verfassen von Texten gemeint: Mit multimedialen Informationen und Content-Format-Variationen bieten Sie zum einen den Nutzern ein attraktiveres Webangebot, zum anderen wird Ihre Seite auch für die Universal Search bei Google (Videosuche, Bildersuche, News ...) interessanter.

Im Übrigen greift der »Freshness-Effekt« nicht bei Bildern: Im Rahmen der Bildersuche fängt man immer wieder aufs Neue an, sich ein Ranking aufzubauen, sobald ein Bild ausgetauscht oder neu hochgeladen wird.

---

15 Quelle: Google Webmaster-Blog vom 3. November 2011: *http://googleblog.blogspot.de/2011/11/giving-you-fresher-more-recent-search.html*

19.5.3 Das Penguin-Update

Im April 2012 folgte das Penguin-Update, das unter anderem den manipulativen Linkbuilding-Methoden den Kampf ansagte: Seiten, die massenhaft gekaufte Links einem natürlichen Link-Aufbau vorgezogen hatten, wurden gnadenlos auf die hinteren Suchergebnisränge verbannt. Des Weiteren ging das Penguin-Update gegen gängige Black-Hat-SEO-Techniken vor, wie zum Beispiel das Vollstopfen von Texten mit Schlüsselbegriffen, das sogenannte Keyword-Stuffing. Irrelevante externe Verlinkungen sowie irreführende Anchor-Texte (Link-Texte, Verweistexte) stehen seitdem ebenso auf der No-Go-Liste für die Optimierung von Sites.

Eigenen Äußerungen zufolge will Google mit diesen einschneidenden Algorithmus-Anpassungen Webseiten belohnen, die sich mit ihren Inhalten Mühe geben. Qualität zahlt sich also letzten Endes stets aus – egal, welche SEO-Lücken man immer wieder findet, um Rankings kurzfristig zu beeinflussen. Das bestätigt auch das nachstehende Zitat aus dem offiziellen Google-Webmaster-Blog:

> »Mit den meisten unserer Änderungen am Ranking möchten wir den Nutzern bei der Suche nach Websites helfen, die eine tolle Nutzererfahrung und die gesuchten Informationen bieten. Außerdem möchten wir die seriösen Anbieter belohnen, die hochwertige Inhalte für die Nutzer erstellen, und nicht nur für irgendwelche Algorithmen.«[16]

19.5.4 Das Hummingbird-Update

Nach Aussagen von Amit Singhal, Senior Vice President von Google Search, ist das im September 2013 eingeführte Hummingbird-Update die gravierendste Algorithmus-Änderung seit 2001:[17] Während sich die Suchmaschine früher aus den Suchanfragen nur einzelne Schlagworte herausgepickt hat, soll sie nun in der Lage sein, mehrere Wörter in einen Kausalzusammenhang zu bringen, ganze Sätze semantisch zu erfassen und auf diese Weise besser zu verstehen, wonach der User wirklich sucht.

Von Google-Seite wird bekräftigt, dass sich dadurch an den Leitlinien für Website-Betreiber (»Bieten Sie Ihren Nutzern originären, qualitativ hochwertigen Content!«) nichts ändert: Signale an die Suchmaschine, die bisher fürs Ranking wichtig waren, bleiben auch weiterhin wichtig – sie können nun (dank Hummingbird) lediglich besser verarbeitet werden.

---

16 Quelle: Google-Webmaster-Blog vom 25. April 2012: *http://googlewebmastercentral-de.blogspot.de/2012/04/eine-weitere-manahme-zur-belohnung.html*

17 Quelle: Blogbeitrag vom 30.09.2013: *http://searchengineland.com/hummingbird-has-the-industry-flapping-its-wings-in-excitement-reactions-from-seo-experts-on-googles-new-algorithm-173030*

Ob dies tatsächlich gelingt und wie die konkreten Auswirkungen in der Praxis aussehen, bleibt abzuwarten. Eric Kubitz, einer der führenden deutschen SEO- und Content-Experten, wagte in einem Beitrag für das Magazin »LEAD digital« folgende Prognose:

> »Für die User heißt das, dass nun auch umgangssprachliche Fragen hoffentlich vernünftig beantwortet werden können. (...) Für die Suchmaschinenoptimierung heißt das in erster Linie ›weiter so‹. Und zwar bezogen auf die Entwicklung, die die Branche in den vergangenen Monaten und Jahren eh genommen hat in Richtung ›Content rules!‹ Denn wenn Google in der Lage ist, die Fragen besser zu verstehen, ist der Weg zu wirklich passenden Antworten im Index frei. Und zwar unabhängig von Linkkauf, technischer Detailversessenheit und langer Nonsense-Texte. (...) Hummingbird ist ein weiteres Signal, dass es auch im SEO immer wichtiger wird, sich damit zu beschäftigen, was die Leute da draußen eigentlich wollen – und weniger damit, was man halt grad zu verkaufen hat.«[18]

In dieselbe Kerbe schlägt der amerikanische Marketing-Software-Papst Rand Fishkin:

> »Die Richtung, die Google vorgibt, hat einige konkrete Auswirkungen. So kann hochwertiger Content auch dann zum Traffic-Generator werden, wenn er nicht um ein bestimmtes Keyword herum aufgebaut wird. (...) Grundsätzlich bewertet Google Content-Klasse höher als Content-Masse, und das ist der Weg, den die SEO-Welt heute einschlagen muss: Qualität statt Quantität.«[19]

Also: Keine Panik! Wenn Sie die Ratschläge in diesem Buch beherzigen, können Sie der zukünftigen Entwicklung gelassen entgegensehen – denn mit der richtigen Content-Strategie und exzellenten Webtexten sind Sie für neue Google-Hürden bestens gewappnet.

19.6 SEO-Regeln – Erkenntnisse aus zehn Jahren mit Google

SEO-Experte Sujan Patel hat seine langjährige Erfahrung mit der Webpage-Optimierung für Google in eine äußerst instruktive Liste[20] gepackt. Sie enthält 100 Lektionen aus zehn Jahren SEO-Arbeit, darunter auch die folgenden ausgewählten 32 Tipps, die insbesondere für Content-Marketer relevant und interessant sind:

---

18 Quelle: Eric Kubitz in einem Beitrag vom 11.10.2013: *http://www.lead-digital.de/aktuell/mobile/nach_kolibri_update_warum_google_dich_nun_besser_versteht*
19 Quelle: Rand Fishkin in einem Blogbeitrag vom 18.10.2013: *http://moz.com/blog/google-is-changing-long-tail-search-with-efforts-like-hummingbird-whiteboard-friday*
20 Quelle: Sujan Patel in einem Blogbeitrag vom 16.07.2012: *http://www.quicksprout.com/2012/07/16/100-lessons-learned-from-10-years-of-seo*

1 Beim Link-Aufbau zählen Kontinuität und Geduld. Wer sich anfangs auf einen schnellen Link-Aufbau konzentriert und im späteren Verlauf nur noch sporadisch sein Augenmerk auf die Generierung von hochwertigen Backlinks legt, riskiert ein ständiges Auf und Ab im Ranking.

2 Die Meta-Description ist wichtig – vor allem aus Conversion-Sicht. Betexten Sie Ihren Title und Ihre Description mit Sorgfalt, und sichern Sie sich so die Klicks im Suchergebnis.

3 Bleiben Sie entspannt, wenn es zu Ranking-Schwankungen kommt. Was zählt, sind die Entwicklungen über Monate hinweg, nicht die tagesbasierten oder wöchentlichen Ranglisten-Ausreißer.

4 Hinterfragen Sie die Ratschläge von SEO-Experten: Entsprechen die empfohlenen Maßnahmen Ihrer Content-Strategie? Und steht Ihre Zielgruppe dabei weiterhin im Mittelpunkt?

5 E-Commerce-Seiten, B2B-Seiten, kleine Webpages, User-generated Websites: Jeder Seitentypus erfordert eine eigene SEO-Strategie!

6 Das Alter einer Website fließt ins Suchmaschinen-Ranking ein. »Junge« Seiten sollten sich davon jedoch nicht entmutigen lassen: Es gibt genügend Bewertungsfaktoren, mit denen man auch als Newcomer Ranglistenpunkte sammeln kann.

7 Keine Angst vor großen Marken! Üppige Budgets sind keinesfalls ein Garant für schnelle Entwicklungs- und Entscheidungsprozesse – im Gegenteil: Je größer ein Unternehmen ist, desto langsamer arbeiten gewöhnlich die SEO-Mühlen.

8 Die SEO-Anforderungen an gute Websites werden immer komplexer. Halten Sie sich daher unbedingt über die aktuellen Entwicklungen in der Branche auf dem Laufenden.

9 Ein guter SEO-Experte braucht vor allem eines: Erfahrung!

10 Produzieren Sie hochwertige Inhalte, um Ihre Reichweite zu steigern. Ohne Inhalte, die den Usern gefallen und Ihr Unternehmen online erst sichtbar machen, ergibt auch SEO keinen Sinn.

11 Niedliche Viecher sind die schlimmsten: Wann immer Google ein Algorithmus-Update nach einem knuffigen Tier benennt (siehe »Panda« oder »Penguin«), sollten bei Ihnen die Alarmglocken läuten.

12 Die Suche nach den relevanten Schlüsselbegriffen ist die wichtigste Arbeit für Ihren SEO-Erfolg. Wenn Sie bei der Keyword-Recherche zu Beginn schon Fehler machen, sind alle darauffolgenden Maßnahmen zum Scheitern verurteilt.

13 Es gibt schlicht und ergreifend keinen Ersatz für einzigartige, hochwertige und exklusive Inhalte (Unique Content). Glauben Sie bloß nicht, die durch einen »Article Spinner« erstellten automatisierten Texte hätten für die User irgendeinen Wert!

14 Bei aller SEO-Liebe: Vermeiden Sie eine Überoptimierung – sonst werden Sie über kurz oder lang von Google gnadenlos abgestraft. Konzentrieren Sie sich dafür auf gute Inhalte und ein qualifiziertes Website-Management.

15 Die Reduktion der Bounce Rate ist enorm wichtig. Schaffen Sie Inhalte, die User bei der Stange halten, und sichern Sie sich dadurch mehr aktive Besucher auf Ihrer Seite.

16 Das Thema Relevanz ist nicht durch irgendeine andere SEO-Disziplin zu ersetzen. Ob im Hinblick auf Content-Erstellung, On-Page-Optimierung oder Linkbuilding – die thematische Relevanz sollte für Ihre Webpage höchste Priorität haben.

17 SEO lässt sich nie zu 100% beherrschen. Im Laufe der Seitenoptimierung wird es immer wieder neue Erkenntnisse und Überraschungen geben.

18 Optimieren Sie nicht für Social Media – seien Sie sozial. Wenn Sie von Anfang an natürlich agieren, müssen Sie nicht krampfhaft versuchen, natürlich zu wirken.

19 Lernen Sie von Ihrer Konkurrenz. Seien Sie nicht frustriert, wenn Wettbewerber vor Ihnen ranken. Analysieren Sie ihre Strategien, lernen Sie ihre Stärken kennen, und nutzen Sie die gewonnenen Erkenntnisse für Ihre eigene Site, um die Rivalen vom Ranglisten-Thron zu stoßen.

20 Mit Geld kann man keine Rankings kaufen. Es mag kurzfristig helfen, aber der dauerhafte Erfolg steht und fällt mit der richtigen SEO- und Content-Strategie.

21 Investieren Sie nicht in den Link-Aufbau, sondern in den Aufbau Ihres Kundenstamms. Eine Strategie, die auf Menschen aufgebaut ist, kann von keiner Google-Algorithmus-Anpassung erschüttert werden.

22 Verzetteln Sie sich nicht, und springen Sie nicht auf jeden fahrenden Zug auf. Konzentrieren Sie sich auf die SEO-Maßnahmen, die mit Ihren Business-Zielen und Ihrer Content-Strategie konform gehen.

23 Verplempern Sie beim Scheitern keine Zeit: Wenn eine Maßnahme nicht fruchtet, halten Sie sich nicht lange mit der Suche nach Schuldigen auf. Haken Sie das Thema ab, blicken Sie nach vorn, und suchen Sie nach Alternativen.

24 Behalten Sie den ROI (Return on Invest) im Auge, und streichen Sie alle Maßnahmen von der To-do-Liste, die lediglich Kosten verursachen und keinen positiven Einfluss auf die Geschäftsbilanz haben.

25 Lernen Sie, nein zu sagen. Wenn eine vorgeschlagene Idee nicht mit Ihrer langfristigen Vision und den erarbeiteten Strategien einhergeht, dann legen Sie Ihr Veto ein.

26 Nehmen Sie sich die Zeit, um Ergebnisse auszuwerten und Gelerntes zu überprüfen.

27 Es gibt keine nachhaltigen SEO-Abkürzungen. Wer Ihnen dann Top-Rankings innerhalb kürzester Zeit verkaufen möchte (die berühmten »Ich bringe Sie in einem Monat auf Seite 1«-Versprechen), ist nicht vertrauenswürdig.

28 Sie haben die Bounce Rate verringert? Gut, aber dann achten Sie unbedingt auch auf die Konversionsrate. Ihre Website muss so gut sein, dass sie die Besucher zum Handeln animiert – zum Klicken, Kaufen, Kommentieren, Liken, Anmelden und Weiterleiten.

29 SEO ist ein Dauerlauf, kein Sprint. Seien Sie nicht enttäuscht, wenn eine Aktion nicht im Handumdrehen ein sichtbares Ergebnis bringt.

30 SEO ist nicht der Nabel der Webwelt. Nutzen Sie alle Möglichkeiten, die Ihnen im Online- und Offline-Marketing zur Verfügung stehen, um Traffic auf Ihre Seite zu bringen.

31 Hochwertiger Content ist der beste Garant für Backlinks. Gute Inhalte aufbauen und Menschen dazu animieren, sie zu teilen – so lautet die einfachste Formel für die Generierung von Backlinks.

32 Sie können Google nicht austricksen. Einige der klügsten Köpfe der Welt arbeiten für Google. Selbst wenn Sie in SEO-Blogs wieder einmal auf den ultimativen Hintertürchen-Trick stoßen, mit dem man den Algorithmus kurzfristig umgehen kann, um ein paar Ranking-Punkte dazuzugewinnen, können Sie sicher sein: Über kurz oder lang startet Google eine wirksame Gegenoffensive!

Nach diesem kurzen SEO-Crashkurs sollten Sie das nötige Rüstzeug besitzen, um sich aus Content-Sicht den wesentlichen Herausforderungen der Suchmaschinenoptimierung stellen zu können.

19.7 WDF * IDF = Wie bitte?

Kaum hat man sich von zermürbenden Keyword-Density-Diskussionen erholt und freut sich darüber, dass auch Google endlich verstanden hat, dass es bei der Texterstellung primär um die Qualität, die Relevanz, den gesunden Menschenverstand und einen professionellen, natürlichen Schreibstil geht, geistert eine weitere Content-Formel für die Google-Optimierung durch den Raum: WDF * IDF. Diese mathematische Formel, die unter anderem mit einer logarithmierten Suchbegriff-Dichte, mit Term-Gewichtungskurven und Vereinigungsmengen-Berechnung arbeitet, soll die neue Geheimwaffe für ranking-starke Texte sein. Meiner Ansicht nach ist sie ein klassisches Beispiel dafür, wie gerne man im SEO-Bereich dazu verführt wird, sich mit vermeintlich neuen Theorien auseinanderzusetzen, die u. U. gar nicht für jeden relevant sind.

Nach der Lektüre einiger Artikel zum Thema und Diskussionen mit SEO-Experten drängt sich bei mir die Frage auf: Müssen sich Texter jetzt auch noch zu Computerlinguisten weiterbilden lassen, um zu verstehen, wie man für den Google-Bot »Term-relevante« Dokumente erstellt? Oder ist die WDF*IDF-Formel vielleicht einfach nur ein raffiniertes SEO-Konstrukt, das in der Branche hochgekocht wird? Präsentiert man hier etwa altbekannte Regeln zur Erstellung qualifizierter, lesbarer und für den User relevanter Webtexte im Gewand einer unnötig komplizierten Theorie? Diesen Fragen möchte ich in diesem Abschnitt auf den Grund gehen.

19.7.1 WDF * IDF und Webtexten – drei Fragestellungen im direkten Vergleich

Schauen wir uns doch einmal die drei zentralen Fragen an, die man sich im Rahmen der Optimierung nach der WDF*IDF-Formel stellen sollte.[21] Im Anschluss an die jeweilige Frage habe ich zum Vergleich die bewährten Überlegungen aufgeführt, die ein Webtexter traditionell im Zusammenhang mit SEO anstellt.

1. WDF * IDF: Was ist das unmissverständlichste Term-Signal meines Dokuments?

    Webtexten: Was ist mein Haupt-Keyword?

2. WDF * IDF: Sind beweisführende Worte im angemessenen Rahmen vorhanden?

---

21 Zitiert nach einem Interview mit Karl Kratz in der Zeitschrift »Website Boosting«, Ausgabe 18, S. 43.

Webtexten: Arbeite ich im Text mit relevanten, korrekten, das Thema flankierenden Synonymen und themenverwandten Begriffen, die den Usern vertraut sind?

3. WDF * IDF: Werden keine unangemessen hohen Worthäufungen bzw. verfälschte Worte eingesetzt?

Webtexten: Habe ich es mit der Erwähnung von Keywords im Text übertrieben? Finden sich in meinem Text falsch eingesetzte Keywords, die die thematische Relevanz meiner Seite torpedieren und die inhaltliche Gewichtung verfälschen?

Nüchtern betrachtet, wirkt diese (Zauber-)Formel wie ein Versuch, klassische Regeln zur Textoptimierung in eine komplexe SEO-Lehre zu verpacken. Ein guter Webtexter hat selbstverständlich ein Gespür für die Wortgewichtung in seinen Texten; er ist in der Lage, falsche Keywords auszuschließen und die thematische Relevanz mittels des Haupt-Keywords herauszustellen, das von passenden Synonymen begleitet wird. Daher kann ich Sie an dieser Stelle nur ermutigen, weiter in die Ausbildung von exzellenten Webtextern zu investieren, eine klare Content-Strategie zu entwickeln und Inhalte zu erarbeiten, die Ihr Thema optimal unterstützen. Über hochwertige Inhalte erschließen Sie weitere Traffic-Quellen, binden Kunden und ziehen auf natürliche Weise Backlinks an.

19.7.2 Erst prüfen, dann handeln!

Vielleicht stellen Sie sich die Frage, warum ich überhaupt auf dieses SEO-Modethema eingehe. Ganz einfach: Weil ich Sie für das Hinterfragen von angeblich bahnbrechenden neuen Theorien im Zusammenhang mit Content sensibilisieren möchte. Bestseller-Autor Mario Fischer (»Website Boosting 2.0«) bringt in seinem Klartext-Kommentar zum WDF*IDF-Hype das weit verbreitete »Herdentriebdenken« treffend auf den Punkt:

> »Bei einigen größeren Agenturen dreht man offenbar mittlerweile ›am Rad‹, weil viele Kunden nun alle Texte auf den WDF*IDF-Prüfziffernstand stellen wollen – bei anderen Agenturen, weil sie ihren Kunden dies gerne als weiteren, jetzt messbaren Betreuungsauftrag verkaufen möchten. Wenn man hinter etwas, was vorher nur eher gefühlsmäßig zu (be-)greifen war, plötzlich eine Zahl, noch dazu mit Kommastellen, schreiben kann, ist man im Ingenieursland Germany ja schnell und ganz besonders erregt.«[22]

Widerstehen Sie also dem Impuls, blind jedem neuen SEO-Trend zu folgen. Legen Sie stattdessen den Fokus auf die Zusammenarbeit mit qualifizierten Content-Managern, mit denen Sie Ihre Website auf ganz natürliche Art und Weise auf Vorder-

---

22 Mario Fischer in der Zeitschrift »Website Boosting«, Ausgabe 18, S. 47.

mann bringen können. Und behalten Sie stets im Hinterkopf, dass sich Google langfristig nicht austricksen lässt: Viele SEO-Strategien, die einst gehypt wurden, verwandelten sich nach einer gewissen Zeit in Abstrafungskriterien. Nutzen Sie das »Quäntchen Mehr«, das Sie gegenüber den Google-Mechanismen in die Waagschale werfen können: Ihre Denkleistung! Solide Arbeit und kluge Ideen zahlen sich auf lange Sicht aus. Es gibt keine Abkürzung zur Erreichung einer nachhaltigen Qualität. Und das ist gut so!

19.7.3 Das Potenzial der Formel aus SEO-Sicht

Da jedes Web- und Content-Thema, das noch ein wenig umstritten ist, stets von allen Seiten beleuchtet werden sollte, übergebe ich nun das Wort an den »Think Content!«-SEO-Experten Markus Uhl.

> **SEO-Tipp: Was kann WDF * IDF wirklich leisten?**
>
> Eigentlich ist die Formel WDF * IDF seit den 1970er Jahren aus dem Information Retrieval bekannt. Dort ist sie in etwa das, was der Satz des Pythagoras für die Geometrie ist: Sie beschreibt, wie ein Computer-Algorithmus mit reiner Mathematik herausfindet, was die charakterisierenden Begriffe eines Textes sind – wie er also die Frage beantwortet, worum es in dem Text geht. Damit ist sie bis heute der Grundstein für jede Suchmaschine, die Texte indexieren muss.
>
> Ich bin daher ein großer Fan dieser Formel bei der Analyse einer Website, wenn es darum geht, eine Bestandsaufnahme der vorhandenen Inhalte zu machen. Besonders in Zusammenhang mit Panda, wo es gilt, »dünnen« und sich selbst ähnlichen Content zu identifizieren, kann eine umfassende Berechnung und der Vergleich der WDF*IDF-Fingerabdrücke aller Texte immens helfen, den Zustand der Website schnell begreifbar zu machen.
>
> Im Idealfall kann Ihnen die Formel Antworten auf folgende Fragen liefern:
>
> - Welche Keyword-Signale senden meine Texte?
> - Sind die Texte ausreichend unterschiedlich zueinander, oder sind sie sich vielleicht sogar (unbewusst?) sehr ähnlich, weil sie im Grunde doch immer die gleichen Keyword-Signale schicken?
> - Wie viele solcher Texte habe ich, welche Keywords sind genau betroffen, und welche Strukturen in Form von Kategorien oder Vertaggung kann ich einführen, um für Google Ordnung im Dschungel der miteinander konkurrierenden Texte zu diesem Begriff herzustellen?
> - Sehr oft bei Shops zu finden: Wo sind die Bereiche, bei denen einfach generell der Text fehlt oder so kurz gehalten ist, dass solche Nebensächlichkeiten wie die überall gleichen Randspalten-Teaser und -texte die Keyword-Signale dominieren und deswegen zu wenig unterschiedlichen Seiten führen?

All diese Fragen kann man im Rahmen eines Content-Audits mit der entsprechenden Erfahrung zwar auch manuell für jede Seite beantworten, aber gerade wenn es um die Bewertung großer Websites mit Tausenden oder sogar Zehntausenden von bestehenden Seiten geht, ist ein automatisierter Ansatz für diese Aufgabe unumgänglich und dieser ohne WDF * IDF wiederum kaum möglich.

In der analytischen Suchmaschinenoptimierung ist WDF * IDF in den Händen eines Experten, der die Formel und die davon abgeleiteten Konzepte verstanden hat, also schon immer das sprichwörtliche Gold wert. Ein Hype wurde das Ganze aber erst vor Kurzem, als Karl Kratz seine praktischen Erfolge mit der umgekehrten Anwendung dieser Formel veröffentlichte. Er konnte nämlich über eine Analyse der WDF-Profile der Seiten in den Top 10 eine Liste von Worten ableiten, bei denen Google offenbar belohnt, wenn sie zusätzlich zu dem eigentlichen Suchbegriff vorkommen. Auch diese Tatsache ist an sich nichts Neues, sondern geistert seit Jahren unter dem Namen *Latent Semantische Optimierung* (LSO) durch die SEO-Szene. Das Prinzip dabei lautet: »Verwende Synonyme und verwandte Begriffe, die üblicherweise in Zusammenhang mit dem Suchbegriff auftauchen, denn das erwarten Leser und Google von guten Texten« – also genau das, was auch dieses Buch an der entsprechenden Stelle vermittelt.

Ein guter und erfahrener Texter hat für so etwas tatsächlich ein Gefühl und Gespür entwickelt und wird daher kaum von solchen Listen beeindruckt sein, da er von selbst auf diese Begriffe kommt. Für alle, die noch keine Textprofis sind, kann diese Liste aber durchaus für Überraschungen und Aha-Effekte sorgen und zu völlig neuen Textideen führen. Seit es dank des Hypes so einfach zu bedienende Tools wie www.seolyze.com gibt, bekomme ich besonders von unseren Volontären und Nachwuchs-Redakteuren immer wieder Feedback, dass sie damit oftmals einen ungeahnt kreativen Schub erleben, neue Drehs in ihre Texte zu bekommen, die ohne diesen Input wohl einfach nur im wenig attraktiven Tagesschau-Stil geendet hätten.

WDF * IDF ist daher in meinen Augen gerade durch den aktuellen Hype zu einem gefährlichen Halbwissen der breiten Masse geworden. Wer glaubt, nur mal eben einfach ein weiteres Tool verwenden zu müssen, das ihm die Wortwahl und die Anzahl der Wiederholungen vorgibt, um damit die Top 10 der Suchergebnisse zu erstürmen, der wird damit auch keine besseren Texte produzieren als zu den Zeiten, als den Textern einfach eine Keyword-Dichte vorgegeben wurde und Hunderttausende von sogenannten »SEO-Texten« mit wenig Wert für den Leser geschrieben wurden. Es ist nämlich auch mit WDF * IDF möglich, angeblich »perfekte« Texte zu schreiben, die beim Lesen einfach nicht »zünden« – und deren einzige Daseinsberechtigung deswegen immer noch nur die ist, damit Google Futter findet.

Gute Texte, die langfristig Erfolg in Suchmaschinen haben, entstehen nach wie vor nicht über vorgegebene Hüllkurven, um den Google-Algorithmus auszutricksen, sondern über Kreativität und das Beherrschen des Texter-Handwerks, um damit den Leser zu begeistern.

Als Amateurmusiker vergleiche ich es auch immer gerne so: SEO sollte ihnen keine Noten vorsetzen, die Sie bitte vom Blatt zu spielen haben, sondern ihnen die Harmonielehre beibringen, so dass Sie selbst die tollsten Melodien komponieren können.

19.7.4 Das Think-Content-Resümee

Für einen Content-Verantwortlichen und im Rahmen einer Content-Strategie ist es sicher sinnvoll, die weiteren Entwicklungen zu beobachten und diese Formel bereits für Audit-Themen zu berücksichtigen. Als Webtexter sollte man bitte weiterhin entspannt bleiben, solange mancher WDF*IDF-Auftrag an Autoren folgendermaßen klingt:

> »Extrahiert man aus den Ergebnissen einer WDF*IDF Analyse ein thematisches Grundgerüst, braucht man einem Autor eigentlich nur noch den Auftrag geben: ›Schreibe einen fokussierten, interessanten und natürlichen Text, der alle relevanten Aspekte des Themas angemessen berücksichtigt und im Idealfall einen individuellen Schwerpunkt setzt.‹ Erfüllt der Autor diese Vorgabe, wird das Ergebnis mit hoher Wahrscheinlich ein Text sein, der sich in einer vergleichenden WDF*IDF Analyse gut mit den top-gerankten Texten zu dem ursprünglichen Suchbegriff messen kann.«[23]

Im Prinzip ist das ist doch nichts anderes als das Texter-Einmaleins! Ein ausgebildeter Texter, Autor oder Journalist würde sich über ein derart formuliertes Briefing vermutlich einigermaßen wundern – und das zu Recht.

Was Texter hingegen stets gut brauchen können, sind die technischen und analytischen SEO-Kompetenzen. Insofern ergänzen sich Content-Verantwortliche und SEO-Strategen in geradezu idealer Weise. Wenn wir uns endlich von dem künstlich generierten Content-Format »SEO-Text« verabschieden und beide Parteien ihre jeweiligen Kompetenzen klug bündeln, um kundenorientiert Qualität zu liefern, dann sind sie unschlagbar.

19.8 Fazit: Springen Sie nicht auf den »Überoptimierungs-Zug« auf!

Zu viel des Guten ist ungesund – das gilt auch für SEO-Aktionen. Versuchen Sie, bei Ihren Bemühungen um ein Top-Ranking ein vernünftiges Maß zu finden, und verlassen Sie sich dabei vor allem auf Ihren gesunden Menschenverstand. Sobald sich eine Seite mehr für Google als für den Menschen aufhübscht, geht das in die falsche Richtung. Keinesfalls sollten Sie mehr Energie auf die Suchmaschinenoptimierung aufwenden als auf die Erstellung von hochwertigen Inhalten. Denn Ihr Website-Erfolg ist nicht allein von SEO abhängig, sondern auch von Ihren Content-Marketing-

---

23 Quelle: Arne Christian Sigge, Die Keyworddichte ist tot, es lebe die WDF*IDF-Analyse, Blogbeitrag vom 09.04.2013: *http://www.sem.de/magazin/seo/die-keyworddichte-ist-tot-es-lebe-die-wdfidf-analyse-131.html*

Aktionen und Ihrem Social-Media-Zuspruch, wie die in Abbildung 19.5 dargestellte Grafik veranschaulicht.

Führen Sie sich immer wieder vor Augen, dass in der Vergangenheit meistens diejenigen Websites von Google abgestraft wurden, die es mit SEO etwas zu gut gemeint hatten: Seiten mit zu vielen Keywords, unnatürlichen externen Verlinkungen, verkrampften internen Verlinkungskonzepten, irreführenden Anchor-Texten usw. Akzeptieren Sie SEO als eine Disziplin, die für ein hochwertiges Webpage-Management steht – und nicht etwa als Ranking-Manipulations-Gimmick.

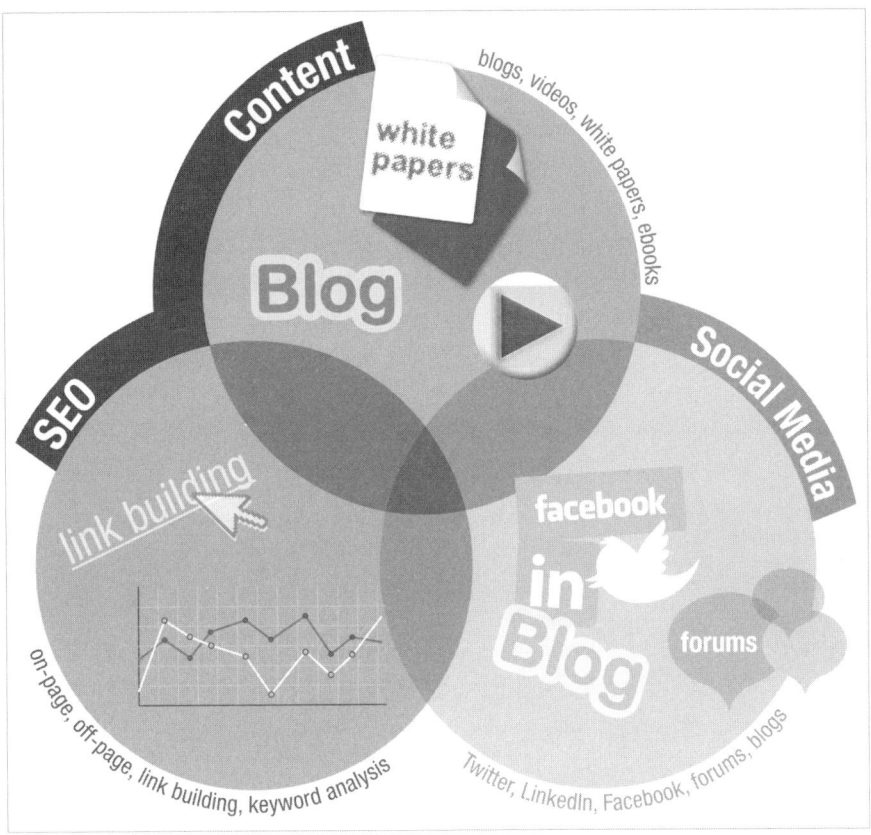

Abbildung 19.5 Das Online-Marketing-Dreigestirn – Content, SEO, Social Media[24]

Wenn die SEO-Spezialisten gemeinsam mit den Content-Marketing-Experten an einer professionellen Content-Strategie für Ihr Unternehmen arbeiten, wird aus den beiden Parteien tatsächlich ein Dream-Team für Ihren Website-Erfolg.

---

24 Bildquelle: © Gavin Llewellyn/flickr.com, CC-Lizenz: *http://www.flickr.com/photos/gavinjllewellyn/7110984325/sizes/m/in/photostream* (Stand: 04.01.2014)

> **SEO-Tipp: So werden SEOs und Texter zu Chart-Stürmern**
>
> Um wieder eine Analogie zur Musik zu bemühen – SEO ist so etwas wie der Instrumentenbauer, der Redakteur dagegen so etwas wie der Musiker. Ist das Instrument schlecht, kann auch der beste Musiker nur wenig herausholen. Und ist der Musiker nicht gut, kann er auch mit dem besten Instrument der Welt höchstens mittelmäßig begeistern. Erst wenn beide gute Arbeit für- und miteinander leisten, entstehen dadurch so unvergessliche Momente, wie sie auf vielen Live-Mitschnitten konserviert wurden und auch noch in Jahren viele Hörer begeistern werden.

Nach SEO folgt Social: Das nächste Kapitel bietet einen kurzen Social-Media-Exkurs – aus Content-Marketing-Sicht.

20 Content fürs Mitmachweb – make your content social!

Gute Inhalte, die Sie für Ihre Website oder im Rahmen Ihrer Content-Marketing-Aktivitäten entwickeln, sind ausschlaggebend dafür, ob Ihre Social-Media-Unternehmungen bei Ihrer Zielgruppe zünden. Stellen Sie also sicher, dass Ihnen Ihr Content-Brennstoff nie ausgeht und Sie damit mehr als nur ein kleines Social-Media-Strohfeuer entfachen.

Ihre Zielgruppenanalysen haben ergeben, dass ein Großteil Ihrer User aktiv auf Facebook unterwegs ist, dass sich attraktive B2B-Partner auf XING bewegen oder Ihre Kunden ab und zu auch SlideShare nutzen? Sie haben beobachtet, wie Ihre Wettbewerber mit attraktiven Download-Zahlen auf YouTube punkten und eine immer größer werdende Fangemeinde auf Facebook um sich scharen? Dann ist die Überlegung, ob Sie mit Ihrer Firma in puncto Social Media aktiv werden sollten, längst hinfällig – jetzt rücken die Fragen nach dem »Wie« und »Womit« in den Mittelpunkt. Doch wie können Sie sicherstellen, dass Ihre Präsenz im Social Web nicht wie ein Strohfeuer lediglich schnell entfacht wird, kurze Zeit hohe Flammen schlägt und dann ebenso schnell wieder erlischt, weil ihr der Brennstoff (sprich der relevante Content) zur weiteren Befeuerung ausgeht?

Der Erfolg Ihrer Social-Media-Aktivitäten ist abhängig von zwei Dingen, die Ihnen in diesem Buch schon des Öfteren begegnet sind: zum einen von Ihrer zuvor erarbeiteten Content-Strategie, zum anderen von dem Ort, an dem Sie Ihren Zündstoff bunkern – dem Themenplan. Ohne eine solide und langfristige Content-Planung laufen Sie Gefahr, dass Ihre User keine klare Linie in Ihrer Social-Kommunikation erkennen können und dass die gewünschten Reaktionen und Business-Ergebnisse auf lange Sicht ausbleiben. Nutzen Sie daher die sozialen Medien bestmöglich, indem Sie attraktive Inhalte anbieten, die den User zum Teilen animieren und langfristig emotional stärker an Ihre Marke binden.

Denken Sie bitte vor dem Start Ihrer Facebook-, Twitter- oder Blogaktivitäten auch daran, im Vorfeld die Kennzahlen zu definieren, anhand derer Sie Ihren Social-Erfolg messen wollen (siehe auch Abschnitt 10.4.4, »Social-Media-Zahlen«). Die bloße Anzahl der Fans ist beispielsweise nicht immer ein sicheres Indiz für Ihren Facebook-Erfolg, zumal ein Großteil Ihrer gestreuten Inhalte den »Hauptwohnsitz« auf Ihrer Website hat. Und dort spielt dann auch die wahre Musik – soll heißen: Die Conversion, die Absprungrate oder das Teilen Ihres Inhalts durch die User und der dadurch erhöhte Traffic auf einer Website geben an, wie gut Ihr Content tatsächlich bei der Zielgruppe zündet.

Gut gemachte Inhalte werden von den Usern im Web breit gestreut. Es ist daher wichtig, dass Sie im Rahmen Ihrer Content-Strategie nicht nur Inhalte planen, die Ihre Website in ein möglichst gutes Licht rücken, sondern auch spezielle Content-Themen für die sozialen Kanäle entwickeln und umsetzen, zum Beispiel:

- Listen, die Sie über Business-Netzwerke streuen (XING, LinkedIn)
- authentische Blogbeiträge Ihrer Mitarbeiter
- kurze Comic-Strips, die regelmäßig auf Facebook gepostet werden
- Behind-the-Scenes-Videos aus Ihrem Unternehmen für YouTube
- Bildergalerien, die die Herstellung eines Produkts von A bis Z dokumentieren
- Mitmach-Aktionen, bei denen User aufgerufen werden, eine Geschichte weiter auszuarbeiten oder Fotos zu einem bestimmten Thema einzusenden
- Facebook-Apps (wie etwa Gewinnspiele, Online-Games oder virtuelle Produktkonfiguratoren) als idealer Nährboden für die virale Streuung

Qualitativ hochwertiger *Engaging Content*, der auf Social Media promotet wird, sorgt für eine stärkere Interaktion zwischen Unternehmen und Usern und damit letztendlich auch für eine engere Kundenbindung. Denn entgegen dem einst verbreiteten Irrglauben, im Internet gäbe es keine Markentreue, beweisen loyale Fans, Follower und Kommentatoren, dass sie sich nicht von einem Überangebot an Webseiten beeindrucken lassen: Auch bei der Nutzung von Online-Angeboten spielt die Identifikation mit der Marke und die emotionale Einstellung zu einem Produkt eine entscheidende Rolle.

Dieses Kapitel betrachtet das Thema Social Media rein aus Content-Marketing-Sicht und soll keine grundlegende Anleitung zur Nutzung von Facebook, Twitter, Pinterest & Co. darstellen. Zum einen würde das den Rahmen dieses Buchs deutlich sprengen, zum anderen gibt es bereits einige sehr gute Bücher, die sich damit von A bis Z beschäftigen.

20.1 Zehn Nutzungsmöglichkeiten von Social Media

Im Social Web verschmelzen die Grenzen einzelner Marketingdisziplinen immer stärker. Gerade deshalb ist es wichtig, dass Sie im Vorfeld festlegen, welche Schwerpunkte Sie im Austausch mit Ihrer Zielgruppe im Web 2.0 setzen möchten. Die folgenden zehn Punkte skizzieren die Marketing- und Kommunikations-Disziplinen, mit denen Sie innerhalb der sozialen Netzwerke arbeiten können:

20.1 Zehn Nutzungsmöglichkeiten von Social Media

1. Online-PR
2. Produktwerbung
3. Marktforschung
4. Customer-Relationship-Management und Customer Support
5. Brand-Marketing
6. SEO (Backlinks/Online-Reputation/Sichtbarkeit)
7. virales Marketing
8. User-generated Content
9. Mitarbeiter-Recruiting
10. Kooperationsmarketing

Wenn Sie mehrere Disziplinen abdecken möchten, kann es unter Umständen auch sinnvoll sein, verschiedene Nutzungsangebote für Social Media einzurichten. Die Deutsche Bahn AG geht hier mit gutem Beispiel voran. Der Konzern bietet unter anderem zwei verschiedene Kanäle auf Facebook an: Die eine Seite dient rein repräsentativen (PR-)Zwecken, die andere wird primär als CRM-Kanal genutzt. Bahnkunden und Geschäftspartner finden einen umfassenden Überblick zu allen Social-Media-Aktivitäten der Bahn mit den Links zu den jeweiligen Angeboten auf einer eigenen Verteiler-Seite (*http://www.bahn.de/dbbahn/view/db-bahn-im-social-web.shtml*). Auch die personelle Aufstellung zur Bedienung der unterschiedlichen Kanäle ist vorbildlich (siehe Abbildung 20.1): Die Bahn beschäftigt mehrere Teams, die sich zeitnah um die Fragen und Anregungen der Nutzer auf Facebook, Twitter oder Google+ kümmern.

Entwickeln Sie – je nach Unternehmensgröße und Nutzungsabsicht – eine auf Ihre Zielgruppe abgestimmte Multi-Channel-Strategie für die sozialen Netzwerke. Denn von Fall zu Fall dürfte es nicht leicht sein, mehrere der oben genannten zehn Marketing- und Kommunikations-Disziplinen sinnvoll, effizient und klug in einem einzigen Kanal zu bündeln. Bitte stellen Sie auch regelmäßig die im Themenplan vermerkten Inhalte auf den Prüfstand: Werden damit alle von Ihnen definierten Nutzungsmöglichkeiten ausgeschöpft? Decken Sie alle relevanten Themenfelder optimal ab?

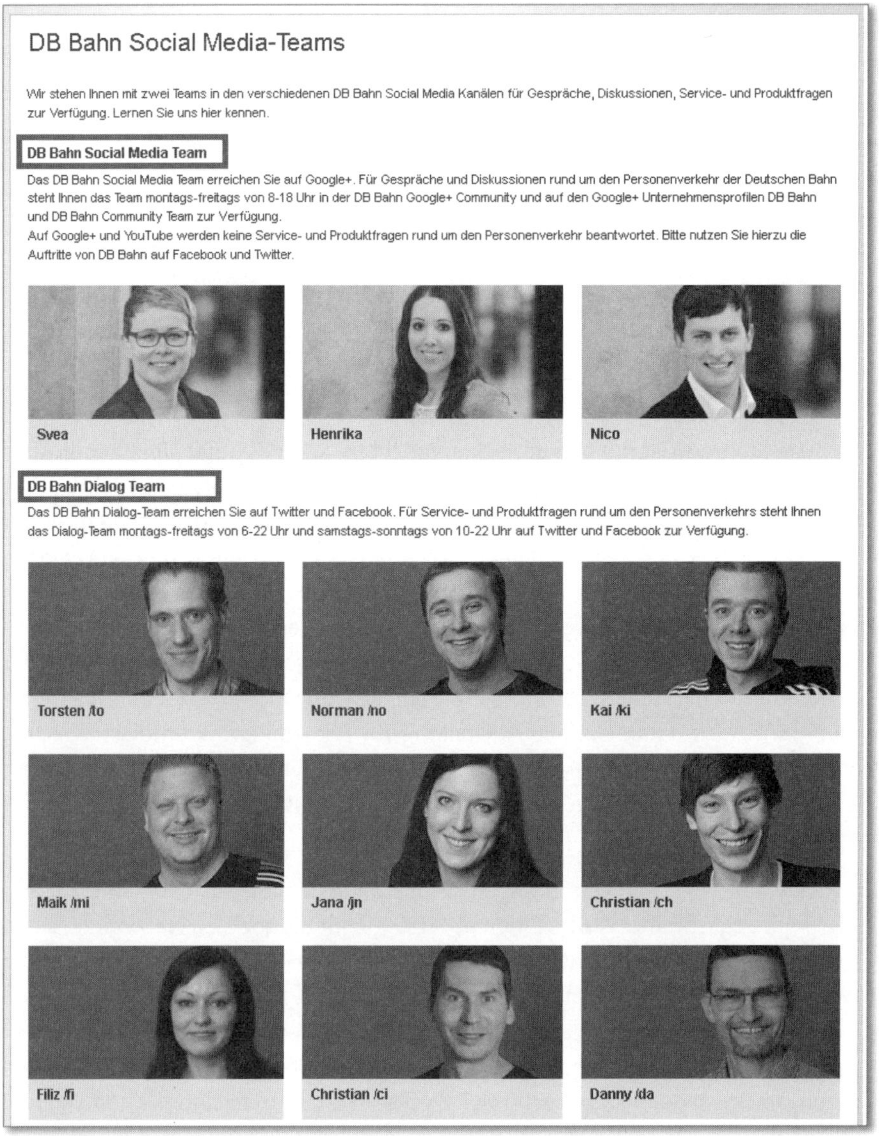

DB Bahn Social Media-Teams

Wir stehen Ihnen mit zwei Teams in den verschiedenen DB Bahn Social Media Kanälen für Gespräche, Diskussionen, Service- und Produktfragen zur Verfügung. Lernen Sie uns hier kennen.

DB Bahn Social Media Team

Das DB Bahn Social Media Team erreichen Sie auf Google+. Für Gespräche und Diskussionen rund um den Personenverkehr der Deutschen Bahn steht Ihnen das Team montags-freitags von 8-18 Uhr in der DB Bahn Google+ Community und auf den Google+ Unternehmensprofilen DB Bahn und DB Bahn Community Team zur Verfügung.
Auf Google+ und YouTube werden keine Service- und Produktfragen rund um den Personenverkehr beantwortet. Bitte nutzen Sie hierzu die Auftritte von DB Bahn auf Facebook und Twitter.

Svea Henrika Nico

DB Bahn Dialog Team

Das DB Bahn Dialog-Team erreichen Sie auf Twitter und Facebook. Für Service- und Produktfragen rund um den Personenverkehrs steht Ihnen das Dialog-Team montags-freitags von 6-22 Uhr und samstags-sonntags von 10-22 Uhr auf Twitter und Facebook zur Verfügung.

Torsten /to Norman /no Kai /ki
Maik /mi Jana /jn Christian /ch
Filiz /fi Christian /ci Danny /da

Abbildung 20.1 Social-Media-Team-Seite der Deutschen Bahn AG[1]

---

1 *http://www.bahn.de/dbbahn/view/twitter-team.shtml* (Screenshot vom 03.11.2013)

20.2 Zehn Fragen, die Sie sich im Rahmen Ihrer Social-Content-Strategie stellen sollten

Den oben aufgelisteten zehn Nutzungsmöglichkeiten schließen sich nun zehn Fragen an, mit deren kritischer und ehrlicher Beantwortung Sie sicherstellen können, dass Ihre Social-Media-Unternehmungen auf einem soliden Fundament ruhen:

1. Was nutzt eine groß angelegte Facebook-Aktion (zum Beispiel ein Gewinnspiel), wenn das Konzept dieser Aktion meine Zielgruppe nicht erreicht? Kann mir die Masse an Teilnehmern auf Dauer überhaupt einen Benefit für meine Website bieten?
2. Was bringen große Content-Erwartungen, die in einem sozialen Netzwerk geschürt werden, wenn sie auf der tatsächlichen Unternehmensseite nicht erfüllt werden? Wie erfolgreich kann eine Social-Media-Aktion sein, wenn die Aussage und das Versprechen der Kampagne nicht mit dem übereinstimmen, was die Website bietet?
3. Wie soll ich ein gesundes Kundenvertrauen aufbauen, wenn User auf meiner Seite keine relevanten, exklusiven und hochwertigen Informationen finden?
4. Wie groß ist die Wahrscheinlichkeit, dass meine guten Website-Inhalte viral gestreut werden, wenn ich keine Funktionen zum »Liken«, Teilen oder Kommentieren (zum Beispiel Social-Media-Buttons) anbiete?
5. Wie will ich meine Angebote und Inhalte verbessern, wenn ich meinen Usern nicht zuhöre? Sollte ich nicht lieber auf die Reaktionen im Social Web achten – und auf die Kommentare, die zu meinem Content-Angebot hinterlassen werden?
6. Wie will ich die Sympathie von Usern gewinnen, wenn meine Inhalte nicht authentisch sind?
7. Wie gut sind meine promoteten Inhalte? Sollten mich fehlende Likes, Shares oder Kommentare nicht schleunigst dazu bewegen, meinen Content sowie dessen Präsentation und Bewerbung gründlich auf den Prüfstand zu stellen?
8. Habe ich inhouse die Kompetenz, starke Content-Geschichten für Social Media zu entwickeln und umzusetzen?
9. Sind Facebook und Twitter die richtigen Kanäle, um meinen Content zu promoten, oder sollte ich damit eher auf LinkedIn und SlideShare präsent sein?
10. Habe ich den Mut und das Budget, mit Content zu experimentieren und verschiedene Content-Konzepte auf Social Media zu testen?

20.3 Welche Social-Media-Plattformen gibt es?

In der nachstehenden Übersicht[2] finden Sie eine Auflistung sowie eine kurze Kategorisierung einiger Social-Media-Plattformen, die Sie im Rahmen Ihrer Content-Marketing-Strategie einsetzen können. In vielen Unternehmen herrscht noch immer ein akuter Fachkräftemangel im Online-Bereich, und langjährige Mitarbeiter aus der Offline-Marketing-Welt halten (oft unfreiwillig) das Social-Zepter in der Hand. Vor allem für sie ist diese Übersicht gedacht: Sie soll dabei helfen, die verschiedenen Kommunikationskanäle aus Nutzersicht besser einzuordnen. Die aufgeführten »Analogien in der klassischen Welt« zeigen, welche Medien und Angebote in der Vergangenheit für die jeweiligen Kundenbedürfnisse genutzt wurden.

Typ: Videoplattform

Analogie in der klassischen Welt: TV (on demand), Video, DVD

Auswahl Social-Media-Anbieter (Beispiele): YouTube (*www.youtube.com*), Vimeo (*www.vimeo.de*), MyVideo (*www.myvideo.de*)

- Welche Vorteile kann diese Plattform für Ihr Unternehmen bieten?
  - Image: Nähe, Sympathie, Authentizität, Glaubwürdigkeit
  - Reichweite und Bekanntheit durch die Verbreitung von viralen Spots
  - Unterstützung von SEO-Maßnahmen
  - Kostensenkung durch Tutorials, How-to-Darstellungen, Manuals
- Welche redaktionellen Formate bzw. Content-Formen eignen sich für diese Plattform?
  - Bilder aus dem Unternehmen, Kollegen bei der Arbeit (sachlich und sympathisch/ »Behind the scenes«)
  - Unterhaltungsformat mit viralen Qualitäten – kurz, originell, kreativ (Storytelling)
  - Dokumentation, Bericht (zum Beispiel von Veranstaltungen/Messen)
  - Interviews mit Experten
  - Anwendungsberichte, How-to-Darstellungen mit »echten« Nutzern
  - Berater und Tutorials

Typ: Social Networking

Analogie in der klassischen Welt: Marktplatz, öffentlicher Platz, Veranstaltungen, Jugendclubs

---

2 Erstellt in Zusammenarbeit mit Social-Media-Expertin Ruth Schöllhammer (*www.ruth.schoellhammer.de*).

20.3 Welche Social-Media-Plattformen gibt es?

Auswahl Social-Media-Anbieter (Beispiele): Facebook (www.facebook.com)

- Welche Vorteile kann diese Plattform für Ihr Unternehmen bieten?
  - Image: Vertrauen durch Echtzeit-Gespräche, Nähe und Sympathie
  - Vernetzung von Kunden und Stärkung der Fan-/Empfehler-Community
  - Kundenbindung
  - Reichweite, Bekanntheit
- Welche redaktionellen Formate bzw. Content-Formen eignen sich für diese Plattform?
  - alle Inhalte, die zu einer Interaktion führen
  - Firmen-News
  - originelle Geschichten
  - Bilder und Infografiken
  - Umfragen
  - Blogbeiträge (Hinweise auf interessante Artikel)
  - Studien/Case Studies
  - Produkt-Storys
  - Interviews

Typ: Business-Plattformen

Analogie in der klassischen Welt: Kongresse, Messen

Auswahl Anbieter (Beispiele): XING (www.xing.de), LinkedIn (www.linkedin.com), Google+ (https://accounts.google.com)

- Welche Vorteile kann diese Plattform für Ihr Unternehmen bieten?
  - Vernetzung mit der Branche, Kunden, Experten
  - Präsentation der professionellen Ansprechpartner im Unternehmen (Personalabteilung, Einkauf, Vertrieb, Herstellung ...)
  - Präsentation von Dienstleistungen/Produkten im B2B-Umfeld
  - Einladungsmanagement für Veranstaltungen
  - Positionierung als Experte (für Speaker-Tätigkeiten etc.)
  - Recruiting-Initiativen
- Welche redaktionellen Formate bzw. Content-Formen eignen sich für diese Plattform?
  - professionelle Foren-/Gruppenbeiträge mit klarem Mehr- oder Nutzwert, zum Beispiel Tipps zu Studien, Weiterleitung von Stellenausschreibungen u. Ä.
  - Webinare
  - Fallstudien
  - Blogbeiträge

- Interviews
- PR-Meldungen
- Fachartikel

Typ: Gamification, virtuelle Welten

Analogie in der klassischen Welt: Rollenspiele, Gesellschaftsspiele

Auswahl Social-Media-Anbieter (Beispiele): FarmVille (*www.farmville.com*), Angry Birds (*www.angrybirds.com*), The Sims (*www.thesims.com/en_US/home*)

- Welche Vorteile kann diese Plattform für Ihr Unternehmen bieten?
  - Kundenbindung
  - Stickiness durch längere Beschäftigung mit der Marke/dem Unternehmen
  - Sympathie
  - SEO-Mehrwert (Verweildauer, Backlinks, Traffic)
- Welche redaktionellen Formate bzw. Content-Formen eignen sich für diese Plattform?
  - spielerische Annäherung an ein Thema oder an ein Angebot durch Quiz, Personality-Tests, Denk- und Geschicklichkeitsspiele (zum Beispiel Memory, Mahjong, Tetris, Trivial Pursuit ...)

Typ: Blogs

Analogie in der klassischen Welt: Kolumnen in Zeitungen und Zeitschriften

Auswahl Social-Media-Anbieter (Beispiele): Daimler (*www.daimler.blog.de*), Frosta (*www.frostablog.de*), Tchibo (*blog.tchibo.com*)

- Welche Vorteile kann diese Plattform für Ihr Unternehmen bieten?
  - einfaches Redaktionssystem für eigene Veröffentlichungen zum Aufbau von Reputation
  - Stärkung des Images (Expertenstatus, Professionalität, Sympathie)
  - SEO-Unterstützung
- Welche redaktionellen Formate bzw. Content-Formen eignen sich für diese Plattform?
  - Online-Kolumne als Experten-/Fachblog und zur Wissensvermittlung mit Anwender-/Erfahrungsberichten
  - Kommentare/Interpretationen/Glossen zu Trends und aktuellen Branchenentwicklungen
  - Hintergrundinformationen zu Produkten und Branchen-News
  - persönliche Vorstellung von Mitarbeitern oder Marktpartnern (zum Beispiel »Drei Fragen an ...«)

Typ: Foren und Communitys

Analogie in der klassischen Welt: Vereine, Clubs, Selbsthilfegruppen

Auswahl Social-Media-Anbieter (Beispiele): Gutefrage.net (*www.gutefrage.net*), Wer-weiss-was.de (*www.wer-weiss-was.de*), Chefkoch.de (*www.chefkoch.de*), Motor-Talk.de (*www.motor-talk.de*)

- Welche Vorteile kann diese Plattform für Ihr Unternehmen bieten?
  - Social Crowdsourcing (User-generated Content)
  - Recherche von Themen und Trends
  - Kontaktaufnahme zu Meinungsführern und Experten
  - Welche redaktionellen Formate bzw. Content-Formen eignen sich für diese Plattform?
  - sachliche Antworten und Tipps zu Fragen/Problemen in der Community
  - Richtigstellung falscher Sachverhalte
  - Kontaktaufnahme bei begründeten Beschwerden
  - Artikel zu stark nachgefragten Themen

Typ: Content-Sharing

Analogie in der klassischen Welt: Tauschbörsen, Konferenzen, Ausstellungen

Auswahl Social-Media-Anbieter (Beispiele): SlideShare (*www.slideshare.net*), Prezi (*www.prezi.com*), Scribd (*de.scribd.com*), Flickr (*www.flickr.com*), Pinterest (*www.pinterest.com*), Tumblr (*www.tumblr.com*)

- Welche Vorteile kann diese Plattform für Ihr Unternehmen bieten?
  - stärkere Wertschöpfung bestehender Inhalte
  - SEO-Unterstützung
  - Ausbau der Reichweite
  - anschauliche Aufbereitung von Informationen (Storytelling)
  - B2B: Herausstellen des Expertenstatus
- Welche redaktionellen Formate bzw. Content-Formen eignen sich für diese Plattform?
  - medienadäquate Aufbereitung von Whitepapers, Checklisten, Produkt-/Preisinformationen, Studien, Bildern
  - Präsentationen
  - Webinare
  - Aufzeichnungen von Vorträgen und Konferenzen

Typ: Microblogging

Analogie in der klassischen Welt: Klatschtanten, Post, direkte Kommunikation, Presseverteiler

> Auswahl Social-Media-Anbieter (Beispiele): Twitter (*www.twitter.com*)
> - Welche Vorteile kann diese Plattform für Ihr Unternehmen bieten?
>   - Vernetzung mit Multiplikatoren
>   - PR/Reputation
>   - Austausch mit Experten
> - Welche redaktionellen Formate bzw. Content-Formen eignen sich für diese Plattform?
>   - News
>   - Mehrwerte durch Verweise
>   - Retweet von relevanten Informationen
>   - Tipps

> **Typ: Wikipedia**
> Analogie in der klassischen Welt: Enzyklopädien (Brockhaus, Meyers & Co.), Lexika, Atlanten, Globen, Bibliotheken
> Auswahl Social-Media-Anbieter (Beispiele): Wikipedia (*www.wikipedia.de*)
> - Welche Vorteile kann diese Plattform für Ihr Unternehmen bieten?
>   - Bekanntheit und Reputation
> - Welche redaktionellen Formate bzw. Content-Formen eignen sich für diese Plattform?
>   - lexikalischer Eintrag des Unternehmens
>   - weiterführende Informationen zu unternehmensnahen Themen

Sie sehen: Ihrem Unternehmen stehen in der bunten Social-Media-Welt viele Türen offen, um in einen Dialog mit Ihrer Zielgruppe zu treten oder die Reichweite Ihrer Website durch die Streuung Ihrer Inhalte zu erhöhen. Welchen Kommunikationsweg möchten Sie wählen? Die meisten Marketer antworten auf diese Frage: »Den Facebook-Weg!« Denn dort tummelt sich jeden Monat nach offiziellen Angaben des Unternehmens etwa die Hälfte aller deutschen Internetnutzer. Drei Viertel von ihnen loggen sich täglich zum Liken, Kommentieren oder Teilen ein, wie Sie in Abbildung 20.2 sehen können.

Dass man sich jedoch nicht von den reinen monatlichen Nutzerzahlen beeindrucken lassen sollte, wird sogar von Facebook-Seite betont. F. Scott Woods, Facebooks Commercial Director für Deutschland, Österreich und die Schweiz, kommentiert die veröffentlichten Zahlen folgendermaßen:

> »Wir glauben, dass Marken und Unternehmen anders darüber nachdenken sollten, wie Menschen mit Facebook agieren – vor allem mobil. Viele Leute fokussie-

ren sich auf monatlich aktive Nutzer oder gar registrierte Nutzer, um ihre Größe und Reichweite aufzuzeigen. Wir glauben, dies ist keine zeitgemäße Art mehr, auf die Welt der Medien zu blicken. Zu verstehen, wer monatlich zurückkehrt, ist nur ein Aspekt. Stattdessen sollten sich Unternehmen auf die Menschen konzentrieren, die jeden Tag online wiederkehren.«[3]

Sorgen Sie also dafür, dass Sie die notwendigen Ressourcen haben, Ihre Social-Media-Kanäle täglich im Auge zu behalten und unter Umständen auch schnell auf die Bedürfnisse, Fragen oder Probleme Ihrer User reagieren zu können. Das stetige Monitoring liefert Ihnen auch viele Informationen darüber, welche Inhalte bei Ihren Fans besonders gefragt sind und die meisten positiven Reaktionen hervorrufen. So können Sie sicherstellen, dass Sie langfristig nicht in einem Content-Überproduktions-Kreislauf enden, sondern sich auf die wenigen Inhalte konzentrieren, mit denen Sie bei Ihrer Zielgruppe garantierte Treffer landen.

Abbildung 20.2 Grafik zur Facebook-Nutzung in Deutschland[4]

---

3 Quelle: *http://on.fb.me/1aMZxJG* (Facebook-Post vom 16.09.2013)
4 Quelle: *https://www.facebook.com/notes/tina-kulow/facebook-veröffentlicht-zum-ersten-mal-tägliche-und-tägliche-mobile-nutzerzahlen/724769520882236* (Stand 23.01.2014)

20.4 Corporate Blogs

Blogs sind die heimlichen Content-Marketing-Stars. Warum nur die heimlichen? Weil viele Unternehmen in Deutschland im Vergleich zu anderen Ländern im Bloggen noch recht zurückhaltend sind und das Potenzial dieses Kommunikationskanals noch nicht zu 100 % erkannt haben.

Die Firma Social Media Examiner veröffentlichte im Mai 2013 eine Studie mit dem Titel »2013 Social Media Marketing Industry Report«. Im Rahmen dieser Studie wurden über 3.000 (primär amerikanische) Marketingmitarbeiter aus B2B- und B2C-Firmen zur Social-Media-Nutzung interviewt. 58 % der Teilnehmer gaben an, ihr Unternehmen würde bereits aktiv bloggen, 62 % wollten sich im Bereich »Bloggen« noch mehr Wissen aneignen, und 66 % der Befragten planten demnach, ihre Blogaktivitäten ausweiten. Die stärksten Blog-Ausbaupläne hatten dabei die B2B-Marketer sowie die eher kleinen Unternehmen (siehe Abbildung 20.3). Es verwundert nicht, dass gerade kleinere Firmen auf das Bloggen setzen, denn im Vergleich zu anderen Online-Marketing-Maßnahmen ist ein gut geführtes Blog ein kostengünstiges Mittel, um den Markenaufbau zu unterstützen und gleichzeitig qualifizierten Traffic über Google oder Social Media abzugreifen.

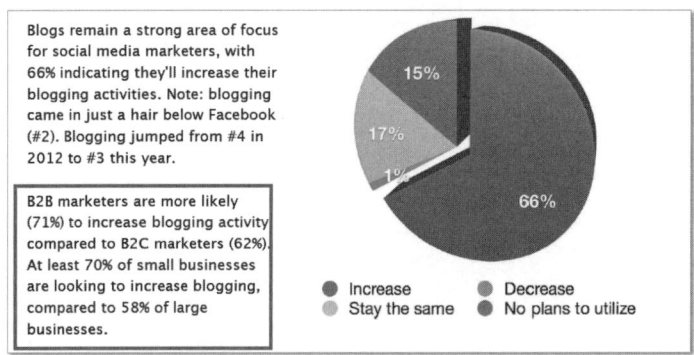

Abbildung 20.3 Studie zu den Blogger-Aktivitäten von US-Marketern[5]

Scheuen Sie den redaktionellen Aufwand für die regelmäßige Erstellung von hochwertigen Blogbeiträgen nicht. Denn wenn Sie ein professionelles Unternehmensblog langfristig planen und aufbauen, kann es Sie bei der Erreichung der folgenden Business-Ziele unterstützen:

- Steigerung der Online-Markenbekanntheit
- Verbesserung der Kundenbindung (Loyalität) sowie der Kundenzufriedenheit

---

5 Quelle: *http://www.socialmediaexaminer.com/social-media-marketing-industry-report-2013* (veröffentlicht am 31.05.2013)

- Optimierung der SEO-Ergebnisse (optimiertes Ranking-Potenzial: Backlinks, Freshness-Faktor, Sichtbarkeit, Author-Rank)
- Verbesserung der Wettbewerbsfähigkeit
- Steigerung der Kunden-Feedbacks (Kommentare)
- Kontaktmaximierung und Traffic-Steigerung dank der Streuung der Artikel auf Social Media (durch Sie und Ihre Leser)
- Generierung von Neukundenkontakten (Leads)
- Steigerung des User-Engagements (Likes, Retweets, Kommentare, Shares)
- Steigerung der Conversion durch die Erhöhung des Kompetenz- und Trust-Faktors (Auf- und Ausbau Ihres Experten-Status)

Gut gemachte Blogbeiträge ernten vor allem eines: ebenso gute und konstruktive Kundenkommentare, die inhaltlich und qualitativ weit über ein »Boah, seeeeehr cool!!« hinausgehen, wie wir es oft bei Videos oder in Kommentaren zu Bildern finden. Und diese Kommentare helfen Ihnen wiederum dabei, die Kommunikation mit Ihren Kunden fortzuführen und ein Gespür dafür zu entwickeln, welche Themen bei Ihrer Zielgruppe gut ankommen.

> »In Corporate Blogs können Markenbotschafter ein Profil entwickeln und die Leser für ihre Themen begeistern.«[6]

In dem Blogbeitrag, aus dem der soeben zitierte Satz stammt, nennt Kommunikationsberater Klaus Eck einige Regeln für ein erfolgreiches Corporate Blogging. Drei davon möchte ich an dieser Stelle besonders hervorheben:

1. Nehmen Sie das Bloggen richtig ernst.
2. Ohne Content-Strategie tut man sich schwer.
3. Schnelle Erfolge gibt es beim Bloggen nicht.

Rechtstipp: Achten Sie auf die Impressumspflicht

Sobald Sie Blogs zu werblichen Zwecken geschäftsmäßig nutzen, muss der Leser dies auch erkennen können. Alles andere wäre Schleichwerbung und damit eine Verletzung des Wettbewerbsrechts. Dasselbe gilt übrigens auch für Einträge in fremden Blogs, ein Hinweis auf Ihr Impressum darf hier also nicht fehlen.

Die Firma Daimler betreibt seit 2007 ein erfolgreiches Corporate Blog (siehe Abbildung 20.4). Es liegt vorwiegend in der Hand der Angestellten und wird authentisch und glaubwürdig präsentiert:

---

6 Aus einem Blogbeitrag von Klaus Eck vom Juli 2012, Quelle: *http://pr-blogger.de/2012/07/18/warum-das-corporate-blogging-besser-als-facebook-ist*

»Dieses Blog wird in erster Linie von Daimler-Mitarbeitern geschrieben. Diese Mitarbeiterinnen und Mitarbeiter kommen aus den unterschiedlichsten Bereichen des Konzerns. Was die Autoren auf dem Daimler-Blog veröffentlichen, entspricht ihrer persönlichen Meinung und nicht unbedingt der offiziellen Unternehmensmeinung.«[7]

Abbildung 20.4 Screenshot der Daimler-Blog-Seite vom 02.11.2013[8]

Blogs sind jedoch keineswegs nur ein Thema für große Konzerne. Gerade Einzelunternehmen, Selbstständige oder Experten auf einem bestimmten Gebiet können sich über ein hochwertiges Blog einen guten Online-Ruf aufbauen und Content-Marktnischen belegen. Ein gutes Beispiel hierfür ist der bloggende Malermeister Werner Deck (siehe Abbildung 20.5): Der Karlsruher, der in seiner Firma »malerdeck« zehn Mitarbeiter beschäftigt, bloggt regelmäßig über alle möglichen Alltagsthemen, seine Erlebnisse mit Kunden sowie andere private und berufliche Ereignisse – und das mit Erfolg. Pro Monat klicken rund 140.000 User auf sein Blog, und auch auf Twitter folgen ihm bereits 12.000 Anhänger. Damit gilt er, wie es das Wall Street Journal Deutschland treffend formuliert, als »*der* Social-Media-Handwerker schlechthin«[9]. Seitdem Deck regelmäßig Anekdoten aus seinem Malermeister-Alltag postet, hat sich sein Ranking bei Google merklich verbessert – und damit auch die Auftragslage seiner Firma.

---

7 Quelle: *http://blog.daimler.de/hier-bloggen-mitarbeiter*
8 Link zum Blog: *http://blog.daimler.de*
9 Florian Bamberg in einem WSJ-Blog vom 11.01.2013: *http://blogs.wallstreetjournal.de/wsj-tech/2013/01/11/der-twitternde-maler*

Abbildung 20.5 Header des Malerblogs von Werner Deck[10]

Ein weiteres Beispiel für eine erfolgreiche Einzelblogger-Karriere bietet Perez Hilton. Seit 2004 verbreitet der in Los Angeles lebende Sohn kubanischer Einwanderer auf seiner Website *perezhilton.com* täglich mit spitzer Feder Klatsch und Tratsch über Prominente – und erreicht damit mittlerweile rund 100 Millionen Besucher pro Monat.[11] Über sein Blog hat sich Perez Hilton selbst zu einer glänzend verdienenden Medienmarke aufgebaut. Vom US-Wirtschaftsmagazin Forbes wurde er 2007 zum erfolgreichsten Star im Internet gekürt.

Weitere (Einzel-)Blogger-Erfolgsbeispiele finden Sie in Kapitel 22, »Content-Marketing-Beispiele und -Anregungen«.

Sie sehen: Mit Blogs können Sie Marken schaffen – und das kann durchaus auch kleinen Unternehmen gelingen. Kommunikationsprofi Klaus Eck bringt es auf den Punkt:

> »Blogs stellen ein mächtiges Kommunikationsinstrument dar, wenn man es richtig einsetzt.«[12]

Das wichtigste Argument für die Einrichtung eines Blogs ist, dass Sie die Kontrolle über sämtliche Inhalte haben, die dort publiziert werden: Sie entscheiden, wie die Inhalte angezeigt und in welcher Reihenfolge sie ausgespielt werden. Bei einer sozialen Plattform müssen Sie jederzeit damit rechnen, dass sie plötzlich ihre Pforten schließt – und dass die dort veröffentlichten Inhalte dann auf ewig in der Online-Versenkung verschwinden. Ihre Bloginhalte bleiben hingegen dauerhaft Ihr Eigentum!

20.5 Exkurs: Was Sie von Robbie Williams lernen können

2012 startete der britische Pop-König Robbie Williams sein musikalisches Comeback – mit einer geballten Content- und Social-Media-Rückendeckung. Newsletter, Blog, Facebook, Twitter, Tumblr ...: Kaum ein Kommunikationskanal wurde für

---

10 Link zum Blog: *http://www.malerdeck.de/blog*
11 Quelle: *http://de.wikipedia.org/wiki/Perez_Hilton*
12 Aus einem Blogbeitrag von Klaus Eck vom Juli 2012: *http://pr-blogger.de/2012/07/18/warum-das-corporate-blogging-besser-als-facebook-ist*

seine CD-Promotion ausgelassen – und das bereits Wochen vor Veröffentlichung des Albums. Die Social-Media-Agentur von Robbie Williams verstand es, die Fannähe, die sich über die sozialen Medien aufbauen und stärken lässt, bestens für den Star zu nutzen. Man setzte auf sehr persönliche Inhalte (Robbie im Studio, Robbie auf Promo-Terminen, Robbie privat ...) und durchdachten Mitmach-Content (Abstimmung über das Cover-Motiv, Fotowettbewerbe, Statements zu einem Songtitel etc., siehe Abbildung 20.6).

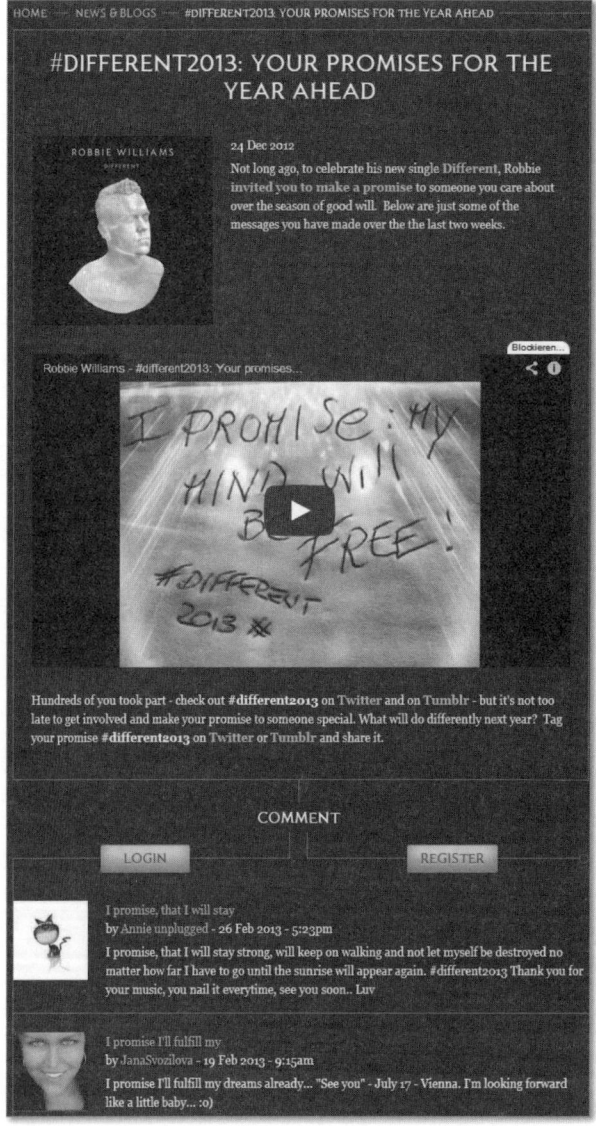

Abbildung 20.6   Blog-Screenshot: Robbies Mitmach-Content #different2013

Denken Sie als Unternehmen wie ein Star, und nehmen Sie sich Robbie Williams zum Vorbild: Welchen inhaltlichen Mehrwert über Ihre Firma können Sie an Ihre User weitergeben? Wie können Sie Ihre Fans durch ansprechende, authentische Content-Aktionen zum Mitmachen bewegen? Was lieben Ihre Fans an Ihrem Unternehmen? Wie können Sie Ihren Usern Ihre Wertschätzung am besten zeigen?

Stöbern Sie einmal durch Robbies Seiten, und lassen Sie sich von den verschiedenen inhaltlichen Konzepten inspirieren:

- *http://mind.robbiewilliams.com*
- *http://www.robbiewilliams.com/news-blogs*
- *http://www.tumblr.com/tagged/different2013*
- *http://www.facebook.com/robbiewilliams*
- *http://www.robbiewilliams.com/news-blogs/design-your-take-the-crown-cover-the-winner*
- *https://twitter.com/robbiewilliams*

Am Beispiel dieses englischen Entertainers zeigt sich auch, dass eine kontinuierliche Aktivität ausschlaggebend für Ihren Social-Media-Erfolg ist.

20.6 Fazit

Nutzen Sie Plattformen wie Facebook im Rahmen Ihres Content-Marketings zum Dialog mit Ihrer Zielgruppe. Ihr Themenplan gibt Ihnen eine langfristige Planungssicherheit und sorgt dafür, dass Ihr Social-Media-Feuer nicht so schnell erlischt. Ihre solide Inhaltsplanung lässt Ihnen gleichzeitig genügend Luft, damit Sie flexibel auf Trends, News oder einen aktuellen Content-Bedarf reagieren können. Berücksichtigen Sie bei der Planung auch die Vorlieben Ihrer Zielgruppe: Reagiert sie eher auf lange Anleitungen in Artikelform, oder bevorzugt sie im Zusammenhang mit Ihrem Produkt oder Angebot ein Video-Tutorial? Nutzen Sie die komplette Content-Format-Bandbreite zur Darstellung Ihrer Themen, und testen sie, in welcher Form sie auf den sozialen Kanälen am besten angenommen werden.

Verlieren Sie aber bitte bei allem Social-Media-Fokus Ihre Website nicht aus den Augen: Dort liegen die meisten Inhalte, auf die Sie verlinken. Dorthin führen viele Links. Und dort landen die meisten Ihrer neuen Leads.

Denken Sie umgekehrt auch daran, dass Sie es Ihren Website-Besuchern oder Bloglesern leicht machen sollten, Ihre Inhalte zu teilen: Integrieren Sie an prominenter Stelle Buttons, die zum Weiterleiten, Liken oder Kommentieren auffordern.

Und nicht zuletzt: Werfen Sie Ihre Content-Marketing-Angel aus und fischen Sie im Social Web nach den besten Kontakten – im B2B wie auch im B2C! Was das »Web 2.0« für Auswirkungen auf das Zusammenspiel zwischen Content-Marketing und PR hat, beleuchtet das folgende Kapitel.

21 Quo vadis, Online-PR?

In der klassischen PR führte der Weg zum Kunden über einen Journalisten und das Medium, für das dieser schrieb. Content-Marketer hingegen lancieren Inhalte im Online-Raum und erreichen ihre Zielgruppen über verschiedene Kanäle direkt. Wird das Content-Marketing also zur Bedrohung für die PR-Branche? Nein! Vielmehr eröffnen sich neue Chancen, ein Unternehmen im Internet gut zu positionieren und zu präsentieren – sofern die »Old-School-PRler« sich gegenüber der »PR 2.0« öffnen und lernen, dass Clippings, die einst fleißig in Ordnern abgeheftet wurden, heutzutage nicht mehr die Belege für eine erfolgreiche PR-Arbeit sind.

Meinen ersten Job trat ich vor vielen Jahren als PR-Beraterin in einer kleinen Agentur an. Diese hatte sich komplett auf die gerade entstehende Online-Branche eingestellt und unter anderem den Deutschland-Launch von Yahoo betreut. Zuallererst trichterte man mir ein, dass Journalisten-Kontakte das A und O für die gute Platzierung einer Pressemeldung in den Fachmedien seien. Meine ersten Treffen mit Journalisten waren allerdings sehr ernüchternd: In der boomenden Online-Zeit, in der ein Start-Up nach dem anderen aus dem Boden spross, erzählten mir Journalisten, sie würden bei der unübersehbaren Anzahl von Presse-Event-Terminen rein nach dem Aspekt »Location & Verköstigung« entscheiden, welchen Termin sie letztendlich wahrnehmen würden ...

In der Zwischenzeit ist eine Menge passiert. Bis auf wenige Ausnahmen werden Journalisten nicht mehr so hofiert wie früher. Sie haben unter anderem durch die Bloggerszene eine starke Konkurrenz bekommen, und der strauchelnde Print-Markt trägt seinen Part dazu bei, dass die klassisch ausgebildeten Redakteure sich stärker mit den Online-Möglichkeiten auseinandersetzen, ja, sich teilweise sogar völlig neu orientieren müssen.

21.1 Eine neue PR-Zielgruppe – die Blogger

Im Rahmen einer ganzheitlichen Öffentlichkeitsarbeit ist es mittlerweile unerlässlich, seinen PR-Verteiler um eine wichtige neue Zielgruppe zu erweitern: um die Blogger, die sich in zahlreichen Branchen etabliert haben. Sie sind in der Regel gut vernetzt und bieten sich daher als Multiplikatoren an, um die Reichweite eines Unternehmens zu steigern. Zudem können renommierte Blogger durchaus nicht nur in journalistischer und PR-technischer Hinsicht interessant sein, sondern auch als Kooperationspartner.

Ein Paradebeispiel hierfür bietet die Reisebranche: Heutzutage ist es nicht unüblich, dass ein Reiseunternehmen im Rahmen seiner PR-Aktivitäten auch namhafte Blogger einlädt, damit sie ein Reiseziel oder ein Hotel erkunden und darüber berichten. Blogger-Zusammenschlüsse wie zum Beispiel das Reiseblogger-Kollektiv (*http://reiseblogger-kollektiv.com*) oder die Plattform für deutsche Reiseblogger (*http://reiseblogs.org*) haben verstanden, dass man mit Eigeninitiative, Expertenwissen, Vermarktungs-Know-how, einem professionellen Umgang mit Unternehmen und hochwertigen Blogbeiträgen ein eigenes Business aufbauen kann – unabhängig von großen Medienhäusern und Verlagen.

Nachstehend sehen Sie einen Auszug aus dem Kodex des Reiseblogger-Kollektivs (*http://reiseblogger-kollektiv.com/ethische-richtlinien-fur-reiseblogger-kodex*) zum Thema Wirtschaftlichkeit:

> »Ein aktiver Reiseblogger muss mit seiner Arbeit Geld verdienen können, um überhaupt die Möglichkeit zu haben, qualitativ hochwertigen Content zu erschaffen. Auf welchem Weg dies geschieht, ob über Einladungen, Werbung, PR-Maßnahmen oder andere Einnahmequellen, bleibt jedem selbst überlassen.«

Wie die Eigenvermarktung von Bloggern aussehen kann, zeigt das informative Webinar »Kooperieren mit Reisebloggern – aber richtig« (siehe Abbildung 21.1).

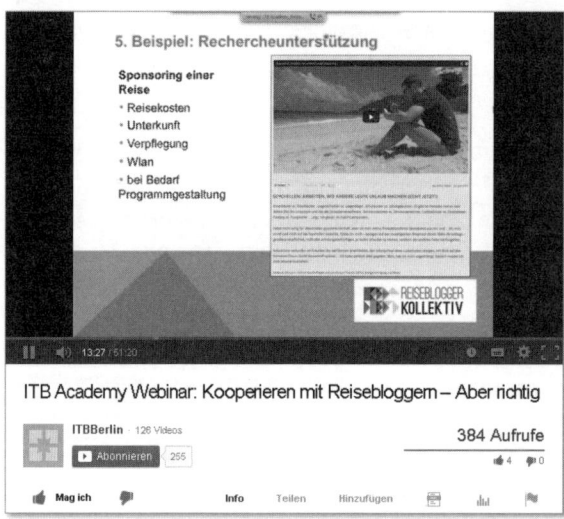

Abbildung 21.1 Webinar der ITB Academy vom 13.05.2013[1]

---

[1] Link zum Webinar: *http://www.youtube.com/watch?v=Yi19sXk_VwY* (Screenshot vom 29.09.2013)

21.1 Eine neue PR-Zielgruppe – die Blogger

Ob Advertorial, Sponsoring oder Online-Werbung: Ein cleveres Blogmodell kann für Experten im Endeffekt lukrativer sein als beispielsweise die zunehmend schlechter bezahlte Arbeit eines freien Journalisten.

Ähnlich wie die Journalisten müssen sich auch die PR- und Marketingmitarbeiter in Unternehmen sowie die PR-Agenturen auf diese Entwicklungen einstellen und langfristig gute Kontakte zu den Blog-Stars in der jeweiligen Branche aufbauen. Damit hätten wir schon einmal den ersten Weg, den PR-Verantwortliche künftig gehen müssen – nämlich den in Richtung »Blogosphäre«, dem feinmaschigen Netz der Weblogs.

Klaus Eck, Kommunikationsprofi und Gründer der Eck Consulting Group[2], hat für Sie elf wertvolle Tipps zum Umgang mit Bloggern zusammengestellt:

1. Betreiben Sie Social Media nicht nebenbei, sondern leben Sie es. Vernetzen Sie sich, setzen Sie eigene Ideen um, und greifen Sie Ideen von außen in Ihren Social-Media-Aktivitäten auf.

2. Informieren Sie authentisch, transparent und glaubwürdig. Mit werblichen Marketingbotschaften vertreiben Sie Blogger schneller, als Sie sich mit ihnen vernetzen können.

3. Blogger können für Sie wichtige Multiplikatoren sein, die Ihrem Unternehmen zu mehr Bekanntheit verhelfen können. Bauen Sie sich gezielt ein Netzwerk auf, um Ihre Reputation zu steigern. Wenn jemand positiv über Ihre Marke schreibt, profitieren Sie von Earned Media, weil Dritte dieses bei einer Online-Recherche entdecken.

4. Verknüpfen Sie Online- und Offline-Welt: Organisieren Sie gezielt Veranstaltungen, zu denen Sie Blogger einladen; zum Beispiel Kampagnen, Events oder Specials. Auch Einladungen zu (Haus-)messen bieten Möglichkeiten, sich gegenseitig kennenzulernen. Zudem sollten Sie Barcamps, Fachkongresse und Social-Media-Veranstaltungen dazu nutzen, Blogger näher kennenzulernen.

5. Bauen Sie eigene Mitarbeiter als Markenbotschafter auf, die Ihr Unternehmen nach außen repräsentieren. Menschen wollen mit Menschen sprechen, nicht mit anonymen Organisationen, Plattformen oder Logos.

6. Definieren Sie frühzeitig Abstimmungsprozesse mit Bloggern. Wer verteidigt Ihre Marke oder schreibt häufig über sie? Wenn Sie den Fahrplan für Blogger Relations schon in der Schublade haben, können Sie auch im Krisenfall schnell reagieren.

---

2 http://www.eck-consulting-group.de

7. Definieren Sie Themenfelder, auf die Sie Ihre Aktivitäten konzentrieren, zum Beispiel abgeleitet aus der Unternehmensstrategie. Identifizieren Sie relevante Blogs, mit denen Sie sich vernetzen wollen, beispielsweise über die Google-Blogsuche, Twitter-Listen oder die Blogroll der einzelnen Blogs.
8. Wenn Sie ausgewählte Blogger mit Ihren Informationen versorgen, müssen Sie darauf achten, die richtigen Ansprechpartner für Ihre jeweiligen Themen auszuwählen. Sie müssen für Sie tatsächlich relevant sein. Es macht keinen Sinn, alle Blogger, die irgendwann einmal über Ihre Marke geschrieben haben, mit Pressemitteilungen zu bombardieren. Die Relevanz ergibt sich aus dem Themenspektrum eines Blogs. Aus diesem Grund empfiehlt es sich, relevante Branchenblogs auch zu lesen.
9. Blogger schreiben nicht, weil sie müssen, sondern weil sie wollen. Fragen Sie gegebenenfalls nach, ob Ihre Themen für das Blog relevant sind. Bieten Sie gezielt Themen an, die einen Mehrwert oder Entertainment bieten. Auch exklusive Inhalte sind bei Bloggern willkommen. Allerdings nehmen Sie Blogger nicht einfach in Ihren Presseverteiler auf, das lehnen viele Influencer ab. Bei einem freundlichen Telefonat fällt es leichter, ein wirkliche und echte Beziehung zu Blogger aufzubauen.
10. Am besten erreichen Sie Blogger über ein Corporate Blog. Sie können im Unternehmensblog Ihre Themen in verschiedenen Facetten beleuchten, sollten gezielt Blogs verlinken und vorstellen, wenn Sie Ihnen gefallen. Zudem haben Sie sogar die Möglichkeit, Blogger zu Gastbeiträgen einzuladen.
11. Nutzen Sie weitere Social-Media-Kanäle wie Facebook, Google+, Twitter oder YouTube für Ihr Social Business. Mit Facebook-Gruppen oder Twitter-Listen können Sie zusätzliche Vernetzung schaffen und gleichzeitig weitere Multiplikatoren finden.

Zum Thema »Blogger Relations« empfehle ich Ihnen außerdem die Lektüre eines Blogbeitrags von der PR- und Social-Media-Expertin Anika Geisel aus dem Jahr 2012, der unter der Short-URL *http://bit.ly/1dnbkza* abrufbar ist.

21.2 Content-Marketing und PR – die Grenzen verschwimmen zusehends

Content-Marketing und Content-Strategie sind die neuen Königsdisziplinen für eine erfolgreiche Business-Kommunikation und den Aufbau einer starken Online-Firmenpräsenz. Um sich von den Marketing-, SEO- und Social-Media-Kollegen nicht das Wasser abgraben zu lassen, sollten sich die PR-Profis möglichst rasch von klassischen PR-Mustern verabschieden und die Möglichkeiten, Firmen-News ohne Mittler selbst im Netz zu verbreiten, kennenlernen und nutzen.

Dazu gehört auch, dass PR-Mitarbeiter sich gegenüber anderen Disziplinen öffnen: dass sie ein Grundverständnis für das Thema Suchmaschinenoptimierung entwickeln, das Handwerk einer erfolgreichen Social-Media-Kommunikation erlernen und die fachlichen Anforderungen an ein erfolgreiches Content-Marketing aus dem Effeff beherrschen. Online-Marketing-Stratege David Meerman Scott äußert sich in seinem Buch »Die neuen Marketing- und PR-Regeln im Web 2.0« ganz unverblümt zum immer noch anhaltenden Zustand in vielen PR-Abteilungen:

> »Ich bin davon überzeugt, dass PR-Profis Angst vor dem Unbekannten haben. Sie wissen nicht, wie man direkt mit Konsumenten kommuniziert, und wollen in der Vergangenheit leben, als es noch keine andere Möglichkeit gab, als die Medien als Sprachrohr zu benutzen. Ich glaube auch, dass die Auffassung über die ›Reinheit‹ der Presse-Mitteilung als ausschließlich für die Presse bestimmtes Instrument weit verbreitet ist. PR-Profis wollen nicht wissen, dass Zigmillionen Menschen die Macht haben, ihre Mitteilungen direkt zu lesen. Es ist leichter, sich ein geschlossenes Publikum von einem Dutzend Reportern vorzustellen. Doch dieses Argument basiert auf Angst, nicht auf Fakten. Es gibt keinen triftigen Grund, warum Unternehmen nicht ohne Medienfilter direkt durch Mitteilungen mit ihren Kunden kommunizieren sollten.«[3]

Die Gründe dafür, warum ein Unternehmen seine PR-Verantwortlichen für das Internet fit machen sollte, erschließen sich rasch, wenn man sich einmal ein paar Webnutzungsfakten[4] genauer ansieht:

- 98 % aller Journalisten gehen täglich online.
- 92 % der Journalisten nutzen das Web für ihre Recherchearbeit zu einem Artikel.
- 76 % gehen online, um neue Quellen, Experten oder Informationen zu finden.
- 73 % nutzen das Web für die Suche nach Pressemeldungen.
- Laut einer Studie der attentio pr-agentur GmbH aus dem Jahr 2011 nutzen 70 % der Journalisten Presseportale für ihre Informationsrecherchen.

Die wesentlichen Unterschiede zwischen herkömmlicher PR und Online-PR hat Melanie Tamblé, Expertin für Public Relations, Online-Marketing und Social Media, anschaulich in Tabelle 21.1 gegenübergestellt.

---

3 David Meerman Scott, Die neuen Marketing- und PR-Regeln im Web 2.0. Heidelberg u. a.: mitp 2009, S. 109.
4 Jon Wuebben, Content is currency. Boston, MA: N. Brealey Publ. 2012, S. 112 f.

Klassische PR	Online-PR
Öffentlichkeitswirkung abhängig von den Medienmittlern	unabhängige Herausgeberschaft
Ausrichtung der Inhalte auf die Medien: Entwicklung medienrelevanter Informationen (Big News)	Ausrichtung der Inhalte auf die Zielgruppen: Entwicklung zielgruppenrelevanter Inhalte
Veröffentlichung über Medienmittler: Redaktionsfilter durch die Medien	Veröffentlichung direkt über die Online-Medien: selbstbestimmte Inhalte
Reichweite begrenzt durch die Medien- und Redaktionsverteiler	Reichweite unbegrenzt
Zielgruppenfilter durch die Medien- und Redaktionsverteiler	Zielgruppenfilter durch die Suchmaschinen: relevante Inhalte passend zur Suche

Tabelle 21.1 Gegenüberstellung PR alt vs. PR neu

Jeder PR- und Marketing-Verantwortliche (im Unternehmen oder auf Agenturseite) sollte die Kanäle kennen, über die man den Zielgruppen Inhalte zur Verfügung stellen kann, wie zum Beispiel:

- Presse- und News-Portale (siehe Abschnitt 21.4, »Presseportale für mehr Reichweite«)
- Artikel-, Experten- und Themenportale
- Social Media (SlideShare, Bilder- und Videonetzwerke, Business-Plattformen usw.)
- Wissens-Communitys
- Foren
- Unternehmensblogs, Expertenblogs, Blogverteiler
- RSS-Feeds

Wenn Sie künftig den Weg stärker in Richtung Online-PR einschlagen, bedeutet das nicht, dass Sie den klassischen Presseverteiler für tot erklären können: Er bleibt wichtig, um exklusive Presse- und Redaktionskontakte mit relevanten News zu versorgen. Allerdings haben Sie keinen Einfluss darauf, dass Ihre via Fax oder E-Mail geschickten Pressemitteilungen auch veröffentlicht werden. Daher ist es weiterhin ratsam, gute und direkte Kontakte zu ausgewählten Medien auf- und auszubauen, damit die Ihnen wohlgesonnenen Medienmittler Ihre Meldung publizieren und sich in den Redaktionen für Ihr Thema stark machen.

Im Übrigen liegt der »Learning«-Ball nicht nur auf Seiten der PR-Mitarbeiter. Die neue Generation der Content-Marketer muss im Gegenzug ebenso lernen, wie man mit Medien kooperiert und Blogger sowie Journalisten für seine Inhalte und Themen begeistert. Ein Content-Marketer sollte also in Zukunft idealerweise alle Hebel der Kommunikation in Bewegung setzen können und sich als wahrer Marketing-, PR- und Social-Media-Allrounder erweisen. Eine künftige größere Aufgabe der PR ist sicherlich auch der Aufbau von starken Kooperationen und Partnerschaften, aus denen neue Ideen, Events und Inhalte erwachsen können.

> **Rechtstipp : Expertenwissen vs. Schleichwerbung**
> Sie müssen mit Inhalten begeistern! Schleichwerbung wäre jedenfalls wettbewerbsrechtlich unzulässig: Zwischen redaktionellem Teil und Werbung ist also strikt zu trennen, ansonsten droht die Abmahnung. Entgeltliche Blogeinträge wären also mit einem entsprechend deutlichen Hinweis als Werbung oder Anzeige zu kennzeichnen. Und wenn Sie selbst schreiben, müssen Sie sich zu erkennen geben, aber das kennen Sie ja auch schon von Pressemitteilungen.

21.3 Die Pressemitteilung 2.0 – kürzer, öfter, variantenreicher

Eine Kundin aus dem PR-Bereich sagte mir einmal, eine seriöse PR-Abteilung würde nur dann Meldungen verschicken, wenn es einen gewichtigen Anlass dafür gäbe. Ihrer Meinung nach sollte man sich auf eine hochwertige Unternehmens-PR konzentrieren, nicht auf »konstruierte Themen« rund um das Firmenangebot. Alle Pressemitteilungen, die keine »Big News« seien, würden der Glaubwürdigkeit des Unternehmens schaden.

Das ist typisches Old-School-Denken!

Im Grunde genommen wollen Sie mit Ihrer PR doch erreichen, dass potenzielle Kunden und Partner auf Ihr Unternehmen aufmerksam gemacht werden. Das funktioniert aber nicht nur mit quartalsweise verschickten Firmenbilanzen, sondern eben auch mit gut durchdachten, erstklassig formulierten Meldungen aus sämtlichen Geschäftsbereichen. Wenn Sie das als PR-Verantwortlicher nicht leisten, wird der Content-Marketer diesen Job über kurz oder lang übernehmen, denn er hat vor allem eine Aufgabe im Blick: mit guten Inhalten das unmittelbare Interesse der Zielgruppe zu wecken – ohne Rücksicht auf etwaige PR-(Kollegen-)Verluste.

> »Die Entwicklung relevanter Inhalte und das geschickte Lancieren von Themen in der Öffentlichkeit ist die eigentliche Kerndisziplin der PR. Der direkte Kontakt mit

den Zielgruppen ist für viele PRler jedoch ungewohnt, denn die direkte Kundenkommunikation war bisher eher eine typische Marketing-Aufgabe.«[5]

Die Pressemeldungen der Generation »Web 2.0« sind meist kürzer, werden regelmäßig erstellt und bieten ein breites Themenspektrum rund um Ihre Produkte, Ihre Dienstleistung, Ihre »Köpfe« und Ihr Unternehmen. Sie sind ein wichtiger Bestandteil eines erfolgreichen Content-Marketings – und ein entscheidender Faktor für eine gute Online-Sichtbarkeit sowie den nachhaltigen Aufbau eines starken Online-Brandings. Und dass Google frische Inhalte liebt, wissen wir ja bereits. Machen Sie sich also umgehend mit den neuen Regeln für den Umgang mit Pressemitteilungen vertraut:

- Versenden Sie regelmäßige News, erarbeiten Sie gemeinsam mit Kollegen im Rahmen Ihrer Themenplanung spannende News-Konzepte, und berücksichtigen Sie auch die Storytelling-Möglichkeiten (vgl. Kapitel 17, »Storytelling im Content-Marketing«).
- Beachten Sie beim Erstellen von Pressemeldungen auch, dass sie SEO-konform aufbereitet sein müssen.
- Schreiben Sie ein knackiges Intro, das Portale, Blogger und Journalisten direkt als Teaser übernehmen können, wenn sie von deren Seite auf Ihre Meldung mit einem kurzen Einleitungstext verlinken wollen.
- Auch die Headline muss »sitzen« und in der Lage sein, sich die Aufmerksamkeit Ihrer User in knapp 7 Sekunden zu sichern. Schafft sie das nicht, wird der User nicht zum Leser konvertiert.
- Bauen Sie einen Link zu einer passenden Landingpage ein, damit andere Seiten entsprechende Backlinks auf Ihre Seite setzen können und Kunden direkt zu Ihren Angeboten geführt werden. Viele Presseportale lassen nur eine Verlinkung im Text zu, daher sollten Sie diesen Link sorgfältig auswählen.
- Bilder und Videos erhöhen die Attraktivität und unterstreichen die Aussagekraft von Online-Pressemeldungen. Bitte denken Sie daran, jedem Bild eine passende Bildunterschrift beizufügen und jedes Video mit einem informativen Begleittext auszustatten, damit diese Content-Formate auch für die Suchmaschinen interpretierbar sind.
- Stellen Sie Ihre Pressemeldungen auch als RSS-Feeds zur Verfügung. Dies ermöglicht eine einfache Verbreitung der Inhalte über viele verschiedene News-Dienste.

Abbildung 21.2 bietet Ihnen eine Gegenüberstellung der wichtigsten Unterschiede zwischen einer »klassischen« Pressemitteilung und einer »Pressemitteilung 2.0«.

---

[5] Melanie Tamblé, Geschäftsführerin der ADENION GmbH, in einem Fachbeitrag für dieses Buch.

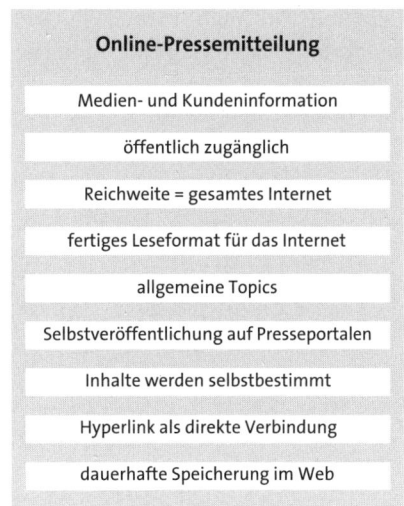

Abbildung 21.2 Unterschiede zwischen »alter« und »neuer« Pressemeldung[6]

Aber bei allem Anspruch an eine zackige Online-PR-Kommunikation: Bedenken Sie bitte, dass einmal verschickte Pressemeldungen rasch in den Modus der eigendynamischen Verbreitung übergehen und eine »Pressemitteilungs-Rückrufaktion« im Internet so gut wie keine Chance hat. Zu früh versandte Meldungen, unvollständige oder fehlerhafte Nachrichten hinterlassen online ihre Spuren, die sich später kaum mehr verwischen lassen. Daher gilt auch im Rahmen einer zielgruppenorientierten Pressearbeit: Erst alles gründlich prüfen, dann abschicken!

21.4 Presseportale für mehr Reichweite

Nutzen Sie zur Verbreitung Ihrer Inhalte unbedingt das umfangreiche Angebot an Presse- und Fachportalen. Durch eine Platzierung auf den Portalen, die auch eine Verlinkung zulassen, wird automatisch ein Backlink auf Ihre Seite generiert. Im Übrigen ranken die führenden News- und Presse-Seiten in der Regel auch gut bei den Suchmaschinen – dadurch verbessert sich erneut Ihre Chance, von Ihrer Zielgruppe gefunden zu werden. Die regelmäßige Veröffentlichung Ihrer Meldungen auf diesen Verteiler-Seiten verbessert zudem Ihre Online-Sichtbarkeit und leistet einen wesentlichen Beitrag zur Erhöhung Ihrer Reichweite.

Eine umfangreiche Liste von kostenlosen und kostenpflichtigen Presseportalen finden Sie im hilfreichen Presseportal-Report 2013 von PR-Gateway (*http://www.pr-gateway.de/download/presseportal-report*). Nachfolgend eine Übersicht der zehn

---

[6] Abbildung des Inhalts mit freundlicher Genehmigung der ADENION GmbH.

beliebtesten kostenfreien PR-Portale 2012 und 2013, die PR-Gateway in einem gesonderten Blogbeitrag[7] präsentierte:

1. *firmenpresse.de*: Monatlich ca. 8.500.000 Abrufe der dort hochgeladenen Pressemitteilungen
2. *presseschleuder.com*: Jeden Monat rund 100.000 neu eingestellte Meldungen
3. *pr-inside.com*: Punktet mit hohem PageRank, also mit einer exzellenten Sichtbarkeit bei Google.
4. *offenes-presseportal.de*: Ebenfalls gute Auffindbarkeit der dort eingestellten Pressemeldungen über Google
5. *fair-news.com*: Sehr gut frequentiertes Presseportal
6. *news4press.com*: Eines der ältesten Presseportale. Bietet rund 700.000 Pressemeldungen.
7. *openpr.de*: Rund 180.000 Besucher suchen monatlich nach spannenden Neuigkeiten.
8. *onlinpresse.info*: Bietet ein imposantes Archiv mit knapp 2,8 Millionen Meldungen.
9. *inar.de*: Auf diesem Portal haben Firmen die Möglichkeit, Videos und Bildinformation in ihre Pressemeldung einzubinden.
10. *pressbot.net*: Hier finden User eine Sammlung von rund 300.000 Pressemeldungen.

Wie Sie sehen, gibt es zahlreiche kostengünstige Möglichkeiten, Ihre Meldungen im Web zu streuen und damit die Online-Sichtbarkeit Ihres Unternehmens nachhaltig zu erhöhen. Lassen Sie sich diese direkten Kundenkontakt-Chancen nicht entgehen!

21.5 Der Social Media Newsroom

Viele Presse-Seiten fristen ein trauriges Dasein neben anderen Seiten einer Firmen-Webpräsenz: Die aktuellen Pressemitteilungen werden meist lieblos als PDF-Dateien verlinkt – ohne ansprechenden Teaser, der etwas über die Meldung sagen würde, und ohne ein dazu passendes Bild. Manchmal gibt es im Pressebereich noch einen Link zum Archiv, das Firmenlogo zum Download sowie die Kontaktinformationen zu den PR-Ansprechpartnern – und das war's dann. Die wenigsten Presse-

---

[7] Quelle: *http://pr.pr-gateway.de/die-10-beliebtesten-kostenlosen-presseportale-2012-und-2013-mehr-reichweite-fur-ihre-botschaften.html* (gepostet am 13.08.2013)

Seiten animieren zum Lesen der Meldungen und sind – ganz Old School! – schon gar nicht attraktiv für die User aufbereitet.

Eine erfrischende, »Web 2.0«-konforme Alternative bietet der Social Media Newsroom (SMN). Auf dieser Seite herrscht ein lebendiges News-Treiben: Aktuelle Social-Media-Meldungen stehen neben interessanten Pressemitteilungen, dem aktuellen Unternehmensvideo und exklusiven Bildergalerien. Gemeinsam bilden sie eine ansprechende Kommunikationsbühne für das betreffende Unternehmen. Neben einer deutlich verbesserten, userfreundlichen Darstellung der Kommunikationsmaßnahmen punktet der Social Media Newsroom noch mit weiteren Vorteilen:

- Besucher können sämtliche Online-Aktivitäten des Unternehmens auf einen Blick erfassen.
- Alle bereitgestellten Informationen stehen jederzeit öffentlich zur Verfügung.
- Die verschiedenen Zielgruppen wie Kunden, Blogger und Journalisten werden gleichzeitig angesprochen.
- Kontaktaufbau und Kontaktpflege durch Social Media wie Facebook, Twitter, XING oder LinkedIn werden vereinfacht.
- Das Unternehmen kann mit Interessenten und Journalisten einen direkten Dialog über Social Media wie Facebook oder Twitter führen.
- Neue Zielgruppen werden angesprochen und können sich leichter über Angebote oder Dienstleistungen informieren.
- Ein Social Media Newsroom erleichtert die Kommunikation zwischen einem Unternehmen und seinen Kunden.
- Bewerber können sich in kürzester Zeit ein erstes Bild vom Unternehmen machen.
- Mitarbeiter können Sie über die Aktivitäten ihrer Firma auf dem Laufenden halten.
- Die dargestellten Inhalte und Aktivitäten können für potenzielle Kooperationspartner interessant sein und deren Aufmerksamkeit gewinnen.
- Im Idealfall motiviert der SMN seine Besucher zum Abonnieren eines RSS-Feeds – oder er bekommt für seine ansprechende Präsentation und die relevanten, gut aufbereiteten Inhalte noch den einen oder anderen guten Backlink.
- Im Social Media Newsroom gibt es keinen Content-Stillstand – das bringt einen weiteren Google-Pluspunkt, denn Websites mit aktuellen Inhalten werden häufiger von den Suchmaschinen besucht und indiziert, was die Chancen auf gute Rankings für die Seite erhöht.

Tauschen Sie also Ihre angestaubte Presse-Seite gegen einen lebendigen Social Media Newsroom aus. Viele Firmen gehen bereits mit gutem Beispiel voran – etwa der Verlagskonzern Hubert Burda Media (http://www.burda-news.de, siehe Abbildung 21.3) oder die R+V Versicherung AG (http://www.ruv-newsroom.de, siehe Abbildung 21.4).

Abbildung 21.3 Social Media Newsroom der Hubert Burda Media, Screenshot vom 29.09.2013

21.5 Der Social Media Newsroom

Abbildung 21.4 Social Media Newsroom der R+V-Versicherung AG, Screenshot vom 29.09.2013

Die Firma NewsRoomWizard hat eine umfassende und sehr nützliche Checkliste für die Einrichtung eines Social Media Newsrooms zusammengestellt. Sie finden sie unter *http://www.newsroomwizard.com/assets/Uploads/Checkliste-Social-Media-Newsroom-NewsRoomWizard-August-2012.pdf* zum Download bereit.

21.6 Fazit

Lässt sich also abschließend festhalten, dass die PR in einer Identitätskrise steckt? Ja, aber angesichts der verschwimmenden Grenzen von SEO, Marketing, PR und Social Media haben im Prinzip sämtliche Abteilungen damit zu kämpfen, sich neu zu erfinden. Die nächsten Jahre werden zeigen, unter welchem Dach alle Aktivitäten einmal aufgehoben sein werden. Ich hätte da einen Vorschlag: Ab damit ins Content-Marketing!

Nehmen Sie aus diesem Kapitel bitte in jedem Fall die folgenden sieben Learnings mit:

1. Erweitern Sie Ihren PR-Verteiler um relevante und anerkannte Blogger.
2. Bereiten Sie Ihre Pressemitteilungen online- bzw. SEO-konform auf.
3. Nutzen Sie zur Streuung Ihrer Pressemeldungen die Vorteile sowie die große Reichweite, die Ihnen Presse- und Fachportale bieten.
4. Präsentieren Sie Ihren Usern, Kooperationspartnern, Journalisten, Bloggern und Bewerbern einen schnellen Überblick über Ihre Inhalte und Unternehmensaktivitäten: Richten Sie einen Social Media Newsroom ein.
5. Denken Sie in der PR auch crossmedial, und überlegen Sie, mit welchen Partnern Sie Ihre Inhalte und Ihr Unternehmen besser promoten können – on- wie offline.
6. Packen Sie das Thema PR zudem auf die wöchentliche Themenplan-Agenda: Welche Themen eignen sich für kurze PR-News? Welche kann man gegebenenfalls mit einem anderen Medienpartner größer aufziehen? Welche Inhalte möchten Sie gezielt an ausgewählte Journalisten oder Blogger weiterleiten?
7. Liebe Marketing- und PR-Kollegen: Rücken Sie näher zusammen, und bündeln Sie Ihre Kontakte und Kompetenzen. Die scharfe Trennung zwischen diesen beiden Abteilungen führt dazu, dass ineffizient gearbeitet wird und nicht immer das beste Ergebnis erzielt werden kann.

Im folgenden Kapitel, das den zweiten Buchteil abschließt, finden Sie zahlreiche gelungene Content-Marketing-Beispiele aus verschiedenen Branchen. Lassen Sie sich davon inspirieren, und nutzen Sie für die Präsentation Ihres Unternehmens und ein erfolgreiches Branding künftig ebenfalls die vielfältigen Möglichkeiten des Content-Marketings. Und denken Sie immer daran, alle spannenden Inhalte und jede gelungene Aktion mit Hilfe einer starken PR-Arbeit zu promoten!

22 Content-Marketing-Beispiele und -Anregungen

> *Ein Lebensmittelunternehmen, das uns zu Tränen rührt. Ein Musiker, der sich mit einem Protestsong völlig neue Business-Felder erschließt. Und ein Rasierklingen-Vertrieb, der mit einem schrägen Low-Budget-Video innerhalb eines Tages 5.000 neue Abonnenten gewinnt ... Der größte Content-Marketing-Schatz sind gute Ideen sowie Leidenschaft für Ihr Business, Ihre Website – und natürlich für Ihre Zielgruppe!*

In den vorangegangenen Kapiteln habe ich Ihnen diverse Content-Formate und zahlreiche Anregungen zur Herleitung von attraktivem Zusatz-Content präsentiert. In diesem Kapitel stelle ich Ihnen einige inspirierende Content-Beispiele aus den unterschiedlichsten Webbusiness-Bereichen vor. Sie sollen Ihnen zeigen, wie viele Facetten das Thema Content hat und wie groß der Ideentopf ist, aus dem Sie für Ihre Content-Marketing-Strategie schöpfen können.

In den vorgestellten Best Practices finden Sie auch Videos, unter anderem in Form von klassischen Werbespots. Falls Sie sich fragen sollten, was das mit Content-Marketing zu tun hat: Es handelt sich um besonders gelungene Beispiele für Storytelling und eine kreative Kundenansprache. Damit derartige Videos kein reines Kampagnenthema bleiben, müssten sie natürlich konsequent weitergeführt und in die gesamte Marketing- und Website-Kommunikation eingebunden werden. Sie sind hier nur als Anregung dafür gedacht, wie sich Themen oder Angebote zielgruppenkonform und aufmerksamkeitsstark in eine schöne Geschichte verpacken lassen.

Zur Motivation möchte ich Ihnen noch ein Zitat von Bernhard Fischer-Appelt, Gründer und Vorstand der Agenturgruppe fischerAppelt, ans Herz legen:

> »Marketiers brauchen mehr Eier. Denn Content, der gut geht, polarisiert. Da muss man sich trauen, Ecke und Kante zu zeigen. Ich kenne nur wenige Marken, die bereit sind, zu polarisieren.«[1]

Und noch ein Tipp: Verjagen Sie bei der Lektüre unbedingt den kleinen miesepetrigen Teufel, der Ihnen Sätze wie »So etwas geht bei uns nicht«, »Dafür haben wir

---

1 Zitiert nach einem Artikel vom 17.01.2013: *http://www.horizont.net/aktuell/specials/pages/protected/Marketiers-brauchen-mehr-Eier-Die-besten-Sprueche-vom-Deutschen-Medienkongress_112427.html*

keine Budgets«, »Dafür sind wir zu klein« oder »Das ist irrelevant für unsere Branche« einflüstern möchte. Im Content-Marketing existiert kein Best Case für alle. Aber es gibt viele wunderbare Content-Geschichten – und viele Wege, die mit Hilfe des richtigen Inhalts zu Ihrer Zielgruppe führen.

Nun wünsche ich Ihnen viel Spaß beim Entdecken der Beispiele – und beim Entwickeln Ihrer eigenen (crossmedialen?) Ideen!

22.1 Beispiele für größere Budgets

»Ach«, seufzt so mancher Content-Marketer, »was könnte man mit einer 20- oder 30-köpfigen Redaktion alles auf die Beine stellen! Wäre es nicht großartig, sich mit einem 500-Millionen-Euro-Etat so austoben zu dürfen wie Red Bull mit seinem Stratos-Projekt?« Natürlich kann kaum eine Firma mit solchen Budgetriesen mithalten und einfach die Blaupause über deren Content-Marketing-Kampagnen ziehen. Doch Anregungen dafür, wie sich interessante Inhalte für User erstellen lassen, bieten diese Großkonzerne in jedem Fall.

22.1.1 Der Klassenprimus – Coca-Colas Mission »Content 2020«

Ende 2011 demonstrierte der Coca-Cola-Konzern seine Strategie »Content 2020« anhand zweier lehrreicher Videos. Jeder, der sich mit Content-Marketing und Content-Strategie auseinandersetzt, sollte sich knapp 20 Minuten Zeit nehmen und beide Videos anschauen. Teil 1 der Präsentation (siehe Abbildung 22.1) finden Sie unter *http://bit.ly/nJK2IV*, Teil 2 unter *http://bit.ly/n9oq2j*.

Abbildung 22.1 Screenshot des ersten Content-Strategie-Videos von Coca-Cola auf YouTube

Storytelling, die Erstellung von exzellenten und im positiven Sinne »ansteckenden« Inhalten, Content-Partnerschaften, User-generated Content und eine gelungene Einbindung von Social Media: Coca-Cola spielt die komplette Content-Klaviatur in virtuoser Manier rauf und runter – und setzt auf Inhalte, die Kunden zu markentreuen Fans und aktiven Mitgestaltern machen. Die Kategorie STORIES auf der Deutschlandseite von Coca-Cola demonstriert diesen kundennahen Kommunikationsansatz auf beste Weise. Dort finden Sie Geschichten von Menschen aus aller Welt sowie News in eigener Sache. In dieser Rubrik stellt Coca-Cola beispielsweise die Lehrerin Monika Fahrenbach vor, die in einem Gymnasium in Göttingen das Wahlpflichtfach »Glück« eingeführt hat, um die Lebensfreude und Persönlichkeitsentwicklung ihrer Schüler zu fördern.[2] Solche lebensbejahenden Meldungen kommen auch bei den Website-Besuchern an, wie Sie in Abbildung 22.2 sehen können.

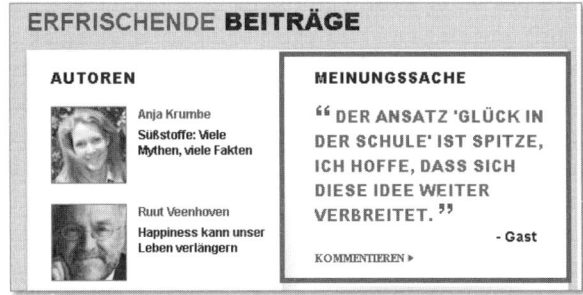

Abbildung 22.2 Ausschnitt aus der Homepage von Coca-Cola Deutschland[3]

Angesichts der großen Content-Fülle, die Coca-Cola über alle Medien streut, fällt es schwer, den Überblick über die aktuellen Content-Marketing-Aktivitäten des Konzerns zu behalten. Abhilfe schafft der umfangreiche und sehr übersichtlich gestaltete Newsroom von Coca-Cola (siehe Abbildung 22.3).

Jonathan Mildenhall, VP Global Advertising Strategy and Creative Excellence bei Coca-Cola, äußert sich folgendermaßen zum Wert von Content und guten Content-Ideen:

> »All advertisers need a lot more content so that they can keep the engagement with consumers fresh and relevant, because of the 24/7 connectivity. If you're going to be successful around the world, you have to have fat and fertile ideas at the core.«[4]

---

2 Link zum Artikel vom 21.10.2013: *http://www.coca-cola-deutschland.de/coca-cola-wow-stories/ich-unterrichte-gluck-monika-fahrenbach-gottingen*

3 Link zur Seite: *http://www.coca-cola-deutschland.de/home* (Stand 05.11.2013)

4 Aus einem Artikel von Joe Pulizzi vom 4. Januar 2012: *http://contentmarketinginstitute.com/2012/01/coca-cola-content-marketing-20-20*

22 Content-Marketing-Beispiele und -Anregungen

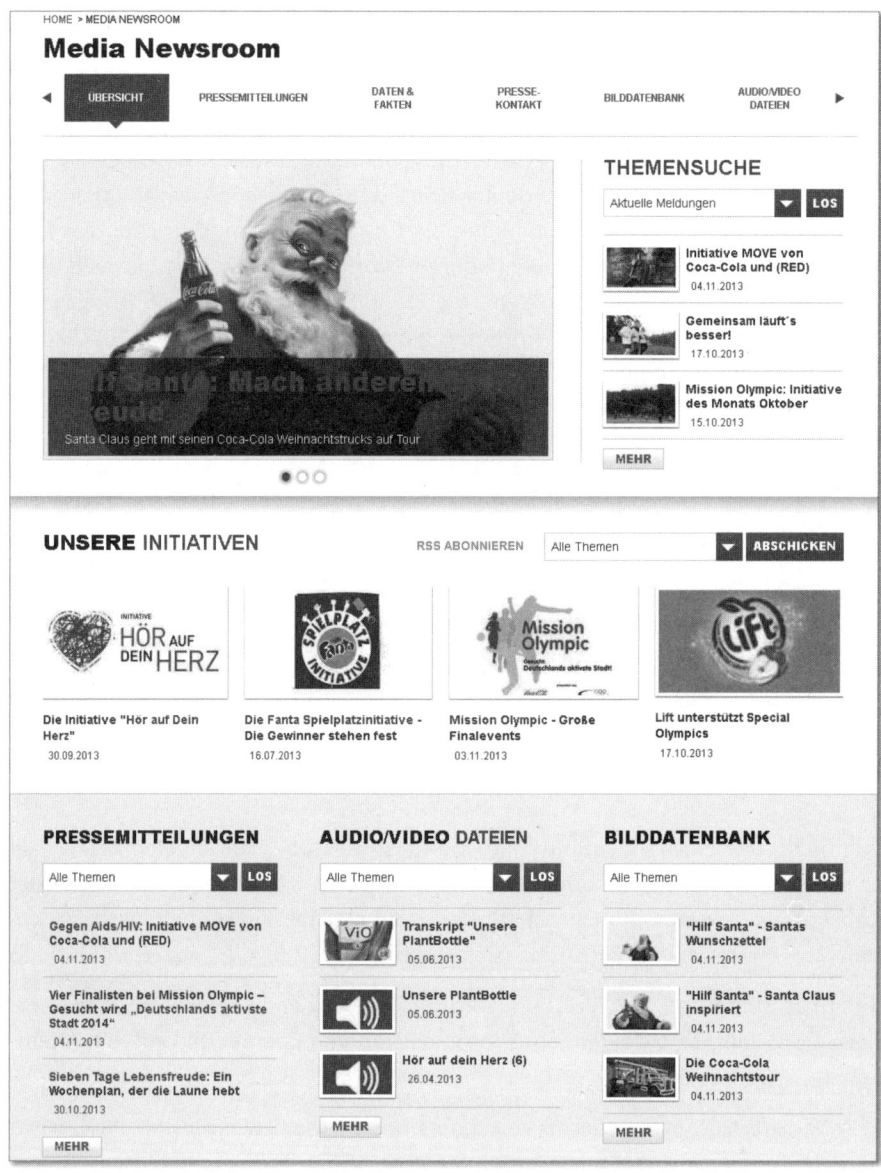

Abbildung 22.3   Ausschnitt aus dem Coca-Cola-Newsroom[5]

Damit verdeutlicht er noch einmal die Überzeugung des Unternehmens, dass kreative Inhalte ein Business erfolgreich voranbringen können.

---

5 Link zum Newsroom: *http://www.coca-cola-deutschland.de/media-newsroom* (Stand: 05.11.2013)

Was Sie von Coca-Cola lernen können:

- wie man Content als imageförderndes Mittel einsetzt
- wie man ein nicht unumstrittenes Produkt sympathisch in Szene setzt
- wie man Kunden emotional an eine Marke bindet
- wie sich verschiedene Storytelling-Facetten umsetzen lassen
- wie man ein Lebensgefühl sowie soziale und globale Themen mit der eigenen Markenbotschaft verknüpfen kann
- wie man sämtliche Content-Maßnahmen klug, transparent und umfassend auf der Website abbildet und die Website damit klar ins kommunikative Zentrum des Unternehmens rückt
- wie man User zum Mitmachen, Mitdiskutieren, Teilen und Liken verführt, indem man ihnen das Gefühl gibt: »Ihr seid wichtig. Eure Meinung zählt. Wir stellen Euch und Eure Bedürfnisse in den Mittelpunkt!«
- wie ein sinnvoller und gut umgesetzter Newsroom aussehen kann
- wie sich Testimonials aus allen Bereichen über ein Content-Thema indirekt als Markenbotschafter einsetzen lassen (siehe die Rubrik MEINUNGEN, *http://www.coca-cola-deutschland.de/meinungen*)
- wie man Content über Gastautoren kreiert und integriert

22.1.2 Der Content-Marketing-Tausendsassa – Red Bull

Erinnern Sie sich noch an die TV-Spots mit dem Slogan »Red Bull verleiht Flügel«? Wahre Content-Flügel sind auch der österreichischen Firma im Laufe der Jahre gewachsen. Red Bull präsentiert sich mittlerweile mehr wie ein großes Medien- und Verlagsunternehmen, das nebenbei auch ein Getränk herstellt und vertreibt. Ein in neun Ländern erscheinendes Monatsmagazin, ein TV-Sender, unterhaltsamer Web-Content in Bild-, Video- und Textform sowie die Inszenierung spannender Storys: Dank eines schier unerschöpflichen Budgettopfes betreibt Red Bull Content-Marketing in allen erdenklichen Facetten.

Massenmedien und Social-Media-Nutzer folgen diesen hochwertig präsentierten Geschichten gerne. So war beispielsweise Felix Baumgartners spektakulärer Sprung aus dem Weltall – bekannt geworden als »Projekt Stratos« – eines der meistgetwitterten Ereignisse des Jahres 2012: Fast 1 Million Menschen äußerten sich via Twitter über Baumgartner, während er auf die Erde zuraste.[6] Das Video zu diesem Sprung, das Red Bull bei YouTube hochlud (siehe Abbildung 22.4), wurde bis zum 05.11.2013 mehr als 35 Millionen Mal angesehen.

---

6 *http://wirtschaftsblatt.at/home/nachrichten/werbung_medien/1308090/Red-Bull-schreibt-mit-ProjektStratos-Markengeschichte* (veröffentlicht am 02.11.2012)

Abbildung 22.4 YouTube-Videosequenz von Felix Baumgartners Sprung[7]

Lifestyle, Abenteuer, Adrenalin – das sind die wesentlichen Pfeiler, auf denen der Red-Bull-Content aufgebaut ist. Das Produkt steht dabei nur sehr selten im Zentrum der Inszenierung. Red Bull hat als eine der ersten Firmen verstanden, dass man aus einem anderen Marketing-Engagement – nämlich dem Sponsoring von Extremsportlern – gute Geschichten abzapfen und wiederverwerten kann. Viele Sponsoren, denen oft nur wichtig zu sein scheint, wie prominent ihr Firmenlogo platziert ist und wie viele Einladungen für Mitarbeiter und Geschäftspartner bei einer Sponsoring-Aktion herausspringen, verschenken hierbei eine Menge fantastischer Möglichkeiten.

Auch wenn Sie nicht über ein Marketingbudget in Milliardenhöhe verfügen, sollten Sie sich einmal die Content-Aktivitäten dieses Unternehmens ansehen, denn hier wird deutlich, dass Content-Marketing keine Werbung im klassischen Sinne ist – und dass gute Inhalte (egal, in welchem Format) Ihrer Firma tatsächlich Flügel verleihen können.

---

7 Quelle: *https://www.youtube.com/watch?v=FHtvDA0W34I* (Screenshot vom 05.11.2013)

> **Was Sie von Red Bull lernen können:**
>
> ▶ Die crossmediale Streuung und Wiederverwertung verschiedener produzierter Inhalte sind das A und O einer erfolgreichen Content-Strategie. Überlegen Sie daher bei der Entwicklung Ihrer Strategie auch, welche Online- und Offline-Content-Maßnahmen Sie zur Erreichung Ihrer Ziele einsetzen können.
>
> ▶ Sie engagieren sich in irgendeiner Form als Sponsor oder im sozialen Bereich? Dann sichern Sie sich bei den jeweiligen Verhandlungen auch gleich diverse Content-Rechte: Interviews, »Behind the Scenes«-Videos der Veranstaltung, exklusive Reportagen, ein Video mit den Leuten, die im Mittelpunkt der Sponsoring-Aktivitäten stehen usw. Werden Sie zum Content-Trüffelschwein, und nutzen Sie das Potenzial, aus Ihrem Sponsoring-Engagement interessante Geschichten für Ihre User zu entwickeln.

22.1.3 Content und Social perfekt vereint – »The Best Job in the World«

Was lässt sich mit 1 Million AU$ anstellen? Nun, man könnte einen Teil des Budgets beispielsweise in die Suche nach einem einzigen Mitarbeiter investieren und ihm die Restsumme als Gehalt auszahlen. Genau das tat die Tourismusbehörde des australischen Bundesstaates Queensland im Jahr 2009 mit ihrer viralen Content-Marketing-Aktion »The Best Job in the World«. Das Ergebnis: In 34.000 Videobewerbungen aus der ganzen Welt buhlten abenteuerlustige Jobanwärter um die Chance, als Inselhüter am Great Barrier Reef arbeiten zu dürfen: Für ein üppiges Gehalt von 150.000 AU$ sollte sich der Jobgewinner ein halbes Jahr lang als Botschafter für diese Ferienregion einsetzen und in Blogbeiträgen über seine Abenteuer und Freizeitunternehmungen im Paradies berichten.

Die Rechnung der Behörde ging auf: Nach Schätzungen erhielt die Kampagne in der Summe eine mediale Aufmerksamkeit, die einem Budget von 200 Millionen AU$ entspricht.[8] Und ganz nebenbei wurde auch wunderbarer Video-, Bild-, und Text-Content erstellt, der sich viral in der ganzen Welt verbreitete.

Anfang 2013 startete die Erfolgskampagne in die zweite Runde (siehe Abbildung 22.5). Diesmal schlossen sich weitere australische Tourismusverbände dem Projekt an – und am Ende konnten sich sogar sechs Kandidaten auf einen der ausgeschriebenen Jobs freuen. 330.000 Bewerbungen aus 196 Ländern sowie mehr als 40.000 Videos – so lautete die Bilanz der zweiten Jobsuche.[9] Ende Juni 2013 wurden die glücklichen Gewinner verkündet.

---

8 Quelle: *http://en.wikipedia.org/wiki/The_Best_Job_In_The_World*
9 Quelle: *http://www.tourism.australia.com/campaigns/Global-Youth-about-the-campaign.aspx*

22 Content-Marketing-Beispiele und -Anregungen

Abbildung 22.5 Screenshot des offiziellen Trailers »The Best Jobs In The World« auf YouTube[10]

> **Was Sie von der Tourismusbehörde Queensland lernen können:**
> - wie Sie ein Konzept entwickeln können, das User anspornt, Inhalte für Ihr Unternehmen zu generieren (Best Practice: User-generated Content)
> - wie Sie mehr Reichweite durch ein dynamisches Content-Seeding für Ihr Marketingbudget bekommen (im Vergleich zu einer eingekauften Reichweite über klassische Werbung)
> - wie Sie mit einer guten Content-Marketing-Strategie im Mitmachweb ein Marketingbudget in einen 200-fachen Mediawert verwandeln können
> - wie Sie das Ziel Ihrer Content-Marketing-Aktivitäten (hier die Steigerung des Bekanntheitsgrades einer Urlaubsregion) in eine perfekte Gewinnspiel-Story verpacken

---

10 Link zum Video: *http://www.youtube.com/watch?v=GcCXPO68_CU* (Stand 05.11.2013)

- wie Sie einen Gewinnspielsieger zu einem Content-Produzenten machen, der Ihre Story über ein paar Monate hinweg weiterspinnt
- dass es sich lohnt, »Gisbert« (siehe Abschnitt 12.4, »Content-Marketing ist kein ›One-Hit-Wonder‹«) am Leben zu halten, weil ein gutes Konzept auch beim zweiten Anlauf funktioniert, wenn man die Idee ein Stück weiterentwickelt
- wie ein schön aufgebautes, informatives Blog für ein Angebot aussehen kann (http://blog.queensland.com)
- dass Sie nicht alles alleine stemmen müssen, wenn Sie sich bei Ihren Content-Marketing-Planungen im Vorfeld überlegen, welche Partner ebenfalls von der Aktion profitieren könnten und wie Sie gemeinsam Ihre Budgettöpfe, Ressourcen und Reichweitenpotenziale effizient einsetzen können

22.2 Beispiele für mittlere Budgets

Wenn Sie auf kostenintensive Formate verzichten, können Sie für ein überschaubares Budget sehr guten Content produzieren. Die nachstehenden Beispiele sollen Ihnen Denkanstöße dafür geben, wie Sie mit redaktionellen Inhalten verschiedene Themen belegen können.

22.2.1 Mit Babyharmonie auf Erfolgskurs – die Schwenninger Krankenkasse

Das Portal *Babyharmonie.de* (siehe Abbildung 22.6) ist ein fester Bestandteil der Unternehmenskommunikation der Schwenninger Krankenkasse (SKK). Den Content-Mittelpunkt bilden Beratungskonzepte für Schwangere, die nachweislich zur Senkung der Frühgeburtenrate beitragen. Diese Rate liegt im Schnitt immerhin bei rund 9 %.[11] Mit dem Portal verfolgt die Krankenkasse zwei Hauptziele: Zum einen will sie durch die Frühgeburtenprävention ihre Kosten reduzieren, zum anderen möchte sie sich gegenüber den Versicherten als kompetenter, einfühlsamer Partner präsentieren und so eine emotionale Kundenbindung erreichen.

Hierfür baut die SKK auf hochwertigen und exklusiven Content: Aus dem fachlichen Input von Experten wie Psychologen und Medizinern erstellen Online-Spezialisten und professionelle Autoren die Beiträge, die auf *Babyharmonie.de* veröffentlicht werden.[12]

---

[11] Quelle: *http://www.cpwissen.de/Internationales/items/schwenninger-skk-kosten-runter-mit-content-marketing.html* (Artikel vom 16.05.2013)

[12] Ebd.

Abbildung 22.6 Screenshot eines Teils der Homepage von www.babyharmonie.de

Die Ergebnisse[13] können sich sehen lassen: Etwa 10.000 Personen (das entspricht rund 20 % des Gesamt-Traffics aller Webprojekte der Schwenninger Krankenkasse) besuchen das Portal im Monat. Auch die Google-Platzierungen beweisen, dass Content-Marketing aus SEO-Sicht ein attraktives Thema ist. Seit dem Launch verbesserten sich beispielsweise die Google-Rankings für folgende Keywords:

- »Babywunsch«: von Platz 69 im Dezember 2011 auf Platz 7 im April 2013
- »Schwangerschaft erkennen«: von Platz 30 im Dezember 2011 auf Platz 6 im Dezember 2012
- »Fruchtbarkeitskalender«: von Platz 89 im Dezember 2011 auf Platz 8 im Dezember 2012

Zu den weiteren Content-Marketing-Aktivitäten der Krankenkasse zählen ein Blog sowie die Umsetzung strategischer Online-PR-Kampagnen. Die Content-Streuung erfolgt über Newsletter, Social-Media-Aktionen, SEO, Printmedien und klassische Online-Marketing-Maßnahmen. Da sich die bisherigen Resultate positiv auf die Geschäftsentwicklung ausgewirkt haben, plant die Schwenninger Krankenkasse, ihr Budget für Content weiter auszubauen.

---

13 Die Informationen wurden von den Content-Marketing-Verantwortlichen der Schwenninger Krankenkasse auf Anfrage freundlicherweise für dieses Buch zur Verfügung gestellt.

Bereits nach gut einem Jahr Content-Marketing-Aktivität der SKK kristallisierte sich eine wichtige Erkenntnis heraus: dass sich nicht alle Kanäle für das sensible Thema Schwangerschaft eignen. So fand zum Beispiel die Facebook-Seite, die zum Austausch unter werdenden Müttern an den Start gebracht wurde, lediglich geringe Akzeptanz bei der Zielgruppe. Offenbar verspürten nur wenige Schwangere den Drang, intime Details unter eigenem Namen in der Öffentlichkeit auszubreiten.

Was Sie von der Schwenninger Krankenkasse lernen können:

- Erst die Strategie, dann das Marketing! Auch die SKK entwickelte ihr Content-Marketing-Konzept erst nach gründlicher Vorarbeit, Recherche, Ressourcenplanung und abteilungsübergreifender Ideenfindung.
- In jeder Firma gibt es Nischen, die man gegenüber dem Wettbewerb belegen kann. Welche ist Ihre? Wie können Sie Ihrer Zielgruppe bei der Lösung eines Problems unterstützen? Wie können Sie Kunden mit Inhalten weiterhelfen?
- Hochwertige Inhalte werden von Google geliebt – und sind zudem exzellente Business-Treiber.
- Es lohnt sich, beim Content-Marketing crossmedial zu denken.
- Stellen Sie sowohl Ihre Inhalte als auch die gewählten Kommunikationskanäle immer wieder auf den Prüfstand, und verschwenden Sie keine Energie auf Angebote, die von Ihrer Zielgruppe nicht genutzt werden.

22.2.2 Marken halten sich dezent im Hintergrund – »for me«

Hinter der Online-Plattform »for me« (siehe Abbildung 22.7) verbirgt sich der Konsumgüterkonzern Procter & Gamble. Der Name des informativen Lifestyle- und Markenportals signalisiert dem User: »Hier geht es um mich!« Rezepte, Tipps, redaktionelle Artikel, Markenstorys, hilfreiche Service-Module, kombiniert mit netten Gimmicks, Goodies und Infotainment-Angeboten, die die Webnutzer bei der Stange halten: Hier wurde aus Content-Marketing-Sicht vieles richtig gemacht. Das nachstehende Kunden-Feedback ist genau das, was ein erfolgreicher Content-Marketer am Ende des Tages hören möchte:

> »Das liebe ich an for me: Wir, die Kunden, sind im Zentrum des Interesses und werden stets mit eingebunden. Dadurch fühle ich mich willkommen und wohl!«[14]

Zweimal im Jahr dürfen sich die treuen Markenfans auch über ein »for me«-Printmagazin freuen, das mit Themen und Service-Informationen rund um die P&G-Marken aufwartet.

---

14 Quelle: Userkommentar von »Sportiangel« auf der »Über uns«-Seite von »for me«: http://www.for-me-online.de/uber-uns (Stand: 05.11.2013)

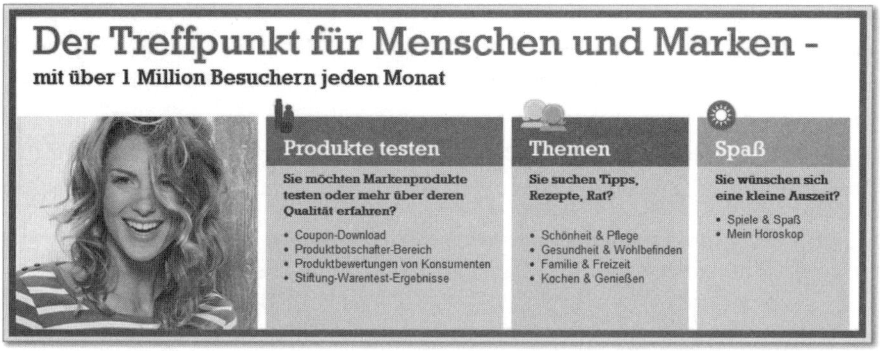

Abbildung 22.7 1 Million Besucher pro Monat – www.for-me-online.de

> **Was Sie von »for me« lernen können:**
> - wie Sie Content und Werbung, Produkte und Community zu einer gelungenen Advertorial-Plattform verbinden können, ohne dass die Kunden sich penetrant umworben fühlen
> - wie Sie Usern durch exklusive Service-Informationen das Gefühl geben können, dass sie ernst genommen werden
> - wie Sie Webnutzer mit guten Inhalten dazu animieren, hilfreichen User-generated Content zu produzieren

22.2.3 Gutes tun und darüber sprechen – Patagonia

Kompromisslose Produktgarantien, ausführliche und individuelle Produkttexte, eine informative, sympathisch aufbereitete Unternehmens-Website (auch wenn die Usability an manchen Ecken zu wünschen übrig lässt), Kataloge, in denen redaktionelle Artikel den Vorrang vor der Produktbewerbung erhalten: So sieht die geballte und exklusive Content-Power des Outdoor-Ausrüsters Patagonia aus. Hinzu kommt noch ein Blog (siehe Abbildung 22.8), das Outdoor-Enthusiasten und umweltbewussten Kunden ebenso spannende Inhalte bietet wie Menschen, die an einem aktiven Lifestyle interessiert sind.

Patagonia wirbt seit Jahren für die Wiederverwendung getragener Kleidungsstücke und ist Mitbegründer der Firmenallianz »One Percent for the Planet«, deren Mitglieder sich verpflichten, ein Prozent ihres Umsatzes an Umweltorganisationen zu spenden. Diese Unternehmensphilosophie spiegelt sich auch auf der Website wider: Authentizität, die Identifikation der Marke mit ökologischen Themen sowie der Anspruch an einen verantwortungsvollen Umgang miteinander stehen klar im Content-Marketing-Fokus und bestimmen so die ganzheitliche Kommunikations-Strategie.

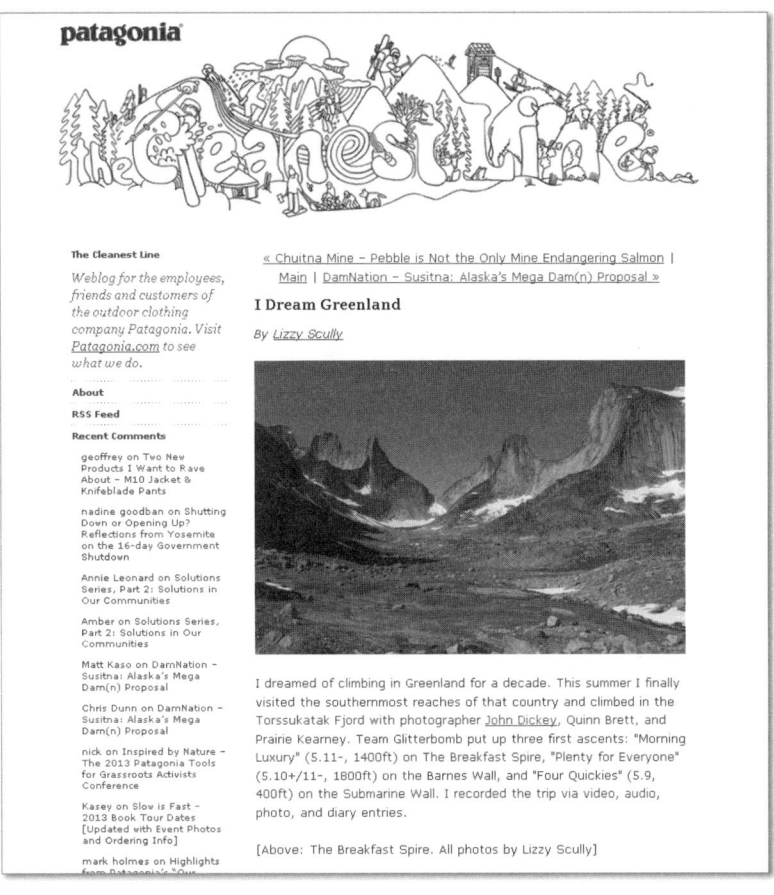

Abbildung 22.8 Screenshot einer Seite des Patagonia-Blogs »The Cleanest Line«[15]

In seinem Buch »The Responsible Company« schildert Patagonia-Gründer Yvon Chouinard, wie sich seine Firma in den letzten 40 Jahren zu einem verantwortungsbewussten Unternehmen entwickelt hat. Sein Beispiel zeigt, dass sich auch Chefs als Content-Produzenten für ihren Betrieb einbringen können – und dass ein Buch zum Aufbau eines positiven Markenbildes beitragen kann.

> **Was Sie von Patagonia lernen können:**
> ▶ Ihre Unternehmensphilosophie ist Ihr Content-Marketing-Kapital. Erzählen Sie Ihren Kunden davon!
> ▶ Bleiben Sie jederzeit authentisch, konsistent und vertrauenswürdig.

---

15 Link zum Blog-Post vom 16.10.2013: *http://www.thecleanestline.com/2013/10/i-dream-greenland.html*

> Etablieren Sie, wenn möglich, eine passende Themenwelt rund um Ihr Angebot.
> Arbeiten Sie im Rahmen der Content-Produktion mit glaubwürdigen, kompetenten Partnern, Testimonials und Experten zusammen.
> Ermutigen Sie die Gründer, Chefs und Experten in Ihrem Unternehmen, sich jeweils als Einzelperson über gute Inhalte zu vermarkten. Auf diese Weise können sie ihre Firma ganz nebenbei professionell und überzeugend nach außen repräsentieren. Interviews, Vorträge, Gastbeiträge in Fachzeitschriften, Videopräsentationen, SlideShare-Inhalte, E-Books, ein eigenes »Chef-Blog«: Es gibt genügend Content-Marketing-Ansätze, wie Sie Ihr Unternehmen mit dem guten Namen Ihrer Entscheider bekannter machen und werbefrei promoten können.

22.2.4 Ein Fashion-Magazin hübscht Gabor auf

Der Schuhhersteller Gabor gehört zu den Content-Marketing-First-Adopters. Ein exklusives Online-Magazin (siehe Abbildung 22.9) unterstreicht den hohen Qualitätsanspruch, den das Label an seine Produkte stellt, und die Fashion-Kompetenz des Traditionsunternehmens. Neben Styling-Tipps und News aus der Modewelt bietet das Magazin in der Rubrik »Gabor TV« auch interessante Service- und Produktvideos.

Abbildung 22.9 Screenshot der Gabor-Magazin-Homepage vom 06.11.2013 (http://www.gabor.de/gabor-magazin)

> **Was Sie von Gabor lernen können:**
> - Setzen Sie Ihr Verkaufsthema exklusiv und emotional in Szene.
> - Bieten Sie umfassende Tipps und Beratung zu Ihren Produkten.
> - Unterstreichen Sie Ihre fachliche Kompetenz mit exquisitem redaktionellen Content.

22.2.5 Pelikan macht Schule

Mal ehrlich: Wüssten sie auf Anhieb, was man im Hinblick auf Content aus einem Sortiment herausholen könnte, das primär aus Schreibwerkzeugen besteht? Der Bürobedarf-Produzent Pelikan beweist, dass man für jedes Produkt spannende Webinhalte erstellen kann. Von der ausführlichen Präsentation der ereignisreichen Firmengeschichte bis hin zu speziellen Zielgruppen-Content-Angeboten für Kids, Teens, Eltern oder Lehrer: Pelikan legt den inhaltlichen Fokus auf die Bedürfnisse seiner Kunden und stellt den Usern vielseitige und vor allem nützliche Inhalte zur Verfügung. Für die kleinsten Website-Besucher hat Pelikan sogar eine interaktive Plattform entwickelt, auf der Kinder unter anderem mit lehrreichen Gamification-Anwendungen bei Laune gehalten werden (siehe Abbildung 22.10). Dieses Beispiel sollte »Content-Schule« machen!

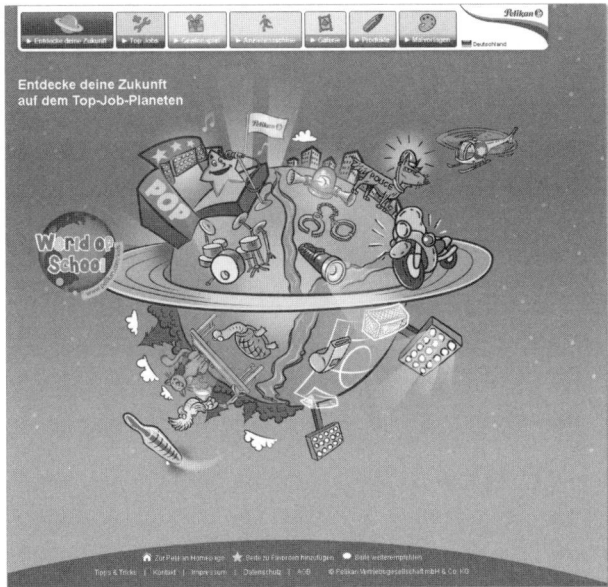

Abbildung 22.10 Startseite der »Kids«-Kategorie auf der Pelikan-Website[16]

---

16 Link zur Seite: *http://www.pelikan.com/kids/Pulsar/de_DE.CMS.displayCMS.1./entdecke-deine-zukunft* (Screenshot vom 06.11.2013)

> **Was Sie von Pelikan lernen können:**
> - Versetzen Sie sich in die Anwendungswelt der Nutzer: Was machen sie mit Ihrem Produkt? Wann und wie nutzen sie es? Laden Sie User in die von Ihnen geschaffenen Themenwelten ein!
> - Sie haben unterschiedliche Zielgruppen? Kein Problem – entwickeln Sie für jede Zielgruppe ein eigenes Content-Angebot!
> - Stellen Sie sicher, dass die jeweilige Zielgruppe schnell und einfach über die Navigation in den für sie bestimmen Bereich klicken kann.

22.3 Beispiele für kleine Budgets

Im Prinzip kann jedes Unternehmen bereits mit wenigen Mitteln Content-Marketing betreiben. Ein guter Artikel, eine kleine Gamification-Anwendung, ein Fotowettbewerb für Social Media oder ein selbst gedrehtes Video müssen nicht die Welt kosten. Behalten Sie immer im Hinterkopf, dass sich gute Content-Ideen fallweise auch für eine Kooperation mit einem passenden Content-Partner eignen.

22.3.1 Knapp 10 Millionen YouTube-Aufrufe für einen originellen Clip – der »Dollar Shave Club«

Eine Plattform, die Rasierklingen im Monatsabo verkauft (siehe Abbildung 22.11): Das klingt nicht unbedingt nach einem sexy Content-Thema. Doch mit einem gut gemachten Video, einem erfrischenden Website-Auftritt, einer gelungenen Produktinszenierung und einer sympathischen Kundenansprache gelang den Gründern des »Dollar Shave Club« im März 2012 ein wahrer Content-Geniestreich, der auf YouTube mit Kommentaren wie diesen belohnt wurde[17]:

> »You, Sir, just got a brand new customer!«
> »Mike. Your commercial is pure genius. Please marry my daughter immediately. Bring your razors.«
> »For the first time, shaving is fun.«
> »You commercial isn't good ... it's F****** GREAT«
> »The video inspired me, great production, great execution, great writing! I'm a fan, and now a customer! Way to go!! Kudos and Good luck with the business!!«
> »He'd make a good husband. Not sure if you heard, but his blades are F***ing great.«

---

[17] YouTube-Seite mit dem Video »Our Blades are F***ing great«: http://www.youtube.com/user/DollarShaveClub/featured

»I skip most ads, but damn this video is awesome.«
»Mike, you are too funny. I have joined the club just because of this excellent ad and you are so damn cute.«

Abbildung 22.11 Screenshot der Homepage des Dollar Shave Club vom 06.11.2013[18]

Bereits einen Tag nach Veröffentlichung des Videos hatte der »Dollar Shave Club« rund 5.000 neue Abonnenten gewonnen.[19] Mittlerweile wurde der Clip rund 12 Millionen Mal auf YouTube aufgerufen. Doch nicht nur die Kunden und Videozuschauer honorierten den Einsatz von Michael Dubin, dem Mitgründer und Geschäftsführer dieser Plattform, der selbst als Hauptdarsteller in seinem Werbefilm agierte: Das mit minimalem Budget gedrehte Video wurde 2012 bei den Ad Age

---

18 Link zur Website: *http://www.dollarshaveclub.com*
19 Quelle: Brad Tuttle in einem Artikel vom 12. März 2012: *http://business.time.com/2012/03/12/dollar-shave-club-a-start-ups-viral-ad-for-fing-great-razors-is-a-big-hit*

Viral Video Awards[20] mit dem Preis für die beste Newcomer-Kampagne (»Best Out-of-nowhere Video Campaign«) ausgezeichnet.

Eine derart gewinnende Unternehmens- und Produktpräsentation lebt von Persönlichkeit, einer guten Geschichte und einer attraktiven Inszenierung. Und das können auch Sie schon mit einer kleinen Investition für Ihre Firma umsetzen. Trauen Sie sich! Denn wie Sie an den Kommentaren erkennen, suchen die User nach dem besonderen Etwas, das Sie ihnen bieten können.

Für den smarten Mr. Dubin blieb es im Übrigen nicht beim einmaligen Video-Einsatz: Auch bei der Bewerbung von Toilettenfeuchttüchern für Herren zeigte er vollen Körpereinsatz (*https://www.dollarshaveclub.com/one-wipe-charlies*). Man darf gespannt sein, wie die Geschichte des Dollar Shave Club weitergeht und für welche neuen Produkte der Boss künftig die Werbetrommel rühren darf. In der Zwischenzeit werden Fans und Kunden im Firmenblog mit unterhaltsamen News bespaßt (*http://www.dollarshaveblog.com*).

Was Sie von »Dollar Shave Club« lernen können:

- Authentizität, Kundennähe, Sympathie: Es wird von den Usern honoriert, wenn sich der Geschäftsführer höchstpersönlich mit Witz und Verve für sein Unternehmen einsetzt. Wie sieht es mit den Köpfen in Ihrer Firma aus?
- Keine Scheu vor einer saloppen Kundenansprache! Möglicherweise treffen Sie damit bei Ihrer Zielgruppe ins Schwarze.
- Sie brauchen kein großes Filmset, um einen großen Videoclip zu produzieren.
- Zeigen Sie Leidenschaft für Ihr Produkt!

22.3.2 Spiel mit VIP-Faktor – Gala macht Mahjong-Steine zu Stars

Wer die Gala liest, liebt Promis. Und damit sich die Besucher der Online-Seite dieses Lifestyle-Magazins noch etwas länger mit ihren Kino- und TV-Lieblingen amüsieren können, finden sie auf *gala.de* ein Mahjong-Spiel mit Prominenten-Fotos. Die Tatsache, dass die Süddeutsche Zeitung ebenfalls ein Mahjong mit exakt demselben Hintergrund (aber anderen Stein-Motiven) anbietet, deutet an, dass eine vorkonfektionierte Game-based-Marketing-Lösung auch für den kleineren Geldbeutel durchaus eine Content-Marketing-Option sein kann. In Abbildung 22.12 sehen Sie die Mahjong-Spiel-Applikationen im Look der Gala (*http://www.gala.de/stars/fun/star-mahjong*), die Version der Süddeutschen Zeitung finden Sie unter *http://www.sueddeutsche.de/app/spiele/mahjong*.

---

20 Link zur Award-Seite: *http://adage.com/article/special-report-digital-conference/google-takes-top-honors-viral-video-awards/234155*

Abbildung 22.12 Screenshot des Gala-VIP-Mahjong-Spiels vom 06.11.2013

> **Was Sie von dem Mahjong-Beispiel lernen können:**
>
> Auch kleine, unspektakuläre, aber sympathische Content-Angebote laden die User dazu ein, auf Ihrer Seite zu verweilen und wiederzukommen.

22.3.3 Ein knuspriges Sympathie-Blog – www.keksblog.de

Zur Charakterisierung des authentischen Blogs *keksblog.de* bediene ich mich einfach mal beim Willkommenstext auf der Startseite. Denn keine Beschreibung meinerseits könnte die Konzeption des Blogs besser verdeutlichen:

> »*Das Hans-Freitag-Blog wird von Mitarbeitern der Keksfabrik Freitag und unserer Chefin gemacht. Wir möchten offen, ehrlich und ein bisschen so, wie uns der Schnabel gewachsen ist, über die Marke Hans Freitag, unsere Produkte und den Alltag aus der Keksfabrik berichten. Unsere Blog-Beiträge sind nicht von PR-Pro-*

fis erstellt und formuliert, sondern fließen uns direkt aus der Feder. Ein Blog lebt von der Kommunikation – wir freuen uns also sehr über Anregungen, Kommentare, Fragen und Wünsche!«[21]

Dem habe ich nichts hinzuzufügen – schauen Sie doch einfach mal beim Keksblog vorbei!

22.4 Beispiele für »Einzelkämpfer«

Content-Marketing ist nicht allein den großen Unternehmen vorbehalten. Mit einer klugen Idee, einer tollen Geschichte oder einer beeindruckenden Persönlichkeit können auch einzelne Personen im Web viel bewegen und anstoßen. Und manchmal wird aus einer kleinen Story ein gigantischer Content-Marketing-Coup.

22.4.1 Julia Child ebnet den Weg für eine beispiellose Blogger-Karriere

Die New Yorker Autorin Julie Powell schaffte es mit ihrem »Julie/Julia-Projekt« vom Blog über ein Buch bis zur Hollywood-Verfilmung ihres Webtagebuches. 2002 beschloss sie, ihre beiden Leidenschaften – das Kochen und das Schreiben – miteinander zu verbinden: Sie stellte sich die Aufgabe, sämtliche 524 Rezepte aus dem Kult-Kochbuch »Mastering the Art of French Cooking« von Julia Child innerhalb eines Jahres nachzukochen. Ihre Kochfortschritte beschrieb sie in einem Blog, das schon bald eine große Fangemeinde hatte und die Aufmerksamkeit von Verlagen erregte. Das aus dem Blog entstandene Buch »Julie & Julia: 365 Tage, 524 Rezepte und 1 winzige Küche« wurde 2009 mit Amy Adams und Meryl Streep in den Hauptrollen verfilmt. Inzwischen hat Julie Powell bereits ihren zweiten Bestseller veröffentlicht.

> **Was Sie von Julie Powell lernen können:**
> - Im Mitmachweb kann sich jeder mit einer guten Idee oder seiner Expertise durchsetzen.
> - Blogs bieten nicht nur Unternehmen eine Chance, ein Nischenthema im Markt zu belegen. Jedes gut gemachte Blog, das den Nerv einer bestimmten Zielgruppe trifft, hat Aussicht auf Erfolg.
> - Authentizität ist beim Bloggen ein Muss!

---

21 Quelle: *http://www.keksblog.com/willkommen-im-knusprigsten-blog-der-welt*

22.4.2 Kartons lösen eine fantastische Bewegung aus – »Caine's Arcade«

Herzerwärmend, inspirierend, sympathisch: Ein 10-Minuten-Video über den neunjährigen Caine Monroy, der in der Autoteile-Werkstatt seines Vaters eine beeindruckende Spiellandschaft aus Kartons gebaut hatte, avancierte im April 2012 zu einem YouTube-Hit. Bereits kurz nach Veröffentlichung des von Nirvan Mullick gedrehten Films gingen erste Spenden für ein Schul-Stipendium für Caine ein. Fortan war die »Caine's Arcade«-Bewegung nicht mehr zu stoppen, und die weltweit positiven Reaktionen auf Caines Geschichte motivierten den Filmemacher zur Gründung einer Non-Profit-Organisation (siehe Abbildung 22.13): Sie unterstützt Kinder dabei, kreative Ideen zu entwickeln, die sie auch als eigene Unternehmer umsetzen können. Mit Aktionen wie der »Cardboard Challenge« (*http://cardboard-challenge.com*) werden Kinder aus aller Welt weiterhin angespornt, Ihre Kreativität auszuleben.

Abbildung 22.13 Ausschnitt aus der Website von »Caine's Arcade« (http://cainesarcade.com)

Die Erfolge von »Caine's Arcade« können sich schon nach dem ersten Jahr sehen lassen:[22]

- Spendeneingänge in Höhe von über 230.000 US$ für das Caine-Stipendium
- rund 7 Millionen Views auf YouTube und Vimeo
- Launch der jährlichen »Cardboard Challenge« in über 41 Ländern

Auch der Pilgerstrom zur Werkstatt von Caines Vaters ist ungebrochen: Wöchentlich kommen Hunderte von Besuchern vorbei, um sich den Geburtsort von »Caine's Arcade« anzusehen.

> **Was Sie von »Caine's Arcade« lernen können:**
> - Die Ideen für guten Content liegen oft buchstäblich auf der Straße.
> - Mit einer interessanten Story können Sie Menschen in vielfacher Hinsicht bewegen.
> - Sie haben eine spannende Geschichte entdeckt? Bleiben Sie dran – überlegen Sie, wie Sie die das Thema weiter auf- und ausbauen können!

22.4.3 Eine kaputte Gitarre bringt ihren Besitzer zum Singen

Im Jahr 2008 musste der kanadische Musiker David Carroll mit ansehen, wie Mitarbeiter der Fluggesellschaft United Airlines beim Verladen des Gepäcks seine 3.500 Dollar teure Gitarre durch die Luft schleuderten und dabei zerstörten. Nachdem er fast ein Jahr lang vergeblich versucht hatte, Schadensersatz von der Fluglinie zu bekommen, schrieb er sich in einem Song den Frust von der Seele. Das gemeinsam mit seiner Band »Sons of Maxwell« eingespielte und 2009 auf YouTube eingestellte Lied »United Breaks Guitars« wurde über Nacht zum Hit, brachte die PR-Mitarbeiter von United Airlines ordentlich ins Schwitzen und sorgte gar für Kurseinbrüche bei der Aktie des Unternehmens. Drei Jahre später veröffentlichte Caroll ein gleichnamiges Buch über seine Erfahrungen mit der Fluggesellschaft – und über die Macht, die Kunden heutzutage dank der sozialen Netzwerke haben (siehe Abbildung 22.14). »United Breaks Guitars« ist ein gelungenes Beispiel dafür, wie man einen Song für die Kommunikation nutzen und sich nur mit Hilfe von Content ein erfolgreiches Business aufbauen kann.

---

22 Laut *http://cainesarcade.com* (Stand: 06.11.2013)

Abbildung 22.14   Screenshot der Website von Dave Caroll (http://www.davecarrollmusic.com/book) vom 06.11.2013

22.4.4   Eine Bewerbung geht um die Welt

1,3 Millionen Website-Besucher aus aller Welt, knapp 40.000 Facebook-Likes, mehr als 1.000 Feedback-E-Mails, 800 LinkedIn-Verbindungsanfragen:[23] Diese Reaktionen löste der französische Produktmanager Philippe Dubost Anfang 2013 mit seinem skurrilen Stellengesuch aus. Sein Bewerbungsschreiben in Form einer Amazon-Produktseite (siehe Abbildung 22.15) fand weltweit großen Anklang – und mittlerweile hat der junge Mann nach eigenen Angaben auf seiner Website auch seinen Traumjob in Paris gefunden.

Der New Yorker Multimedia-Designer Robby Leonardi ging mit seiner Bewerbung sogar noch einen Schritt weiter und veröffentlichte einen interaktiven Lebenslauf im Stil eines Jump'n'Run-Computerspiels – zu bestaunen unter *http://www.rleonardi.com/interactive-resume*.

---

23   Quelle: *http://phildub.tumblr.com* (Stand: 29.04.2013)

Abbildung 22.15 Philippe Dubosts innovative Bewerbung (http://phildub.com/; Screenshot vom 06.11.2013)

22.5 Beispiele für B2B

Exzellenter Content spiegelt die Kompetenz eines B2B-Unternehmens wider. Die folgenden Beispiele demonstrieren, wie man User zu Leads macht und sich einen guten Namen in der Branche aufbaut.

22.5.1 Ein kleiner Geniestreich – das OPEN Forum von Amex

Das im Jahr 2007 gelaunchte Portal OPEN Forum des Finanzdienstleisters American Express konzentriert sich darauf, kleinere und mittelständische Betriebe beim Aufbau ihres Unternehmens zu unterstützen. Unter *www.openforum.com* finden Business-Owner hochwertige Informationen und lehrreiche Artikel sowie die Möglichkeit zum gegenseitigen Austausch. Die Inhalte werden von Experten, Partnern und den Forumsteilnehmern erstellt. Das hat ganz nebenbei auch den Effekt, dass durch die Verteilung der Inhalte in den Netzwerken der Content-Lieferanten en passant neue Traffic-Quellen erschlossen werden.

So beweist das OPEN Forum, dass man auch ohne ein 20-köpfiges Redaktionsteam hochwertige Inhalte erstellen kann: durch die kluge Einbindung von Content-Partnern. Die Grafik in Abbildung 22.16 veranschaulicht, wie sich der Traffic im Forum seit dem Launch entwickelt hat. 80 % des Traffics kommt dabei über Non-Paid-Kanäle[24] – ein hypereffizientes Modell!

Abbildung 22.16 Die »OPEN Forum«-Besucherentwicklung von 2007 bis 2011

Was Sie von OPEN Forum lernen können:
- Sie bieten ein Umfeld, in dem sich Experten profilieren können? Dann nutzen Sie das Crowdsourcing-Prinzip zur Generierung von exklusivem, hochwertigem Content.
- Ein kluges Konzept spart Geld und Ressourcen.

---

24 Aus einem Blog-Post von »The Content Lab« vom 16. Juni 2011: *http://thecontentlab.icrossing.com/post/6586774751/how-american-express-open-forum-rocks-content-marketing*

22.5.2 Zwei Firmen im Content-Rausch – HubSpot und PR-Gateway

Zwei gelungene Beispiele für die Weitergabe von Expertenwissen bieten die Firmen PR-Gateway und HubSpot. Auf der Seite des Presse-Dienstleisters PR-Gateway (*www.pr-gateway.de*) könnte man sich theoretisch im Selbststudium zum Online-PR-Manager ausbilden. Die Auswahl an Whitepapers, Guidelines und Cases ist beeindruckend und setzt die Kompetenz des Unternehmens auf beste Weise in Szene. Der Screenshot in Abbildung 22.17 zeigt einen Ausschnitt der PR-Gateway-Seite, die den Usern geballtes PR-Wissen übersichtlich präsentiert.

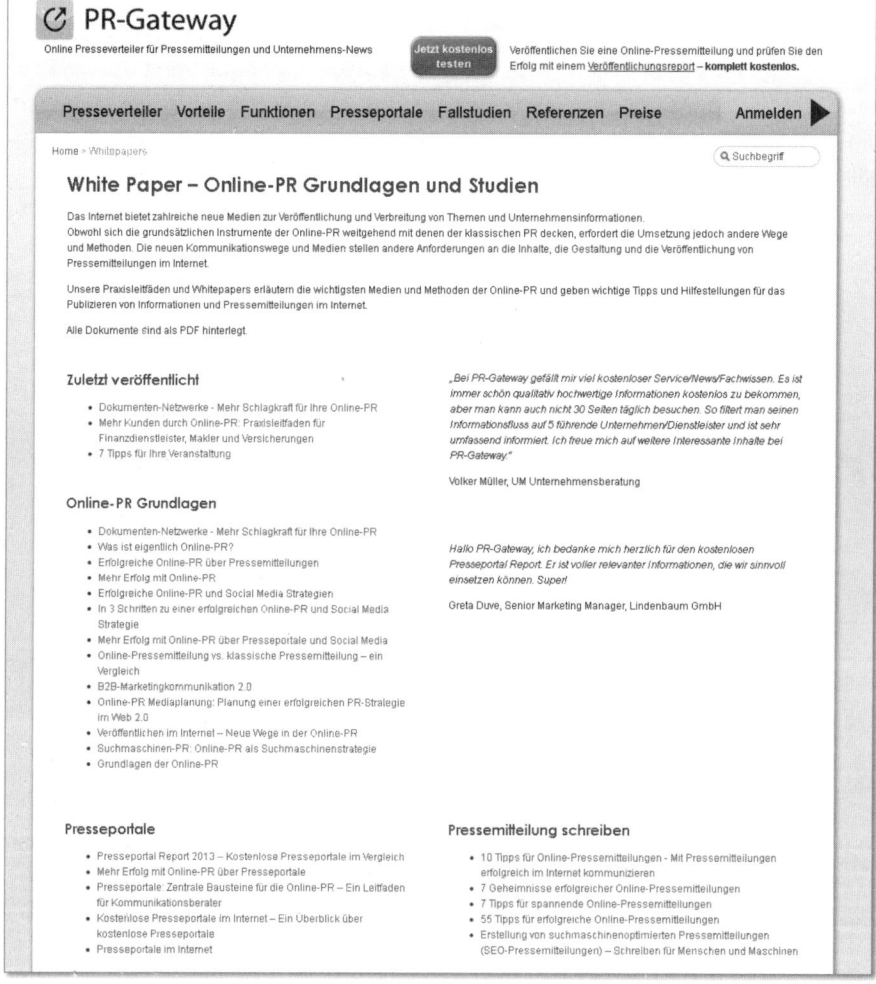

Abbildung 22.17   PR-Gateway-Übersichtsseite für Whitepapers und Praxisleitfäden[25]

---

25 Link zur Seite: *http://www.pr-gateway.de/white-papers* (Screenshot vom 06.11.2013)

HubSpot ist ein führender Anbieter für Inbound-Marketing-Software, der selbst eine klare Content-Strategie verfolgt: Durch das Teilen von hochwertigen, lehrreichen Inhalten will die Firma unter *www.hubspot.com* ihre Fachkompetenz unterstreichen. Neben einem Blog, kostenfreien E-Books, nützlichen Whitepapers und hilfreichen Tutorials bietet HubSpot im Rahmen einer eigenen Akademie online zahlreiche Webinare für lernbegierige Marketingmitarbeiter an (siehe Abbildung 22.18).

Abbildung 22.18 Ausschnitt aus der Website der HubSpot Academy[26]

HubSpot ist auch ein gutes Beispiel dafür, dass eine Firma sich nicht scheuen sollte, ihr Wissen mit anderen zu teilen – im Gegenteil: Mehr als 10.000 zahlende Kunden für die HubSpot-Software (Stand: Oktober 2013) zeigen eindrucksvoll, dass das Anbieten kostenloser Inhalte durchaus zu enormer Customer Conversion führen kann.

Was Sie von PR-Gateway und HubSpot lernen können:
- Haben Sie keine Angst davor, Wissen weiterzugeben.
- Belegen Sie Ihre Kompetenz und Expertise mit Hilfe von fachlich fundierten, nützlichen Inhalten.
- Nutzen Sie lehrreichen Content zur kontinuierlichen Re-Aktivierung Ihrer Kundenbeziehungen.

---

26 Link zur HubSpot Academy: *http://academy.hubspot.com* (Screenshot vom 06.11.2013)

22.5.3 Das »Making-of« einer Infografik – linkbird

Was die Regel »Show, don't tell« bedeutet, hat der SEO-Linkmanagement-Anbieter linkbird perfekt demonstriert: In dem Blogbeitrag »How-to Infografik: Content Marketing im SEO« wird die Erarbeitung einer Infografik zum Thema Content-Marketing detailliert beschrieben – angefangen bei der Kundenumfrage zur Datenerhebung (siehe Abbildung 22.19) über die Aufbereitung der gesammelten Daten bis hin zum Content-Seeding.[27]

(Screenshot: linkbird Webinar Incentive)

Abbildung 22.19 Ausschnitt aus dem Blogbeitrag »How-to Infografik« mit dem Aufruf zur Teilnahme an der Umfrage (Screenshot vom 06.11.2013)

Die Firma hat das Thema Content-Marketing also nicht bloß aufgegriffen, sondern im gleichen Atemzug auch selbst brillant umgesetzt. Die Teilnehmer der Umfrage sorgten für ordentliches Zahlenfutter, das zur Gestaltung der Infografik beitrug. Gekostet hat die gesamte Aktion nach Angaben von linkbird insgesamt 1.694 €: Das ist unterm Strich klug investiertes Geld fürs eigene Renommee.

22.5.4 KellyOCG setzt zu 100 % auf Content-Marketing

Der Personaldienstleister und Outsourcing-Experte KellyOCG setzt bereits seit Längerem auf Content-Marketing und eine ganzheitliche Content-Strategie. Themen wie Mitarbeiterführung, Personal-Management oder globale Wirtschafts-News und -Trends werden auf *www.kellyocg.com* in umfassender Bandbreite präsentiert und aufbereitet. Blog-Posts, Whitepapers, Webcasts, Infografiken, E-Books, Videos, Reportagen, Interviews – KellyOCG schöpft aus dem gesamten Pool der Content-Marketing-Formate. Auf den ersten Blick sieht der Webauftritt der Firma (siehe Abbildung 22.20) mehr wie ein Online-Magazin aus. Die Themeninhalte stehen dabei eindeutig im Vordergrund, nicht die angebotenen Dienstleistungen.

---

27 Link zum Beitrag von Nicolai Kuban: *http://blog.linkbird.com/de/erfahrungen/content-marketing-im-seo-infografik-how-to* (gepostet am 30.09.2013)

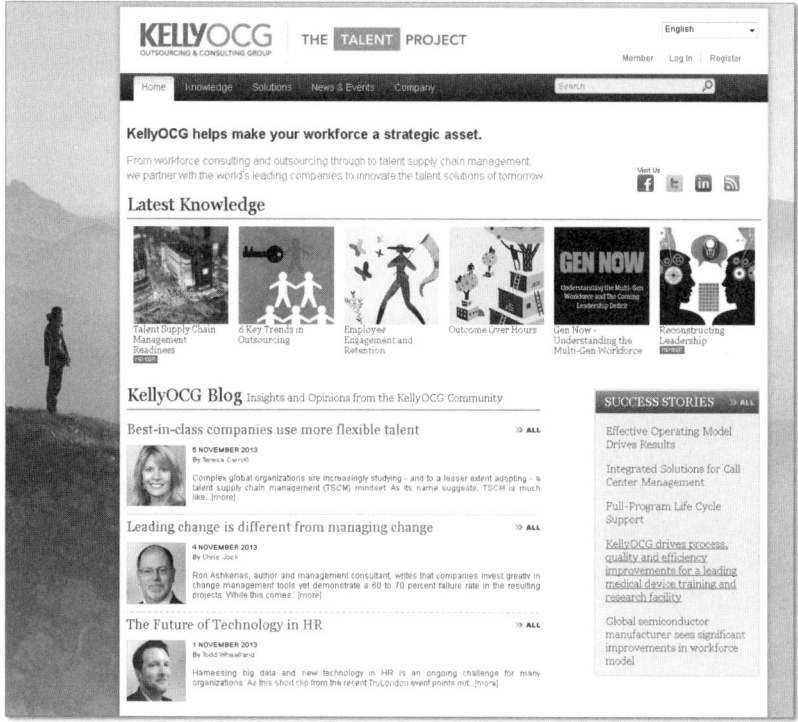

Abbildung 22.20 Homepage der Firma KellyOCG[28] (Screenshot vom 06.11.2013)

Todd Wheatland, VP Marketing von KellyOCG, leistet selbst einen großen Beitrag zum Aufbau des Firmenimages. Als Fachbuchautor und gut gebuchter Speaker auf großen Content-Events wie der Content Marketing World 2013[29] rückt er – neben der Promotion in eigener Sache – auch immer wieder seine Firma ins rechte Content-Licht (durch die Erwähnung in Fachartikeln, Interviews, Präsentationen, Speaker-Promos usw.). Welche Köpfe können Sie erfolgreich für Ihr Unternehmen an die »Speaker-Front« schicken?

22.5.5 DATEV spielt das Content-Spiel auf allen Kanälen perfekt

Ein weiteres mustergültiges B2B-Content-Marketing-Beispiel liefert der IT- und Finanz-Software-Anbieter DATEV. Die Zielgruppe des IT-Dienstleisters, die sich vorwiegend aus Steuerberatern, Wirtschaftsprüfern und Rechtsanwälten zusammensetzt, findet auf der Website *www.datev.de* Unmengen an Tipps, Tricks, News, Fachartikeln, Tutorials und Whitepapers, die den Joballtag erleichtern und Antwor-

---

28 Link zur KellyOCG-Website: *http://www.kellyocg.com/Outsourcing_and_Consulting_Services*
29 Link zur Speaker-Seite: *http://contentmarketingworld.com/?speakertype=todd-wheatland*

ten auf wichtige Fachfragen liefern. Auch beim Content-Seeding ist das Unternehmen vorbildlich. Ein eigener YouTube-Channel (*http://www.youtube.com/user/datev*), ein gut gepflegter Facebook-Auftritt (*http://www.facebook.com/dateveg*) und sogar ein eigener DATEV-IT-Club bieten gute Kontakt- und Austauschmöglichkeiten mit der Zielgruppe.

22.5.6 Indium beweist, dass es keine schwere B2B-Content-Kost gibt

Indium ist ein klassisches B2B-Zulieferer-Unternehmen. Die Firma entwickelt und produziert Materialien, die zur Weiterverarbeitung in der elektronischen Industrie benötigt werden. Das Besondere an Indium sind seine bloggenden Ingenieure: Nach dem Motto »From one engineer to another« geben die Mitarbeiter in ihren Blogbeiträgen Einblicke in die Entwicklung neuer Produkte und Materialien, berichten von Tests oder neuen Erkenntnissen und diskutieren Branchen-News aus aller Welt. Professionalität und Kompetenz, gepaart mit Authentizität: Welcher B2B-Neukunde würde da nicht auf Anhieb einen guten Eindruck von seinem potenziellen Geschäftspartner bekommen (siehe Abbildung 22.21)?

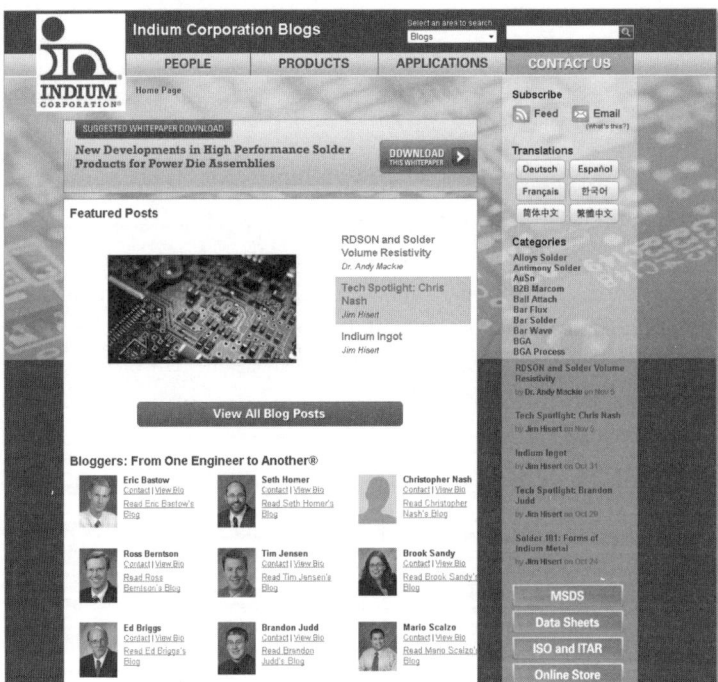

Abbildung 22.21 Screenshot der Blogger-Vorstellungsseite von Indium[30]

---

30 Link zur Seite: *http://blogs.indium.com/#blog-lists* (Screenshot vom 07.11.2013)

22.6 E-Commerce-Content

Mit aussagekräftigen Produktbildern, umfassenden Produktinformationen und guten Service-Inhalten können Sie bei Ihren Kunden punkten, wie die folgenden Beispiele zeigen.

22.6.1 Mehr Whisky-Wissen geht kaum – whisky.de

Hilfreiche Ratgeber, ein Gratis-Whisky-Buch zum Downloaden, unzählige Artikel, kompetente Verkostungsvideos (mit über 3 Millionen Abrufen, siehe Abbildung 22.22) und ein interaktiver Whisky-Berater: Auf der vom Versandhändler »The Whisky Store« betriebenen Website *whisky.de* wird jeder Besucher in kürzester Zeit zum Whisky-Kenner. Die Content-Dichte ist so intensiv, dass man beim Betrachten der Inhalte schon fast ein Whisky-Aroma in die Nase bekommt. Experten, Anfänger oder Kunden, die einen Whisky verschenken wollen, fühlen sich auf *whisky.de* gut beraten: Hier findet ein User alle Informationen, die er für seine Kaufentscheidung benötigt.

Abbildung 22.22 Ausschnitt aus der Blog-Seite von whisky.de[31]

Was Sie von whisky.de lernen können:
Kompetente, persönliche Beratung verkauft!

---

31 Link zur Seite: *http://www.whisky.de/nc/tfg/blog/admin-blog.html* (Screenshot vom 07.11.2013)

22.6.2 Style-Coaching für Herren – Mr Porter

Viele Herren sind beim Onlineshoppen von Bekleidung noch etwas zurückhaltend. Während Frauen schamlos ihre Warenkörbe vollpacken (im Wissen, dass sie bei Nichtgefallen die Ware einfach zurückschicken können), erstehen Männer ihre Outfits gerne noch auf altbewährte Art im stationären Handel. Onlineshops wie Mr Porter, die sich dem Verkauf von exklusiver Herrengarderobe verschrieben haben, finden jedoch immer häufiger einen gelungenen Content-Weg zu ihren Kunden. Die klug konzipierte und hochwertig bestückte »Style Help«-Seite von Mr Porter (siehe Abbildung 22.23) bietet Herren beispielsweise eine umfassende Online-Modeberatung: Ein Kleidungs-Knigge, Fashion-Trends und andere Styling-Tipps sollen männlichen Shopping-Muffeln das Einkaufen im Internet schmackhaft machen. Außerdem erklären Designer und kompetente Modeberater den Kunden in Video-Tutorials (»Quick tips from the men who know«), worauf man beim Tragen bestimmter Kleidungsstücke achten sollte oder wie man ein stilsicheres Outfit zusammenstellt.

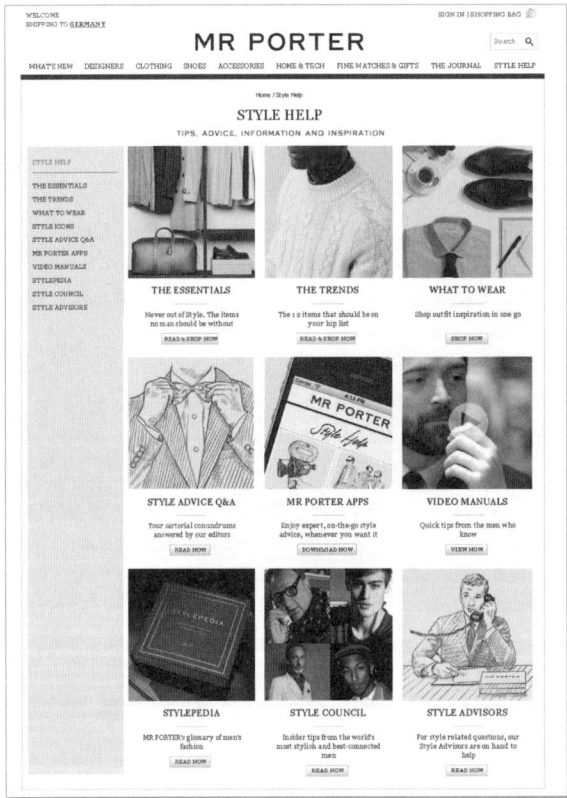

Abbildung 22.23 Stilberater für die männliche Kundschaft von Mr Porter[32]

---

32 Link zur Seite: http://www.mrporter.com/stylehelp/home (Screenshot vom 07.11.2013)

Auch für ein ausgewogenes Infotainment ist auf der Seite gesorgt: Ein Journal wartet mit News rund um Fashion-Trends sowie Interviews mit prominenten Stil-Ikonen auf. Neben der Beratung finden Herren also genügend Anregungen, die ihnen dabei helfen, die richtigen Outfits in den Warenkorb zu legen.

22.6.3 Bei MOO wird Papier lebendig

Sie haben den »kleinen MOO« ja bereits in Abschnitt 2.5, »Was ist Content aus Strategie-Sicht?«, kennengelernt. Doch nicht nur die Kunden-E-Mails des britischen Visitenkartenherstellers MOO können sich sehen lassen – der Slogan »we love to print« zieht sich durch alle Unternehmensbereiche. Neben einer ansprechenden, edlen Vorstellung der Produkte punktet der Onlineshop von MOO durch seine persönliche und informative Kundenansprache. Außerdem erhalten die interessierten User viele nützliche Tipps und Anregungen zur Nutzung und Gestaltung von Visitenkarten. In der Rubrik INSPIRATION (siehe Abbildung 22.24) finden sie zahlreiche Infotainment-Angebote rund um die MOO-Produktwelt. Wenn sich ein Anbieter so sympathisch präsentiert, fällt das Shoppen gleich viel leichter!

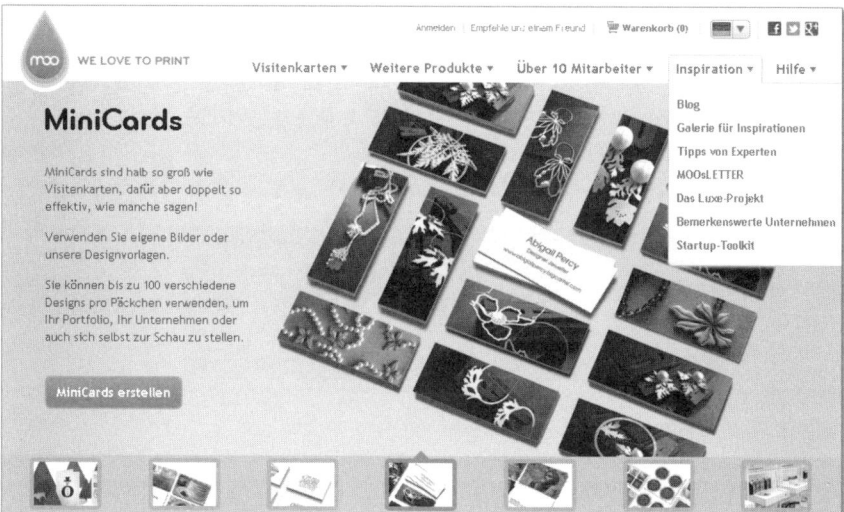

Abbildung 22.24 Anzeige der Dropdown-Navigation »Inspiration« auf der MOO-Homepage[33]

22.6.4 Auf gelungener Strick-Mission – we are knitters

2011 gründeten zwei Spanier das Start-up »we are knitters« mit dem Ziel, wieder mehr Menschen für das Stricken zu begeistern. In Ihrem Onlineshop bieten Sie alles

---

33 Link zur Seite: *http://uk.moo.com/de* (Screenshot vom 07.11.2013)

an, was das Strickerherz begehrt: von Stricknadeln bis hin zu Sets, mit denen sich ein komplettes Kleidungsstück stricken lässt. Für Einsteiger hält die Website informativen Content bereit – etwa zahlreiche Video-Tutorials (siehe Abbildung 22.25), PDF-Anleitungen und nützliche Hinweise zu Materialeigenschaften. Ein Blog versorgt die User mit unterhaltsamen Neuigkeiten rund um das zentrale Thema. Dort erfahren die Kunden unter anderem auch, dass Hollywoodstar Ryan Gosling die Strickleidenschaft mit ihnen teilt ...

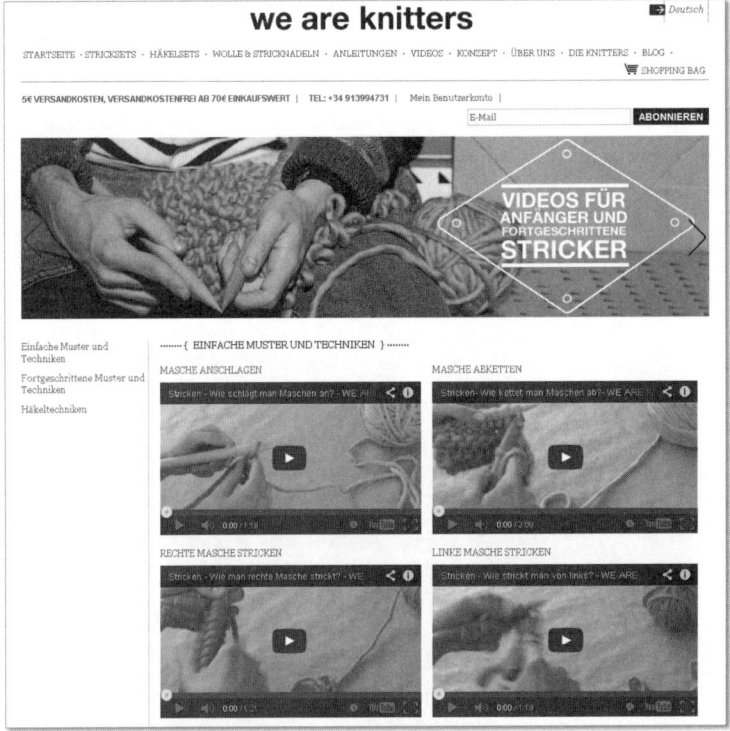

Abbildung 22.25 Screenshot der Videogalerie von »we are knitters«[34]

> **Was Sie von »we are knitters« lernen können:**
> - wie Sie unterschiedliche Zielgruppen (Anfänger, Fortgeschrittene ...) mit gutem Content gleichermaßen gut abholen
> - wie man ein »Old-School-Thema« charmant in Szene setzt und dem Ganzen durch eine lockere Ansprache (»Du«-Kommunikation) einen charmanten Community-Charakter verpasst (»Wir Stricker«)
> - wie Content einem vermeintlichen Nischenthema viel Glanz verleihen kann

---

34 Link zur Seite: *http://www.weareknitters.com/de/videogallery* (Screenshot vom 07.11.2013)

22.7 Engaging Content

Mit Inhalten, die User involvieren und bei der Stange halten, können Sie die Verweildauer auf Ihrer Seite erhöhen, Kunden stärker mit Ihrer Marke verbinden, das Thema einer Werbekampagne »verlängern« und im Idealfall sogar noch etwas Gutes tun, wie die nachstehenden Beispiele aufzeigen.

22.7.1 Nette Wurst-Spielerei – EDEKA

Die Lebensmittelkette EDEKA greift auf ihrer Facebook-Seite einen berühmt gewordenen Werbespot auf, in dem eine Verkäuferin mit einem einzigen Schnitt exakt die vom Kunden gewünschte Grammzahl von einer Wurst abschneiden konnte. Das »Wurstschneidespiel« verlängert das Thema des TV-Clips geschickt in eine nette Gamification-Variante: Hier dürfen sich User beim grammgenauen Abschneiden von Wurst testen (siehe Abbildung 22.26).

Abbildung 22.26 EDEKA-Facebook-Applikation »Wurstschneidespiel«[35]

22.7.2 Spielend spenden – Freerice

Guter Content kann Menschen begeistern und zum Mitmachen animieren. Die gesponserte Non-Profit-Seite *www.freerice.com* fordert die User zum Quizzen auf und verspricht, für jede richtig beantwortete Frage 10 Gramm Reis an das World Food Programme der Vereinten Nationen zu spenden, um den Hunger in der Welt

---

35 Link zur EDEKA-Facebook-Seite: *http://www.facebook.com/Edeka*. Screenshot vom 29.04.2013

zu bekämpfen. Neben der Quiz-Maske sieht der User jederzeit, wie viel Reis er durch seine Antworten bereits gespendet hat (siehe Abbildung 22.27).

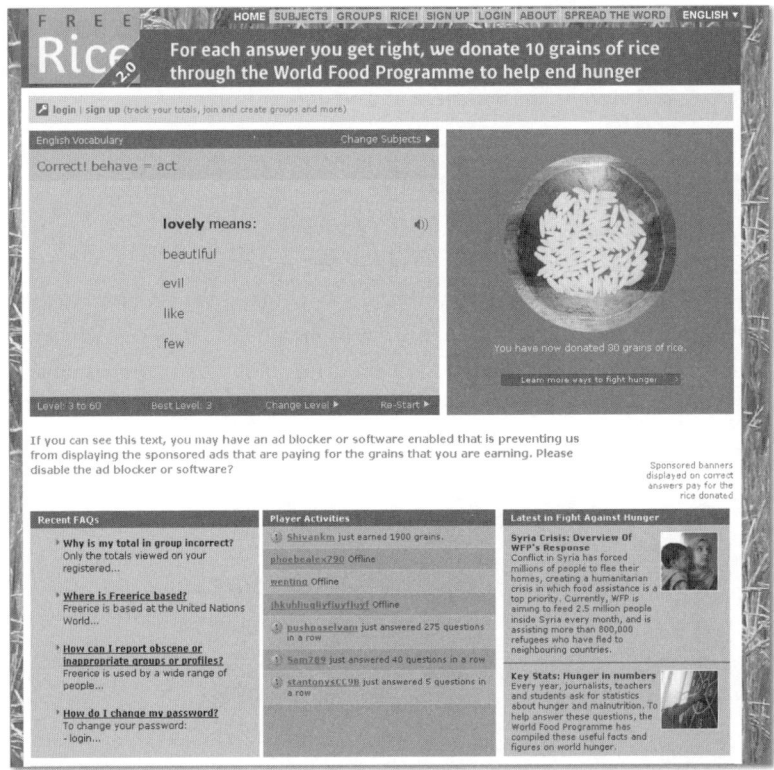

Abbildung 22.27   Beispiel für die Quiz-Maske aus der Kategorie »English Vocabulary« auf www.freerice.com (Screenshot vom 07.11.2013)

Um möglichst viele verschiedene Quiz-Typen anzusprechen, stehen rund 20 Kategorien zur Auswahl[36]: von Mathematik über Literatur und Geografie bis hin zum spielerischen Lernen von Vokabeln. Redaktionelle Artikel halten die Website-Besucher außerdem regelmäßig über aktuelle Neuigkeiten im Kampf gegen den Hunger auf dem Laufenden.

> **Was Sie von Freerice lernen können:**
> Sie wollen sich für einen guten Zweck engagieren? Dann sind Online-Games u. U. ein schönes Mittel, um User zum Mitmachen zu motivieren. Bestimmt lassen sich auch viele Kooperationspartner für eine solche Idee begeistern und ins »Gamification-Boot« holen.

---

36   Link zur Kategorie-Übersicht: *http://freerice.com/category*

22.7.3 BBC – der wievielte Mensch auf Erden sind Sie?

Mit Hilfe einer originellen kleinen Anwendung führt die BBC die Nutzer ihrer Website an das Thema Bevölkerungswachstum heran: User können ihr Geburtsdatum in einen Online-Kalkulator eingeben, welcher ausrechnet, der wievielte Mensch auf der Erde sie zum Zeitpunkt ihrer Geburt waren (siehe Abbildung 22.28). Auf derselben Seite findet der User zudem informative Inhalte zur Entwicklung der Weltbevölkerung. Unterhaltsame Wissensvermittlung à la BBC: I like!

Abbildung 22.28 Das BBC-Tool zum Bevölkerungswachstum[37] (Screenshot vom 07.11.2013)

Was Sie von der BBC lernen können:
Oft ist es ratsam, komplexe Themen oder Informationen, die mit vielen Zahlen und Daten gespickt sind, auf spielerische Weise zu präsentieren oder in eine ansprechende Infografik zu verpacken.

---

37 Link zur BBC-Seite: *http://www.bbc.co.uk/news/world-15391515*

22.8 Virale Videohits – so muss Storytelling aussehen!

Die folgenden Videos habe ich ausgewählt, um Ihnen zu demonstrieren, wie gute Geschichten aussehen können. Ob ein Unternehmen die jeweilige Geschichte nur einmal in einem Werbespot eingesetzt oder die Chance genutzt hat, sie kontinuierlich weiterzuspinnen, soll hier nicht im Fokus stehen. Betrachten Sie diese Beispiele einfach als Inspirationsquelle für eigene Content-Marketing-Aktivitäten!

22.8.1 Ein Reis-Hersteller fördert den Absatz von Taschentüchern: BERNAS

Die Lebensmittel der Firma Padiberas Nasional Berhad (BERNAS) kommen laut eigenen Angaben auf der Firmen-Website[38] nahezu in jedem malaysischen Haushalt auf den Tisch. In den BERNAS-Werbespots stehen daher auch meist Familientreffen im Mittelpunkt. Dabei erzählen die kleinen Geschichten viel über traditionelle Werte, Konfliktlösung und familiären Zusammenhalt. Ein Beispiel für besonders gelungenes Storytelling ist der Spot »Familiy Reunion Dinner« (siehe Abbildung 22.29). Hier bleibt vor Rührung kein Auge trocken. Das Firmenprodukt – der Reis – wird in die Handlung eingebettet, drängt sich aber nie in den Mittelpunkt.

Abbildung 22.29 Taschentuchalarm – Screenshot eines BERNAS-Werbespots auf YouTube[39]

---
38 Quelle: *http://bit.ly/1aGPp4E* (Stand 13.01.2014)
39 Link zum Video: *http://www.youtube.com/watch?v=9OqOHxwRy04* (Screenshot vom 07.11.2013)

22.8.2 Skype verbindet auf ganz besondere Weise

Sarah und Paige sind seit ihrer Kindheit befreundet – via Skype. Ihre Gemeinsamkeit, eine Behinderung, brachte die beiden Mädchen, die auf unterschiedlichen Kontinenten leben, über das Internet zusammen. Seitdem sind sie zumindest in der virtuellen Kommunikation unzertrennlich. Der Skype-Spot »The Born Friends Family Portrait« erzählt die Geschichte dieser besonderen Freundschaft. Dabei bleibt das beworbene Produkt auch hier wieder angemessen dezent im Hintergrund. Die große Bühne gehört alleine der bewegenden Story (siehe Abbildung 22.30).

Abbildung 22.30 Screenshot des Skype-Spots »The Born Friends Family Portrait«[40]

22.8.3 64 Millionen Views – »Dumb Ways to Die«

»Dumb Ways to Die« ist ein weiteres Beispiel dafür, wie man auch Musik im Rahmen seiner Content-Marketing-Aktivitäten erfolgreich einsetzen kann. Der Song, der wegen seiner einschmeichelnden Melodie zunächst harmlos wirkt, verblüfft mit

---

40 Link zum Video: *http://www.youtube.com/watch?v=5nRKyQ11494* (Screenshot vom 07.11.2013)

einem äußerst makabren Text: Er beschreibt, auf welch dämliche Arten man sein Leben verlieren kann. Hinter dem mit einer passenden schwarzhumorigen Animation versehenen Musikvideo (http://www.youtube.com/watch?v=IJNR2EpS0jw) steht die australische Eisenbahngesellschaft Metro Trains Melbourne: Sie wollte mit dem Spot die Zahl der Unfälle an Bahnsteigen verringern. Auf der dazugehörigen Website (http://dumbwaystodie.com) findet der User weitere Beispiele für bescheuertes, leichtsinniges und rücksichtsloses Verhalten im Umfeld von Bahngleisen. Die ungewöhnliche, auf Viralmarketing setzende Kampagne wurde weltweit in den Medien rezipiert, das Video mehrfach prämiert und bis zum 07.11.2013 auf YouTube mehr als 64 Millionen Mal aufgerufen.

22.8.4 Obama goes to Hollywood

Viel Humor und solides schauspielerisches Talent bewies US-Präsident Barack Obama in dem knapp zweiminütigen Video »Steven Spielberg's Obama« (http://www.youtube.com/watch?v=ZyU213nhrh0). Es wurde für das »Correspondents' Dinner« gedreht, die seit 1920 alljährlich veranstaltete Gala der beim Weißen Haus akkreditierten Journalisten, bei der sich der amtierende Präsident traditionell selbst auf die Schippe nimmt. Die fiktive Story um ein neues Filmprojekt von Steven Spielberg, der nach seinem erfolgreichen Biopic »Lincoln« nun angeblich Barack Obamas Lebensgeschichte auf die Leinwand bringen wollte, überrascht vor allem mit der Wahl des Hauptdarstellers ... Ein gelungener Coup!

Was Sie von Barack Obama lernen können:
- Auch Verbände, Vereine, Politiker oder Einzelpersonen des öffentlichen Lebens können gut umgesetzte Content-Ideen nutzen, um ihr Image zu pushen.
- Authentizität, Selbstironie und Humor kommen immer gut an.

22.8.5 Wunderschön – »Real Beauty Sketches«

Den Marketingspezialisten der Körperpflegemarke Dove gelingt es, mit ihren Aktionen beinahe stets den richtigen Zielgruppenton zu treffen. Seit Jahren missionieren die Dove-Spots gegen übertriebenen Schönheits- und Schlankheitswahn und animieren die Kundinnen, sich so zu akzeptieren, wie sie sind. Der dreiminütige Film »Real Beauty Sketches« (http://realbeautysketches.dove.com) ist ein geglücktes Beispiel für eine ebenso frappierende wie berührende Geschichte mit großem Potenzial, das Selbstbewusstsein der Kunden zu stärken und die Zielgruppe emotional stärker an die Marke zu binden. Rund 57 Millionen Menschen haben sich diese bezaubernde Geschichte bereits auf YouTube angeschaut (Stand: 07.11.2013). Sehen Sie selbst!

22.9 Genutzte Chancen – Rügenwalder Mühle

Paradebeispiele für gelungenes Content-Marketing liefert seit Jahren der norddeutsche Wurst- und Schinkenfabrikant Rügenwalder Mühle. »Content-Marketing ist bei uns kein Projekt, sondern eine Grundeinstellung, die organisch gewachsen ist«[41], betont Jörg Bunk, Produktmanager des Unternehmens. Signifikant sei die große Themenbreite der Rügenwalder-Aktionen – laut Bunk eines der Erfolgsrezepte der Firma: »Die Themen sind bei uns stark an den Bedürfnissen der Verbraucher orientiert. Wir schauen, welche Themen die Verbraucher über einen längeren Zeitraum hinweg bewegen und wie wir Rügenwalder sie dazu relevant ansprechen können.«[42]

So gab das Unternehmen im Jahr 2013 beispielsweise eine Umfrage zu den Erwartungen der Kunden an die Lebensmittelhersteller in Auftrag. Hier zeigte sich, dass die Verbraucher vor allem Antworten auf folgende Fragen wünschen: Wie wird die Qualität der Produkte sichergestellt? Woher bezieht das Unternehmen seine Rohwaren? Wie fair sind die Arbeitsbedingungen für die Mitarbeiter? Und welche Produktionsschritte werden durchlaufen, bis man das fertige Produkt im Handel kaufen kann?[43] Das Ergebnis verwundert nicht, nachdem die gesamte Nahrungsmittelindustrie in der Vergangenheit durch diverse Skandale, irreführende Angaben auf Verpackungen etc. ins Zwielicht geraten war: Bereits in früheren Befragungen hatten Verbraucher von den Herstellern vor allem mehr Glaubwürdigkeit und Transparenz gefordert.

Daraufhin ging Rügenwalder Mitte 2013 in die Transparenz-Offensive und präsentierte sich in einer groß angelegten Offline- und Online-Marketing-Kampagne als »Familienunternehmen mit Gesicht«: Nach dem Motto »Moin, wir sind die von der Rügenwalder Mühle« fungierten zahlreiche Mitarbeiter aus verschiedenen Abteilungen der Firma als Testimonials – in TV-Spots, auf Produktverpackungen, in Print-Anzeigen und auf der völlig neu gestalteten Website des Unternehmens. In kurzen Videos erzählten sie von ihrer täglichen Arbeit und gewährten dabei etwa Einblicke in die Entwicklung, Herstellung und Verpackung bestimmter Produkte. Abrufen ließen sich diese informativen und vertrauensbildenden Kurzfilme sowohl über die Website (siehe Abbildung 22.31) als auch – via QR-Code auf den Produktverpackungen – mobil über Smartphones.

---

[41] Quelle: *http://smcmuc.wordpress.com/2013/11/06/wir-stehen-erst-am-anfang-bericht-zum-smcmuc-content-marketing-was-brings/?relatedposts_exclude=175769861* (Blogbeitrag vom 06.11.2013)

[42] Quelle: *http://smcmuc.wordpress.com/2013/10/09/save-the-date-04-11-content-marketing-rugenwalder-interview-als-vorgeschmack* (Blogbeitrag vom 09.10.2013)

[43] Fleischwirtschaft Heft 10/2013, S. 88 f.

Abbildung 22.31 Ausschnitt aus der Rügenwalder-Homepage (www.ruegenwalder.de; Screenshot vom 22.12.2013)

Rund 90 der gut 400 Angestellten waren aktiv an der Kampagne beteiligt. 30 von ihnen reisten als Botschafter ihrer Firma im Rahmen der »Mühlen Allstars Tour« sechs Wochen lang durch Deutschland, um die Verbraucher zu ungewöhnlichen Wettkämpfen herauszufordern: Da traten sie zum Beispiel in Disziplinen wie »Wurst-Wahnsinn« oder »Frikadellen-Sumo« gegen ihre Kunden an. Parallel dazu gab es im Web originelle Online-Wettspiele wie »Schinken-Spicker-Twister« oder ein »Mühlen-Puzzle«. Als Hauptgewinn winkte ein umgebauter Mini mit schicken Flügeltüren.

Die Kampagne ist ein Musterbeispiel für hausgemachtes Storytelling: Über die genannten Aktionen konnten die Wurstexperten eine Vielzahl von frischen Inhalten aus dem eigenen Unternehmen heraus schöpfen, die sich wiederum über verschiedenste Kanäle verbreiten ließen. Rügenwalder hat diese Content-Marketing-Chancen auch geschickt genutzt – so wurde etwa im Unternehmensblog, auf der Facebook-Seite und via Twitter ausführlich über die Wettkämpfe berichtet.

Bereits nach wenigen Wochen zeigte sich, dass die Kampagne neben dem Erreichen ihrer Hauptziele (das Vertrauen der Verbraucher zu stärken und den Umsatz zu steigern) auch einige nette Nebeneffekte mit sich brachte:[44]

- Die massive Beteiligung der Mitarbeiter an sämtlichen Aktivitäten wirkte sich positiv auf das Betriebsklima aus – Abteilungen rückten durch die gemeinsame Arbeit näher zusammen, Angestellte identifizierten sich noch stärker mit ihrer Firma.
- Laut Werbetracking der Agentur Icon Added Value katapultierte sich die Rügenwalder Mühle innerhalb eines Monats in die Top 10 der bekanntesten Lebensmittelmarken in Deutschland (von Platz 23 auf Platz 9).
- Ein im Juli 2013 veröffentlichtes YouTube-Video, in dem Christian Ulmen als Fleisch gewordener Chef-Albtraum Alexander von Eich (»Euer Schlendrian beleidigt mein Auge!«) für die »Mühlen Allstars Tour« warb, verzeichnete innerhalb eines Vierteljahres mehr als 1 Million Views.
- Die Facebook-Seite des Unternehmens gewann im Kampagnenzeitraum mehr als 25.000 Fans hinzu.

Knapp 180.000 Facebook-Fans (Stand: Dezember 2013) zeigen, wie gut es Rügenwalder versteht, interessanten Content für die Kunden zu kreieren und zu streuen. Unter den Facebook-Fans hat es sich offenbar herumgesprochen, dass die Firma aus Bad Zwischenahn immer für Content-Überraschungen gut ist. Schon seit Jahren inszeniert das Unternehmen seine Produkte häufig in abgedrehter Form – etwa mit schrägen Gewinnspielen oder durchgeknallten Videos.

Ein Beispiel hierfür ist das YouTube-Video »Der Rügenwalder Mühle Wurstwahnsinn« (siehe Abbildung 22.32), das 2010 zur Markteinführung von Würstchen im Becher lanciert wurde. In diesem Kurzfilm sah man ausgewählte, über die Facebook-Fanpage gecastete »Wursttester« beim Versuch, in einem Kleinflugzeug Würstchen aus einem Glas zu naschen, während der Pilot den einen oder anderen Looping einlegte. Untermalt wurde das Video durch einen eigens verfassten Song des Comedy-Duos Mundstuhl (mit der hübschen Textzeile »Kein Mensch braucht

---

44 Die Informationen wurden von der Rügenwalder Mühle Carl Müller GmbH & Co. KG auf Anfrage freundlicherweise für dieses Buch zur Verfügung gestellt.

Wurstwasser«), den sich interessierte User auf der Webseite der Wurstfirma downloaden konnten. In der Folge präsentierten die Mundstuhl-Jungs ihr Programm »Ausnahmezustand« in der Rügenwalder-Mühle; für diesen Auftritt gab es auf der Facebook-Seite Freikarten zu gewinnen; ein Video-Zusammenschnitt des Events wurde auf dem YouTube-Channel des Unternehmens hochgeladen usw. Kurz gesagt: Auch hier haben die Rügenwalder wieder die Möglichkeit genutzt, ihren selbst generierten Content auf diversen Kommunikationskanälen mehrfach zu »verwursten«.

Abbildung 22.32 Screenshot des YouTube-Videos »Der Rügenwalder Mühle Wurstwahnsinn«[45]

Die Verknüpfung von Offline- und Online-Aktivitäten ist ein zentraler Bestandteil der Rügenwalder-Strategie. Um die diversen Formate und Kanäle optimal bedienen zu können, beschäftigt das Unternehmen seit Jahren mehrere Agenturen, die je-

---

45 Link zum Video: *http://www.youtube.com/watch?v=9TCu-54S_lI* (Screenshot vom 11.12.2013)

weils unterschiedliche Fachbereiche abdecken: von der Marktforschung über Pressearbeit und klassische Werbung bis hin zu Social-Media-Aktivitäten. Die Zuständigkeiten sind klar geregelt – keine Agentur muss ihre Ellbogen ausfahren und um Budgets kämpfen. Rügenwalder selbst sorgt für eine intensive Zusammenarbeit: Monatliche Treffen in der Firmenzentrale sind Pflicht. Am Ende des Tages ist jeder auf demselben Wissensstand, alle sind mit im Boot und kennen den Kurs. Rügenwalder zeigt, wie Teamarbeit im Content-Marketing funktioniert – und wie eine vernünftige Steuerung der internen und externen Teammitglieder dazu führt, dass sich die Beteiligten gegenseitig befruchten können.

> **Was Sie von Rügenwalder lernen können:**
> - Präsentieren Sie sich als Firma authentisch, bieten Sie den Usern einen Blick hinter die Kulissen, und zeigen Sie »Gesicht«: Ihre Mitarbeiter sind die glaubwürdigsten Botschafter! So gewinnt Ihre Marke Persönlichkeit und Charakter – und Sie können eine solide Vertrauensbasis für Ihr Unternehmen schaffen.
> - Wozu fremde Geschichten teuer einkaufen? Nutzen Sie die Möglichkeit, Content aus den eigenen Reihen heraus zu kreieren und die Inhalte auf verschiedenen Kommunikationskanälen möglichst breit zu streuen.
> - Finden Sie bei der Umsetzung Ihrer Ideen für jedes Thema die adäquate Online- oder Offline-Content-Verpackung. Schöpfen Sie dabei aus dem kompletten Fundus der Content-Formate, die Ihnen zur Verfügung stehen: Von aktivierenden Gamification-Lösungen bis hin zum eigenen Song – nichts ist unmöglich!
> - Haben Sie den Mut zu abgefahrenen Aktionen – das kommt bei den Usern an.
> - Sorgen Sie durch regelmäßige Meetings dafür, dass Ihre Content-Verantwortlichen nicht abgeschottet in verschiedenen Silos vor sich hin wursteln, sondern alle am selben Strang ziehen. Holen Sie dafür auch externe Teammitglieder (wie etwa Agenturvertreter) konsequent mit an Bord. Durch den gemeinsamen Gedanken- und Erfahrungsaustausch kommt man oft auf die besten Ideen.

22.10 Eine verpasste Chance – das Krümelmonster und der Keksklau-Krimi

Im Januar 2013 beherrschte ein haariges, blaues und kinderfreundliches Wesen für rund zwei Wochen die Schlagzeilen und sorgte sowohl national wie international auf den sozialen Kanälen für reges Interesse: das Krümelmonster – oder zumindest jemand, der sich als solches ausgab. Unbekannte hatten das Wahrzeichen des Bahlsen-Konzerns, einen vergoldeten, rund 20 Kilogramm schweren Leibnitz-Keks, heimlich von der Fassade des Firmengebäudes in Hannover abmontiert und entwendet. Ein paar Tage später tauchte ein mit »Krümelmonster« unterzeichneter Erpresserbrief auf, in dem das Unternehmen aufgefordert wurde, alle Stationen eines

Hannoveraner Kinderkrankenhauses mit Leibnitz-Keksen (»aber die aus Vollmilch«) zu versorgen.

Die Geschichte ging um die Welt – und für alle Beteiligten gut aus: In einem via Facebook verbreiteten Brief an die Diebe versprach Bahlsen, 52.000 Packungen Leibnitz-Kekse (»nur echt mit 52 Zähnen«) an 52 soziale Einrichtungen zu spenden, wenn der goldene Keks zurückgegeben würde. So geschah es, und das Strafverfahren gegen die unbekannten Täter wurde eingestellt.

In Blogs und Foren sowie auf Social-Media-Plattformen wurde lebhaft diskutiert, wer hinter der Aktion steckte. Was es ein spontaner Streich, der eine ungeahnte Eigendynamik entwickelte? Oder vielleicht doch eine geplante PR-Aktion? Sogar das »echte« Krümelmonster meldete sich auf der Twitter-Seite der Sesamstraße persönlich zu Wort (siehe Abbildung 22.33) und twitterte: »Me no steal the golden cookie.«

Abbildung 22.33   Krümelmonster-Tweet auf der Twitter-Seite der Sesamstraße[46]

Die Bahlsen-Firmenleitung wies alle Spekulationen, sie könnte in diesen medialen Coup involviert sein, stets zurück. Profitiert hat der Konzern in jedem Fall: Nach einer Untersuchung der Agentur Landau Media, die im Auftrag der Fachzeitschrift »Markt und Mittelstand« evaluierte, welches Echo der Kekslau in der Zeit vom 24. Januar bis zum 11. Februar 2013 ausgelöst hatte, bescherte der Krümelmons-

---

46   Link zur Twitter-Seite der Sesamstraße: *https://twitter.com/sesamestreet/status/ 296383259036774400* (Screenshot vom 07.11.2013)

ter-Krimi dem Hause Bahlsen rund 600 Erwähnungen in deutschen Tages- und Wochenzeitungen.[47] Das entspricht einem Gegenwert von mindestens 1,7 Millionen € – diese Summe müsste man etwa in Anzeigen investieren, um eine vergleichbare Reichweite zu bekommen. Dabei ist die Berichterstattung in Radio und Fernsehen, in ausländischen Medien, Online-Medien und Social-Media-Plattformen in dieser Berechnung noch gar nicht enthalten. Der Betrag, den Bahlsen für die Spende der 52.000 Kekspackungen aufbringen musste, dürfte sich dagegen wie Peanuts ausnehmen.

Dennoch stellt sich die Frage: Warum hat Bahlsen diese Steilvorlage nicht genutzt, um die Robin-Hood-Geschichte fortzuspinnen? Ein glaubwürdigeres Keks-Testimonial als das Krümelmonster könnte man sich ja gar nicht wünschen! Als Content-Marketing-Verantwortlicher hätte ich an diese auf dem Silbertablett servierte Story angeknüpft – sie hätte viele Möglichkeiten geboten, auf die große mediale Aufmerksamkeit sympathiefördernd und gewinnbringend zu reagieren. Bahlsen hätte beispielsweise folgende Ideen aufgreifen und auf den passenden Kanälen streuen können:

- Berichte (in Bild und Text) von der Übergabe der »Lösegeld-Kekse« an die sozialen Einrichtungen (eventuell sogar gemeinsam mit dem »Krümelmonster«) böten sich an.
- Man lädt das »echte« Krümelmonster zu einer Werksbesichtigung mit anschließender Keks-Verköstigung ein und berichtet großflächig darüber (Interviews, Artikel, Fotos, Videos). Dazu veranstaltet man im Vorfeld in Kindergärten und Grundschulen ein Preisausschreiben: Den glücklichen Gewinnern ermöglicht man zusätzlich zur Teilnahme an der Keks-Verköstigung noch ein exklusives »Meet & Greet« mit dem Krümelmonster.
- Man startet einen Gewinnspielaufruf: »Schickt uns eure krümeligen Rezeptideen und gewinnt attraktive Preise!«
- Der Krümelmonster-Song »C Is For Cookie«[48] aus der Sesamstraße ist in Amerika ein bekanntes Kinderlied. Nach dem Motto »K steht für Kekse« animiert man die User dazu, ein Lied für Leibniz zu schreiben.
- Auch im Bereich Gamification könnte man sich wunderbar austoben und beispielsweise ein Detektiv-Spiel (»Finde den Keks«) in seine Content-Marketing-Erwägungen einbeziehen.

Diese Liste ließe sich noch beliebig fortsetzen!

---

47 Link zum Artikel auf »Markt und Mittelstand« vom 13.02.2013: *http://www.marktundmittelstand.de/nachrichten/strategie-personal/kruemelmonster-schenkt-bahlsen-millionen*
48 Hier geht's zum Cookie-Song: *http://www.youtube.com/watch?v=BovQyphS8kA*

> **Was Sie aus Bahlsens verpasster Content-Marketing-Chance lernen können:**
> - Finden Sie das Testimonial oder den Aufhänger zu einer Geschichte, die zu Ihrem Produkt passt.
> - Begeistern Sie (natürlich immer schön brav auf legale Art und Weise) Ihre (potenziellen) Kunden mit originellen Inhalten und Storys, die von Usern und Medien gleichermaßen geliebt werden.
> - In guten Geschichten steckt genug Content-Futter für alle relevanten Marketingkanäle und -formate. Nutzen Sie also die Steilvorlagen, die man Ihnen bietet!
> - Die Investition in einfallsreiche, virale Content-Marketing-Kampagnen zahlt sich im Idealfall gleich mehrfach aus.

22.11 Fazit

Erinnern Sie sich noch an das eingangs erwähnte, provokante Zitat von Bernhard Fischer-Appelt? Und an meinen Hinweis auf die verschiedenen Bedeutungen des Wortes »content« in Abschnitt 1.10, »Guter Content ist (k)ein Glücksfall!«? Zum Abschluss des zweiten Buchteils finden diese beiden Aussagen in schönster Weise zueinander und münden in einer klaren Aufforderung:

Haben Sie den Mut, Ihre Kunden mit kreativen, spannenden und überraschenden Inhalten glücklich zu machen!

TEIL III
Webtexten

23 Einführung ins Webtexten

Mit Texten, die im Web auffindbar, hilfreich, aktivierend, leicht erfassbar und erfrischend zu lesen sind, sichern Sie sich einen Online-Wettbewerbsvorsprung – und im Idealfall auch die Loyalität Ihrer User.

Wissen Sie, was einen guten Webtexter ausmacht? Neben seinen sprachlichen Fähigkeiten verfügt er über fundierte Website-Kenntnisse und weiß genau, wie Texte von Online-Lesern wahrgenommen werden. Außerdem versteht er es, elegant und ganz nebenbei die Suchmaschinen mit Informationen zu versorgen, die sie benötigen, um das Thema der betreffenden Webseite zu verstehen. Wer diese Voraussetzungen erfüllt, ist klar im Vorteil, denn solche Texter sind auf dem Jobmarkt leider sehr schwer zu finden.

In diesem dritten Buchteil stelle ich Ihnen die vielen spannenden Facetten vor, die die Disziplin des Webtextens bietet, und gebe Ihnen das nötige Rüstzeug an die Hand, mit dem Sie sich erfolgreich an die Bearbeitung Ihrer Online-Worte machen können. Zudem erfahren Sie, wie Sie Ihrer Website mit den richtigen Worten zu einer besseren Sichtbarkeit im Web verhelfen.

Auch wenn es in einigen Abschnitten in diesem letzten Buchteil auch um die Auffrischung allgemeiner Texter-Regeln geht, stehen diese hier nicht im Vordergrund. Vielmehr möchte ich Sie für die zahlreichen kleinen Details sensibilisieren, die ausschlaggebend dafür sind, dass Sie online mit Ihren Texten bei Ihrer Zielgruppe punkten.

Bevor wir richtig loslegen, will ich Sie noch auf ein Video hinweisen, das auf zauberhafte Weise demonstriert, dass Worte nicht gleich Worte sind. Das gilt gleichermaßen für Offline- wie für Online-Texte: Mit der richtigen Formulierung können Sie auch auf knappstem Raum einen User dazu animieren, dass er auf ein Angebot klickt oder einen Artikel kommentiert. Der Kurzfilm »The Power of Words« (siehe Abbildung 23.1) zeigt effektvoll, wie man mit treffenden Worten eine bestimmte Reaktion auslösen kann. Andrea Gardner, Chefin der schottischen Content-Agentur Purplefeather, erzählt mit diesem auf YouTube mehr als 18 Millionen Mal angeklickten Video eine Geschichte, die die Herzen vieler Menschen im Sturm erobert hat. Dabei wirbt sie obendrein überzeugend für ihre Text-Agentur: Wer derart beeindruckend beweist, was man mit Worten bewegen und ändern kann, ist vermutlich auch ein Meister darin, beim Texten den richtigen Ton zu treffen.

23 Einführung ins Webtexten

Abbildung 23.1   YouTube-Video »The Power of Words« (Screenshot vom 04.11.2013)

Den knapp zweiminütigen Film (abrufbar unter *http://www.youtube.com/watch?v=Hzgzim5m7oU*) sollten Sie sich unbedingt gönnen. Denn im World Wide Web müssen Sie Ihre Zielgruppe mit noch weniger Worten überzeugen als in der Offline-Welt. Das heißt: Diese Worte müssen sitzen!

23.1   Vom wirtschaftlichen Wert guter Texte

Zur Einstimmung möchte ich Sie einladen, folgende kleine Übung durchzuführen:

Betrachten Sie bitte irgendeine Seite Ihrer Online-Präsenz: die Homepage, eine Kategorieseite, eine Produktseite, Ihre »Über uns«-Seite oder eine Landingpage – ganz egal welche Seite. Schreiben Sie zwei bis drei Sätze auf, die den Inhalt Ihrer ausgewählten Seite, Ihr dort präsentiertes Angebot, Ihr Produkt, Ihre Marke etc. möglichst konkret beschreiben.

Nehmen Sie dann die Perspektive eines Users ein, der zum ersten Mal auf dieser Seite landet. Entweder kommt er über einen Suchbegriff auf die Seite, oder er hat aktiv auf eine Anzeige geklickt. In jedem Fall hat er ein konkretes Bedürfnis: Er möchte Informationen zu dem eingegebenen Suchbegriff oder zu den in der Werbung versprochenen Inhalten. Behalten Sie das im Hinterkopf, wenn Sie sich nun ehrlich mit den nachstehenden Fragen auseinandersetzen:

- Geht aus den von Ihnen verfassten Sätzen ganz klar hervor, was Sie anbieten und was Ihr Unternehmen ausmacht (Stichwort: Alleinstellungsmerkmale)?
- Wird die von Ihnen ausformulierte Beschreibung Ihrer Webseite auch tatsächlich auf der Seite widergespiegelt? Im sofort sichtbaren Bereich (»above the fold«)?
- Haben Sie den User mit einer persönlichen Ansprache direkt mit Ihrem Thema abgeholt?
- Bekommt der User innerhalb von wenigen Sekunden einen Anreiz dafür, auf Ihrer Seite zu bleiben?
- Und: Finden sich in Ihrem sofort sichtbaren Text (insbesondere in der Headline) Schlüsselbegriffe, nach denen der User vermutlich gesucht hat?

Ein einziges Nein auf die eben gestellten Fragen ist bereits ein Nein zu viel. Im Web haben Sie noch weniger Zeit, Ihre User von Ihrem Angebot zu überzeugen, als auf einem Offline-Werbeweg. Daher ist es zum einen wichtig, dass Sie die Nutzer nicht mit leeren Worthülsen in Empfang nehmen, und zum anderen, dass Sie überhaupt im sichtbaren Bereich Worte präsentieren, an denen sich ein Besucher orientieren kann, ohne dass er sich durch eine dicke grafische Themenbühne durcharbeiten muss, bis er die ersten wirklich »sprechenden« Informationen und Inhalte findet.

Sie haben auf jeder – ich wiederhole auf jeder – Seite, die unter Ihrer URL live geschaltet ist, die Möglichkeit, einen Besucher zum loyalen Kunden, Lead, Leser, Weiterverteiler, Kommentator oder Käufer zu machen. Neben einer intuitiv verständlichen Usability und einem professionellen Look benötigen Sie dafür zwingend relevante Textinformationen, die auf die Schnelle den Kundennutzen, Ihr Image, vertrauensfördernde Fakten und eine klare Handlungsanweisung transportieren. Ihre Texte sollen letztlich dafür sorgen, dass der User nicht abspringt und auf Ihrer Seite verweilt.

Stellen Sie daher Ihre Inhalte immer wieder kritisch auf den Prüfstand: Dass Sie bereits Text auf der Seite haben, heißt noch lange nicht, dass dieser Text ansprechend, nützlich oder zielgruppenrelevant ist. Geizen Sie bei der Texterstellung also nicht mit Zeit, Budgets und Ressourcen – sofern Sie wollen, dass die Texte Ihnen dabei helfen, Ihr Business voranbringen. Nutzen Sie in jedem Fall die Macht der Worte, um Ihrer Konkurrenz einen Schritt voraus zu sein, und sehen Sie die Textarbeit nicht als ein lästiges Übel an, sondern als Chance, zentrale Website-KPIs entscheidend zu pushen.

23.2 Wenn die richtigen Worte fehlen

Eine der wichtigsten Regeln beim Webtexten lautet: Ihre Meinung und Ihr Blick auf die Dinge zählen nicht! Sie müssen grundsätzlich immer die Perspektive Ihrer Zielgruppe einnehmen und vor Ihrer Schreibarbeit ermitteln, welche Fragen ein User haben könnte, der auf einer Ihrer Seiten landet. Und genau diese Fragen muss die jeweilige Webseite sofort les- und sichtbar beantworten: Welchen Mehrwert bieten Sie? Welches Alleinstellungsmerkmal hebt Ihr Angebot von dem der Konkurrenz ab? Mit welchen Schlüsselbegriffen bringen Sie Ihr Angebot bzw. Ihr Unternehmen am besten auf die Website-Bühne? Das klingt einfach, ist es aber nicht: Die Erfahrung lehrt, dass wir im Tagesgeschäft bei nahezu allen unseren Arbeiten mit Vorliebe die »Ich-Brille« aufsetzen.

Setzen wir uns doch stattdessen einmal die Brille eines Users auf, der – egal über welchen Weg – zum ersten Mal auf der Webseite eines Schweizer Wintersportortes landet. Abbildung 23.2 zeigt, was der User auf einen Blick »above the fold« auf der Homepage *Laax.com* sieht. Wie bereits angedeutet, zählt bei jeder Seite stets der erste Eindruck, und oberstes Ziel sollte es sein, jeden einzelnen Besucher so gut wie möglich abzuholen und für ein Angebot zu begeistern. Das gilt auch, wenn – wie hier – die dargebotene Themenbühne aus einem Slider besteht: Sie wissen nie, welcher Zielgruppentyp auf die Seite gelangt und welche Variante er zu sehen bekommt. Und dann entscheiden nur wenige Sekunden, ob Sie ihn mit Ihrer Botschaft überzeugen können oder nicht.

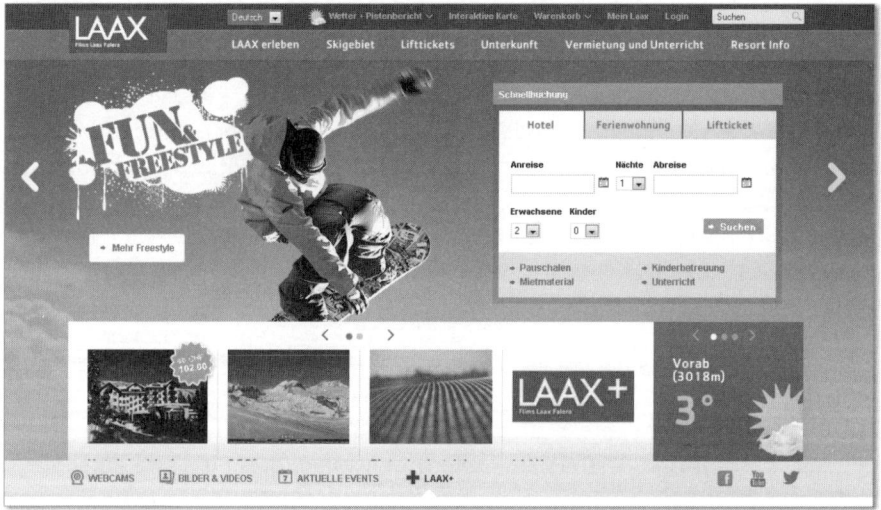

Abbildung 23.2 Homepage der Website Laax.com (Screenshot vom 04.11.2013)

Design und Emotionalität sind wichtig – das ist unstrittig. Aber: Erkennen Sie hier auf einen Blick irgendwelche Argumente dafür, warum dieses Skigebiet toller sein sollte als andere? Entdecken Sie auf Anhieb, welche werblichen Aktionen oder Frühbucher-Rabatte es gibt? Was können Sie überhaupt über die Seite sagen, wenn Sie sie knapp 10 Sekunden lang angeschaut haben?

Dabei hätte dieses Skigebiet durchaus zahlreiche attraktive Fakten zu bieten, die zu einer Erhöhung der Buchungskonversion beitragen, die Bekanntheit steigern, Backlinks anziehen sowie Neukunden optimal ansprechen und überzeugen könnten. Diese Fakten (siehe Abbildung 23.3) finden sich zwar an anderen Stellen auf der Website, aber ein Erstbesucher auf der Homepage muss sich zunächst einmal auf die Suche danach machen. Das tut er allerdings nur, wenn er viel Zeit mitbringt oder sich aus anderen Gründen ohnehin schon entschieden hat, auf der Website zu bleiben. Doch was ist mit all den anderen Usern, für die der erste Eindruck entscheidet?

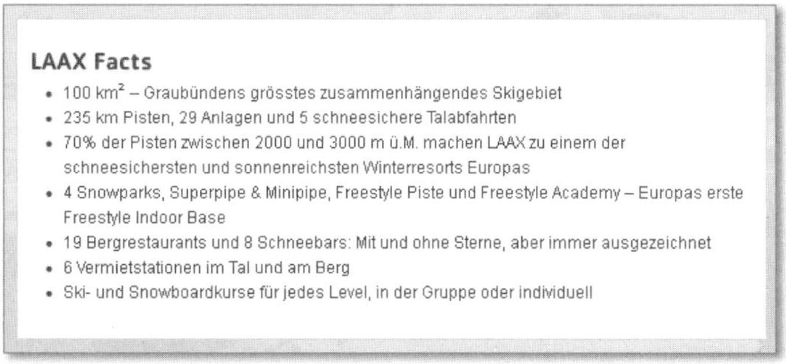

LAAX Facts
- 100 km² – Graubündens grösstes zusammenhängendes Skigebiet
- 235 km Pisten, 29 Anlagen und 5 schneesichere Talabfahrten
- 70% der Pisten zwischen 2000 und 3000 m ü.M. machen LAAX zu einem der schneesichersten und sonnenreichsten Winterresorts Europas
- 4 Snowparks, Superpipe & Minipipe, Freestyle Piste und Freestyle Academy – Europas erste Freestyle Indoor Base
- 19 Bergrestaurants und 8 Schneebars: Mit und ohne Sterne, aber immer ausgezeichnet
- 6 Vermietstationen im Tal und am Berg
- Ski- und Snowboardkurse für jedes Level, in der Gruppe oder individuell

Abbildung 23.3   Skiort Laax – einige USPs[1]

Zudem stellt sich die Frage: Welche Informationen kann Google von den präsentierten Inhalten auf dieser Homepage ableiten? Im Abbinder der Seite stoßen wir auf einen sogenannten »SEO-Text«, der ausschließlich für Suchmaschinen fabriziert wurde. Das reicht aber heutzutage nicht mehr – nachdem Google seinen Algorithmus kontinuierlich anpasst (vgl. hierzu Abschnitt 19.5, »Was bedeuten die Google-Updates für die künftige Content-Entwicklung?«), ist die Ansage für die Platzierung von wichtigen Webinhalten und Begriffen eindeutig: Der entsprechende Text muss auf Anhieb für die User sichtbar sein. Nur dann geht der Google-Bot davon aus, dass dieser Text primär für die Webnutzer geschrieben wurde und nicht bloß für eine Suchmaschine.

---

1 Quelle: *http://www.laax.com/de/skiurlaub-schweiz/lifestyle-individualitaet* (Screenshot vom 04.11.2013)

Das soll keineswegs heißen, dass eine ansprechende Grafik nicht auch zum Erfolg einer Webseite beitragen würde. Natürlich sind grafische Elemente wichtig. Allerdings – und das kann man nicht oft genug betonen – ist auf vielen Seiten das Verhältnis von Grafik zu Text völlig unausgeglichen. Unzählige Website-Betreiber versäumen es, die Macht der Worte sinnvoll zu nutzen. Der Graubündner Wintersportort hätte sich beispielsweise gleich zu Beginn der Seite folgendermaßen präsentieren können:

- Ihr Winterurlaub 2014: Eines der schneesichersten und sonnenreichsten Winterresorts Europas freut sich auf Ihren Besuch!
- 235 Pistenkilometer warten darauf, von Ihnen erkundet zu werden.
- 19 Bergrestaurants sorgen für Ihr kulinarisches Wohlbefinden.
- Skikurse für Groß und Klein: In Laax werden Skianfänger in wenigen Tagen zu sicheren Skifahrern.
- Freestyler aufgepasst: 4 Snowparks garantieren sportlichen Fun von früh bis spät!
- Frühbucher-Rabatt bis 31.10.2013 sichern und 20 % sparen!
- Sonne, Schnee und 235 Pistenkilometer: So sieht der perfekte Winterurlaub aus!

Diese Liste könnte man noch ewig fortsetzen. Nutzen Sie die Chance, frühzeitig in den Dialog mit Ihren Website-Besuchern einzusteigen! Das funktioniert am besten über einen sympathischen Text, der Begriffe enthält, die den User sofort ansprechen oder nach denen er online gesucht hat.

Sie sollten daher wirklich **jede** Ihrer Seiten mindestens unter zwei Gesichtspunkten betrachten: Findet der User auf Anhieb wertvolle, ansprechend formulierte Textinformationen (Fakten, Fakten, Fakten!), die ihm die Vorteile Ihres Angebots präsentieren? Und haben die Suchmaschinen genügend »regelkonformes« Textfutter, um Ihr Angebot kennenzulernen?

23.3 Fazit

Konversion, Verweildauer, Traffic, Image, Kundenbindung ...: Die Basis einer erfolgreichen Webpage ist Text – denn nur dann sind Sie online auch wirklich »sichtbar«! In den folgenden Kapiteln erhalten Sie das notwendige Know-how für die Erstellung leicht verständlicher, SEO-optimierter und verkaufsstarker Webtexte, die entscheidend zur positiven Bilanz Ihres Unternehmens beitragen können. Content-Expertin Kristina Halvorson lässt ebenfalls keinen Zweifel daran, dass Text-Content der Schlüssel zum Webbusiness-Erfolg ist:

»*Text ist überall. Text ist die am meisten verbreitete Content-Form im Web. Wir suchen danach in Artikeln, Blogs, Rezensionen, Produktbeschreibungen usw. Wir brauchen Text, der uns sagt, wie wir etwas bestellen können oder welches Video wir uns gleich ansehen. Wir verfassen selbst Texte auf Social-Media-Plattformen, in Blogs etc. Text führt und leitet, informiert und bestätigt, vermittelt und verbindet.*«[2]

Welche Fähigkeiten ein Texter mitbringen sollte, damit er die richtigen Worte erfolgreich auf den Web-Weg bringen kann, erfahren Sie im nächsten Kapitel.

---

[2] Kristina Halvorson/Melissa Rach, Content Strategy for the Web. 2. Aufl. Berkeley, Calif.: New Riders 2012, Seite X.

24 Die hohe Kunst des Webtextens

»Der Texter sollte sich quälen, nicht der Leser!« (frei nach Wolf Schneider)

Webtexter müssen in vielen Disziplinen überzeugen. Gemeinsam mit Kollegen aus dem Marketing und dem Projektmanagement tragen sie entscheidend zum Erfolg einer Website bei. Neben Talent zum Schreiben benötigen sie unter anderem fundierte Web- und Marketingkenntnisse. In diesem Kapitel wird erläutert, welche Qualifikationen ein Webtexter unbedingt mitbringen sollte, denn in diesem Job reicht »eine gute Schreibe« alleine leider nicht aus.

Das Schreiben fürs Internet könnte man auch als »hybrides« Texten bezeichnen, da ein Content- und Text-Verantwortlicher zwei Zielgruppen gleichzeitig bedienen muss: den User und die Suchmaschinen. Dafür sind Fähigkeiten notwendig, die weit über das klassische Schreiben hinausgehen. Kein Wunder, dass oft noch Unklarheit darüber herrscht, wie man das Jobprofil eines Webtext-Verantwortlichen bezeichnen sollte. Online-Redakteur? SEO-Texter? Autor? Webtexter?

Das »iBusiness-Magazin« gab Textproduzenten in einem Artikel über die SEM-/SEO-Trends 2013 den Titel »SEO-PR-Chefredakteur«.[1] Das ist zumindest schon einmal ein solider Ansatz, denn diese Jobbezeichnung deutet an, dass ein Webtexter heutzutage oftmals für die komplette On-Site-Marketing- und Kundenkommunikation zuständig ist – vom reinen Webartikel über die Produktbeschreibungen und die Anpassung von PR-Texten bis hin zur Social-Media-Kommunikation.

Im Prinzip ist es egal, welchen Namen »das Kind« bekommt (ich bevorzuge den Titel »Webtexter«). Wichtig ist nur, dass es überhaupt einen Text-Verantwortlichen gibt. In Online-Unternehmen sollte erkannt werden, welchen Wert ein Kollege hat, der sich um die Content-Produktion kümmert – und dass es nicht unbedingt zu den besten Ergebnissen führt, die Textarbeit von ungelernten Praktikanten erledigen zu lassen. Text darf ruhig auch etwas kosten, wenn er von qualifizierten Mitarbeitern konzipiert, erstellt und gemanagt wird.

Wenn ich Seminarteilnehmer oder Kunden frage, welche Faktoren im Umgang mit der Textarbeit sie am meisten nerven, kommen fast immer dieselben Punkte zur Sprache:

---

1 Aus einem Artikel von Sebastian Halm vom 04.09.2012.

- Es ist kein Budget vorgesehen. Content darf nichts kosten. Und die Texter bitte auch nicht (»Text bringt doch eh nichts – das soll am besten mal der Praktikant machen ...«).
- Wir haben nicht genügend Mitarbeiter für die Content-Arbeit.
- Es fehlt an Know-how (auf allen Seiten).
- Wir arbeiten unter extrem hohem Zeitdruck.
- »Ich mag mich eigentlich gar nicht um Content kümmern, aber jetzt ist das Thema auch noch auf meinem Tisch gelandet ...«
- Das Briefing ist meistens mangelhaft.
- Alle wollen mitreden (auch die, die es besser nicht sollten ...).
- Von höherer Stelle kommt oft nur ein substanzloses Feedback – etwa so: »Der Text gefällt mir nicht!«
- In unserem Unternehmen mangelt es an Verständnis für den Wert von Website-Texten.
- Die Text-Mitarbeiter haben innerhalb der Firma ein schlechtes Standing.
- Bei benötigten Tool- oder Template-Anpassungen sind wir völlig von der Technik abhängig.
- Für Text gibt es keinen Platz. Das Design hat Vorrang.
- Die Content-Mitarbeiter werden im Rahmen von Website-Projekten nicht miteinbezogen.
- Informationen, die zur Textarbeit benötigt werden, liegen in anderen Abteilungen und werden nicht an die Redaktion weitergeleitet.
- Wir bekommen keinerlei Informationen zu Zielgruppen, Marketingzielen oder Content-Analysemöglichkeiten.

Die Arbeit mit Website-Inhalten birgt also ein großes Frustpotenzial. Und sie nimmt einfach kein Ende: Das Content-Management im Tagesgeschäft ist eine Kombination aus geduldiger Frickelarbeit, kreativem Schreibprozess und der unbequemen Verantwortung, »Flöhe zu hüten«. Ständig rennt der Content-Verantwortliche Informationen hinterher, kämpft für Budgets und muss sich gegen eine mächtige Design-Lobby behaupten. Sein Job hat also wenig mit der romantischen Vorstellung eines Autors zu tun, der durch seine Worte zu Ruhm und Ehre gelangt. Textarbeit ist hartes Brot – und zuallererst ein Handwerk, das man beherrschen muss. Andererseits bildet Content die Basis jeder erfolgreichen Website und fordert von den verantwortlichen Mitarbeitern ein hohes Maß an Eigenmotivation, fachlichem Know-how, kommunikativem Geschick und Liebe zum Textdetail. Es wird Zeit, diese Qualifikationen auch angemessen zu honorieren.

24.1 Was sollte ein guter Webtexter können?

Das Wichtigste, was ein Webtexter mitbringen sollte, ist das Interesse und die Freude daran, auch mal über den Tellerrand des Schreibers zu schauen. Er sollte sich darüber im Klaren sein, welchen wirtschaftlichen Beitrag er leisten kann (siehe auch Kapitel 10, »Das Content-Controlling«). Online-Sichtbarkeit, Konversion, Verweildauer, niedrige Bounce Rates, Social-Media-Likes, die Öffnungsrate von Newslettern ...: Gute Texte wirken sich positiv auf wichtige Online-Kennzahlen aus, wie beispielsweise auch ein Testergebnis der Stuttgarter Text-Agentur Aexea[2] unterstreicht. Gemeinsam mit dem Onlineshop *www.dergepflegtemann.de*, der Kosmetikartikel für Herren anbietet, wurden verschiedene Texte mit Fokus auf die definierten Zielgruppenbedürfnisse umgetextet und gegeneinander ins Rennen geschickt – mit beeindruckenden Ergebnissen: Unter anderem konnten die Abverkäufe einer Anti-Aging-Creme bei gleichbleibendem Traffic auf der Produktseite glatt verdoppelt werden![3]

Damit Ihre Texte am Ende auch ordentliche Webbusiness-Früchte tragen, müssen Sie sich der kompletten Content-Herausforderung stellen und begreifen, dass die Textproduktion nicht mal eben nebenbei »passiert«, sondern harte Arbeit ist. Wer es versteht, Content wirklich zum »King« zu machen, gewinnt allerdings gleich in mehrfacher Hinsicht – nicht zuletzt auch beim Standing innerhalb der Firma, das bisweilen noch stark verbesserungsbedürftig ist.

Die folgenden Abschnitte beschreiben die Anforderungen, die ein für die Texterstellung verantwortlicher Mitarbeiter im Idealfall erfüllen sollte, wenn er das Content-Thema in seiner Firma wirklich »rocken« will. Selbstverständlich befinden sich darunter auch einige Anforderungen, die grundsätzlich für Texter gelten. Nach vielen Jahren, in denen Website-Inhalte primär als »SEO-Texte« verunglimpft wurden, ist es indes wichtig, dass man sich als Online-Schreiber nicht nur mit den webrelevanten Regeln vertraut macht, sondern sich auch wieder intensiv auf alte Texter-Tugenden besinnt.

24.1.1 Sprachliche Fähigkeiten

Freude an der deutschen Sprache und ein sicherer Umgang mit ihr sind unstrittig die Basisqualifikationen eines jeden Texters. Die hohe Kunst des Webtextens besteht darin, kreative, schöne, verkaufsstarke und ansprechende Texte für den User zu verfassen, die zugleich von Google & Co. verstanden und »gemocht« werden. Der Texter sollte daher über einen großen Wortschatz verfügen, um unter anderem

---

[2] Link zur Agenturseite: *http://www.aexea.de*
[3] Aus einem Artikel von Frank Puscher in der »Internet World« vom 15.03.2010: *http://www.internetworld.de/Heftarchiv/2010/Ausgabe-06-2010/Mit-guten-Texten-mehr-verkaufen*

für die relevanten Schlüsselbegriffe, die er für die Internetnutzer und die Suchmaschinenoptimierung einbauen muss, schnell auch passende Synonyme abrufen zu können.

Ein solcher Wortschatz lässt sich am besten aufbauen, wenn man sich nicht von früh bis spät nur mit der Materie des betreffenden Unternehmens beschäftigt. Lesen Sie möglichst viele unterschiedliche Texte und erstellen Sie sich Wording-Listen mit Begriffen, die Ihnen beim Lesen ins Auge stechen oder die Sie im Rahmen einer Synonym-Recherche entdecken. Diese Listen helfen Ihnen dabei, Schreibblockaden schneller zu überwinden und lebendige Texte zu formulieren.

24.1.2 Freude am Texten und Verkaufen

Jawohl, ein bisschen Spaß muss sein, sonst können Sie trotz noch so feiner Handwerkskunst keine guten Texte schreiben. Ich habe oft erlebt, dass es in Unternehmen nicht unüblich ist, die Textverantwortung mal eben auf dem Tisch eines Mitarbeiters abzuladen, der noch nie zuvor getextet hat und auch keine rechte Lust dazu verspürt. Ganz ehrlich: Niemand kann diesen Mitarbeiter über Nacht in einen guten Texter verwandeln, denn Texten hat viel mit Übung und dem Interesse am Umgang mit Worten zu tun. Selbst der beste und leidenschaftlichste Texter quält sich oft beim Schreiben – was soll denn dann erst bei jemandem herauskommen, der schon grundsätzlich »keinen Bock auf Text« hat? Das Rüstzeug alleine macht noch keinen guten Texter aus. Er sollte Lust am Ausprobieren und Üben mitbringen. Denn eine vorgekaute, für jeden passende Textlösung gibt es nicht.

Texter sind zudem die Verkäufer in der Online-Welt. Sie müssen ein Thema, ein Produkt oder einen Artikel in einem aktiven und aktivierenden Schreibstil an die Internetnutzer bringen und mit ihnen ab dem ersten Wort in einen Verkaufsdialog einsteigen. Letztlich geht es stets darum, den User zu einer Handlung zu animieren: zum Kaufen, zum Klicken, zum Verweilen, zum Empfehlen, zum Kommentieren, zum Herunterladen, zum Teilen … Daher ist auch die Lust am Werben, Verkaufen und Präsentieren ein essenzieller Faktor – und beim Erstellen eines Textes sollten Sie immer eine Absicht im Hinterkopf behalten: »Ich krieg dich, lieber User, weil ich deine Bedürfnisse kenne, die passenden Argumente habe und auf die richtige Art und Weise mit dir kommuniziere!«

24.1.3 Technisches Verständnis – keine Angst vor Tools und Programmierern

Die Tatsache, dass ein Webtexter neben dem hauseigenen Content-Management-System (CMS) oder einem Produkttexter-Tool noch weitere Programme beherrschen muss, setzt voraus, dass er gegenüber technischen Anwenderprogrammen offen und mit einer ausgeprägten »Hands-on«-Mentalität ausgestattet ist.

Außerdem ist es ratsam, sich die Sprache der Programmierer ein Stück weit anzueignen, da man als Texter oft deren Support und Mitarbeit benötigt. Wenn ein CMS optimiert werden soll und neue Texter-Programme oder Tool-Funktionen benötigt werden, hilft es sehr, wenn man weiß, dass ein »Geht nicht!« als Antwort der IT auf eine Anfrage nicht immer in Stein gemeißelt ist: Am Ende geht meistens doch etwas – je nach Aufwand. Versuchen Sie also möglichst frühzeitig, einen guten Draht zu den Kollegen in der Produktion aufzubauen und ein Verständnis für die Probleme und Herausforderungen auf der IT-Seite zu entwickeln.

Darüber hinaus sollten Sie die kleinen HMTL-Fallstricke kennen, die den Erfolg Ihres Webtextes torpedieren: fehlende H1-Tags; H-Tags, die nicht hierarchisch im System eingebaut wurden; eine niedrige Text-to-Code-Ratio, die ein Indiz für zugemüllten Quelltext sein kann, usw. Doch keine Sorge, dafür müssen Sie nicht selbst zum Programmier-Profi werden, sondern lediglich Ihren Blick für die Website-Tücken schärfen, die der perfekten Präsentation Ihrer Texte schaden könnten. Eine Basis-Schulung zum sauberen Aufbau einer Website sowie zu den SEO-relevanten HTML-Kenntnissen empfiehlt sich daher für jeden Webtexter. In Kapitel 29, »SEO für Content-Manager und Webtexter«, finden Sie einige Tipps und Informationen, die Ihnen dabei helfen, wichtige Zusammenhänge besser zu verstehen.

24.1.4 Gespür für Design und Usability

In Abschnitt 26.3, »Grafisches Schreiben«, lernen Sie, wie man Texte »grafisch« aufbereitet und dadurch besser lesbar macht. Darüber hinaus ist es wichtig, Texter im Rahmen von Launch- oder Redesign-Projekten ins Boot zu holen, damit die Website-Flächen für Text nicht unter den Tisch fallen. Wenn eine Design-Entwicklung nicht mit dem Leseverhalten der User und deren Wahrnehmung von Webpage-Inhalten konform geht, dann sollten Sie unbedingt gegensteuern. Deshalb ist es notwendig, dass Sie verstehen, wie User eine Website nutzen, welche Funktion das Design hat und wie man die Integration von Text auf der Website sauber plant und umsetzt. Arbeiten Sie daher möglichst aktiv an der Gestaltung von Webkonzepten und der Design-Entwicklung mit. Wie wollen Sie mit Ihren Texten brillieren, wenn Sie beispielsweise gar nicht genügend Platz für eine vernünftige Headline haben, keine Subheadline einbauen können und nicht die Möglichkeit haben, einen Text mit notwendigen Formatierungshilfen sauber zu strukturieren?

24.1.5 Marketingkenntnisse

Wissen Sie, über welche Kanäle der Traffic auf Ihre Seite kommt? Mit welchen Begriffen auf Google geworben wird? Welche crossmedialen Kampagnen im Umlauf sind? In welcher Tonalität Ihre Firma nach außen beworben wird? Welche Newsletter-Themen die größten Erfolge gebracht haben?

Versuchen Sie, möglichst eng mit Ihrer Marketingabteilung zusammenzuarbeiten. Finden Sie heraus, auf welche Seiten von externen Werbemitteln aus verlinkt wird und welche Keyword-Kampagnen bei Google AdWords besonders gute Ergebnisse erzielen.

Ganz egal, auf welchem Weg ein User auf Ihre Webseite gelangt: Seinen Besuch verknüpft er bereits mit konkreten Erwartungen. Daher ist es wichtig, dass er mit der Werbebotschaft oder mit den Informationen auf der Seite empfangen wird, die ihn dazu gebracht hat, sich für Ihr Angebot zu interessieren.

> **Think-Content-Tipp: Rücken Sie näher mit dem Marketing zusammen**
> Tauschen Sie sich mindestens einmal im Monat eng mit Ihrer Marketingabteilung aus: Welche Kampagnen sind on- und offline geplant? Wie sehen die Werbemittel aus? Auf welche Seiten soll verlinkt werden? Welche Inhalte benötigen Sie eventuell neu, um eine Kampagne online zielführend abzubilden? Was sind die Hauptthemen und -Keywords, die in der Außenkommunikation verwendet werden? Das Themenplan-Meeting bietet sich als perfekte Plattform für diesen Austausch mit allen Kommunikations-Abteilungen an (siehe Abschnitt 18.1, »Die Basis – das Themenplan-Meeting«). Laden Sie dazu auch Ihre externen Werbe- und PR-Agenturen ein.

24.1.6 Soft Skills: Empathie – wie tickt Ihre Zielgruppe?

So hart das klingen mag: Die unwichtigste Person beim Texten sind Sie! Ein häufiger Fehler beim Texten ist es, das Thema oder ein Angebot aus eigener Sicht zu beschreiben und zu beurteilen. Bevor Sie anfangen, Ihren Text zu verfassen, sollten Sie ein ganz konkretes Bild von Ihrer Zielgruppe haben und deren Bedürfnisse, Anforderungen und Ängste kennen. Sie müssen buchstäblich in das Hirn Ihrer User eintauchen und herausfinden, auf welche Fragen sie im Text eine Antwort erwarten. Wie wendet der User das Produkt an? Welche kritischen Fragen hat er zu dem Angebot? Welche neuen Erkenntnisse soll er aus dem Artikel mitnehmen? Kurz gesagt: Lernen Sie, die richtigen Fragen zu stellen, und vergegenwärtigen Sie sich Ihre User klar vor Ihrem geistigen Auge. Oder noch besser: Pinnen Sie sich die Bilder Ihrer Zielgruppen an die Wand, damit Sie immer wieder einen Blick auf diejenigen werfen können, für die Sie Ihre Texte schreiben (siehe auch Abschnitt 13.1.3, »Auge in Auge mit Ihrer Zielgruppe«). Denn wer sich nicht in seine Kunden hineinversetzen kann, wird ihre Bedürfnisse nicht erkennen und mit seinen Texten keine große Wirkung erzielen.

24.1.7 Interesse für die Content-Evaluierung

Zugegeben, ich mag Zahlen nicht. Mir waren schon immer die Buchstaben lieber. Allerdings musste ich im Laufe der Jahre lernen, dass man nie das beste Resultat erzielen kann, wenn man sich nicht wenigstens ein bisschen mit dem Thema Analyse auseinandersetzt – auch als Texter. Gerade Texter haben oft einen schweren Stand in Unternehmen, wenn es um Budgetdiskussionen geht. Dann taucht meist die leidige Frage auf: »Was bringen uns die Texte eigentlich?« Mehr Konversion? Eine bessere Sichtbarkeit? Social-Media-Likes? Backlinks? Ein besseres Image? Eine niedrigere Absprungrate? Inwieweit kann eine bessere Textdarstellung auf der Seite zu mehr Klicks führen? Sagt eine Grafik wirklich mehr als tausend Worte, oder können Sie mit einem Test auch einmal das Gegenteil belegen?

Ich kann Sie an dieser Stelle nur dazu ermutigen, sich über die Tracking-Möglichkeiten in Ihrer Firma zu informieren und mit Hilfe von harten Fakten und Zahlen ein Gespür dafür zu entwickeln, was Text tatsächlich leisten kann. Sie werden staunen, was Sie mit Worten alles für Ihre Firma in die Erfolgs-Waagschale werfen. Werden Sie auch aktiver Initiator von Text-Testings. Schicken Sie in A/B-Tests verschiedene Texte ins Rennen, betexten Sie Produkttexte in regelmäßigen Abständen neu, oder experimentieren Sie mit Newsletter-Betreffzeilen, um herauszufinden, welche Varianten am besten bei Ihrer Zielgruppe zünden. Mehr zum Thema Analyse finden Sie in Kapitel 10, »Das Content-Controlling«.

24.1.8 SEO-Kompetenz

Die wohl wichtigste Zusatzqualifikation, die ein Webtexter gegenüber einem Print-Texter vorweisen muss, ist eine profunde SEO-Kompetenz. Das notwendige Grundwissen wird in Kapitel 29, »SEO für Content-Manager und Webtexter«, ausführlich behandelt.

24.1.9 Beherrschung verschiedenster Textformen

Die Anforderungen an einen Produkttext sind anders als die an einen Blogbeitrag: Der eine Text muss Produkt-USPs herausstellen und mit einer klaren Handlungsaufforderung auf Kundenfang gehen, der andere überzeugt durch seinen authentischen Stil und die Fachkompetenz des Autors. Eine Newsletter-Betreffzeile ist die anspruchsvollste Headline, die ein Texter ins Rennen schickt, um im Postfach des Rezipienten den entscheidenden Klick zu erhalten. Wenn Sie für die Posts auf Twitter oder Facebook verantwortlich sind, haben Sie es mit kurzen, aktivierenden, werblichen Texten zu tun, treten aber zugleich direkt in den Kundendialog ein und müssen im Ernstfall auch einmal Krisen-PR-Manager spielen. Klingt anstrengend? Mag sein. Andererseits: Wer sonst kann sich im Job auf einer so großen und vielfältigen Spielwiese austoben? Als Webtexter sind Sie im Prinzip Journalist, Werber, Direktmarketer, Kommunikationsprofi und Suchmaschinenoptimierer in einem. Nützliche Tipps und Anregungen für den Umgang mit den wichtigsten Texttypen finden Sie an den entsprechenden Stellen im Laufe des dritten Buchteils.

24.1.10 Demut vor dem Text

Ein Drittel der Textarbeit ist Vorarbeit – Recherche, Wissen überprüfen, Fakten sammeln. Erst wenn Sie das Thema oder das Produkt zu 100 % verstanden haben und auf jede mögliche Frage eine Antwort wissen, können Sie einen Text verfassen, den auch der Kunde versteht. Es geht eben nicht nur darum, mal kurz irgendwelche Sätze zu einem Thema herunterzuschreiben. Jeder überflüssige Satz muss raus, jeder Abschnitt ohne relevante Informationen wurde umsonst geschrieben, jeder Text, der nicht überzeugt, hat sein Ziel verfehlt. Wirtschaftlich erfolgreiches und zielorientiertes Texten ist und bleibt harte Arbeit!

Beweisen Sie dabei vor allem Eigeninitiative. Oft fehlen die nötigen Informationen zum fundierten Ausarbeiten eines Textes, oder ein Briefing stellt sich als inhaltlich dünn heraus. Nehmen Sie Ihre Kollegen in die Pflicht, die betreffenden Fakten nachzuliefern, und nutzen Sie die Suchmaschinen zum Schließen Ihrer Wissenslücken. Ein Leser merkt, wenn ein Thema nicht überzeugend ausgearbeitet wurde oder der Autor von der Materie nicht genügend versteht. Geizen Sie also nicht bei der Vorbereitung. Überprüfen Sie namentlich Informationen von externen Quellen – und glauben Sie nicht blind alles, was andere behaupten!

24.2 Was unterscheidet einen Online-Text von einem Offline-Text?

Ein Flyer, der in einem Lokal ausliegt, der Produktkatalog eines Versandhändlers, Werbebroschüren in unserem Briefkasten: Print-Inhalte erreichen uns in vielen Fällen, ohne dass wir die Werbebotschaft aktiv angefragt haben. Natürlich gibt es auch Werbematerial, das von Usern aktiv angefragt wird. Aber grundsätzlich sind wir hier schon beim ersten wesentlichen Unterschied zwischen Online- und Offline-Inhalten: Im Internet landen die User in der Regel auf Content-Seiten und -Angeboten, die sie aktiv gesucht haben. Auch auf ein Online-Werbemittel oder eine Social-Media-Seite klickt ein User ganz bewusst und mit einem Interesse daran, das betreffende Angebot zu nutzen oder sich über die Aktivitäten der Firma zu informieren.

Eine Print-Werbung kann durch eine anregende Message im besten Fall die Aufmerksamkeit eines Kunden wecken oder diesen spontan zu einer ungeplanten Handlung verführen. Der Internetnutzer stellt jedoch konkrete Anforderungen und hat eine genaue Erwartung an die gesuchten, angebotenen und angeklickten Inhalte (siehe Abbildung 24.1).

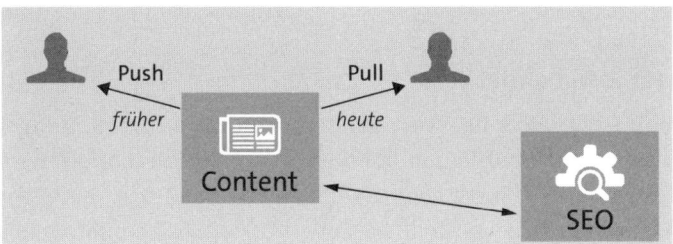

Abbildung 24.1 Darstellung Push-Pull-Kommunikation

Die folgenden Abschnitte geben einen Überblick über die Besonderheiten von Online-Texten, die jeder gute Webtexter verinnerlicht haben sollte.

24.2.1 Im Web geht alles schneller

Im Internet müssen wir uns bei der Content-Produktion nicht mit langen Druckvorläufen auseinandersetzen: Inhalte können mit wenigen Klicks online gestellt werden. Wegen der schnellen Informationsverbreitung und der Fülle von Content, die für Webseiten täglich hergestellt wird, muss ein Webtexter allerdings in der Lage sein, Texte rascher zu verfassen als seine Print-Kollegen. Auch die Textmenge, die ein Webtexter produziert, ist in der Regel wesentlich höher.

24.2.2 Aktuelle Inhalte sind (SEO-)Gold wert

Nicht nur für Google ist Aktualität ein wichtiges Ranking-Kriterium. Aktueller Content trägt auch zu einem positiven Markenimage bei: Er vermittelt dem User das Gefühl, dass sich Ihre Seite weiterentwickelt und immer neue interessante Themen bietet, die ihn zum Wiederkehren animieren. In Zeiten von Social Media sind frische, originäre Inhalte auch eine wichtige Grundlage, um möglichst viele Verlinkungen und »Likes« für Ihre Seite zu generieren. Auch ein Blog oder ein Online-Magazin sollten Sie nicht an den Start bringen, wenn Sie nicht regelmäßig interessantes Content-Futter bieten können.

24.2.3 Der User sieht alles und vergleicht

Mit wenigen Klicks kann ein Internetnutzer verschiedene Online-Angebote vergleichen. Attraktive Angebote, brauchbare Informationen, praktische Tipps, Unternehmenspräsentation, Benutzerfreundlichkeit: Mit hochwertigem Content können Sie erreichen, dass der User sich letztendlich für Ihre Seite entscheidet. Daher sollten Sie Ihre Wettbewerber auch immer gut im Blick haben und sicherstellen, dass Ihre Inhalte und deren Online-Präsentation immer mindestens ein Quäntchen besser sind.

24.2.4 Webnutzer lesen anders

Online-Inhalte werden nicht Wort für Wort gelesen, sondern gescannt. Zudem durchsucht ein User Webtexte vertikal (von oben nach unten) nach interessanten Informationen – im Gegensatz zu einem Leser traditioneller Print-Texte, der in der Regel horizontal (von links nach rechts, Zeile für Zeile) vorgeht. Nähere Informationen hierzu finden Sie in Abschnitt 26.1, »Vom Scannen und Lesen«.

24.2.5 Webkommunikation ist keine Einbahnstraße

Rezensionen, Social-Media-Kommunikation, Bewertungen: Ihre Angebote, Ihr Content sowie Ihre Art, online mit den Kunden zu kommunizieren, stehen ständig auf dem Prüfstand durch die Internetnutzer. Eine optimale Kundenansprache sowie exzellente, für die jeweilige Zielgruppe relevante Inhalte sind daher das A und O Ihres Online-Erfolgs. Zudem sollten Sie die Stimmung Ihrer Zielgruppe sowie deren Reaktionen auf Ihre Texte immer im Auge behalten. Das direkte, ungefilterte Feedback Ihrer User gibt oft wertvolle Impulse für die weitere Optimierung Ihrer Webinhalte.

24.2.6 User können auf zahlreiche Informationen zugreifen

Nutzer finden im Web eine große Menge an weiterführenden Informationen zu einem Produkt oder einem Thema. Erleichtern Sie Ihren Usern die Suche nach spannenden Inhalten, indem Sie sinnvolle interne Verlinkungen in die Texte bzw. zu den dargebotenen Inhalten einbauen. Und stellen Sie sicher, dass der User auf Ihrer Seite alle Informationen bekommt, die er für eine Kauf- oder Handlungsentscheidung braucht. Schließlich wollen Sie doch verhindern, dass er zu einer anderen Seite weiterwandert, oder?

24.2.7 Auch Webnutzer erwarten fehlerfreie Texte

In den meisten Online-Redaktionen gibt es heutzutage keinen Schlussredakteur mehr: Texte werden in großen Mengen schnell produziert und direkt über ein Content-Management-System online gestellt. Die Fehleranfälligkeit ist daher höher als bei einem Print-Text, der oft noch gegengelesen wird und bei dem man in der Regel mehr Zeit zur Bearbeitung hat. Dennoch gelten online dieselben Regeln wie offline: Rechtschreibfehler, schlechtes Deutsch und grammatikalische Schnitzer werfen ein negatives Licht auf Ihr Unternehmen. Außerdem findet Google immer mehr Wege, Inhalte auf ihre sprachliche Qualität hin zu prüfen, und wertet gutes Deutsch als Ranking-Kriterium.

24.2.8 Ihre Inhalte wollen von den Suchmaschinen gefunden werden

Im Web können wir uns mit Worten »sichtbar« machen und über Suchmaschinen von den Usern entdeckt werden. Daher ist der Erfolgsfaktor »Text« für die Online-Visibility enorm wichtig.

24.3 Kurz vs. lang – wie viel Text braucht eine Website wirklich?

Selbst wenn ein Website-Text nicht von jedem User genau gelesen wird: Er wird dennoch wahrgenommen. Bei der Beurteilung eines Angebots bzw. eines Unternehmens ticken wir online nicht anders als offline. Wenn Sie in einen herkömmlichen Laden gehen und feststellen, dass sich weit und breit kein Verkäufer blicken lässt, die Einrichtung schäbig und heruntergekommen ist und die Regale nur dürftig bestückt sind, dann merken Sie, dass man sich nicht viel Mühe gibt, Sie als Käufer oder Kunde zu gewinnen.

Offline übernehmen die Mitarbeiter in Servicezentren, Praxen oder Büros die Kommunikation und antworten auf Ihre Fragen. Wenn die betreffenden Herrschaften nie erreichbar wären, dann wäre Ihr Eindruck nachhaltig getrübt.

Genauso verhält es sich aber auch mit der Wahrnehmung von Website-Inhalten: Fehlen sie, sind sie nur dürftig betextet und lieblos gestaltet, dann wird es schwer, einen positiven ersten Eindruck beim User zu hinterlassen. Und wenn ein Internetnutzer tatsächlich einmal etwas über Ihr Unternehmen, die Produkte oder Ihre Dienstleistung lesen möchte und hierzu keine substanziellen Inhalte findet, trägt das auch nicht dazu bei, den Kunden auf Anhieb zu begeistern.

Grundsätzlich sollten Sie sich bei der Entscheidung pro oder contra Text stets folgende Punkte vor Augen führen:

- Ein standardoptimierter Text für Google sollte mindestens 250 Wörter enthalten; die Ideallänge liegt bei ca. 400 Wörtern.
- Websites mit wenig Text wirken eher unglaubwürdig, schaffen kein Vertrauen und bieten kaum Substanz für relevante Suchbegriffe.
- Vor allem bei Produktbeschreibungen erwartet ein Kunde mehr Informationen als in einem Katalog: Er kann die Waren nicht anfassen und näher begutachten und ist daher auf Ihre ausführliche Beratung angewiesen.

> **Think-Content-Tipp: Klammern Sie sich nicht stur an Regeln!**
> Grundsätzlich gilt: Man sollte immer nur etwas sagen, wenn man tatsächlich etwas zu sagen hat. Sprich: Wenn es keinen Sinn ergibt, mehr als 100 Wörter über ein Thema oder ein Produkt zu schreiben, dann sollten Sie Ihren Text auch nicht unnötig aufblähen. Dabei dürfen Sie Ihren gesunden Menschenverstand ruhig in Ihre Entscheidung einfließen lassen. Fragen Sie sich im Gegenzug aber immer, ob Sie wirklich alle Informationen im Text untergebracht haben, die ein User benötigt. Kürzen um jeden Preis zulasten der Verständlichkeit oder der vollständigen Informationsvermittlung ist nicht zielführend.

Die folgenden Fragen helfen Ihnen dabei, im Vorfeld zu entscheiden, wie Sie mit Ihrem geplanten Text verfahren sollten:

- Soll der Text den User ohne SEO-Bezug zu einer Handlung bewegen (werblich, verkaufsfördernd, aktivierend, emotional)?
- Soll der Text Suchmaschinen und Mensch gleichermaßen bedienen (Verwendung von Keywords, Mindestumfang an Text, werblicher Schreibstil, hochwertiger Inhalt)?
- Kann ich mit dem Text mein Image und meine Kompetenz stärken und noch besser herausstellen?
- Kann ich eine längere Textinformation gegebenenfalls mit relevanten, erklärenden Charts oder Tabellen auflockern?
- Habe ich genug Zeit in die Recherche investiert, um entscheiden zu können, welche Informationen meine User zwingend benötigen und welche ich u. U. weglassen kann?

Denken Sie daran: Es geht nicht darum, Unmengen von Text auf eine Seite zu schaufeln, sondern darum, für jede Seite und jedes Thema stets die angemessene Menge anzubieten.

24.4 Webtexten = Hypertexten – wie Sie Ihre Texte richtig verlinken

Zum Handwerk eines Webtexters gehört auch der korrekte Umgang mit Verlinkungen. Ob Sie die Links am Ende eines Textes platzieren oder im Fließtext, müssen Sie fallweise selbst entscheiden. Wenn Sie im Text eine sinnvolle Verlinkung zu einem angrenzenden Thema setzen können und User gleich dort abholen wollen, für die das Thema interessant ist – warum nicht? Wollen Sie den Internetnutzer allerdings auf der betreffenden Seite (beispielsweise auf einer Landingpage) zu einer Aktion bewegen, kann es unter Umständen unklug sein, ihn durch angebotene Links abzulenken und von der Seite wegzuführen.

Grundsätzlich sollten Sie (ähnlich wie beim Umgang mit gefetteten Begriffen, siehe hierzu Abschnitt 26.3, »Grafisches Schreiben«) darauf achten, dass Sie nicht zu viele Links im Fließtext platzieren und den User dadurch verwirren.

Das Setzen von internen, sprechenden Verlinkungen hat verschiedene Funktionen:

- Links dienen als Navigations- und Orientierungshilfe für den Leser.
- Sie bieten dem User die Möglichkeit, weitere Informationen zum Thema zu erhalten oder auf ältere Berichte zuzugreifen.
- »Sprechende« Links verstärken die Themenrelevanz zur verlinkten Seite, wenn die Keywords richtig gesetzt sind. Zudem sind sie ein formales Stilmittel, um die Lesbarkeit des Textes zu verbessern: Scanner (siehe Abschnitt 26.1, »Vom Scannen und Lesen«) werden so auf wichtige Schlüsselbegriffe aufmerksam gemacht.
- Thematisch passende Links geben der Seite eine höhere Relevanz für die entsprechenden Inhalte.
- Sie können von externen Webseiten als »Anchor-Text« übernommen werden (siehe Abschnitt 29.4.3, »›Sprechende‹ (Anchor-)Links und Link-Title«).
- Links sind sozusagen die Adern, die das Blut in eine Website pumpen. Sie bieten Google mehr Transparenz und Struktur, denn sie erleichtern es dem Bot, die Seite schnell zu verstehen und kennenzulernen.

> **Think-Content-Tipp: Werden Sie Meister des internen Link-Aufbaus**
> Es ist wichtig, dass Sie als Webtexter mit der Website-Struktur bestens vertraut sind und die Inhalte gut kennen. Denn nur so sind Sie in der Lage, passende und sinnvolle Links aus dem Webtext zu einem anderen Text, einer Kategorie oder einem Angebot zu setzen. Behalten Sie dabei im Hinterkopf, dass von einer Seite nicht mehr als 100 Links abgehen sollten. Das schließt die Navigations- und Service-Links auf der Seite bereits ein.

24.5 Fazit

Ein ausgebildeter Webtexter kann einen großen Beitrag dazu leisten, dass Ihr Webbusiness noch besser in Schwung kommt oder sich Ihre Online-Markenwahrnehmung positiv weiterentwickelt. Gute Texte geben Ihren Usern das Gefühl, dass sie ernst genommen werden und mit ihren Fragen bei Ihnen an der richtigen Adresse sind. Schlechte Texte hingegen sind häufig ein Hauptgrund dafür, dass Kunden skeptisch werden und dem jeweiligen Seitenbetreiber dadurch wertvolle Kontakte oder Geschäfte durch die Lappen gehen:

> »*Gute Texte schlagen sich deutlich in Seitenaufrufen, Verweildauer und Verkäufen nieder. Die Grundregel der Site-Usability gilt für Textinhalte ebenso wie für das Design. Die Kunden möchten Klarheit statt Verwirrung.*«[4]

Damit ein Texter für Klarheit aufseiten des Kunden sorgen kann, muss allerdings der Auftraggeber erst einmal für Klarheit aufseiten des Texters sorgen: Ein möglichst exaktes Briefing ist die Basis für ein gelungenes Textkonzept. Was es dabei zu beachten gilt, verrät Ihnen das nachfolgende Kapitel.

---

4 Jakob Nielsen/Hoa Loranger, Web Usability. München: Addison-Wesley 2006, Seite 249.

25 Am Anfang war ... das Text-Briefing

Wenn Sie schon nicht wissen, was Sie sagen wollen – wie soll das dann erst der Texterkollege oder die externe Agentur wissen? Je genauer Sie beim Briefing arbeiten, desto weniger Korrekturrunden benötigen Sie bis zur finalen Textversion.

Eine gründliche Vorarbeit erleichtert erwiesenermaßen die Arbeit. Nehmen Sie sich also unbedingt die Zeit, ein Briefing für externe Dienstleister oder die intern zuständigen Kollegen so genau wie möglich zu formulieren. Umgekehrt sollten Sie als Texter ebenfalls ein detailliertes Briefing vom Auftraggeber einfordern, damit Sie im Nachgang unnötige Diskussionen, Fragen und Korrekturrunden vermeiden.

25.1 Vorbereitung

Sammeln Sie als Auftraggeber im Vorfeld alle Informationen, die der Texter benötigt, um einen fundierten und niveauvollen Text für Ihr Unternehmen zu erstellen. Als Texter müssen Sie gleichermaßen genügend Zeit für die Recherche und die Einarbeitung in das jeweilige Thema einrechnen.

Ihre Vorarbeit als Texter:

- Recherche, Recherche, Recherche! Jeder Texter sollte selbstständig Themen und Inhalte zum Auftrag ermitteln und sich verschiedene Websites (Wettbewerber, thematisch ähnliche Seiten usw.) vorab genau ansehen.
- Führen Sie ein persönliches Briefing-Gespräch mit dem Auftraggeber: Im direkten mündlichen Kontakt kommen die wichtigen Aspekte zur Tonalität besser heraus, und weiterführende Fragen zum Inhalt und zur Zielgruppe können schneller geklärt werden.
- Falls möglich: Interviewen Sie Experten zum Thema.
- Verlassen Sie sich bitte nie nur auf die Informationen, die Ihnen ein Auftraggeber zur Verfügung stellt. Auch ein Auftraggeber kann wertvolle Fakten oder attraktive Produktvorteile in seinem Briefing vergessen. Sorgen Sie dafür, dass keine Verkaufsargumente unberücksichtigt bleiben.

Ihre Vorarbeit als Auftraggeber:

- Sie möchten in Ihrem Projekt einen hohen Abstimmungsaufwand für die gelieferten Texte vermeiden? Dann liegt der Ball zunächst einmal bei Ihnen. Ein Texter ist auf Ihre Unterstützung und Mitarbeit angewiesen.
- Stellen Sie alle Online- wie Offline-Inhalte zur Verfügung, die erforderlich sind, damit das Thema ganzheitlich und hochwertig in Textform gebracht werden kann. Statten Sie den Texter mit sämtlichen relevanten Informationen zu Ihrem Unternehmen, Ihrem Produkt oder Ihrer Dienstleistung aus.
- Definieren Sie klar, was Sie mit dem Text erreichen wollen (Konversion, Imagepflege, Reaktionen in Form von Kommentaren oder Empfehlungen usw.).
- Geben Sie dem Texter ein genaues Bild von Ihrer Zielgruppe und deren Bedürfnissen.
- Liefern Sie dem Texter eine Übersicht zu Ihren wichtigsten Wettbewerbern.
- Erstellen Sie eine Wording-Liste, die Begriffe enthält, mit denen Sie Ihr Business gerne in Verbindung bringen wollen und die der Autor möglichst in seinen Texten verwenden sollte.
- Tragen Sie Textbeispiele zusammen, die Ihnen stilistisch gut gefallen.
- Lassen Sie sich im Vorfeld einen Probetext liefern, und geben Sie dazu ein detailliertes Feedback: Vermitteln Sie ganz konkret, was Ihnen daran gefällt und was nicht – und worauf der Autor bei der Darstellung Ihres Themas, Produkts oder Unternehmens sein spezielles Augenmerk richten soll.

25.2 Allgemeine Wording-Guideline

Ihr Markenbild spiegelt sich in den Worten, mit denen Ihr Business auf der Website beschrieben wird. Und diese Worte sollten gut durchdacht und unternehmenskonform gewählt werden. Die nachfolgenden Stichpunkte bieten Ihnen verschiedene Anregungen und Ideen für die Entwicklung eines Wording-Guides für Ihr Unternehmen.

- Bestandsaufnahme: Gibt es bereits Richtlinien? Sind sie schriftlich fixiert? Sind sie noch aktuell?
- Erstellen Sie eine Liste mit dem werblichen, fachlichen und vertrieblichen Standardvokabular in Ihrem Unternehmen.
- Überprüfen Sie die wichtigen Begriffe für Produkt-, Dienstleistungs- oder Bereichsnamen.

- Holen Sie bei der Zusammenstellung und Verabschiedung der Richtlinien möglichst alle Verantwortlichen mit ins Boot, um eine breite Akzeptanz zu gewährleisten. So vermeiden Sie im Nachgang unnötige und zeitraubende Diskussionen.
- Recherchieren Sie relevante Begriffe, Synonyme, Adjektive, die ein Texter primär verwenden soll.
- Gibt es aus rechtlicher Sicht Einschränkungen für Begriffe oder Formulierungen (Wirkversprechen, eingetragene Marken usw.)?
- Sollen bestimmte Slogans verwendet werden? Falls ja: Wie und wo?
- Gibt es Vorgaben zum Gebrauch von Fremdwörtern oder Anglizismen (Ausschlüsse, explizit gewünschte Verwendung)?

25.3 Wichtige Briefing-Inhalte

Ergänzend sollte Ihr Briefing auf die folgenden Stichpunkte eingehen:

- In welcher Sprachwelt (Tonalität) bewegt sich Ihre Zielgruppe (B2B, B2C, emotional, pragmatisch, wissenschaftlich, faktisch, konsumaffin ...)?
- Welche Reizwörter wirken bei der Zielgruppe und wecken gezielt Kaufimpulse?
- Wie spricht der Mitbewerber die Zielgruppe an?
- Was sind die absoluten No-Gos Ihrer Zielgruppe?
- Falls vorhanden und falls der Content SEO-relevant ist: Denken Sie an die Keyword-Liste!
- Bitte eine konkrete Anweisung, welche Inhalte in welchem Umfang geliefert werden sollen (Teaser, Text, Title, Description).
- Äußern Sie sich möglichst genau zur gewünschten Textlänge (nicht unter 100 Wörtern, exakt 400 Wörter, maximal 250 Wörter etc.).
- Gibt es eine festgelegte Schreibweise für den Firmennamen im Fließtext (zum Beispiel HSE24.de, Hirmer GROSSE GRÖSSEN, Etienne Aigner AG)?
- Geben Sie einen festen Zeitrahmen vor, setzen Sie Deadlines, und sorgen Sie dafür, dass sie eingehalten werden!
- Soll auf bestimmte Seiten Bezug genommen und darauf verlinkt werden (internes Linkbuilding)?
- Vorgaben zur Anlieferung (zum Beispiel Formatvorgaben) nicht vergessen!

- Liegen offline weitere Informationen zur Nutzung vor (Fachbücher, Pressehefte, Firmenvideos usw.)?
- Welche ergänzenden Informationen werden mit dem Briefing zur Verfügung gestellt (Händlertexte, Fachartikel …)?

25.4 Fazit

Das sieht jetzt auf den ersten Blick nach viel Arbeit aus – doch je gründlicher Sie (auf beiden Seiten) im Vorfeld agieren, desto reibungsloser wird Ihr Textprojekt verlaufen. Setzen Sie vor allem realistische Zeiträume fest, damit Sie (ebenfalls auf beiden Seiten) genügend Luft für die Vorarbeit, das Schreiben und die eventuell notwendige Nachkorrektur haben.

Bestimmen Sie zum Projektstart – unabhängig davon, ob die Texte intern oder extern produziert werden – unbedingt auch eine maximale Anzahl an Korrekturrunden, um zu verhindern, dass das Projekt aus dem Ruder läuft. In der Regel sollten Sie mit einer Korrekturschleife gut durchkommen.

Als freier Texter sollten Sie außerdem vorab den Aufwand für die Einarbeitung mit dem Auftraggeber durchsprechen und im Angebot einkalkulieren. Ein guter Text fällt einem nicht in den Schoß – er ist vielmehr das Ergebnis einer soliden inhaltlichen Planung sowie der intensiven Auseinandersetzung mit den Anforderungen, welche die Website-Besucher an die betreffenden Inhalte stellen. Darüber hinaus müssen Sie als Verfasser am Ende der Schreibarbeit noch dafür sorgen, dass die User den Text auch leicht »konsumieren« können. Wie Ihnen das gelingt, erfahren Sie im folgenden Kapitel.

26 Webtext und Usability

Was nützt ein gut recherchierter, brillant geschriebener und informativer Webtext, wenn er nicht gelesen wird? Dieses Kapitel gibt Ihnen einen Einblick in das Leseverhalten Ihrer User und vermittelt Ihnen das Handwerk, das Sie benötigen, um Ihre Webinhalte »lesbar« zu machen. Bieten Sie Ihren Texten die richtige »Website-Bühne«!

Texte, die in vorgegebene Website-Templates gepresst und mit wild wuchernden Formatierungen verunziert werden, sind ein weit verbreitetes Webseiten-Manko, das den Usern das Lesen und damit auch das Leben unnötig erschwert. Nicht selten werden wir mit folgenden Darstellungs-Sünden konfrontiert:

- Textbrocken ohne Gliederung oder erkennbare Struktur
- Headlines, die sich nicht grafisch vom darauffolgenden Text abheben
- Textinformationen, die den Leser mit scheinbar willkürlich gefetteten Begriffen in großer Anzahl »erschlagen«
- Texte, die aus reinen Linkwüsten bestehen
- kleine Schriftgröße, bunter Schriftfarbenmix, verschnörkelte Schrifttypen
- Texte, die durch eine inverse Schrift (zum Beispiel weißer Schriftzug auf schwarzem Untergrund) oder wenig kontrastreich dargestellt werden (wenn etwa die Hintergrundfarbe zu sehr der Schriftfarbe ähnelt) und so die User beim Lesen besonders anstrengen

Dabei haben Webpage-Betreiber doch eigentlich ein massives Interesse daran, dass ein User die zur Verfügung gestellten Angebote und Informationen auch problemlos nutzen kann. Generell hat sich der Besucher einer Webseite bereits einmal ganz aktiv für ein bestimmtes Angebot entschieden, indem er auf einen Link in einem Suchergebnis, einer Anzeige oder einem Social-Media-Post geklickt hat. Sobald er auf der betreffenden Seite gelandet ist, möchte er ganz bequem und ohne zusätzliche Hürden Antworten auf seine Fragen bekommen.

Schaffen Sie also unbedingt die Voraussetzungen dafür, dass Ihre Texte barrierefrei erschließbar sind und sich Website-Besucher beim Erforschen Ihrer Inhalte nicht unnötig abrackern müssen. Dazu gilt es, ein paar bewährte Usability-Grundregeln zu beachten, die ich Ihnen in diesem Kapitel vorstelle.

Die meisten dieser Regeln stammen aus den Erkenntnissen der Nielsen Norman Group, die sich seit 1994 mit dem Nutzungsverhalten der User auseinandersetzt und ihre Befunde regelmäßig in Buch-, Studien- und Artikelform veröffentlicht hat. In den vergangenen zwei Jahrzehnten hat das Team um den weltweit führenden Web-Usability-Experten Jakob Nielsen nahezu 5.000 Seiten an Forschungsberichten gesammelt und ausgewertet.[1] Dank zahlreicher Eyetracking-Studien wissen wir auch, wie sich das Auge eines Besuchers auf der Website bewegt und wie wir dieses Wissen für die Aufbereitung unserer Texte nutzen können.

26.1 Vom Scannen und Lesen

Auf die Frage, wie User Texte online lesen, antwortete der Usability-Guru Jakob Nielsen trocken: »Gar nicht!« Aus dem Zusammenhang gerissen, könnte man diese Aussage als Argument für eine gängige Meinung vieler Website-Betreiber deuten: »Text ist unwichtig, da er sowieso nicht gelesen wird.« Das wäre jedoch ein völlig falscher Interpretationsansatz.

Vielmehr geht es darum, zu verstehen, dass das Lesen von Texten online anderen Prinzipien unterliegt als im Print-Bereich. Als Anbieter haben Sie nur wenige Sekunden Zeit, dem Nutzer Ihre Inhalte nahezubringen und ihn zum Weiterlesen zu animieren. Deshalb ist es wichtig, dass ein Webtexter lernt, wie man Inhalte so aufbereitet, dass sie ihr Ziel auch erreichen.

Hier die wichtigsten gesammelten Fakten zum Leseverhalten am Bildschirm:

- ▶ Im Internet wird nicht Zeile für Zeile horizontal gelesen, vielmehr »rauschen« die Leser vertikal von oben nach unten über die Inhalte.
- ▶ Im Durchschnitt entscheiden User in maximal 10 Sekunden, ob sie die Inhalte interessant finden und weiter auf der Seite bleiben oder ob sie den Besuch sofort abbrechen.[2] Rund 17 % verlassen die Seite bereits innerhalb von 4 Sekunden.[3]
- ▶ Das Lesen am Bildschirm dauert ca. 25 % länger als das Lesen eines Offline-Textes. Das liegt unter anderem daran, dass die Lichtimpulse, die vom Bildschirm

---

1 Jakob Nielsen/Hoa Loranger, Web Usability. München: Addison-Wesley 2006, Seite XVI.
2 Quelle: *http://www.nngroup.com/articles/how-long-do-users-stay-on-web-pages* (veröffentlicht am 12.09.2011)
3 Quelle: *http://www.nngroup.com/articles/how-little-do-users-read* (veröffentlicht am 06.05.2008)

ausgehen, unsere Augen stärker beanspruchen und schneller ermüden. Dadurch nimmt auch unser Konzentrationsvermögen rascher ab.[4]

- 16 % der Internetnutzer lesen Webtexte vollständig. 79 % scannen lediglich den Bildschirm.[5]
- User verbringen knapp 70 % der Besuchszeit damit, die Inhalte auf der linken Hälfte einer Webseite zu studieren, und verwenden nur rund 30 % für die Informationen auf der rechten Seite.[6]
- Das Leseverhalten der User entspricht einem F-förmigen Muster: Bei Eyetracking-Studien hat man festgestellt, dass die Fixationspunkte beim Lesen einer Seite primär links liegen und der User nur durch interessante Impulse beim Lesen immer wieder nach rechts »ausbricht«.[7]
- 80 % der Leser scrollen nicht nach unten, sondern nehmen lediglich die Inhalte »above the fold« wahr, also die im ersten sichtbaren Bereich auf der Webseite.[8] Daher ist es sinnvoll, längere Inhalte auf mehrere Seiten zu verteilen (Pagination/Blätterfunktion).
- Im Durchschnitt lesen acht von zehn Webpage-Besuchern die Überschriften, aber nur zwei von zehn interessieren sich für den dazugehörigen Text im Anschluss.

Die Liste zeigt, warum es entscheidend ist, das Leseverhalten der User genau zu kennen, um Texte so zu präsentieren, dass sie von möglichst vielen Nutzern auch tatsächlich angenommen werden. Die erste und bedeutsamste Regel, die sich aus den Fakten ableiten lässt, lautet:

Die wichtigsten Informationen und die relevantesten Schlüsselbegriffe gehören links an den Anfang von Headlines, Intros und Absätzen!

Wie in der obigen Liste erwähnt, lesen nur 16 % der User die Texte im Internet ganz. Allerdings ist dieses »nur« durchaus relativ zu sehen: Je nach Anzahl der Besucher auf der Seite kann das schon eine ordentliche Menge an Lesern sein (um noch einmal das beliebte Argument zu entkräften, Texte seien unwichtig, weil sie nicht gelesen würden ...).

---

4 Quelle: *http://www.nngroup.com/articles/be-succinct-writing-for-the-web* (veröffentlicht am 15.03.1997)
5 Quelle: *http://www.nngroup.com/articles/how-users-read-on-the-web* (veröffentlicht am 01.10.1997)
6 Quelle: *http://www.useit.com/alertbox/horizontal-attention.html* (veröffentlicht am 06.04.2010)
7 Quelle: *http://www.useit.com/alertbox/reading_pattern.html* (veröffentlicht am 17.04.2006)
8 Quelle: *http://www.useit.com/alertbox/scrolling-attention.html* (veröffentlicht am 22.03.2010)

> **Think-Content-Tipp: Lassen Sie sich von den Zahlen nicht entmutigen!**
> Behalten Sie auch hier stets Ihre Zielgruppe im Hinterkopf. Die User der Generation 55+ gehören beispielsweise zu den besonders eifrigen Lesern. Daher kann der Prozentsatz der Leser auf Webseiten für reifere User auch deutlich höher sein. Außerdem: Wer sagt denn, dass die Besucher, die ein stärkeres Interesse an Ihrem Angebot haben, nicht auch zu den 16 % gehören, die sich mehr Zeit für Website-Inhalte nehmen?
>
> Bedenken Sie: Mit guten Inhalten können Sie die Glaubwürdigkeit Ihrer Marke erhöhen und Website-Besucher zu loyalen Kunden konvertieren – und markentreue Kunden zeigen grundsätzlich immer ein höheres Interesse an Ihren (redaktionellen) Inhalten.

Beim Scannen pickt sich ein Leser mittels eines Schnell-Checks der Webinhalte diejenigen Informationen heraus, die für ihn relevant sind. Er nimmt den gesamten Content auf den ersten Blick nur bruchstückhaft wahr, bis ein Thema, ein Schlüsselbegriff oder eine Aussage ihn davon überzeugt, dass es sich lohnen könnte, sich näher mit den angebotenen Informationen auseinanderzusetzen. Dabei rauscht er hauptsächlich auf der linken Seite des jeweiligen Webangebots durch. Oft liest er sogar nur die Headline oder den ersten Satz eines Textes und entscheidet daraufhin sofort, ob er überhaupt weiterlesen möchte oder nicht.

> **Think-Content-Tipp: Der Google-Bot tickt ähnlich wie ein User**
> Der Crawler einer Suchmaschine verhält sich beim Auslesen von Website-Inhalten wie ein realer Internetnutzer: Er geht ebenfalls davon aus, dass die relevantesten Informationen einer Website und damit auch die wichtigsten Keywords immer am Text- oder Headline-Anfang stehen. Näheres hierzu finden Sie in Kapitel 29, »SEO für Content-Manager und Webtexter«.

Sie sehen also, wie essenziell es ist, Ihren User gleich am Anfang eines Textes und zu Beginn einer Überschrift mit starken Signalen zu »begrüßen« und ihm die Bestätigung zu geben: Hier bist du richtig, weil …

> **Think-Content-Tipp: Behalten Sie die Tablet- und Mobile-Entwicklung im Auge**
> Wie sich das Leseverhalten langfristig ändern wird, ist möglicherweise eine Generationsfrage. Es wird immer wieder prophezeit, dass die *Digital Natives*, also die Leute, die von Kindesbeinen an mit mobilen Endgeräten in Berührung kommen, in Zukunft gar nicht mehr lesen würden. Unter anderem sollen sprachgesteuerte Endgeräte die Kommunikation übernehmen. Wenn man sich die rasante Entwicklung der letzten 15 Jahre – im Online- wie im Mobile-Bereich – vor Augen führt, ist das zumindest nicht völlig ausgeschlossen.

> Eine Studie der Firma Poynter, die unter anderem der Frage nachging, wie unterschiedliche Generationen beim Lesen via Tablets die jeweiligen Inhalte wahrnehmen, lieferte indes folgende Antworten[9]:
> - Younger readers are more likely to be scanners.
> - Older people are more likely to be methodical.
> - Both read deeply when they find what they want.
>
> Also ist in der Welt der Nachwuchs-User doch noch nicht alles ganz anders, und die Generationen unterscheiden sich zumindest in einem wesentlichen Punkt nicht voneinander: Wenn der Nutzwert einer Information klar ist, wird sie auch gerne gelesen und aufmerksam studiert. Der Beruf des Webtexters dürfte also noch nicht so schnell vom Aussterben bedroht sein.

Bei der Präsentation von längeren Texten helfen uns zwei Methoden, die Scanner einzufangen: eine Pyramide, die auf dem Kopf steht, und ein Fundus an Formatierungsmöglichkeiten. Mit diesen zwei Methoden beschäftigen sich die nächsten beiden Abschnitte.

26.2 Das Prinzip der umgekehrten Pyramide

Einen guten Webtext könnte man polemisch als »Spannungsbremse« bezeichnen. Denn aus den oben genannten Erkenntnissen über das Leseverhalten der User folgt unter anderem auch, dass Sie die wichtigsten Fakten, Benefits und USPs gleich an den Textanfang bzw. an den Anfang einer Webseite stellen müssen.

Würde man diese Methode auf das Schreiben eines Krimis übertragen, wäre die Konsequenz, die Auflösung des Falls schon zu Beginn des ersten Kapitels zu verraten. Ein webkonformer Text muss eben nicht mit Hilfe einer ausgeklügelten Dramaturgie einen langen Spannungsbogen aufbauen, sondern er soll vor allem prägnant, schnell und punktgenau informieren. Überspitzt formuliert: Internetnutzer wollen gleich wissen, wer der Mörder ist, und nicht erst einen ganzen Artikel zum Mordfall lesen!

Der Aufbau eines gut strukturierten Webtextes folgt daher dem Prinzip der sogenannten *Inverted Pyramid*. Was dieses Prinzip der umgekehrten Pyramide konkret beinhaltet, sehen Sie in Abbildung 26.1. Bisweilen spricht man auch von einer Nachrichtenpyramide, weil sie zugleich den klassischen Aufbau von Nachrichtenmeldungen abbildet.

---

9 Quelle: Poynter Eye Track Tablet Research, hochgeladen von Sara Quinn am 09.03.2013. Link zur Präsentation: *http://de.slideshare.net/SaraQuinnPoynter/poynter-eye-track-tablet-research-sxsw*

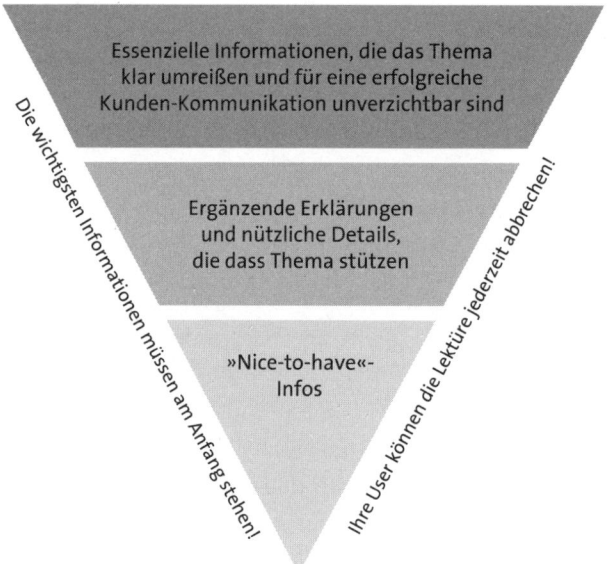

Abbildung 26.1 Die umgekehrte Text-Pyramide

Auch wenn sich das Leseverhalten von Online- und Offline-Lesern grundsätzlich stark unterscheidet, vereint das Prinzip der auf dem Kopf stehenden Pyramide eine Anforderung, die beide Leser an den jeweiligen Autor stellen: »Komm schnell auf den Punkt und sag mir klipp und klar, warum ich mich für das, was du geschrieben hast, interessieren sollte!«

26.3 Grafisches Schreiben

In Abschnitt 24.1.4, »Gespür für Design und Usability«, habe ich bereits erwähnt, dass ein Webtexter bei der Gestaltung der Seiteninhalte involviert sein sollte. In diesem Abschnitt lernen Sie die Formatierungsmöglichkeiten kennen, mit denen Sie Ihre längeren Texte effizient an die Leser bringen können. Wenn Sie feststellen, dass Ihnen aktuell – etwa wegen gewisser Beschränkungen durch das Webdesign – noch nicht alle hier vorgestellten Gestaltungsmöglichkeiten zur Verfügung stehen, dann ist es umso wichtiger, dass Sie beim nächsten Redesign-Projekt Ihrer Website stärker ins Planungsteam eingebunden werden:

> »Dicht gedrängte Textblöcke sind ein Hauptgrund für das Verlassen einer Website.«[10]

---

[10] Jakob Nielsen/Hoa Loranger, Web Usability. München: Addison-Wesley 2006, Seite 79.

Wie wir nun wissen, verliert der User in der Regel schon innerhalb von wenigen Sekunden die Geduld und das Interesse an einem Inhalt, wenn er die gewünschten Informationen auf einer Seite nicht sofort findet. Machen Sie selbst einmal die Probe aufs Exempel: Was können Sie in maximal 10 Sekunden aus dem Text in Abbildung 26.2 herauslesen?

Abbildung 26.2 Unformatierter Webtext

Textwüsten wie diese finden sich im Web wie Sand am Meer. Hier haben die User keine Chance, sich auf die Schnelle einen guten Überblick zu verschaffen. Doch mit nur wenigen Optimierungen können Sie einen solchen Text gleich wesentlich lesbarer gestalten:

- Zunächst braucht der Text eine aussagekräftige Headline.
- Nach dem Prinzip der umgekehrten Pyramide gehört an den Anfang des Textes ein optisch klar abgesetzter Intro-Abschnitt.
- Das menschliche Auge nimmt Informationen viel leichter auf, wenn sie in sinnvollen Gruppen zusammengestellt werden: Absätze erleichtern die Lesbarkeit entscheidend.
- Prägnante, knackige Zwischenüberschriften können die Aufmerksamkeit des Users beim Scannen wieder auf den Text lenken.

Und siehe da: Die ursprüngliche Textwüste präsentiert sich nun schon wesentlich attraktiver – etwa so, wie in Abbildung 26.3 dargestellt.

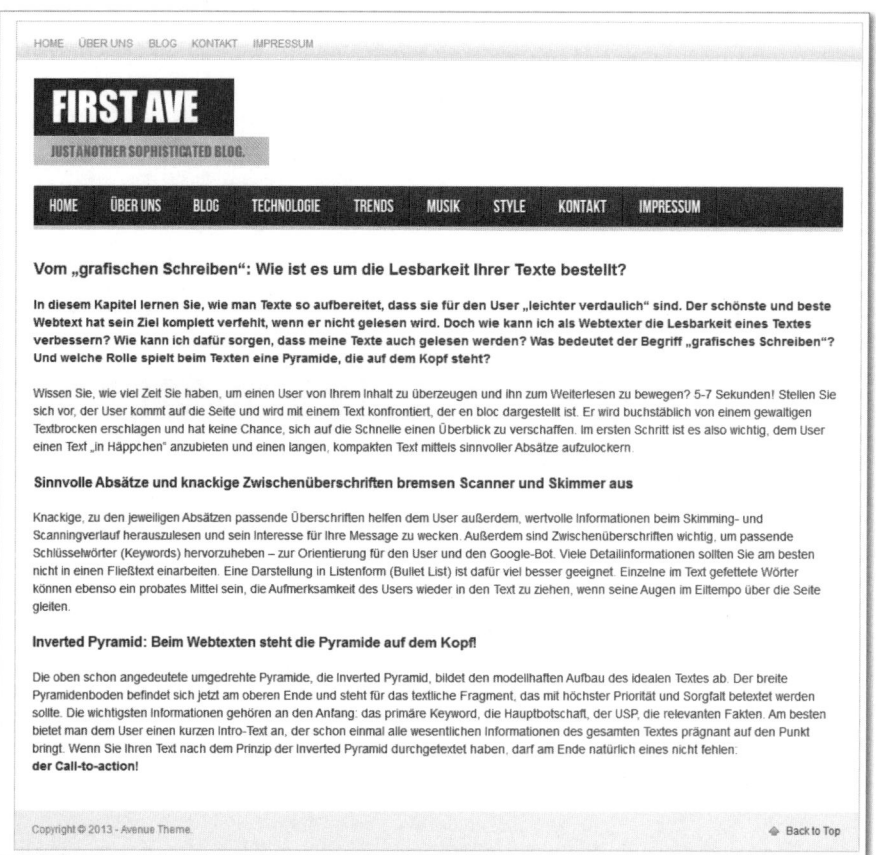

Abbildung 26.3 Webtext aus Abbildung 26.2, diesmal etwas lesbarer gestaltet

Wie Sie in der Grafik sehen, dürfen Sie gerne Ihren abschließenden Call-to-Action gefettet oder auch durch einen kleinen Abstand vom Text getrennt hervorheben. Wenn er zudem ein starkes Keyword enthält, können Sie einen rasanten Scanner am Ende noch einmal auf Ihr Angebot und die Handlungsaufforderung aufmerksam machen und ihn dadurch im Idealfall »in letzter Sekunde« zur gewünschten Aktion bewegen.

Damit haben Sie Ihre Formatierungsmöglichkeiten aber noch längst nicht vollständig ausgeschöpft. Wie Sie den Text noch benutzerfreundlicher gestalten können, veranschaulicht Ihnen Abbildung 26.4.

Packen Sie also – wie in der Grafik gezeigt – Informationen, die Sie in Listenform präsentieren können (Produkteigenschaften, Regeln, Leistungsbeschreibungen, erläuternde Fakten usw.) in eine Aufzählungsansicht (*bullet list*): Das wirkt viel übersichtlicher. Dabei sollten Sie ein einführendes Intro nicht unter den Tisch fallen lassen und am Ende noch eine Handlungsaufforderung platzieren.

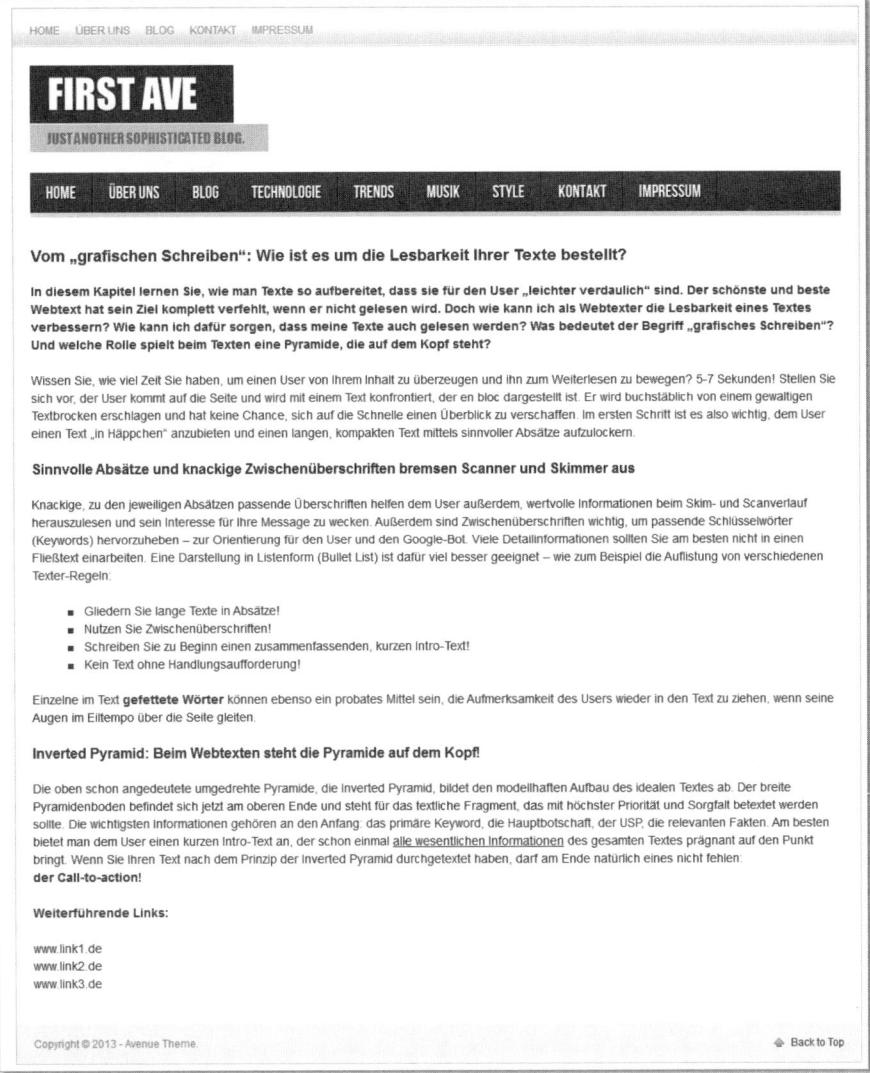

Abbildung 26.4 Webtext aus Abbildung 26.3 nach dem Ansetzen weiterer Formatierungshebel

Wenn sich ein längerer Textabschnitt einmal nicht sinnvoll in Absätze gliedern lässt, können Sie den einen oder anderen wichtigen Begriff mit Hilfe von Fettdruck hervorheben, um ihn für Scanner »sichtbar« zu machen und deren Aufmerksamkeit auf die gefettete Information zu lenken. Übertreiben Sie es aber nicht: Wenn Sie zu viele Worte wahllos fetten, weiß der User nicht, welche Informationen wirklich relevant sind – im Zweifelsfall ignoriert er dann Ihren Text.

In Abbildung 26.5 sehen Sie die Website-Integration eines Textes, in dessen Erstellung sicher eine Menge Zeit und Mühe geflossen ist. Doch leider mindern die vielen Fettungen das Lesevergnügen massiv.

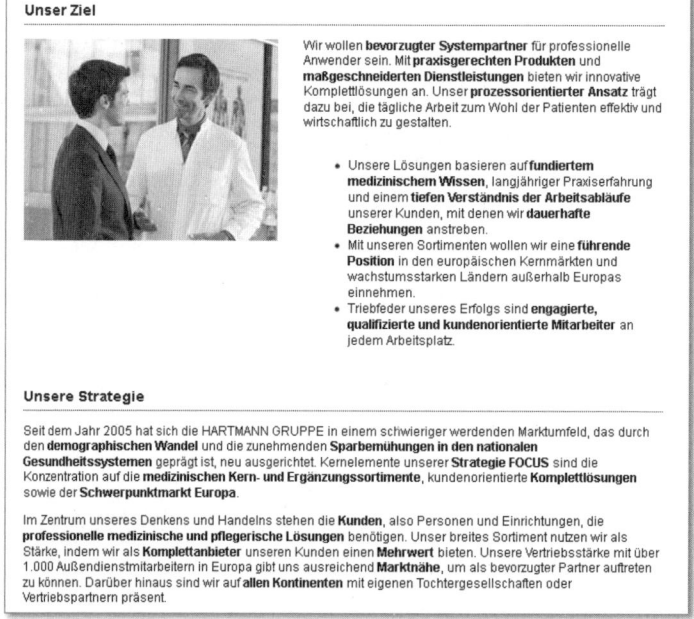

Abbildung 26.5 Screenshot-Auszug einer »Über uns«-Seite[11]

Der inflationäre Einsatz von gefetteten Begriffen untergräbt die schnelle Erfassbarkeit der Fakten und vermittelt den Eindruck, dass der Autor selbst Schwierigkeiten hat, die Informationen richtig zu gewichten. Formatierungen und das Herausheben zentraler Botschaften sind wichtig; eine gute Usability erfordert es aber auch, das richtige Maß zu finden. Im direkten Vergleich zur Textdarstellung in Abbildung 26.5 wirkt die Präsentation in Abbildung 26.6 wesentlich ruhiger und aufgeräumter, solider und seriöser.

In diesem Fall könnte man zwar noch die kleine Schriftgröße monieren, aber die perfekte Lösung für alle Seiten und Zielgruppen gibt es schlicht und ergreifend nicht. Keine Webseite ist makellos. Letztlich kommt es nur darauf an, für die Darstellung der Inhalte den besten Kompromiss zu finden.

---

11 Link zur Seite *http://www.hartmann.info/DE/unternehmensstrategie.php* (Screenshot vom 22.12.2013)

Abbildung 26.6   Screenshot-Auszug einer Service-Kategorieseite[12]

> **Think-Content-Tipp: Augen auf beim Fetten!**
>
> Wählen Sie die Worte oder Sätze, die Sie hervorheben wollen, sorgfältig aus. Falsch gefettete Begriffe können User sogar eher abschrecken als »in den Text locken«, wie das folgende verunglückte Beispiel zeigt:
>
> > »Wenn Sie Ihren Blutdruck unterstützen möchten und einer **koronaren Herzerkrankung** vorbeugen wollen, sollten Sie auf unsere Weißdorn-Kapseln bauen. Mit ihren wertvollen Natursubstanzen und Bioaktivstoffen können Sie das **Cholesterin** senken, Ihre **Blutfettwerte** reduzieren und Ihr Herz stärken.«
>
> Hier wird der Leser schon beim Scannen buchstäblich krank – man kann es ihm nicht verdenken, wenn er sich sofort von der Webseite verabschiedet. Dabei sollte der Text doch eigentlich auf Nahrungsergänzungsmittel hinweisen, die die Gesundheit stärken und das Wohlbefinden unterstützen können!
>
> Beachten Sie auch, dass formatierte Begriffe vom Google-Bot mehr Aufmerksamkeit erhalten. Wenn Sie also falsche Schlüsselbegriffe fetten, kann das im Ernstfall dazu führen, dass Google Schwierigkeiten hat, die thematische Relevanz Ihrer Website herauszulesen.

---

12   Link zur Seite: *http://www.mum.de/DE_Software-Leasing.CAD* (Screenshot vom 22.12.2013)

Ein weiterer Hinweis: Gezielt gesetzte Links (entweder im Text oder im Anschluss daran) sind ebenfalls ein bewährtes Mittel, um die Aufmerksamkeit der Nutzer zu erregen. Zudem erleichtern sie Ihren Website-Besuchern den Zugriff auf weiterführende Informationen zu den dargebotenen Inhalten und tragen so zu einer verbesserten Usability bei. Achten Sie bei der Nutzung von Links immer darauf, dass diese auch mit aussagekräftigen Begriffen verknüpft werden. Aber auch hier heißt es wieder: Nicht übertreiben! Reine Linkwüsten sind eine Zumutung für den Leser.

26.4 Fazit

Behalten Sie beim Texten immer die Ungeduld Ihrer Website-Besucher und deren selektives Leseverhalten im Hinterkopf: Achten Sie auf eine saubere Gliederung, präzise Headlines, leicht verständliche und mit den wichtigsten Fakten gespickte Intro-Texte sowie die Möglichkeit, Fließtext durch Aufzählungen aufzulockern. Überlegen Sie auch, ob sich Ihre Headline vielleicht mit einer Subheadline verstärken lässt, damit Sie gleich zu Beginn genügend Argumente unterbringen können, die dem User Lust auf den restlichen Text machen.

Jakob Nielsen nennt die Website treffend »ein Haus mit tausend Türen«: Die Besucher können von überallher eintreten. Sie sollten also unbedingt dafür sorgen, dass sie auch an jeder Stelle optimal empfangen werden.

Denken Sie zudem daran, dass die Usability eines Textes auch eng mit einer leichten Verständlichkeit verknüpft ist. Verfallen Sie nicht dem Irrglauben, ein Texter würde schlauer klingen, wenn er besonders kompliziert schreibt – im Gegenteil: Dann wird man ihm eher unterstellen, dass er nicht kompetent genug ist, einen Sachverhalt klar und verständlich auf den Punkt zu bringen. Einfache Sprache, kurze Sätze, knappe Absätze, möglichst keine Fremdwörter: Das Beherrschen des Texter-Einmaleins ist auch im Web unerlässlich. Drum bietet das nachfolgende Kapitel eine kleine Sammlung der grundlegenden Schreibregeln, die gleichermaßen für Webtexter gelten.

27 Allgemeine Texter-Regeln und ihre Gültigkeit im Web

»Schreibe kurz – und sie werden es lesen. Schreibe klar – und sie werden es verstehen. Schreibe bildhaft – und sie werden es im Gedächtnis behalten.« (Joseph Pulitzer)

Wenn Sie einen Texter fragen, was denn beim Formulieren einer knackigen Headline, eines informativen Satzes oder eines sinnvollen Absatzes die größte Herausforderung darstellt, werden Sie in den meisten Fällen diese Antwort erhalten: »Sich kurz zu fassen!« Doch einige elementare Regeln aus dem Print-Bereich muss man in der Online-Welt sogar noch strenger befolgen: Keine überflüssigen Wörter, keine redundanten Sätze, keine Absätze ohne Mehrwert, keine verkopften Künsteleien! Zum einen ermöglichen Sie den Usern damit einen schnellen Zugang zu Ihren Webtexten, zum anderen unterstreicht ein leicht verständlicher Text die Kompetenz des Autors, wie der Psychologe Daniel M. Oppenheimer im Rahmen einer Forschungsarbeit an der Princeton University herausfand:

*»Drücke dich so einfach und klar wie möglich aus.
Dann hält man dich eher für intelligent.«*[1]

Die Aufgabe eines Webtexters besteht also darin, sich konstant kurz zu fassen und dennoch gehaltvollen, informativen Content zu erstellen, bei dem jede Formulierung sitzt. Mit Blick auf die ungeduldigen Scanner ist es wichtig, dass er jedes Wort einer Headline mit Bedacht wählt, im Intro das Hauptthema klar hervorhebt und ganz nebenbei auch mit bildhaften Ausdrücken und stimmigen Adjektiven für eine konkrete, sympathische User-Ansprache sorgt. In den folgenden Abschnitten schauen wir uns daher ein paar klassische Regeln an, die sich auch beim Webtexten bewährt haben.

27.1 Satzbau

Wie in Abschnitt 26.1, »Vom Scannen und Lesen«, bereits erwähnt, dauert die Lektüre eines Textes am Bildschirm rund 25 % länger. Daher ist es essenziell, dass Sie

---

[1] Quelle: *http://www.sciencedaily.com/releases/2005/10/051031075447.htm* (Stand: 18.12.2013)

einem Online-Leser Ihre Inhalte möglichst leicht verdaulich präsentieren. Das gelingt Ihnen, indem Sie

- einfache, leicht verständliche und aktiv formulierte Sätze bilden,
- jeweils nur einen Gedanken in einen Satz packen,
- lange, holprige Schachtelsätze vermeiden und
- auf überflüssige Nebeninformationen verzichten, die der User nicht zwangsläufig benötigt.

Also bitte keine derartigen Satzmonster:

»GAFSynD ist eine von der Luftwaffe initiierte Informations- und Weiterbildungsveranstaltung mit dem Ziel, den Mehrwert von Simulationsunterstützung für Ausbildung, Übung und Einsatzunterstützung in der Luftwaffe anhand praktischer Demonstrationen zu verdeutlichen und zielgruppenorientiert den Entscheidungsträgern der Luftwaffe zu vermitteln.«[2]

Sicher kann man sich auch hier zusammenreimen, worum es geht – aber dazu muss der Leser erst einmal Zeit und Lust haben, sich den Inhalt mühsam zu erarbeiten. Sinnvoller ist es, die Aussagen gleich auf drei kürzere Sätze zu verteilen. Etwa so:

»GAFSynD ist eine von der Luftwaffe initiierte Informations- und Weiterbildungsveranstaltung. Ziel ist es, Entscheidungsträgern den Mehrwert für den Einsatz von Simulationsunterstützung zu vermitteln. Anhand praktischer Beispiele wird gezeigt, wie die Luftwaffe bei der Ausbildung sowie in Übungen und Einsätzen davon profitieren kann.«

Verfahren Sie am besten nach der Methode »Pro Satz eine Aussage«. Geben Sie Ihren Lesern die Chance, nach jedem Satz einen »Hab ich verstanden«-Haken zu setzen!

27.2 Satz- und Wortlänge

Im Web bevorzugen wir kurze Sätze und kurze Wörter. Das bedeutet aber nicht, dass ein kürzerer Satz automatisch ein besserer Satz wäre – insbesondere dann nicht, wenn dadurch das sprachliche Niveau fällt und sich der Text liest, als ob er aus einem Kinderbuch stammen würde. Fürs Web gelten hier dieselben Regeln wie für den Print-Bereich: Sätze sollten grundsätzlich nie unnötig lang sein, doch es ist durchaus legitim, vernünftige Satzgefüge mit Haupt- und Nebensätzen zu bilden.

---

2 Aus einer Pressemeldung vom 15.06.2012: *http://www.pressebox.de/pressemitteilung/iabg-industrieanlagen-betriebsgesellschaft-mbh/IABG-ist-Gastgeber-fuer-die-Weiterbildungsveranstaltung-Mehrwert-von-Simulationsunterstuetzung-in-der-Luftwaffe/boxid/516703*

Im Allgemeinen sollte man einen Satz ab 15–17 Wörtern noch einmal gründlich überprüfen:

- Gibt es unnötige Füllwörter, die ich streichen könnte?
- Lässt sich die Aussage des Satzes in zwei Sätzen formulieren?
- Habe ich zu viele Fakten in einen Satz gepackt?
- Kann ich mehr Verben einsetzen?

Auch im Hinblick auf die Wortlänge existiert kein in Stein gemeißeltes Gesetz. Im Prinzip geht es auch hier darum, dafür zu sorgen, dass die Wörter vom Leser schnell erfasst werden können. Ein allgemein gebräuchliches längeres Wort, das im menschlichen Gehirn fest verankert ist, wird ein Leser in der Regel rasch lesen und begreifen können. Mit neuen Begriffen tut er sich unter Umständen schwerer.

Grundsätzlich ist es ratsam, ab ungefähr zwölf Zeichen zu überlegen, ob man das Wort auch anders schreiben kann oder lieber trennen sollte.

Lieber nicht: »Briefmarkensammelalbum« (22 Zeichen)

Besser: »Briefmarken-Sammelalbum« oder »Sammelalbum für Briefmarken«

Lieber nicht: »Swarovskistrassziersteine« (25 Zeichen)

Besser: »Swarovski-Strass-Ziersteine«

Lieber nicht: »Bodenfliesenqualität« (20 Zeichen)

Besser: »Bodenfliesen-Qualität« oder »Qualität der Bodenfliesen«

Treffen Sie Ihre Entscheidung möglichst stets zugunsten der Lesbarkeit. Überlegen Sie, ob ein wichtiges Wort beim Scannen vielleicht doch schneller erfassbar ist, wenn Sie es mittels eines Bindestrichs »isolieren«. Auch vermeintlich kurze Wörter wie »Zwergelstern« oder »Magentarot« geben sich u. U. beim schnellen Lesen auf den ersten Blick nicht gleich als »Zwerg-Elstern« und »Magenta-Rot« zu erkennen, sondern werden möglicherweise als »Zwergel-Stern« und »Magen-Tarot« gelesen.

Doch manchmal helfen auch Bindestriche kaum weiter: »Rindfleischetikettierungsüberwachungsaufgabenübertragungsgesetz« (63 Zeichen)? Ich kapituliere!

27.3 Wortwahl

Beim Webtexten ist es wichtig, dass Sie die Schlüsselbegriffe zum Einsatz bringen, die der User für seine Online-Suche nutzt, um auf Ihr Angebot aufmerksam zu werden. Außerdem sollte das Wording eng mit Ihrer Marketingabteilung auf die aktuellen Werbekampagnen abgestimmt werden. Im B2B empfiehlt es sich überdies, darauf zu achten, dass Sie in der Sprache Ihrer Geschäftskunden sprechen und etablierte, branchenübliche Begriffe verwenden.

Darüber hinaus sollten Sie beim Texten stets positiv denken und Negativismen vermeiden: Verzichten Sie, soweit es möglich ist, auf Wörter wie »nicht«, »nein« oder »kein« sowie auf negativ belegte Begriffe. Bei manchen Texten hat man das Gefühl, der Autor hätte vor dem Schreiben vielleicht ein paar »Happy Pills« einwerfen sollen – wie zum Beispiel bei dieser Werbeankündigung einer Messe:

> *»Wahrscheinlich hat sich ein Besuch selten so gelohnt wie auf dieser Messe, denn dort treffen Sie nicht nur viele Entscheider, die die Trends der Zukunft nicht verpassen wollen ...«*

»Wahrscheinlich«? Soll das etwa heißen, dass der Schreiber selbst nicht von dem Angebot überzeugt ist? »Selten«, »nicht nur«, »nicht«: Auch diese Signalwörter vermitteln eher maue Stimmung. Besser so:

> *»Ein Besuch auf dieser Messe lohnt sich bestimmt: Dort treffen Sie viele Entscheider, die ebenso an den Trends der Zukunft interessiert sind wie Sie ...«*

Dadurch wird der Satz zwar auch nicht gehaltvoller, doch zumindest präsentiert er seine Aussagen in dieser Variante positiver.

Rechtstipp: Auch beim Werben gibt es Spielregeln

Beachten Sie, dass Ihre Werbeaussagen einen Tatsachenkern haben müssen und nicht irreführend sein dürfen: Alles andere wäre unlauter, und Sie können von Ihrem Konkurrenten kostenpflichtig abgemahnt werden. Was im Einzelfall irreführend ist, ist allerdings in der Praxis häufig schwer zu bestimmen: Entscheidend ist, wen Sie mit Ihrer Werbung ansprechen wollen: Was im B2B-Bereich (noch) möglich ist, kann im B2C-Bereich schon wettbewerbswidrig sein, nachdem die Gerichte auf den sogenannten durchschnittlich informierten, verständigen und aufmerksamen Durchschnittskunden abstellen. Bei der Verwendung von Superlativen ist jedenfalls Vorsicht geboten. Also vermeiden Sie tunlichst Formulierungen wie »Europas größter Einzelhändler«. Vermitteln Sie mit Ihrer Werbung den Eindruck, Ihr Unternehmen hätte eine solche Spitzenstellung in einer bestimmten Vergleichsgruppe, so muss das dann auch nachweislich (!) so sein, und einen gehörigen Abstand gegenüber Ihren Mitbewerbern müssen Sie auch noch haben. Ansonsten verstoßen Sie mit einer solchen Alleinstellungswerbung gegen Wettbewerbsrecht. Also bleiben Sie lieber bei »Einer der größten Einzelhändler in Europa«.

27.4 Schreibstil

Ein guter Stil verbessert den Lesefluss und erleichtert es dem User, die dargebotenen Informationen aufzunehmen. Orientieren Sie sich beim Texten daher insbesondere an den folgenden Regeln.

27.4.1 Vermeiden Sie Nominalkonstruktionen

Sätze, die aus einer Aneinanderreihung von Hauptwörtern bestehen, machen dem Leser keinen Spaß: Sie wirken hölzern und langatmig, klingen oft abgehackt und werden meist nicht auf Anhieb verstanden. Im Bereich der Wissenschaft oder der Juristerei mögen Nominalsätze ihre Berechtigung haben, im Web wirken sie eher deplatziert. Besonders begehrt ist der Nominalstil indes bei Textern für B2B-Plattformen. Hier findet man zahlreiche Schachtelsätze und aneinandergereihte Nominalkonstruktionen, die weder angenehm zu lesen noch unmittelbar verständlich sind. Ein Beispiel dafür, wie man es nicht machen sollte:

> *»Die Entwicklung und Produktion innovativer, kundenspezifischer Systemlösungen für die Bereiche Medizintechnik und Pharma aus allen gängigen Kunststoffen, beginnend von der ersten Idee bis zur Serienproduktion, verbunden mit höchsten funktionalen Ansprüchen für individuelle Kundenforderungen, ist das Ziel und unsere Kernkompetenz im Präzisionsspritzguss.«*

Auch wenn man im B2B gerne im Fachjargon sprechen darf, erwarten Ihre Geschäftskunden dasselbe von Ihrem Text wie jeder andere Leser auch: Sie wollen ihn schnell verstehen und leicht lesen können. Bevorzugen Sie daher immer einen aktiven, dynamischen Verbalstil, und machen Sie Ihren Text mit Hilfe von bedeutungsstarken Verben lebendig und flüssig lesbar.

So lieber nicht: »Das Erlernen des Handwerks zum Schreiben eines Webtextes und zur gleichzeitigen Optimierung aus Suchmaschinensicht ist eine Notwendigkeit für jeden Texter.«

Besser so: »Jeder Texter sollte das nötige Handwerk lernen, um einen Webtext so schreiben zu können, dass er zugleich für Suchmaschinen optimiert ist.«

27.4.2 Pflegen Sie einen aktiven Schreibstil

Ärzte raten ihren Patienten: »Bleiben Sie aktiv – das erhöht die Lebensdauer!« Ähnliches gilt für aktive Verben: Sie steigern die Lesefreude. Passive Satzkonstruktionen hingegen sind kompliziert zu lesen und klingen oft nach Amtsdeutsch. Darum sollten Sie Verben im Passiv möglichst vermeiden. Wenn Sie sie ins Aktiv setzen, sparen Sie sich in den meisten Fällen auch gleich wieder ein paar Zeichen, wie die folgenden Beispiele zeigen.

Lieber nicht: »Peter Reiss wurde von Generalsekretär Dr. Thomas Zäch zum neuen Director Public Affairs ernannt.«

Besser so: »Generalsekretär Dr. Thomas Zäch ernannte Peter Reiss zum neuen Director Public Affairs.«

Lieber nicht: »Die Kongressbesucher wurden durch den humorvollen Vortrag von Konrad Berger unterhalten.«

Besser so: »Konrad Berger unterhielt die Kongressbesucher durch seinen humorvollen Vortrag.«

27.4.3 Stellen Sie den Nutzen Ihres Angebots klar heraus

Sobald ein User auf Ihrer Seite landet, möchte er wissen, was Sie ihm zu bieten haben: Welche Vorteile bringt Ihr Angebot? Welchen Mehrwert bietet es ihm? Mit folgenden Formulierungen machen Sie es dem Besucher einfach, sich für Ihr Angebot zu entscheiden:

- Das bedeutet für Sie ...
- So sichern Sie sich ...
- Dadurch erreichen Sie, dass ...
- Das bringt Ihnen ...
- Das verschafft Ihnen Vorteil XY ...
- So ersparen Sie sich ...
- So vermeiden Sie ...
- So sparen Sie ...
- Damit erhöhen Sie ...
- So optimieren Sie ...
- Das hilft Ihnen bei ...
- Das unterstützt Sie bei ...
- So senken Sie ...
- Dadurch erhalten Sie ...

Ein paar konkrete Beispiele:

> »*Profitieren Sie bei der Planung Ihrer Marketing-Kampagnen von unserem starken Netzwerk.*«

»Mit Hilfe dieser CAD-Software optimieren Sie Ihre Arbeitsabläufe in kürzester Zeit.«

»Sichern Sie sich noch bis zum Jahresende unser Angebot und nutzen Sie die attraktiven Vorteilszinsen.«

Fragen Sie sich beim Texten also immer:

- Wovon profitiert Ihr Kunde?
- Wobei helfen Sie ihm?
- Was kann der User dank Ihres Angebots optimieren?
- Was kann er sparen?

Beantworten Sie genau diese Fragen in Ihren Texten!

27.4.4 Nutzen Sie die Macht der Adjektive

Auch wenn wir uns beim Schreiben stets möglichst kurz fassen sollten, darf das nicht zulasten von beschreibenden, animierenden, verführerischen, überzeugenden und einladenden Adjektiven gehen. Diese kleinen, aber feinen Beiwörter sorgen dafür, dass Ihre Angebote bzw. Ihre Aussagen »greifbarer« werden.

Es ist ja schön und gut, wenn Sie Ihren Usern mitteilen, dass es auf einem Kongress einen Vortrag über Content-Marketing gab. Aber dann möchte man als Leser natürlich auch wissen, wie dieser Vortrag denn nun war:

- Aufschlussreich?
- Unterhaltsam?
- Aufwühlend?
- Langweilig?
- Überflüssig?
- Informativ?
- Bahnbrechend?

Bei jedem dieser Adjektive erscheint ein anderes Bild vor dem geistigen Auge, und der Leser bekommt sofort einen plastischen Eindruck von der Qualität des Vortrags. Sie sehen: Adjektive vermitteln einen schnellen Eindruck von einer Sache oder einem Thema und geben einer Aussage ein konkretes Gesicht. So helfen sie Ihnen dabei, in einem digitalen Umfeld rasch eine emotionale Nähe zu Ihren Lesern aufzubauen.

Passen Sie aber bitte auf, dass Sie auch wirklich stimmige Adjektive einsetzen. Keine Zahnarzt-Website der Welt könnte mich mit der Behauptung überzeugen, die Atmosphäre in der Zahnarztpraxis sei »kuschelig«. Ein »kompetentes und einfühlsames« Praxis-Team könnte hingegen durchaus Pluspunkte sammeln. Und eine junge Kreativagentur darf sich gerne auf die Fahne schreiben, dass sie für Ihre Kunden »pfiffige« Lösungen entwickelt.

27.5 Checkliste für barrierefreie Webtexte

Barrierefreiheit bedeutet, dass die Inhalte leicht zugänglich sind. Die nachstehende Liste fasst noch einmal die wesentlichen Texter-Hebel zusammen, mit denen Sie unnötige Lese-Stolpersteine aus dem Weg räumen können, um die Online-Leser in kürzester Zeit für Ihren Text zu interessieren:

- Texte in Absätze gliedern
- Zwischenüberschriften verfassen
- Tabellen und Aufzählungszeichen verwenden
- das Wichtigste an den Anfang stellen
- längere Textpassagen zusammenfassen und dem Text voranstellen
- einfache Sprache und positive Ausdrücke verwenden
- abstrakte Begriffe vermeiden
- kurze Texte, Sätze und Wörter bevorzugen
- persönliche Ansprache verwenden
- praktische Beispiele suchen
- eher aktiv als passiv schreiben
- Fremdwörter vermeiden
- möglichst keinen Konjunktiv verwenden
- nur gebräuchliche Metaphern und Redewendungen benutzen
- Fachchinesisch, Abkürzungen und Initialen vermeiden

27.6 Fazit

Es lohnt sich, wenn Sie sich die allgemeingültigen Texter-Regeln auch beim Erstellen von Online-Inhalten immer wieder in Erinnerung rufen. Im Web können Sie mit Ihren Texten eine unmittelbare Reaktion des Users auslösen. Kein anderes Medium schafft so viel Nähe und bietet so viele Interaktionsmöglichkeiten mit potenziellen Kunden – fast wie in einem direkten, persönlichen Verkaufsgespräch. Seien Sie daher beim Beurteilen Ihrer Online-Texte nicht genauso kritisch wie beim Prüfen

Ihrer Offline-Texte – seien Sie noch kritischer! Denn jede Sekunde entscheidet, und jeder Klick zählt.

Und denken Sie bitte nicht, Sie könnten beim Texten irgendwann in Routine verfallen und auf Autopilot schalten:

> »An jede neue Textarbeit müssen wir wieder mit der Neugierde eines Anfängers herangehen. Dass wir vor zwei Monaten einmal etwas Vernünftiges zu Papier gebracht haben, ist keine Garantie dafür, dass uns dies erneut gelingen wird. Tatsächlich fragen wir uns immer wieder zu Beginn: ›Wie habe ich das damals bloß so gut hinbekommen?‹ Die Text-Reise beginnt jedes Mal aufs Neue – und dafür gibt es keine vorgefertigten Routen.«[3]

Nachdem wir nun die allgemeinen Texter-Regeln aufgefrischt haben, beschäftigen wir uns im nächsten Kapitel mit einigen speziellen Tricks, die Webtextern dabei helfen, erfolgreiches Content-Marketing zu betreiben.

---

3 Natalie Goldberg, Writing Down the Bones. 2. Aufl. Boston, Mass.: Shambhala 2005, S. 5.

28 Erweitertes Texter-Wissen fürs Web-Marketing

In jedem Webtexter sollte auch eine Werbetexter-Seele schlummern: Die Headline muss sitzen, der Teaser zum Klicken verführen, und eine knackige Betreffzeile ist der Schlüssel zu hohen Newsletter-Öffnungsraten. In diesem Kapitel finden Sie ein paar Basis-Tipps dafür, wie Sie effizient mit Worten um Ihre Kunden werben können. Außerdem erfahren Sie, warum Sie niemals auf den Call-to-Action verzichten sollten.

Sind Sie begeistert von Ihrem Angebot, Ihrer Firma, Ihrem Produkt? Dann sagen Sie das Ihren Usern auch, und geizen Sie nicht mit der verbalen Präsentation sämtlicher Vorteile. Ein Webtexter sollte die Gradwanderung beherrschen, werbliche Informationen so aufzubereiten, dass für den Leser ein klarer Nutzen erkennbar wird. Werbliches Texten bedeutet also nicht, einfache Reklameversprechen in schöne Worte zu packen. Ziel ist es vielmehr, dem User deutlich zu zeigen, welchen Mehrwert Sie ihm bieten.

»Ein tolles Produkt« haben viele Firmen im Angebot – damit werden Sie wohl niemanden hinterm Ofen hervorlocken. Führen Sie stattdessen ganz konkrete Argumente an, warum sich ein Kunde für Ihr Angebot interessieren sollte. Erwähnen Sie zum Beispiel, dass das Produkt

- ein Testsieger ist,
- aus einem einzigen Stück Stahl geschmiedet wurde,
- auf 400 Stück limitiert ist,
- aus einer berühmten italienischen Manufaktur stammt,
- 10 Jahre Garantie bietet,
- bereits 10.000 Projektleiter überzeugt hat,
- Menschen bei der Pflege von Angehörigen hilft oder
- von führenden Ingenieuren der Branche entwickelt wurde.

Egal, ob Sie einen Teaser, eine Headline oder eine Online-Anzeige texten: Stellen Sie den Nutzen Ihres Angebots eindeutig heraus! Da wir im Web nur wenig Zeit haben, die User zu überzeugen, sollten Sie stets rasch auf den Punkt kommen.

Bei der Entwicklung verkaufsstarker Texte können die folgenden bewährten Marketingformeln gute Hilfe leisten. Auch wenn die meisten der genannten Beispiele mit B2C-Themen arbeiten, gelten die Anregungen ebenso fürs Texten im Geschäftskunden-Umfeld.

28.1 Marketingformeln für das Erstellen von konversionsstarken Inhalten

Die größte Angst eines Texters ist ... die Schreibblockade! Doch wenn Sie sich die nachstehenden Formeln ins Gedächtnis rufen, bekommen Sie schnell neue Impulse für Ihre Arbeit.

28.1.1 Beim »Texter-Scrabble« bevorzugen wir den Buchstaben »W«

Eine wichtige Texter-Regel lautet: »Denken Sie wie ein Kind!« Eleganter ausgedrückt: Nutzen Sie beim Schreiben die klassischen journalistischen W-Fragen:

- *Wer* soll das kaufen?
- *Was* verkaufe ich?
- *Wie* wendet man das Produkt an?
- *Warum* ist das Thema so interessant?
- *Wo* kann der Internetnutzer mehr zum Thema in Erfahrung bringen?
- *Wieso* soll ein User auf mein Angebot reagieren?
- *Weshalb* wurde das Vorgängermodell abgelöst?
- *Wann* findet die Veranstaltung statt?
- *Wodurch* hat sich meine Firma einen besonderen Namen gemacht?
- *Worin* unterscheide ich mich von der Konkurrenz?
- *Wem* bringt mein Angebot einen eindeutigen Mehrwert?

usw.

Die W-Fragen-Formel bedeutet also, dass Sie sich mit jedem Ihrer Texte kritisch auseinandersetzen müssen, um sicherzustellen, dass Sie alle eventuellen Fragen Ihrer Nutzer präzise im Text beantworten. Erst, wenn Sie die Antwort auf das letzte offene »W« gefunden haben, sind Sie in der Lage, einen informativen Text zu verfassen, der tatsächlich beim User ankommt. Beim Sammeln der Antworten auf die Fragen erhalten Sie außerdem en passant in kürzester Zeit genügend Text-Stoff, so dass eine Schreibblockade schlechte Karten hat.

28.1.2 Eine zeitlose Texter-Regel – K.I.S.S.

Hinter der Buchstabenfolge K.I.S.S. steckt die schnörkellose Aufforderung »keep it short and simple« (oder auch »keep it short and stupid«). Was will uns diese Regel sagen? Nur wenig Text ist guter Text? Nein, das wäre eine Fehlinterpretation! Wir haben bereits gelernt, dass Google eine gewisse Textmenge (zwischen 250 und 400 Wörtern) benötigt, um den thematischen Schwerpunkt einer Seite eindeutig zuordnen zu können. Außerdem wissen wir, dass Webnutzer es durchaus registrieren, wenn wir uns etwas mehr Mühe mit einer Seite geben und sie mit hochwertigem Text ausstatten, auch wenn er dann nicht immer von allen Usern en détail gelesen wird.

Wie also sollen wir diese Regel auslegen? Ganz einfach: Ausufernde Schachtelsätze, komplexe Wortmonster und überlange, schlecht strukturierte Absätze machen Lesern keinen Spaß. Drum halten wir uns beim Texten formal kurz, nicht inhaltlich: Wir wollen den User zwar umfassend informieren – doch wir tun das auf möglichst einfache Weise.

28.1.3 Eine klassische Werbeformel – AIDA

Die Buchstabenkombination AIDA steht für die vier englischen Wörter *attraction*, *interest*, *desire* und *action*. Im Einzelnen:

Attraction: Bereits mit den ersten Worten ziehen wir den User in unseren Bann und sichern uns seine Aufmerksamkeit.

Interest: Das Interesse für unser Angebot oder unser Thema muss sofort geweckt werden.

Desire: Nachdem wir alle Vorteile kommuniziert und das Thema emotional ansprechend präsentiert haben, kann der User nicht mehr anders: Er will handeln (kaufen, klicken, sich anmelden, buchen ...).

Action: Wir haben ihn!

Für unsere Textarbeit bedeutet das, dass wir mit starken, werblichen Begriffen arbeiten, Vorteile klar herausstellen, durch Worte verführen und den User mit einem eindeutigen Call-to-Action zum Handeln veranlassen.

28.1.4 Mit kleinen »Jas« zum großen »JA«

Der Direktmarketing-Vordenker Siegfried Vögele fasst in seiner *Dialogmethode* die Erkenntnisse aus mehreren Studien zusammen: Er rät Textern, vor dem Schreiben einen virtuellen Dialog mit der Zielgruppe zu führen und sich genau zu überlegen, welche Fragen die Leser zu dem betreffenden Angebot haben. Vögeles Studien beziehen sich zwar primär auf klassische Offline-Mailings, allerdings hat sich seine Methode auch einen prominenten Platz im Regel-Regal des Webtexters verdient. Das Prinzip der »stummen Leserfragen«, die ein Text beantworten sollte, gilt gleichermaßen on- wie offline. Vögele beschreibt seine Dialog-Formel folgendermaßen:

> »Stößt die Antwort beim Leser auf Zustimmung, sprechen wir vom kleinen »ja«. Wird eine stumme Leserfrage nicht beantwortet oder wird die Antwort vom Leser als unzulänglich empfunden, sprechen wir von einem kleinen »nein«. Nach der Dialog-Formel wird Ihr Kunde nur dann positiv (...) reagieren, wenn die Summe der kleinen »jas« größer ist als die Summe der kleinen »neins«. In diesem Fall sprechen wir von einem großen »JA«.«[1]

Fragen Sie sich beim Erstellen Ihrer Online-Inhalte daher auch immer: Bieten meine Texte genügend Anreize für viele kleine »Jas«? Ihre »Ja-Verstärker« könnten etwa so aussehen:

- Ja, ich will gesünder leben.
- Ja, ich bin überzeugt von der technischen Raffinesse des Angebots.
- Ja, die Referenzen der Firma sind beeindruckend.
- Ja, das Unternehmen klingt vertrauenswürdig und seriös.
- Ja, der Anbieter hat mein Problem gut erkannt.
- Ja, ich will mehr über das Produkt erfahren.
- Ja, diese Lösung möchte ich für meine Firma nutzen.
- Ja, ich fühle mich gut informiert und in der Lage, eine Kaufentscheidung zu fällen.

Das erste »Ja« sollte dabei bereits die ungekrönte Königin aller Textformen auslösen: die Headline, mit der sich der folgende Abschnitt näher befasst.

28.2 Eine starke Headline – der »Chef im Ring«

> »On average, five times as many people read the headlines as read the body copy« (David Ogilvy)[2]

Das englische Wort *head* bedeutet zum einen »Kopf«, zum anderen aber auch »Chef«. Also ist eine Headline sozusagen die Kopf- oder Chefzeile, die über einem

---

[1] Quelle: http://www.sv-institut.de/forschung-beratung/weitere-informationen/die-prof-voegele-dialogmethodesupRsup.html (Stand: 19.12.2013)

[2] Quelle: http://www.citylife.sg/advertising-lesson-david-ogilvy-part-3 (Stand: 13.01.2014)

Text steht. Diese Bezeichnungen finde ich wesentlich treffender als die schnöde deutsche Übersetzung »Überschrift«.

In eine schlagkräftige Headline muss noch einmal mehr Kopfarbeit investiert werden als in den restlichen Text: Sie gibt den Ton an und steht als Anführerin vor dem folgenden Inhalt. Sie regiert sozusagen über den gesamten Content und ist das entscheidende Textelement, das die Aufmerksamkeit eines Users auf unser Angebot lenkt. Eine schlechte Überschrift hat in der Regel zur Folge, dass der anschließende Text aus User-Sicht schlicht und ergreifend überhaupt nicht existiert!

28.2.1 Was kann Ihre Headline?

Ihre Überschrift verfolgt ein klares Ziel: Der anschließende Text soll gelesen werden. Dabei gibt es verschiedene Hebel, mit denen Sie die Aufmerksamkeit und das Interesse Ihrer Leser wecken können. Eine gute Headline kann beispielsweise Folgendes leisten:

- Aufmerksamkeit erregen
- unterhalten
- Kundenvorteile kommunizieren
- Spannung erzeugen
- ein Image transportieren
- ein bestimmtes (Lebens-)Gefühl erzeugen
- Denkanstöße geben
- neugierig auf den Fließtext machen
- informieren
- verkaufen
- sich beim Leser einprägen
- auf Anhieb verstanden werden
- überzeugen
- den Leser direkt ansprechen
- mit Fragen das Interesse des Lesers wecken
- provozieren (und damit den User aus der Reserve locken)

Überprüfen Sie anhand der Liste, ob Ihre Überschrift den Leser erfolgreich auf die Text-Zielgerade führt.

28.2.2 Wie packt man ein Keyword in die Überschrift?

Im Web hat eine Headline zudem die Funktion, die Suchmaschinen korrekt zu bedienen, was wiederum bedeutet, dass wir uns beim Texten von Online-Überschriften nicht vor der Verwendung von Keywords drücken dürfen. Nun fragen Sie sich vielleicht, ob eine Headline noch attraktiv sein kann, wenn sie unbedingt auch einen spröden Schlüsselbegriff wie »Herren-Lammfelljacke« beinhalten muss. Keine Angst: Sie kann! In den folgenden Absätzen stelle ich Ihnen zwei praktikable Wege vor.

Die »Doppelpunkt-Taktik«

Die erste Möglichkeit, eine zugleich pragmatische und zugkräftige Überschrift zu texten, ist die Isolation des Keywords mit Hilfe eines Doppelpunktes. Diese Taktik funktioniert bei fast jeder Headline: Das Haupt-Keyword wird an den Anfang der Zeile gestellt und mittels eines Doppelpunktes vom restlichen Text getrennt. Nachstehend einige Beispiele.

> *Herren-Lammfelljacken: das beste Frostschutzmittel für die kalten Tage*
>
> *Steuererklärung 2014: Haben Sie das Finanzamt schon zur Kasse gebeten?*
>
> *Damengürtel aus Straußenleder: ein stilvoller Begleiter für starke Frauen*
>
> *Altersvorsorge: Sichern Sie sich jetzt eine freie und sorglose Zukunft!*
>
> *Krankenversicherung: Wir finden das beste Modell aus 100 Angeboten*
>
> *Event-Bedarf: online bestellt, direkt zum Veranstaltungsort geliefert*
>
> *Frühjahrs-Diät: Geben Sie dem inneren Schweinehund keine Chance!*

Sie sehen: In den meisten Fällen gelingt es, einen Suchbegriff schnell am Anfang der Headline »abzufrühstücken«, so dass Sie im Anschluss daran eine werblich ansprechende Formulierung andocken können.

Die knackige Subheadline

Wenn Ihre Headline »Herren-Wintermäntel jetzt bequem online bestellen« oder »Hobo-Bag aus hochwertigem Straußenleder« lautet, ist das zwar jeweils eine solide Überschrift, allerdings zielt sie nicht wirklich auf emotionale Kaufimpulse ab. Kein Problem: Nichts spricht dagegen, dem Leser diese Impulse in einer zweiten Zeile zu geben. Mit einer knackigen Subheadline können Sie auch eine vermeintlich dröge Überschrift retten.

Es gibt Gründe, warum eine Twitter-Nachricht auf 140 Zeichen limitiert ist: Das entspricht der Textmenge, die sich von unserem Auge mit einem Blick gut wahrnehmen lässt. Auch eine Kombination aus Headline und Subheadline kann also vom User problemlos erfasst und in einem Rutsch gelesen werden. Hier ein paar Beispiele:

Hobo-Bag aus hochwertigem Straußenleder

Sie ist klein, sexy und gehört nach nur wenigen Klicks Ihnen!

Herren-Wintermäntel jetzt bequem online bestellen

Treten Sie »Väterchen Frost« stilvoll gekleidet entgegen

Pflegeversicherung zum günstigen Tarif

Wir greifen Ihnen bei der Pflege Ihrer Angehörigen unter die Arme

20 Spargel-Rezepte, die Sie kennenlernen sollten

Mit diesen lecker-leichten Gerichten machen Sie alle Esser glücklich!

28.2.3 Nutzen Sie Ihre Headline fürs Storytelling!

Ihre Überschrift soll die Leser an Ihr Thema heranführen und die Besonderheit Ihres Angebots andeuten. In einer Headline haben Sie die Chance, bereits mit dem Storytelling zu beginnen und die User in die Geschichte hineinzuziehen, die Sie im anschließenden Text erzählen wollen. Zugegeben: Es ist nicht leicht, Tag für Tag originelle Überschriften und Teaser für ein ganz bestimmtes Sortiment zu texten. Doch Sie verschenken wunderbare Möglichkeiten, wenn Sie sich mit abgedroschenen Standard-Formulierungen zufriedengeben.

Angenommen, Sie sollen einen gerade erschienenen Krimi namens »Zotentrick« von Marcus Spreitz bewerben. Dann greifen Sie bitte nicht auf eine müde Routine-Headline wie diese zurück:

Neu: Thriller von Marcus Spreitz

Versuchen Sie stattdessen, ein paar interessante Fakten über den Autor oder das Buch in Erfahrung zu bringen. Wer ist dieser Herr Spreitz? Wie unterscheidet sich sein Krimi von den zahllosen anderen, die regelmäßig den Buchmarkt überfluten? Ihre Recherche könnte beispielsweise ergeben, dass Marcus Spreitz ein erfolgreicher Autor von Fantasy-Romanen ist, der mit »Zotentrick« seinen ersten Thriller vorgelegt hat, und dass dieses Buch von einem psychopathischen Serienkiller handelt – einem selbst ernannten Künstler, der insgesamt 66 Morde begeht, um mit den Leichen bekannte Kunstwerke nachzustellen. Mit diesen Informationen ausgestattet, könnten Sie zahlreiche Headline-Varianten an den Start bringen:

Marcus Spreitz lehrt sogar erprobten Krimi-Fans das Fürchten

Kunst + Serienmorde = das Thriller-Debüt von Marcus Spreitz

Ein Mord ist Thriller-Autor Marcus Spreitz nicht genug

Im neuen Buch von Erfolgsautor Marcus Spreitz wird in Serie gekillt

Künstlerische Mord-Inszenierung in Serie

»Zotentrick«: 66 Leichen für nur 9,99 Euro!

Sie glauben, so etwas funktioniert nur bei Krimis und nicht bei einer schnöden Metallschraube? Irrtum:

Dieser Schraubentyp hält bereits 250 Schiffe perfekt zusammen

In diesen Schrauben stecken 20 Jahre Erfahrung

Das Ergebnis einer kompromisslosen Präzisionsarbeit

Jedes Jahr übernehmen 15 Millionen von diesen Schrauben wichtige Aufgaben

Diese Schraube möchte bei Ihrer Konstruktion zum Einsatz kommen

Finden Sie die »Trüffel-Argumente« für Ihr Thema – und machen Sie Ihren Lesern ab dem ersten Wort klar, dass Sie kompetent sind und leidenschaftlich hinter Ihrem Angebot stehen.

Und denken Sie bitte immer daran, dass die Headline nur die Ouvertüre zu Ihrem Werk ist. Wenn auf eine gute Überschrift ein fades Intro folgt, laufen Sie Gefahr, Ihre User zu verärgern, weil Sie sie mit einem Qualitätsversprechen angelockt haben, das der nachfolgende Text nicht hält.

28.3 Teaser, denen man nicht widerstehen kann

Teaser sind Cheerleader, Einheizer, Anmoderatoren, Marktschreier und Verführer, die nur eine Absicht haben: den User zum Klick zu bewegen. Und genau das müssen Sie beim Texten eines Teasers stets im Hinterkopf behalten.

Stellen Sie sich folgende Situation vor: Sie sitzen im Kino. Vor dem Hauptfilm wird ein Trailer für einen neuen Blockbuster gezeigt. Die Besetzung ist toll, das Thema stimmt – und dennoch verliert man plötzlich die Lust, sich den Film anzuschauen, weil man am Ende des Trailers irgendwie das Gefühl hat, man hätte die besten Szenen schon gesehen. Das heißt: Dieser Offline-Teaser hat in jenem Moment komplett versagt!

Ähnlich wie ein Kino-Trailer schürt ein Web-Teaser die Neugierde auf einen damit verknüpften Inhalt oder ein damit verknüpftes Produkt: Er liefert bereits erste, kurze Antworten auf relevante W-Fragen, ohne jedoch zu viel zu verraten, damit die Klickmotivation des Lesers bleibt.

Ein guter Teaser ist einerseits ein werblicher Anreißer, andererseits auch ein Teil des Nutzerführungs-Konzepts Ihrer Webseite. Neben der Suchfunktion und der Kategorie-Navigation sind Teaser die dritte Möglichkeit, den Usern Ihre Inhalte zugänglich zu machen. Verwendet werden sie in der Regel

- auf der Homepage,
- auf Kategorie-Einstiegsseiten,
- auf Online-Magazin-Seiten,
- im Newsletter,
- in Blogs,
- auf Facebook und
- auf Themenspecial-Seiten (Beispiel: Weihnachts-Special).

Ein guter Teaser sollte folgende Kriterien erfüllen:

- Er besteht aus einer Headline, zwei bis drei kurzen werblichen Sätzen, einem weiterführenden, sprechenden Link und einem passenden Bild.
- Er ist immer nur so gut wie seine Headline.
- Er ist prägnant, unmissverständlich und interessant.
- Er darf nicht zu viel verraten, damit die Klickmotivation bleibt.
- Er sollte eine klare Handlungsaufforderung enthalten.
- Ein Teaser für eine Meldung!

Die Teaser-Länge ist meist abhängig vom Layout und den Editiermöglichkeiten, die das Redaktionssystem bietet. Auf sehr grafiklastigen Seiten findet sich oft kaum Platz für gut getextete, ansprechende Teaser.

Die in Abbildung 28.1 angeführten Beispiele zeigen, dass es schwer ist, gute Teaser zu finden, die sämtlichen Anforderungen genügen. Bei dem einen überzeugt die Headline, mancher Texter hat an einen Call-to-Action gedacht, aber nur wenige lassen ihre Links »sprechen« ...

Bilder, die für sich alleine stehen oder ausschließlich mit einer minimalen Headline eingeführt werden, können einen vernünftigen Teaser nicht ersetzen. Ohne den nötigen Platz haben Sie kaum eine Chance, Erstbesucher der Seite und »Produkt-Unkundige« mit den richtigen Worten für Ihr Angebot zu interessieren. Daher meine erneute Aufforderung: Schaffen Sie bei der Weblayout-Entwicklung Raum für Teaser-Texte und »sprechende« Verlinkungen!

Abbildung 28.1 Teaser-Collage von unterschiedlichen Webseiten

28.4 Der Call-to-Action – Weglassen verboten!

Mit der Überschrift ist schon das Wichtigste zum Thema Call-to-Action gesagt: Jeder Text, der den User dazu bewegen soll, etwas Bestimmtes zu tun (sich anzumelden, etwas zu buchen, etwas zu kaufen, etwas herunterzuladen usw.), benötigt am Ende eine klare Handlungsaufforderung! Der Mensch ist von Natur aus bequem – wir alle brauchen ab und an einen sanften Schubs, damit wir in die Gänge kommen. Der Call-to-Action soll dem User den nötigen Anstoß zu einer Aktion geben.

Mit einem klassischen Call-to-Action verbinden wir Aufrufe wie »jetzt kaufen«, »jetzt bestellen«, »jetzt entdecken«. Doch das geht auch eleganter. Eine subtilere Handlungsaufforderung könnte beispielsweise so aussehen:

> *Machen Sie jetzt den entscheidenden Klick und freuen Sie sich auf Ihre neue exklusive Sonnenbrille von Gucci.*

> *Sichern Sie sich jetzt Ihren Balkon mit Meerblick zum Frühbucher-Preis.*

> *Enttäuschen Sie Ihre Kabine auf unserem Kreuzfahrtschiff nicht – sie wartet bereits auf Sie!*

> *Diesen edlen Tropfen wollen Sie sich bestimmt nicht entgehen lassen!*

> *Als angemeldetes Mitglied profitieren Sie von vielen Vorteilen. Worauf warten Sie?*

28.4 Der Call-to-Action – Weglassen verboten!

Nach Ihrer Registrierung erfahren Sie, wie Sie täglich eine Stunde Arbeit einsparen können.

Sichern Sie sich diesen Wettbewerbsvorteil und vereinbaren Sie gleich einen Termin mit einem unserer Kundenberater.

Erfahren Sie mehr über das Thema »Photovoltaik« und besuchen Sie uns am Messestand 17.

Werden Sie jetzt einer von 18.000 begeisterten Abonnenten.

Beamen Sie sich zurück in Ihre Kindheit und gönnen Sie sich »Drei Nüsse für Aschenbrödel« auf DVD!

Finden Sie gleich heraus, wie Sie Ihre Content-Marketing-Aktivitäten mit dieser Software noch effizienter gestalten können.

Sie sind jetzt nur noch 30 Sekunden vom Kauf Ihrer neuen Lieblings-CD entfernt …

Am besten platzieren Sie diese soften Handlungsaufforderungen mit einer Zeile Abstand am Ende des Textes. So erhalten sie mehr Aufmerksamkeit und können am Schluss des Text-Scans noch einmal das Interesse des Lesers wecken.

Denken Sie beim Call-to-Action bitte auch daran, jede Chance zu nutzen, mit einem starken Keyword zu arbeiten. Das ist nicht nur für die Platzierung der Begriffe aus SEO-Sicht wichtig, sondern auch für die User, denen wir mit den relevanten Schlüsselbegriffen beim Scannen des Textes optimale Lese-Ankerpunkte bieten. Beispiele:

Bestellen Sie jetzt Ihr neues Seidentuch von Dior!

Buchen Sie jetzt Ihr Hotelzimmer im Hotel Royal Barrière in Deauville!

Werden Sie gleich Mitglied beim Texter-Club München!

Den Champagner jetzt zum Vorzugspreis kaufen!

Jetzt bestellen und 20 % Rabatt auf Ihre neue Außenlampe sichern!

Testen Sie jetzt Ihre neue Virensoftware 14 Tage lang gratis!

Und nicht zu vergessen – meine persönliche Aufforderung an Sie:

Fangen Sie ab sofort an, Ihre Texte mit einem Call-to-Action zu beenden!

Rechtstipp: Was ein Call-to-Action nicht auslösen darf

Der Call-to-Action hat funktioniert, und der User hat geklickt, um ihr Angebot anzunehmen? Dann müssen Sie aber auch genügend Ware auf Lager haben oder die angebotene Dienstleistung kurzfristig erfüllen können. Wenn nicht, vergessen Sie nicht den Hinweis, dass es gegebenenfalls zu Lieferschwierigkeiten kommen kann und Sie die beworbene Ware nicht in ausreichender Menge vorrätig haben. Ansonsten handelt es sich um ein unzulässiges Lockangebot, und Sie verletzen Wettbewerbsrecht. Ihr Konkurrent kann Sie hierfür abmahnen und ein enttäuschter Kunde Schadensersatz fordern.

Mit dem Call-to-Action dürfen Sie auch nicht den Eindruck vermitteln, das Angebot bestünde nur für eine sehr begrenzte Zeit und Ihr Kunde müsse sich sofort entscheiden. Kann der Kunde sich dann auch nicht noch anderweitig informieren, so bauen Sie in unlauterer Weise Kaufdruck auf. Ob dies auch in Ihrem konkreten Fall so ist, hängt viel von Ihrem Produkt ab. Wollen Sie Gemüse übers Internet verkaufen, so braucht Ihr Kunde in aller Regel keine Zeit zum Überlegen für seine Kaufentscheidung: Ihr Call-to-Action kann also bestimmt sehr viel schmissiger sein, als wenn Sie eine Luxuskarosse verkaufen wollen.

28.5 Newsletter-Texte und Betreffzeilen

Beim Texten von Newsletter-Inhalten haben wir es im Prinzip mit zwei bereits besprochenen Textelementen zu tun – mit Headlines und Teasern.

Bei der Betreffzeile handelt es sich um eine sehr herausfordernde Headline-Variante: Sie muss ohne Bild funktionieren, alle Vorteile auf die Schnelle kommunizieren und dem User in seinem übervollen Postfach ins Auge stechen. Eine gute Newsletter-Betreffzeile sollte daher folgende Kriterien erfüllen:

- Sie ist kurz und prägnant und bringt die wichtigste inhaltliche Aussage des Newsletters auf den Punkt. Der User muss sofort erkennen, was er verpasst, wenn er die E-Mail ungelesen löscht.
- Sie sollte nicht mehr als 50 Zeichen enthalten, da viele E-Mail-Dienste den Betreff danach abschneiden.
- Die wichtigsten Trigger- und Reizwörter sollten gleich am Anfang stehen.
- Das betreffende Angebot sollte so konkret wie möglich formuliert sein. »Sensationelle Angebote« klingt beispielsweise sehr pauschal. Welche Angebote? Was ist daran so sensationell? Handelt es sich um eine bestimmte Produktlinie? Was ist der Anlass?
- Sie darf durchaus provozieren: Überraschen Sie Ihre Abonnenten ruhig ab und zu mit originellen, frechen Betreffzeilen, die aus der Reihe fallen. Dabei sollten Sie allerdings dosiert vorgehen und verschiedene Varianten testen, um herauszufinden, was Ihre Zielgruppe anspricht und was nicht.

28.5 Newsletter-Texte und Betreffzeilen

Werfen wir einmal einen Blick in mein persönliches Newsletter-Postfach (siehe Abbildung 28.2).

I'm walking Osterhase	★ Bitte nicht vergessen, Frau Mustermann! ★ ❶	02.09.2012 14:11
"Julia Müller Schuhe&Fashion"	Sind Sie eine Schuh-Fetischistin, Frau Löffler! ❷	10.07.2012 12:50
IKK Südwest	Newsletter für Unternehmen 03/2012 der IKK Südwest - Arbeitszeit ef... ❸	03.07.2012 10:00
PAYBACK Deals	Bunte Vielfalt in unseren neuen Produktwelten! ❹	01.07.2012 05:04
Bergzeit News	Alpencross - schon perfekt ausgerüstet? ❺	30.06.2012 00:12
Hugendubel.de	Schnäppchen ab 4,99 EUR - wir feiern 11 Jahre Hugendubel.de	26.06.2012 15:06
LinkedIn Updates	LinkedIn Netzwerk-Updates, 24.06.2012	24.06.2012 04:55
Erik von MedicAnimal.com	10€ Rabatt! Nur heute bis Sonnenuntergang!	24.06.2012 04:05
ChicChickClub	Dein Überraschungsgeschenk wartet auf dich, Miriam!	22.06.2012 10:18
Gardena Deutschland	Möbeln Sie Ihren Garten auf! ❻	21.06.2012 11:04
Erwin Mueller Versandhaus Gm...	Gratis-Geschenk zum Tag des Schlafes jetzt sichern!	21.06.2012 08:24
ChicChickClub	Juni Highlights nur noch wenige Tage verfügbar!	21.06.2012 07:06
PAYBACK Deals	Schlaaaaand... das Finale kann kommen!	21.06.2012 05:04
Home24	IHRE PERSÖNLICHE PRODUKTEMPFEHLUNG, Frau Löffler ❼	15.06.2012 13:20
I'm walking	Frauen ÖFFNEN, Männer, bitte LÖSCHEN!!!	14.06.2012 08:29
Gillian Benson	Irland - günstig zu erreichen, viel zu entdecken!	13.06.2012 13:19
Booking.com	Feiern Sie mit uns ein Jahr exklusiver Angebote	10.06.2012 13:21
Zweitausendeins	Radikal reduziert: Jazzbücher und Rockalben ab 2,99 Euro.	09.06.2012 18:54
FLUG des TAGES von fluege.de	Sonderaktion bei Austrian Airlines: Sommerflüge zu Knallerpreisen - ...	09.06.2012 10:26
Toshiba Deutschland	Vier Jahre Garantie.	09.06.2012 09:33
brands4friends	Angebot des Tages, Swiss Alpine Military und Jeanstrends: Elektroni... ❽	09.06.2012 08:20
Bergzeit News	Camping-Equipment mind. 30% reduziert!	09.06.2012 05:05
Erwin Mueller Versandhaus Gm...	Möchten Sie schlafen wie unsere Fußball-Nationalmannschaft?	08.06.2012 08:06
CMI	7 Creative and Effective QR Code Examples From Around the World ❾	07.06.2012 20:26
Zweitausendeins	Make Love: Aufklärung für diejenigen, die schon alles gesehen haben. ❿	05.06.2012 09:15
Booti Fit Team	Mir schießen die Tränen in die Augen... ⓫	28.05.2012 17:50

Abbildung 28.2 Ausschnitt aus meinem Posteingangsordner für Newsletter

Nachfolgend habe ich einige der Betreffzeilen kommentiert. Die Nummern der Anmerkungen beziehen sich dabei auf die Ziffern in der Abbildung. Natürlich habe ich die Texte sehr stark aus meiner eigenen Perspektive beurteilt – aus Sicht der Zielgruppe der aufgelisteten Anbieter. Insofern dienen die Kommentare lediglich als Anregung, wie man sich der Wirkung von Betreffzeilen annähern kann:

❶ Der Osterhase als Absender am 2. September? Glaubt er im Ernst, ich würde mich bei »Frau Mustermann« angesprochen fühlen?

❷ So eine Frechheit! Oder etwa nicht? Da stellen die einfach so eine Behauptung auf! Aber: Meine Aufmerksamkeit haben sie – und irgendwie fühle ich mich als Schuh-Addict dann doch ertappt ... Hm, das könnte bei mir also funktionieren.

❸ Es ist ja schön, dass man jeden Monat in der Betreffzeile und durch den Absender erfährt, wer eine E-Mail schickt. Nur: »Arbeitszeit ef ...« gibt dem User nicht wirklich die Möglichkeit, herauszufinden, was es in diesem Monat Spannendes zu berichten gibt. Hier wird die Chance vertan, Aufmerksamkeit durch die aktuellen Themen zu erzeugen.

❹ Gähn! Sehr allgemein – das kann jetzt wieder alles sein. Um welche Sortimente handelt es sich bitte?

❺ Klassische Betreffzeilen-Fragetechnik: Wenn das Thema für die Zielgruppe spannend ist, kommen Fragen stets gut an.

❻ Fällt durch das sympathische Wortspiel in jedem Fall auf.

❼ Warum schreien die mich denn so an? HAAAAALLOOOOO!

❽ Alles in den Betreff gequetscht. Fokus nicht erkennbar.

❾ Eine weitere beliebte Betreffzeilen-Variante: »In 7 Tagen zum Nichtraucher«, »10 Tipps für Ihre Steuererklärung« ... Zahlen kommen immer gut!

❿ Na, jetzt bin ich ja mal gespannt, ob da wirklich was dahintersteckt oder der Betreff nur heiße Luft ist!

⓫ Hm. Warum? Eventuell könnte man sich für die Auflösung interessieren.

Ob Sie Ihre User persönlich ansprechen, sie mit Fragen hinter dem Ofen hervorlocken oder mittels einer gewagten Aussage auf den Überraschungseffekt setzen wollen: Probieren Sie verschiedene Varianten aus. Die besten Öffnungsraten sind das Ergebnis von vielen Tests und den Erfahrungen mit Ihrer Zielgruppe. Denken Sie aber stets daran, dass 50 Zeichen nicht viel Platz zum Schwadronieren lassen.

> **Rechtstipp: Nicht ohne Kunden-Einwilligung**
> Bevor Sie mit der Versendung Ihres elektronischen Newsletters oder allgemein Ihrem E-Mail-Marketing beginnen, sollten Sie sich jedenfalls der rechtlichen Rahmenbedingungen vergewissern. Gesetzgeber und Rechtsprechung haben hier strenge Anforderungen aufgestellt: Hier geht es insbesondere ums Wettbewerbsrecht und um den Datenschutz. Schon bei der Gestaltung Ihrer Website (sowie der Kommunikation mit Ihren Kunden) ist also daran zu denken, rechtssicher die E-Mail-Adressen Ihrer Kunden zu generieren und die Einwilligung des Adressaten in die Zusendung von E-Mails und Newslettern zu bekommen. Verletzen Sie diese Vorgaben, kann Sie die an sich so kostengünstige E-Mail-Marketing-Aktion letztlich teuer zu stehen kommen.

28.6 AdWords-Anzeigen – 95 Zeichen, die Ihr Werbebudget strapazieren können

Das Erstellen von Google-AdWords-Anzeigen hat mehr mit Basteln, Tüfteln und Testen zu tun als mit Texten. Dennoch ist dieses Herumschieben von Zeichen und Worten keine triviale Angelegenheit. Denn jeder Klick auf eine AdWords-Anzeige kostet Geld!

28.6 AdWords-Anzeigen – 95 Zeichen, die Ihr Werbebudget strapazieren können

Bei der Schaltung von AdWords fallen zunächst keine Kosten an. Die Anzeigen werden über den organischen Suchergebnissen und auf der rechten Seite sichtbar, wenn ein User nach einem Begriff (einem Keyword) sucht, für das diese Anzeige auch gebucht wurde. Die Vorgaben sind dabei nicht gerade großzügig: Mit einer Überschrift von maximal 25 Zeichen sowie einem kurzen Text, der aus zwei Zeilen besteht und höchstens 70 Zeichen enthalten darf, wird das zum Keyword passende Thema oder Produkt angepriesen. Wenn ein User auf die Anzeige klickt, entstehen dem Werbetreibenden Kosten in Höhe des Klickpreises, der aktuell für dieses Keyword gilt.

> **Think-Content-Tipp: Die Seite muss zur Anzeige passen**
>
> Wenn Sie es schaffen, dass ein Internetnutzer auf Ihre Anzeige klickt, kostet Sie das Geld. Der User hat dann aber auch eine konkrete Erwartung an die Inhalte, die er auf Ihrer Webseite vorfindet: Sie haben in der Anzeige ein Versprechen gemacht, ein bestimmtes (Kauf-)Bedürfnis geweckt – und der User vertraut darauf, dass die Seite, die er mit dem Klick auf die Anzeige erreicht, dieses Versprechen auch einlöst. Daher muss die Seite, die mit einer solchen Google-Anzeige verknüpft ist, inhaltlich zu 100 % dasselbe aussagen wie die AdWords-Werbung.
>
> Wird der User enttäuscht, ist er weg – dann bleiben Sie auf den Kosten für den Klick sitzen. Bei hart umkämpften Keywords kann der CPC (Cost per Click) für eine obere Platzierung schon einmal bei mehreren Euro liegen. Daher sollten Sie Ihre Kampagnen streng monitoren und Ihre Textanzeigen sowie die damit verknüpften Landingpages so lange optimieren, bis Sie damit wirtschaftlich das beste Ergebnis erzielen.

Beachten Sie auch, dass jeder Klick auf eine Anzeige ihr Ranking bei Google AdWords erhöht. Auch bei den bezahlten Google-Anzeigen geht es darum, eine gute Platzierung zu erhalten. Das Zauberwort im Zusammenhang mit einer guten Position lautet *Qualitätsfaktor*: Von ihm und dem Klickpreis hängt es ab, wie gut Ihre Anzeige ausgesteuert und angezeigt wird. Mit diesem Qualitätsfaktor verhält es sich ähnlich wie mit dem Algorithmus für das natürliche Google-Ranking bei Google: Vom Suchmaschinen-Giganten erhält man nur sparsam dosierte Hinweise dazu, welche Werte eine Rolle spielen und worauf man als Website-Betreiber oder Anzeigenkunde achten sollte. Kriterien, die bekanntermaßen in den Qualitätsfaktor einfließen, sind beispielsweise die CTR (Click Through Rate), die thematische Relevanz und die Qualität der Seite, mit der die Anzeige verlinkt wird.

Folgendes lässt sich mit Sicherheit über das Texten von AdWords-Anzeigen sagen:

- Die Anzeige sollte das Keyword enthalten, das mit der Suchanfrage verknüpft ist.
- Sie muss das Angebot so konkret und attraktiv wie möglich beschreiben und in aller Kürze die wesentlichen Vorteile darstellen.

- 25 Zeichen für die Headline und 70 Zeichen für die werbliche Botschaft lassen wenig Raum für Belanglosigkeiten.
- Der Text soll eine klare Handlungsaufforderung beinhalten.
- Auch auf engem Raum kann es sinnvoll sein, die Zeichen für eine persönliche und direkte Ansprache zu nutzen.
- Missverständliche Texte kosten Geld, bringen aber kein Ergebnis ein.
- Die Spielregeln von Google sind zu beachten.
- Die Anzeige muss unbedingt mit einer passenden Landingpage verknüpft werden.
- Die erfolgreichsten AdWords-Anzeigen erhält man nur durch kontinuierliches Testen und stetige Optimierung.

Alle Textrichtlinien und Informationen rund ums Thema AdWords können Sie außerdem auf der Google-Support-Seite REDAKTIONELLE STANDARDS einsehen (*https://support.google.com/adwordspolicy/answer/176095*). Dort finden Sie auch Beispiele für die unzulässige Verwendung von Satzzeichen und Symbolen.

> **Rechtstipp: Wie es um den Markennamen Ihrer Mitbewerber bestellt ist**
>
> Die Frage, ob und unter welchen Voraussetzungen Sie den Markennamen Ihres Mitbewerbers als Keyword für Ihre AdWords-Anzeige verwenden dürfen, haben die Gerichte noch nicht eindeutig geklärt. Der Bundesgerichtshof, das höchste Gericht in Deutschland, geht davon aus, dass eine Markenverletzung grundsätzlich ausgeschlossen ist, wenn die Werbung in einem von der Trefferliste eindeutig getrennten und entsprechend gekennzeichneten Werbeblock erscheint und selbst weder die Marke noch sonst einen Hinweis auf den Markeninhaber oder die unter der Marke angebotenen Produkte enthält. Sicher ist die Rechtslage dennoch nicht, da der Europäische Gerichtshof (EuGH) es ausdrücklich den Gerichten in den einzelnen EU-Mitgliedstaaten vorbehält, die Frage der Markenbeeinträchtigung im Lichte der EuGH-Rechtsprechung und unter Berücksichtigung aller vom nationalen Gericht für relevant erachteten Faktoren zu prüfen. Gerade für den Internethandel, der zwangsläufig grenzüberschreitend ist, ist diese Situation mehr als misslich.

28.7 Fazit

Von der Headline bis zur Handlungsaufforderung: Stellen Sie mit jedem Satz den Nutzen Ihres Angebots heraus – und den Empfänger Ihrer Botschaft stets in den Mittelpunkt des Online-Dialogs. Unterstreichen Sie durch die richtigen Worte, dass Sie zu 100 % hinter Ihrem Angebot, Ihrem Produkt und Ihrer Firma stehen, und belegen Sie diese Begeisterung mit leicht nachvollziehbaren Argumenten.

Beweisen Sie beim Texten von Headlines und Betreffzeilen Mut zum Experimentieren: Testen Sie verschiedene Ansätze zur Kundenansprache, bis Sie sicher sein können, dass Sie den Geschmack Ihrer Zielgruppe genau getroffen haben. Und nicht zuletzt: Verführen Sie Ihre Leser mit sympathischen, individuell formulierten Handlungsaufforderungen zum Klick, zum Kauf, zur Anmeldung, zum Like ...

Das nachfolgende Kapitel vermittelt Ihnen das Basis-SEO-Wissen, das ein Webtexter in jedem Fall beherrschen sollte.

29 SEO für Content-Manager und Webtexter

»The first duty of writing for the Web is to write to be found.«
(Jakob Nielsen)

Internetpapst Nielsen bringt es auf den Punkt: Das oberste Gebot für Webtexter lautet, Inhalte anzubieten, nach denen ein User ganz konkret gesucht hat. Die thematische Relevanz steht dabei an allererster Stelle. Wenn wir unsere Texte nicht in der Sprache der User verfassen und keine passenden Suchbegriffe verwenden, machen wir unser Thema und damit unser Angebot im Web auch nicht »sichtbar«.

Jeder Webtexter sollte ein fundiertes SEO-Wissen mitbringen. Das Verständnis für relevante Ranking-Faktoren, die im Zusammenhang mit der Texterstellung stehen, ist unabdingbar für jeden, der mit seiner Textarbeit das Optimum in puncto Online-Sichtbarkeit erreichen will. Unter anderem erfahren Sie in diesem Kapitel, warum Title und Description nicht nur Orte sind, an denen man ein paar Keywords ablegt, und warum Sie den Begriff »SEO-Text« schleunigst aus Ihrem aktiven Wortschatz streichen sollten.

Die »Mär vom guten SEO-Text«, die lange Zeit von vielen SEO-Agenturen verbreitet wurde, beinhaltete primär eine Texter-Regel: »Packen Sie in den Text möglichst viele Wiederholungen des Schlüsselbegriffs, mit dem Sie im Suchergebnis bei Google ranken wollen.« Dies hatte zur Folge, dass viele Website-Betreiber – man muss es leider so knallhart formulieren – grottenschlechte Texte en masse produzieren ließen. Die User sahen sich dann mit (unfreiwillig komischen) Texten dieser Art konfrontiert:

> »Ihre Suche nach Schals & Tücher wird erfolgreich sein. Denn wo, wenn nicht hier, wird Ihrer Begeisterung für alle Produkte im Sortiment Schals & Tücher so umfassend Rechnung getragen? Wo sonst können Sie alles über Schals & Tücher so ausführlich in Erfahrung bringen, dass Sie sich hinterher rundum als Schals & Tücher Kenner bezeichnen dürfen? Gerade diese neu erworbene Kennerschaft ist es, die Sie beschließen lässt: Aus dem Sortiment Schals & Tücher will ich genau dieses Produkt bestellen. Und zwar jetzt, sofort!«[1]

---

1 Quelle: *http://www.baur.de/schals-tuecher/accessoires-parfuem/accessoires-schmuck/damenmode/shop-sh4249450/versand/baur-de* (Stand: September 2012). Mittlerweile wurde der Text auf der Seite übrigens durch einen besseren Text ersetzt.

Derartige Texte konnten die Schwächen im Google-Algorithmus zwar eine Weile lang ausnutzen und das Ranking der jeweiligen Seiten vorübergehend verbessern, allerdings verringerte sich dadurch auch die Qualität der Suchergebnis-Seite bei Google. Der Suchmaschinen-Gigant reagierte darauf mit diversen Algorithmus-Anpassungen, die schlechten Website-Inhalten erfolgreich den Kampf ansagten (siehe hierzu ausführlich Abschnitt 19.5, »Was bedeuten die Google-Updates für die künftige Content-Entwicklung?«). Nach dem ersten dieser Updates, dem sogenannten *Panda-Update*, empfahl Google in einem offiziellen Webmaster-Blogbeitrag vom Mai 2011 allen Webpage-Betreibern eindringlich, sich »auf die Entwicklung qualitativ hochwertiger Inhalte zu konzentrieren, statt zu versuchen, die Website für irgendeinen Google-Algorithmus zu optimieren«.[2]

Derselbe Blogbeitrag bot mit Hilfe von zahlreichen Content-Fragen einen interessanten Einblick in den Google-Algorithmus – und einige nützliche Hinweise dazu, wie sich die Suchmaschine der Bewertung von Inhalten annähert. Demnach sollte sich jeder Content-Verantwortliche bei der Texterstellung prinzipiell mit folgenden Überlegungen auseinandersetzen:

- Würdet ihr den in diesem Artikel enthaltenen Informationen trauen?
- Wurde der Artikel von einem Experten bzw. einem sachkundigen Laien verfasst, oder ist er eher oberflächlich?
- Weist die Website doppelte, sich überschneidende oder redundante Artikel zu denselben oder ähnlichen Themen auf, deren Keywords leicht variieren?
- Würdet ihr dieser Website eure Kreditkarteninformationen anvertrauen?
- Enthält dieser Artikel orthografische, stilistische oder sachliche Fehler?
- Entsprechen die Themen echten Interessen der Leser der Website, oder werden auf der Website Inhalte generiert, mit denen ein gutes Ranking in Suchmaschinen erzielt werden soll?
- Enthält der Artikel Originalinhalte oder -informationen, eigene Berichte, eigene Forschungsergebnisse oder eigene Analysen?
- Hat die Seite im Vergleich zu anderen Seiten in den Suchergebnissen einen wesentlichen Wert?
- In welchem Maße werden die Inhalte einer Qualitätskontrolle unterzogen?
- Werden in dem Artikel unterschiedliche Standpunkte berücksichtigt?
- Wird die Website als kompetente Quelle zu ihrem Thema anerkannt?
- Stammen die Inhalte aus einer Massenproduktion oder von zahlreichen externen Autoren, bzw. werden sie über ein großes Netzwerk von Websites verbrei-

---

2 Google, Official Blog: *http://googlewebmastercentral-de.blogspot.com/2011/05/weitere-tipps-zur-erstellung-qualitativ.html*

tet, so dass einzelnen Seiten oder Websites eher wenig Aufmerksamkeit oder Sorgfalt gewidmet wird?
- Wurde der Artikel sorgfältig redigiert, oder scheint er eher schlampig bzw. hastig erstellt worden zu sein?
- Hättet ihr bei gesundheitsbezogenen Suchanfragen Vertrauen in die Informationen dieser Website?
- Würdet ihr diese Website als kompetente Quelle anerkennen, wenn sie namentlich erwähnt würde?
- Bietet dieser Artikel eine vollständige oder umfassende Beschreibung des Themas?
- Enthält dieser Artikel aufschlussreiche Analysen oder interessante Informationen, die nicht allgemein bekannt sind?
- Würdet ihr diese Seite zu euren Lesezeichen hinzufügen, an Freunde weitergeben oder empfehlen?
- Enthält dieser Artikel unverhältnismäßig viele Anzeigen, die vom eigentlichen Inhalt ablenken oder diesen beeinträchtigen?
- Könntet ihr euch diesen Artikel in einem Printmagazin, einer Enzyklopädie oder einem Buch vorstellen?
- Sind die Artikel kurz oder gehaltlos, oder fehlen sonstige hilfreiche Details?
- Wurden die Seiten mit großer Sorgfalt und Detailgenauigkeit oder mit geringer Detailgenauigkeit erstellt?
- Würden sich Nutzer beschweren, wenn ihnen Seiten von dieser Website angezeigt würden?

Neben den inhaltlichen Anforderungen an den Content sollte ein Webtexter auch den Umgang mit SEO-spezifischen Text-Metadaten sicher beherrschen. Mehr dazu finden Sie in Abschnitt 29.4, »SEO-relevante Textelemente«.

Zu Beginn dieses Kapitels sprach ich von der »Mär vom guten SEO-Text« und gab Ihnen im Anschluss gleich ein Beispiel dafür, was man darunter verstehen kann – nämlich manipulative Texte, die ausschließlich für Suchmaschinen fabriziert werden. Den Begriff »SEO-Text« gilt es, schnellstmöglich aus dem Sprachgebrauch zu verbannen, denn er schließt diejenigen aus, für die alle Texte eigentlich gedacht sind: die Leser. Wozu sollte sich ein Internetnutzer denn überhaupt mit einem miserablen, nur für Suchmaschinen optimierten Text beschäftigen? Also bitte in Zukunft keine »SEO-Texte« mehr, sondern Webtexte, die für User geschrieben werden und gleichzeitig einige SEO-Textelemente bedienen!

29.1 Essenzielles Keyword-Know-how

Um gleich alle Missverständnisse aus dem Weg zu räumen: Keywords sind keine Erfindung von Google! Wir werden nicht gezwungen, bestimmte Suchbegriffe bei Google einzugeben, um auf eine Seite zu kommen, die den gesuchten Inhalt bietet. Keywords sind Worte, die wir Menschen in die Suchmasken eintippen, um Webseiten zu einem bestimmten Thema oder einem konkreten Angebot zu finden.

Die Recherche nach Keywords ist gleichzeitig eine Reise in die Köpfe Ihrer User – mit zum Teil überraschenden Ergebnissen. Sie tauchen in die Denkweise Ihrer Zielgruppe ein, um herauszufinden, wie sie nach Ihren Inhalten sucht oder wie sie über Ihr Angebot spricht. Dabei werden Sie oft erstaunt feststellen, dass sie sich überhaupt nicht für Begriffe interessiert, von denen Sie dachten, es würde sich dabei um gefragte Suchbegriffe bei Google handeln.

> **Rechtstipp: Bei diesen Keywords müssen Sie genau hinschauen**
> Achten Sie darauf, dass Sie nicht jedes Keyword verwenden können. Dies gilt etwa für den Firmennamen Ihres Mitbewerbers (oder eine geschützte Marke/einen geschützten Claim). Hier droht Ihnen eine Abmahnung durch den Anwalt Ihres Konkurrenten. Zur Begründung kann zum Beispiel der Verstoß gegen Wettbewerbsrecht bzw. Schutzrechte behauptet werden. Ist die Abmahnung insofern berechtigt, kann es für Sie schnell teuer werden.

29.1.1 Was ist ein Keyword?

Ein Keyword ist ein Schlüsselbegriff, der das Hauptthema einer Seite beschreibt. Wenn wir im Rahmen der SEO-Optimierung von Keywords sprechen, sind auch Wortkombinationen gemeint. Ziel beim Optimieren einer Website ist es, möglichst genau herauszufiltern, für welche Begriffe Ihr Angebot relevant ist und welche Wortkombinationen sich am besten eignen. Das Wort »Anwalt« alleine würde sich beispielsweise nicht so gut für eine Optimierung anbieten, da ein User wohl eher spezifischer nach einem »Anwalt für Familienrecht«, einem »Scheidungsanwalt« oder einem »Anwalt für Baurecht« suchen würde. Und da er vermutlich auch nicht von München nach Hamburg zum Beratungsgespräch fahren möchte, ist davon auszugehen, dass der User nach einem Anwalt in einer Mehrwort-Kombination suchen würde: »Anwalt für Familienrecht in München«.

29.1.2 Wie identifiziere ich relevante Keywords?

Mit Hilfe der folgenden Fragen können Sie sich selbst eine umfassende Keyword-Liste zusammenstellen, die sich für die Textarbeit nutzen lässt:

- Was können User bei Ihnen finden? Was ist Ihr Hauptthema?
- Was wollen die User voraussichtlich auf Ihrer Seite finden? Setzen Sie sich aktiv mit Ihrer Zielgruppe auseinander (Bedürfnisse, Anforderungen, Nutzertypen)!
- Können Sie einen lokalen Bezug zu Ihrem Angebot herstellen?
- Mit welchen Begriffen arbeitet Ihre Konkurrenz?
- Fragen Sie Freunde, Familie, Verwandte und Bekannte: »Nach was würdet ihr suchen, um auf mein Angebot zu kommen?«
- Sofern Sie Google-AdWords-Anzeigen schalten: Welche Keywords funktionieren im Anzeigenbereich gut für Ihr Business? Welche Schlüsselbegriffe generieren eine starke Konversion?
- Mit welchen Keywords haben Sie bereits gute Positionen auf Platz 1 bis 100 beim Google-Suchergebnis? Mit welchen Begriffen stehen Sie an der Schwelle zur nächstvorderen Seite (sogenannte Schwellen-Keywords)?
- Wie gut ist das Suchvolumen verschiedener Keywords (Relevanz-Check mit Hilfe der Google-Tools, siehe Kapitel 32, »Texter-Tools für die tägliche Arbeit«)?
- Wie sprechen die User in Foren und auf Social-Media-Kanälen über Ihr Produkt/Ihr Thema?
- Im B2B: Was sind branchenübliche Begriffe? Nach welchen speziellen Produkten oder Lösungen wird gesucht? Welche Business-Fachbegriffe sind wichtig?

Think-Content-Tipp: Lassen Sie sich bei der Keyword-Recherche helfen
Denken Sie bitte immer daran, dass Sie Ihre Texte in erster Linie für den User schreiben. Die anhand der oben genannten Fragestellungen gesammelten Begriffe sind grundsätzlich wichtig, damit Sie Ihre Texte nach den Bedürfnissen der Website-Nutzer verfassen können. Wenn Sie noch tiefer in die Optimierung einsteigen möchten, um gezielt das Ranking für einzelne Begriffe zu verbessern, müssen Sie sich jedes einzelne Keyword genau ansehen und analysieren: Wie hoch ist das Suchvolumen? Sollte ich das Keyword in Kombination mit einem weiteren Begriff nutzen? Wie kann ich das Verhältnis von Suchvolumen und Wettbewerb einschätzen und daraus mein Potenzial für künftige Rankings ableiten? Wer rankt auf den vorderen Plätzen mit diesem Keyword? Sie sehen: Wir stoßen hier an die Grenzen der Texter-Aufgaben. Für eine strategische Nutzung von Keywords sollten Sie sich in jedem Fall von einem Experten beraten lassen.

29.1.3 Wie und wo setze ich Keywords richtig ein?

Die folgende Liste gibt Ihnen eine Übersicht, an welchen Textstellen im Web ein Einsatz von Keywords sinnvoll ist und wie man sie am besten integrieren sollte:

- in Überschriften und Subheadlines (H1 bis H3)
- für die richtige Gewichtung bereits am Textanfang

- in Title und Description
- in Verlinkungen (Stichwort »sprechende« Links/Anchor-Texte) und Link-Titeln
- gleichmäßig verteilt im Fließtext
- in für ein Keyword erstellten Landingpages
- im Zusatz-Content (Lexika, Berater, Warenkunde, Produkt-Storys …)
- in Bildunterschriften, Bildbenennungen, Bildtexten und ALT-Tags
- in Videounterschriften
- in Navigationselementen
- in Social-Media-Meldungen und Pressetexten

29.1.4 Was bedeutet Keyword-Häufigkeit oder Keyword-Density?

Die Keyword-Häufigkeit gibt an, wie oft ein Schlüsselbegriff in einem Text vorkommt. Sie bezeichnet also die Anzahl der Erwähnungen im betreffenden Text. Die Keyword-Density (Keyword-Dichte) beschreibt dagegen den prozentualen Anteil eines Schlüsselbegriffs an einem Text. Wenn ein Begriff in einem Text mit 100 Wörtern zweimal erscheint, ergibt sich folglich eine Keyword-Density von 2 %.

Lange Zeit war die Keyword-Density *die* Maßeinheit beim »SEO-Texten«. Ihr verdanken wir den oftmals schlechten Ruf der Webtexte, da viele Texte mit Keywords vollgestopft wurden (*Keyword Stuffing*), um das Ranking bei Google auszutricksen. Eine Suchwortdichte von 6 bis 10 % war keine Seltenheit, und auch heute noch sind manche Texter (und Content-Entscheider) der Auffassung, es käme beim Texten nur darauf an, möglichst viele relevante Keywords hineinzupacken. Doch das ist schlichtweg falsch!

Nach den neueren Algorithmus-Updates steht der User bei der Google-Beurteilung eines Textes klar im Vordergrund. Mittlerweile kann es sogar eher negativ bewertet werden, wenn ein bestimmter Begriff unnatürlich oft im Text vorkommt. Google fordert gut geschriebene, grammatikalisch korrekte und für den User schön lesbare Texte. Der Bot ist durchaus in der Lage, auch anhand verwendeter Synonyme die Themenrelevanz einer Seite zu bestimmen. Wenn die Keyword-Density Ihres Textes über 2 % liegt, sollten Sie überlegen, ob Sie den einen oder anderen Schlüsselbegriff nicht streichen oder durch ein passendes Synonym ersetzen können. Informationen zu Tools, die Ihnen bei der Ermittlung der Suchwort-Dichte helfen, finden Sie in Kapitel 32, »Texter-Tools für die tägliche Arbeit«.

Beachten Sie, dass in die Keyword-Density auch alle Metadaten, Navigationstexte, Bildunterschriften und Links einfließen – sprich sämtliche Textformen, die Google im HTML auslesen kann! Wichtig ist also, dass Sie die wichtigsten Schlüsselbegriffe auf der gesamten Website gleichmäßig verteilen.

In Fachkreisen spricht man heutzutage kaum mehr über die Keyword-Density, weil sie nach diversen Algorithmus-Anpassungen keinen Einfluss mehr auf das Ranking hat. Warum bringe ich den Begriff dennoch an dieser Stelle ins Spiel? Weil Ihnen die Keyword-Dichte – beispielsweise in einem Artikel – einfach dabei helfen kann, zu prüfen, ob Ihr Text »gehaltvoll« ist oder ob das Ergebnis Ihrer Schreibarbeit eher einer Aneinanderreihung von leeren Phrasen gleicht. Ein hochwertiger Text greift sein Hauptthema auf ganz natürliche Weise immer wieder auf. Wenn Sie für den Begriff, der Ihr Thema am treffendsten beschreibt, bei einer Density von ca. 2 % landen, können Sie davon ausgehen, dass Sie dessen Relevanz gut herausgestellt haben.

29.2 Müssen alle Texte SEO-optimiert sein?

Hier die kurze Antwort auf die Frage, die sehr oft in Seminaren gestellt wird: Nein! Wie bei der Planung aller Inhalte müssen Sie sich bei jedem Text vorab das Ziel vor Augen halten, das Sie mit ihm erreichen möchten. Es geht nicht immer darum, eine einzelne Seite ins Ranking zu bekommen. Jeder Text kann dazu beitragen, das Gesamtranking, den Trust und Ihr Online-Branding zu stärken und aufzubauen. Und an oberster Stelle sollte wie immer der User stehen.

Daher ist es wichtig, dass Sie im Rahmen Ihrer Content-Strategie festlegen, welche Seiten bestmöglich im Web gefunden werden sollen und welche Seiten Chancen auf ein gutes Ranking haben. Auf diesen Seiten sollten Sie dann die SEO-spezifischen Metadaten besonders sorgfältig betexten. Behalten Sie dabei vor allem im Hinterkopf, dass Title und Description (siehe hierzu Abschnitt 29.4.1) unter Umständen die erste Möglichkeit bieten, Ihre Kunden auf den Suchergebnis-Seiten zu umwerben und sie von Ihrem Angebot zu überzeugen.

Aber sehen wir uns zu der in der Abschnitts-Überschrift gestellten Frage einmal ein paar Textformen und Seitentypen genauer an.

29.2.1 Teaser

Ein Teaser (siehe auch Abschnitt 28.3, »Teaser, denen man nicht widerstehen kann«) hat die primäre Aufgabe, den User zügig von einem Angebot zu überzeugen und ihn auf eine mit dem Teaser verknüpfte Seite zu leiten (zu einem Artikel, einem Produkt, einer Download-Seite usw.). Daher sollte der Teaser stark werblich getextet werden und mit einem klaren Call-to-Action zum Klick verführen. Weil sich die Teaser-Inhalte oft ändern, geht es hier beim Texten nicht primär ums Suchmaschinen-Ranking, sondern vorwiegend um die Konversion.

Wenn Sie einen Teaser jedoch auch aus SEO-strategischer Sicht einsetzen wollen, dann beachten Sie bitte den nachstehenden SEO-Tipp.

> **SEO-Tipp: So verlinken Sie Teaser richtig**
>
> Teaser sind im Prinzip auch nur Verlinkungen. Da Teaser aber normalerweise auf sehr wichtigen Seiten (Homepage, Kategorieseiten) verwendet werden, besitzen diese Links für Suchmaschinen enormes Gewicht, weshalb hier besonders auf den Einsatz von Keywords geachtet werden sollte. Stellen Sie daher sicher, dass ein Teaser nicht nur einen Link »weiterlesen« am Ende besitzt, sondern dass die Keyword-tragenden Teile des Teasers als Link gestaltet sind. Achten Sie auch darauf, dass der Teaser nur einen einzigen Link beinhaltet oder komplett aus einem Link besteht und nicht aus zwei oder mehr Links. Gerade bei Teasern, die aus Überschrift, Anreißtext und möglicherweise noch einem Bild bestehen, ist die Versuchung für Webentwickler groß, diese der Einfachheit halber mit zwei oder drei Links zu gestalten.

29.2.2 Landingpages

Beim Konzipieren einer Landingpage müssen Sie im Vorfeld klären, ob sie kurzfristig für eine werbliche Aktion genutzt werden soll oder ob Sie die Seite speziell für ein Thema oder Sortiment erstellen möchten. Je nachdem, wie lange die Seite online bleiben soll und wie wichtig sie aus SEO-Sicht ist (Suchvolumen, Themenrelevanz), kann es sinnvoll sein, beim Erstellen der Seiten alle SEO-spezifischen Elemente zu berücksichtigen.

Auch eine Landingpage, die durch ihre attraktiven Inhalte Backlinks anzieht, ist im Prinzip »SEO-optimiert«.

> **Think-Content-Tipp: Lassen Sie Ihren Content reifen!**
>
> Planen Sie das Anlegen von Landingpages, die Sie strategisch für ein gutes Ranking aufbauen wollen, mit ausreichendem Vorlauf. Wenn Sie beispielsweise feststellen, dass Sie über ein bestimmtes Keyword in Verbindung mit der aktuellen Jahreszahl guten Traffic erhalten (zum Beispiel »Sonnenbrillen-Modelle 2013«), dann legen Sie am besten frühzeitig auch eine Landingpage für das Jahr 2014 oder 2015 an. Sie können davon ausgehen, dass Abfragen nach bestimmten Produktgruppen oder wiederkehrenden Themen, verknüpft mit der Jahreszahl oder der Saison (Frühjahrskollektion, Weihnachtsbeleuchtung), dem Gesetz der Regelmäßigkeit unterliegen. Das bedeutet, dass man das Traffic-Hoch für diese zeitlichen Kategorien geschickt nutzen und frühzeitig ein Ranking aufbauen kann.
>
> Viele Webanbieter machen den Fehler, die Landingpages für stark nachgefragte Themen wie »Weihnachtsdekoration« nach der jeweiligen Saison offline zu nehmen. Ein gutes Ranking braucht jedoch Zeit und immer wieder aktuellen Content. Sie müssen das Weihnachtsthema ja nicht weiter auf der ersten Kategorie-Ebene spielen oder promi-

nent verlinken. Finden Sie eine gute Verankerung für saisonale Themen in Ihrer Website-Struktur (zum Beispiel eine Kategorie für »Specials«), und lassen Sie Ihre Inhalte reifen. Den User wird es nicht stören. Entweder er kommt ohnehin über den Suchbegriff auf Ihre Seite oder weil er den Link gebookmarkt hat oder indem er gezielt auf das Themenspecial in der Kategorie-Navigation klickt. In keinem der Fälle wird es ihm etwas ausmachen, wenn er im Mai auf einer Seite für Weihnachtsdekoration landet.

Achten Sie aber mit Blick auf den Ranking-Faktor »Freshness« darauf, dass Sie ab und an auch aktuelle Inhalte auf der Seite platzieren, damit Google auch das Signal bekommt: Auf der Seite passiert weiterhin etwas! In unserem Weihnachtsdekorations-Beispiel könnten Sie im Laufe des Jahres etwa

- von aktuellen Weihnachts-Trends auf Deko-Messen berichten,
- Bastelanleitungen für Weihnachts-Deko zum Download anbieten,
- einen Pre-Sale veranstalten,
- einen Weihnachts-Countdown einbauen oder
- eine Umfrage zu den persönlichen Deko-Vorlieben der User starten.

Derartige Infos kann man auch schön unter dem Jahr über Social Media streuen, damit die Seite weiter in Schwung bleibt. Setzen Sie den Punkt »Landingpages« daher unbedingt auch auf Ihre Themenplan-Agenda (siehe hierzu Kapitel 18, »Das Content-Marketing-Herzstück – der Themenplan«).

Das Suchvolumen für saisonal wiederkehrende Themen können Sie über *Google Trends* ermitteln (*http://www.google.de/trends*, siehe auch Abschnitt 32.1.2, »Google Trends – Keyword-Entwicklung über einen definierten Zeitraum«).

Die Firma Formstack – ein Anbieter für standardisierte Seiten-Templates – hat ihre Erfahrungen bei der Gestaltung von Landingpages in eine übersichtliche Infografik gepackt, die ich Ihnen nicht vorenthalten möchte: Die Vorlage für die Anatomie einer perfekten Landingpage finden Sie unter *http://www.formstack.com/the-anatomy-of-a-perfect-landing-page*. Denken Sie bitte daran, die erste Headline immer als H1-Tag einzubauen, wenn Ihre Landingpage SEO-relevant ist und dementsprechend sauber aufgestellt sein soll (mehr dazu in Abschnitt 29.4.4, »H-Tags«).

29.2.3 Produktdetailseiten

Das Thema Produktdetailseiten wird in Texter-Seminaren oft heiß diskutiert: Muss ich für jeden Artikel einen eigenen Text schreiben? Kann ich nicht einfach die Händlertexte übernehmen? Habe ich überhaupt eine Chance, mit einer Seite für ein Produkt zu ranken, das nur wenige Tage im Shop verfügbar ist? Wird nach diesem Produkt(-Begriff) häufig online gesucht? In den meisten Fällen werden Sie zu dem Schluss kommen, dass Ihr Produkttext vor allem eines können muss: den User zum Käufer konvertieren.

Gerade beim Produkttexten ist die Angst vor dem sogenannten *Duplicate Content* besonders groß, also vor Inhalten, die mehrfach auf der Website vorkommen. Schließlich kann man etwa bei Texten zu einer Glühbirne, die es in verschiedenen Farben oder Formen gibt, nicht jedes Mal das Rad neu erfinden. Manche Informationen beziehen sich auch auf eine größere Anzahl von Produkten, und in diesem Fall wäre es viel zu aufwendig, für die einzelnen Produktdetailseiten jeweils einen individuellen Text zu verfassen.

Ich kann Sie jedoch beruhigen: Die Angst ist in vielen Fällen unbegründet. Denn Google ist schlau genug, um zu erkennen, ob es sich bei Ihrer Website um einen transaktionsorientierten Shop handelt oder um eine redaktionell hochwertige Themenseite, bei der Textwiederholungen aus qualitativer Sicht wesentlich kritischer zu beurteilen sind. Wenn die User Ihren Shop mögen, fleißig einkaufen und Ihr Angebot in Foren, auf Social Media und Blogs verlinken, sind das die wichtigeren Impulse an Google für den Ranking-Wert Ihrer Website.

> **Think-Content-Tipp: Wie Sie doppelte Inhalte umgehen können**
> Um Duplicate Content sicher auszuschließen, können Sie Google auch »mitteilen«, dass Sie einzelne Inhalte nicht indizieren möchten. Diese Entscheidung sollte aber im Rahmen Ihrer Content-Strategie eng mit Ihrer Technik-Abteilung oder einem technischen SEO-Experten abgestimmt werden.

Grundsätzlich sollten Sie es vermeiden, Content 1:1 zu übernehmen, der bereits auf anderen Websites online gestellt wurde – zum Beispiel die von Händlern zur Verfügung gestellten Produktinformationen. Diese Form des Duplicate Contents, also die unveränderte Wiedergabe von Fremdinhalten auf Ihrer Website, wird von Google überhaupt nicht gerne gesehen: Wenn Google Sie als Content-Kopierer identifiziert, kann das schnell zu einer Abstrafung Ihrer Seite führen. Sie müssen immer davon ausgehen, dass der Händler die bereitgestellten Texte nicht nur für seine eigene Firmenwebsite nutzt, sondern sie unter Umständen auch an andere Handelspartner weitergegeben hat.

Eine SEO-Optimierung von Produkttexten bietet sich in Einzelfällen an, wenn Sie Ihre Produkte auch offline in einem Ladengeschäft verkaufen. Dann kann es sinnvoll sein, in Ihrem Angebot darauf zu verweisen, da Google durch eine weitere Algorithmus-Anpassung (das sogenannte *Venice-Update*) das »lokale« Ranking stärker ausgebaut hat.

Kurz gesagt: Ihr Produkttext soll primär verkaufen. Nur in wenigen Fällen lohnt es sich, mehr Zeit in das Thema SEO zu investieren – und das sollten Sie wiederum vorab in Ihrer Content-Strategie festlegen. Denn letztlich wollen Sie ja nicht etwa eine Suchmaschine dazu bringen, ihre Brieftasche zu zücken, sondern vielmehr Ihre

Kunden. Oder, wie es die US-Content-Expertin Sonia Simone so treffend ausgedrückt hat:

> »I write for readers first then optimize lightly for search. Last time I looked, bots don't have credit cards.«[3]

Tipps zum Verfassen attraktiver Texte auf Produktdetailseiten finden Sie in Kapitel 30, »Schreiben für den E-Commerce – Produkttexte, die verkaufen«.

29.2.4 »Über uns«-Seite

Auf der »Über uns«-Seite können Sie noch einmal ganz konkret formulieren, was Sie anbieten, und Ihr Hauptthema (Dienstleistung, Expertise, Angebot, Beratung, Service, Produktwelt usw.) hervorheben. Dabei sollten Sie unbedingt überlegen, ob Sie zu Ihrer Website einen lokalen Bezug herstellen können. Verwenden Sie beim Texten Begriffe, die die Relevanz Ihrer Website genau widerspiegeln. Diese Information ist nicht nur aus SEO-Sicht wichtig: Auch ein User hat das Bedürfnis, schnell zu verstehen, wer Sie sind und was Sie anbieten.

Gerade Online-Anbietern im B2B-Bereich stehen oft nicht so viele (Content-)Seiten zur Verfügung, um ihr Angebot oder ihre Dienstleistung zu promoten. Sie sollten daher auch die »Über uns«-Seite für die Platzierung von thematisch relevanten Keywords nutzen, die ihr Business beschreiben.

SEO-Tipp: Profitieren Sie von der Relevanz der Footer-Seiten

Mit dem Konzept des »Link-Safts«, der über Verlinkungen fließt und den verlinkten Seiten Power verleiht, wird schnell deutlich, dass die stärksten Seiten einer Website diejenigen sind, die von jeder Seite aus verlinkt sind. Das sind also zum einen alle Seiten aus der Hauptnavigation, aber eben auch die oft vernachlässigten Seiten aus dem Footer. Somit gehört die in Deutschland vorgeschriebene Impressum-Seite grundsätzlich zu den stärksten Seiten einer Website, ist aber nur selten optimiert. Überlegen Sie also, welche Keywords im restlichen Inhalt nicht unbedingt Platz haben (zum Beispiel B2B-Begriffe bei einer B2C-fokussierten Website), und versuchen Sie, diese im Impressum oder der »Über uns«-Seite abzubilden.

Es kann also durchaus sinnvoll sein, die »Über uns«-Seite für ein starkes Ranking fit zu machen. Denken Sie dabei bitte auch daran, überzeugende Title und Descriptions (siehe Abschnitt 29.4.1) für den Erstkontakt mit Ihren Usern im Google-Suchergebnis zu texten.

---

[3] Sonia Simone in einem Vortrag auf der Content Marketing World im September 2012: *http://www.conferencebites.com/2012/09/content-marketing-world-favorite-quotes*

29.2.5 Social-Media-Texte

Dass die Verwendung von Keywords in Texten auf Social-Media-Plattformen wie Twitter oder Facebook zum Ausbau der Online-Reputation einer Website beitragen kann, ist in der Fachwelt unbestritten. Unklar ist allerdings noch, wie stark welche Social-Media-Faktoren langfristig ins Ranking-Gewicht fallen werden. Damit die Inhalte für das Suchergebnis auch thematisch zugeordnet werden können, müssen natürlich auch entsprechende relevante Schlüsselbegriffe beim Texten verwendet werden. Tipps zum Verfassen von Social-Media-Meldungen finden Sie in Kapitel 31, »Texten für Social Media und Online-PR«.

29.2.6 Pressemeldungen

Da Pressemitteilungen vermehrt online versendet oder auf reichweitenstarken Online- und Social-Media-Portalen verbreitet werden, sollten Sie sicherstellen, dass Ihre Pressetexte die wesentlichen Kriterien der Suchmaschinenoptimierung erfüllen. Für die Generierung von Backlinks und den Aufbau Ihres Brandings sind Online-Pressemeldungen ein attraktives Mittel. Sorgen Sie also dafür, dass sie im Rahmen Ihrer SEO-Maßnahmen nicht vergessen werden! Die genauen Textanforderungen werden in Kapitel 31, »Texten für Social Media und Online-PR«, ausführlich erläutert.

> **SEO-Tipp: Bitte Links kürzen!**
> Arbeiten Sie bei und in Pressemeldungen möglichst mit kurzen, sprechenden Links, da sich diese leichter viral verbreiten lassen. Um lange Links zum Beispiel in die 140 Zeichen von Twitter zu pressen, gibt es zwar sogenannte URL-Shortener wie bit.ly, aber diese arbeiten grundsätzlich mit Redirects, wodurch Link-Saft verloren geht. Besser ist daher, wenn Ihr System selbst solche kurzen URLs erzeugen und verstehen kann. Wenn diese dann noch sprechend sind, so dass sie Keywords beinhalten können (zum Beispiel *www.domain.de/staubsauger-katalog-2012*), dann haben Sie die perfekten viralen URLs.

Somit sollten Sie Ihre Pressemitteilungen in der Tat bei Ihrem SEO-Maßnahmenmix berücksichtigen. Achten Sie darauf, dass Sie in der Headline, in den Zwischenheadlines sowie im Pressemeldungstext mit stark gefragten, relevanten und zum Thema passenden Schlüsselbegriffen arbeiten.

29.3 Google liebt Unique Content!

Einzigartiger, originärer und aktueller Content ist quasi das »Online-Blut«, das Leben in Ihre Website pumpt – und für Google ein wesentliches Qualitätsmerkmal zur Beurteilung Ihrer Online-Präsenz.

29.3 Google liebt Unique Content!

Ein Indikator dafür, wie wichtig vor allem aktuelle Inhalte sind, ist die Entwicklung der Suchfiltermöglichkeiten bei Google. Wie Sie in Abbildung 29.1 sehen, findet sich oberhalb des Suchergebnisses eine Auswahl von verschiedenen Suchfiltern wie BILDER, VIDEOS, NEWS, BLOGS und DISKUSSIONEN. Das bedeutet, dass der User heute mehr Alternativen zur Verfügung hat, um den Inhalt zu finden, den er sucht. Er kann sich erkundigen, wie ein Thema in Foren, Newsgroups oder sozialen Netzwerken diskutiert wird. Er hat die Möglichkeit, Blogbeiträge zum Thema zu filtern, und er kann das Suchergebnis sogar zeitlich noch weiter eingrenzen (siehe Abbildung 29.2).

Abbildung 29.1 Google Suchergebnis-Seite (SERP), Screenshot vom 11.10.2013

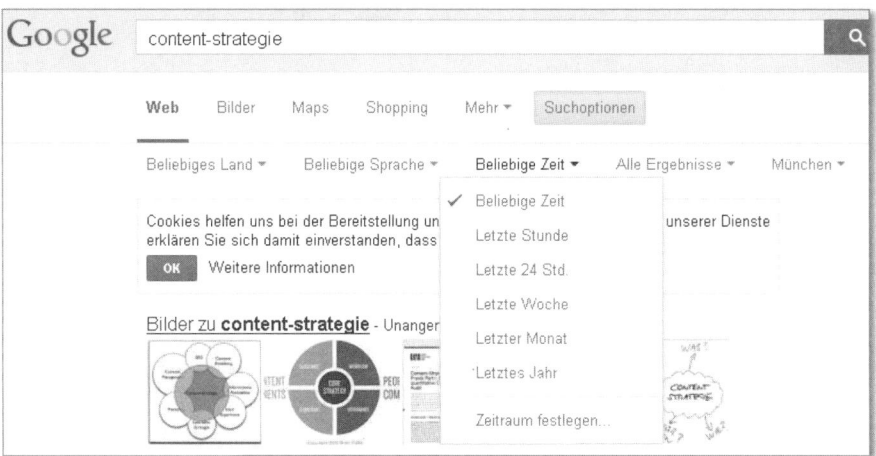

Abbildung 29.2 Filtermöglichkeit innerhalb der SERP

Auch der Ranking-Faktor *Authorithy*, also die Autorität, die Ihnen für ein bestimmtes Thema zugesprochen wird, ist für eine gute Platzierung Ihres Angebots wichtig. Diese Autorität steht und fällt mit der Qualität Ihrer Website-Inhalte – und diese müssen ganz klar *unique* sein, das heißt, nicht von irgendwoher kopiert, sondern von Ihnen selbst erstellt. Neben den Backlinks ist exklusiver Content der ausschlaggebende Faktor für Ihren Erfolg in der digitalen Welt.

Die amerikanische Software-Firma Moz führt alle zwei Jahre Umfragen und Studien zur Gewichtung der Ranking-Faktoren durch. So wurden im Juli 2013 mit Hilfe von führenden Marketingmitarbeitern Daten zu mehr als 80 Kriterien für die Position im Suchergebnis gesammelt.[4] Wie Sie in Abbildung 29.3 sehen, steht Text unter den Content-Ranking-Faktoren an erster Stelle.

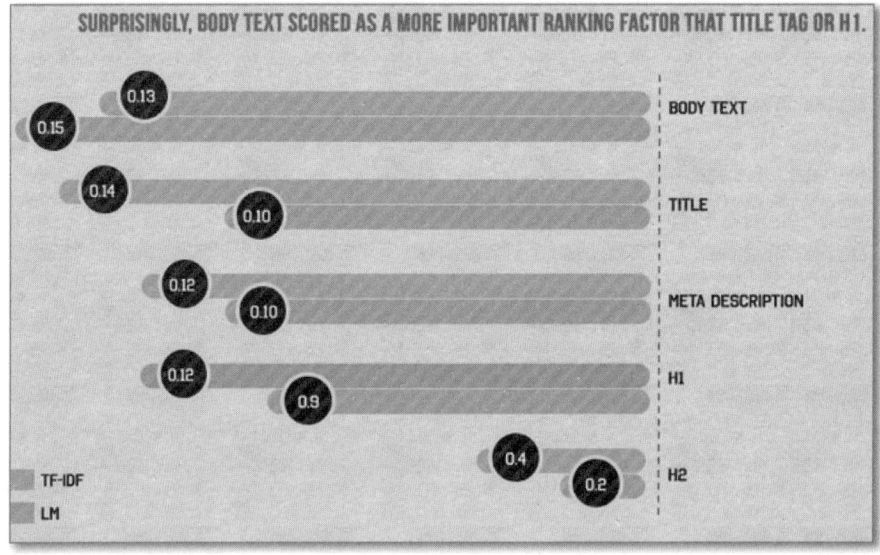

Abbildung 29.3 Ausschnitt aus einer Infografik, die die Ergebnisse der Studie zusammenfasst[5]

Es gibt demnach also kein besseres Mittel, sich die Chance auf eine gute Position in den Suchergebnissen zu sichern, als hochwertiger, originärer, einzigartiger Content in Textform.

---

4 Link zur Studie: *http://moz.com/search-ranking-factors*
5 Link zur Infografik: *http://www.ds-cambridgeweb.co.uk/blog/local-search-ranking-factors-2103* (Screenshot vom 11.10.2013)

29.4 SEO-relevante Textelemente

Beim Stichwort »SEO-Text« denken viele Website-Betreiber immer noch an mit Keywords vollgepackte Webtexte, die angeblich für das Ranking bei Google ausschlaggebend sind. Den meisten ist die Tatsache nicht bewusst, dass jedes Wort auf einer Seite, das für Google auslesbar ist, die Relevanz der betreffenden Webseite beschreibt. Dazu gehören auch Navigationstexte, ALT-Tags für Bilder, Title und Description, Link-Texte, Pfad-Navigationen, Footer-Links usw.

Wenn Sie selbst einmal prüfen wollen, wie ein Thema auf Ihrer Seite (oder auf der Ihrer Konkurrenz) gewichtet wird, können Sie das mit wenigen Schritten tun. Sie müssen dafür lediglich in Ihrer Browsereinstellung die Anzeige von Grafiken und Java Script deaktivieren. Beim erneuten Laden der Seite sehen Sie das, was Google auch sieht: alle Worte, die auf dieser Webseite platziert wurden. Abbildung 29.4 zeigt dies am Beispiel der Seite *http://www.muko.info*.

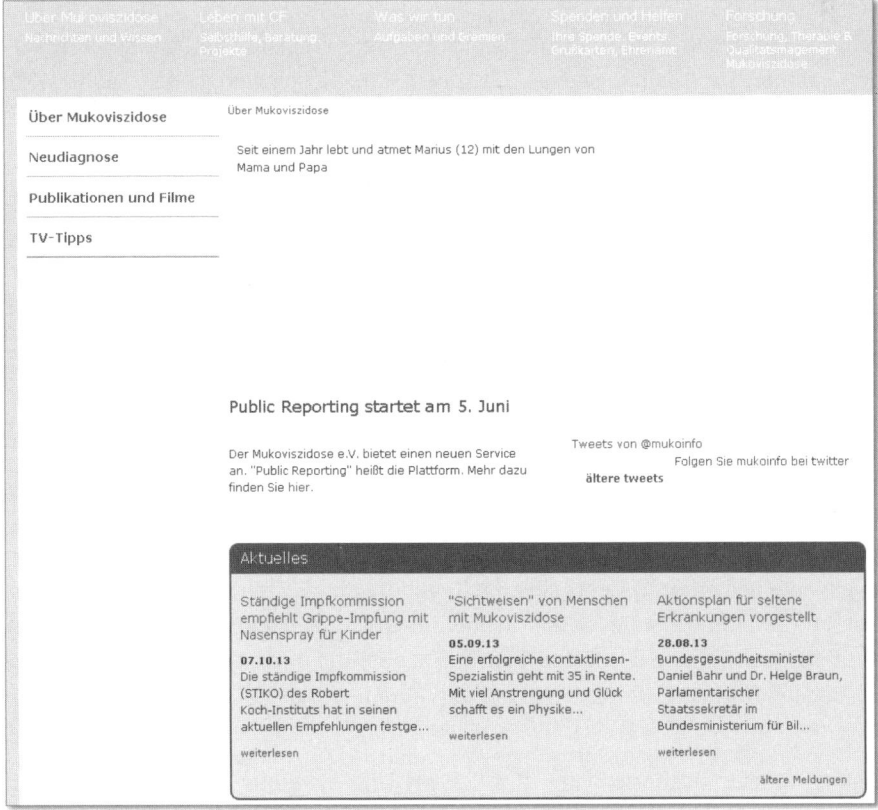

Abbildung 29.4 Was vom Text übrig blieb (Screenshot vom 11.10.2013).

In Kapitel 32, »Texter-Tools für die tägliche Arbeit«, finden Sie eine Reihe von Tools und Anwendungen, mit denen Sie Ihre SEO-spezifischen Inhalte prüfen können. Eines der dort aufgeführten Analyse-Werkzeuge ist die *MozBar* (http://moz.com/tools/seo-toolbar): Diese Toolbar ermöglicht es Ihnen, Ihre Seiten nach nur einem Klick aus der Sicht von Google zu betrachten.

Mit Hilfe dieser »nackten« Seitenansicht verschaffen Sie sich relativ schnell einen ersten Überblick zur Content-Situation auf Ihrer Seite. Daraufhin sollten Sie sich folgende Fragen stellen:

- Kann man aufgrund der verwendeten Wörter und der Worthäufigkeit auf mein Business-Modell schließen?
- Sind die wesentlichen USPs (Unique Selling Propositions, die Alleinstellungsmerkmale für mein Produkt) im Text auf einen Blick erkennbar?
- Finde ich passende Synonyme, die die Relevanz meines Website-Themas stärken?

Falls Sie feststellen, dass eine oder gleich mehrere Fragen nicht beantwortet werden, können Sie davon ausgehen, dass auch Google Schwierigkeiten haben wird, Ihre Website thematisch korrekt einzuordnen.

Neben der Optimierung Ihrer »allgemeinen« Website-Texte haben Sie noch weitere Möglichkeiten, Metatexte auf Ihrer Seite zu integrieren, die den Suchmaschinen helfen, Ihr Thema auszulesen. In den folgenden Abschnitten werden einige SEO-spezifische Textformen erläutert, mit denen sich Webtexter intensiv auseinandersetzen sollten.

29.4.1 Title und Description

Title und Description sind SEO-Textelemente, die jeder Webtexter verstehen und aus dem Effeff beherrschen sollte.

Title

Wie man einen guten Seitentitel verfasst, gehört zum Basiswissen des Webtextens. Der Title liefert die erste Information über Ihr Online-Angebot an Google, wenn der Bot Ihre Website scannt. Idealerweise bringt der Titel Ihr Seitenthema mit maximal 60 Zeichen (inklusive Leerzeichen) auf den Punkt – für die Suchmaschinen und den User.

Zum einen ist es daher wichtig, dass Sie im Title eindeutig sagen, worum es auf Ihrer Seite geht, und dementsprechend das relevanteste Keyword einbauen. Zum anderen müssen Sie stets im Hinterkopf behalten, dass der Title auch eine Headline ist, die den User auf der Suchergebnis-Seite bei Google ansprechen und viele Klicks auslösen soll. Da Google davon ausgeht, dass die wichtigste Information am Anfang einer Seite eingeführt wird, sollten Sie zudem das Haupt-Keyword möglichst zu Beginn des Seitentitels platzieren.

Bitte beachten Sie, dass jede Seite ihren eigenen Title braucht. Ein Seitentitel darf nicht pauschal für mehrere Seiten verwendet werden, sondern muss sich auf exakt eine Seite beziehen und deren Inhalt klar zum Ausdruck bringen. Sie können Seitentitel auch automatisch erstellen, sollten dann aber dafür sorgen, dass der automatisch gezogene Title sorgfältig definiert wird, damit er letztlich auch die User animiert.

> **Think-Content-Tipp: Nutzen Sie die Vorteile von ansprechenden Seitentiteln**
> Ein Title, der in Form einer attraktiven Headline getextet wurde, kann im Idealfall dazu führen, dass jemand, der auf Ihre Seite verlinken möchte, Ihren Title mit dem Backlink zu Ihrer Seite verknüpft. Texte, die von externen Seiten mit einem Link auf Ihre Seite verbunden werden, nennt man Anchor-Texte. Sie erfüllen gleich zwei wichtige Funktionen: Zum einen sagen diese »sprechenden« Links den Usern auf der externen Plattform, wohin dieser Link geht. Zum anderen wird die Relevanz Ihrer Website für das verlinkte Thema aus Google-Sicht gestärkt, wenn der externe Link gleich auch noch die Information mitliefert, worum es auf Ihrer Seite geht. Mehr hierzu finden Sie in Abschnitt 29.4.3, »›Sprechende‹ (Anchor-)Links und Link-Title«.

Aus der bereits in Abschnitt 29.3, »Google liebt Unique Content!«, erwähnten Studie der Firma MOZ geht ebenfalls hervor, dass die befragten SEO-Experten der Verwendung eines Keywords im Title die größte Bedeutung beimessen, wie Sie in Abbildung 29.5 sehen können.

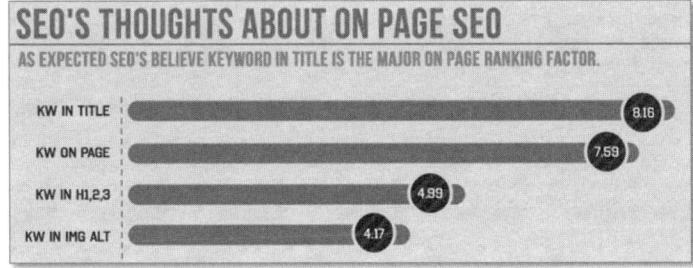

Abbildung 29.5 Die Verwendung des Keywords im Title ist essenziell.[6]

Wie wichtig es außerdem ist, dass das Keyword, nach dem die User suchen, ganz am Anfang Ihres Titles steht, können Sie bei den meisten Suchabfragen auf den ers-

---

6 Link zur Infografik: *http://www.ds-cambridgeweb.co.uk/blog/local-search-ranking-factors-2103* (Screenshot vom 11.10.2013)

ten Blick erkennen. In Abbildung 29.6 sehen Sie den Auszug einer Google-Suchabfrage nach dem Begriff »Kirschbaum«. In vielen Fällen werden Seiten beim Ranking stärker berücksichtigt, wenn das betreffende Suchwort an erster Stelle im Title steht.

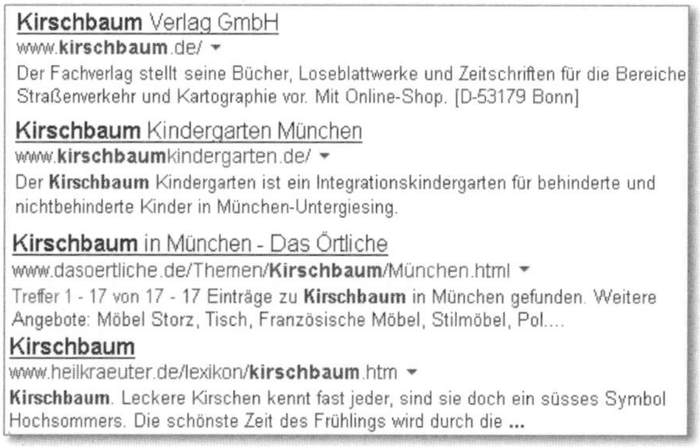

Abbildung 29.6 SERP zur Google-Abfrage »Kirschbaum« vom 11.10.2013

Description

Die Description muss den Inhalt einer Website kurz und knapp auf den Punkt bringen. Sie sollte aus maximal 140 Zeichen (inklusive Leerzeichen) bestehen, damit sie auch dann noch vollständig zu lesen ist, wenn beispielsweise ein Autorenbild im Snippet gezeigt wird (das heißt im angezeigten »Teaser« auf den Google-Suchergebnis-Seiten).

Title und Description sind quasi werbliche Teaser oder Kleinanzeigen, mit denen Sie Ihr Angebot im Google-Suchergebnis bewerben. Wie jeder andere Teaser sollten sie relevante Informationen enthalten, das wichtigste Alleinstellungsmerkmal betonen und im Idealfall mit einer eindeutigen Handlungsaufforderung abschließen, dem Call-to-Action.

Facts zu FAQs

Im Folgenden finden Sie Antworten auf die sieben häufigsten Fragen zum Umgang mit Title und Description:

1. Muss ich wirklich jeden Title selbst texten, oder kann ich auf automatisierte Seitentitel zurückgreifen?

    Das kann man nicht pauschal beantworten. Eine Themen-Landingpage sollte von A–Z professionell und mit Liebe zum Detail durchgetextet werden. Auch Seiten, mit denen Sie bereits gut ranken und eventuell Ihre Chancen auf mehr Klicks erhöhen möchten, sollten Sie mit einem knackigen Title und einem aktivierenden Description-Text ausstatten. Für Ihre Hauptseite, die Homepage, sollten Sie sich ebenfalls etwas mehr Mühe geben. Denken Sie auch beim kleinsten Text immer daran, dass jedes Wort dazu beiträgt, wie Sie von Ihren Usern wahrgenommen werden.

2. Wie kann ich eine knackige Title-Headline schreiben und das Keyword ganz vorne platzieren, ohne dass die Headline an Pfiff verliert?

    Nehmen wir an, Ihre Aufgabe besteht darin, eine attraktive Title-Headline zu texten, bei der ein relativ dröger Schlüsselbegriff wie »CAD-Software« aus SEO-Sicht unbedingt am Anfang stehen sollte. Kein Grund zur Verzweiflung! Werfen Sie noch einmal einen Blick auf Abschnitt 28.2.2, »Wie packt man ein Keyword in die Überschrift?« Die dort beschriebene »Doppelpunkt-Taktik« zeigt, wie Sie das wichtigste Keyword mühelos an den Anfang stellen und die restlichen Zeichen dafür nutzen können, eine werbliche und ansprechende Headline zu texten. Diese »Doppelpunkt-Taktik« funktioniert bei nahezu jedem Title und jeder Headline, bei der das Keyword an den Anfang soll.

3. Wo kann ich den Title sehen?

    Der Title erscheint ganz oben links neben dem Icon Ihres Browsers (siehe Abbildung 29.7).

Abbildung 29.7 Title-Anzeige neben dem Browser-Icon[7]

Er wird auch als Headline im Suchergebnis angezeigt, wenn Sie bei Google mit der entsprechenden Seite gefunden werden (siehe Abbildung 29.8).

Abbildung 29.8 Title-Anzeige im Google-Suchergebnis

4. Wo kann ich die Description sehen?

    Die Description ist auf der Website nicht direkt für User sichtbar. Im Suchergebnis bei Google erscheint sie als beschreibender Text unter dem Title.

---

7 Beispielseite: *http://www.heimatprodukte.de*

> **SEO-Tipp: Google agiert fallweise von außen als »Description-Optimierer«**
>
> Google zeigt hier nicht immer die Description aus Ihrer Website an, sondern oft ausgewählte Teile des Inhalts oder sogar die Beschreibung der Website aus dem »Open Directory Projekt«. Dahinter steckt ein eigener Algorithmus, der nichts anderes tut, als zu bewerten bzw. vorauszusagen, welche Vorschau für diesen speziellen Suchbegriff zur höchsten Klickrate führt. Grämen Sie sich also nicht, wenn Sie bei Ihren Tests nicht Ihre mühsam betextete Meta-Description vorfinden. Betrachten Sie den Suchbegriff und die Vorschau, und überlegen Sie sich, ob Sie diesen Begriff wirklich optimal in der Meta-Description verwenden oder ob es vielleicht sogar Sinn macht, die von Google zitierte Stelle des Inhalts noch besser auf diesen Begriff hin auszurichten.

5. Wie kann ich alle meine Texte für Title und Description auf einen Blick prüfen?

   Natürlich können Sie jederzeit Ihre IT-Abteilung bitten, eine Liste mit allen Seitentiteln und Descriptions zu exportieren. Für den Fall, dass es einmal schnell gehen muss, gibt es jedoch auch ein wunderbares Werkzeug, das Ihnen diese Information in wenigen Sekunden liefert: den *Screaming Frog SEO Spider*. Sie können sich das Tool unter *http://www.screamingfrog.co.uk/seo-spider* gratis herunterladen und damit bis zu 500 URLs analysieren. Geben Sie einfach die URL, die Sie checken möchten, in das dafür vorgegebene Feld ein. Über die verschiedenen Reiter können Sie dann die Title bzw. die Descriptions auswählen und auf einen Blick prüfen. Mehr Informationen hierzu sowie einen beispielhaften Abfrage-Screenshot finden Sie in Abschnitt 32.2.3, »Der Screaming Frog SEO Spider – alle Metadaten auf einen Blick«.

6. Soll ich meinen Firmennamen in den Title schreiben?

   Im Prinzip ist das nicht nötig – es sei denn, Ihr Brand ist der wichtigste USP, über den Sie die User auf Ihre Webseite bringen möchten, oder der Begriff, auf den Sie alles optimieren möchten. Viele Unternehmen vergeuden die wenigen Zeichen im Title für die Anzeige ihres Firmennamens. Dabei steht im Google-Suchergebnis direkt unter dem Seitentitel die Website-URL, in die (zumindest im Normalfall) der Name der Firma ebenfalls integriert ist.

   Nutzen Sie den Seitentitel also lieber dazu, um Ihr Angebot mit dem entsprechend passenden Suchbegriff gleich am Title-Anfang zu bewerben und potenzielle User über eine sympathische Headline anzusprechen.

7. Was passiert, wenn ich keinen Title oder keine Description habe?

   Zunächst einmal verpassen Sie die Chance, Ihr Google-Ranking gezielt zu verbessern, Textinformationen mit relevanten Keywords auf der Seite zu hinterlegen und neue User über einen ansprechenden Text im Suchergebnis auf Ihr Angebot aufmerksam zu machen.

Nicht gepflegte Titles oder Descriptions haben außerdem zur Folge, dass Google sich auf Ihrer Seite selbst einen Title und eine Description zusammensucht: Die Suchmaschine liest den ersten Text auf der Seite aus und übernimmt diese Information für die Meta-Informationen im Suchergebnis. Ein derart willkürlich zusammengeflickter Text kann unter Umständen kryptisch wirken und einen negativen Eindruck beim User hinterlassen: kein professioneller Webauftritt, also kein vertrauenswürdiger Anbieter!

Ob Title und Description manuell betextet wurden (und wie gut das gelungen ist) oder ob Google sich irgendwelche Texte von der Seite holt, weil die Tags nicht gepflegt sind, kann man in der Regel recht gut an der Textqualität in den Suchergebnissen ablesen. Googeln Sie einfach mal nach ein paar Begriffen und prüfen Sie die Ergebnisse mit kritischem Auge: Spricht Sie die Art an, wie die jeweiligen Anbieter sich dort präsentieren? Verstehen Sie überhaupt auf Anhieb bei allen, was sie anbieten?

Zum Abschluss dieses Abschnitts noch eine Anmerkung: Es kann sein, dass Sie einmal über eine andere Zeichenanzahl als Richtwert für Title oder Description stolpern werden. Da Google aber kontinuierlich an der Darstellung der Suchergebnisse arbeitet und sich dadurch auch einmal der Platz für den angezeigten Text ändern kann (etwa durch die Einbindung eines Logos oder eines Autorenbildes), befolge ich den Rat unseres »Think Content!«-SEO-Experten und empfehle, die Zeichenanzahl grundsätzlich am unteren Limit zu halten. Also: Möglichst maximal 60 Zeichen für den Title und 140 Zeichen für die Description!

29.4.2 ALT-Tags, Bildunter- oder -überschriften, Bildbeschreibungen

Da weder Google noch der Screenreader eines Blinden eine Grafik auf der Website auslesen und verstehen kann, ist es wichtig, den Bildern mittels ALT- und Bildtexten »ein Gesicht« zu geben. In der Regel bietet jedes CMS die Möglichkeit, Standard-Metadaten, zu denen auch die Bild-Metadaten gehören, zu pflegen. Sollten Sie das noch nicht können, steht Ihnen sicher Ihr Kollege aus der IT mit Rat und Tat zur Seite.

> **Think-Content-Tipp: Sichern Sie sich mit Bildtexten einen Vorsprung**
> Google hat sich im Laufe der Jahre zu einer wichtigen Bildersuchmaschine entwickelt, die von vielen Usern zum Auffinden von passenden Bildern (oder Produkten) genutzt wird: 1 Milliarde Bildersuchanfragen pro Tag sprechen eine deutliche Sprache. Doch die meisten Website-Betreiber gehen noch sehr stiefmütterlich mit der »Textpflege« von Bildern um. Verschaffen Sie sich einen Vorsprung gegenüber Ihrer Konkurrenz: Machen Sie sich die Mühe, Bilder sauber zu benennen und mit umfassenden Bildbeschreibun-

> gen auszustatten. Stellen Sie außerdem sicher, dass die technischen Voraussetzungen zum Auslesen der Bilder gut umgesetzt werden. Über einen verbesserten Umgang mit Bildern können Sie sich eine weitere – noch dazu kostengünstige – Traffic-Quelle erschließen. Zur korrekten Handhabung von Bildern finden sich viele Quellen im Netz. Eine gute Zusammenfassung für Einsteiger bietet die Webseite http://www.bildersuche.org/google-bildersuche.php.

Nachstehend einige Tipps zum »Betexten« Ihrer Bilder.

ALT-Tags

Ein ALT-Tag ist ein Alternativtext für ein Bild, der auf der Webseite lesbar wird, wenn eine Grafik nicht angezeigt werden kann. Beim Beispiel in Abbildung 29.9 wäre das der Begriff »UmweltBank«. Nutzen Sie die SEO-Möglichkeiten, die Ihnen das ALT-Tag bietet: Hier können Sie ein passendes Keyword (oder einen kurzen beschreibenden Satz) zu dem jeweiligen Bild in HTML hinterlegen – und so die Suchmaschine mit Informationen füttern, die in Ihr Ranking einfließen.

Abbildung 29.9   Anzeige des ALT-Tags »UmweltBank« (Quelle: http://umweltbank.de)

Bild-Title

Ein Bild-Title wird dem Webnutzer angezeigt, sobald er mit der Maus über das jeweilige Bild scrollt (siehe Abbildung 29.10).

Abbildung 29.10   Anzeige eines Bild-Titles (Quelle: http://www.vogue.de/content/search/?SearchText=swarowski)

Bildbenennung

Achten Sie bei der Benennung Ihrer Bilder darauf, sinnvolle Namen zu verwenden, unter denen sich der User und die Suchmaschine etwas vorstellen können. Die Illustration eines Artikels zum Thema Wertpapierhandel sollten Sie also statt *12072011-artikel-no332.jpg* lieber *artikel-wertpapierhandel-juli2011.jpg* nennen. Bitte bedenken Sie, dass Bilder in den meisten Fällen primär über die Keywords im Bildnamen in der Google-Bildersuche ranken. Achten Sie auch darauf, mehrere Begriffe nicht mit einem Unterstrich zu trennen, sondern mit einem Bindestrich.

Bildbeschreibung

Um Bilder attraktiver für die Suche bei Google zu gestalten, können Sie einen weiteren Text in HTML hinterlegen, mit dem Sie das Bild und das dazugehörige Thema konkret beschreiben. Umfang: ca. 100 Wörter.

Bildüber- oder -unterschrift

Platzieren Sie neben, über oder unter dem Bild eine kurze Headline, die das zum Thema passende Keyword enthält.

SEO-Tipp: Schützen Sie Ihre Urheberrechte

Die Google-Bildersuche ist nicht nur eine oft unterschätzte Traffic-Quelle. Sie verleitet geneigte User leider auch zu einem etwas anarchischen Umgang mit dem Urheberrecht. Wenn Sie also sicherstellen möchten, dass ihre Bilder nicht einfach »geklaut« und von Unbefugten verwendet werden können, sollten Sie ein nicht störendes aber dennoch bestimmendes Copyright oder zumindest Ihre Website-Adresse direkt im Bild einblenden. Viele Redaktionssysteme können so etwas auch vollautomatisch schon beim Hochladen eines Bildes erledigen. Es gibt auch technische Möglichkeiten, damit Ihre Bilder nur innerhalb Ihrer eigenen Webseiten korrekt dargestellt werden können, aber damit unterbinden Sie gleichzeitig das ebenfalls beliebte »Hotlinking« (jemand gibt als Bildquelle einfach Ihre Bild-URL an, das heißt, in seiner Seite erscheint Ihr Bild), das wiederum ähnlich positive Ranking-Effekte wie normales Verlinken hat. Hier muss also abgewägt werden. Und da Sie selbst vielleicht an Bildrechte und Lizenzkosten gebunden sind, sollten Sie auf jeden Fall mit den entsprechenden Abteilungen besprechen, wie Sie mit dem Thema Bilder umgehen wollen.

29.4.3 »Sprechende« (Anchor-)Links und Link-Title

Ein im Text gesetzter Link bekommt mehr Aufmerksamkeit von den Google-Bots. Sie können Ihren Link zum »Sprechen« bringen, indem Sie ihn mit einem aussagekräftigen Keyword ausstatten: Dann hat er mehr inhaltliche Relevanz (für den User und für die Suchmaschinen) und kann von blinden Webnutzern mit dem Screen-

Reader besser erfasst und gezielter angeklickt werden. Darüber hinaus können Sie »sprechende« Links bewusst als Mittel für das grafische Schreiben einsetzen (siehe Abschnitt 26.3, »Grafisches Schreiben«).

Schreiben Sie also nicht einfach *Hier klicken* oder *Zum Produkt*. Betexten Sie Ihren Link lieber ganz konkret, etwa so:

- *Zur aktuellen Sonnenbrillen-Kollektion*
- *Alle Mitgliedsvorteile auf einen Blick*
- *Entdecken Sie südafrikanische Weine*
- *Mehr zur geplanten Steuersenkung*

Den klickbaren Textbereich eines im Content integrierten Links nennt man Anchor-Text. Er spielt unter anderem auch eine große Rolle beim Aufbau von Backlinks. Externe Verlinkungen sollten nach Möglichkeit mit einem passenden, sprechenden Anchor-Link auf Ihr Webangebot verlinken, damit die Relevanz Ihres Themas auch von externen Seiten »verbal« unterstützt wird.

Ein weiterer »Texthebel« im Rahmen der SEO-Optimierung ist das Setzen von Titeln zu einer Textverlinkung (in HTML). Den Link-Title sieht man auf der Webseite ebenso wie den Bild-Title, wenn man mit der Maus über den Link fährt (siehe Abbildung 29.11).

Abbildung 29.11 Anzeige eines Link-Titles auf der Homepage von VOGUE Deutschland (http://www.vogue.de; Stand:11.10.2013)

> **SEO-Tipp: Google steht auf »Natürlichkeit« bei Backlinks**
> Mit dem sogenannten *Penguin-Update* führte Google eine viel kritischere Betrachtung und Bewertung der Verlinkungen einer Seite ein. Seitdem werden »unnatürliche« (weil zum Beispiel auffällig oft nur aus dem Haupt-Keyword bestehende, also absichtlich manipulierte) Link-Profile gut erkannt und im Ranking abgewertet. Hierbei geht es zwar nur um Links von bzw. zu anderen Websites und nicht um die Verlinkung innerhalb Ihrer eigenen Website (da ansonsten ja bereits die Navigation diesen Tatbestand erfül-

len würde); allerdings sollten Sie davon gehört haben, falls Sie um einen Link gebeten werden oder von sich aus eine andere Website verlinken. Ein natürliches Link-Profil hat nur einen geringen Anteil reiner Keyword-Links und viele Variationen der Link-Texte.

29.4.4 H-Tags

Prägnante Überschriften und Zwischenüberschriften sind für das »überfliegende« Leseverhalten der Online-Nutzer extrem wichtig. Während eine Überschrift im Print-Bereich lediglich dazu dient, die Aufmerksamkeit des Lesers zu erwecken, sind die Headlines eines Webtextes zudem ein wichtiger Hebel zur SEO-Optimierung: Überschriften helfen Suchmaschinen-Crawlern entscheidend dabei, das Thema einer Seite korrekt zu bestimmen.

Die wichtigste Headline auf einer Seite ist das sogenannte *H1-Tag*. Es sollte nur einmal pro Seite verwendet werden und in jedem Fall das Haupt-Keyword für diese Seite enthalten.

Zwei Fehler werden sehr häufig im Umgang mit dem H1-Tag gemacht:

▸ Es wird weggelassen.
▸ Man benutzt es für die unnötige Floskel »Herzlich willkommen«.

Mit einem »Herzlich willkommen« als Überschrift vergeuden Sie wertvollen Textplatz – sowohl aus SEO- wie auch aus Kundenkommunikationssicht. Wie man es nicht machen sollte, sehen Sie in Abbildung 29.12 (Quelle: *http://www.medice.de*).

Abbildung 29.12 Beispiel für eine verschwendete H1-Überschrift (Anzeige des H1-Tags mit Hilfe des Firefox-Add-ons Firebug)

Überlegen Sie bei jedem einzelnen Text, den Sie auf der Seite einbauen, bitte genau, welchen Zweck er erfüllen soll und ob er Schlüsselbegriffe enthält, die für den

Kunden attraktiv und für die Suchmaschinen relevant sind. Also hat, um es noch einmal deutlich zu sagen, in einer H1-Überschrift die Begrüßung »Herzlich willkommen« nichts zu suchen!

Die Zwischenüberschriften in längeren Artikeln sowie die Teaser-Überschriften werden meist als H2- oder H3-Tags gesetzt:

```
<h1>Überschrift</h1>
    <h2>Überschrift</h2>
        <h3> Überschrift </h3>
            <h4>Überschrift</h4>
                <h5>Überschrift</h5>
                    <h6>Überschrift </h6>
```

> **Think-Content-Tipp: Überprüfen Sie Ihre Formatierungen**
> Prüfen Sie mit Ihrer technischen Abteilung, ob die Voraussetzung zur richtigen Pflege von H-Tags auf Ihren Seiten gegeben ist. Oft fehlt die korrekte Formatierung. Wie beim Title gilt auch beim H-Tag: Verwenden Sie beim Texten relevante Schlüsselbegriffe, und stellen Sie das Haupt-Keyword möglichst an den Anfang.

Die H1-Headline sollte inhaltlich unbedingt mit dem Title der jeweiligen Seite korrespondieren. Wenn die Inhalte stark voneinander abweichen, ist es für Google schwer, herauszufinden, für welches Thema Ihre Seite wirklich relevant ist.

> **SEO-Tipp: Achten Sie auf die richtige H-Tag-Hierarchie**
> Eine sinnvolle Hierarchie ist wichtiger als eine korrekte Einhaltung der H1–H7-Treppe. Wenn Ihre Seiten also eine H1 und darunter stimmige H3s und H4s haben, ist das weniger problematisch als eine H1, gefolgt von H4 und dann erst H3. Achten Sie auch darauf, dass ausschließlich Ihr Seiteninhalt mit H-Auszeichnungen formatiert wird. Wegen der einfachen Kennzeichnung und zum schnellen Zurechtfinden im Code ist bei Webprogrammierern zum Beispiel beliebt, auch Überschriften in Randspalten, in der Navigation oder sonstigen »Boxen« zu verwenden. Dort haben Überschriften aber im Sinne der Dokumentstruktur nichts zu suchen! Google versteht Ihren Inhalt nur dann als wohlstrukturiertes Dokument, wenn nicht noch zig andere, meist in jeder Seite wiederkehrende Elemente als vermeintlich wichtige Überschriften angepriesen werden.

29.4.5 Das News-Tag

Mit dem *News-Keywords-Metatag* können Sie zum Artikel passende Schlagworte ergänzen. Diese Keywords sollen die Kategorisierung von News-Meldungen erleichtern. Sie müssen nicht im Title oder in der Überschrift vorkommen, damit auch Keyword-unabhängige, werbliche und schlagkräftige Headlines getextet werden können. Hierzu findet sich im offiziellen Google-Blog der Hinweis, dass dieses Ende 2012 eingeführte Tag lediglich ein Werkzeug zur Verschlagwortung von News darstellt: Qualitativ hochwertiger Content sowie eine aktuelle und professionelle Berichterstattung sind laut Google immer noch der einzig sichere Weg zum guten Ranking.[8]

> **SEO-Tipp: Nicht ohne Anmeldung!**
> Beachten Sie, dass Sie sich für die Aufnahme in die reinen News-Ergebnisse bei Google anmelden und qualifizieren müssen. Ein wichtiges Kriterium ist zum Beispiel, dass die Inhalte von mehreren Autoren stammen müssen. Genaueres dazu erfahren Sie unter *http://support.google.com/news/publisher/bin/answer.py?hl=en&answer=40787&topic=2484652&ctx=topic* (Inhalt leider nur auf Englisch verfügbar).

29.4.6 Das Author-Tag

Mit dem Einbau eines Autoren-Tags können Seiten und Dokumente direkt mit dem Urheber des Inhalts verbunden werden. Das Tag ist mit dem »Google+«-Profil des Autors verknüpft. Wenn ein Author-Tag im HTML hinterlegt ist, wird zusätzlich zu Title und Description im Suchergebnis auch das Autorenbild des Schreibers angezeigt (siehe Abbildung 29.13).

Abbildung 29.13 Anzeige eines Autorenbildes in den Google-Suchergebnissen (Abfrage nach dem Begriff »Content-Strategie« vom 11.01.2013)

Der Einbau eines Author-Tags erhöht die Glaubwürdigkeit eines Inhalts und wirkt sich positiv auf den Ranking-Faktor *Trust* aus.

> **SEO-Tipp: Sichern Sie sich mit Google+ einen Vorsprung**
> Die Bildchen in den Suchergebnissen sind nur die Vorstufe für einen komplett neuen und schwer zu manipulierenden Ranking-Faktor: den Author-Rank (*http://www.google.com/patents/US20120117059*). Google möchte Texte nicht mehr nur anhand der hier genannten Faktoren bewerten können, die sich ausschließlich auf die Website beziehen, sondern auch die Autoren selbst bewerten. Viele Autoren schreiben ja schon lange nicht mehr nur für eine Website, aber derzeit können ihre Werke auf

---

8 Offizielles Google-Blog: *http://googlenewsblog.blogspot.de/2012/09/a-newly-hatched-way-to-tag-your-news.html*

Websites »untergehen«, die unter den bisherigen Ranking-Kriterien nicht so gut abschneiden – obwohl sie für den Suchenden vielleicht höchst wertvoll wären. Schließlich interessiert mich die Meinung von Ober-SEO Rand Fishkin (Moz) mehr als die von Hobby-SEO Lieschen Müller, auch wenn Rand diese nicht auf seiner eigenen, natürlich perfekt für Google optimierten Website veröffentlicht. Mit persönlich bekannten Autoren verhält es sich ähnlich: sehe ich ein mir bekanntes Gesicht in den Suchergebnissen, bin ich an dessen Meinung sicher viel mehr interessiert als an der Meinung von Fremden, auch wenn deren Websites viel besser für Google optimiert sind. In beiden Fällen geht es Google darum, die subjektive Qualität der Suchergebnisse zu verbessern, so dass meine Suchergebnisse mich zufriedenstellen (Stichwort Personalisierung – und das absehbare Ende von pauschalen Keyword-Ranking-Daten!). Was Google hierfür aber wissen muss: Wer hat diesen Text geschrieben, wer ist Experte in seinem Themen-Umfeld, und mit wem bin ich befreundet oder zumindest persönlich bekannt?

Und schon ergibt Google+ einen völlig neuen Sinn. Google wollte damit niemals ein soziales Netzwerk in Konkurrenz zu Facebook aufbauen, um Marc Zuckerberg in die Suppe zu spucken und sein Geschäftsmodell zu torpedieren, sondern sich die Datengrundlagen für genau diese Fragen ins eigene Haus holen. Derzeit scheinen diese Daten noch zu schwach zu sein, aber ich zitiere Jake Hubert, Business Product Manager von Google auf der SMX 2013 (*http://smxmuenchen.de/muenchen2013/tag-1/#p1210*): »We will use it when it's ready.« Es steht also außer Frage, ob der Author-Rank kommt oder nicht – die einzige Frage ist, wann es so weit sein wird.

Bereiten Sie sich also am besten schon jetzt darauf vor. Holen Sie sich ein Google+-Profil. Verknüpfen Sie Ihre Texte mit ihrem Google+-Konto (*https://plus.google.com/authorship*). Und am allerwichtigsten: Netzwerken Sie! Knüpfen Sie Kontakte! Reden Sie mit! Lassen Sie die Welt und Google wissen, dass Sie bzw. Ihre Mitarbeiter Experten auf ihrem Themengebiet sind! Holen Sie sich andere Experten als Gastautoren auf die Website! Machen Sie Werbung für Ihre Texte! Hierzu höre ich oft das Argument »aber auf Google+ ist ja noch nichts los«. Sobald ich aber zeige, wie viel bereits jetzt in manchen Branchen (zum Teil ausschließlich!) über Google+ verbreitet und diskutiert wird, setzt Erstaunen ein. Was Facebook heute für Partyfotos und Privates ist, wird Google+ für geschäftliche Belange sehr bald sein. Sicher sind XING und LinkedIn derzeit aufgrund ihrer Geschichte noch die Platzhirsche für Business-Kontakte, und beide werden wohl auch noch etliche Jahre existieren. Aber sobald Google den Author-Rank aktiviert, wird mit Sicherheit ein Run auf Google+ einsetzen, da man nur dort diesen Ranking-Bonus aufbauen kann. Und spätestens dann wird sich für Sie auszahlen, wenn Sie nicht bei null beginnen müssen, sondern einen Vorsprung gegenüber Ihren Mitbewerbern haben.

29.4.7 SEO-Textelemente für Videos

Ebenso wie Bilder und Grafiken können Videos auf einer Website von Google oder von relevanten Videoplattformen wie YouTube ohne textliche Unterstützung nicht verstanden werden. Daher ist es wichtig, neben einem Video eine aussagekräftige Headline oder einen kurzen, informativen Teaser-Text zu platzieren. In HTML können außerdem (wie bei einer Website) ein Title (ca. 120 Zeichen) und eine Description (ca. 1.000 Zeichen) für das Video gepflegt werden. Auch der Dateiname sollte mit Bedacht gewählt werden, da er ebenso ein Signal an die Suchmaschinen (bzw. an YouTube) gibt, worum es in dem Video geht. Denken Sie zudem daran, den Usern ein aussagekräftiges, ansprechendes Thumbnail (Vorschaubild) anzuzeigen: Damit können Sie gleich noch einmal die Klick-Attraktivität erhöhen.

> **SEO-Tipp: Wenn schon Video, dann bitte richtig!**
> YouTube ist nach Google die zweitgrößte Suchmaschine dieser Welt. *http://www.youtube.com/yt/press/de/statistics.html* zeigt auf beeindruckende Weise, dass der Videokonsum aus dem Alltag der Menschen nicht mehr wegzudenken ist. Und der Trend ist immer noch ungebremst steigend. Immer schnellere Internetverbindungen (besonders im mobilen Sektor) und nicht zuletzt die Google Glass lassen erahnen, wo die Reise hingeht: Statt morgens beim Pendeln zum Beispiel eine Online-Zeitung zu lesen, sehen wir in ein paar Jahren einfach das (personalisierte) Frühstücksfernsehen ruckfrei in der S-Bahn. Und beim Shoppen lesen wir vielleicht immer weniger Produktbeschreibungen, sondern sehen uns einfach eine Videopräsentation an. Zwar degradieren wir damit auf den ersten Blick die Bedeutung von gut geschriebenen Texten – aber auch Videos müssen nach den Regeln der Kunst gescripted werden! Und wer schon mal einen Blick hinter die Kulissen so erfolgreicher Verkaufssender wie HSE24 blicken durfte, wird schnell feststellen, dass dort zwar durchaus gut improvisiert wird, dass aber Kernaussagen und Call-to-Action eben nicht dem Zufall überlassen werden. Also auch wenn sich das Medium ändert, das benötigte Handwerkszeug und Fingerspitzengefühl für überzeugende, verkaufsstarke Inhalte bleibt im Grunde das gleiche.
>
> Warum ich das als SEO-Tipp in einem Buch über (Text-)Content erwähne? Primär natürlich, weil auch Google Videos als so wichtig erachtet, dass direkt auf der ersten Seite Video-Suchergebnisse eingeblendet werden. Der Gedanke liegt also nahe, sich für hochkonkurrente Begriffe ohne Video-Suchergebnis einfach mit einem gut optimierten Video an der Konkurrenz »vorbeizuschleichen«. Ich erlebe aber oft, dass zuerst in Formaten und danach erst in Themen gedacht wird. So wird aus einem »wir brauchen ein Video zu diesem Keyword« leider meist etwas, das eher zu Gähnen als zu Begeisterung beim Zuseher führt und sich erst mit der Zeit Ernüchterung breit macht, wenn das Video wegen hoher Absprungraten und niedriger Klickraten doch nicht prominent bei Google erscheint. Besser ist daher, sich zuerst das Thema und die gewünschte Aussage zu überlegen und sich danach Gedanken zu machen, in welcher Form diese am besten transportiert wird. Das kann ein Text sein, eine Infografik, ein PDF oder eben ein Video. Oder noch besser: eine sich ergänzende Kombination aus all dem, damit der User viele mögliche Einstiegspunkte hat und selbst entscheiden kann, in welcher Form er es konsumieren möchte.
>
> Und schon sind wir nämlich wieder bei der Kernaussage dieses Buches: Inhalte sollten – ungeachtet des Mediums – immer für den User erstellt werden und diesen überzeugen, nicht die Suchmaschinen! Derart konzipierte Videos können und werden auch in Google Erfolg haben, wenn Sie die hier genannten Optimierungstipps beachten. Videos, die um eines Keywords willen produziert werden, haben jedoch ähnlich miese Erfolgschancen wie die schon erwähnten »SEO-Texte«.

29.4.8 Checkliste für SEO-relevante Textinhalte

Tabelle 29.1 bietet Ihnen noch einmal eine Übersicht über die verschiedenen Content-Elemente, die ein Webtexter im Hinblick auf die Suchmaschinenoptimierung nutzen und beherrschen sollte.

Textelement	Beschreibung
Title	▸ Seitentitel ▸ maximal 60 Zeichen ▸ Ist zugleich eine Headline. ▸ Erscheint in den Suchergebnissen. ▸ Soll zum Klicken animieren. ▸ Enthält am Anfang das Haupt-Keyword.
Description	▸ Kurzbeschreibung des Seiteninhalts ▸ maximal 140 Zeichen ▸ 1–2 kurze Sätze ▸ Enthält im Idealfall einen Call-to-Action.
ALT-Tag	▸ Alternativtext, der lesbar wird, wenn ein Bild nicht angezeigt werden kann ▸ Möglichkeit, ein zum Bild passendes Keyword in HTML zu hinterlegen
Bildbeschreibung	▸ Text in HTML, der beschreibt, was auf einem Bild zu sehen ist ▸ ca. 100 Wörter
Bildbenennung	▸ möglichst klar verständliche Namen ▸ also lieber nicht *27112013-artikel-no447.jpg*, sondern besser *Tarifübersicht-Lebensversicherungen-2013.jpg* ▸ keine Unterstriche verwenden, also bitte nicht *Tarifübersicht_Lebensversicherungen_2013.jpg*
»sprechende« Links	▸ klar formulierte Links mit aussagekräftigen Keywords ▸ also statt *Hier klicken* besser *Entdecken Sie chilenische Weine*
Link-Title	▸ Text in HTML mit beschreibender Information, wohin dieser Link führt ▸ Soll relevante Keywords enthalten.

Tabelle 29.1 Checkliste für SEO-relevante Content-Elemente

Textelement	Beschreibung
H1–H6	▸ Headlines und Zwischenheadlines im Text ▸ H1 (wichtigste Headline aus SEO-Sicht) soll das Haupt-Keyword enthalten. ▸ *Herzlich willkommen* hat in der H1 nichts verloren.
Textmenge	▸ pro Seite mindestens 250 Wörter ▸ idealerweise ca. 250–400 Wörter
»sprechende« URLs	▸ möglichst verständlicher Link-Aufbau ▸ Beispiel: *www.shop.de/damenmode/blusen/kurzarmblusen*

Tabelle 29.1 Checkliste für SEO-relevante Content-Elemente (Forts.)

29.5 Fazit

Auf den ersten Blick wirken viele SEO-spezifische Textanforderungen für »Nicht-SEOs« wie ein Buch mit sieben Siegeln. Aber auch in dieser Disziplin werden Sie rasch an Routine gewinnen und mit den hier beschriebenen Grundsätzen souverän umgehen. Zusammengefasst sollten Sie unbedingt die folgenden fünf Erkenntnisse aus diesem Kapitel mitnehmen:

1. Title und Description sind auch werbliche Teaser. Sie sollten für alle wichtigen Seiten manuell betextet werden.
2. Ohne Textinformationen bleiben Ihre Bilder für Google unsichtbar. Nutzen Sie die Chance, mit vernünftigen Bildbenennungen auch über die Google-Bildersuche gefunden zu werden und auf diesem Weg eine Vielzahl von Usern direkt zu erreichen.
3. Nicht alle Texte müssen SEO-optimiert werden.
4. Ein exzellenter Webtexter kreiert attraktive, werbliche, fundierte, informative Inhalte – und bedient, wenn es nötig ist, en passant auch die Bedürfnisse der Suchmaschinen.
5. Und nicht zuletzt: Es gibt keine »SEO-Texte«!

Abschließend möchte ich Ihnen in Abbildung 29.14 noch einen kompakten Vorschlag für eine »perfekt optimierte« Seite aus SEO-Sicht präsentieren. Er stammt aus einem Blogbeitrag von Rand Fishkin, einem der weltweit führenden SEO-Köpfe.

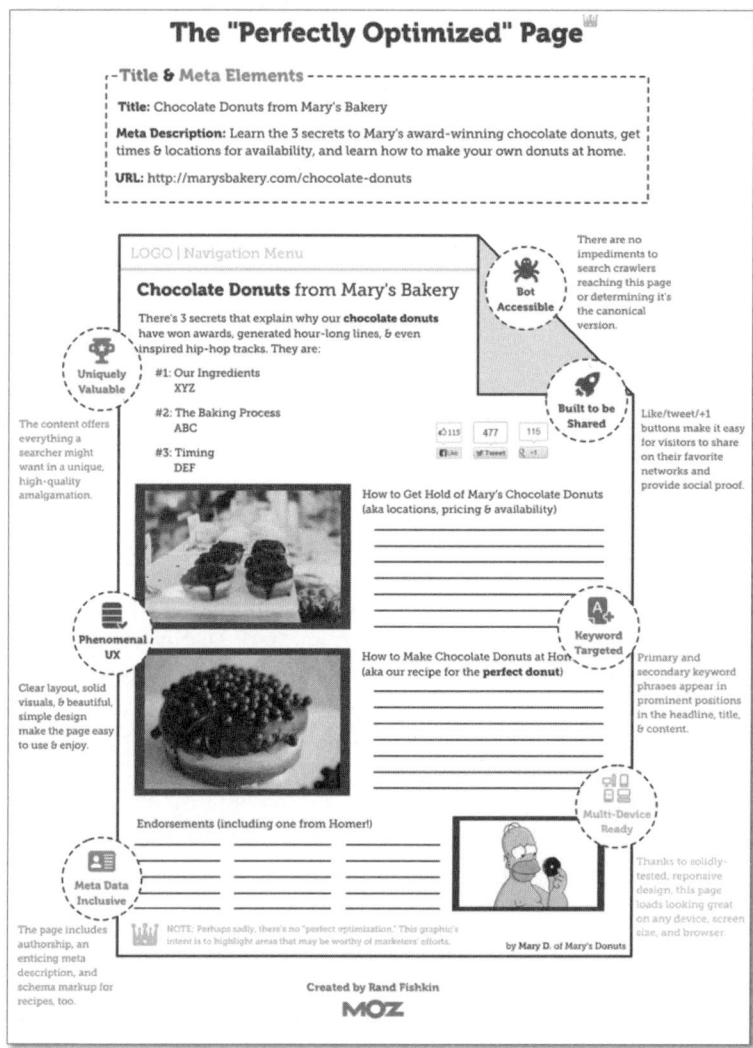

Abbildung 29.14 Eine »perfekte« Seite aus SEO-Sicht[9]

Selbstverständlich – das räumt Fishkin in seinem Blogbeitrag auch ein – gibt es keine perfekte Seite. Sein Vorschlag bietet aber dennoch einen guten Überblick zu den wesentlichen SEO-(Text-)Anforderungen an eine Website.

Nach diesem Ausflug in die SEO-Welt erfahren Sie im folgenden Kapitel, wie Sie ansprechende und verkaufsstarke Produkttexte verfassen.

---

9 Quelle: Blogbeitrag von Rand Fishkin, gepostet am 16.08.2013: *http://moz.com/blog/visual-guide-to-keyword-targeting-onpage-optimization*

30 Schreiben für den E-Commerce – Produkttexte, die verkaufen

»Es findet immer ein Verkauf statt. Entweder verkaufen Sie dem Kunden Ihr Produkt. Oder der Kunde verkauft Ihnen sein Nein.« (David Ogilvy)

Als Texter für Onlineshops übernehmen Sie den Job eines Verkäufers: Ihre Texte müssen informieren, ehrlich beraten und zum Kauf animieren. Mit Ihren Inhalten können Sie die Konversion erhöhen und dafür sorgen, dass der Kunde das gekaufte Produkt behält und nicht zurückschickt.

Rund 30 Milliarden Euro, Tendenz weiter steigend: Das ist aktuell das jährliche Umsatzpotenzial im E-Commerce-Business (siehe Abbildung 30.1). Kaum eine andere Branche hat sich seit der Jahrtausendwende so rasant entwickelt.

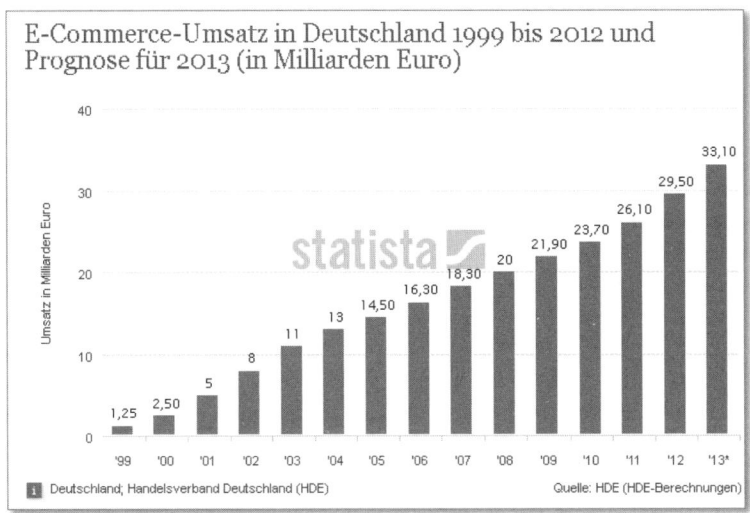

Abbildung 30.1 Umsatzentwicklung im E-Commerce. Quelle: http://de.statista.com/statistik/daten/studie/3979/umfrage/e-commerce-umsatz-in-deutschland-seit-1999

Einer der maßgeblichen Faktoren für den Erfolg eines Onlineshops ist der Content, den Sie für den User bereitstellen, damit er eine Kaufentscheidung fällen kann. Selbstverständlich gehören zu diesem Content auch Produktbilder oder Videos, aber in diesem Kapitel geht es ausschließlich um die Worte, die beim Verkauf Ihrer Produkte helfen sollen.

Internetnutzer freuen sich nicht nur über ausführliche und seriöse Produktbeschreibungen, sondern auch über weiterführende Informationen, wie beispielsweise Montagehinweise, Pflegetipps, Begriffserläuterungen, Hintergrundinformationen zur Herstellung oder spannende Fakten zur Firma des Anbieters. Das bedeutet jedoch keineswegs, dass Sie für jedes Sortiment und jedes Produkt Unmengen an Content erstellen müssen. Nicht jedes Produkt bedarf großer Erklärungen oder muss mit vielen Worten beworben werden. Was sollte man denn beispielsweise in einem 200 Wörter umfassenden Text über eine Glühbirne, ein Paar Socken oder eine Schraube erzählen?

Den Textumfang für Ihre Produkte oder Sortimente sollten sie im Rahmen Ihrer Content-Strategie definieren, und zwar abhängig von den Verkaufsprioritäten: Überlegen Sie im Vorfeld genau, mit welchen Produkten oder Themen Sie am meisten Umsatz generieren, welche Produkte wichtig für Ihre Außenwahrnehmung sind und wie aufwendig die Informationsbeschaffung für die jeweiligen Sortimentskategorien ist.

> **Think-Content-Tipp: Setzen Sie Prioritäten**
>
> Viele Onlineshops stehen vor der Herausforderung, Woche für Woche eine Vielzahl neuer Produkttexte online stellen zu müssen. Unabhängig von SEO-relevanten Fragen sollten Sie sich überlegen, Ihre Produkttexte zu priorisieren, damit Sie die Arbeit möglichst effizient und zielführend gestalten können. Das hilft Ihnen dabei, sich denjenigen Produkten intensiver widmen zu können, die erklärungsbedürftiger sind oder stärker in Ihrem Vermarktungsfokus stehen.
>
> Teilen Sie Ihr Angebot daher in A-, B- und C-Produkte ein, für die Sie jeweils den Textumfang und die Textanforderungen bestimmen.
>
> Ein A-Produkt kann beispielsweise ein Topseller sein, der länger im Shop bleibt, gute Margen hat und für den sich durch eine sorgfältig getextete Werbung eine noch bessere Konversion erzielen ließe. Auch Produkte, zu denen User erfahrungsgemäß mehr Fragen haben, fallen in diese Kategorie: Die betreffenden Produkttexte sollten Antworten auf genau diese Fragen bieten.
>
> Der Text für ein B-Produkt trägt die wesentlichen Produkt-Features leicht verständlich zusammen und stellt die wichtigsten USPs heraus. In dieser Kategorie finden sich beispielsweise Artikel, die sich seltener verkaufen und weniger Gewinn einbringen.
>
> Ein Artikel, der nur kurz im Shop ist, kaum Relevanz für den Umsatz hat und auch ohne Erklärung schnell dreht, kommt hingegen als C-Produkt bestimmt auch mit ein bis zwei kurzen Sätzen gut aus.

Gerade Nischenanbieter und Shops, die sich auf ein bestimmtes Sortiment konzentrieren, haben im Online-Handel sehr gute Chancen, sich als Experten und Spezialisten zu etablieren – wenn sie ihre Kompetenz durch hochwertige Inhalte unterstreichen und den Ton ihrer Zielgruppe genau treffen. Einen gelungenen Ansatz finden Sie beispielsweise beim Schmuckanbieter RenéSim (*http://www.renesim.com*): Der Kunde wird hier umfassend beraten und kann sich im Vorfeld über sämtliche Produkteigenschaften informieren. Zudem unterstreicht der Händler seine Kompetenz durch die Präsentation der Firmengeschichte (siehe Abbildung 30.2) und die Bereitstellung verschiedener Online-Edelsteinlexika.

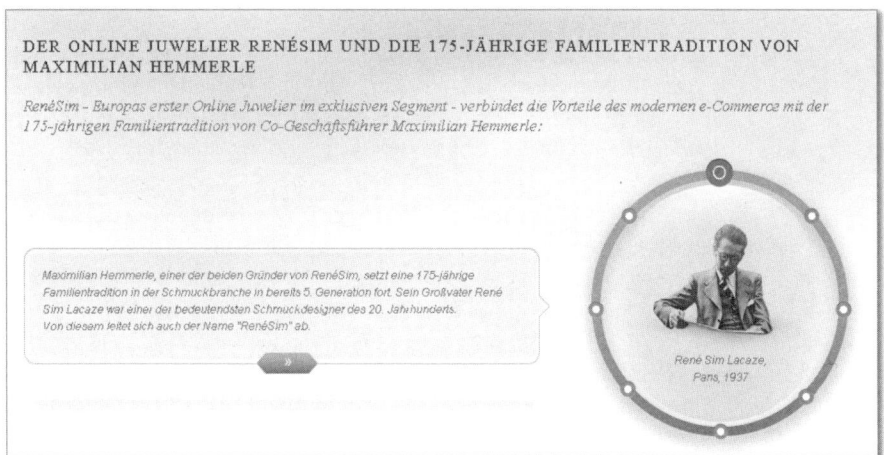

Abbildung 30.2 Informationen zur Historie des Schmuckanbieters RenéSim: www.renesim.com/historie/ueberblick

Schauen wir uns im folgenden Abschnitt zunächst einmal an, wie der Begriff *Produkt* im E-Commerce grundsätzlich verstanden werden sollte.

30.1 Was ist ein Produkt?

Mit Produkten assoziieren wir in den meisten Fällen Waren oder Güter, die für den alltäglichen Verbrauch produziert werden – vom Kaninchenfutter über Damenpumps bis hin zum Reinigungsmittel. Im Web sollten wir diesen allgemeinen Produktbegriff noch etwas erweitern: Im Prinzip ist alles, was über den Online-Weg verkauft wird, ein Produkt. Darunter fallen auch B2B-Angebote wie beispielsweise Kongressräume, Ausstellerflächen auf Messen oder ein Monats-Abo für Kaffee und Kekse für Unternehmen. Das heißt: Jeden werblichen Text, der ein Angebot beschreibt, das Sie online verkaufen wollen, sollten Sie nach den Regeln für Produkttexte verfassen. Und das wiederum bedeutet in erster Linie: Ihr Text sollte alle Fragen, die ein Kunde in einem direkten Verkaufsgespräch stellen könnte, möglichst umfassend beantworten – auf eine charmante, beratende, behutsam werbende Weise, kombiniert mit einer persönlichen Kundenansprache.

Think-Content-Tipp: Auch Hotelbeschreibungen sind Produktinformationen

In der Fachpresse mehrten sich in jüngster Zeit Berichte über den steigenden Unmut von Hotelbetreibern gegenüber den großen Buchungsportalen, wie etwa HRS. Nachstehend einige Zitate aus der AHGZ (Allgemeine Hotel- und Gastronomie-Zeitung):

- »Den großen Buchungsportalen schlägt zurzeit von mehreren Seiten Widerstand entgegen. Hoteliers suchen verstärkt nach Alternativen.«[1]
- »Hotelier Eugen Block will den Druck auf die Portale erhöhen. Der Eigentümer des Grand Hotels Elysée in Hamburg wirbt in der Frankfurter Allgemeinen Sonntagszeitung nicht nur für sein 5-Sterne-Haus. In der Anzeige auf der ersten Seite der Zeitung fordert er seine Gäste auch dazu auf, ihre Zimmer über die Website des Hotels zu buchen.«[2]
- »Die 38 Regensburger Hoteliers haben (...) zehn Tage lang auf große Portale verzichtet. Stattdessen haben sie ihre Zimmer telefonisch, über die eigene Website sowie über die gemeinsame Website *www.hotels-in-regensburg.com* verkauft. Die Gäste sind trotzdem gekommen.«[3]

Google hat in der Vergangenheit viele Türen geöffnet, die es Website-Betreibern ermöglichen, ihre Ranking-Chancen in Eigenregie zu verbessern – unter anderem über die lokale Suche und qualitativ hochwertige Inhalte. Warum sollte das nicht auch für Hotelseiten funktionieren? Ein Hotel profitiert selbstverständlich von der Zusammenarbeit mit den großen Portalen, es sollte jedoch auch die Gelegenheit nutzen, seine künftigen Gäste unabhängig und ohne Umwege im Web direkt zu erreichen.

Aber damit Gäste sich für ein Hotel entscheiden können, benötigen sie Informationen, und auch die Empfehlungen anderer Gäste sind dabei wichtig. Betrachten Sie daher Ihr Hotelangebot wie ein Produkt und überlegen Sie, welche Verkaufsargumente bei interessierten Gästen zünden können:

- Sie erlauben Hunde im Hotel?
- Ihr Hotel ist kinderfreundlich, seniorengerecht oder barrierefrei?
- Man kann die Fenster und Balkontüren in Ihren Hotelzimmern öffnen?
- Sie bieten die Möglichkeit zur Spätabreise an Wochenenden?
- Auf dem Frühstücksbuffet finden Gäste Bio-Produkte, frisch gepresste Säfte oder Produkte aus der Region?
- Ihr Wellness-Bereich hat eine Auszeichnung erhalten?
- Sie bieten kostenfreies WLAN?
- Es gibt einen Shuttle-Service zum Flughafen?
- Sie bieten einen Zimmerservice ohne Aufpreis?

---

1 Aus einem Artikel in der AHGZ vom 28. September 2013: *http://www.ahgz.de/archiv/portale-bekommen-mehr-gegenwind,200012206616.html*

2 Aus einem Artikel in der AHGZ vom 17. September 2013: *http://www.ahgz.de/unternehmen/hoteliers-machen-gegen-macht-der-buchungsportale-mobil,200012206442.html*

3 Aus einem Artikel in der AHGZ vom 5. Oktober 2013: *http://www.ahgz.de/archiv/zehn-tage-ohne-portale-geschafft,200012206790.html*

> Erwähnen Sie all das auf Ihrer Website! Oft finden potenzielle Gäste diese wichtigen Informationen nur auf den Buchungsportalen – und zwar in den dort hinterlegten Kundenbewertungen. Nur dann, wenn Sie ausdrücklich in Textform erwähnen, was Sie bieten, erhöhen Sie die Chance, dass Gäste über präzise Suchanfragen auf Sie aufmerksam werden und Ihre Website direkt ansteuern.
>
> Detaillierte Hotelinformationen schützen den Reisenden auch vor Fehlbuchungen. Stellen Sie sich vor, ein Gast freut sich auf erholsame Wellnesstage und entspannende Stunden am Pool – doch vor Ort wird er mit der Tatsache konfrontiert, dass der Pool von tobenden Kindern in Beschlag genommen wurde. Die Information, dass die Hotelanlage »kinderfreundlich« ist, hätte eine Enttäuschung verhindern können. Wenn Sie zudem noch ein gut gemachtes, übersichtliches Gästebuch auf Ihrer Seite einbinden oder den Mut haben, Gästebewertungen direkt auf Ihrer Seite abzufragen und zu veröffentlichen, wird sicher der eine oder andere zusätzliche Gast auf direktem Online-Weg zu Ihnen finden – ohne Umweg über ein Portal.

Das eben erwähnte Beispiel lässt sich problemlos auf andere Branchen übertragen, deren Umsatz traditionell stark mit Traffic über große Portale verknüpft ist. Prüfen Sie ergänzend zum Portal-Geschäft doch auch einmal die eigene »Website-Power«!

Doch wie soll er denn nun aussehen, der ideale verkaufsfördernde Text? Im nächsten Abschnitt beschäftigen wir uns mit den wesentlichen Kriterien für einen handwerklich gut gemachten Produkttext.

30.2 Tipps für Produkttexte

Ihre Produkttext-Arbeit fängt in der Regel mit dem Beantworten der sogenannten *W-Fragen* an. Überlegen Sie sich, welche Fragen ein potenzieller Käufer zu dem jeweiligen Produkt haben könnte. Gehen Sie dabei von einem Kunden aus, der nur wenig Wissen über den betreffenden Artikel mitbringt:

Was kann das Produkt? Wie wende ich es an? Wie pflege ich es? Welches Zubehör benötige ich? Was bedeuten die technischen Details zum Produkt übersetzt in »normales« Deutsch? Wie kann ich das Produkt am besten kombinieren? Wie fühlt es sich an? Welche Vorteile bringt es mir?

Prüfen Sie beim Schreiben, ob Ihre Texte die nachstehend aufgelisteten Merkmale erfüllen. Ein guter Produkttext sollte Folgendes leisten:

- (ehrlich und ausführlich) informieren
- die USPs (die Alleinstellungsmerkmale) herausstellen
- seine Zielgruppe korrekt ansprechen
- verkaufen

- sympathisch sein
- alle wichtigen Fragen aus Kundensicht beantworten
- durch fehlerfreies Deutsch überzeugen
- sich in einem natürlichen Schreibstil präsentieren
- eine gute Lesbarkeit garantieren
- nichts verschweigen
- das Produkt zu einer »Persönlichkeit« machen
- aktiv zu einer Aktion aufrufen
- dem Kunden das Gefühl vermitteln, dass er nicht auf dieses Produkt verzichten kann

Beachten Sie dabei insbesondere die folgenden Regeln und Tipps.

30.2.1 Keine Angst vor negativen Produkteigenschaften

Sie sollten Ihre Kunden immer ehrlich beraten – online wie offline. Im direkten Gespräch kann ein Verkäufer positive und negative Produkteigenschaften gegenüberstellen und Anregungen zur optimierten Nutzung anbieten. Führen Sie in Ihren Produkttexten einen virtuellen Dialog mit Ihren Kunden, und vermeiden Sie eine hohe Retourenquote, indem Sie aufrichtige Ratschläge erteilen. Hier einige Beispiele:

- Die Blüte einer exotischen Pflanze stinkt erbärmlich, wenn sie sich öffnet? Das sollten Sie dem Kunden lieber sagen – sonst droht Ihnen eine Flut von negativen Kundenrezensionen und zurückgesandten Waren. Geben Sie lieber Tipps zum Umgang mit etwas »kritischeren« Produkteigenschaften. Wenn man den Gestank reduzieren kann, indem man Wasser auf die Blüte gibt, dann erwähnen Sie das auch! Wenn Sie empfehlen würden, die Pflanze eher im Außenbereich statt in geschlossenen Räumen aufzustellen: Sagen Sie das unbedingt! Denn dann hat der User die Möglichkeit, selbst zu entscheiden, ob er als Botanikfan, verzaubert von der schönen Blüte, das Produkt kaufen oder lieber davon Abstand nehmen möchte.

- Pythonleder ist sehr schuppig und rau – demzufolge fühlt sich die Oberfläche eines Gürtels aus Pythonleder ebenfalls leicht kratzig an, und auch die Optik ist dadurch etwas rauer. Damit der Kunde nicht auf die Idee kommt, die Oberfläche und den Look als Qualitätsmangel zu beanstanden: Sagen Sie ihm gleich, was er bekommt, und verweisen Sie ihn auf die Tatsache, dass es sich um ein Naturprodukt mit entsprechenden Eigenschaften handelt. Und wieder kann der Kunde entscheiden, ob er diesen Gürtel nun erstehen möchte oder nicht.

▶ Zum Aufbauen eines Möbelstücks benötigt man bestimmtes Werkzeug oder mindestens zwei Helfer? Die Möbelstücke können aufgrund der Lagerung etwas verstaubt ankommen? Auch das sollten Sie im Text gleich mitteilen. Studieren Sie einmal diverse Kundenrezensionen, und achten Sie auf die Hauptbeschwerdepunkte zu Produkten aus Ihrem Sortiment. Wenn Sie erkennen, was die Kunden am ehesten bemängeln, können Sie bereits im Vorfeld in Ihren Texten darauf reagieren und das Produkt positiv dastehen lassen.

Wie die Kundenreaktion aussehen kann, wenn eine Produktbeschreibung wichtige Informationen verschweigt, sehen Sie in Abbildung 30.3.

Abbildung 30.3 Kundenreaktionen auf ein online gekauftes Produkt[4]

30.2.2 Schaffen Sie Glaubwürdigkeit durch Aufklärung

»Ein kleiner Ball aus Plastik schont beim Waschen die Umwelt und spart Geld.« Wenn man als Kunde nur dieses Versprechen liest und daneben ein Foto mit einem weißen Plastikball sieht, dürfte man zu Recht skeptisch reagieren. Wenn Sie sich als

---

[4] Den Shop möchte ich nicht namentlich kennzeichnen, um den Anbieter nicht in ein schlechtes Licht zu rücken. Grundsätzlich bietet dieser Händler sehr detaillierte Produktbeschreibungen. Das hier abgebildete Beispiel war ein absoluter Ausnahmefall, der zudem mehrere Jahre zurückliegt.

Anbieter allerdings die Zeit nehmen, dem Kunden zu erklären, warum der Waschball das kann, wird diese Erläuterung positiv aufgenommen und trägt zu einem besseren Produktabsatz bei. So geschehen beim Onlineshop HSE24: Nachdem man den Produkttext so angepasst hatte, dass er die in Abbildung 30.4 dargestellten Fragen beantwortete, erhöhte sich der Umsatz um 20 %.

Abbildung 30.4 Case »Waschball« in Zusammenarbeit mit www.hse24.de[5]

---

5 Link zu einer aktuellen Waschball-Seite: *http://www.hse24.de/Haus-Garten/Reinigen/Waesche-pflege/Wasch-und-Pflegemittel/Waschball-Doppelpack-pu38997270.html* (Stand: 20.10.2013)

30.2 Tipps für Produkttexte

30.2.3 Bereiten Sie die Texte gut lesbar auf

Da machen sich viele Shop-Betreiber die Mühe und lassen schöne, einzigartige Produkttexte erstellen – und dann ist doch alles für die Katz, weil diese Texte schlecht lesbar irgendwo unter oder neben das Produkt gequetscht werden. Achten Sie daher auch auf Produktdetailseiten darauf, dass Ihre Texte leicht erfassbar sind und die Regeln des »grafischen Schreibens« befolgen (siehe Abschnitt 26.3, »Grafisches Schreiben«). Schöne Beispiele für optisch gut aufbereitete Produktbeschreibungen finden Sie beim österreichischen Onlineshop »Servus am Marktplatz«. Abbildung 30.5 zeigt eine Produktdetailseite dieses Anbieters: Die Texte sind übersichtlich in Abschnitte gegliedert, Zwischenüberschriften erleichtern dem User das inhaltliche Scannen der Seite.

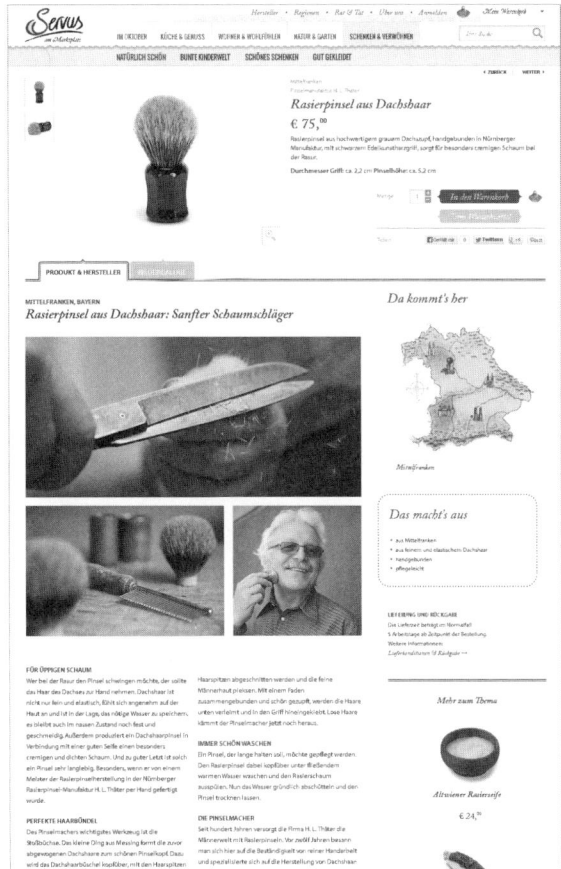

Abbildung 30.5 Screenshot einer Produktdetailseite auf www.servusmarktplatz.at[6]

---

6 Link zur Seite: *http://www.servusmarktplatz.at/ser/rasierpinsel-aus-dachshaar-SM109622-41.html* (Screenshot vom 20.10.2013)

30.2.4 Erzählen Sie eine Produktstory

Die Herkunft Ihres Produktnamens hat einen interessanten Hintergrund? Die Produktionsart geht auf eine langjährige Familientradition zurück? Die Herstellergeschichte oder der Produktionsort sind ein entscheidendes Qualitätskriterium? Dann teilen Sie das auch auf Ihrer Webseite mit! Jeder potenzielle Käufer sucht im Grunde genommen stets nach etwas Besonderem.

Erzählen Sie also Ihren Kunden die Hintergrundgeschichte Ihres Produkts. Denn auch Schokolade ist nicht gleich Schokolade, wie Sie am Beispiel in Abbildung 30.6 sehen: Die Manufactum GmbH & Co. KG setzt bei ihrer Produktbewerbung vor allem auf exklusives und hochwertiges Storytelling. Dabei werden die Informationen auf sprachlich anspruchsvolle Weise präsentiert.

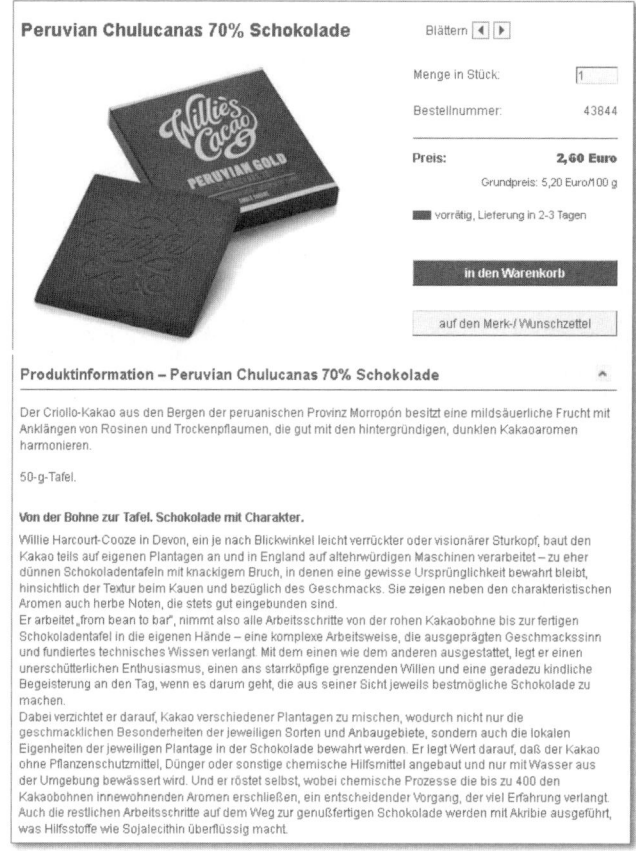

Abbildung 30.6 Manufactum-Produktdetailseite[7]

---

7 Link zur Produktbeschreibung: *http://www.manufactum.de/peruvian-chulucanas-70-schokolade-p1467363/?a=43844* (Stand: 20.10.2013)

Monieren könnte man allenfalls, dass Satzbau und Formulierung manchmal einen Tick zu abgehoben wirken – und dass sich bisweilen auch Fehler einschleichen:

> »Willie Harcourt-Cooze in Devon, ein je nach Blickwinkel leicht verrückter oder visionärer Sturkopf, baut den Kakao teils auf eigenen Plantagen an und in England auf altehrwürdigen Maschinen verarbeitet – zu eher dünnen Schokoladentafeln mit knackigem Bruch, in denen eine gewisse Ursprünglichkeit bewahrt bleibt, hinsichtlich der Textur beim Kauen und bezüglich des Geschmacks.«[8]

Bezeichnend, dass der Autor offenbar selbst den Überblick verloren und nicht bemerkt hat, dass sein ausferndes Satzgebilde grammatikalisch keinen Sinn ergibt. Wer mit derartigen Monstersätzen arbeitet, macht es natürlich auch den Lesern schwer, die vorgestellte Produktgeschichte zu verdauen. Die fehlenden Zwischenüberschriften sorgen ebenfalls nicht für einen leichten Zugang zum Text. Behalten Sie also bei aller Erzählfreude stets die elementaren Webtexter-Regeln im Blick!

30.2.5 Denken Sie stets an Ihre Zielgruppe

Welcher Frauentyp fühlt sich wohl von der folgenden Produktbeschreibung angesprochen?

> »Mit diesen Badeanzügen werden Sie am Strand zum absoluten Blickfang. Mode-Experten haben exklusiv für unsere Kunden Badeanzüge, Bikinis und die trendigen Tankinis entworfen, mit denen Sie am Strand und am Hotelpool für Furore sorgen werden. Mit diesen Strandoutfits können Sie jeden Meter genießen, den Sie von der Liege bis zur Cocktailbar zurücklegen werden – bewundernde Blicke werden Ihr ständiger Begleiter sein.«

Wenn man diesen Text liest, würde man vermuten, er richte sich an die Zielgruppe »jung, hip, attraktiv«. Doch in Wirklichkeit war er ursprünglich als Bademoden-Werbung für die Zielgruppe »55+« gedacht. Insofern hat er sein Thema zweifellos verfehlt, weil die gewählten Verkaufsargumente für die anvisierte Käuferschicht überhaupt nicht passen: Ältere Damen legen stattdessen sicherlich weitaus mehr Wert darauf, dass der Badeanzug aus blickdichtem Material ist, stabile Träger bietet, komfortabel sitzt, modisch schick designt wurde und die zeitlose Attraktivität der Kundin optimal zur Geltung bringt ...

Als Verkäufer müssen Sie stets die Bedürfnisse Ihrer Kunden im Blick haben. Und da Sie beim Verfassen von Produkttexten den Job eines Verkäufers übernehmen, sollten Sie die betreffenden Produkte unbedingt aus der Sicht Ihrer Zielgruppe analysieren und bewerten.

---

8 Ebd.

30.2.6 Erwecken Sie Sehnsüchte, verführen Sie zum Kauf

Ja, ich will erfolgreicher, schöner, schlanker werden. Ja, ich möchte etwas zum Umweltschutz beitragen. Ja, ich will gesünder werden und besser auf mich achten. Ja, ich möchte Zeit bei der Arbeit sparen. Ja, ich will durch den Kauf dieses Produkts meine Individualität unterstreichen. Ja, ja, ja! Das ist alles, was der Kunde nach der Lektüre Ihres Produkttextes sagen soll. Denken Sie also daran, dass Sie ihn vor allem auch emotional packen und begeistern müssen!

Zwei berühmte US-Unternehmer – ein Schuhfabrikant und ein Kosmetikproduzent – unterstreichen die Notwendigkeit des emotionalen Verkaufens folgendermaßen:

»Kein Mensch kauft heute mehr Schuhe, um seine Füße warm und trocken zu halten, sondern wegen des Gefühls, das er mit diesen Schuhen verbindet: Man fühlt sich darin männlich, weiblich, naturverbunden und geländesicher, anders, kultiviert, jung, elegant oder in. Der Kauf von Schuhen ist zum Gefühlserlebnis geworden. Heutzutage verkaufen wir eher eine Gefühlswelt als einfach nur Schuhe.« (Francis C. Rooney)[9]

»In der Fabrik stellen wir Kosmetikartikel her; über die Ladentheke verkaufen wir Hoffnung auf Schönheit.« (Charles Revson)[10]

Nehmen Sie sich die Aussagen dieser beiden Verkaufs-Altmeister zu Herzen, und erzählen Sie in Ihren Produktbeschreibungen, wie sich das Produkt anfühlt, wie es dem Nutzer hilft und welche Vorzüge des Käufers es noch besser betonen kann. Verwenden Sie eine bildhafte Sprache, und wählen Sie bewusst Adjektive, die die positiven Produkteigenschaften so gut wie möglich herausstellen. Aber bleiben Sie bei all dem *Emotional Selling* jederzeit auf der Seite des ehrlichen Beraters!

30.2.7 Vier gewinnt – Headline, Werbetext, Bullets, Call-to-Action

Wie schon in Abschnitt 30.2.3, »Bereiten Sie die Texte gut lesbar auf«, kurz angedeutet, ist ein Produkttext letztlich nur so gut wie seine formale Aufbereitung. Er sollte im Idealfall die vier folgenden Content-Elemente enthalten:

- eine knackige, werbliche Headline
- eine aussagekräftige Produktbeschreibung
- eine Liste mit technischen Details bzw. besonderen Produkt-Eigenschaften
- eine sympathische Handlungsaufforderung am Schluss

Denken Sie in Produktbeschreibungstexten auch an die Möglichkeit einer eingeschobenen Bullet-Liste, wenn Sie über verschiedene Produkt-Features schreiben.

---

9 Quelle: *http://www.salestraining.de/umberto/zispkauf.htm* (Stand: 13.01.2014)
10 Quelle: *http://en.wikipedia.org/wiki/Charles_Revson* (Stand: 13.01.2014)

Sie erleichtert es dem User, die diversen Vorteile des Artikels schnell inhaltlich zu erfassen.

30.2.8 Schuster, bleib bei deinen Leisten

Ein Leser merkt sofort, wenn ein Produkttext von jemandem fabriziert wurde, der keine Ahnung von der Materie hat. Ich selbst werde mich beispielsweise immer davor hüten, Texte über Autos zu schreiben, weil ich trotz gründlicher Recherche viele Dinge einfach nicht in den richtigen Kontext setzen könnte. Auch als Auftraggeber sollten Sie darauf achten, dass Ihr ausgewählter Autor eine Basis-Affinität zu einem Thema mitbringt. Texter, die sich auf bestimmte Nischenthemen spezialisiert haben, finden Sie unter anderem auf den großen Text-Crowdsourcing-Plattformen, wie beispielsweise *Content.de* oder *Textbroker.de*.

30.2.9 Machen Sie Ihr Produkt zu einer Persönlichkeit

Ein weiteres Stilmittel, mit dessen Hilfe Sie einen Produkttext etwas lebendiger gestalten können, ist die Personifikation, also die Vermenschlichung eines Produkts. Zugegeben: Das funktioniert nicht bei allen Artikeln und Branchen. Aber vor allem im Konsumgüter- oder Lifestyle-Shopping-Bereich können Sie ab und an durchaus mit diesem Hebel arbeiten. Nachstehend einige Anregungen:

- Kochbuch: »Holen Sie sich diesen Küchenprofi ins Haus«, »Ihr privater Sternekoch bringt Abwechslung in Ihren Speiseplan«
- Kaffeemaschine: »Ihr persönlicher Barista verwöhnt Sie mit bestem Kaffeegenuss«
- Gitarre: »Ihr neues Bandmitglied sorgt für Stimmung und Super-Sound«

Ein Produkt könnte beispielsweise auch Folgendes sein:

- ein Experte
- ein Ratgeber
- ein Freund
- ein Unterhalter
- ein Seelentröster
- ein langlebiger Begleiter
- ein Motivator

Bei der Vermenschlichung sind Fantasie und Einfallsreichtum gefragt. Dennoch sollten Sie stets im Hinterkopf behalten, dass die gewählte Persönlichkeit auch zum Produkt und zu dessen Nutzen passen muss.

30.2.10 Vermeiden sie Fachchinesisch

Gehen Sie immer davon aus, dass ein User, der Ihr Angebot noch nicht kennt, nicht mit allen Begriffen vertraut ist, die Sie intern in der Firma im Zusammenhang mit dem Produkt verwenden. Das gilt gleichermaßen für den B2C- wie für den B2B-Bereich. Auch wenn man unter Geschäftskunden verstärkt mit branchentypischen Begriffen arbeiten darf, sollte man nicht der Versuchung erliegen, sämtliche Ausdrücke, die nicht im direkten Business-Zusammenhang stehen, als bekannt vorauszusetzen.

B2C-Beispiel: Woher soll ein Kunde wissen, wie Tectel-Federelemente die Qualität bzw. den Liegekomfort von Lattenrosten beeinflussen?

B2B-Beispiel: Sind Sie sicher, dass Ihr Geschäftspartner weiß, was es bedeutet, wenn ein Kongresshaus ein DGNB-Zertifikat in Gold erhalten hat?

Hinterfragen Sie also Ihre Verkaufsargumente und Produktinformationen immer kritisch, und prüfen Sie, ob die gewählten Formulierungen allgemein verständlich sind.

30.2.11 Testen, testen, testen!

Nicht jeder Kunde lässt sich von einer blumig formulierten Produktstory einfangen. Für den einen zählen nur Fakten, Gütesiegel, Prämierungen oder sonstige Zertifikate im Zusammenhang mit dem Produkt. Für andere Kunden ist das Onlineshopping-Erlebnis ebenso wichtig – und dazu gehört für sie auch, dass man mit Worten überzeugend zum Kauf verführt wird. Produkttexte können das Zünglein an der Waage sein, das entscheidet, ob ein Webshop-Besucher zum Käufer konvertiert.

Nehmen Sie sich also auch einmal die Zeit, einzelne Produkttexte im Vergleich gegeneinander antreten zu lassen und ihre Wirkung zu testen. Nur die bewährte Trial-and-Error-Methode liefert valide Ergebnisse darüber, wie Ihre Kunden wirklich ticken und welche Informationen sie in welcher Form gerne bei Ihnen finden würden.

> **SEO-Tipp: Nutzen Sie das kostenlose Google-Tool**
> Ein Werkzeug für diese sogenannten *A/B-* oder *Multivariate Tests* ist bereits in Google Analytics integriert (in Ihrem Analytics-Konto unter VERHALTEN • TESTS zu finden). Damit können Sie eine oder mehrere Versionen einer Seite testen und ermitteln, welche davon den höchsten Erfolg erzielt. Beispielsweise finden Sie so den Produkttext mit den meisten Verkäufen, den Teaser-Text mit der höchsten Klickrate oder die Landingpage-Gestaltung mit den meisten Newsletter-Anmeldungen. Das Werkzeug ist sehr einfach zu bedienen und die Ergebnisse trotz dahinter steckender Mathematik leicht zu verste-

> hen, aber sprechen Sie vorab mit Ihrer Technik, um die technische Umsetzungsmöglichkeit sicherzustellen. Zudem sollten Sie das Handbuch unter *https://support.google.com/analytics/answer/1745147* gelesen haben.

30.3 Anregungen für Produkttext-Inhalte

Als Produkttexter sorgen Sie dafür, dass ein virtuelles Verkaufsgespräch mit dem User stattfindet – von der Begrüßung bis zum (hoffentlich) erfolgreichen Abschluss. Bereits beim Lesen soll der Webnutzer spüren, wie er sich fühlen wird, wenn er Ihr Produkt oder Ihr Angebot nutzt.

30.3.1 Welche Informationen sind für Käufer interessant?

Die nachstehende Liste hilft Ihnen dabei, eigene Ideen für Ihre Inhalte zu finden und zu entwickeln. Folgendes könnte Ihre potenziellen Kunden beispielsweise interessieren:

- Funktionalität des Produkts
- Veränderungen gegenüber dem Vorgängermodell
- Herstellungsart
- Materialbeschaffenheit und -Qualität
- (Herstellungs-)Tradition
- Vorteile des Produkts (auch Preisvorteil)
- Unterschiede zu Konkurrenzprodukten
- Testsiege, Gütesiegel, Prämierungen
- Garantien oder Serviceleistungen
- Anwendungsbeispiele und Pflegetipps
- Rezeptbeispiele für Lebensmittel
- Cross-Selling-Infos
- Testimonials
- Namensherkunft
- Informationen zum Produktionsort
- Herstellerphilosophie
- saisonaler Bezug
- Erklärung bestimmter Methoden oder Fachbegriffe

- Exklusivität, Limitierungen, Innovation
- Erwähnungen in der Presse oder in anderen Medien

Ein weiteres Zitat des Revlon-Gründers Charles Revson fasst die Anforderungen an einen Produkttext noch einmal knapp zusammen:

»Show it to me in writing.«[11]

30.3.2 Wer sind Ihre besten Informanten und Coaches?

Nutzen Sie die Gelegenheit, Ihr Verkaufstalent mit der Unterstützung durch Kunden, Kollegen oder andere Sales-Experten weiter auszubauen.

Die Verkäufer im Ladengeschäft

Verfügt Ihr Online-Business auch über einen stationären Ableger? Dann besuchen Sie die Mitarbeiter im Laden doch einmal, und interviewen Sie sie zu den gängigen Fragen Ihrer Kundschaft. Profitieren Sie von der Erfahrung Ihrer Kollegen an der »Front«, und notieren Sie sich erfolgreiche Verkaufsargumente, die sich in der »alten Welt« bewährt haben.

Der Produkt-Einkäufer

Ihr Einkäufer steht im direkten Kontakt mit den Produzenten eines Artikels. Von ihnen bekommt er Fakten und Tipps aus erster Hand. Warum sollte diese Informationsweitergabe beim Einkäufer enden? Vereinbaren Sie regelmäßige Treffen mit Ihrem Einkauf, und versuchen Sie, alle Details herauszufinden, die zur Bewerbung Ihrer Produkte beitragen können: Welche Hinweise zum betreffenden Artikel haben sich aus den Gesprächen mit Händlern und Produzenten ergeben? Gab es eine Verköstigung, eine Warenprobe, eine Testvorführung o. Ä.? Falls ja: Wie würde Ihr Kollege die Vorzüge des Produkts beschreiben? Können Sie vielleicht das Produkt ebenfalls einmal testen?

Der Kundenbetreuer

Der Kollege, der die Anfragen Ihrer Kunden entgegennimmt, fungiert nicht selten als eine Art Seelsorger und ist daher oft derjenige Mitarbeiter, der am besten über Ihre Zielgruppe Bescheid weiß. Suchen Sie nach Möglichkeit den regelmäßigen Dialog mit ihm: Hier erfahren Sie viel über die Gesichter und Geschichten Ihrer Kundschaft – über ihre Bedürfnisse, ihre Sorgen, ihren Ärger und ihre Glücksmomente.

---

[11] Quelle: *http://www.quoteswise.com/charles-revson-quotes-3.html* (Stand: 20.10.2013)

Die Teleshopping-Moderatoren

Ja, Sie haben richtig gelesen: Viele Verkaufskollegen von Shoppingsendern wie HSE24 oder QVC sind absolute Sales-Profis. Einige von ihnen präsentieren jeden einzelnen Artikel mit Hingabe und Detailverliebtheit – und lassen dabei keine Produkteigenschaft, keine Funktion und kein Verkaufsargument aus. Auch in puncto Handlungsaufforderung bieten sie zahlreiche Anregungen und geschickt formulierte Beispiele. Schauen Sie ruhig ab und an einmal bei diesen Sendern rein, und lernen Sie, wie man ein Produkt ganzheitlich, verständlich und positiv von A bis Z an den Mann (oder die Frau) bringt.

Die Kunden

Scannen Sie unbedingt von Zeit zu Zeit die Kundenrezensionen: Darin sind wertvolle Hinweise versteckt, die Ihnen dabei helfen können, die Qualität Ihrer Produktbeschreibungen zu verbessern. Außerdem entwickeln Sie auf diese Art langfristig ein besseres Gespür für die Anforderungen, die Kunden an Ihren Shop und Ihre Produkte stellen.

Die Retouren-Abteilung

Ermutigen Sie die Kollegen, eine Monatsliste der am häufigsten retournierten Artikel zusammenzustellen, und schauen Sie sich insbesondere diejenigen Produkte genauer an, die aus Margen-Sicht besonders attraktiv bzw. noch längere Zeit im Shop verfügbar sind. Mit diesen Informationen können Sie sich an die gezielte Optimierung einzelner Texte machen – und damit im Idealfall eine Menge Retouren in Zukunft verhindern.

Der US-Marketing-Experte Jay Bear hat hierzu noch einen schönen Denkanstoß geliefert:

> »Wenn du verkaufst, kannst du einen Kunden für einen Tag gewinnen. Wenn du einem Menschen hilfst, kannst Du einen Kunden fürs Leben gewinnen.«[12]

30.4 Fazit

Zusammenfassend lässt sich feststellen, dass eine ideale Produktbeschreibung folgende Eigenschaften vereinen sollte: Ehrlichkeit, Authentizität, Information, Professionalität, Vollständigkeit, Kompetenz, Sympathie und Überzeugungskraft.

---

12 Zitiert nach Eduard Klein, Best of Content Marketing World 2013 – Teil 1. Blogpost vom 24.09.2013: *http://www.content-marketing.com/best-of-content-marketing-world-2013-teil-1*

Ein exzellenter Produkttexter muss ebenso versiert und schlagkräftig verkaufen wie ein Kollege im Laden an der »Offline-Front«. Die Grundvoraussetzung dafür ist, dass der Texter das Produkt, über das er schreibt, vollständig verstanden hat.

Denken Sie auch immer daran, an passenden Stellen ordentlich in die Trickkiste des Emotional Sellings zu greifen. Oder wie es der amerikanische Choreograf und Kult-Coach Bruce Darnell einmal in seiner unnachahmlichen Art bei einem Laufstegtraining mit Heidi Klums Nachwuchsmodel-Riege ausgedrückt hat:

»Wenn man eine Handetasche [sic!] hat, die muss auch lebendig sein!«[13]

In diesem Sinne: Schaffen sie Produkttexte, die vor Lebendigkeit sprühen und Ihre Kunden dazu anregen, sich online zum Kauf zu entscheiden. Mit guten Texten können Sie dazu beitragen, dass sich die Konversion erhöht und das Retouren-Risiko verringert. Und im Idealfall wird eine Ihrer Beschreibungen oder eine positive Kundenerfahrung auch einmal auf einem Social-Media-Kanal erwähnt. Dieses Stichwort führt uns direkt zum Thema des nächsten Kapitels: Texten für Social Media und Online-PR.

---

13 Link zum Video mit Bruce Darnell, das einen Ausschnitt aus der Castingshow »Germany's next Topmodel« zeigt: *http://www.youtube.com/watch?v=EBOmdTx39rg* (veröffentlicht am 03.07.2012)

31 Texten für Social Media und Online-PR

Über die Social-Media-Kanäle treten Sie in einen direkten Dialog mit Ihren Usern. Verabschieden Sie sich also möglichst bald von der herkömmlichen Vorstellung einer Einbahnstraßen-Kommunikation! Online-Pressemeldungen erreichen heutzutage Ihre Zielgruppe ebenso direkt. Daher ist es wichtig, beim Verfassen einer Pressemitteilung sicherzustellen, dass sie gleichermaßen von Journalisten wie auch von Ihren Kunden gefunden werden kann.

Gute Social-Media-Meldungen bieten einen eindeutigen Mehrwert und gehen genau auf die Wünsche und Bedürfnisse der Zielgruppe ein. Beim Schreiben geht es dabei in erster Linie nicht um das Einhalten bestimmter Texter-Regeln, sondern darum, die jeweilige Art der Kommunikation mit dem User klar zu definieren und zu verstehen. Ebenso wichtig ist es, die systemseitigen Eigenschaften der verschiedenen Kanäle zu kennen und richtig einzusetzen.

Führen Sie sich also vor Augen, dass das Bedienen der einzelnen Social-Media-Kanäle keinem strengen »Textdiktat« unterliegt, sondern abhängig von der dafür definierten Kommunikationsstrategie ist: Sie selbst bestimmen in Ihrem Unternehmen den Nutzungszweck und legen daraufhin Kommunikationsregeln für die einzelnen Medien fest.

31.1 Leitsätze

Die folgenden vier Grundsätze gelten für alle Textformen im Social Web:

1. **Erst denken – dann posten!**
   Vermeiden Sie es beim Texten, der Verführung des schnellen Klicks zu erliegen. Verbreiten Sie Inhalte auf Social-Media-Kanälen tunlichst nicht unter Zeitdruck. Ebenso wenig ist es ratsam, ohne gründliches Abwägen auf Posts oder Kommentare Ihrer Follower und Fans zu antworten. Die Gefahr, fehlerhafte oder missverständliche Texte online zu stellen, ist in den sozialen Medien besonders groß.

> **Rechtstipp: Keine Ausnahmen in Social Media**
> Werbeaussagen unterliegen in Social Media denselben (wettbewerbs-)rechtlichen Schranken wie auch sonst. Bei aller Schnelligkeit des Mediums dürfen Sie daher nicht die rechtlichen Konsequenzen Ihrer Meldung aus den Augen verlieren.

2. **Zeigen Sie Persönlichkeit, und sorgen Sie für Dynamik!**
   Die Meldungen auf sämtlichen Social-Media-Kanälen sollen vor allem eines sein: authentisch. Denken Sie auch an einen Call-to-Action, der eindeutig zum »Liken«, Kommentieren und Teilen auffordert.

3. **Es geht nicht ohne Keywords!**
   Verwenden Sie wie bei jedem anderen Webtext-Format auch relevante Schlüsselbegriffe, die die User ansprechen und den Suchmaschinen mehr über ihr Thema verraten.

4. **Ihre Fotos auf Facebook & Co. brauchen Text!**
   Vergessen Sie beim Posten eines Bildes oder Videos nie, einen aussagekräftigen erläuternden Text beizufügen. Zum einen haben Sie hier die Chance, attraktive Keywords für die Suchmaschinen und die Kundenkommunikation einzubauen, zum anderen können Bilder-Posts ohne Erklärung den User frustrieren. Betrachten Sie zum Beispiel den Facebook-Beitrag in Abbildung 31.1. Als Adressat fragt man sich hier unweigerlich: Was genau passiert auf diesem Foto? Wer spricht da? Wer sind die anderen Leute auf dem Bild? Und warum sollte mich das Foto überhaupt interessieren?

Abbildung 31.1 Facebook-Post des Internationalen Festivals der Filmhochschulen München (on.fb.me/TdWDzU)

> **Rechtstipp: Impressum – ja oder nein?**
>
> Immer wenn Sie sich als kommerzieller Anbieter im Internet präsentieren, sind Sie verpflichtet, ein Impressum mit gesetzlich vorgeschriebenen Mindestangaben anzugeben. Ein Muster für ein Standardimpressum können Sie etwa der Website des Bundesministerium der Justiz entnehmen (siehe *http://www.bmj.de/DE/Service/StatistikenFachinformationenPublikationen/Fachinformationen/LeitfadenzurImpressumspflicht/_node.html*). Fehlt das Impressum gänzlich oder entspricht es nicht den gesetzlichen Anforderungen, kann auch hier die Abmahnung drohen.
>
> Inwieweit Sie auch bei der kommerziellen Nutzung von Social Media eine Impressumspflicht trifft und wie Sie diese erfüllen, ist (bislang) leider ungeklärt. Das Amtsgericht Aschaffenburg meint dabei, die gesetzliche Impressumspflicht sei verletzt, wenn ein gewerblicher Facebook-Auftritt selbst kein eigenes Impressum enthält, sondern dieses lediglich über einen dort vorhandenen Link auf die eigentliche Website und dort auf das Impressum erreichbar ist.

31.2 Du oder Sie?

Prinzipiell ist das Social Web ein »Du«-Universum. Allerdings gibt es Branchen und Firmen, die mit dem Duzen ihrer Klientel noch etwas fremdeln. Die Deutsche Bank beispielsweise siezt ihre Fans konsequent auf Facebook (siehe Abbildung 31.2)[1].

Abbildung 31.2 Beispiel für eine Facebook-Meldung der Deutschen Bank

---

1 *http://www.facebook.com/DeutscheBank*

Eine übertrieben saloppe Ansprache der User ist allerdings auch nicht unbedingt empfehlenswert. Bevor man in die »Yeah«- und »Supi«-Sprachebene abgleitet, sollte man sich zunächst die Ziele und die Zielgruppe für die Social-Media-Kommunikation noch einmal genau vor Augen führen.

31.3 Twitter

Zum Schreiben von Twitter-Nachrichten braucht man nicht unbedingt eine Texter-Ausbildung. Sie haben maximal 140 Zeichen, mit denen Sie Ihre User erreichen können – und diese Zeichen wollen vor allem gut überlegt sein. Entscheiden Sie sich vorab für den passenden Stil: neutral oder persönlich. Animieren Sie Ihre Leser durch Fragen und Fakten dazu, auf Ihre Twitter-Beiträge zu reagieren und sie weiterzuleiten.

Die Tatsache, dass ein Tweet nur Platz für 140 Zeichen bietet, darf Sie nicht dazu verleiten, Worte durch Abkürzungen zu verstümmeln oder die Regeln der Grammatik über Bord zu werfen. Wie jeder zur Veröffentlichung bestimmte Text sollten auch Ihre getwitterten Nachrichten möglichst keine Rechtschreib- oder Zeichensetzungsfehler enthalten.

Wichtige Keywords können Sie mit einem sogenannten Hashtag-Zeichen (#) markieren. So stellen Sie sicher, dass Ihre Beiträge von Usern auf Twitter gefunden werden können, wenn diese nach dem markierten Begriff suchen. Durch das Hashtag senden Sie auch ein eindeutiges Zeichen an die Suchmaschinen, worum es in Ihrer Kurzmeldung geht.

Wenn Sie Ihre Nachricht auf eine Seite oder ein Dokument verlinken möchten, gehen von den zur Verfügung stehenden 140 Zeichen noch einmal ca. 20 Zeichen für die Integration des Shortlinks weg. Für die Umwandlung Ihres regulären Links in einen Shortlink gibt es kostenfreie Dienste, wie beispielsweise den Service von bitly (*https://bitly.com*).

Umfassende Informationen zum Umgang mit dem Mikronachrichten-Dienst bietet Ihnen die Hilfe-Seite von Twitter (*https://support.twitter.com/articles/324311-twitter-101-wie-beginne-ich-mit-twitter*#).

In Abbildung 31.3 finden Sie ein paar Tweet-Beispiele, die zeigen, wie man Twitter nutzen und die Follower ansprechen kann.

Abbildung 31.3 Tweet-Beispiele für B2B und B2C

31.4 Facebook

Die eindeutige Handlungsaufforderung an Sie lautet, mit Ihren Facebook-Posts die Leser zum Teilen, »Liken« und Kommentieren zu animieren. Außerdem sollten Sie jederzeit die Kommunikation im Griff haben und zügig auf Kommentare reagieren. Bei Facebook geht es primär um den aktiven Dialog mit Ihren Usern und die möglichst breite Streuung Ihrer News.

Zudem ist Facebook auch ein wichtiger Traffic-Kanal für Ihre Unternehmens-Website oder Ihr Corporate Blog. Bauen Sie daher in jedem Fall eine Verlinkung auf eine der beiden Seiten ein, je nachdem, welches Thema Sie in Ihrem Facebook-Beitrag behandeln. Nutzen Sie Ihre Posts auch als Teaser: Sie sollen das Interesse an einem Thema wecken, neugierig machen und den User zum Klicken auf den beigefügten Link animieren.

Um einen positiven Austausch auf Ihrer Facebook-Seite sicherzustellen, legen Sie bitte in einer *Netiquette* bestimmte Kommunikationsregeln und Grenzen fest. Darin weisen Sie unter anderem darauf hin,

- dass man einen höflichen Umgang miteinander pflegen soll,
- dass Beleidigungen, Schimpfwörter, Beschuldigungen oder rassistische Äußerungen nicht akzeptiert werden,
- dass entsprechende Posts von Ihnen gelöscht werden können,
- dass man auf den Schutz von persönlichen Daten achten soll und die Veröffentlichung von Namen, Kontaktdaten oder Adressen nicht gestattet ist.

Abbildung 31.4 zeigt exemplarisch die Netiquette der offiziellen Facebook-Seite des Freistaates Bayern (*http://www.facebook.com/bayern/info*).

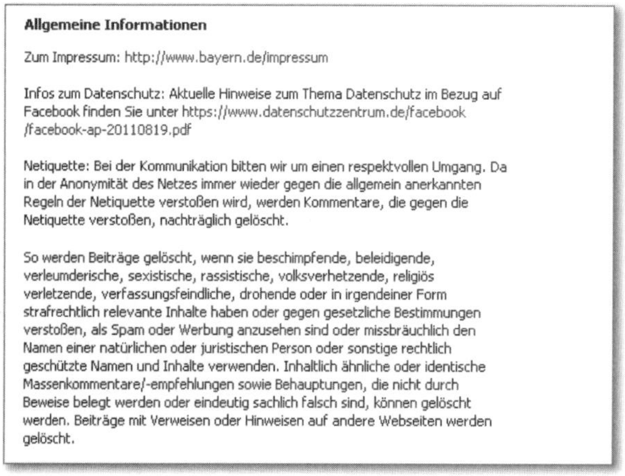

Allgemeine Informationen

Zum Impressum: http://www.bayern.de/impressum

Infos zum Datenschutz: Aktuelle Hinweise zum Thema Datenschutz im Bezug auf Facebook finden Sie unter https://www.datenschutzzentrum.de/facebook/facebook-ap-20110819.pdf

Netiquette: Bei der Kommunikation bitten wir um einen respektvollen Umgang. Da in der Anonymität des Netzes immer wieder gegen die allgemein anerkannten Regeln der Netiquette verstoßen wird, werden Kommentare, die gegen die Netiquette verstoßen, nachträglich gelöscht.

So werden Beiträge gelöscht, wenn sie beschimpfende, beleidigende, verleumderische, sexistische, rassistische, volksverhetzende, religiös verletzende, verfassungsfeindliche, drohende oder in irgendeiner Form strafrechtlich relevante Inhalte haben oder gegen gesetzliche Bestimmungen verstoßen, als Spam oder Werbung anzusehen sind oder missbräuchlich den Namen einer natürlichen oder juristischen Person oder sonstige rechtlich geschützte Namen und Inhalte verwenden. Inhaltlich ähnliche oder identische Massenkommentare/-empfehlungen sowie Behauptungen, die nicht durch Beweise belegt werden oder eindeutig sachlich falsch sind, können gelöscht werden. Beiträge mit Verweisen oder Hinweisen auf andere Webseiten werden gelöscht.

Abbildung 31.4 Netiquette von »Unser Bayern« auf Facebook

Der amerikanische Social-Media-Spezialist Dan Zarrella (*danzarrella.com*) hat 1,3 Millionen Posts von rund 10.000 beliebten Facebook-Seiten gesammelt und ausgewertet. Dabei fand er unter anderem Folgendes heraus:

- Posts, die aus persönlicher Sicht geschrieben werden (»ich«, »wir«, »unser«), bekommen tendenziell mehr »Likes«. Das widerspricht eigentlich den allgemeinen Texter-Regeln – und zeigt, dass für die Social-Media-Kommunikation gewisse Ausnahmen gelten.
- Leidenschaftlich vorgetragene Posts mit einer bestimmten Aussage werden häufiger kommentiert und mit »Likes« gewürdigt als lauwarme, neutral formulierte Beiträge.

- Text-Posts bekommen mehr Kommentare als Fotos oder Videos, werden allerdings auch seltener geteilt.
- Längere Posts werden im Vergleich zu kurzen häufiger geteilt.

Die vollständige Infografik mit Zarrellas Untersuchungsergebnissen finden Sie unter http://9.mshcdn.com/wp-content/uploads/2012/06/FacebookInfographic3.jpg.

Einige Texter-Tipps für Facebook-Beiträge habe ich in Tabelle 31.1 für Sie zusammengestellt.

Empfehlung	Erläuterung
Positiv denken!	Bemühen Sie sich in Ihren Posts um einen möglichst positiven Grundton. So animieren Sie Ihre User am ehesten dazu, ebenso positiv zu reagieren.
Informationen bieten!	Die attraktivsten Facebook-Beiträge präsentieren interessante und aktuelle Inhalte, verraten aber nicht alles – und verführen die Fans dadurch zum Klicken.
Link einbauen!	Verlinken Sie Ihre Posts stets mit Ihrer Website (oder mit Ihrem Blog). Nutzen Sie hierfür die Dienste eines Kurz-URL-Anbieters wie bitly (https://bitly.com). Denn dann können Sie jederzeit nachverfolgen, wie viele User über Facebook auf Ihre Site kommen.
Bilder beifügen!	Fotos sorgen dafür, dass Facebook-Beiträge häufiger gelikt und geteilt werden. Ergreifen Sie also jede Chance, ein Bild einzubauen. Ideale Größe: 800 × 600 Pixel.
Smartphones einbeziehen!	Bedenken Sie, dass die Mehrzahl der User Ihre Posts vermutlich auf dem Smartphone abrufen wird. Verwenden Sie daher möglichst einfache Bilder, die sich auch auf mobilen Endgeräten gut darstellen lassen.
Timing beachten!	Abends und nachts sollten Sie lieber nichts auf Facebook veröffentlichen. Der frühe Nachmittag ist erfahrungsgemäß die beste Zeit zum Posten Ihrer Beiträge.

Tabelle 31.1 Tipps für das Erstellen von Facebook-Posts

31.5 Blogs

Ob Themen-, Produkt-, News-, B2B-, B2C- oder internes Unternehmensblog – sie alle haben eines gemeinsam: Sie sind eng mit einer Person oder einer definierten Personengruppe (Experten, Mitarbeiter) verbunden. Beim Bloggen zählen die Authentizität und die Glaubwürdigkeit des Schreibers und somit sein ganz individueller Schreibstil. Wie der Kolumnist im Print-Bereich darf ein Blogautor seine eigene Meinung in den Text einfließen lassen und den Kurs für die Tonalität festlegen.

In Blogs steht weniger die journalistische Qualität im Vordergrund als vielmehr die Leidenschaft für ein Thema. Natürlich sollte ein Blogtext fehlerfrei sein, aber je nach Sujet und Zielgruppe darf er auch salopper formuliert werden: so, wie dem Blogger der Schnabel gewachsen ist. Beweisen Sie durch Ihre Texte Passion, Kompetenz und Engagement – und bringen Sie Ihr Thema in kurzen und prägnanten Sätzen auf den Punkt.

Nicht zuletzt: Stellen Sie sich als Autor des Blogs vor! Eine Anregung hierfür finden Sie in Abbildung 31.5.

Abbildung 31.5 Ausschnitt aus der Autorenseite des OTTO-Blogs »Two for Fashion«[2]

---

2 Link zur Autorenseite von »Two for Fashion«: *http://twoforfashion.otto.de/alle-autoren*

Kommunikationsprofi Klaus Eck betont zu Recht, wie wichtig es beim Corporate Blogging ist, als Unternehmen glaubwürdig aufzutreten und den Lesern attraktive Inhalte anzubieten:

> »Verzichten Sie in Ihrem Blog darauf, Werbebotschaften zu positionieren. Auch als Push-Kanal für Ihre Pressemitteilungen ist ein Corporate Blog völlig ungeeignet. Auf diese Weise unterminieren Sie nur die Glaubwürdigkeit Ihres Blogs. Stattdessen geht es darum, sich als Unternehmen authentisch zu präsentieren, transparent zu agieren und auf Kritik sachlich zu reagieren.«[3]

Ihre Blogtexte sollten leicht verständlich und schnell »konsumierbar« sein. Daher empfiehlt sich eine durchschnittliche Länge von ca. 250 Wörtern – das entspricht in etwa einer DIN-A4-Seite. Auch Klaus Eck rät, sich kurz zu fassen:

> »Ein Blogbeitrag sollte möglichst schnell auf den Punkt kommen. Müssen Leser lange scrollen, verlieren sie häufig die Lust und klicken weg. Wenn Ihr Thema zu umfangreich ist, teilen Sie es lieber auf zwei Artikel auf.«[4]

Natürlich kann ein Fachbeitrag, in dem Sie ein Thema weiter vertiefen, ausnahmsweise auch länger sein. Achten Sie dann aber wieder auf eine saubere Gliederung – und nutzen Sie aussagekräftige Zwischenheadlines als Scan- und Lesehilfe für Ihre User.

Think-Content-Tipp: Denken Sie beim Schreiben an Ihre Ziele!

Überlegen Sie sich stets genau, warum Sie bloggen: Weil Sie ein Feedback von Ihren Usern zu einem bestimmten Thema möchten, einen Link von einer externen Seite wünschen, Ihr Image als Experte gestärkt werden soll? Oder weil Sie darauf hoffen, dass Ihr Beitrag möglichst oft geteilt und gelesen wird?

Verfassen Sie Ihre Texte in jedem Fall in einem stark *aktivierenden* Stil. Fragen Sie die Leser nach ihrer Meinung, fordern Sie die User auf, die Nachricht zu teilen oder zu kommentieren, beenden Sie Ihren Text mit einem klaren Call-to-Action. Und nicht zuletzt: Antworten Sie kompetent auf die Kommentare zu Ihrem Blogbeitrag!

Ansonsten gelten für Blogs dieselben SEO-Regeln wie für alle anderen Website-Inhalte. Verwenden Sie insbesondere passende Keywords in Headlines und Subheadlines, im Text, in Title und Description sowie in weiterführenden (»sprechenden«) Verlinkungen.

---

3 Klaus Eck in einem Blogbeitrag vom 30.10.2013: http://pr-blogger.de/2013/10/30/10-tipps-fur-das-schreiben-in-corporate-blogs
4 Ebd.

> **SEO-Tipp: Zur Nutzung von Keywords in Blogs**
>
> Blogs sind eine perfekte Möglichkeit, um auf Keywords hin zu optimieren, die sich in der restlichen Website nicht oder nur sehr schwer adressieren lassen. Sorgen sie aber immer für gute Verlinkung, indem Sie zum Beispiel passende Produkte oder Kategorien aus den Blogbeiträgen verlinken. Gute Beiträge erhalten nämlich oft starke Links von anderen Websites und können das dann an die Produkt- oder Kategorieseiten weitergeben. Sollten Sie Bedenken zum Format oder der Tonalität eines Blogs haben, können Sie auch einfach eine Art Magazin erstellen, wie zum Beispiel *http://www.gabor.de/gabor-magazin*.
>
> Bevor Sie ein Blog starten, überlegen Sie sich genau, welche Keywords Sie damit abdecken möchten. Vermeiden Sie möglichst, Begriffe aus Ihrer restlichen Website zu kannibalisieren, sondern erschließen Sie neue Keyword-Welten. Sobald Sie eine solche Liste an Keywords haben, definieren Sie daraus eine Struktur für die Kategorien und die Tags (Schlagworte) des Blogs. Als einfache Hilfe bei dieser Entscheidung gilt: Kategorien ergeben die logische Gruppierung und Navigationsstruktur, nach der die Besucher den Inhalt zu verstehen versuchen, weshalb das nicht unbedingt Suchbegriffe sein müssen. Tags fassen hingegen alle Seiten zu einem bestimmten Begriff zusammen, sind daher in der Regel perfekte Landingpages für diese Begriffe und sollten daher immer aus Suchbegriffen bestehen.

31.6 Social-Media-Texte und SEO

Welche Textfaktoren aus SEO-Sicht relevant sind, wird sich erst langfristig klarer herauskristallisieren. SEO-Experte Lars Heinemann hat jedoch in einem Blogbeitrag schon einige nützliche Ratschläge für die optimierte Facebook-Nutzung aufgelistet.[5] Die folgenden Punkte sind für Texter besonders interessant:

1. Denken Sie bei der Benennung ihrer Facebook-Fanpage daran, dass der Name im Idealfall ein relevantes Keyword beinhalten sollte.
2. Schreiben Sie regelmäßig! Je öfter Sie einen neuen Status posten, desto häufiger schaut der Google-Bot vorbei.
3. Posten Sie Fotos, Infografiken oder Videos nie ohne eine aussagekräftige Beschreibung.
4. Auf der »Info«-Seite haben Sie die Möglichkeit, verschiedene Informationen zu Ihrem Unternehmen und Ihren Angeboten zu hinterlegen (siehe Abbildung 31.6). Es lohnt sich, bei der Bestückung dieser Inhalte mit passenden Schlüssel-

---

5 *http://larsheinemann.wordpress.com/2012/02/26/facebook-optimieren-12-seo-facebook-tipps* (veröffentlicht am 26.02.2012)

begriffen zu arbeiten. Denn die »Info«-Seite wird auch vom Google-Bot durchforstet und in den Suchergebnissen angezeigt.

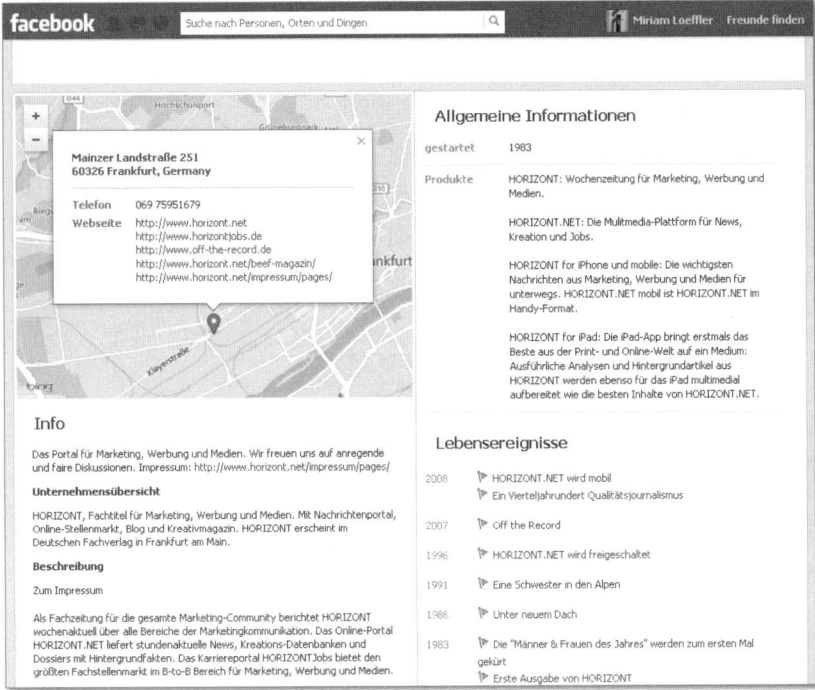

Abbildung 31.6 Screenshot der »Info«-Seite auf der Facebook-Fanpage der Zeitschrift HORIZONT[6]

Wenn Sie auf Facebook einen Begriff mit einem Hashtag markieren, wird für diesen automatisch eine eigene Page erstellt. Dort werden alle Veröffentlichungen aufgelistet, die dieses Hashtag enthalten. Diese Seiten sind alle nach demselben Muster aufgebaut: *facebook.com/hashtag/hashtagname*. Hier ein Beispiel für eine Hashtag-Fan-URL für den Begriff Content-Marketing: *https://www.facebook.com/hashtag/contentmarketing*.

> **Think-Content-Tipp: Behalten Sie die Hashtag-Entwicklung im Auge**
>
> In Kapitel 19, »Content-Marketing und SEO – das Web-2.0-Dream-Team«, sowie in Kapitel 29, »SEO für Content-Manager und Webtexter«, haben Sie bereits erfahren, dass die Regeln, nach denen der Google-Algorithmus aufgebaut ist, nie in Stein gemeißelt sein werden. Noch spielen die Keywords für das Ranking einer Website eine wichtige

---

[6] Link zur HORIZONT-Fanpage: *http://www.facebook.com/Horizont/info* (Screenshot vom 21.10.2013)

Rolle. Doch in Nordamerika beobachten Experten bereits Google-Experimente mit Hashtags. In einem interessanten Blogartikel erläutert der Online-Experte Stefan Rosentraeger[7], welchen Stellenwert Hashtags zukünftig für die Rangordnung im Suchergebnis haben könnten.

Bislang ist das noch reine Spekulation. Dennoch sollten Sie die Entwicklungen im Blick behalten, damit Sie im Rahmen Ihrer Textarbeit rechtzeitig eine vernünftige Hashtag-Strategie entwickeln können. Es bleibt nur zu hoffen, dass man in Zukunft nicht wieder einen Überoptimierungs-Kurs einschlagen wird. Denn ein mit Hashtags gespickter Text liest sich schwer – und er hört sich auch reichlich bizarr an, wie ein amüsantes Gespräch zwischen Justin Timberlake und bekannten US-Talker Jimmy Fallon beweist (*http://www.youtube.com/watch?v=57dzaMaouXA*, siehe Abbildung 31.7). Viel Spaß beim Anschauen!

Abbildung 31.7 Screenshot des »Hashtag«-Videos mit Jimmy Fallon und Justin Timberlake auf YouTube[8]

Noch ein abschließender Hashtag-Tipp: Mit Hilfe der Suchmaschine *Tagboard* können sie jederzeit auf die Schnelle verfolgen, wie im Web (auf Facebook, Twitter & Co.) über ein mit einem Hashtag markiertes Thema gesprochen wird. Unter *http://tagboard.com* können Sie eine eigene Seite für jedes Hashtag anlegen, das Sie beobachten möchten. Ein Beispiel hierfür sehen Sie in Abbildung 31.8: Die Agentur

---

7 Artikel vom 16.10.2013: *http://onlinemarketing.de/news/tschuess-keyword-daten-hallo-hashtags*
8 Screenshot vom 21. Oktober 2013

Social Media Aachen (*http://www.social-media-aachen.de*) richtete für die von ihr veranstaltete Tagung »Social Media Day Aachen 2013« (Hashtag #smdac13) ein Tagboard ein, um sich im Nachgang unter anderem über das Netz-Feedback der Teilnehmer auf dem Laufenden zu halten.

Abbildung 31.8 Tagboard für den »Social Media Day Aachen 2013«[9]

31.7 Online-PR

Im Web 2.0 kommunizieren Sie direkt mit Ihren Kunden – auch über Ihre Pressemeldungen. In der klassischen PR schlägt der Journalist die Brücke von der Pressemeldung zur Print-Veröffentlichung: Er sortiert die Informationen vor und passt die

---

[9] *http://tagboard.com/smdac13* (Screenshot vom 08.11.2013)

Texte für ein Magazin oder eine Zeitung an. Online wird ihre Meldung hingegen bereits von Kunden gefunden, sobald sie für die Suchmaschinen sichtbar ist (siehe hierzu auch Kapitel 21, »Quo vadis, Online-PR?«).

Beachten Sie daher beim Verfassen von Pressemeldungen folgende Punkte:

- Verwenden Sie Keywords in Headlines, im Text und in Metadaten. Mitgesandte Bilder sollten ebenfalls SEO-konform aufbereitet sein (ALT-Tags, Bildbenennung, kurze Beschreibung).
- Schreiben Sie regelmäßige Meldungen, und veröffentlichen Sie diese auf Presse- und Fachportalen. So können Sie langfristig Ihre Sichtbarkeit im Web verbessern, was sich wiederum positiv auf die Reichweite Ihres Angebots auswirkt.
- Der Textaufbau sollte sich auch am Modell der *Inverted Pyramid* orientieren (siehe Abschnitt 26.2, »Das Prinzip der umgekehrten Pyramide«). Stellen Sie sicher, dass Ihre Pressemeldung gemäß den Richtlinien aus Abschnitt 26.3, »Grafisches Schreiben«, aufgebaut, gut lesbar und mit überzeugenden Headlines und Zwischenheadlines ausgestattet ist.
- Denken Sie vor allem beim Texten des Einführungsabsatzes (zwei bis drei kurze Sätze, ca. 160 Zeichen) daran, dass dieses Intro oft auch als Teaser auf Seiten verwendet wird, die Ihre Pressemeldung aufgreifen, und dass es zudem in den Suchergebnissen erscheinen kann. Die oberste Headline und die einführenden Sätze sollten daher eigenständig als Teaser für die Pressemeldung funktionieren und passende Keywords für die Suchmaschinen enthalten.
- Schreiben Sie in einem sachlichen, leicht verständlichen und faktenbasierten Stil ohne werbliche Couleur.
- Achten Sie bei der Textlänge auf eventuelle Vorgaben von Presseportalen. Idealerweise sollte die Meldung im Durchschnitt ca. 400 Wörter umfassen und auf eine Seite passen.
- Die Überschrift sollte aus rund 60 bis 65 Zeichen bestehen, damit eine saubere Darstellung auf Presseportalen und in den Suchergebnissen sichergestellt werden kann.
- Vergessen Sie nicht, Ihre Kontaktinformationen und ein kurzes Firmenporträt am Ende der Meldung zu platzieren.
- Bauen Sie Links zu Ihrer Website bzw. zu einer passenden Landingpage ein. Auf diese Weise ermöglichen Sie den Usern einen direkten Zugang zu Ihrem Webangebot. Außerdem unterstützen Sie mit der gezielten Verlinkung die Suchmaschinenoptimierung und sichern sich Chancen für gute Backlinks.

> **SEO-Tipp: Verwenden Sie in jedem Fall Short-URLs**
>
> Halten Sie diese Links möglichst kurz, damit sie auch über Twitter oder sogar Mundpropaganda einfach verbreitet werden können. Ein Link *www.gq-magazin.de/gottschalk* ist dazu weit besser geeignet als die eigentliche URL *www.gq-magazin.de/unterhaltung/stars/januar-ausgabe-von-gq-der-tv-titan*. Können Sie die URL der Landingpage in Ihrem Redaktionssystem nicht so kurz gestalten, sprechen Sie mit Ihrer Technik. Meistens sind Weiterleitungen von einer beliebigen kurzen URL zu Ihrer Landingpage ohne nennenswerten Aufwand einzurichten. Achten Sie dabei aber darauf, dass die Weiterleitung über eine sogenannte 301-Weiterleitung stattfindet, da nur diese den Page Rank weitergibt.

31.8 Fazit

Für Ihre erfolgreiche Kommunikation im Social Web benötigen Sie – außer für das Schreiben von Pressemeldungen und längeren Blogtexten – keine spezielle Texter-Ausbildung, sondern vor allem eine detailliert ausgearbeitete Social-Media-Kommunikationsstrategie. Es gibt schlicht und ergreifend keine »magische Formel« für Social-Media-Beiträge. Jedes Unternehmen hat in der täglichen Kommunikation mit anderen Zielgruppentypen und Themenschwerpunkten zu tun.

Die »Schreibwolke« in Abbildung 31.9 bietet Ihnen eine Zusammenstellung von Schlagworten, die Ihnen Impulse für die Textarbeit liefern sollen.

Abbildung 31.9 Schlagworte für Social-Media-Texte

Im nachfolgenden Kapitel stelle ich Ihnen einige nützliche Online-Werkzeuge vor, die den Alltag eines Webtexters maßgeblich erleichtern.

32 Texter-Tools für die tägliche Arbeit

Wie kann ich ohne Agentur das Suchvolumen und die Relevanz von Keywords ermitteln? Welche Tools helfen mir dabei, kreative Blockaden zu überwinden? Und wie kann ich meine Texte selbst redigieren, ohne die komplette Duden-Bibliothek durchackern zu müssen? Das Web bietet uns eine Fülle von kostenlos verfügbaren Programmen, die die Textarbeit in allen Bereichen stark erleichtern.

Zahlreiche Gratishelfer im Web ersetzen heutzutage sperrige Duden-Reihen – vom Synonym-Finder über den Grammatik-Check bis hin zur Stilkontrolle. Einige dieser nützlichen Textwichtel möchte ich Ihnen in den folgenden Abschnitten vorstellen.

32.1 Google-Tools

Das richtige Keyword zu finden, ist oft gar nicht so leicht, wie Sie in Abschnitt 29.1, »Essenzielles Keyword-Know-how«, bereits erfahren haben. Im Markt gibt es einige kostenpflichtige SEO-Software-Angebote, die bei der Keyword-Recherche zum Teil exzellente Arbeit leisten. Jahrelang bot Google hierfür selbst ein hervorragendes Tool kostenlos an, das jedoch im September 2013 durch den *Keyword-Planer* ersetzt wurde. Den können Sie zwar auch kostenfrei nutzen, allerdings müssen Sie sich dafür zunächst bei *Google AdWords* mit einem eigenen Konto anmelden. Das Gratis-Tool *Google Trends* liefert Ihnen darüber hinaus aufschlussreiche Informationen über die Suchvolumen-Entwicklung für einzelne Begriffe.

32.1.1 Keyword-Planer – Schlüsselbegriffe finden

Um dieses Werkzeug nutzen zu können, benötigen Sie, wie schon im vorangegangenen Abschnitt erwähnt, ein AdWords-Konto, für das Sie sich auf der Seite *https://adwords.google.de* anmelden können. Den Keyword-Planer finden Sie dann unter dem Menüpunkt Tools und Analysen (siehe Abbildung 32.1).

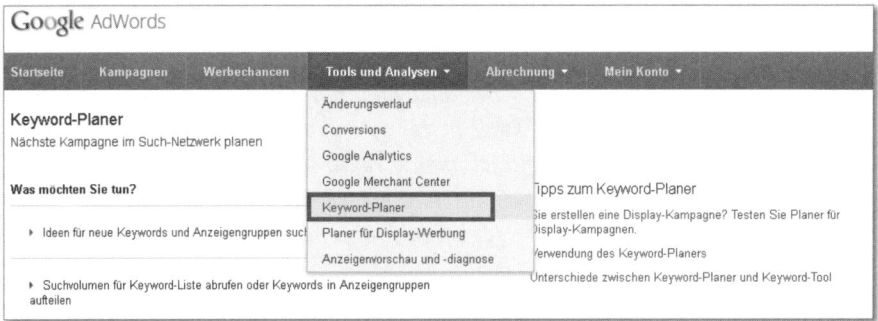

Abbildung 32.1 Screenshot der Hauptseite von Google AdWords

Dabei entstehen Ihnen keine Kosten, und Sie werden auch nicht dazu verpflichtet, irgendwelche Anzeigen bei Google zu buchen, um das Tool nutzen zu können. Möglicherweise wird ein Google-Account-Manager Sie anrufen und fragen, ob Sie bei der Nutzung von AdWords Hilfe benötigen. Als ich einen solchen Anruf erhielt und daraufhin antwortete, dass ich mich nur angemeldet hätte, um den Keyword-Planer zu nutzen, meinte die freundliche Google-Mitarbeiterin am Telefon, das sei völlig in Ordnung. Hoffentlich bleibt das für alle Nicht-Anzeigenkunden auch noch eine Weile so, denn leider gibt es für Texter ansonsten keine weitere Gratis-Möglichkeit mehr, das Suchvolumen von Keywords zu ermitteln.

Keine Sorge: Als Webtexter müssen Sie kein Experte für den Keyword-Planer werden und alle Funktionen beherrschen. Um zu sehen, nach welchen Begriffen Ihre Zielgruppe im Zusammenhang mit Ihrem Angebot sucht, gehen Sie einfach wie folgt vor:

Klicken Sie auf das Feld IDEEN FÜR NEUE KEYWORDS UND ANZEIGENGRUPPEN SUCHEN, und geben Sie die Schlüsselbegriffe ein, deren Suchvolumen Sie prüfen möchten (siehe Abbildung 32.2). Modifizieren Sie die Sprach- und Ländereinstellung, falls Sie wissen möchten, wie in anderen Ländern oder Sprachen nach bestimmten Worten gesucht wird. Ansonsten können Sie die übrigen Felder getrost ignorieren. Ihr Job ist es nicht, eine wasserdichte Keyword-Analyse bis ins kleinste Detail durchzuführen, sondern ein Gespür für die Sprachwelt Ihrer Zielgruppe zu entwickeln und herauszufinden, wie nach bestimmten Themen, Produkten, Dienstleistungen oder Fachbegriffen gegoogelt wird.

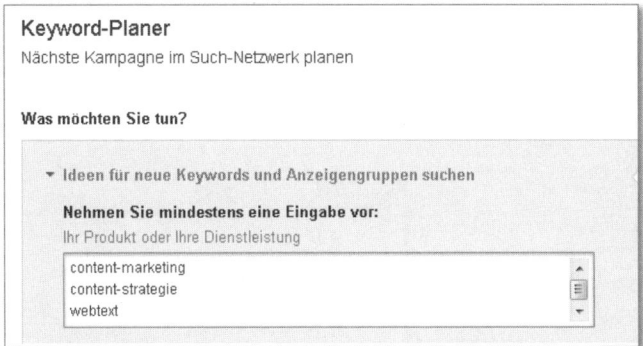

Abbildung 32.2 Eingabe von Begriffen im Keyword-Planer

Nachdem Sie auf IDEEN ABRUFEN geklickt haben, erscheint die in Abbildung 32.3 dargestellte Ergebnisansicht.

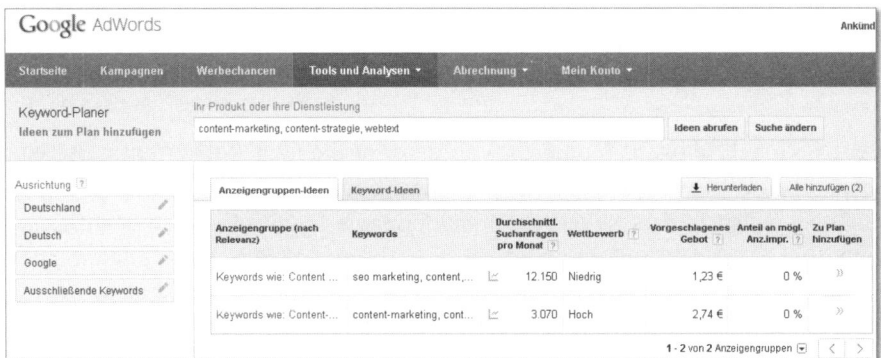

Abbildung 32.3 Exemplarische Abfrage nach »content-strategie«, »content-marketing«, »webtext« im Keyword-Planer

Wenn Sie nun auf den Reiter KEYWORD-IDEEN klicken, sind Sie bereits am Ziel Ihrer Recherche: Im oberen Feld werden die Begriffe angezeigt, deren Suchvolumen Sie prüfen wollten. Im Anschluss sehen Sie weitere Vorschläge für Ausdrücke, die Google mit den ausgewählten Begriffen assoziiert (siehe Abbildung 32.4). So erhalten Sie nützliche Anregungen zur Verwendung von alternativen Keywords. Für Sie als Webtexter ist lediglich die Spalte DURCHSCHNITTLICHE SUCHANFRAGEN PRO MONAT relevant. Hier erfahren Sie, wie viele User im Schnitt monatlich auf Google nach diesem Begriff suchen.

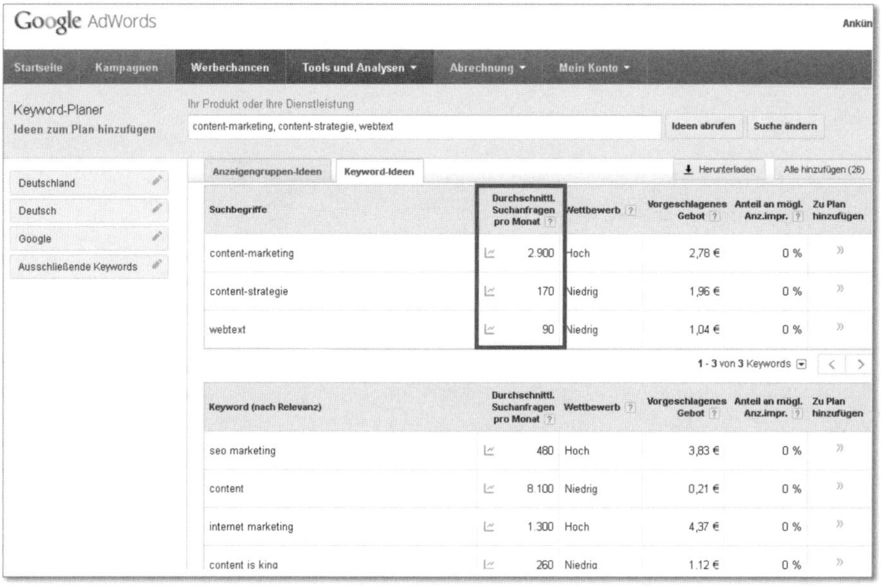

Abbildung 32.4 Ergebnis-Ansicht: Keyword-Suchvolumen

Lassen Sie sich übrigens bloß nicht von den Angaben zur Konkurrenzmasse einschüchtern. Wenn es einen großen Wettbewerb für ein bestimmtes Keyword gibt, heißt das lediglich, dass viele Webseiten im Google-Index mit diesen Begriffen gelistet sind. Über die Qualität und das Ranking jener Seiten sagt diese Information überhaupt nichts aus.

Sie werden sehen: Schon nach wenigen Abfragen entwickeln Sie ein viel besseres Verständnis dafür, wie Ihre Zielgruppe im Web tatsächlich sucht.

32.1.2   Google Trends – Keyword-Entwicklung über einen definierten Zeitraum

Die Nutzung von *Google Trends* (http://www.google.de/trends) ist recht simpel: Sie müssen lediglich den zu analysierenden Begriff in die Suchmaske eingeben. Anhand der folgenden drei Abfragebeispiele lässt sich anschaulich zeigen, wie Sie die Entwicklung von Schlüsselbegriff-Anfragen über einen bestimmten Zeitraum verfolgen und Trends für Ihre Keyword-Recherche am besten nutzen können.

Das erste Beispiel bezieht sich auf den Suchbegriff »Oktoberfest« für den Abfragezeitraum 2005–2013 (siehe Abbildung 32.5).

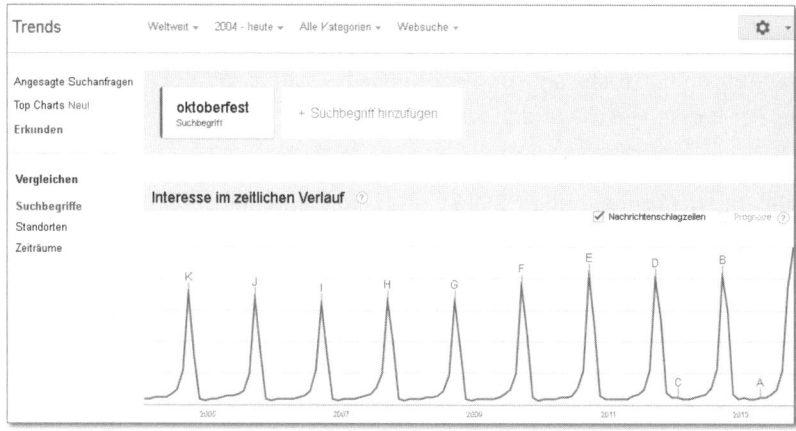

Abbildung 32.5 Abfrage-Ergebnis »Oktoberfest« auf Google Trends (Abfragedatum: 10.10.2013)

Die Trendkurve für das Keyword »Oktoberfest« zeigt, wie zu erwarten, dass das Suchvolumen für diesen Schlüsselbegriff jedes Jahr ab Mitte August ansteigt und bis Ende Oktober wieder nachlässt.

Das zweite Beispiel (siehe Abbildung 32.6) demonstriert den Verlauf des Suchvolumens für den Begriff »Bettina Wulff« zwischen August 2012 und Oktober 2012. Die Zeiträume für eine Google Trends-Abfrage können Sie über den Menüpunkt 2004–HEUTE im horizontalen Menü am Seitenanfang einstellen.

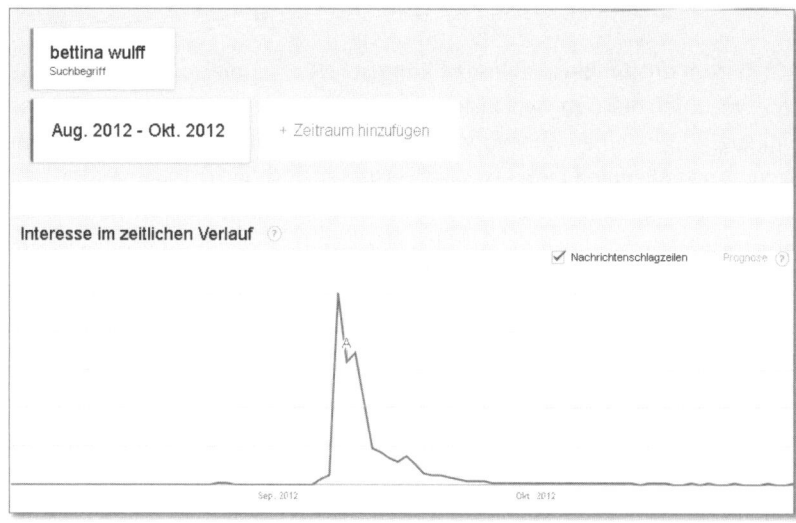

Abbildung 32.6 Abfrage nach »Bettina Wulff« für den Zeitraum von August bis Oktober 2012

Hier sehen Sie das Abbild eines klassischen Eintagsfliegen-Suchvolumens: Nach heftigem Medienhype um ein neues Buch stieg das Interesse der Internetnutzer am Namen der Autorin kurzfristig an – und ebbte ebenso schnell wieder ab, sobald das Thema aus der Presse verschwunden war.

Das dritte Beispiel (siehe Abbildung 32.7) zeigt die Entwicklung der Anfragen nach den Suchbegriffen »Sonnenbrillen 2012« und »Sonnenbrillen 2013« von Januar 2012 bis Oktober 2013. Wie Sie sehen, ist es möglich, in Google Trends auch zwei bzw. mehrere Suchbegriffe miteinander zu vergleichen.

Abbildung 32.7 Zwei Vergleichsabfragen auf Google Trends

Was Sie aus diesem dritten Beispiel lernen können? Nun, einmal angenommen, Sie entdecken – wie hier bei den Begriffskombinationen »Sonnenbrillen 2012« und »Sonnenbrillen 2013« – einen Suchvolumen-Höhepunkt für ein bestimmtes Sortiment in Bezug zum jeweiligen Jahr. Das lässt vermuten, dass es im kommenden Jahr eine ähnliche Entwicklung für dieses Sortiment in Kombination mit der neuen Jahreszahl geben wird. Wenn Sie also frühzeitig eine Landingpage für dieses Keyword anlegen, sichern Sie sich die Chance, zum künftigen Abfragezeitpunkt ein solides Ranking aufzubauen und im Idealfall (im Zusammenspiel mit anderen Ranking-Faktoren) über diese Suchkombination Traffic für Ihre Website zu generieren.

Vermutlich geht eine solche Online-Marketing-Denkweise über die üblichen Anforderungen an einen »normalen« Texter hinaus. Aber genau diese Offenheit gegenüber webspezifischen Kniffen, die Spielfreude im Umgang mit Sprache und das Verständnis für die Möglichkeiten, mit bestimmten Worten User direkt zu erreichen, unterscheiden einen herausragenden von einem durchschnittlichen Webtexter.

Im Übrigen gibt es im Keyword-Planer auch eine direkte Verknüpfung zu Google Trends: Im angezeigten Abfrageergebnis befindet sich rechts neben dem jeweiligen Keyword ein kleines Icon, das den Kurvenverlauf eines Charts skizziert. Wenn Sie mit der Maus darüberfahren, öffnet sich ein kleines Fenster, in dem Sie auf die Schnelle sehen können, wie sich das Suchvolumen des Begriffs in den vergangenen zwölf Monaten verändert hat.

32.2 On-Page-Analyse-Tools für Webtext-Profis

Wenn Sie als Webtexter sichergehen wollen, dass Ihr sorgfältig erstellter Content technisch einwandfrei eingebunden ist, wenn Sie sich einen Überblick über die Verwendung Ihrer H-Tags auf der Seite machen möchten oder andere On-Page-Textkriterien auf den Prüfstand stellen wollen, dann finden sich dazu im Web auch wieder viele praktische und kostenfreie Tool-Hilfen.

Für alle Leser, die sich beim Texten bisher nur mit allgemeinen Stilfragen und den werblichen Aspekten des Schreibens auseinandergesetzt haben, mag es vielleicht am Anfang etwas befremdlich sein, sich der technischen Seite anzunähern. Aber das Wissen, das Ihnen die folgenden Werkzeuge und Add-ons vermitteln können, ist essenziell, wenn Sie dafür sorgen wollen, dass die von Ihnen betexteten Inhalte auch wirklich online »sichtbar« sind und Ihre Textqualität nicht durch zahlreiche Faktoren im Hintergrund geschmälert wird.

Angenommen, Sie beherrschen alle Webtexter-Regeln aus dem Effeff, verwenden viel Zeit auf das Verfassen Ihrer Headlines, setzen stets griffige Keywords ein und wissen, wieso es wichtig ist, Title und Descriptions mit Akribie zu betexten: Dann wäre es doch sehr ärgerlich, wenn beispielsweise Ihre Überschriften nicht korrekt im HTML eingebunden wären oder wenn zahlreiche doppelte Descriptions auf Ihrer Website Duplicate Content erzeugen und sich damit negativ auf die Webperformance auswirken würden.

Trauen Sie sich also an die nachfolgenden Webhilfen. Nach nur kurzer Übung werden Sie sie quasi im Schlaf bedienen können und begeistert sein, wie viel Sie über die On-Page-Qualität Ihrer Texte lernen.

32.2.1 Die MozBar – Blicken Sie der nackten Content-Wahrheit ins Auge

Wissen Sie, wie Google oder der Screenreader eines Blinden Ihre Webseite sehen? Um Ihren Content mit den Augen einer Suchmaschine zu betrachten, können Sie entweder JavaScript und die Anzeige von Grafiken in Ihren Browsereinstellungen deaktivieren – oder die komfortable »Switch«-Methode über die *MozBar* nutzen (*http://moz.com/tools/seo-toolbar*). Das Add-on ist für Firefox und Chrome kostenfrei verfügbar und lässt sich innerhalb kürzester Zeit mühelos installieren. Nach der Installation wählen Sie rechts oben in der Toolbar einfach den Modus BROWSE AS • GOOGLE (siehe Abbildung 32.8).

Abbildung 32.8 Anzeige der MozBar-Auswahl (rechts oben) am Beispiel der Webseite http://www.duesseldorf-tourismus.de (Screenshot vom 10.10.2013)

Jetzt haben Sie die Möglichkeit, Ihre Webseite sozusagen »ungeschminkt« zu betrachten und zu prüfen, wie gut man Ihr Angebot ohne optischen Schnickschnack lesen und verstehen kann. Das Ergebnis könnte dann etwa so aussehen wie in Abbildung 32.9. Sie können jederzeit mit einem Klick wieder zur regulären Ansicht zurückkehren (RETURN TO NORMAL BROWSING).

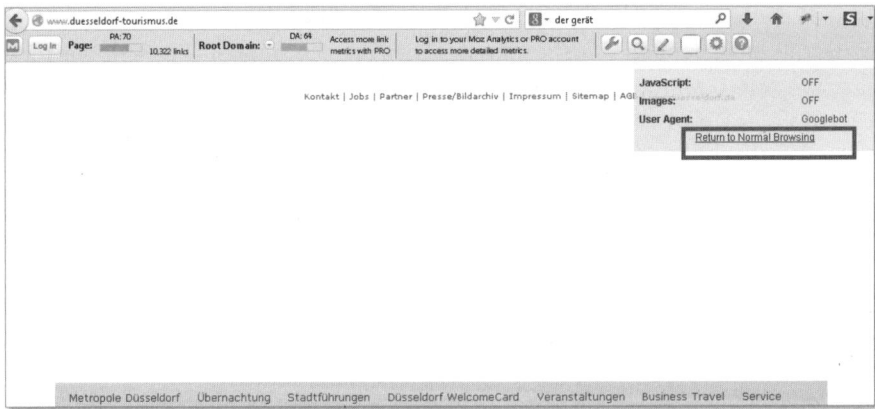

Abbildung 32.9 Webseite http://www.duesseldorf-tourismus.de im Google-Browse-Modus

Dieses Wissen hilft Ihnen als Texter, in eventuellen Diskussionen ruck, zuck eine Antwort auf die leidige Frage »Wozu brauchen wir überhaupt Text?« zu geben. Mit nur einem Klick können Sie eindrucksvoll demonstrieren, dass der Website unter Umständen buchstäblich die nötigen Worte fehlen, um online überhaupt sichtbar zu werden. Ebenso können Sie aufzeigen, dass Sie als Webtexter die Möglichkeit haben müssen, spezielle Textfelder für ALT-Tags oder Bild-Title zu pflegen – denn sonst bleiben Ihre Grafiken im Web gleichermaßen unsichtbar.

> **Think-Content-Tipp: Nach nur zwei Klicks kennen Sie die Worthäufigkeit auf Ihrer Seite**
>
> Wenn Sie im Google-Browse-Modus mit der Tastenkombination [Strg]+[A] den gesamten Inhalt der angezeigten Seite markieren und diesen mit [Strg]+[C] in ein Tool kopieren, das die Keyword-Density ermittelt (siehe hierzu der folgende Abschnitt), erhalten Sie im Nu die Information, welchen thematischen Schwerpunkt Sie in Ihren Texten gelegt haben. So können Sie rasch überprüfen, ob Ihr Schwerpunkt richtig gewählt ist. Behalten Sie das Thema Relevanz beim Texten immer im Hinterkopf. Es geht nicht um das Zumüllen der Website mit Keywords, sondern darum, die Worte so zu wählen, dass sowohl die User also auch Google Ihr Angebot auf Anhieb verstehen.

32.2.2 Contentman und Letter-Factory-Wordcount – ermitteln Sie das Gewicht Ihrer Worte

Zwei nützliche Tools zeigen Ihnen in Sekundenschnelle, welche Begriffe wie oft in Ihren Texten vorkommen: Während der *Wordcount* der Letter-Factory (*http://www.letter-factory.com/wordcount.php*) lediglich die Wörter in Ihren Texten auszählt, liefert Ihnen der *Contentman* (*http://www.contentmanufaktur.net/texte-optimieren-mit-dem-contentman*) zudem noch die Keyword-Dichte und verzichtet auf die Anzeige von Bindewörtern und Artikeln (siehe Abbildung 32.10).

Abbildung 32.10 Anzeige der Wortverteilung eines Dummy-Textes im Contentman

Wenn Ihre Keyword-Density über 2 % liegt, sollten Sie den Text erneut redigieren und gegebenenfalls stärker mit Synonymen arbeiten. Um es noch einmal ganz klar zu sagen: Die Keyword-Dichte soll Sie nicht dazu verleiten, Ihren Text mit einem Begriff zu penetrieren. Sie zeigt Ihnen vielmehr auf einen Blick, ob Sie Ihr Thema mit den richtigen Worten auf den Punkt gebracht oder es mit der Verwendung eines Begriffs zu gut gemeint haben.

Abschließender Tipp: Lassen Sie beim Texten immer ein Wortzähl-Tool im Hintergrund offen, und prüfen Sie gleich am Ende Ihrer Arbeit, welcher inhaltliche Schwerpunkt aus Ihren Worten herauszulesen ist.

32.2.3 Der Screaming Frog SEO Spider – alle Metadaten auf einen Blick

Wissen Sie, wie es bei Ihrer Website um Title, Description und H-Tags bestellt ist? Würden Sie gerne wissen, wie gut Ihre Konkurrenz arbeitet und worauf deren Metatexte optimiert sind? Diese Informationen liefert das bereits in Abschnitt 4.5, »Quantitative Content-Prüfung«, erwähnte Analysewerkzeug *Screaming Frog SEO Spider* (http://www.screamingfrog.co.uk/seo-spider). Nachdem Sie das Tool kostenfrei heruntergeladen haben, können Sie damit die Metadaten jeder Webseite analysieren und auf die Schnelle feststellen, wie gut Ihre Seite aus metatextlicher SEO-Sicht tatsächlich aufgestellt ist (siehe Abbildung 32.11).

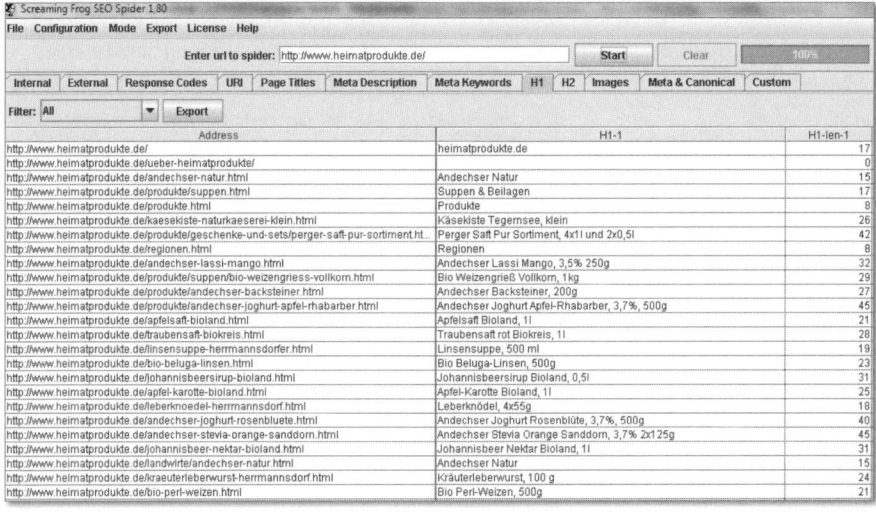

Abbildung 32.11 Beispielanzeige des Screaming Frog SEO Spiders zur Verwendung der H1-Tags auf www.heimatprodukte.de

Auch dieses Tool hilft Ihnen wieder dabei, Ihre Kollegen in Meetings auf die Notwendigkeit von guten Metadaten hinzuweisen und ihnen zu zeigen, wie dürftig diese Daten bislang (in den meisten Fällen) gepflegt sind.

32.2.4 SEORCH – der SEO-On-Page-Analyse-Quickie

Für eine rasche On-Page-Analyse Ihrer Seiteninhalte empfiehlt sich das Werkzeug SEORCH (http://www.seorch.de). Geben Sie die URL der betreffenden Seite einfach in das vorgegebene Feld ein, und lassen Sie sich von den hilfreichen Ergebnissen überraschen. Das Tool ist praktisch selbsterklärend, und wie Sie in Abbildung 32.12 sehen, finden Sie neben den Ergebnissen auch immer eine Erläuterung der einzelnen Informationen.

Abbildung 32.12 Ausschnitt aus der SEORCH-Analyse der Homepage von www.heimatprodukte.de

Einige der dort gelisteten Fakten sind für Sie als Texter nicht relevant. Allerdings sollten Sie die Analyse bis zum Ende durchscrollen, denn im unteren Ergebnisbereich erfahren Sie beispielsweise auch, für welche Keywords die Seite zum Analyse-Zeitpunkt theoretisch ranken könnte.

32.3 Helfer fürs Schreiben und Redigieren

Mit den nachfolgenden Texter-Tools geht Ihnen Ihre tägliche Schreibarbeit noch leichter von der Hand. Sie unterstützen Sie dabei, Schreibblockaden zu überwinden und Rechtschreib- oder Grammatik-Ausrutscher aufzuspüren.

32.3.1 Woxikon – die richtige Adresse, wenn Ihnen einmal die Worte fehlen

Sie müssen zahlreiche Texte über hochpreisige Lifestyle-Produkte schreiben und benötigen ein paar ansprechende Synonyme für den Begriff »edel«? Kein Problem: Im kostenlosen Online-Wörterbuch von *Woxikon* (*http://synonyme.woxikon.de/synonyme*) wird Ihnen schnell geholfen (siehe Abbildung 32.13).

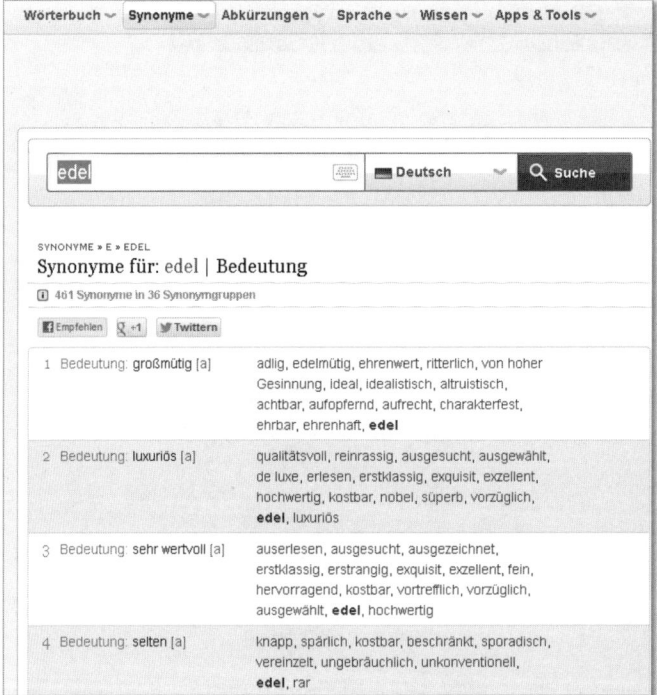

Abbildung 32.13 Auszug der angezeigten Ergebnisse einer Woxikon-Beispielabfrage

Nutzen Sie Woxikon auch im Rahmen ihrer Keyword-Recherche. Mit diesem Tool gehen Ihnen die treffenden Worte wahrlich nie aus.

Alternativ können Sie auch die Synonyme-Datenbank der Universität Leipzig nutzen (*http://wortschatz.uni-leipzig.de*).

32.3.2 Duden – Rechtschreib- und Grammatikfehlern auf der Spur

Unter *http://www.duden.de/rechtschreibpruefung-online* können Sie Texte in Sekundenschnelle online korrigieren lassen. Geben Sie die zu prüfenden Passagen in die vorgegebene Maske ein, und klicken Sie auf den Button TEXT KORRIGIEREN. Wiederholungen, Kommafehler, falsche Wortbezüge, mehrfache Leerzeichen und Rechtschreibfehler werden daraufhin bunt gekennzeichnet. Wenn Sie auf die markierten Textstellen klicken, erläutert Ihnen das Programm jeweils, welchen Fehler Sie gemacht haben (siehe Abbildung 32.14).

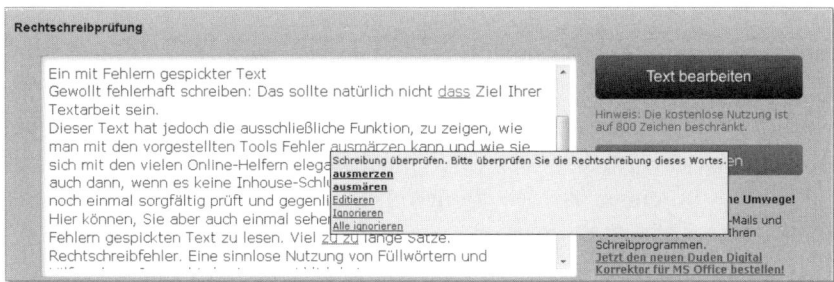

Abbildung 32.14 Dummy-Text in der Duden-Textprüfung

Allerdings hat das Tool ab und an leichte Aussetzer und ist nicht immer verfügbar. Um sich abzusichern, sollte man seine Texte immer mindestens in zwei verschiedene Redigier-Tools packen. Was das eine übersieht, kann das andere gegebenenfalls noch aufspüren. Wenn die Programme im Hintergrund geöffnet sind, wird das Redigieren via Copy & Paste mit der Zeit zur Routine-Arbeit, für die Sie – auch wenn Sie alle Tests doppelt durchführen – nicht sehr viel Zeit aufwenden müssen.

32.3.3 Stilversprechend, Schreiblabor, Wortliga – Ihre virtuellen Lektoren

Die Website *Stilversprechend* bietet unter *http://www.it-agile.de/stil/index.html* ein cleveres Tool für das Lektorat. Nachdem Sie Ihren Text in das vorgesehene Feld kopiert oder ein Dokument hochgeladen haben, prüft dieser kostenfreie Online-Service Ihren Content auf die gängigsten Fehler:

- Füllwörter
- Wortdopplungen
- lange Wörter
- lange Sätze
- uneleganter Nominalstil
- passive Satzkonstruktionen

Rechts neben dem Textfeld finden Sie eine Liste mit den Analysemöglichkeiten. Hinter jeder Analysekategorie befindet sich ein kleiner Info-Button. Wenn Sie mit der Maus über einen als fehlerhaft markierten Text fahren, leuchtet der Button neben der betreffenden Kategorie rot auf und weist Sie so auf den Fauxpas im Text hin.

Der virtuelle Lektor von *Schreiblabor.com* (*https://www.schreiblabor.com/ textlabor/statistic*) ist eine adäquate Alternative für das Redigieren Ihrer Texte. Auch hier erkennen Sie nach der Textprüfung auf den ersten Blick, welche Fehler sich eingeschlichen haben.

Das sehr gelungene Gratis-Redigierwerkzeug der *Wortliga* (*http://wortliga.de/ textanalyse*) präsentiert Ihnen auf die Schnelle Ihre gröbsten Texter-Fehler und ist in puncto Usability sehr zu empfehlen. Nach Eingabe Ihres Textes sehen Sie auf der rechten Seite, welche Schnitzer das Tool gefunden hat. Wenn Sie mit der Maus über das Info-Icon fahren, werden die jeweiligen Fehler im Text gelb markiert (siehe Abbildung 32.15).

Abbildung 32.15 Textanalyse mit dem Wortliga-Redigier-Tool

32.3.4 Lingulab – Online-Lektorat zum fairen Preis

Lingulab (www.lingulab.de) ist im Gegensatz zu den anderen Tools, die in diesem Kapitel vorgestellt werden, nicht kostenfrei. Es bietet jedoch eine umfangreiche Lektoratsfunktion für verschiedenste Textgattungen und überzeugt durch eine intuitive Nutzerführung sowie eine klar strukturierte Fehleranzeige.

Ein weiterer Vorteil ist, dass man seine Texte dort auch abspeichern, gut verwalten und die Analysen einfach ausdrucken kann. Über das Modul WORTSCHATZ lassen sich außerdem eigene Wortlisten anlegen, auf die Sie beim Texten jederzeit zugreifen können. Weil Lingulab darüber hinaus komfortable Organisationsmodule bereitstellt, ist das Tool besonders für die Arbeit in Teams sehr gut geeignet.

32.4 Fazit

Dank der vorgestellten Tools sind Sie in der Lage, webkonforme und fehlerfreie Texte zu erstellen. Sie werden rasch eine Routine im Umgang mit diesen Werkzeugen entwickeln, so dass Sie für das Lektorat und den Keyword-Check nicht mehr viel Zeit aufwenden müssen. Nutzen Sie diese kostenfreien Helfer, um die bestmögliche Qualität für Ihre Texte sicherzustellen. Wie Sie Ihre Arbeit besonders ökonomisch gestalten können, erfahren Sie im nächsten Kapitel.

33 Demut vor dem Text – Anleitung zum effizienten Schreiben

Beim Texten gilt die 3-3-3-Regel: Ein Drittel der Zeit fließt in die Vorarbeit, ein Drittel in den Schreibprozess und das letzte Drittel ins Lektorat. Natürlich ist diese Einteilung als durchschnittlicher Richtwert anzusehen, und der Zeitmangel im Tagesgeschäft lässt oft keinen Raum für eine gründliche Vor- und Nacharbeit. Wenn Sie allerdings einen wirklich guten Text für Ihre Leser und die Suchmaschinen verfassen wollen, geht das nicht ohne das nötige Wissen und die Liebe zum Detail.

»Man muss viel gelernt haben, um über das, was man nicht weiß, fragen zu können.« (Jean-Jacques Rousseau)

Die Gabe, die richtigen (W-)Fragen zu stellen, um die passenden Antworten geben zu können, ist eine Grundvoraussetzung für jeden guten Texter. Erst wenn Sie selbst das Thema, das Produkt, die Dienstleistung, den Service und alles, was damit zusammenhängt, verstanden haben, können Sie Texte verfassen, die Ihre Leser auf Anhieb begreifen.

33.1 Die Recherche – werden Sie ein Experte!

»Es fällt immer auf, wenn jemand über Dinge redet, die er versteht.«
(Helmut Käutner)

Diesem Zitat ist im Prinzip nicht mehr viel hinzuzufügen – außer der Tatsache, dass man es umgekehrt genauso merkt, wenn sich jemand über Dinge äußert, von denen er keine Ahnung hat. Nehmen Sie sich daher vor dem Schreiben genügend Zeit, um alle nötigen Informationen zu sammeln. Fordern Sie diese Einarbeitungszeit auch von Ihren Auftraggebern oder Entscheidern ein. Erst dann, wenn Sie sich gut in dem jeweiligen Gebiet auskennen, können Sie sich auf die wesentlichen Fakten konzentrieren und vermeiden, dass Ihre Texte aus leeren Worthülsen bestehen. Ohne ausreichendes Allgemeinwissen und fundierte Fachkenntnisse werden ansprechende, originelle Inhalte zum Zufallsprodukt.

Die im Gedächtnis abgespeicherten Fakten bilden die Basis für kreative Leistungen. Je mehr Informationen Sie aus Ihrem Wissensspeicher abrufen können, desto eher können Sie mit Worten spielen und variantenreichen Content erstellen. Mehr Wissen bedeutet mehr Kreativität! Denn wer viel über ein Thema weiß und über einen großen Wortschatz verfügt, dem fällt es leichter, passende sprachliche Bilder zu finden, Assoziationen abzurufen und neue Ideen zu entwickeln.

33.2 Erstellen Sie eine Wording-Liste

Jedem Texter fehlen ab und an die Worte. Expertenwissen, Belesenheit, Schreibtalent und ein umfangreiches Vokabular schützen nicht vor Schreibblockaden. Vor allem, wenn man im Tagesgeschäft unter Zeitdruck arbeitet oder in einem Großraumbüro immer wieder von Gesprächen der Kollegen abgelenkt wird, ist es oft nicht einfach, attraktive und abwechslungsreiche Texte zu verfassen.

Wenn Sie jedoch im Vorfeld eine umfangreiche Wording-Liste zu Ihrem Thema anlegen, können Sie u. U. Ihre Hirnsperre im Handumdrehen lösen: Notieren Sie sich so viele Begriffe wie möglich, und legen Sie die Liste ausgedruckt neben Ihren Rechner. Ausgerüstet mit allerlei Synonymen, Branchen- und Fachbegriffen, verkaufsstarken Worten, firmentypischen Formulierungen und Stichpunkten zu Ihrem Thema oder den besonderen Eigenschaften Ihres Produkts, räumen Sie so manche Blockade mühelos aus dem Weg. Manchmal genügt schon ein Blick auf die aufgelisteten Worte, um neue Impulse für die Schreibarbeit zu bekommen.

> **Think-Content-Tipp: Vergessen Sie die Keywords nicht!**
> Denken Sie bei der Zusammenstellung Ihrer Wording-Liste auch daran, Schlüsselbegriffe für die Suchmaschinen mit aufzunehmen. So haben Sie immer gleich die relevanten Ausdrücke vor Augen, nach denen Ihre User suchen, und versäumen es nicht, sie auch im Text und in den Überschriften einzusetzen.

33.3 Der Schreibprozess

Eine der obersten Regeln beim Schreiben lautet: Fangen Sie irgendwann einfach damit an! Nach der Recherche sitzt man als Texter oft noch lange vor dem Bildschirm und grübelt, wie man den Einstieg formulieren oder den Text aufbauen soll. Ist man erst einmal »im Fluss«, geht die Arbeit dann meistens schnell von der Hand.

33.3.1 Überschriften oder Text – was kommt zuerst?

Es gibt kein Gesetz, das vorschreibt, immer zunächst die Headline und die Zwischenüberschriften zu verfassen und dann erst den eigentlichen Text. Es gibt auch keine Regel, die besagt, die umgekehrte Methode sei die einzig wahre. Welche Variante man bevorzugt, ist im Prinzip reine Typsache.

Die Erfahrung zeigt, dass sich die meisten Autoren erst dann Gedanken über die Headlines machen, wenn der Text schon fertig ist. Das hat zugegebenermaßen den Vorteil, dass man den Inhalt genau kennt, über dem die jeweilige Headline stehen soll – so kann man sich in den Überschriften ganz konkret auf bereits formulierte Aussagen beziehen.

Falls Sie auch zu diesem Texter-Typ gehören, möchte ich Sie dennoch ermutigen, es einmal andersherum zu versuchen: Fangen Sie mit der genauen Ausarbeitung der Headline an, überlegen Sie dann, in welche Teilabschnitte Sie Ihren Text gliedern möchten, und formulieren Sie für diese Passagen entsprechende Zwischenüberschriften. Warum das sinnvoll sein kann? Aus folgenden Gründen:

- Wie Sie in Abschnitt 28.2, »Eine starke Headline – der ›Chef im Ring‹«, gelernt haben, entscheidet die Überschrift darüber, ob der nachfolgende Text gelesen wird oder nicht. Drum sollte man immer etwas mehr Zeit in die Headlines und Zwischenheadlines investieren, damit sie auch wirklich zünden.
- Eine Überschrift enthält ein Versprechen. Wenn sie dieses Versprechen zu Beginn Ihrer Arbeit klar auf den Punkt bringen, fällt es Ihnen leichter, dafür zu sorgen, dass Sie in Ihrem Text auch konkret darauf eingehen.
- Ausformulierte Headlines bzw. Zwischenheadlines bilden das Gerüst für ein solides Textkonzept und eine schlüssige Struktur. Sie stellen sicher, dass der Text sinnvoll aufgebaut ist und einen roten Faden erkennen lässt.
- Ihre Zwischenüberschriften geben thematische Klammern für die geplanten Abschnitte vor. So vermeiden Sie unter Umständen auch, dass Sie sich wiederholen oder unnötige Inhalte produzieren. Unausgegorene Ideen und unnütze Informationen werden durch die klare Strukturierung schon früh eliminiert.
- Meist fließt beim Verfassen der verschiedenen Überschriften bereits viel Denkarbeit zu den geplanten Inhalten ein: Sie setzen sich im Vorhinein kritisch und detailliert mit Ihrem Text auseinander, so dass das tatsächliche Ausarbeiten der definierten Abschnitte oft auch leichter und schneller von der Hand geht.

Probieren Sie es doch einfach einmal aus – vielleicht liegt Ihnen diese Vorgehensweise. Im Idealfall hilft sie Ihnen dabei, effizienter zu arbeiten, weil Sie im Nachgang weniger Arbeit in die inhaltliche Korrektur Ihrer Texte investieren müssen.

33.3.2 Die »Mosaiktext-Taktik«

Es fällt Ihnen leichter, über die Produkteigenschaften zu schreiben als eine runde Produktstory zu entwickeln? Sie haben eine spontane Idee für einen Absatz Ihres

Textes, der allerdings nicht gleich am Anfang stehen soll? Sie finden spannende Formulierungen auf anderen Seiten, die Sie nicht aus den Augen verlieren möchten? Kein Problem: Packen Sie einfach erst einmal alles in Ihr Textdokument. Schreiben Sie drauflos! Bevor Sie lange überlegen und zaudern, bringen Sie die einzelnen Wortblöcke lieber zu Papier – unabhängig davon, ob Ihre Headlines schon stehen oder nicht.

Texten Sie gerne auch mehrere Varianten eines Satzes hintereinander, wenn Sie nicht auf Anhieb die beste Formulierung finden. Am Ende streichen Sie einfach alle überflüssigen Inhalte und fügen die einzelnen Teile zu einem prächtigen Textmosaik zusammen. Der Vorteil dieser Methode ist, dass Sie zu keiner Zeit ins Stocken geraten – und dass die spontane Schreibarbeit oft sehr schöne Ideen und Ergebnisse hervorbringt.

Diese Methode eignet sich auch fürs Texten von Headlines und Newsletter-Betreffzeilen. Bevor Sie sich an einem Entwurf festbeißen, schreiben Sie sämtliche Ideen, die Ihnen in den Kopf kommen, ungefiltert auf. Vielleicht gefällt Ihnen dann Ihr fünfter Entwurf für eine Überschrift am besten, aber im dritten Entwurf entdecken Sie noch ein starkes Wort, das unbedingt in die Headline sollte ... Aus der Kombination ergibt sich häufig ein gelungenes Werk.

33.4 Texte selbst redigieren

Ihr Text ist fertig, aber keine Schlussredaktion in Sicht? Egal, wie textsicher wir sind oder wie gründlich wir beim Schreiben arbeiten: Die eigenen Fehler übersieht man oft auch nach dem x-ten Check. Wenn Sie Ihre Texte komplett in Eigenregie finalisieren müssen, können Sie sich jedoch in drei Schritten ein einigermaßen sauberes Ergebnis sichern:

1. **Schreiben Sie in Word!**
   In vielen Unternehmen gibt es kein CMS und keinen Editor mit Rechtschreibkontrolle. Falls das bei Ihnen auch so ist, sollten Sie alle Ihre Texte zunächst in Word schreiben. Grobe Schnitzer und falsch geschriebene Worte werden dort rot unterstrichen und sind so leicht auszubügeln. Es ist nicht ratsam, direkt am offenen Herzen zu operieren und einen Text unkontrolliert ins Web zu stellen.

2. **Lesen Sie Ihre Texte laut!**
   Auf diese Aufforderung antworten viele Seminarteilnehmer: »Das geht doch nicht im Großraumbüro!« Nun, dann murmeln Sie den Text zumindest halblaut vor sich hin – oder Sie nutzen die Ruhe eines leeren Ganges oder Konferenzraumes. Es lohnt sich, denn beim Vorlesen eines Textes fliegt die Tarnung von groben Patzern in Nu auf:

- Rechtschreibfehler: Wenn Sie laut lesen, stolpern Sie beispielsweise über fehlende Buchstaben oder falschen Singular- und Pluralgebrauch.
- Ungeschickte Formulierungen – fragen Sie sich stets: »Spreche ich wirklich so?«
- Bandwurmsätze: Müssen Sie beim Lesen eines Satzes nach Luft schnappen? Jede Wette: Er ist zu lang!
- Kommen Sie beim Lesen ins Stocken? Vielleicht fehlt irgendwo ein Komma, was zur Folge hat, dass der Lese-Rhythmus aus dem Takt gerät ...
- Déjà-vu: Haben Sie diesen Begriff nicht eben schon einmal gelesen? Beim lauten Lesen lassen sich Wortwiederholungen leichter identifizieren.
- Haben Sie das, was sie laut gelesen haben, auch verstanden? Wenn Sie sich Ihren Text wortwörtlich auf der Zunge zergehen lassen, merken Sie rasch, ob er logisch und leicht verständlich klingt. Kommen Sie ins Grübeln oder Zögern, dann sollten Sie den jeweiligen Satz lieber noch einmal überprüfen.

3. **Nutzen Sie die praktischen Tool-Helfer!**
In Kapitel 32, »Texter-Tools für die tägliche Arbeit«, finden Sie zahlreiche Online-Werkzeuge, mit denen Sie Ihre Texte röntgen und korrigieren können. Füllwörter, zu lange Sätze, Rechtschreibfehler, unglückliche Passivkonstruktionen, falscher oder fehlender Einsatz von Keywords: Mit den dort präsentierten Tools entlarven Sie Schwachstellen und »pimpen« Ihren Text zur Perfektion. Wählen Sie einfach diejenigen Helfer aus, mit denen Sie am besten klarkommen – und nach zwei bis drei Testläufen wird das Online-Textlektorat fix und quasi nebenbei erledigt.

33.5 Fazit

Ein inhaltlich fundierter, lustvoll verfasster und sauber redigierter Text fällt immer auf und wirkt sich positiv auf das Erscheinungsbild Ihres Unternehmens im Web aus. Ich weiß, dass die Zeit für eine gründliche Textarbeit im operativen Tagesgeschäft häufig (zu) knapp bemessen ist. Wenn Sie jedoch vorab eine ausführliche Wording-Liste erstellen und die in diesem Buch vorgestellten Online-Tools nutzen, können Sie deutlich an Schreibgeschwindigkeit gewinnen.

Nachdem es im Joballtag manchmal schwerfällt, alle Webtexter-Regeln aus dem Gedächtnis abzurufen, habe ich das Wichtigste für Sie noch einmal in der nachstehenden Checkliste zusammengefasst:

- Ist der Seitentitel aussagekräftig?
- Enthält der Seitentitel das wichtigste Keyword?

- Existiert ein Description-Text?
- Gibt es eine Headline und Zwischenheadlines mit relevanten Keywords?
- Stehen diese Keywords am Anfang der jeweiligen Überschrift?
- Ist der Text in sinnvolle Absätze mit Zwischenüberschriften gegliedert?
- Existiert ein kurzes Text-Intro?
- Sind dort, wo es sich anbietet, Fakten in Listenform dargestellt?
- Wurden wichtige Signalwörter im Text fett gesetzt?
- Soll der Text auf ein bestimmtes Keyword hin optimiert werden? Falls ja: Liegt die Density im Text bei ca. 2 %?
- Enthält der Text zum Haupt-Keyword passende Synonyme und themenverwandte Begriffe?
- Ist sichergestellt, dass kein unerwünschtes Keyword die inhaltliche Gewichtung verzerrt?
- Stehen die wichtigsten Schlüsselbegriffe am Textanfang?
- Wurde der Text intern verlinkt? Falls ja: »Sprechen« die Links?
- Gibt es eine Bildunterschrift, einen Bildtext und ein ALT-Tag für die im Text verwendeten Grafiken?
- Existiert ein kurzer Text oder eine Überschrift für Videos auf der Seite?
- Enthalten die Links einen Title-Text?
- Werden alle wesentlichen W-Fragen im Text beantwortet?
- Gibt es einen Call-to-Action?
- Wurde der Text gegengelesen und korrigiert?

Wenn Sie hinter die meisten der genannten Punkte einen Haken setzen können, dann ist das schon mehr als die halbe Miete!

Schlusswort und Danksagungen

Mit der strategischen Nutzung von userrelevanten Inhalten und Brand Content halten Sie künftig noch souveräner das Reichweiten-Steuer in Ihrer Hand. In diesem Sinne: Content ahoi!

Ob Großunternehmen, Kleinbetrieb, Einzelkämpfer, soziale Einrichtung oder Bildungsstätte: Mit guten Inhalten können Sie im Web zur ersten Anlaufstelle für Ihr Spezialgebiet werden. Sorgen Sie dafür, dass Ihre Kunden Sie finden, und sichern Sie sich deren Loyalität auf lange Sicht. Lassen Sie Ihre Wettbewerber nicht an Ihnen vorbeiziehen – etablieren Sie ein solides, wirtschaftlich effektives, crossmedial verknüpftes Content-Management. Am Ende bleibt mir nur noch zu fragen:

▶ Sind Sie bereit, die volle Content-Verantwortung zu übernehmen und hochwertigen Inhalten in Ihrem Unternehmen den Stellenwert einzuräumen, den sie verdienen?

▶ Sind Sie bereit, aus Ihren Abteilungs-Silos herauszutreten und gemeinsam mit anderen Abteilungen sowie den externen Agenturpartnern an einem Content-Strang zu ziehen?

▶ Sind Sie bereit, Mitarbeiter mit klaren Content-Kompetenzen auszustatten und ihnen ihren eigenverantwortlichen Aufgabenbereich rund ums Thema Content einzuräumen?

▶ Wollen Sie authentischen, nützlichen Content über kommerzielle Botschaften stellen und Ihre Kunden damit zu überzeugten Fans Ihrer Marke bzw. Ihres Angebots machen?

▶ Sind Sie dazu entschlossen, Ressourcen und Budgets für exklusiven Content bereitzustellen?

▶ Sind Sie offen dafür, starke (crossmediale) Kooperationspartner ins Boot zu holen, mit denen Sie gemeinsam die geballte Content-Power nutzen können?

▶ Nehmen Sie die Herausforderung an, Ihre Ergebnisse regelmäßig auf den Prüfstand zu stellen?

▶ Und nicht zuletzt: Wollen Sie Ihre Kunden dauerhaft glücklich machen?

Dann hat »Think Content!« sein Soll erfüllt.

Ich danke Ihnen, liebe Leser, dass Sie mit mir gemeinsam auf diese Content-Reise gegangen sind, und wünsche Ihnen viel Erfolg mit Ihrem Webbusiness. Und denken Sie immer daran:

Erst die Strategie, dann das Vergnügen!

Danksagungen

Gute Inhalte sind, wie Sie gesehen haben, stets das Ergebnis einer erfolgreichen Teamarbeit. Das gilt natürlich auch beim Schreiben eines Buches. Daher möchte ich all jenen von Herzen danken, die mich beim Bezwingen meines »Monsters« (so lautete der liebevolle Arbeitstitel) tatkräftig unterstützt haben. Sie alle haben es verdient, namentlich genannt zu werden:

Allen vorweg gilt mein großer Dank Marco Schmidt. Mit seinen klugen, kritischen Anmerkungen und Anregungen half er mir dabei, die Qualität des Buches stets zu optimieren. Als Erstlektor bewies er außerdem viel Geduld und Liebe zum Detail, die an zahlreichen Stellen für den nötigen Feinschliff sorgten. Hinter jedem fertigen Buch steht definitiv immer ein starker (Buch-)Partner!

Markus Uhl, mein SEO-Held und Autor der SEO-Tipps im Buch – you simply rock!

Dr. Christian Pisani, der durch seine Rechtstipps sicherstellt, dass beim Umgang mit Content immer alles mit rechten Dingen zugeht.

Florian Pinger und sein Team von Exutec für die Design-Unterstützung.

Thanks to Andrew Davis & Joe Pulizzi! Die beiden erfolgreichen amerikanischen Buchautoren und Content-Experten zögerten keine Sekunde, als ich Sie um einen kleinen Textbeitrag sowie um fachlichen Input für mein Buch bat. Ich kann nur jedem Leser empfehlen, die Seite des von Pulizzi gegründeten Content Marketing Institute zu besuchen (*http://contentmarketinginstitute.com*) – dort finden Sie zahllose Informationen, Studien, News und Trendberichte rund ums Thema Content-Marketing.

Mein Dank geht auch an Petra Meyer, Geschäftsführerin von Ippen Digital Media, die ein aufschlussreiches Geleitwort darüber geschrieben hat, wie schwer es ist, gute Webtexter für eine exklusive Content-Agentur zu finden.

Besten Dank auch an Eduard Klein. Er hat mir in seinem Gutachten zum zweiten Buchteil ein sehr motivierendes Feedback und tolle Optimierungs-Tipps gegeben. Zudem hat mich sein Team bei der Erstellung des Glossars unterstützt. Danke dafür!

Schlusswort und Danksagungen

Auch Klaus Eck (Geschäftsführer der Eck Consulting Group) möchte ich an dieser Stelle für den wertvollen Buch-Input danken.

Des Weiteren gilt mein Dank den folgenden fachlichen Ideengebern: Markus Vollmert (Gesellschafter luna-park GmbH), Daniel Repp und Ingo Herrmann (Marketing-Team Schwenninger Krankenkasse), Melanie Tamblé (Geschäftsführerin der ADENION GmbH), Ruth Schöllhammer (Inhaber Schöllhammer Beratung und Projektmanagement), Marion Otto (Unternehmensberaterin Make More), Nadine Kube (freie Lektorin, Texterin und Übersetzerin, *txt-werkstatt.de*), Arne Gels (Geschäftsführender Gesellschafter Zone 2 Connect GmbH), Ralf Maciejewski (Vorstand content.de AG), Philipp Budimann (CEO Montredo GmbH), Rudy Halek (Creative Director Hungry Dolphin GmbH), Alida Berto (Prokuristin Rücker Aerospace GmbH), Alfredo Cianculli (Head of Procurement, Alenia Aeronautica), Todd Wheatland (Autor von »The Marketer's Guide to SlideShare«), Jennifer Dobnigg, Ahava Leibtag (President Aha Media Group), Yasmin Akay (Senior Product Manager RTL II Fernsehen GmbH & Co. KG), Jane Tabachnick (Content-Strategin), Kevin Cain (Director Content Strategy OpenView Venture Partners), Sarah Rice (UX Strategist Seneb Consulting), Jörg Simon (Senior Vice President New Business & New Media Home Shopping Europe GmbH), Susanna Guzman (Director, Content & Digital Optimization, AAFP), Torsten Bartel und dem Team von *www.usability.de*, Viktoria Tarnow und dem Team von *www.fressnapf.de*, Jörg Bunk und seinen (Agentur-)Kollegen von der Rügenwalder Mühle, René Kühn (Geschäftsführer der Contilla GmbH und Initiator der Content Marketing Conference in Köln, *http://content-marketing-conference.com*), Karsten Schulmann (Geschäftsführer von kompleXmedia, *www.komplexmedia.de*) für den Last-Minute-Design-Support, Irmgard und Klaus-Jürgen Löffler (Buch-Supporter und Motivatoren).

Danke auch an Markus Bockhorni, Geschäftsführer der eMBIS GmbH, dafür, dass er mich als Trainerin für seine Firma engagiert hat, sowie an Wolf Bruns, der mich 2010 als Dozentin ans Text-College München holte. In den vielen Seminaren erhielt ich von den Teilnehmern wichtigen Input und großen Zuspruch für mein Buch.

Vielen Dank ebenfalls an alle im Buch genannten, brillanten Blogger und Artikelschreiber, die mich mit wunderbarem Stoff versorgt haben.

Danke nicht zuletzt an Google dafür, dass die Algorithmus-Anpassungen endlich vollzogen wurden, die notwendig waren, damit Unternehmen den Fokus wieder auf ihre Zielgruppen und auf Content-Qualität legen.

Ein ganz besonderer Dank geht an meinen ehemaligen Amazon-Kollegen Thorsten Mücke, der die Türe zum Verlag Galileo Press öffnete und mir die Möglichkeit gab, das »Think Content!«-Konzept vorzustellen, sowie an Stephan Mattescheck, der sich dafür einsetzte, das Buch ins Programm aufzunehmen, und der im Projektverlauf viel Geduld mit einer ungeduldigen Erstautorin bewies. Abschließend gilt mein Dank Erik Lipperts und dem restlichen Galileo-Team (vom exzellenten Lektorat durch Annette Lennartz über das Fachgutachten bis hin zur Produktion) für die nette Unterstützung sowie der Künstlerin Sabine Tress für die Gestaltung des Covers.

Miriam Löffler, München
ml@milo-medienmeisterei.de
https://www.xing.com/profiles/Miriam_Loeffler
http://www.linkedin.com/pub/miriam-loeffler/2/ba8/5b2
https://www.facebook.com/ThinkContent

Markus Uhl

Markus Uhl ist seit 2002 Suchmaschinenoptimierer und somit ein Urgestein dieses Zweigs des Online-Marketings. Davor war er lange Zeit freiberuflicher Webentwickler und kennt daher besonders die technische Komponente von SEO im Detail. In Agenturen betreute er mehrere Jahre große nationale und internationale Kunden aus verschiedenen Branchen und ist seit 2011 Inhouse-SEO beim Condé Nast Verlag, der unter anderem die bekannten Zeitschriften VOGUE und GQ produziert.

Dank der eigenen langjährigen Erfahrung ist Markus Uhl in jedem SEO-Projekt ein guter Sparringspartner für die Entwickler. Er hat eine stark analytische Sicht auf die Ranking-Potenziale einer Website und scheut auch nicht davor zurück, selbst individuelle Tools für die Auswertung großer Websites zu entwickeln. Dabei steht für den leidenschaftlichen Amateurmusiker aber immer im Vordergrund, alle Erkenntnisse und Handlungsempfehlungen in Workshops und Seminaren auch für Laien verständlich zu vermitteln und alle Beteiligten für die gemeinsame Arbeit an besseren Rankings zu begeistern.

Erreichen können Sie Markus Uhl unter *markus.uhl@gmail.com* oder über sein XING-Profil *www.xing.com/profile/Markus_Uhl4*.

Christian Pisani

Dr. Christian Pisani ist Rechtsanwalt in München. Er vertritt seine Mandanten umfassend im Bereich Wirtschaftsrecht, insbesondere im Vertrags-, Wettbewerbs- und Urheberrecht. Einen Schwerpunkt bildet dabei die Beratung von Unternehmen bei der rechtssicheren Gestaltung, Planung und Umsetzung ihres Online-Geschäfts sowie der (gerichtlichen) Durchsetzung ihrer Ansprüche gegenüber Mitbewerbern. Zu seinen Mandanten zählen sowohl Start-ups als auch bereits am Markt etablierte Unternehmen.

Der Autor studierte Rechtswissenschaften in München und London (LL.M. in internationalem Wirtschaftsrecht); seit 2001 ist er als Rechtsanwalt zugelassen. Dr. Pisani war zunächst als Associate am Berliner Standort einer überörtlichen Kanzlei angestellt, bevor er 2003 nach München wechselte. Gemeinsam mit einem Team erfahrener Kollegen hat er sich 2008 selbstständig gemacht und berät seither in eigener Sozietät. Weitere Informationen zum Autor finden Sie unter *www.pisani-partner.de*.

Dr. Christian Pisani hält Seminare in Internetrecht und wird häufig als Referent zu Fachveranstaltungen eingeladen. Zudem veröffentlicht er regelmäßig in Fachjournalen zu seinen Arbeitsschwerpunkten.

Sie erreichen den Autor unter *christian.pisani@pisani-partner.de*.

exutec GmbH, Internetagentur

Die exutec GmbH ist eine renommierte Internetagentur aus dem Raum München/Starnberg. Seit seiner Gründung im Jahr 2008 hat sich der Dienstleister mit Fokus auf den Bereichen Webentwicklung und Online-Marketing stetig weiterentwickelt und verfügt aktuell über acht Festangestellte sowie über 30 Freiberufler an den Standorten München, Starnberg und Berlin.

Um ihren Anspruch zu halten, bilden sich die Mitarbeiter bis heute regelmäßig weiter, um technischen Sachverstand, höchste Qualität und kundengerechten Service im schnelllebigen Internetgeschäft stets auf dem höchsten Level zu halten – nicht umsonst lautet der Slogan der Firma unter Geschäftsführer Florian Pinger »Premium Web Solutions«.

Insbesondere in den Bereichen Content-Marketing und Social Media Marketing verfügt die exutec GmbH über zahlreiche Erfahrungen aus dem Mode- und Sportvermarktungsbereich. Flaggschiff im Kundenportfolio ist dabei das Münchner Unternehmen Etienne Aigner, welches als einzige deutsche Modemarke auf den internationalen Laufstegen der Fashion Weeks vertreten ist.

Erfahren Sie mehr über exutec unter *www.exutec.de*, oder kontaktieren Sie das Team der Internetagentur via *info@exutec.de*.

Das Coverbild

Sabine Tress in ihrem Atelier.
Das Portraitfoto ist von Gilbert Flöck
(*www.gilbert-floeck.de*).

Das Titelbild dieses Buchs stammt von Sabine Tress, die 1968 in Ulm geboren wurde und von 1989–1994 Malerei an der Ecole nationale supérieure des Beaux Arts de Paris studierte. Anschließend arbeitete sie freiberuflich als Malerin in Ateliers in London und Berlin. Seit 2004 mietet sie einen Arbeitsraum im KunstWerk in Köln-Deutz. Ihre Arbeiten haben sich mehr und mehr zu einer Auseinandersetzung mit der Farbe als Materie und der Fläche entwickelt. Viele Übermalungen und Farbschichten kennzeichnen ihre Acrylbilder, in denen sie oftmals auch mit Sprayfarbe interveniert. Bereits vorhandene Farbflächen werden bis zur Unkenntlichkeit überdeckt, andere werden so verführerisch und hauchzart verschleiert, dass man umso neugieriger wird auf das immer noch offenkundige Darunter. Sabine Tress stellt keine Welt von außen in ihren Bildern dar, sondern schafft eigene und persönliche Bildebenen. Diese lassen dem Betrachter genug Platz für individuelle Assoziationen. Die Bildtitel sind in diesem Sinne nur Hinweise auf mögliche Inspirationsquellen oder Gedankenblitze.

Mehr Infos unter: *www.sabinetress.de*

Glossar

(erstellt in Zusammenarbeit mit *www.content-marketing.com*)

Auf den folgenden Seiten finden Sie noch einmal kompakt zusammengefasst Erläuterungen zu wichtigen Content-(Marketing-)Begriffen.

Audit Im Rahmen einer Content-Strategie befasst sich ein Audit mit der quantitativen Bestandsaufnahme sowie der qualitativen Beurteilung der vorhandenen (Web-)Inhalte. Audits erfassen auch Entwicklungstrends und geben Rückmeldung über die Wirksamkeit eingesetzter (Content-)Maßnahmen.

Author-Tag Name und Bild von Webautoren mit Google+-Profil werden über das Author-Tag in der Google-Suche neben Suchergebnissen ihrer Seiten oder Texte angezeigt, was zu mehr Aufmerksamkeit und höherer CTR (Click Through Rate) führen kann. Das Author-Tag schafft zudem Vertrauen und Transparenz. Es muss korrekt in den HTML-Code einer Seite integriert werden.

Big Data Nutzung von großen Datenmengen aus vielfältigen Quellen mit einer hohen Verarbeitungsgeschwindigkeit. Die Analyse von Big Data bietet Unternehmen tiefere Einblicke in das Verhalten der Kunden und hilft ihnen, strategisch besser zu agieren. Die Menge an Daten zu verarbeiten, ist eine Herausforderung, die Entwicklung geeigneter Software steht noch am Anfang. Big Data kann Unternehmen dabei unterstützen, schnell zu handeln und die Prozesse besser an den Bedürfnissen der Kunden auszurichten.

Bounce Rate Kennzahl aus der Webanalyse. Die Bounce Rate bezeichnet die Absprungrate, also den Anteil der Seitenbesucher, die nur eine einzelne Seite aufrufen und dann wieder »abspringen« und die Seite verlassen. Es ist wichtig, die Ursache einer hohen Bounce Rate zu analysieren, um eine Seite optimieren und damit auch andere wichtige KPIs optimieren zu können (Verweildauer, Conversion ...).

Brand Awareness Bezeichnet die Markenbekanntheit eines Produkts oder Service-Angebots. Die Brand Awareness eines Unternehmens kann man daran messen, welche Marken Probanden einfallen, wenn sie beispielsweise an ein Getränk, einen Sportschuh oder einen Immobilienservice denken. Dies wird mittels Befragungen ermittelt. Ungewöhnliche Kampagnen, zum Beispiel das Stratos-Projekt von Red Bull, die Besetzung eines Nischenplatzes oder der Expertenstatus zu einem Thema stärken die Brand Awareness.

Brand Building Brand Building hilft mit diversen Marketingmaßnahmen, eine Marke zu etablieren oder zu stärken. Ziel ist dabei, eine Marke positiv im Bewusstsein der Kunden zu verankern und mit bestimmten Werten zu verbinden. Wenn es gelingt, führt das zu höheren Umsätzen, einer verbesserten Kundenloyalität und sorgt letztendlich auch für einen Multiplikator-Effekt.

Brand Content Inhalte, die eine Marke medial inszenieren, nennt man Brand Content. Dazu gehören sowohl informative wie auch unterhaltsame Inhalte, die dem Nutzer in verschiedenen Formaten zur Verfügung gestellt werden. Das Bereitstellen von relevanten Inhalten führt dazu, dass sich Konsumenten stärker einer Marke zuwenden. Brand Content markiert den Wandel von Markenunternehmen hin zu publizierenden Unternehmen.

Branded Stories Ähnlich wie Storytelling erreichen Branded Stories mit Hilfe einer überzeugenden Wort- und Bildsprache ihre Kunden auf emotionaler Ebene. Durch überzeugende Storys fühlen sich Kunden der Marke gegenüber loyaler. Branded Stories greifen den Trend weg von Werbung, hin zu Kommunikation und Interaktion auf. Sie gehen über die reine Werbeaussage von Werbefilmen, Sponsored Ads oder Produktbeschreibungen hinaus und unterhalten, engagieren oder beraten ihr Zielpublikum.

B2B-Marketing Auch in der geschäftlichen Beziehung zwischen zwei Unternehmen – Business to Business – wird Marketing betrieben. Es sollen schließlich Produkte oder Serviceleistungen eines Unternehmens einem anderen Unternehmen zur Verfügung gestellt oder verkauft werden. Hier wird Content-Marketing eingesetzt, um den Nutzen im Kaufprozess ausführlich zu erläutern, Vertrauen zu schaffen, Expertise herauszustellen oder dem Abnehmer einen Mehrwert bzw. eine konkrete Hilfestellung/Anleitung zu bieten.

B2C-Marketing Business to Customer bezeichnet die Beziehung zwischen einem Unternehmen und dem Endverbraucher (Kunde, Konsument). Das B2C-Marketing vermarktet Produkte/Angebote an Endverbraucher. Hierfür müssen Unternehmen ermitteln, was Kunden interessiert und was ihre Kaufentscheidung beeinflusst. Das B2C-Marketing hat sich durch die zunehmende Internetnutzung gravierend verändert. Unternehmen sind gezwungen, auf das veränderte Kundenverhalten zu reagieren, etwa dem potenziellen Kunden Nutzen und Wert eines Produkts näherzubringen. Deshalb ist Content-Marketing im B2C-Bereich ein wesentlicher Bestandteil der Marketingstrategie.

Call-to-Action Ein Call-to-Action ist ein Text-Link oder Bildelement mit einer Handlungsaufforderung an den User. Er soll den User animieren, sich weitere Informationen herunterzuladen oder ein Produkt zu bestellen.

Content-Ads Bezeichnet auf einer Internetseite eingebundene Content-Werbung. Die Inhalte der Content-Ads passen sich inhaltlich und optisch der Seite an, auf der sie eingebunden sind, und sind dadurch eher relevant für den Leser bzw. werden auf den ersten Blick nicht als Werbung wahrgenommen.

Content Curation Ähnlich einem Museumkurator wählt, sortiert und verbreitet Content Curation thematisch relevante Inhalte und publiziert sie kontextbezogen. Der Content verbreitet sich neben der Website oder dem Blog auf Social-Media-Seiten, Seiten Dritter oder Nachrichtenseiten. Dabei werden nicht nur eigene (aus dem eigenen Unternehmen generierte) Inhalte geteilt, sondern auch Fremdinhalte, die zum Beispiel unterhalten und/oder aufmerksamkeitsstark sind und zu den eigenen Inhalten passen. Pinterest oder Tumblr sind Seiten, die sich für die Content Curation eignen. Ziel von Content Curation ist es, das eigene Markenimage zu schärfen.

Conversion Conversion bezeichnet die Wandlung eines reinen Seitenbesuchers (Visitors) in einen Interessenten oder Kunden. Ein Seitenbesucher wird dann zu einem Interessenten, wenn er zum Beispiel ein Whitepaper herunterlädt, sich für einen Newsletter oder einen Service anmeldet, ein Kontaktformular ausfüllt oder in den Mitgliederbereich eintritt. Inhalte, die Mehrwert bieten und das Interesse des Besuchers steigern, bedienen das Conversion-Ziel.

Conversion Rate Wichtige Messgröße im Online-Marketing. Die Conversion Rate misst den Erfolg des Marketings, zum Beispiel wie viele Besucher zu Interessenten oder wie viele Interessenten zu Kunden »konvertiert« wurden. Die Conversion Rate bezeichnet dabei die Umsatz- oder Umwandlungsrate. Berechnet wird das Verhältnis der Anzahl der Besuche (Visits) zur Anzahl der getätigten Bestellungen, Downloads, Abonnements etc.

CRM Customer Relationship Management oder auch Kundenbeziehungs-Management bezeichnet die Kundenpflege eines Unternehmens durch das Sammeln und Auswerten von Daten. CRM analysiert die Kundenzufriedenheit, Kundenkommunikation, das Kaufverhalten sowie die Loyalität für ein Unternehmen. Mit Direktmarketing-Kampagnen (zum Beispiel Gutscheinen, sonstigen Vergünstigungen) oder individualisierten Angeboten wird Kundenbindung erzielt.

Crossmedia Kommunikationsprozess über mehrere Kanäle. Dem User werden mehrere Medienkanäle (on- wie offline) gleichzeitig angeboten, in denen er sich mit dem Produkt auseinandersetzen kann, zum Beispiel ein Werbefilm mit einer dazugehörigen Webseite mit Hintergrundinformation sowie einer Mitmach-Aktion auf Facebook. Wichtig ist, dass die Kommunikation über die Marke stets konsistent ist und einen Wiedererkennungswert hat.

Crowdsourcing Ähnlich wie beim Outsourcing werden Teilaufgaben extern vergeben. Beim Crowdsourcing werden jedoch am Unternehmen oder Thema interessierte User als Externe »engagiert«, die Ideen sammeln und dem Unternehmen Feedback geben, etwa zur Produktentwicklung, zum Design etc. Zum Beispiel rufen gemeinnützige Organisationen dazu auf, innovative Ideen etwa für Wasserpumpen einzureichen (Greenpeace). Der Begriff wurde erstmals im Jahr 2006 von Jeff Howe in einem Wired Artikel benutzt und hat sich seitdem durchgesetzt.

Earned Media Alle Inhalte, die von Kunden selbst erstellt und verbreitet werden, fallen hierunter. Earned Media verbreitet sich, viralem Content vergleichbar, durch die Nutzer über Netzwerke und Internetseiten, es müssen keine Extraausgaben einkalkuliert werden. Nachteil: Die Verbreitung ist von Unternehmerseite schwer zu steuern und kann unter Umständen auch negative PR für ein Unternehmen beinhalten (Shitstorm). Zur Earned Media zählt auch die klassische Mundpropaganda, sprich die Weitergabe von Informationen oder die Empfehlung einer Seite bzw. eines Angebots (Word-of-Mouth-Marketing).

Gamification/Game-based Marketing Strategie, die, einem Computerspiel ähnlich, mittels Interaktion das Engagement und die Aufmerksamkeit des Users fördert. Der User beschäftigt sich aktiv und länger mit dem Content und der Marke. Zu Game-based Marketing gehören auch Wettbewerbe (zum Beispiel auf Facebook), Ranglisten, Mitmach-Aktionen etc.

Inbound-Marketing Unter dem Begriff Inbound-Marketing sind alle Marketingmaßnahmen zusammengefasst, die darauf abzielen, direkt und aktiv vom Kunden im Web gefunden zu werden. Darunter fallen unter anderem die Einzeldisziplinen SEO, Social Media, Online-PR sowie das Content-Marketing. Primär geht es beim Inbound-Marketing darum, das Interesse von Usern zu wecken, Aufmerksamkeit für seine Marke zu schaffen, kostengünstige Traffic-Kanäle optimal zu nutzen sowie den User über hochwertige Inhalte und eine zielgruppenkonforme Ansprache auf direktem Wege für sich zu gewinnen.

InText-Werbung Besondere Form des Text-Links, in den Content integriert wird. Auf einer Webseite sind Teile des Textes unterstrichen dargestellt und öffnen ein Werbefenster, sobald der User mit der Maus darüberfährt. Die Werbebotschaften stehen inhaltlich in einem Kontext mit dem Ursprungstext. Im Vergleich zu einer Bannerwerbung sind InText-Werbeformate unauffällig und stören nicht den Lesefluss.

KPI Der Key Performance Indicator (KPI) misst den Erfüllungsgrad hinsichtlich gesteckter Zielsetzungen. Für das Internet werden häufig Webanalyse-Tools verwendet, um zu messen, wie erfolgreich eine Kampagne ist. Gemessen werden etwa die Anzahl der Besucher, Klickraten von E-Mail-Kampagnen, Downloads auf Landingpages, Newsletter-Anmeldungen oder Bestellungen in einem Onlineshop.

Longterm-Content Content, der publiziert wird, um auf lange Sicht Reichweite zu schaffen, Leads zu generieren und Abonnenten zu gewinnen, wird Longterm-Content genannt. Hierfür müssen ausreichend Zeit (zwischen 12 und 18 Monaten), eine gut konzipierte Content-Strategie sowie kontinuierliche Content-Veröffentlichungen eingeplant werden. Ziel ist es, loyale Leser und Interessenten aufzubauen, die langfristig dem Unternehmen zu Wachstum verhelfen.

Native Ads Native Ads oder auch Native Advertising bezeichnet eine Marketingform, bei der sich Inhalte eines Unternehmens auf »natürliche Weise«, also nahtlos, in ihre Umgebung einfügen. Format, Stil und Erscheinungsbild der Anzeigen orientieren sich dabei an der Plattform, auf der sie gezeigt werden. Bekanntes Beispiel dafür sind die gesponserten Tweets und Facebook-Posts, die wie normale Tweets oder Posts erscheinen, dabei aber auf werberelevante Inhalte verweisen und beispielsweise durch »Sponsored by ...« gekennzeichnet sind.

Online-Reputation Bezeichnet das Image eines Unternehmens im Internet. Negative Reaktionen im Netz, zum Beispiel ein sogenannter Shitstorm, können der Online-Reputation schaden, ebenso negative Bewertungen in Portalen, zum Beispiel im Tourismusbereich oder für Ärzte.

Owned Media Als Owned Media werden alle Medien(-Kanäle) bezeichnet, die ein Unternehmen selbst besitzt, die es kontrolliert und betreut und über die es eigenständige Inhalte publizieren kann (zum Beispiel, die eigene Website, ein Corporate Magazin, ein Blog usw.)

Paid Media Alle Werbemaßnahmen, bei denen ein Unternehmen zur Nutzung eines fremden Kommunikationskanals bezahlt, fallen hierunter. Bezahlte Medien sind zum Beispiel Print-Anzeigen, TV-Spots, Online-Anzeigen, Außenwerbung, Radio- und Kinowerbung.

Persona Die Persona steht in der digitalen Welt stellvertretend für die klar definierte Zielgruppe, auf die die Marketingmaßnahmen zugeschnitten werden. Persona, auch Buyer Persona genannt, ist eine fiktive Person, die von einem Unternehmen aufgrund vorangegangener Datenerhebungen (Interviews, Umfragen, Studien) erschaffen wird. Die Persona sollte möglichst klar und detailliert definiert sein (das heißt Alter, Geschlecht, Einkommen, Job, Hobbys, Gewohnheiten etc. sollten benannt werden können). Meist wird der Persona ein Name gegeben und ein Foto zugeordnet, um es den verschiedenen Abteilungen in einem Unternehmen zu erleichtern, ihre Marketingaktivitäten auf diese Zielgruppe abzustellen. Eine Marke kann auch multiple Personas für unterschiedliche Produkte kreieren, um unterschiedliche Kampagnen zu planen.

Pogo-Sticking Begriff für »schnelles Zurückklicken« zu den Suchergebnissen. Ein User gibt einen Suchbegriff in die Suchmaschine ein und klickt, nachdem er ein Ergebnis kurz geprüft hat, sofort wieder zurück zu den Suchergebnissen, da er der Meinung ist, die Seite beantwortet oder erfüllt seine Anfrage nicht. Für Websites kann dieses User-Verhalten ein niedrigeres Ranking zur Folge haben. Hochwertige Seiten mit großem Informationsgehalt haben im Durchschnitt eine geringe Pogo-Sticking-Rate.

Ranking (Suchmaschinen-Ranking) Bezeichnet die Reihenfolge der Treffer, die nach Eingabe von Suchbegriffen in einer Suchmaschine in den Ergebnissen erscheinen. Es spielen verschiedene Faktoren eine Rolle, die die Rangordnung beeinflussen. Eine Seite muss stets aktuell nach den Richtlinien von Google optimiert sein, damit sie im organischen (das heißt nicht bezahlten) Ranking nach oben kommt.

Retargeting Unternehmen analysieren das Besucherprofil ihrer User (siehe *Tracking*) und bieten ihm relevante Werbung auf Fremdseiten an. Besucht ein User eine Unternehmensseite, werden seine Daten mit Cookies gesammelt. Verlässt der Besucher die Seite wieder und bewegt sich weiter im Internet, erscheint auf weiteren besuchten Seiten Werbung (Banner-Ads etc.) des Unternehmens, das der Besucher davor besucht hat. Dies funktioniert, indem Shops und Suchmaschinen Cookies in den Browser des Nutzers setzen, anhand derer der Kunde später wiedererkannt werden kann.

ROI Der Return on Investment (ROI) beziffert die Rendite, gemessen am Gewinn im Verhältnis zum eingesetzten Kapital. Die am häufigsten eingesetzte Kennzahl ist oftmals Maßstab für die Leistung und Rentabilität eines Unternehmens. Der ROI ist die Grundlage für Unternehmensziele und Investitionsentscheidungen.

RSS Really Simple Syndication (RSS) ist eine Sammlung an Informationseinheiten, die ein Internet-User individuell von Seiten (Blogs, Nachrichtenseiten etc.) abonniert und regelmäßig zugestellt bekommt (RSS-Feed). Die Informationen bestehen aus einer kurzen Schlagzeile und einem Link zur Originalquelle. Durch RSS können User stets up to date bleiben, und Website-Betreiber haben die Möglichkeit, ihren Content zu verbreiten. Nachdem der am meisten verbreitete RSS-Reader, Google Reader, eingestellt wurde, gibt es einige Alternativanbieter, zum Beispiel Feedly.

Seeding Gezielte Platzierung von viralen Inhalten auf relevanten Seiten, die hohe Besucherzahlen generieren. Ziel ist es, dass sich die Inhalte durch Multiplikatoren schnell verbreiten (zum Beispiel in sozialen Netzwerken). Entscheidend ist dabei die richtige Seeding-Strategie, um die richtigen Inhalte auf den geeigneten Kanälen zu verbreiten. Oft werden hierzu Blogs, Foren oder Content-Sharing-Portale wie YouTube oder Flickr genutzt.

SEO Search Engine Optimization oder Suchmaschinenoptimierung soll das Ranking in den Suchergebnissen verbessern.

Dabei werden Seiten On-Page und Off-Page dahingehend optimiert (durch exzellenten Content, Keywords, Aufbau einer Seite, URL, Link-Aufbau etc.), dass Google sie in den organischen Suchmaschinenergebnissen möglichst weit oben listet. Google hat zahlreiche Updates durchgeführt und neue Algorithmen ausgerollt, die SEO-Experten laufend vor neue Herausforderungen stellen. SEO zwingt Website-Betreiber im Grunde dazu, hochwertige Online-Angebote zu erstellen und sich mit drei wesentlichen Erfolgskomponenten des professionellen Website-Managements auseinanderzusetzen: Technik, Analyse und Content.

Shortterm-Content Content, der kurzfristig Aufmerksamkeit erreicht und die eigene Reichweite erhöht. Zum Beispiel kann erfolgreicher Content promotet werden (Paid Adwords, Sponsored Stories etc.), um eine vorher definierte Zielgruppe anzusprechen und auf den eigenen Content aufmerksam zu machen. Mit Shortterm-Content können sich der Traffic auf einer Seite oder die Likes und Follower in Social-Media-Kanälen erhöhen. Artikel von namhaften Gastautoren sind oft Shortterm-Content, der auf kurze Sicht Erfolg verzeichnen kann.

Short-URL Eine Short-URL, auch Kurz-Link genannt, besteht aus wenigen Buchstaben oder Zahlen. Sie dient dazu, unhandliche lange URLs nutzerfreundlicher und lesbarer zu machen. Short-URLs sind immer Aliase, die aus der Ursprungs-URL generiert wurden und jeweils auf diese zurückleiten.

Social Signals Der Begriff benennt die sozialen Ranking-Faktoren wie Likes, Shares, Kommentare und Antworten in sozialen Netzwerken. Es ist umstritten, ob und inwieweit die Social Signals das Ranking einer Seite beeinflussen, das heißt, ob Seiten, die viel Aktivität bei Google+ oder Facebook verzeichnen, in Suchmaschinen weiter oben gelistet sind. Umgekehrt wurde festgestellt, dass Seiten auf hohen Positionen signifikant mehr Social Signals aufweisen. Grund dafür kann eben die Bekanntheit der Seite/Marke sein. Es wird spekuliert, dass Social Signals (vor allem bei Google+) in Zukunft eine größere Rolle hinsichtlich des Rankings spielen werden.

Stakeholder Zu den Stakeholdern zählen gesellschaftliche Interessengruppen, die auf ein Unternehmen in unterschiedlichem Grad Einfluss nehmen, wie etwa Mitarbeiter, Zulieferer, Kunden, Sponsoren, Regierungen etc. Der Begriff setzt sich vom sogenannten Shareholder ab, dem Aktieninhaber eines Unternehmens. Die Meinungen der Stakeholder sind für Unternehmen ein wichtiger Orientierungspunkt in der Ausrichtung ihres Unternehmens. Im Gegensatz zum CRM, das sich mit Kundenzufriedenheit und -dialog beschäftigt, geht das Management mit Stakeholdern weiter und bezieht mehrere gesellschaftliche Größen mit ein, zum Beispiel Umweltschutzgruppen, politische Gruppen etc.

Storytelling Wichtiges Element im Content-Marketing. Die uralte Technik des Geschichtenerzählens verknüpft sich mit digitalen Technologien. Das Produkt rückt in den Hintergrund und taucht oft gar nicht auf, dafür steht die Story im Vordergrund, und diese spricht den Leser auf einer rein emotionalen Ebene an. Eine besondere Technik im digitalen Storytelling ist es, den Betrachter in die Geschichte mit einzubeziehen und ihn durch interaktive Elemente den Verlauf einer Geschichte mitentscheiden zu lassen.

Tracking Nutzerverfolgung im Internet. Unternehmen messen die Online-Aktivitäten und Transaktionen ihrer Besucher und werten deren Verhalten aus (Zeit, Wechsel auf Landingpages etc.). Dafür werden unter anderem sogenannte Cookies ausgewertet. Cookies sind Dateien, die aus anonymisierten Informationen bestehen. Verbraucherschützer versuchen eine »Do not track«-Lösung gegenüber der Werbeindustrie durchzusetzen.

Traffic Bezeichnet das Datenaufkommen von Computernetzwerken. Im engeren Sinne bedeutet Traffic die Anzahl der Zugriffe auf eine Seite. Seiten, die viel Traffic messen, verzeichnen mehr Klicks von Besuchern auf ihrer Seite. Ziel im Online-Marketing ist es, möglichst viel Traffic auf einer Seite zu haben, da sich so die Wahrscheinlichkeit eines Kundenzugewinns erhöht. Mit SEO-Strategien versuchen Website-Betreiber, den Traffic auf ihrer Site zu erhöhen. Im Zuge veränderter Richtlinien bei Google ist es für Seitenbetreiber enorm wichtig geworden, mit hochwertigem Content Traffic zu generieren.

Viralität/virales Marketing Virales Marketing setzt auf die Produktion von Inhalten, die den User so mitreißen, dass er darüber spricht und die Inhalte vielfach teilt, sie kommentiert und sich mit der Marke auseinandersetzt. Viraler Content wird von vielen Usern wahrgenommen, erreicht zum Beispiel auf YouTube hohe Klickraten, verbreitet sich schnell über soziale Netzwerke und wird schließlich oft von den klassischen Medien aufgegriffen.

Whitepaper Ein Whitepaper bietet weiterführende Informationen zu Dienstleistungen, Produkten oder einen fachlichen Beitrag an, den User nach einer Registrierung auf ihren eigenen Computer herunterladen oder direkt online einsehen können. Whitepapers sollten über den Inhalt einer Website hinausgehen und zusätzliche, nützliche Informationen liefern. Für Interessierte bieten Whitepapers einen Mehrwert, und Website-Betreiber generieren umgekehrt durch das Sammeln von User-Daten wertvolle Leads, so dass sie auch später die Interessenten kontaktieren können.

Index

5pm 130

A

A/B-Test 70
above the fold 446
Absprungrate 171, 344
Actimel 260
AdClicks 172
ADENION GmbH 386–387
Adobe 187
Advertorial 295
AdWords
   Anzeigen 52, 506
   Anzeigentext 504
   Qualitätsfaktor 505
Aexea 453
Affiliate-Zahlen 168
Agenda, Themenplan-Meeting 330
Agentur, externe 191
Agentur-Briefing 107
Agile Marketing 335
AIDA 493
Aigner 282
Aktualität 344, 349, 459
Alleinstellungsmerkmal 96
ALT-Tag 523, 530
Amazon 57, 193, 276, 415
American Express 417
Amex 417
Analyse
   qualitative 92
   quantitative 91
Analysemöglichkeiten 177
Analyseparameter 170
Analyseprozess 127
Analyse-Tools 177
   klassische 177
   spezielle 178
Anchor-Texte 350, 525
Applikationen 274
Apps 274
Archivierungsprozess 128

Ariel 212
Artikel 52, 243
attentio pr-agentur GmbH 383
Audio-Content 249
Audit 50, 151, 357–358, 605
Audit-Resultate 93
Audit-Tools 91
Audit-Werkzeug 91
Author Rank 281
Authority 345, 522
Author-Tag 345, 605
Autoren 105, 281
Autorenbild 281
Autorenkennung 281
Autoren-Statistiken 172
Autorität 345, 522
   Website 281
Axel Springer AG 310

B

B2B 206, 372, 416, 485, 519
   Kennzahlen 186
   YouTube 253
B2B Content Marketing Benchmark
Report 2013 290
B2B-Content-Marketing 421
B2B-Geschäft 186, 288
B2B-Kunde 207
B2B-Marketing 606
B2B-Produktmanager 197
B2B-Zielgruppe 206
B2C 372
   Kennzahlen 186
B2C-Geschäft 186
B2C-Marketing 606
B2C-Produktmanager 197
Babyharmonie 401
Backlinks 60, 168, 284, 343
Bahlsen 437
Bailey, Craig 204
Basecamp 131
Basu, Arjun 68

Baumgartner, Felix 216, 397
Bazooka Bubble Gum 210
Bazooka Joe 210
BBC 429
Bear, Jay 557
Begriffe, themenverwandte 355
Berater 272
BERNAS 430
Best Practices 393
Best, Dr. Earl James 325
Beyond Diet 276
Big Data 169, 605
Bildbenennung 531
Bildbeschreibung 531
Bilddatenbanken 262
Bilder 257
   Lizenzen 262
   Nutzungsgebühr 263
   Urheberrechtsschutz 264
Bildergalerien 362
Bild-Title 530
bitly 520, 562
Black-Hat-SEO-Techniken 350
Blendtec 213
Blindtext 159
Blogger 379
Blogs 404, 565
Blogtexte 53, 104, 566
Bloomstein, Margot 28
BMW 254
Bounce Rate 140, 168, 171, 344,
                            352, 605
Brand Awareness 605
Brand Building 605
Brand Content 605
Branded Storys 208, 606
Brandscaping 293, 303
Breadcrumbs 51
Brehm, Beppo 211
Briefing 108, 452, 465
   Inhalte 467
Brightgcove 308
Broken Links 295
Budget 68, 71, 197, 221–222, 365, 452
Business-Kommunikation 382
Business-Netzwerke 288
Business-Video 254
Business-Ziele ... 65, 73, 93, 145, 329, 372
Buttons 51

C

Caine's Arcade 413
Call-to-Action 72, 151, 500, 515, 606
Carroll, David 414
Case Study 206
Change-Management 34
Chartbeat 178
Checkliste 247
   Content-Audit 89
   SEO 538
   Webtexten 595
Chef 66, 73, 406
Child, Julia 412
Chouinard, Yvon 405
Citrix Online 257
Clark, Brian 343, 345
Click Rate 172
Clickstreams 180
ClickTale 180
Click-Through-Rate 171
CMI → Content Marketing Institute
CMS 131
CMS-Pflichtenheft 133
Coaching-Kompetenz 195
Coca-Cola 222, 395
   Content-Strategie 394
Coca-Cola Content Strategy 2020 214
Collagen 259
Communitys 276, 292
Comparethemeerkat 327
comScore 178
Confetti-Analyse 180
Content 51
   Audio 249
   Engaging 52
   funktionaler 54
   Hilfe- 52
   hochwertiger 353
   Image- 52, 280
   juristischer 53
   Marketing- 52
   Navigations- 51
   Offline- 278
   Planung 47
   redaktioneller 52
   SEO- 53
   Service- 52
   Social-Media- 53

Content (Forts.)
- *systemischer* 54
- *Text* 242
- *User-generated* 53, 275
- *Verkaufs-* 53
- *Video* 251

Content Analysis Tool 91
Content Curation 306, 606
Content Inventory 77
Content is king 45, 152, 197, 199, 204
Content Marketing Institute 29, 186, 242, 307
Content.de 107, 553
Content-Abteilung 58
Content-Ads 606
Content-Agentur 105–106
Content-Analysekonzept 165
Content-Anforderung 47
Content-Anforderungsprozess 124
Content-Arten 51, 106
Content-Audit 50, 89, 357
Content-Aufbau 62
Content-Basis 62
Content-Beispiele 393
Content-Channel-Strategie 287
Content-Controller 170, 199
Content-Controlling 70, 74, 94, 154, 163, 167
Content-Element 158, 251
Content-Entscheidungsbefugnis 192
Content-Erstellung 54, 66, 72
Content-Evaluierung 457
Content-Executive 192
Content-Experte 72
Content-Farmen 59
Content-Filterung 99
Content-Formate 158, 241, 243
Content-Formel 354
Content-Geschichten 365
Content-Guidelines 117
Content-Herausforderung 453
Content-Ideen 73, 96, 145, 299
Content-Konsolidierung 100
Content-Konzept 61, 80, 103, 151
- *Briefing-Gespräch* 159
- *Excel-Konzept* 156
- *Umsetzung* 155
- *Word-Konzept* 156

Content-Konzepte 365
Content-Kooperationen 143
Content-Kosmos 335
Content-Kurator 305
Content-Leitfaden 119
Content-Lieferanten 67
Content-Life-Circle 134
Content-Lizenzierungen 274
Contentman 583
Content-Management 26, 46, 50, 66, 73, 123, 198, 452
- *Inhouse-* 105
- *Prozesse* 49

Content-Management-Abteilung 57
Content-Management-System 117, 131
Content-Manager 91, 105, 159, 193, 198, 355, 509
- *Senior-* 74

Content-Marketer 206, 329, 385
Content-Marketing 142, 392, 420
- *Beispiele* 393
- *Geschichte* 207
- *Optimierung* 168
- *Storytelling* 317

Content-Marketing-Anforderung 224
Content-Marketing-Beispiele 204
- *American Express* 417
- *Bazooka Joe* 210
- *BBC* 429
- *Beck's* 213
- *BERNAS* 430
- *Caine's Arcade* 413
- *Coca-Cola* 214, 394
- *Comparethemeerkat* 327
- *DATEV* 421
- *Dollar Shave Club* 408
- *Dumb Ways to Die* 431
- *EDEKA* 427
- *for me* 403
- *Freerice* 427
- *G.I.Joe* 213
- *Gabor* 406
- *Gala* 410
- *HB-Männchen* 212
- *Henkel* 211
- *Hornbach-Hammer* 322
- *HubSpot* 418
- *Indium* 422
- *Jägermeister* 212
- *John Deere* 209

615

Index

Content-Marketing-Beispiele (Forts.)
   Julie/Julia-Projekt 412
   keksblog 411
   KellyOCG 420
   Klementine, Tilly 212
   Krümelmonster 437
   Maggi 210
   McDonald's 222
   Mein iPhone und ich 214
   MOO 425
   Mr Porter 424
   Obama 432
   Patagonia 404
   Pelikan 407
   Persil 211
   Philippe Dubost 415
   PR-Gateway 418
   Real Beauty Sketches 432
   Red Bull 397
   Rügenwalder Mühle 433
   Schwarzkopf 204
   Schwenninger Krankenkasse 401
   Skype 431
   Stratos 216
   The Best Job in the World 399
   The Red Bulletin 213
   United Breaks Guitars 414
   VW-Werbespot 315
   we are knitters 425
   whisky.de 423
   Will It Blend 213
Content-Marketing-Fehler 225
Content-Marketing-Formate 243
Content-Marketing-Kennzahlen 176
Content-Marketing-Maßnahme 217
Content-Marketing-Mix 258
Content-Marktnische 374
Content-Matrix 147
Content-Mission 65
Content-Modul 270
Content-Module 158
Content-Optimierung 27
Content-Partner 142, 408
Content-Partnerschaften 303
Content-Performance 94, 184
Content-Planung 47, 50, 71, 93
Content-Produktion 50, 71, 103, 451
   planlose 70
   zielgruppengerechte 166

Content-Projekt 93
Content-Prüfung
   qualitative 87
   quantitative 84
Content-Qualität 204, 348
Content-Qualitätsoffensive 348
Content-Recherche 176, 299
Content-Reporting 70
Content-Sammlung 96
Content-Seeding 294
Content-Stratege 47, 65, 74, 91, 100,
                                               189, 193
   Aufgaben 195
   externer 198
   interner 198
   Qualifikation 194
   Schnittstellen-Rolle 196
Content-Strategie 45, 57, 142, 145,
          154, 186, 200, 203, 336, 344, 352,
               355, 361–362, 373, 419, 542
   Argumente 49
   Aufbau 48
   Stolpersteine 69
Content-Strategie-Agentur 160
Content-Strategie-Kosmos 287
Content-Tasks 134
   jährliche 137
   monatliche 136
   Quartals- 136
   tägliche 134
   wöchentliche 135
Content-Team 189
Content-Themen 362
Content-Tracking 166
Content-Trends 2013 243
Content-Typen 241
Content-Umsetzung 73
Content-Verantwortlicher 65, 113, 123,
                                     159, 166, 191, 341
Content-Verantwortung 58
Content-Verplanung 329
Content-Wissen 74
Content-Workshop 96, 139, 151,
                                               197, 302
   Agenda 145
   Ergebnis 147
   Next Steps 148
   Teilnehmer 144
   Vorarbeit 140

Content-Workshop (Forts.)
  Zeitpunkt 139
Controlling
  analytisches 167
  psychologisches 167
Controlling-Aufgaben 178
Controlling-Template 170
Conversion 352, 606
Conversion Rate 171, 344, 607
Copyright 264, 531
Cost per Click 172, 342
Cost per Lead 172
Cost per Sale 172
Coudert, Patrick 142
CPC 342
Crawler 339
Crawling-Fehler 172
Crawling-Statistiken 172
Crazy Egg 180
CRM 607
Crossmedia 607
Crossmedia-Kooperationen 293
Crossmedial 399
Cross-Selling 273
Crowdsourcing 105, 417, 607
Crowdsourcing-Plattform 107
Customer Relation Marketing 74
Customer Relationship Management → CRM

D

Daimler 373
Darnell, Bruce 558
Dashboard 181, 184
Data, Social 175
Datenschutz 165, 175, 246
Datenschutzerklärung 95, 165, 175
DATEV 253, 421
Davis, Andrew M. 207, 303
Deck, Werner 374
Descriptions 86, 523, 526
Design 151, 158
  vs. Content 61, 72
Design-Briefing 61, 139, 152
Designer 159
Deutsche Bahn AG 363
Deutsche Bank 561
Diagramme 259
DivvyHQ 130

Dollar Shave Club 408
Doppelpunkt-Taktik 496, 527
Dove 432
Downloads 176
Dubin, Michael 409
Dubost, Philippe 415
Duden-Online 587
Dumb Ways to Die 431
Duplicate Content 78, 171, 518

E

eAnalytics 178
Earned Media 607
E-Books 206, 242, 245, 307, 406
Eck, Klaus 48, 373, 375, 381, 567
E-Commerce 541
E-Commerce-Content 272–273, 423
Econda 178
EDEKA 427
E-Mail-Marketing 247
E-Mail-Opening-Rate 168
Emma 280
Engaging Content 52, 209, 266, 427
  BBC 429
  EDEKA 427
  Freerice 427
Engelhardt, Gisbert 217
Entscheider 144
E-Paper 265
Erdmännchen 326
Erfolgsfaktor, Website 69
Etienne Aigner AG 282
Etracker 178
Excel-Datenfelder 90
  Audit 90
Excel-Konzept 156
Excel-Vorlagen
  Content-Workshop-Ergebnisse 147
  Dashboard 185
  Themenplan 332
Externe Dienstleister 197

F

Facebook 173, 183, 258, 361, 370
  Kommentare 69
Facebook-Aktion 365

Facebook-Apps 362
Facebook-Posts 53
Fachartikel 104
Fachjargon 485
Fallstudien 284
Fanqualität 174
FAQs 52
Fettdruck 477
FH JOANNEUM 35
Fiedler, Kyle 152
Firebug 533
Firmenimage 280
Firmenprofile 52
Fischer, Mario 341, 355
Fishkin, Rand 351, 539
Flow 130
Follower 362
Footer-Links 154
for me 403
Foren 292
Fotos 257
Freerice 427
Freigabeprozess 126
Freshness 243
Freshness-Update 349

G

G.I. Joe 213
Gabor 406
Gabor-Magazin 568
Gala 410
Game-based Marketing 271, 607
Games-Applikationen 274
Gamification 52, 270, 427, 607
Gamification-Engagement 176
GanttProject 130
Gardner, Andrea 443
Gates, Bill 204
Gels, Arne 270
Geschäftskunden 206
Geschäftsleitung 197
Geschichten erzählen 317
Gisbert-Falle 217, 226, 319, 401
Glamour 282
Godin, Seth 203
Google 59, 62–63, 75, 338, 447
    Abstrafung 359

Google (Forts.)
    Algorithmus 28, 341
    Content-Qualitätsoffensive 28
    Penalty 359
    Ranking 59, 63
    Trends 578
    User-generated Content 277
Google Alerts 183, 233, 302
Google Analytics 178
    In-Page-Analysen 180
Google Deutschland 340
Google+ 175, 183, 281
Google-Advertising 168
Google-AdWords 504
Google-Algorithmus 59, 168, 341, 510
Google-Bildersuche 531
Google-Bot 339, 349
Google-Crawler 340
Google-Index 339
Google-Suchergebnisse 175
Google-Tools 575
Google-Updates 60, 347
Grafiken 257
    animierte 258
Guideline-Anforderungen 198
Guidelines 105
gutefrage.net 277

H

H1-Headline 72, 86, 151, 158, 533–534
H2-Headline 86
Halvorson, Kristina 28, 33, 47, 65, 132, 163, 194, 448
Hamburg-Mannheimer 212
Handley, Anne 217
Hands-on 455
Hands-on-Mentalität 195
Hans-Freitag-Blog 411
Hasbro 213
Hashtag 562, 569–570
Haupt-Keyword 355
HB-Männchen 212
Headline 72, 151, 481, 494, 533, 592
Heatmaps 168, 180
Heinemann, Lars 568
Heldenreise 317
Henkel 211

Herstellerinformationen 273
Hilfe-Seiten 52
Hilton, Perez 375
Hipp, Claus 325
HootSuite 181
Hornbach 322
Hotelbeschreibungen 544
Hotelinformationen 545
HSE24 .... 548, 557
H-Tags 533
Hubert Burda Media 390
HubSpot 178, 246, 309, 418
Huffington Post 308
Hummingbird 350
Hypertexten 463

I

iBusiness-Magazin 451
Icons 259
Illustrationen 259
Image 162, 448
Imageaufbau 283
Image-Content 52, 280
Imagevideo 254
Inbound-Marketing 180, 419, 607
Indium 422
Infografiken 258, 260, 307, 420
   dynamische 260
   statische 260
Informationsarchitekt 144, 159
In-Page-Analysen 180
Instagram 259
   Oreo 259
Internet Marketing Ninjas 92
Internet-Business 57, 62
Interviews 52, 283, 465
InText-Werbung 608
Inverted Pyramid 473, 572
Isetta 254

J

Jacobsen, Jens 93
Jägermeister 212
John Deere 209
Johnnie Walker 271

Journalisten 379
Julie/Julia-Projekt 412
Juristischer Content 53

K

K.I.S.S. 493
Karlstadt, Liesl 211
Kategoriebenennung 154–155
Kategoriename 54
Kaushik, Avinash 169
keksblog 411
Keksklau 438
KellyOCG 420
Kennzahl 163
Kennzahlen 167
   B2B 186
   B2C 186
   klassische 171
   Online-Marketing 172
   SEO 171
   Social-Media 173
   Soft Figures 175
   sonstige 176
   Website-Nutzung 171
Kessler, Doug 37
Key Performance Indicator → KPI
Keyword 72, 501, 512
Keyword-Density 354, 514, 583
Keyword-Dichte 59
Keyword-Planer 575
Keyword-Ranking 168, 343
Keyword-Recherche 352, 575
Keywords 355, 568, 592
Keyword-Stuffing 350
Klein, Eduard 25, 557, 598
Klementine 212
Klickmuster 180
Klickverhalten 180
KLM 265
Know-how 74
Knowledge-Sharing 225
Kommentare 53, 365
Kommunikationsfähigkeit 73
Kommunikationskanäle 287, 375
   externe 290
   interne 288
Kommunikationsstrategie 559

Konversion 448
Konversionsrate 343
Kooperationen
   crossmediale 304
Kooperationspartner 67, 176
Kostenplanung 116
Kosten-Umsatz-Verhältnis → KUV
KPI 170, 184, 218, 608
Kratz, Karl 357
Kreativität 592
Krümelmonster 437
Kubitz, Eric 351
Kundenbedürfnisse 209
Kundenbindung 55–56, 256, 372
Kunden-Feedback 373
Kundenkommentare 373
Kundenservice 162
KUV 172

L

Laax 448
Laax.com 446
Ladezeit 172
Landingpages 52, 275, 290, 516
Latent Semantische Optimierung 357
Lead-Generator 245
Lead-Generierung 246, 256
Leads 69
   qualifizierte 245, 343
LEGO 265, 283
Leibtag, Ahava 89
Leistungskennzahl 170
Lektorat 58, 591
Lesbarkeit 151, 156
Lieb, Rebecca 216, 249, 341
Likes 168, 365
   gekaufte 174
   Qualität 174
Likes-Jagd 173
Lingulab 589
Link-Aufbau 350
   natürlicher 343
Linkbird 337, 420
Linkbuilding, manipulatives 350
LinkedIn 233, 288, 290, 301, 365
Link-Nachbarschaften 345
Link-Profil 533

Links, sprechende 151, 463, 531
Link-Sammlung 184
Link-Title 531
Listen 247, 362
   Megalisten 247
Listendarstellung 248
Longterm-Content 608
Lorem ipsum 152, 159
Lovinger, Rachel 47
LSO 357
Lucas, George 319
luna-park GmbH 184

M

Maggi 210
Mahjong 410
Mailing 247
Mailings 289
Markenaufbau 56, 280
Markenbekanntheit 345
Markenschutzverletzung 284
Markenstorys 273, 282
Marketing 196
   Game-based 271
Marketingabteilung 66, 74
Marketingaktionen 73
Marketingkampagnen 189
Marketingkenntnisse 451
Marketingmanager 189
Marketingmaßnahme
   kostengünstige 71
Marketingmix 247
MarketingSherpa 233
Marketingteam 144
Markwort, Helmut 325
Marvel 213
McDonald's 222
McPanther 223
Medien-Monitoring 176
Meerman Scott, David 383
Megalisten 247
Mein Burger 223
Merkel, Urs 341
Metadaten 511, 584
Meta-Description 352
Metatexte 53, 340
Mildenhall, Jonathan 395

Mindlab	178
Missfeldt, Martin	345
Mitarbeiter, qualifizierte	49, 74, 191
Mitmach-Content	376
Mitmachweb	412
Mobile Content	274
Mobile Marketing	293
Monroy, Cain	413
MOO	55, 425
Moorhuhn	271
Mosaiktext-Taktik	593
Mouse-over	159
MozBar	581–582
m-pathy	180
Mr Porter	424
Mullick, Nirvan	413
Multimedia-Agentur	160
Musik	251

N

Native Ads	608
Navigationsbenennung	51, 70
Navigations-Content	51
Navigationstext	523
Netiquette	564
Neukundenquote	172
Newsletter	247, 289, 502
Betreffzeile	247, 502
Opening-Rate	172
Newsroom	395
NewsRoomWizard	391
News-Tag	534
Nielsen Norman Group	470
Nielsen, Jakob	470, 509
Nightingale, Earl	231
Nutzerprofil	231

O

Obama	432
odoscope	180
Offline-Advertising	293
Offline-Content	278
Offline-Kampagne	153
Offline-Text	458
Ogilvy, David	299, 312, 541

Online-Advertising	293
Online-Brand	341
Online-Branding	49, 209, 251, 386
Online-Business	49
Online-Handel	542
Online-Magazin	265, 291
Online-Markenbekanntheit	372
Online-Marketing	27
Online-Marketing-Kampagnen	
Performance	168
Online-PR	74, 293, 343, 379, 384, 559, 571
Online-PR-Meldungen	52
Online-Rätsel	272
Online-Redakteur	193
Online-Redaktion	57, 105
Online-Reputation	345, 608
Online-Seminar	256
Onlineshop	272, 548
Online-Text	458
On-Page-Analyse	92, 585
On-Page-Analyse-Tools	581
On-Site-Befragung	166
Open Atrium	130
OPEN Forum	417
Oreo	259
Orlov, Aleksandr	326
OTTO	252
Otto, Marion	165
Outbrain	310
Owned Media	608

P

P&G	403
Page Rank	63
Page View per Visitor	171
Pageviews	171
Pagination	471
Paid Media	608
Palmolive	212
Panda	356
Panda-Algorithmus	277
Panda-Update	348, 510
Patagonia	404
Patel, Sujan	351
Pelikan	407
Penguin	532

Penguin-Update 350
Persil 211
Persona 229, 235, 608
   B2B 237
   B2C 237
Personifikation 553
Piwik 178
Planung, unrealistische 62
Planungsprozess 126
Podcast 249
Podcast-Aufrufe 176
Podcaster 249
Pogo-Sticking 344, 609
Powell, Julie 412
PowerPoint 278
PR, klassische 379
PR-Agentur 381
Presseabteilung 66
Pressemeldung 104, 386, 571
Pressemeldungen 520
Pressemitteilung 383, 385
Pressemitteilung 2.0 386
Presseportale 387, 572
PR-Gateway 257, 387, 418
Procter & Gamble 403
Produktbeschreibung 542
Produktbeschreibungen 272
Produktbild 258
Produktbilder 273
Produktblog 273
Produktdetailseite 517
Produktionskalender 72, 103, 116
Produktionsplan 104
Produktmanagement 197
Produktseite 272
   Konversion 272
Produktstory 300, 550
Produkttext 105, 542, 546
Produktvideo 254
Projekt Stratos 397
Projektleiter 196
Prozesse
   Analyse 127
   Archivierung 128
   Content-Anforderung 124
   Freigabe 105, 126
   Planung 126
   QA 127
   Test 128

PR-Profi 382
PR-Verantwortlicher 381
Pulizzi, Joe 29, 217, 225, 297
Purplefeather 443

Q

QA-Abteilung 58
QA-Prozess 127
Qualitätsanforderung 117
Qualitäts-Content 59
Qualitätsfaktor 505
Qualitätssicherung 54
Quiz-Anwendungen 272
QVC 557

R

R+V Versicherung AG 390
Rach, Melissa 132, 163
Radio4SEO 249
Ranking 59, 171, 348, 609
Ranking-Faktoren 63, 338, 349
Ranking-Kriterien 243
Ranking-Schwankung 352
Ratgebertexte 52
Raven Tools 178
Real Beauty Sketches 432
Recherche 465, 591
Rechtstipp 64, 95–97, 141, 165, 175,
       207, 245–247, 264, 278, 284,
       290, 295, 314, 318, 373, 385,
       484, 501, 504, 506, 512, 560–561
Red Bull 213, 216, 222, 394
   Projekt Stratos 397
Redakteur 105, 360
Redaktion 58, 66
Redaktionsplanung 105
Redaktionssystem 107
Redesign 62, 80, 139
Redigieren 586
Redirects 85
Referenzen 284
Reichweite 287
Reiseblogger-Kollektiv 380
Relaunch 80, 139

Relevanz 204, 343, 352
   thematische 355
RenéSim 543
Reporting 170
Response 168
Ressourcen 74, 191, 197
Retargeting 609
Retelly 309
Return on Investment 168
Returning Visitors 171
Revson, Charles 556
Rezensionen 53, 273, 276
Riederle, Philipp 214
Rockley, Ann 47
ROI 168, 353, 609
   berechnen 168
Rosentraeger, Stefan 570
RSS 609
RSS-Feed 289, 386
RSS-Feed-Abos 176
Ruby 322
Rügenwalder Mühle 433

S

SAP 324
Satzbau 481
Scannen 470–471
Scanner 477
Schlussredakteur 461
Schlussredaktion 58, 594
Schneider, Wolf 451
Schöllhammer, Ruth 366
Schöndorfer, Oliver 153
Schreiben
   effizientes 591
   grafisches 474
Schreiblabor 588
Schreibprozess 592
Schrift
   inverse 469
Schubring, Jason 26
Schwartz, Eugene 301
Schwarzkopf 204
Schwenninger Krankenkasse 401
Screaming Frog SEO Spider 84, 528, 534
Screen-Sharing-Technologie 256
Screenshots 259

Scrollmaps 180
Search Engine Optimization → SEO
Seeding 294, 609
Seeding-Effekt 294
Seite, indexierte 63
Seitenaufrufe 171, 343
Seitenreport 92
Seitentitel 525
SEM 293
Senior Content Manager 194
Sentiments 175
SEO 59, 92, 184, 337, 609
   Ziele 342
SEO Chat Spider Simulator 92
SEO-Algorithmus 341
SEO-Anforderungen 352
SEO-Ansprechpartner 197
SEO-Content 53, 59
SEO-Experte ... 66, 74, 144, 197, 338, 345,
                                 351, 356
SEO-Kompetenz 457
SEO-Manager 66
SEO-Metatexte 86
SEOmoz 277
SEO-Performance 282
SEO-Ranking 171
SEORCH 92, 585
SEO-Regeln 351
SEO-Software 575
SEO-Strategie 352
SEO-Text 358, 447, 509, 511
SEO-Tipp 60, 63, 119, 154, 175, 277,
              281, 284, 340, 342, 356, 360,
              516, 519–520, 528, 531–532,
              534–535, 537, 554, 568, 573
SEO-Tools 92, 184
SEO-Traffic 342
SEO-united 184
SEO-Zahlen 171
Service-Angebote, interaktive 272
Shares 365
Shortterm-Content 610
Short-URL 573, 610
Sichtbarkeitsindex 171
Sigge, Arne Christian 358
Singhal, Amit 350
Site-Architektur 151
Sitemap 51, 154

623

Skype 431
SlideShare 69, 206, 278, 293, 300, 307,
361, 365, 406
   Präsentation 279
SlideShare-Präsentationen 53, 242
Smart Data 169
Smartphone 274
Social Data 175
Social Media 74, 293–294, 363,
559, 361
Social Media Day Aachen 571
Social Media Examiner 372
Social Media Newsroom 289, 388
   Checkliste 391
Social Media Signals 345
Social SEO 347
Social Signals 610
Social Web 173, 361
Social-Media-Buttons 289
Social-Media-Content 53, 343
Social-Media-Dashboard 181
Social-Media-Kommunikation 383
Social-Media-Manager 144, 197
Social-Media-Marketing 174
Social-Media-Meldung 559
Social-Media-Plattformen 366
Social-Media-Signale 183
Social-Media-Spezialist 564
Social-Media-Texte 520
Social-Media-Tools 181
Social-Media-Verantwortlicher 141
Social-Media-Widgets 174
SOCIALyser 183
Soft Figures 168, 170, 175
   Image 168
   Online-Markenwert 168
   Trust 168
   User-Bedürfnisse 168
Soft Skills 195, 456
SOMEMO 181
Sons of Maxwell 414
Speaker 288, 421
Spider 339
Spielberg, Steven 432
Sponsoring 398
Stakeholder 48, 610
Star Wars 319
Start-up 57
Stilversprechend 587

Storytelling 206, 313, 316, 395, 610
   B2B 315
Stratos 394
Style-Guides 273
Subheadline 72, 151
Suchergebnisse 281
Suchmaschine 63, 339, 451
Suchmaschinenoptimierung 49, 59, 205,
337, 340, 358, 383, 609
Suchmaschinen-Ranking 515, 609
Suchvolumen 513
Synonyme 355

T

Tablet 274
Tagboard 570
Tamblé, Melanie 383, 386
Tatort 217
Teambuilder 195
Teamstrukturen 74
Teaser 51, 104, 151, 289, 498, 515
Technik 196
Telemediengesetz 247
Testimonials 282, 315
Testprozess 128
Text 448
Text-Briefing 465
Textbroker 553
textbroker.de 107
Texte 243
   automatisierte 59, 352
   redigieren 594
Texten
   barrierefrei 488
   hybrides 451
Texter 159, 360, 451
   freie 105, 108
Texter-Handwerk 357
Texter-Regeln 443
Texter-Tools 575
Textform 241, 457
Textinformationen 51, 54
Textinhalte 242
Textoptimierung 355
Textproduktion 104–105, 453
Textumfang 153
The Best Job in the World 399

The Furrow	209	Tools (Forts.)	
The Power of Words	443	MozBar	582
Themen-Monitoring	176, 183	m-pathy	180
Themenplan	296, 329, 349, 361	odoscope	180
Mustervorlage	331	Open Atrium	130
Themenplankalender	116	Piwik	178
Themenplan-Meeting	58, 296, 302, 329–330	Raven Tools	178
		Schreiblabor	588
Themenplanung	72, 217	Screaming Frog SEO Spider	91, 528, 584
Themenspecial	310	Seiten-Crawler	84
Themen-Trendscout	302	Seitenreport	92
Think-Content-Tipp	80, 106, 108, 113, 119, 121, 132, 142, 152, 160, 169, 189, 193, 234, 254, 256, 277, 296, 319, 344–345, 349, 456, 462–463, 472, 479, 505, 513, 516, 518, 525, 529, 534, 542, 544, 567, 569, 583, 592	SEO Chat Spider Simulator	92
		SEORCH	92, 585
		SEO-united	184
		Social-Media	181
		SOCIALyser	183
		SOMEMO	181
Tilly	212	Stilversprechend	587
Title	86, 352, 523–524	Topsy	181
Tools	177, 575	TwentyFeet	181
5pm	130	Webnutzung	180
All-in-one-Lösungen	178	Webtrekk	178
Audit	91	Webtrends	178
Basecamp	131	Wedoist	130
bitly	562	Wordcount	583
Chartbeat	178	Wortliga	588
ClickTale	180	wortschatz.uni-leipzig.de	586
comScore	178	Woxikon	586
Content Analysis Tool	91	Xenu's Link Sleuth	91
Contentman	583	Tooltip	54
Crazy Egg	180	Top-Management	197
DivvyHQ	130	Topsy	181
Duden-Online	587	Tracking	154, 166, 610
eAnalytics	178	crossmediales	168
Econda	178	Tracking-System	168
Etracker	178	Traffic	163, 168, 171, 448, 611
Flow	130	Kanäle	171
GanttProject	130	Traffic-Einkauf	69, 208
Google	575	Traffic-Maximierung	294
Google Alerts	183	Traffic-Quelle	342
Google Analytics	178	Trendscouting	176
Google Trends	578	Trial and Error	225
HootSuite	181	Trust	162, 345
HubSpot	178	Tutorial	419
Keyword Planner	35	TwentyFeet	181
Lingulab	589	Twitter	183, 562
Mindlab	178		

U

Über uns 280
Überschrift 495
Uhl, Markus 356
UI-Experte 196
Umfragen 272, 307
Unique Content 53, 348, 520
Unique Visitors 171
United Breaks Guitars 414
Unternehmensblog 278
Unternehmens-Content 284
Unternehmensgeschichte 283
Unternehmensgeschichten 321
Unternehmensstrategie 145
Unternehmensvideo 254
Unternehmenswebseite 280
Unternehmensziel 145
Urheberrecht 97, 263, 531
Urheberrechtsschutz 264
Urheberrechtsverletzung 318
URL-Shortener 520
Usability 158, 469
Usability-Experte 100
User 451
User Interface Designer 91
User-Empathie 195
User-generated Content 53, 275
User-Kennzahlen 175
User-Kommentare 141
User-Profil 234
User-Reviews 273
User-Sedcard 231
USP 96, 145

V

VCCP 326
Verkaufs-Content 53
Verlinkung 463
Verlinkungen 63
  weiterführende 51
Verweildauer 168, 171, 344, 448
Videoaufrufe 176
Video-Content 251, 254
Videokonferenz-Systeme 256
Video-Podcast 250
Videos 52

Video-Tutorials 52, 254
Vilhauer, Corey 47
virales Marketing 611
Viralität 611
Visitors
  Returning 171
  Unique 171
Volkswagen AG 315
Vollmert, Markus 185

W

Warenkunde 300
Waschball 548
WDF * IDF 354
we are knitters 425
we are social 284
Web 2.0 .... 362, 386
Web Developer 91
Webanalyse 94, 166, 199
Webanalysedaten 185
Webanalyst 170
Webanalytics 166
Webbusiness 62, 78, 197
  erfolgreiches 170
Web-Content 60
Webdesigner 196
Webinar 206
  kostenfreies 256
Webinare 256
  Einführung 257
  Einladung 257
Webinar-Software 256
Webinar-Teilnehmer 176
Webkonzept 93
Weblog 381
Webmanagement 46
Webmetrics 145
Webmetrik-System 168
Webnutzungsverhalten 168
Web-Performance 199
Website Boosting 2.0 355
Website, Autorität 281
Website-Content 31, 302, 318
Website-Evaluierung 65
Website-Konzeption 93
Website-Management 352
Website-Nutzungszahlen 171

Website-Relaunch	80
Website-Ziele	69
Webstrategie-Pyramide	26
Webtexte	60, 74, 104
Webtexten	45, 443, 451
Webtexter	199, 443, 481, 509
Qualifikation	451
Webtrekk	178
Webtrends	178
Wedoist	130
Werbespots	393
Werbetexter	153
Wert von Texten	70
wer-weiss-was.de	277
Wettbewerbs-Controlling	168
Wettbewerbsfähigkeit	373
Wettbewerbs-Monitoring	183
Wettbewerbsrecht	373
W-Fragen	492, 545
Wheatland, Todd	189, 278, 421
whisky.de	423
Whitepaper	206, 611
Whitepaper-Downloads	70
Whitepapers	242, 244
Williams, Robbie	375
Wirtschaftlichkeit	70
Wordcount	583
Wording-Guideline	466
Wording-Liste	592
Word-Konzept	156
Worthäufigkeit	583
Worthäufungen	355
Wortliga	588
wortschatz.uni-leipzig.de	586
Woxikon	586
Wuebben, Jon	383
Wurstschneidespiel	427
Wurstwahnsinn	435

X

Xenu's Link Sleuth	91
XING	288, 290, 361

Y

YouMoz	277
YouTube	70, 251, 361, 409
B2B	253
YouTube-Kanal	251

Z

Zappa, Frank	229
Zarrella, Dan	258, 564
Zeitplanung	115
Zielgruppe	48, 78, 118, 229, 370, 551
Daten	239
Zielgruppen	145
Zielgruppenansprache	75
Zielvorgaben	69
Zimpel	311
Zwischenüberschriften	151

- Kundenkontakte herstellen, Kaufentscheidungen beeinflussen

- Für Onlineshops und den stationären Handel

- Erfolgsstrategien, Best Practices, Multichannel-Maßnahmen

Anne Grabs, Jan Sudhoff

Empfehlungsmarketing im Social Web
Kunden gewinnen und Kunden binden

Kaufanreize für Kunden schaffen durch Empfehlungen von Freunden: das ist Social Commerce. Es ist nichts anderes als Mundpropaganda – übertragen auf den Online-Handel – und verknüpft Empfehlungen mit weiteren Kaufanreizen und Ihrer Produktkommunikation.

Ob im Online-Shop oder im lokalen Handel, mit diesem Buch erhalten Sie Grundlagen, Best Practices und zahlreiche Tipps und Tricks an die Hand, wie Sie eine Social-Commerce-Strategie erfolgreich umsetzen. Durch Social Media, mobile, local und online Maßnahmen gewinnen Sie neue und zufriedene Kunden. Vor, während und nach der Kaufphase.

404 Seiten, broschiert, in Farbe, 29,90 Euro
ISBN 978-3-8362-2038-5
erschienen November 2013
www.galileocomputing.de/3300

Leseprobe im Web!

- Umfassender Einblick in das neue Berufsbild

- Grundlagen, Umsetzung und Strategie

- Der leichte Einstieg in erfolgreiches Social Media Management

Vivian Pein

Der Social Media Manager
Handbuch für Ausbildung und Beruf

Was ist ein Social Media Manager? Welche Aufgaben nimmt er im Unternehmen wahr? Und welche Ausbildungsmöglichkeiten gibt es für diesen spannenden neuen Beruf? Antworten darauf und vieles mehr bietet das erste deutsche Handbuch für jeden, der diesen Job anstrebt oder die Stelle im Unternehmen einführen möchte. Mit vielen Beispielen, praxisnah und umfassend!

575 Seiten, broschiert, in Farbe, 29,90 Euro
ISBN 978-3-8362-2023-1
erschienen Oktober 2013
www.galileocomputing.de/3280

- Die Grundlagen digitaler PR-Arbeit mit zahlreichen Best Practices

- Social Media sinnvoll nutzen und Projekte erfolgreich umsetzen

- Der Praxisguide für Unternehmen, Verbände, Vereine und NGOs

Dr. Rebecca Belvederesi-Kochs

Erfolgreiche PR im Social Web
Das praktische Handbuch

Nutzen Sie das Potenzial von Facebook, Twitter & Co.! Stellen Sie sich der Herausforderung einer modernen, dialogorientierten PR-Strategie. Anhand von Praxisbeispielen aus unterschiedlichen Branchen lernen Sie, soziale Medien systematisch einzusetzen. So wird Ihre digitale PR- und Öffentlichkeitsarbeit zum Erfolg. Unsere Autorin erklärt Ihnen Social-Media-Kampagnen von der Idee bis zur Realisierung, inkl. Verbandskommunikation, Sozial- und Kulturmarketing, Employer Branding, Produktvermarktung sowie Service, Support und Imagegestaltung.

522 Seiten, broschiert, in Farbe, 29,90 Euro
ISBN 978-3-8362-2011-8
erschienen Mai 2013
www.galileocomputing.de/3260

- Mobiles Marketing mit Facebook und Open Graph

- Vom Redaktionsplan bis zur Erfolgskontrolle

- Zahlreiche Best Practices, Facebook-Integration, Facebook-Anwendungen

Lukas Adda

Face to Face
Handbuch Facebook-Marketing

Face to Face bietet einen umfassenden Überblick zum Einsatz von Facebook als Marketing-Instrument. Inkl. Definition von Zielen, Strategien und zahlreichen Best Practices. Lukas Adda stellt Ihnen auf unterhaltsame Weise Facebook vor und gibt Ihnen erprobte Strategien und kreative Denkanstöße an die Hand, um selbstständig erfolgreiche Social-Media-Kampagnen auf Facebook zu planen oder Dritte (z. B. eine Agentur) effektiv briefen zu können.

504 Seiten, broschiert, in Farbe, 29,90 Euro
ISBN 978-3-8362-2212-9
2. Auflage 2013
www.galileocomputing.de/3323

- So schützen Sie sich vor Fallstricken und Abmahnungen

- Lösungen und Mustertexte für alle wichtigen Rechtsfragen

- Inkl. Social Media im Arbeitsverhältnis

Christian Solmecke, Jakob Wahlers

Recht im Social Web

Die beiden bekannten und erfolgreichen Rechtsanwälte unseres Buchs beleuchten alle relevanten Rechtsprobleme, die im Social-Media-Alltag auftreten können. Viele Praxisbeispiele und Tipps und eine einfache, klare Sprache ohne Paragraphendeutsch helfen Ihnen, Ihren Auftritt rechtssicher zu gestalten. Für jeden Praktiker, der täglich mit Social Media umgeht. Insbesondere Marketing- und PR-Treibende, Social Media Manager, Social Media-Agenturen, kleine und mittlere Unternehmen, Startups und Freiberufler und sicherlich auch für interessierte Rechtsanwälte ein umfassender Ratgeber in allen Rechtsfragen.

523 Seiten, broschiert, 29,90 Euro
ISBN 978-3-8362-2608-0
erschienen Februar 2014

www.galileocomputing.de/3459

Begleiten Sie uns: www.facebook.com/GalileoPressVerlag